전자기학

기 초 부 터 응 용 까 지

ELECTROMAGNETICS

장기완 편저

북스힐

머리말

PREFACE

전자기학은 오늘날 물리학에서 뿐만 아니라 전기와 관련된 분야 및 전자기기 산업 등의 첨단 과학기술 산업 분야에도 널리 이용되는 중요한 학문 분야이다. 하지만, 많은 학생들이 전자기학은 어려운 학문 중의 하나로 인식되고 있는 것도 사실이다. 따라서 전자기학 분야에 친숙하지 않은 학생들이 잘 이해할 수 있도록 기본적인 개념이해와 함께 이론을 바탕으로 실생활에서 자주 응용되는 내용을 함께 설명하였다. 이를 통해 기본개념의 이해를 바탕으로 응용적인 측면을 고려하여 이해도를 높이도록 노력하였다. 또한 개념을 설명하는 과정에서 도입되는 복잡한 수식은 보충자료를 통하여 스스로 이해하는 데 도움을 주도록 노력하였다.

개념적으로 이해도를 높이도록 노력하였지만, 미흡하고 부족한 점이 많으리라 판단한다. 이 책을 이용하실 독자들께서 미비한 점을 지속적으로 지적하여 주기를 바라며 앞으로도 지속적인 교정 및 수정을 통해 독자들로부터 사랑받는 교재가 되도록 노력하겠다. 우리말로 설명하는 과정에서 어색한 부분이 있을 수 있어 고유명사는 대부분 원어를 그대로 사용하였고 전문용어는 물리학 용어집을 사용하여 설명하였다. 또한 원어를 알아둘 필요가 있는 용어는 원어를 괄호 속에 첨부하였다.

끝으로 이 책을 출판하는데 적극적으로 협조하여 주신 도서출판 북스힐과 노력을 아끼지 않으신 편집부 여러분들께 고마움을 표합니다.

2023. 12

차 례

CONTENTS

Chapter 04 유전물질에서의 정전기장

Chapter 05 정전기 에너지

Chapter 10 전자기 유도

Chapter 11 자기에너지

Chapter 12 맥스웰 방정식

Chapter 13 전자기파의 전파

Chapter 14 전위와 전기장

Chapter 15 전자기파 방사

CHAPTER

01 전자기학과 전자기적 물리량에 대한 표현

전자기학은 전기학과 자기학을 합친 학문영역으로, 물리량의 전기적 특성이 시간에 관계없이 일정한 분야의 정전기학, 시간에 따라 변하는 전기역학, 자기적 특성이 시간에 관계없이 일정한 정자기학, 그리고 시간에 따라 변하는 자기역학으로 분류가 가능하다. 따라서 전자기학은 정전기학, 전기역학, 정자기학 및 자기역학의 4개 영역의 학문으로 분류된다. 이장에서는 이러한 전자기학에 대한 정의와 함께 전자기학에서 다루는 물리량들을 기술하는데 필요한 수학적 표현에 대해 설명하고자 한다.

1.1 전자기학에 대한 정의

전기학은 전기를 띠고 있는 전하들의 특성을 다루는 영역을 의미하며, 자기학은 물질의 자기적 특성을 다루는 영역이다. 전기 및 자기적 특성을 설명하는 과정에서 시간에 따른 변화가 있느냐, 없느냐에 따라 전자기적 특성은 변하게 된다. 질량을 가진 두 물체 사이에는 인력만이 작용하지만 물체가 전기를 띠는 경우, 같은 종류의 전기를 띤 물체들 사이에는 척력이 작용하고, 서로 반대부호의 전기를 띤 물체들 사이에는 인력이 작용한다. 이러한 전기력은 두 물체가 떨어져 있어도 상호 간에 작용하게 되며, 전기력이 미치는 공간을 전기장이라고 한다. 이를 통하여 전기장을 만드는 근원은 전기를 띤 물체인데, 일반적으로 전기를 띤 작은 알갱이를 하전입자라고 부르며, 대표적인 예로는 (+)전기를 띤 양성자, (-)전기를 띠고 있는 전자를 생각할 수 있다. 이러한 하전입자들이 존재하는 방법은 크게 3가지로 분류된다. 즉, ① 정지상태로 존재하는 경우, ② 일정한 속도로 움직이는 경우 및 ③ 가속운동을 하는 경우인데, 이에 대해서 좀 더 자세히 알아보자.

1.1.1 하전입자가 정지상태로 존재하는 경우

하전입자들이 가지고 있는 전기의 양을 전하량이라고 한다. 그림 1.1과 같이 전하량이 q인 하전입자가 원점에 정지해 있는 경우, 원점으로부터 $\vec{r}$만큼 떨어진 곳에서의 전기장은 식 (1.1.1)로 표현된다. 즉, 관측점 P에서는 전하 q에 기인한 전기장만이 존재한다.

$$\vec{E}(\vec{r}) = \frac{1}{4\pi\epsilon_0}\frac{q}{r^2}\hat{r} \quad (\epsilon_0 \text{ : 진공 중에서의 유전율}) \tag{1.1.1}$$

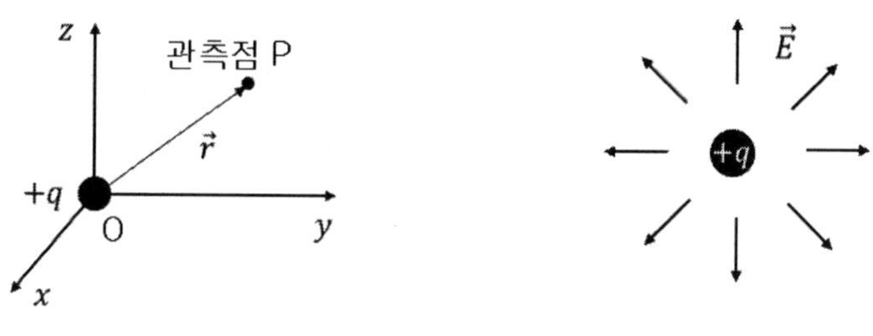

그림 1.1 원점에 정지해 있고 전하량이 $+q$인 하전입자(a)와 이에 의한 전기장(b)

한편 전하량이 각각 q_1, q_2인 2개의 전하가 서로 일정한 거리만큼 떨어져 정지해 있다면, 이들 사이에 작용하는 전기력의 크기와 방향은 항상 일정하게 된다. 또한 많은 전하들이 일정한 거리만큼 떨어져 정지해 있는 경우에도 전하들 사이에 작용하는 전기력의 크기와 방향은 항상 일정하게 된다.

전하들 사이에 작용하는 전기력의 크기와 방향이 항상 일정하다는 의미는 시간에 따라 변화가 없다는 의미이다. 이처럼 시간과 무관한 전기적인 특성을 다루는 학문영역을 정전기학(electro-statics)이라고 부르며, 전하들 사이에는 자기적인 특성이 작용하지 않는다.

1.1.2 하전입자가 일정한 속도로 움직이는 경우

전하가 주위에 미치는 영향을 전기장이라고 정의하는데, 하전입자가 일정한 속도로 움직이면 어떠한 일이 일어나는지에 대하여 생각해 보자 (그림 1.2 참조). 일반적으로 과학에서 다루는 물리량을 취급할 때는 기준점을 정하고 기준점을 중심으로 관측자의 위치에 따른 물리량의 크기와 방향을 설명하고 있다. 그림 1.2와 같이 관측자가 정지해 있고 전하량이 q인 하전입자가 일정한 속도 $\vec{v}$로 움직이는 경우, 관측자의 위치에서 측정되는 물리량은 어떤 것이 있을까?에 대해 생각해 보자.

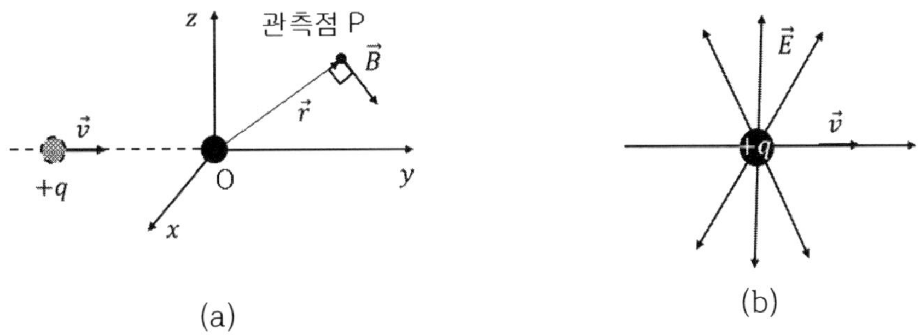

그림 1.2 전하량이 $+q$인 하전입자가 일정한 속도($\vec{v}$)로 운동하는 경우의 자기장 $\vec{B}$ (a)와 전기장 $\vec{E}$ (b)

그림 1.2(a)는 전하량이 q인 하전입자가 $y-$축 방향으로 일정한 속도($\vec{v}=v\hat{j}$)로 운동하다가 원점에 도착한 순간을 나타낸 것이다. 이 경우에 원점으로부터 $\vec{r}$만큼 떨어진 곳에서 관측되는 물리량들은 어떤 것이 있을까? 1차 적으로는 식 (1.1.1)로 주어지는 전하에 기인한 전기장이 존재한다. 한편 전하가 움직인다는 것은 전류가 존재한다는 의미로 전류가 만드는 자기장이 존재하며, 자기장은 식 (1.1.2)로 표현된다.

$$\vec{B}(\vec{r})=\frac{\mu_0}{4\pi}\frac{q\vec{v}\times\hat{r}}{r^2} \tag{1.1.2}$$

여기서 $\mu_0=4\pi\times10^{-7}N\cdot s^2/C^2$ 의 값을 가지며, 진공 중에서의 투자율을 의미한다. 관측점 P가 $yz-$평면에 있다고 가정하면, 식 (1.1.2)의 분자에서 $\vec{v}\times\hat{r}=v\hat{j}\times\hat{r}=v\hat{i}$

와 같이 되므로 자기장의 크기는 $|\vec{B}(\vec{r})| = \frac{\mu_0}{4\pi}\frac{qv}{r^2}$ 이며, 방향은 양(+)의 $x-$축 방향을 가리킨다. 여기서 $\hat{i}, \hat{j}$ 및 $\hat{r}$은 단위벡터를 의미한다. 즉, 관측점 P에서는 전기장과 자기장이 동시에 존재하며, 전기장의 방향과 자기장의 방향은 서로 수직임을 알 수 있다. 하지만, 이러한 전기장과 자기장은 전하로부터 관측점까지의 거리에 따라 크기가 결정되므로 파동의 형태는 아니다.

한편 여기서는 상대론적인 효과를 고려하지 않기 때문에 전하의 속력(v)은 진공 중에서의 빛의 속력인 c보다 매우 작은 경우, 즉, $v \ll c$ 일 때 식 (1.1.2)가 성립한다.

1.1.3 하전입자가 가속운동을 하는 경우

하전입자가 진동하는 경우와 같이 가속운동을 하는 경우, 관측되는 전기장의 크기는 시간과 위치에 따라 주기적으로 변하게 된다. 이처럼 특정 위치에서 전기장의 크기가 시간에 따라 변하게 되면, 전기장과 같은 주기를 가지고 시간에 따라 크기와 방향이 변하는 자기장이 생성된다. 물론 자기장의 크기가 시간에 따라 변하면, 같은 주기를 가지고 시간에 따라 변하는 전기장이 발생된다. 이처럼 전기장이 시간에 따라 변하면 자기장이 반드시 생기게 되므로, 이 경우에는 전기장과 자기장을 독립적으로 다룰 수가 없다. 이처럼 전기장과 자기장이 동시에 같은 주기를 가지고 변하는 예로는 전자기파인 빛을 생각하여 볼 수 있다.

1.1.4 전자기학의 분류

앞에서 설명하였듯이 전자기학을 하나의 그림으로 표현하면 그림 1.3과 같이 설명할 수 있을 것이다. 기본적으로 전기학은 전하의 특성에 의해 기술되고, 자기학은 전류의 특성에 의해 설명된다. 하지만, 시간에 따라 전기장이나 자기장이 변하면 서로 독립된 물리량으로 설명할 수 없으며, 상호 연관되어 있어 전체적인 범주 내에서 전자기학으로 분류하고 있다.

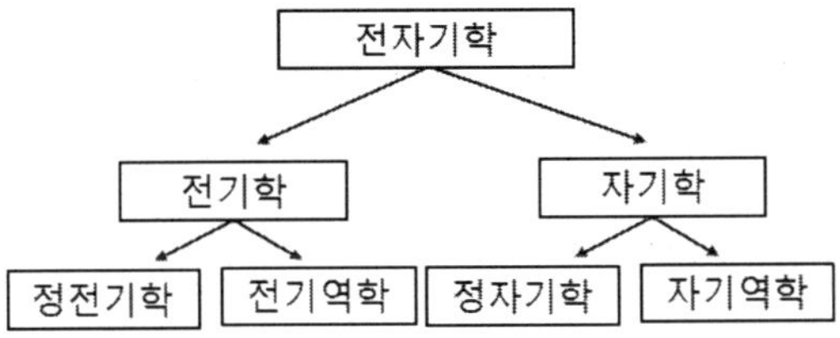

그림 1.3 전자기학의 구성

1.2 물리량 및 물리량의 표현

1.2.1 물리량의 분류

물체의 크기나 부피, 질량, 온도 등을 표현하거나 단순히 물체의 이동하는 정도가 빠르거나 느린 정도를 표현하는 경우, 방향을 함께 제시할 필요는 없다. 이처럼 크기만으로도 설명이 충분한 물리량을 스칼라양이라고 하며, 스칼라양의 덧셈 및 곱셈은 더하거나 곱하는 순서와 관계없이 해당 물리량을 더하거나 곱해주면 되므로 비교적 간단하다. 예를 들어, 길이가 각각 L_1 인 막대와 L_2 인 막대를 더하면 전체 길이(L)는 $L = L_1 + L_2$ 이 되고, 가로가 L_1, 세로가 L_2 인 직사각형의 면적(S)는 $S = L_1 \times L_2$ 이 된다.

한편 물체에 힘을 가해주는 경우, 어느 방향으로 얼마의 크기로 가해주었는지 또는 물체를 회전시키는 경우, 회전축으로부터 얼마만큼 떨어진 지점에 힘을 작용하여 시계방향으로 회전시켰는지 아니면 반시계 방향으로 회전시켰는지를 표현해야 힘의 효과를 정확하게 이해하게 된다. 또한 어디를 갔다고 하는 경우, 얼마나 빨리 그리고 어느 방향인지를 같이 제시해야 하는 경우가 있다. 이처럼 크기와 함께 방향까지 제시해야 정확하게 이해되는 물리량을 벡터량이라고 하는데, 한 예로서 힘은 $\vec{F}$ 와 같이 힘(force)을 의미하는 기호 F 위에 화살표를 두어 벡터량을 표시하고 있다.

1.2.2 두 벡터의 덧셈 및 뺄셈

크기와 방향을 가지는 두 벡터량을 그림 1.4(a)와 같이 $\vec{A}$ 와 $\vec{B}$ 로 나타내고, $\vec{A}$ 와 $\vec{B}$ 를 더하는 경우는 그림 1.4(b)와 같이 $\vec{A}$ 의 끝에 $\vec{B}$ 의 시작점을 두어 $\vec{A}$ 의 시작점에서 $\vec{B}$ 의 끝점까지 연결하면 된다. 두 벡터량을 더해서 얻어지는 물리량 또한 벡터량으로 $\vec{A}$ 의 시작점에서 $\vec{B}$ 의 끝점까지 연결한 화살표의 방향이 두 양을 더해서 얻어진 벡터의 방향이 된다.

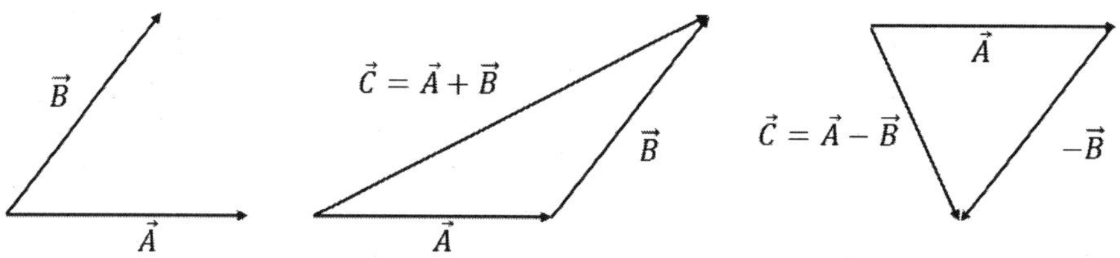

(a) (b) (c)

그림 1.4 (a) 벡터 $\vec{A}$, $\vec{B}$, (b) 벡터 $\vec{A}$ 와 $\vec{B}$ 의 덧셈, (c) 벡터 $\vec{A}$ 와 $\vec{B}$ 의 뺄셈

$\vec{A}$ 에서 $\vec{B}$ 를 빼는 경우는 그림 1.4(c)와 같이 $\vec{A}$ 의 끝에 $-\vec{B}$ 의 시작점을 두고 $\vec{A}$ 의 시작점에서 $-\vec{B}$ 의 끝점까지 연결하면 된다. 물론 두 양을 빼서 얻어진 물리량도 벡터량이며, 방향은 $\vec{A}$ 의 시작점에서 $-\vec{B}$ 의 끝점까지 연결한 화살표의 방향이 두 양을 빼서 얻어진 벡터의 방향이 된다. $-\vec{B}$ 는 $\vec{B}$ 와 크기는 같으나, 방향이 반대인 벡터량을 의미한다.

위에서 언급한 벡터의 덧셈은 다음과 같은 경우에 적용된다. 즉, 처음에 있던 자리에서 동쪽으로 4 km로 걸은 후에 다시 북쪽을 향해서 4 km를 걸으면 "최종적으로 처음 위치에 대해서 어느 방향으로 얼마만큼 떨어진 곳에 도달하느냐?"는 문제를 다룰 때, 적용된다. 그림 1.5에 나타낸 바와 같이 처음에 동쪽으로 4 km로 걸은 것을 $\vec{A}$ 로 표현하였고, 북쪽을 향하여 4 km로 걸은 것을 $\vec{B}$ 로 표현하였다. 이처럼 걸으면 처음 위치에 대해서 동북쪽으로 $4\sqrt{2}$ km 떨어진 지점에 도달한다는 것을 알 수 있고 이를 $\vec{C}$ 로 표현하였다. 이때 $\vec{C}$ 의 크기는 $4\sqrt{2}$ km, 방향은 동북쪽이며, $\vec{C}$ 는 동북쪽으로 $4\sqrt{2}$ km 떨어진 곳에 도달한다는 의미를 기호로 나타낸 것이다.

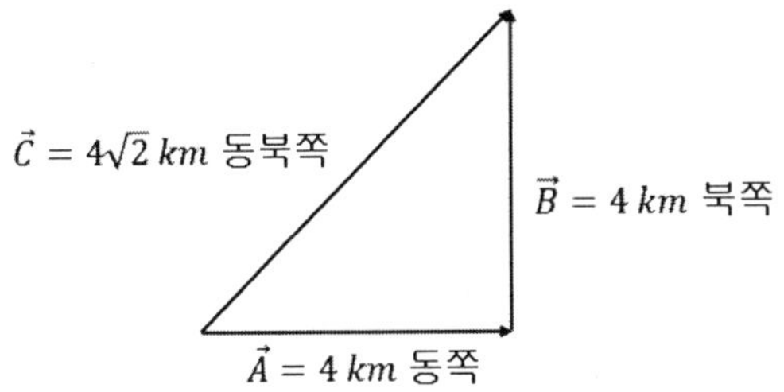

그림 1.5 벡터 덧셈의 예

1.2.3 두 벡터의 곱셈

벡터의 곱셈에는 두 종류가 있다. 하나는 두 벡터를 곱하여 그 결과가 ⓐ 크기만을 가지는 스칼라 곱셈과 ⓑ 크기와 방향을 가지는 벡터 곱이 있는데 이에 대해서는 아래에 예를 들어가면서 설명하고자 한다.

ⓐ 두 벡터의 스칼라 곱셈

그림 1.6과 같이 질량이 m인 물체에 힘($\vec{F}$)을 가하여 물체가 위치 A에서 위치 B로 이동한 경우를 생각해 보자. 질량 m 인 물체의 이동거리는 s이지만, 화살표 방향이 제시되었으므로 크기와 방향을 나타내는 벡터량으로 $\vec{s}$와 같이 표현한다.

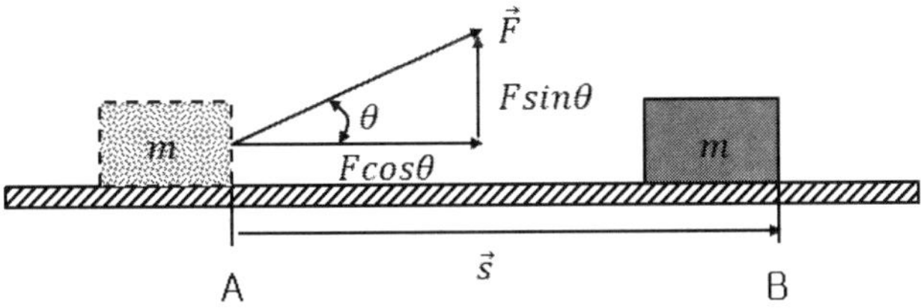

그림 1.6 두 벡터의 스칼라 곱셈에 대한 예

그림 1.6에서 질량이 m 인 물체를 지점 "A"에서 지점"B"로 이동시킨다고 할 때, 물체에 가해준 힘 중에서 물체의 이동 방향과 평행한 $F\cos\theta$ 크기의 힘만이 물체의 운동에 기여한다. 따라서 외부에서 물체에 가해준 힘($\vec{F}$)에 의해 물체에 해준 일의 양(W)은

$$W = (F\cos\theta)(s) \tag{1.2.1}$$

와 같이 표현된다. 식 (1.2.1)은 좀 더 간단히

$$W= \vec{F} \cdot \vec{s} \tag{1.2.2}$$

와 같이 표현한다.

식 (1.2.2)가 의미하는 바는 서로 크기와 방향을 가진 2개의 물리량을 곱할 경우, 식 (1.2.1)과 같이 서로 평행한 성분들만을 곱하되 그 결과는 크기만을 가지고 방향은 가지지 않는다는 의미로서 이러한 곱셈을 "스칼라 곱"이라고 부른다. 그림 1.6과 같이 어떤 물체에 힘을 가하여 일을 해 주는 경우, "일을 많이 하였다 또는 적게 하였다"라고 표현하면 완벽한 설명이 된다. 즉, 일의 양을 나타내는 경우는 단순히 크기만으로 표현이 가능하며 방향은 고려하지 않는다. 이처럼 물체에 가해주는 힘($\vec{F}$)과 물체의 이동($\vec{s}$)도 벡터량이지만, 이들 각각이 물체에 미친 전체적인 영향은 단순히 크기만으로도 설명이 가능하므로 이러한 경우를 다룰 때는 "스칼라 곱"을 사용한다.

그림 1.7 (a)의 경우에 크기와 방향을 가진 두 물리량이 서로 평행하므로 이들에 대한 스칼라 곱의 결과는 $\vec{A} \cdot \vec{B}= AB\cos 0 = AB$, 그림 1.7(b, c)의 경우는 두 물리량이 이루는 각이 θ이므로 $\vec{A} \cdot \vec{B}= A\cos\theta\, B= AB\cos\theta$, 그림 1.7(d)의 경우는 두 물리량이 이루는 각이 90˚로서 서로 평행한 성분이 없어 $\vec{A} \cdot \vec{B}= AB\cos 90^o = 0$ 이 된다. 여기서 문자 위에 화살 표시가 없이 A, B로 표시한 것은 벡터 물리량인 $\vec{A}$ 와 $\vec{B}$의 크기를 나타낸 것이다.

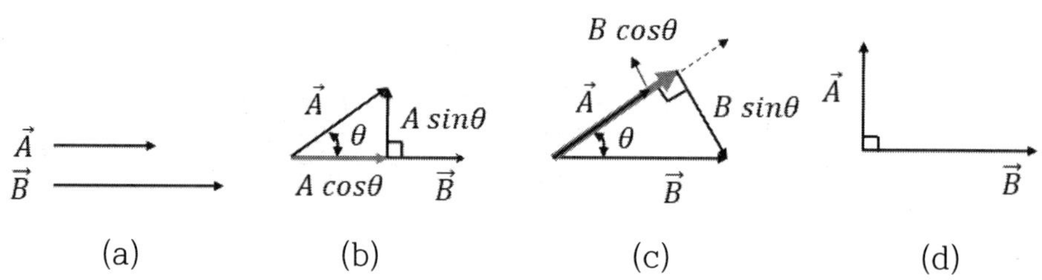

그림 1.7 두 물리량에 대한 스칼라 곱의 예

스칼라 곱셈은 벡터량들을 곱한 결과가 크기만을 나타내는 스칼라양으로 주어지는 경우에 사용하는 곱셈으로 서로 평행한 성분만을 곱한다. 즉, $\vec{A} \cdot \vec{B}= A\cos\theta\, B = AB\cos\theta$ 에서 $A\cos\theta$ 는 벡터 $\vec{A}$ 에서 $\vec{B}$에 평행한 성분을 나타내고, $B\cos\theta$ 는 벡터 $\vec{B}$에서 $\vec{A}$에 평행한 성분을 나타낸다.

ⓑ 두 벡터의 벡터 곱셈에 대한 수식 표현

그림 1.8(a)는 회전축으로부터 거리 r만큼 떨어진 지점에 질량이 m인 물체를 매달고 힘($\vec{F}$)을 작용시켜 회전시키는 경우를 나타낸 것이다. 질량이 m인 물체에 작용시킨 전체의 힘 중에서 "회전에 기여하는 힘($F\sin\theta$)에 의해 물체는 반시계 방향으로 회전하게 되며, 그림 1.8(b)와 같이 힘을 작용시키면, 물체는 시계방향으로 회전하게 된다.

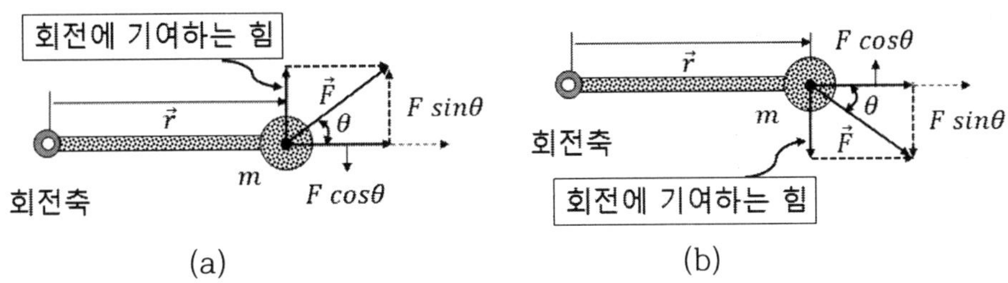

그림 1.8 두 벡터량의 곱을 설명하기 위한 그림

위에서 설명한 내용을 간단히 하나의 수식으로 표현하는 방법에 대해서 생각해 보자. 물체를 효율적으로 회전시킨다는 것은 "회전능률"이라는 말로 표현이 가능하지만 "어느 방향으로 얼마나 잘 회전시키느냐" 하는 문제도 중요하므로 회전능률과 함께 회전방향도 나타내어야 완벽하게 설명된다. 회전능률은 일반적으로 "$\vec{\tau}$"와 같이 표현하며 크기와 방향을 가지는 물리량임을 나타낸다.

그림 1.8로부터 알 수 있듯이 어떤 물체에 힘을 가하여 회전시키는 경우, 회전능률은 회전축으로부터의 거리($\vec{r}$)와 작용시킨 힘($\vec{F}$)에 의해서 결정되는데 이는 식 (1.2.3)과 같이 간단히 표현된다.

$$\vec{\tau} = \vec{r} \times \vec{F} \tag{1.2.3}$$

식 (1.2.3)은 어떤 물체에 힘을 가하여 회전시킬 때, 물체를 얼마나 잘 회전시키느냐를 나타내는 회전능률의 크기가 회전축으로부터 거리($\vec{r}$의 크기)와 가해준 힘의 크기 중에서 회전축과 물체를 연결하는 막대에 수직한 힘(그림 1.8(a, b)에서 "회전에 기여하는 힘"으로 표시)만으로 주어진다는 의미로서

$$\tau = rF\sin\theta \tag{1.2.4}$$

와 같이 표현된다.

물체가 "시계방향 또는 반시계 방향으로 회전하느냐"는 오른손 나사 법칙에 따라 정하고 있는데 식 (1.2.3)에서 앞의 벡터인 $\vec{r}$ 에서 뒤의 벡터인 $\vec{F}$의 방향으로 오른손 나사를 회전시킬 때 나사가 진행하는 방향을 회전능률의 방향으로 정하고 있다. 즉, 그림 1.9와 같이 $\vec{r}$의 시작점에 $\vec{F}$의 시작점을 일치시키고, $\vec{r}$을 의미하는 화살표에서 $\vec{F}$를 나타내는 화살표 방향으로 오른손 나사를 회전시킬 때 오른손 나사의 진행 방향이 회전능률의 방향이다. 따라서 그림 1.8(a)와 같이 반시계 방향으로 회전하는 물체에 대한 회전능률의 방향은 물체의 회전방향과 같이 반시계 방향이며, 그림 1.8(b)의 경우는 이와 반대이다.

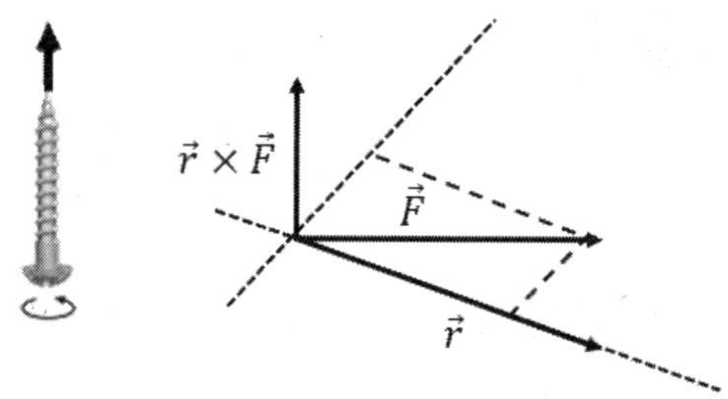

그림 1.9 두 벡터 곱의 방향을 설명하기 위한 그림

식 (1.2.3)이 의미하는 바는 서로 크기와 방향을 가진 2개의 물리량을 곱할 경우, 식 (1.2.4)와 같이 서로 수직한 성분들만을 곱하되 그 결과는 크기와 방향을 가지며 방향은 오른손 나사 법칙에 따른다는 의미로서 이러한 곱셈을 "벡터 곱"이라고 부른다. 이러한 벡터 곱셈에 대한 규칙은 전자기학 등에서 물리현상을 설명하기 위하여 많이 사용되는 부분이므로 잘 익혀두기 바란다.

벡터 곱셈은 다음과 같이 요약할 수 있을 것이다. 두 벡터를 곱한 결과가 크기와 방향을 가지는 물리량을 표현하는 경우에 사용하는 것으로 두 벡터를 곱한 값의 크기는 서로 수직 성분만을 곱하여 얻어진다. 즉, $\tau = rF\sin\theta$ 에서 $F\sin\theta$는 $\vec{F}$중에서 $\vec{r}$에 대해 수직 성분만을 나타낸다.

1.3 기울기 벡터(Gradient)

물리량에는 위치만의 함수로 표현이 가능한 물리량들이 많이 존재하지만, 위치의 변화에 따른 변화율이 중요한 경우가 많다. 예를 들어 단위 질량당 중력 위치에너지 ($V(x,y,z)$)는 기준면으로부터 높이 z 만의 함수로 $V(x,y,z)=V(z)=gz$ (g : 중력 가속도)와 같이 표현된다. 이러한 단위 질량당 중력 위치에너지는 기준면으로부터의 수직높이를 나타내는 $z-$ 축 방향으로 가장 빨리 변한다. 이를 하나의 수식으로 표현하면, $\frac{\partial V(z)}{\partial z}=g$ 와 같이 되어 지구의 중력가속도의 크기를 의미한다. 직각 좌표계에서 지구의 중력가속도는 음(-)의 $z-$ 축 방향을 가리키므로, $\frac{\partial V(z)}{\partial z}(-\hat{k})=-g\hat{k}$ ($\hat{k}$: 양(+)의 $z-$ 축 방향을 나타내는 단위벡터)와 같이 표현된다. 이처럼 위치만의 함수로 표현되는 물리량보다는 방향에 따른 변화율이 중요한 물리적 의미를 가지는 경우가 많다.

이제 위치만의 함수로 표현이 가능한 $\Phi(x,y,z)$ 와 같은 임의의 스칼라 함수 "$\Phi(x,y,z)=$ 상수"를 생각하자. 이때 함수 $\Phi(x,y,z)$ 의 3차원 공간에서의 변화율(물리량의 공간 변화율을 나타내는 미분연산자로 $\vec{\nabla}$ 와 같이 표현)을 $\vec{\nabla}\Phi(x,y,z)$ 또는 $grad\ \Phi(x,y,z)$ 로 표현한다. $\vec{\nabla}\Phi(x,y,z)$ 는 지정된 방향으로의 함수 $\Phi(x,y,z)$ 의 변화율을 의미한다.

"$\Phi(x,y,z)=$ 일정 "에 대한 한 예로서 그림 1.10과 같이 온도가 특정 면 위에서는 일정하나 위치에 따라 변하며, 관측점이 특정 면 위에 있다고 가정하자. 즉, 면 ① 에서의 온도는 $T_0-\Delta t$, ②에서의 온도는 T_0 그리고 ③에서의 온도는 $T_0+\Delta t$ 이라고 하자. 이 경우에 온도가 가장 급격하게 변화는 방향은 그림 1.10(c)와 같이 특정 면에 수직이며, 온도의 변화에 따른 공기분자들의 이동 방향은 그림 1.10(d)에서 점선 모양의 화살표 방향과 같다. 온도는 면의 위치에만 의존하므로, 온도는 크기만을 나타내는 스칼라 함수 "$T(x,y,z)=$ 일정 "와 같이 표현이 가능하며, 온도 변화율은 $\vec{\nabla}T(x,y,z)$ 와 같이 표현된다.

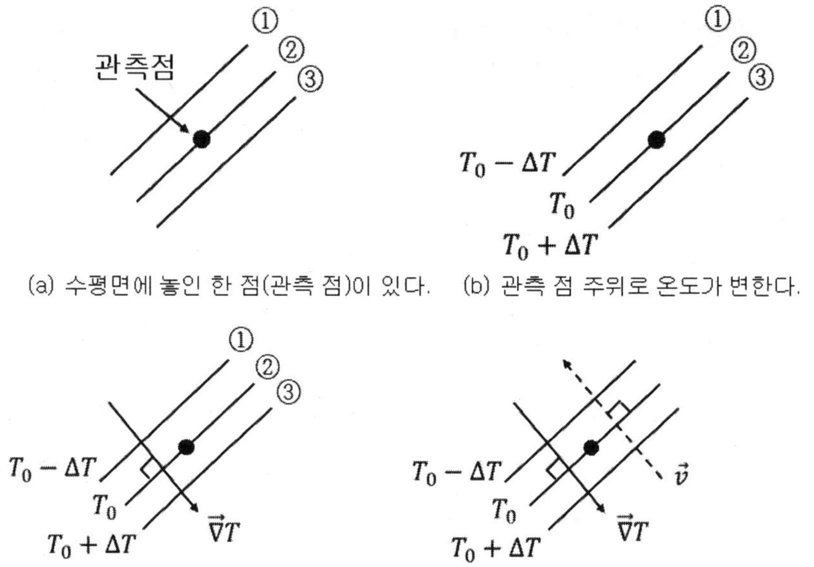

(a) 수평면에 놓인 한 점(관측 점)이 있다.　(b) 관측 점 주위로 온도가 변한다.

(c) $\vec{\nabla}$T의 방향은 화살표의 방향과 같다.　(d) 바람의 방향은 점선화살표의 방향과 같다.

그림 1.10 $\vec{\nabla}T(x,y,z)$에 대한 개념

이때 $\vec{\nabla}T(x,y,z)$의 방향은 그림 1.10(c)에 표시한 화살표의 방향이 되며, $\vec{\nabla}T(x,y,z)$의 크기는 스칼라 함수 " $T(x,y,z)=$ 일정 "이 가장 급격하게 변하는 정도를 나타낸다. 따라서 $\vec{\nabla}\Phi(x,y,z)$의 방향은 $\Phi(x,y,z)$이 가장 빨리 변하는 방향이며, 크기는 변화율과 같다.

1.3.1 직각 좌표계에서의 기울기 벡터

직각 좌표계에서 스칼라 함수($\Phi(x,y,z)$)에 대한 전미분 $d\Phi(x,y,z)$는 식 (1.3.1)과 같이 표현된다.

$$d\Phi(x,y,z)=\frac{\partial\Phi}{\partial x}dx+\frac{\partial\Phi}{\partial y}dy+\frac{\partial\Phi}{\partial z}dz \tag{1.3.1}$$

한편, 그림 1.11(a)에서 미소길이 $\vec{ds}$를 각각의 성분별로 표현된 $\vec{ds}=dx\,\hat{i}+dy\,\hat{j}+dz\,\hat{k}$와 식 (1.3.1)을 사용하여 $d\Phi(x,y,z)$를 표현하면

$$d\Phi = (\overrightarrow{\nabla}\Phi)\cdot \overrightarrow{ds} \tag{1.3.2}$$
$$= (\overrightarrow{\nabla}\Phi)_x dx + (\overrightarrow{\nabla}\Phi)_y dy + (\overrightarrow{\nabla}\Phi)_z dz$$

와 같으며, $(\overrightarrow{\nabla}\Phi)_x$ 는 $\overrightarrow{\nabla}\Phi$에 대한 $x-$성분을 의미한다.

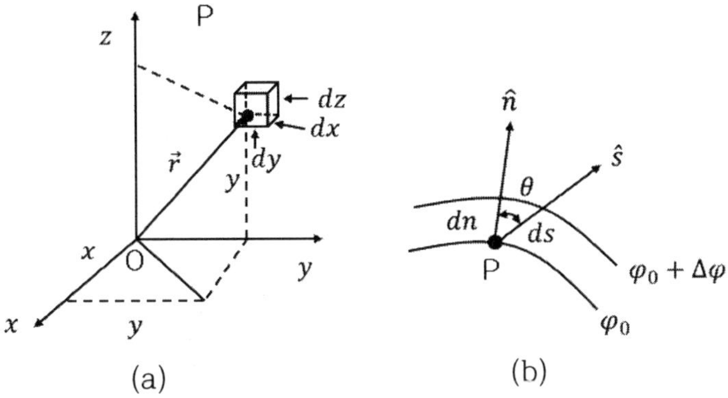

그림 1.11 직각 좌표계와 관측점 P에서의 함수 $\Phi(x,y,z)$의 변화

식 (1.3.1)과 식 (1.3.2)로부터

$$\frac{\partial \Phi}{\partial x}dx + \frac{\partial \Phi}{\partial y}dy + \frac{\partial \Phi}{\partial z}dz = (\overrightarrow{\nabla}\Phi)_x dx + (\overrightarrow{\nabla}\Phi)_y dy + (\overrightarrow{\nabla}\Phi)_z dz \tag{1.3.3}$$

이 되므로 양변의 독립변수들에 대한 계수를 같게 하면, 직교좌표계에서 기울기 벡터는

$$\overrightarrow{\nabla}\Phi = \frac{\partial \Phi}{\partial x}\hat{i} + \frac{\partial \Phi}{\partial y}\hat{j} + \frac{\partial \Phi}{\partial z}\hat{k} \tag{1.3.4}$$

와 같이 표현된다.

예제 1

함수 $\Phi(x,y,z) = ax$ 에 대한 기울기 벡터 $\overrightarrow{\nabla}\Phi(x,y,z)$를 구하시오. 여기서 a는 상수이다.

해답

$\overrightarrow{\nabla}\Phi(x,y,z) = \frac{\partial \Phi}{\partial x}\hat{i} + \frac{\partial \Phi}{\partial y}\hat{j} + \frac{\partial \Phi}{\partial z}\hat{k} = a\hat{i} + (0)\hat{j} + (0)\hat{k} = a\hat{i}$ 와 같다. 따라서 $\overrightarrow{\nabla}\Phi(x,y,z)$은 $\Phi(x,y,z)$이 x축 방향으로 가장 빨리 증가하며, 증가율은 a라는 의미이다.

1.3.2 구 좌표계에서의 기울기 벡터

구 좌표계에서 미소변위 $\overrightarrow{ds}$는 r, θ 및 ϕ방향으로의 미소 변화들을 더하면

$$\overrightarrow{ds} = dr\,\hat{r} + r\,d\theta\,\hat{\theta} + r\sin\theta\,d\phi\,\hat{\phi} \quad (\hat{r}, \hat{\theta}, \hat{\phi} : \text{단위벡터}) \tag{1.3.5}$$

와 같이 얻어진다(그림 1.12 참조).

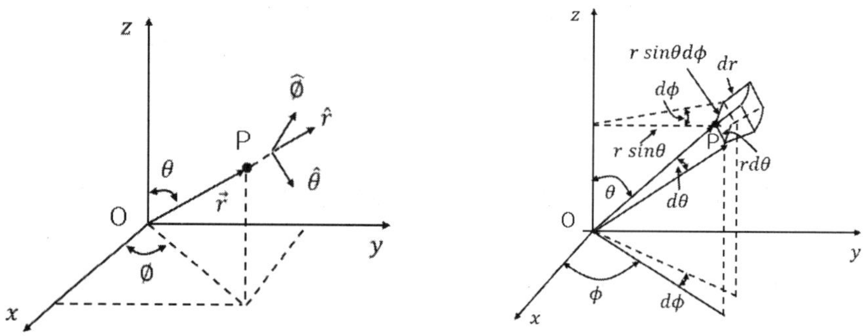

그림 1.12 r, θ, ϕ의 구 좌표계

그리고 스칼라 함수 $\Phi(r,\theta,\phi)$에 대한 전미분은

$$d\Phi(r,\theta,\phi) = \overrightarrow{\nabla}\Phi \cdot \overrightarrow{ds} \tag{1.3.6}$$

$$= (\overrightarrow{\nabla}\Phi)_r\,dr + (\overrightarrow{\nabla}\Phi)_\theta\,r\,d\theta + (\overrightarrow{\nabla}\Phi)_\phi\,r\sin\theta\,d\phi$$

$$= \frac{\partial \Phi}{\partial r}dr + \frac{\partial \Phi}{\partial \theta}d\theta + \frac{\partial \Phi}{\partial \phi}d\phi$$

와 같이 쓸 수 있다. 따라서 구 좌표계에서의 스칼라 함수 $\Phi(r,\theta,\phi)$에 대한 기울기 벡터($\overrightarrow{\nabla}\Phi$)는 다음과 같다.

$$\overrightarrow{\nabla}\Phi = \frac{\partial \Phi}{\partial r}\hat{r} + \frac{1}{r}\frac{\partial \Phi}{\partial \theta}\hat{\theta} + \frac{1}{r\sin\theta}\frac{\partial \Phi}{\partial \phi}\hat{\phi} \tag{1.3.7}$$

1.3.3 원통 좌표계에서의 기울기 벡터

원통 좌표계에서 미소변위 $\vec{ds}$도 ρ, ϕ 및 z 방향으로의 미소 변화를 모두 더하면

$$\vec{ds} = d\rho\,\hat{\rho} + \rho d\phi\,\hat{\phi} + dz\,\hat{k} \quad (\hat{\rho}, \hat{\phi}, \hat{k}\ :\ \text{단위벡터}) \tag{1.3.8}$$

와 같이 얻어진다 (그림 1.13 참조).

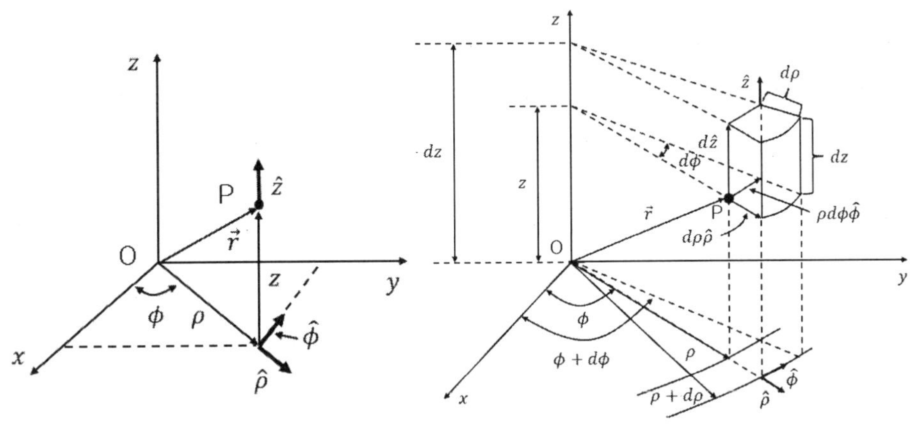

그림 1.13 ρ, ϕ, z 의 원통 좌표계

스칼라 함수 $\Phi(\rho,\phi,z)$에 대한 전미분은 식 (1.3.9)와 같이 쓸 수 있다.

$$\begin{aligned} d\Phi(\rho,\phi,z) &= \vec{\nabla}\Phi \cdot \vec{ds} \\ &= (\vec{\nabla}\Phi)_\rho d\rho + (\vec{\nabla}\Phi)_\phi \rho d\phi + (\vec{\nabla}\Phi)_z dz \\ &= \frac{\partial\Phi}{\partial\rho}d\rho + \frac{\partial\Phi}{\partial\phi}\rho d\phi + \frac{\partial\Phi}{\partial z}dz \end{aligned} \tag{1.3.9}$$

따라서 원통 좌표계에서 스칼라 함수 $\Phi(\rho,\phi,z)$에 대한 기울기 벡터는 다음과 같다.

$$\vec{\nabla}\Phi = \frac{\partial\Phi}{\partial\rho}\hat{\rho} + \frac{1}{\rho}\frac{\partial\Phi}{\partial\phi}\hat{\phi} + \frac{\partial\Phi}{\partial z}\hat{z} \tag{1.3.10}$$

1.4 발산(Divergence)

일상생활에서 경험하는 물리량으로서 어느 한 점으로부터 퍼져나가거나 한 점을

향하여 들어오는 물리량이 있다. 예를 들어 양(+)의 전하를 가진 점 전하(Q)는 점 전하로부터 모든 방향으로 퍼져나가는 전기력선을 만들며, 음(-)의 전하는 점 전하로 모여드는 전기력선을 만든다 (그림 1.14(a,b) 참조). 또한 점 모양의 전구는 전구로부터 모든 방향으로 퍼져나가는 불빛을 만들게 된다. 이처럼 퍼져나가거나 모이는 물리량을 다룰 때 편리하여 자주 사용되는 중요한 미분이 "발산(Divergence)"이라는 미분연산자이며, 어떤 벡터 물리량 $\vec{F}$에 대하여 $\vec{\nabla} \cdot \vec{F}$ 와 같이 표현한다.

그림 1.14와 같이 작은 닫힌 표면 S를 통하여 밖으로 나가는 벡터장(예를 들면 전기장)의 선속(단위 면적당 전기력선의 수 등)은 벡터장을 만드는 근원의 체적밀도(ρ)로 표현된다. 한 예로서 그림 1.14(a, b)에서 $\vec{\nabla} \cdot \vec{E} = \frac{\rho}{\epsilon_0}$ (ρ: 체적 전하밀도)로 발산되는 단위 면적당 전기력선의 수는 전기장의 근원인 단위 체적당 전하밀도와 같다. 좀 더 개념적으로 이들의 의미를 이해하기 위해서는 그림 1.14를 참조하기 바란다.

그림 1.14(a)에서는 구면 S를 통하여 나가는 전기력선이 존재하고, 그림 1.14(b)에서는 구면 S를 통하여 들어오는 전기력선이 존재한다. 한편, 그림 1.14(c)의 경우에 구면 S를 통하여 들어오는 알짜 자기력선이 존재하지 않으므로 단일 자극이 존재하지 않는다는 것을 의미한다. 그림 1.14(d)와 같이 비압축성 유체의 흐름에서는 "$\vec{\nabla} \cdot \vec{F} = 0$ "는 폐곡면 S를 통하여 빠져나가는 알짜 유체분자들이 없다는 의미이다.

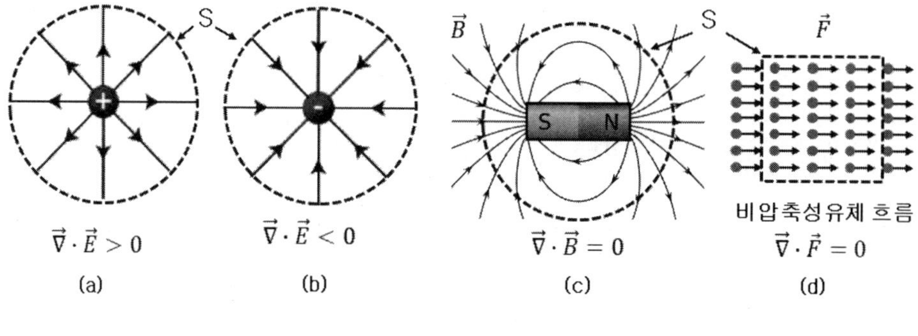

그림 1.14 발산의 의미를 설명하기 위한 그림

직각 좌표계에서 벡터 물리량 $\vec{F}$에 대한 발산은 식 (1.4.1)과 같이 표현된다.

$$\vec{\nabla} \cdot \vec{F} = [\hat{i}\frac{\partial}{\partial x} + \hat{j}\frac{\partial}{\partial y} + \hat{k}\frac{\partial}{\partial z}] \cdot [F_x\hat{i} + F_y\hat{j} + F_z\hat{k}] = \frac{\partial F_x}{\partial x} + \frac{\partial F_y}{\partial y} + \frac{\partial F_z}{\partial z} \tag{1.4.1}$$

이러한 발산에 대한 중요한 정리로 체적적분을 면적 적분으로 바꾸어 주는 발산정리는 식 (1.4.2)와 같이 표현된다. 이에 대한 증명은 수학 관련 교재에서 증명이 되어 있기에 여기서는 하지 않겠다.

$$\int_V \vec{\nabla} \cdot \vec{F} dv = \oint_S \vec{F} \cdot \hat{n} da \tag{1.4.2}$$

이러한 발산정리는 "체적 V에 대해 $\vec{\nabla} \cdot \vec{F}$를 적분한 결과는 체적 V를 감싸는 표면(S)에 대한 벡터 $\vec{F}$의 수직성분을 표면(S)에 대해 적분한 값과 같다."는 의미이다.

발산정리의 의미를 알아보기 위하여 그림 1.15와 같이 내경이 일정한 관을 통하여 유체가 흐르는 경우를 생각하여 보자.

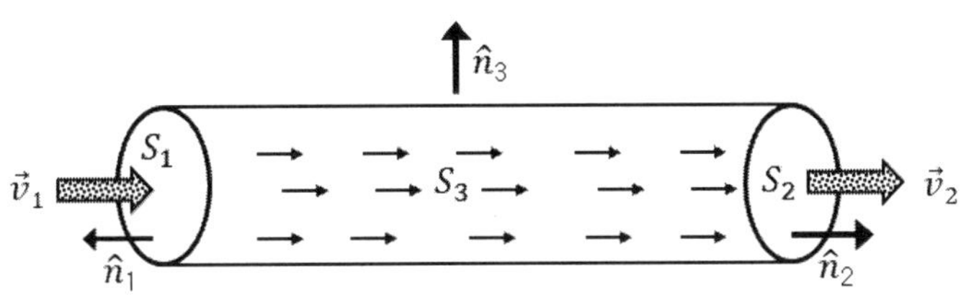

그림 1.15 발산정리를 설명하기 위한 그림

그림 1.15에서 표면 S_1, S_2 및 S_3에 대해 수직 방향을 나타내는 단위벡터들을 $|\hat{n}_1| = |\hat{n}_2| = |\hat{n}_3| = |\hat{n}|$이라 하자. 유체의 밀도를 ρ, 유체의 속도를 $\vec{v}$라고 하면, $\vec{F} = \rho\vec{v}$는 단위 면적당 단위 시간당 통과하는 유체의 질량을 의미하는데, $\vec{F}$에 대해 발산정리를 적용하면

$$\int_V \vec{\nabla} \cdot \vec{F} dv = \oint_S \vec{F} \cdot \hat{n} da = \oint_S \rho\vec{v} \cdot \hat{n} da \tag{1.4.3}$$

$$= \int_{S_1} \rho\vec{v} \cdot \hat{n}_1 da + \int_{S_2} \rho\vec{v} \cdot \hat{n}_2 da + \int_{S_3} \rho\vec{v} \cdot \hat{n}_3 da$$

$$= -\int_{S_1} \rho\vec{v} \cdot \hat{n} da + \int_{S_2} \rho\vec{v} \cdot \hat{n} da$$

$$= (\text{들어가는 양}) + (\text{나가는 양})$$

와 같다.

유체의 속도 $\vec{v}$와 면 S_3에 대해 수직인 단위벡터 $\hat{n}_3$는 서로 수직이므로, 식 (1.4.3)에서 $\int_{S_3} \rho\vec{v} \cdot \hat{n}_3 da = 0$ 이다. 유체는 일반적으로 비압축성 유체와 압축성 유체로 분류되며, 비압축성 유체이면서 $S_1 = S_2$ 이면, 식 (1.4.3)은 $\oint_S \rho\vec{v} \cdot \hat{n} da = 0$ 와 같은 결과가 얻어진다. 반면에 압축성 유체이면서 $S_1 = S_2$ 인 경우에는 $\oint_S \rho\vec{v} \cdot \hat{n} da \neq 0$ 와 같은 결과가 얻어지며, 이는 흘러 들어가는 유체 분자의 수와 나오는 유체분자의 수가 다르다는 의미이다. 따라서 $\vec{F} = \rho\vec{v}$ 의 발산인 $\vec{\nabla} \cdot \vec{F}$을 그림 1.15와 같이 표면 S_1, S_2 및 S_3 가 감싸는 체적 V에 대해 적분하고, 이에 발산정리를 이용하면 식 (1.4.4)와 같이 표현된다.

$$\int_V \vec{\nabla} \cdot \vec{F} dv = \oint_S \vec{F} \cdot \vec{n} da = \oint_S (\rho\vec{v}) \cdot \vec{n} da \tag{1.4.4}$$

따라서 식 (1.4.4)는 체적 V를 감싸는 전체 표면(S) $S = S_1 + S_2 + S_3$ 를 뚫고 나가는 알짜 유체의 양을 의미하므로, 비압축성 유체의 경우에 들어오는 유체의 양과 빠져나가는 유체의 양이 같으므로, 식 (1.4.5)와 같은 결과를 얻는다.

$$\int_V \vec{\nabla} \cdot \vec{F} dv = \oint_S \vec{F} \cdot \hat{n} da = \oint_S (\rho\vec{v}) \cdot \hat{n} da = 0 \tag{1.4.5}$$

식 (1.4.5)는 임의의 폐곡면 S를 통하여 단위 시간당, 단위 면적당 알짜로 빠져나가는 유체가 없다는 것을 의미한다.

1.5 회전(Curl)

회오리바람이나 직류전류가 흐르는 도선 주위에 생기는 자기력선(그림 1.16(a))과 같이 특정한 지점을 기준으로 회전하는 물리량이 존재하며, 이러한 물리량을 표현하는데 편리하게 사용되는 벡터 미분연산자로 "회전 연산자($\vec{\nabla}$)"가 있다. 어떤 벡터 물리량 $\vec{F}$에 대해 회전 연산자를 취하면 $\vec{\nabla} \times \vec{F}$ 와 같이 표현하며, $\vec{\nabla} \times \vec{F}$의 크기는 한 점에서 단위 면적당 회전량을 의미한다. 행렬을 사용하여 직각 좌표계에서 $\vec{\nabla} \times \vec{F}$를 계산하면 다음과 같다.

$$\vec{\nabla}\times\vec{F}=\begin{vmatrix}\hat{i} & \hat{j} & \hat{k}\\ \frac{\partial}{\partial x} & \frac{\partial}{\partial y} & \frac{\partial}{\partial z}\\ F_x & F_y & F_z\end{vmatrix} \tag{1.5.1}$$

$$=\hat{i}\,(\frac{\partial F_z}{\partial y}-\frac{\partial F_y}{\partial z})+\hat{j}(\frac{\partial F_x}{\partial z}-\frac{\partial F_z}{\partial x})+\hat{k}(\frac{\partial F_y}{\partial x}-\frac{\partial F_x}{\partial y})$$

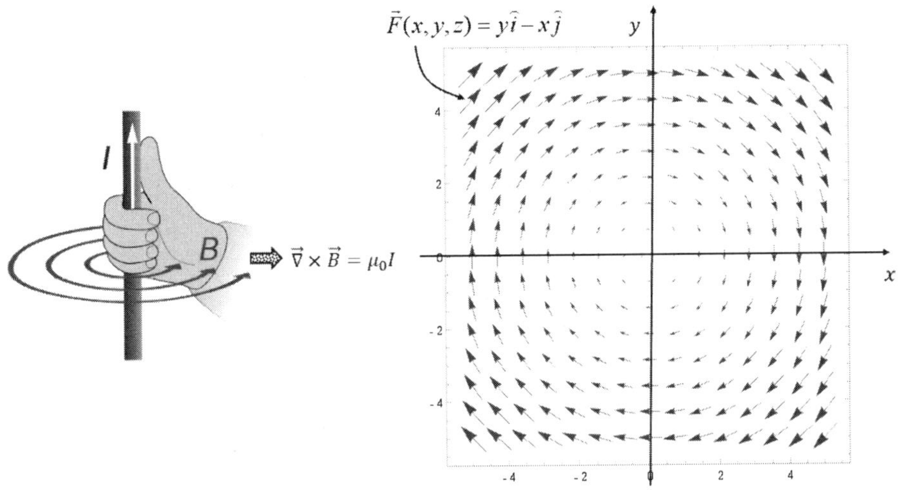

(a) 전류가 흐르는 도선 주위에 생긴 자기장 (b) $z-$축을 중심으로 회전

그림 1.16 특정한 위치를 중심으로 회전하는 물리량들

회전의 의미를 알아보기 위하여 다음과 같이 주어지는 하나의 벡터장($\vec{F}$)을 생각하여 보자. 즉, $\vec{F}(x,y,z)=y\,\hat{i}-x\hat{j}$ 로 표현되는 벡터장을 2차원 평면 내에 나타내면 그림 1.16(b)과 같으며, 이를 식 (1.5.1)을 사용하여 계산하면

$$\vec{\nabla}\times\vec{F}=\begin{vmatrix}\hat{i} & \hat{j} & \hat{k}\\ \frac{\partial}{\partial x} & \frac{\partial}{\partial y} & \frac{\partial}{\partial z}\\ F_x & F_y & F_z\end{vmatrix}=\begin{vmatrix}\hat{i} & \hat{j} & \hat{k}\\ \frac{\partial}{\partial x} & \frac{\partial}{\partial y} & \frac{\partial}{\partial z}\\ y & -x & 0\end{vmatrix} \tag{1.5.2}$$

$$=0\hat{i}+0\,\hat{j}+[\frac{\partial}{\partial x}(-x)-\frac{\partial}{\partial y}y]\hat{k}=-2\hat{k}$$

와 같다. 이는 벡터 $\vec{F}$가 각속도 $\vec{\omega}=[0,0,-2]$로 $z-$축을 중심으로 반시계 방향으

로 회전하는 물체의 속도에 대한 벡터장을 나타낸다는 것을 의미한다. 오른손 법칙을 적용하면, $\vec{\nabla}\times\vec{F}$의 방향은 $xy-$평면에 수직이며 지면으로 들어가는 방향(음(-)의 $z-$축 방향)이다.

크기와 방향을 가지는 물리량을 벡터 $\vec{F}$로 나타내고, 여기에 $\vec{\nabla}\times$을 취한 $\vec{\nabla}\times\vec{F}$의 값이 "0"이면 관측점을 중심으로 회전하는 물리량이 없다는 의미(그림 1.17(a) 참조)이며, "0"이 아니라면 회전하는 물리량이 존재한다(그림 1.17(b) 참조)는 것을 의미한다.

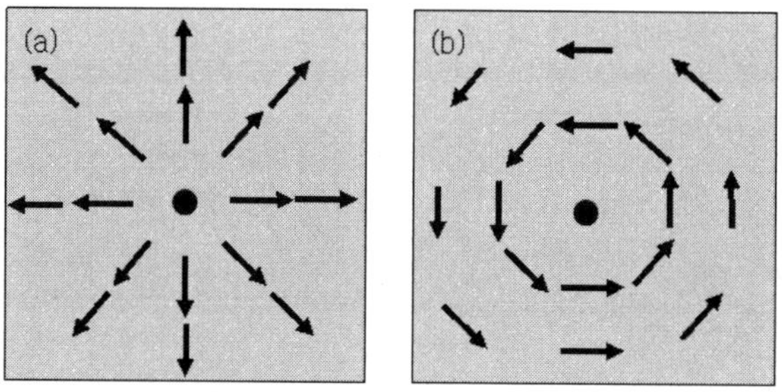

$\vec{\nabla}\times\vec{F}=0$ $\qquad$ $\vec{\nabla}\times\vec{F}\neq 0$

그림 1.17 $\vec{\nabla}\times\vec{F}$의 의미를 설명하기 위한 그림

$\vec{\nabla}\times\vec{F}$는 전자기학이나 다른 학문에서 자주 유용하게 사용되는 수식으로 "$\vec{\nabla}\times\vec{F}$를 특정면 S에 대해 적분한 값은 면 S의 경계선을 따른 $\vec{F}$의 선적분으로 표현된다"는 스토크 정리(Stokes' theorem)가 있으며, 이를 수식으로 나타내면 다음과 같다.

$$\int_S \vec{\nabla}\times\vec{F}\cdot\hat{n}da=\oint_C \vec{F}\cdot d\vec{l} \tag{1.5.3}$$

여기서 C는 면 S의 경계선이 되는 하나의 폐곡선이다.

면적 적분이 어떻게 선적분으로 표현이 가능할까?라고 의문을 가질 수 있지만, 그림 1.18을 생각하면 쉽게 이해가 되리라 판단한다. 식 (1.5.3)의 의미를 알아보기 위하여 같은 방향으로 같은 크기의 직류 전류가 흐르는 전선 다발을 생각하여 보자(그림 1.18 (a) 참조).

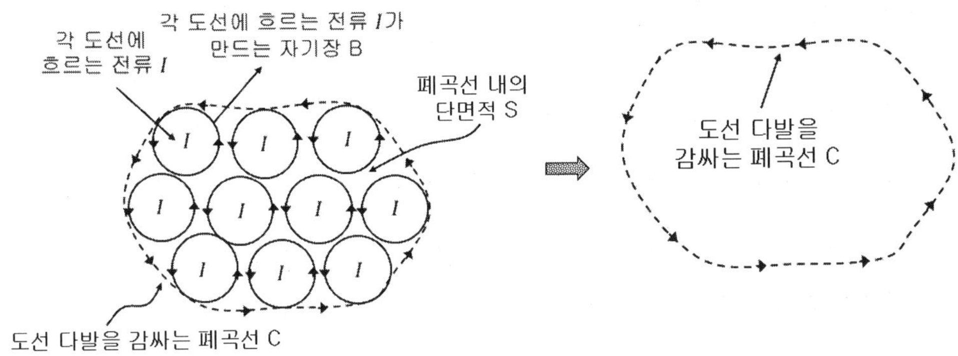

(a) 전류 I가 흐르는 전선 (b) 도선 다발이 만든 알짜 자기장

그림 1.18 스토크 정리가 사용되는 예

각각의 도선에 흐르는 전류 I에 의하여 각 도선 주위에 자기장($\vec{B}$)이 형성되는데, 이러한 자기장은 이웃하는 도선들 사이에서는 크기가 같고 방향이 서로 반대이므로 서로 상쇄된다. 하지만 가장자리에서는 서로 상쇄되지 않으므로 도선을 감싸고 있는 단면적 S에 대하여 각 전선에 흐르는 전류에 의해 만든 자기장($\vec{B}$)의 회전성분 ($\vec{\nabla}\times\vec{B}$)을 모두 합한 결과는 그림 1.18(b)와 같이 자기장을 단면적 S의 가장자리에 따른 선적분으로 표현된다. 이러한 결과를 수식으로 표현하면 다음과 같다.

$$\int_S (\vec{\nabla}\times\vec{B})\cdot\hat{n}da = \oint_C \vec{B}\cdot d\vec{l} \tag{1.5.4}$$

여기서 $\hat{n}$은 폐곡선 내의 단면적 S에 대한 수직방향의 단위벡터이며, $(\vec{\nabla}\times\vec{B})\cdot\hat{n}da$은 $(\vec{\nabla}\times\vec{B})$의 값 중에서 미소면적 da에 수직한 값을 곱한 것을 의미한다. 식 (1.5.4)는 식 (1.5.3)과 같이 표현된 스토크 정리에 대한 표현식과 같음을 알 수 있어, 면적분을 선적분으로 표현하는 것이 가능하다는 것을 알 수 있다.

1.6 벡터 미분연산자

물리적 현상들은 크기만으로도 표현되기도 하지만, 크기와 방향이 함께 기술되는 벡터로 기술되는 경우도 많다. 전자기학을 다루면서 비교적 자주 사용되는 벡터 미분

연산자를 수록하면 다음과 같다.

(1) 라플라시안 연산자(Laplacian operator)

$$\vec{\nabla} \cdot (\vec{\nabla}\Phi) = \nabla^2\Phi \quad (\nabla^2 : \text{라플라시안 연산자}) \tag{1.6.1}$$

임의의 함수에 대한 라플라시안 $\nabla^2\Phi$은 근본적으로 3차원 공간에 대한 2차 미분으로, 다음과 같이 전위(ϕ)와 전하밀도(ρ) 사이를 관계지워 준다.

$$\nabla^2\phi = -\frac{\rho}{\epsilon} \quad (\text{포와송 방정식}) \tag{1.6.2}$$

여기서 ρ는 체적 전하밀도, ϵ은 매질의 유전율이다. 이러한 라플라시안 연산자는 파동방정식에도 응용되는데, 손실이 없고 전하가 없는 매질에서의 전기장에 대한 파동방정식은 다음과 같이 표현된다.

$$\nabla^2\vec{E} + k^2\vec{E} = 0 \ (k = \frac{2\pi}{\lambda} : \text{파수벡터}) \tag{1.6.3}$$

한편, 전기장이나 자기장과 같은 벡터장에 대한 라플라시안은 $\vec{\nabla}$, $\vec{\nabla}\cdot$ 및 $\vec{\nabla}\times$로 표현이 가능하다. 직각 좌표계, 구 좌표계 및 원통 좌표계에서 임의의 함수 Φ에 대한 라플라시안은 다음과 같이 표현된다.

ⓐ 직각 좌표계 : $\nabla^2\Phi = \frac{\partial^2\Phi}{\partial x^2} + \frac{\partial^2\Phi}{\partial y^2} + \frac{\partial^2\Phi}{\partial z^2}$

ⓑ 구 좌표계 : $\nabla^2\Phi = \frac{1}{r^2}\frac{\partial}{\partial r}(r^2\frac{\partial\Phi}{\partial r}) + \frac{1}{r^2\sin\theta}\frac{\partial}{\partial\theta}(\sin\theta\frac{\partial\Phi}{\partial\theta}) + \frac{1}{r^2\sin^2\theta}(\frac{\partial^2\Phi}{\partial\phi^2})$

ⓒ 원통 좌표계 : $\nabla^2\Phi = \frac{1}{r}\frac{\partial}{\partial r}(r\frac{\partial\Phi}{\partial r}) + \frac{1}{r^2}\frac{\partial^2\Phi}{\partial^2\theta} + \frac{\partial^2\Phi}{\partial z^2}$

(2) $\vec{\nabla}\times(\vec{\nabla}\Phi) = 0$ (1.6.4)

(3) $\vec{\nabla}\cdot(\vec{\nabla}\times\vec{F}) = \vec{\nabla}\times(\vec{\nabla}\cdot\vec{F}) = 0$ (1.6.5)

(4) $\vec{\nabla}\times(\vec{\nabla}\times\vec{F}) = \vec{\nabla}(\vec{\nabla}\cdot\vec{F}) - \nabla^2\vec{F}$ (1.6.6)

(5) $\vec{\nabla}(\phi\psi) = (\vec{\nabla}\phi)\psi + \phi\vec{\nabla}\psi$ (1.6.7)

(6) $\vec{\nabla}(\vec{F}\cdot\vec{G}) = (\vec{F}\cdot\vec{\nabla})\vec{G} + \vec{F}\times(\vec{\nabla}\times\vec{G}) + (\vec{G}\cdot\vec{\nabla})\vec{F} + \vec{G}\times(\vec{\nabla}\times\vec{F})$ (1.6.8)

(7) $\vec{\nabla}\cdot(\phi\vec{F}) = (\vec{\nabla}\phi)\cdot\vec{F} + \phi\vec{\nabla}\cdot\vec{F}$ (1.6.9)

(8) $\vec{\nabla}\cdot(\vec{F}\times\vec{G}) = (\vec{\nabla}\times\vec{F})\cdot\vec{G} - (\vec{\nabla}\times\vec{G})\cdot\vec{F}$ (1.6.10)

(9) $\vec{\nabla}\times(\phi\vec{F}) = (\vec{\nabla}\phi)\times\vec{F} + \phi\vec{\nabla}\times\vec{F}$ (1.6.11)

(10) $\vec{\nabla}\times(\vec{F}\times\vec{G}) = (\vec{\nabla}\cdot\vec{G})\vec{F} - (\vec{\nabla}\cdot\vec{F})\vec{G} + (\vec{G}\cdot\vec{\nabla})\vec{F} - (\vec{F}\cdot\vec{\nabla})\vec{G}$ (1.6.12)

(11) 선형 연산자인 $\vec{\nabla}$의 성질:

ⓐ $\vec{\nabla}(a\phi + b\phi) = a\vec{\nabla}\phi + b\vec{\nabla}\phi$ (a, b : 상수) (1.6.13)

ⓑ $\vec{\nabla}\cdot(a\vec{F} + b\vec{G}) = a\vec{\nabla}\cdot\vec{F} + b\vec{\nabla}\cdot\vec{G}$ (a, b : 상수) (1.6.14)

ⓒ $\vec{\nabla}\times(a\vec{F} + b\vec{G}) = a\vec{\nabla}\times\vec{F} + b\vec{\nabla}\times\vec{G}$ (a, b : 상수) (1.6.15)

(12) 그린 정리(Green's theorem)

$$\int_V (\Psi\nabla^2\Phi - \Phi\nabla^2\Psi)\,dV = \oint_S (\Psi\nabla\Phi - \Phi\nabla\Psi)\cdot\hat{n}\,da \tag{1.6.16}$$

위에 수록된 벡터 미분연산자들은 앞으로 비교적 자주 사용하게 될 것이다.

보충 자료

1. 식 (1.6.4)의 증명

$$\vec{\nabla}\times(\vec{\nabla}\Phi)=0 \tag{1.6.4}$$

$$\Rightarrow \vec{\nabla}\times(\vec{\nabla}\phi)=\begin{vmatrix} \hat{i} & \hat{j} & \hat{k} \\ \frac{\partial}{\partial x} & \frac{\partial}{\partial y} & \frac{\partial}{\partial z} \\ \frac{\partial\phi}{\partial x} & \frac{\partial\phi}{\partial y} & \frac{\partial\phi}{\partial z} \end{vmatrix} = \hat{i}\left(\frac{\partial^2\phi}{\partial y\partial z}-\frac{\partial^2\phi}{\partial z\partial y}\right)+\cdot\cdot=0$$

2. 식 (1.6.5)의 증명

$$\vec{\nabla}\cdot(\vec{\nabla}\times\vec{F})=\vec{\nabla}\times(\vec{\nabla}\cdot\vec{F})=0 \tag{1.6.5}$$

$$\Rightarrow \vec{\nabla}\times\vec{F}=\begin{vmatrix} \hat{i} & \hat{j} & \hat{k} \\ \frac{\partial}{\partial x} & \frac{\partial}{\partial y} & \frac{\partial}{\partial z} \\ F_x & F_y & F_z \end{vmatrix} = \hat{i}\left(\frac{\partial F_z}{\partial y}-\frac{\partial F_y}{\partial z}\right)+\hat{j}\left(\frac{\partial F_x}{\partial z}-\frac{\partial F_z}{\partial x}\right)+\hat{k}\left(\frac{\partial F_y}{\partial x}-\frac{\partial F_x}{\partial y}\right)$$

$$\vec{\nabla}\cdot(\vec{\nabla}\times\vec{F})=\left(\hat{i}\frac{\partial}{\partial x}+\hat{j}\frac{\partial}{\partial y}+\hat{k}\frac{\partial}{\partial z}\right)$$

$$\cdot\left[\hat{i}\left(\frac{\partial F_z}{\partial y}-\frac{\partial F_y}{\partial z}\right)+\hat{j}\left(\frac{\partial F_x}{\partial z}-\frac{\partial F_z}{\partial x}\right)+\hat{k}\left(\frac{\partial F_y}{\partial x}-\frac{\partial F_x}{\partial y}\right)\right]$$

$$=\frac{\partial}{\partial x}\left(\frac{\partial F_z}{\partial y}-\frac{\partial F_y}{\partial z}\right)+\frac{\partial}{\partial y}\left(\frac{\partial F_x}{\partial z}-\frac{\partial F_z}{\partial x}\right)+\frac{\partial}{\partial z}\left(\frac{\partial F_y}{\partial x}-\frac{\partial F_x}{\partial y}\right)=0$$

3. 식 (1.6.16)의 증명

그린 정리 (Green's theorem)

$$\int_V (\Psi\nabla^2\Phi - \Phi\nabla^2\Psi)dV = \oint_S (\Psi\nabla\Phi - \Phi\nabla\Psi)\cdot \hat{n}da \tag{1.6.16}$$

$\Rightarrow$ 식 (1.6.16)의 우변에 발산정리 $\int_V \vec{\nabla}\cdot \vec{F}dv = \oint_S \vec{F}\cdot \hat{n}da$ 를 적용하면, 다음과 같이 그린 정리가 증명된다.

$$\oint_S (\Psi\vec{\nabla}\Phi - \Phi\vec{\nabla}\Psi)\cdot \hat{n}da = \int_V \vec{\nabla}\cdot (\Psi\vec{\nabla}\Phi - \Phi\vec{\nabla}\Psi)dv$$

$$= \int_V (\vec{\nabla}\Psi\cdot \vec{\nabla}\Phi + \Psi\vec{\nabla}\cdot \vec{\nabla}\Phi - \vec{\nabla}\Phi\cdot \vec{\nabla}\Psi - \Phi\vec{\nabla}\cdot \vec{\nabla}\Psi)$$

$$= \int_V (\Psi\nabla^2\Phi - \Phi\nabla^2\Psi)dv$$

여기서 $\vec{\nabla}\cdot (\Phi\vec{F}) = \vec{\nabla}\Phi\cdot \vec{F} + \Phi\vec{\nabla}\cdot \vec{F}$ 의 관계를 이용하였다.

4. 벡터 미분

4.1 직각 좌표계(x, y, z)

$$\vec{\nabla}\Phi = \hat{i}\frac{\partial\Phi}{\partial x} + \hat{j}\frac{\partial\Phi}{\partial y} + \hat{k}\frac{\partial\Phi}{\partial z}$$

$$\vec{\nabla}\cdot \vec{F} = \frac{\partial F_x}{\partial x} + \frac{\partial F_y}{\partial y} + \frac{\partial F_z}{\partial z}$$

$$\vec{\nabla}\times \vec{F} = \begin{vmatrix} \hat{i} & \hat{j} & \hat{k} \\ \frac{\partial}{\partial x} & \frac{\partial}{\partial y} & \frac{\partial}{\partial z} \\ F_x & F_y & F_z \end{vmatrix} = \hat{i}\left(\frac{\partial F_z}{\partial y} - \frac{\partial F_y}{\partial z}\right) + \hat{j}\left(\frac{\partial F_x}{\partial z} - \frac{\partial F_z}{\partial x}\right) + \hat{k}\left(\frac{\partial F_y}{\partial x} - \frac{\partial F_x}{\partial y}\right)$$

$$\nabla^2\Phi = \frac{\partial^2\Phi}{\partial x^2} + \frac{\partial^2\Phi}{\partial y^2} + \frac{\partial^2\Phi}{\partial z^2}$$

4.2 원통 좌표계(ρ, ϕ, z)

$$\vec{\nabla}\Phi = \hat{\rho}\frac{\partial\Phi}{\partial\rho} + \hat{\phi}\frac{1}{\rho}\frac{\partial\Phi}{\partial\phi} + \hat{k}\frac{\partial\Phi}{\partial z}$$

$$\vec{\nabla}\cdot\vec{F}=\frac{1}{\rho}\frac{\partial}{\partial\rho}(\rho F_\rho)+\frac{1}{\rho}\frac{\partial F_\phi}{\partial\phi}+\frac{\partial F_z}{\partial z}$$

$$\vec{\nabla}\times\vec{F}=\hat{\rho}(\frac{1}{\rho}\frac{\partial F_z}{\partial\phi}-\frac{\partial F_\phi}{\partial z})+\hat{\phi}(\frac{\partial F_\rho}{\partial z}-\frac{\partial F_z}{\partial\rho})+\hat{k}\frac{1}{\rho}(\frac{\partial}{\partial\rho}(\rho F_\phi)-\frac{\partial F_\rho}{\partial\phi})$$

$$\nabla^2\Phi=\frac{1}{\rho}\frac{\partial}{\partial\rho}(\rho\frac{\partial\Phi}{\partial\rho})+\frac{1}{\rho^2}\frac{\partial^2\Phi}{\partial\phi^2}+\frac{\partial^2\Phi}{\partial z^2}$$

4.3 구 좌표계(r, θ, ϕ)

$$\vec{\nabla}\Phi=\frac{\partial\Phi}{\partial r}\hat{r}+\frac{1}{r}\frac{\partial\Phi}{\partial\theta}\hat{\theta}+\frac{1}{r\sin\theta}\frac{\partial\Phi}{\partial\phi}\hat{\phi}$$

$$\vec{\nabla}\cdot\vec{F}=\frac{1}{r^2}\frac{\partial}{\partial r}(r^2F_r)+\frac{1}{r\sin\theta}\frac{\partial}{\partial\theta}(F_\theta\sin\theta)+\frac{1}{r\sin\theta}\frac{\partial F_\phi}{\partial\phi}$$

$$\vec{\nabla}\times\vec{F}=\hat{r}\frac{1}{r\sin\theta}[\frac{\partial}{\partial\theta}(F_\phi\sin\theta)-\frac{\partial F_\theta}{\partial\phi})]+\hat{\theta}\frac{1}{r}[\frac{1}{\sin\theta}\frac{\partial F_r}{\partial\phi}-\frac{\partial}{\partial r}(rF_\phi)]$$
$$+\hat{\phi}\frac{1}{r}[\frac{\partial}{\partial r}(rF_\theta)-\frac{\partial F_r}{\partial\theta}]$$

$$\nabla^2\Phi=\frac{1}{r^2}\frac{\partial}{\partial r}(r^2\frac{\partial\Phi}{\partial r})+\frac{1}{r^2\sin\theta}\frac{\partial}{\partial\theta}(\sin\theta\frac{\partial\Phi}{\partial\theta})+\frac{1}{r^2\sin^2\theta}(\frac{\partial^2\Phi}{\partial\phi^2})$$

연습문제

01 벡터 $\vec{A} = 2\hat{i} + 3\hat{j} + 4\hat{k}$ 와 $\vec{B} = \hat{3i} + 2\hat{j} - 3\hat{k}$ 가 서로 수직임을 보이시오.

02 벡터 $\vec{r}$ 이 원점으로부터 관측점 (x, y, z)까지를 나타낸다고 할 때, $\vec{\nabla} \cdot \vec{r} = 3$ 와 $\vec{\nabla} \times \vec{r} = 0$ 이 됨을 보이시오.

03 두 벡터 $\vec{F} = -y\hat{i} + x\hat{j}$, $\vec{G} = y\hat{i} - x\hat{j}$ 에 대해 $\vec{\nabla} \times \vec{F}$와 $\vec{\nabla} \times \vec{G}$를 계산하고 이들의 차이점을 간단히 설명하시오.

04 직각좌표에서 원점으로부터 관측점 $P(x, y, z)$까지를 나타내는 위치 벡터 $\vec{r}$의 크기는 $|\vec{r}| = r = \sqrt{x^2 + y^2 + z^2}$ 와 같다. 이때 $r = \sqrt{x^2 + y^2 + z^2}$ 의 기울기를 의미하는 $\vec{\nabla} r$ 이 r 방향의 단위벡터 $\hat{r}$ 과 같음을 보이시오.

05 그림 1.19와 같이 반경이 a, 높이가 1이며 밑면이 xy 평면 위에 놓인 원통 내의 전기장이 $\vec{E} = [x\hat{i} + y\hat{j} + (z^2 - 1)\hat{k}]E_0$, ($E_0$ = 일정)와 같다. 원통을 통과하는 전기력선의 수를 적분과 발산정리를 이용하여 구하고, 이들이 서로 같음을 보이시오.

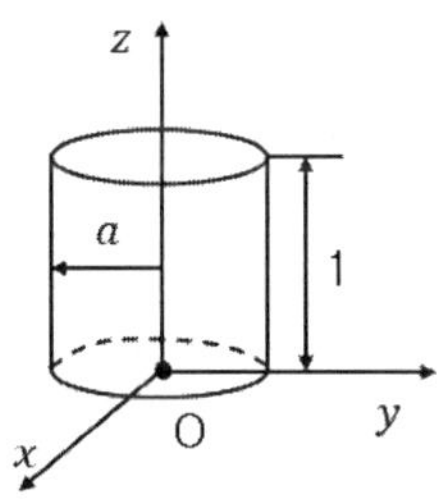

그림 1.19 발산정리의 응용

06 벡터 $\vec{F} = -y^3\hat{i} - x^3\hat{j}$ 와 같이 주어지고, 곡선 C는 $x, y-$ 평면상에서 원점에 중심이 있는 반경 R의 원이다. 이때, $\int_S (\vec{\nabla} \times \vec{F}) \cdot da\hat{n} = \oint_C \vec{F} \cdot d\vec{l}$ ($\hat{n}$: 반경이 R인 원의 면적에 대해 수직)임을 보이시오.

참고자료

1. Introduction to electrodynamics, 제 4판 기초전자기학, 김진승 역, 도서출판 북스힐, 2014.
2. Foundations of electronic theory, Fourth edition, John R. Reitz, Frederick J. Milford and Robert W. Christy, Addition-Wesley Publishing Company, 1993.
3. https://www.lehman.edu/faculty/anchordoqui/VC-4.pdf.
4. The Electromagnetics Problem Solver, M. Fogiel, Chief Editor, Research and Education Association, 2004.

CHAPTER

02 정전기학

전기를 띠고 있는 작은 알갱이를 일반적으로 하전입자라고 하며, 대표적으로 (+)전기를 띠고 있는 양전하와 (-)전기를 띠는 음전하가 있다. 이러한 전하는 전기현상을 일으키는 근원으로 전하의 크기를 전하량(Q)이라고 한다.

질량을 가진 물체 A는 주위에 중력장을 만들고, 이러한 중력장 내에 있는 물체 B는 위치에 따른 중력 위치에너지를 가지게 된다. 지구가 만든 중력장을 단위 질량당 크기로 표시한 것이 중력가속도(g)이며, 단위질량당 중력 위치에너지는 기준점으로부터의 수직높이(h)에 따라 gh의 값을 가지게 된다. 이와 비슷한 개념으로 전기를 띠고 있는 전하 A는 주위에 전기장을 만들고, 이러한 전기장 내에 있는 전하 B는 전기위치에너지를 가지게 된다. 정지해 있는 전하들에 기인한 전기장, 전기위치에너지 및 이들과 관련된 전기적 특성을 다루는 학문을 정전기학이라고 한다.

2장에서는 정지해 있는 전하들에 기인한 전기장 및 전기위치에너지에 대한 개념설명과 함께 점 전하, 선 전하 및 체적 전하분포에 기인한 전기장 및 전기위치에너지에 대한 표현식을 구해보고 실생활에 응용되는 경우를 예를 들어 설명하고자 한다.

2.1 전하

자연과학의 발전은 이론적인 내용을 바탕으로 법칙을 만들고 실험을 통하여 증명하는 방법도 있지만, 일상생활에서 우연히 발견된 현상들을 설명하는 과정에서 발전되는 경우도 많다. 한 예로서 BC 600년경 그리스의 철학자 밀레튜스 탈레스(Miletus Thales)가 호박이라는 보석을 깃털에 문질렀을 때 깃털을 끌어당기는 현상을 발견하였으며, 그리스어의 "호박(=그리스어로 elecktron)"에서 "전기"라는 용어가 나온 것으로 전해지고 있다.

일상생활에서 많이 경험하는 정전기 또는 마찰전기는 마찰에 의해 유리나 수지와 같은 물체에 머무르는 전기를 말하며, 이처럼 물체가 전기를 띠는 현상을 대전이라고 한다. 이처럼 전기를 띠고 있는 물체를 대전체라고 하며, 대전된 전기량을 일반적으로 전하량이라 한다. 그렇다면 물체가 대전되는 원인이 무엇인가?에 대하여 생각하여 보자. 이는 1747년에 프랭클린(Franklin)에 의해 제안된 전하보존 법칙으로 설명되는데, "마찰에 의하여 생기는 전하는 창조되는 것도 소멸되는 것도 아니고 보존된다"는 의미로 전하는 한 물체에서 다른 물체로 이동될 뿐이지 총 전하량이 보존 유지된다. 즉, "하나의 고립계에서 알짜전하는 보존된다."는 것이다. 그림 2.1에서 유리막대(비단)은 유리막대를 비단에 문질려서, 유리막대가 (+)로 대전되었다는 것을 의미한다.

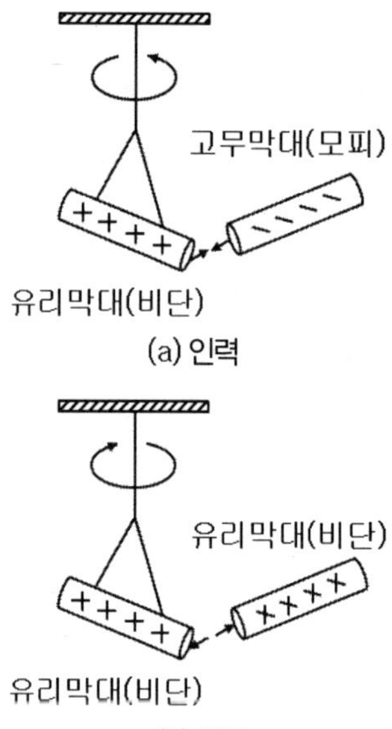

그림 2.1 대전된 물체 사이에 작용하는 힘

표 2.1 물체의 대전열

+계열의 양의 끝	
석면	단단한 고무
유리	니켈과 구리
나일론	놋쇠와 은
양모(모피)	합성고무
납	올론
비단	사란
알루미늄	폴리에틸렌
종이	테프론
면 (cotton)	규소고무
철	-계열의 음의 끝

위에서 언급하였듯이 전하는 우연히 발견되었는데, 실험적 관찰을 통하여 전하들

사이에는 서로 인력이 작용하기도 하고, 척력이 작용한다는 것을 알게 되었다(그림 2.1 참조). 이를 통하여 전하는 2가지 종류로 존재한다는 것을 알 수 있었다. 표 2.1은 두 물체를 서로 문질렀을 때 발생되는 마찰전기에 대한 실험결과를 표로 나타낸 것이다. 예를 들어 유리막대를 비단으로 문지르면 유리막대에 있던 (-)전기는 비단으로 이동하여 유리막대는 (+)로 대전되고, 비단은 (-)로 대전된다. 이때 전하보존에 의해 원래 유리와 비단에 있던 전체 전하는 전기적으로 중성이므로 알짜전하가 "0"이다. 따라서 대전된 후에도 유리막대와 비단에 대전된 전하를 모두 더하면 "0"이 되므로, 마찰과정에서 전하가 새로 생성되거나 소멸되지는 않는다.

전하는 2가지 종류로 존재한다는 실험적 관찰과 함께 전하의 크기는 어떤 형태로 존재하느냐에 대한 연구가 진행되었다. 연구결과에 따르면, 전하는 기본전하량(전자의 전하량: e)의 정수배로만 존재한다고 알려졌으며 이를 전하량의 "양자화"라고 하고 수식으로는 식 (2.1.1)과 같이 표현된다.

$$Q = \pm Ne \quad (\text{Q: 전하량, N: 정수, } e\text{: 기본전하량의 크기}) \qquad (2.1.1)$$

식 (2.1.1)의 물리적 의미는 모든 전하는 전자의 전하를 기본단위로 하여 양자화 되어 있다는 것이며, 참고로 전하의 기본이 되는 전자의 전하량은 $e = 1.60 \times 10^{-19}[C]$ 이다.

2.1.1 물체를 대전시키는 방법

물체를 대전시키는 방법은 크게 ① 접촉에 의한 대전, ② 유도에 의한 대전으로 분류된다. 그림 2.2와 같이 음(-)으로 대전된 막대를 원형 금속구의 표면에 접촉시키면 대전 막대에 있던 잉여전자가 금속구로 이동하게 된다. 이후 접촉했던 대전막대와

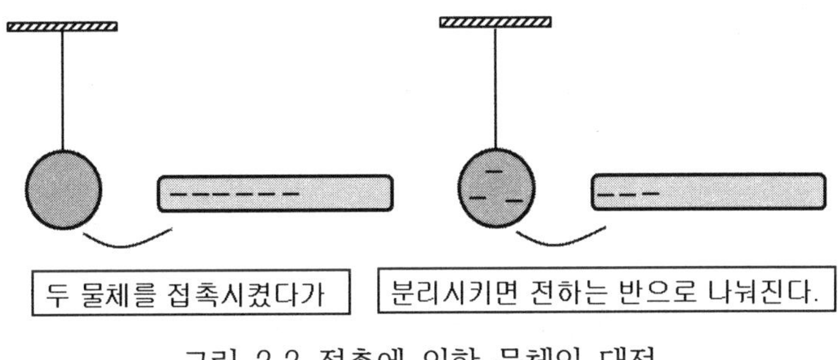

그림 2.2 접촉에 의한 물체의 대전

금속구를 분리시키면, 전하는 1/2씩 나눠지면서 대전되지 않았던 금속구는 음(-)으로 대전된다. 이때 음(-)으로 대전된 금속구를 음으로 대전된 막대로부터 멀리 떨어뜨리면, 금속구에 대전된 음전하들은 금속구 전체에 균일하게 분포된다. 물론 완전한 원형구가 아닌, 뾰족한 부분이 있는 금속구에서는 전하의 분포가 일정하지 않다.

물체를 대전시키는 두 번째 방법으로는 유도에 의한 대전을 생각할 수 있다. 그림 2.3과 같이 땅과 절연되고 서로 접촉해 있는 두 도체에 대전체를 가까이하면 도체 속의 전도전자나 이온이 이동하여 대전체에 가까운 쪽에서는 반대 전하, 먼 쪽은 같은 전하로 대전된다(그림 2.3(a)참조). 이때 대전체가 지니고 있던 잉여전자는 감소되지 않는다. 2개의 금속구를 서로 멀리 떨어뜨리면, 한쪽 금속구는 양(+)으로 대전되고, 다른 금속구는 음(-)으로 대전된다(그림 2.3(b)참조).

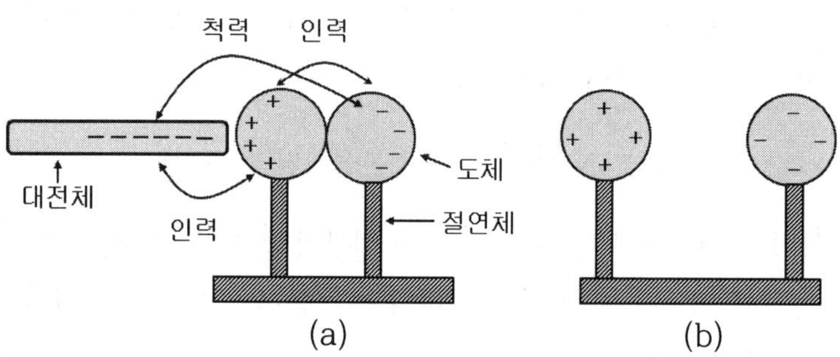

그림 2.3 유도에 의한 대전

유도에 의한 대전에서는 2개의 금속구를 사용하였는데, 접지와 1개의 금속구를 이용하여 대전시키는 방법도 있다. 양(+)으로 대전된 물체를 그림 2.4(a)와 같이 원형 금속구에 가까이 가져가면 금속 구에서는 양전하와 음전하가 분리된다.

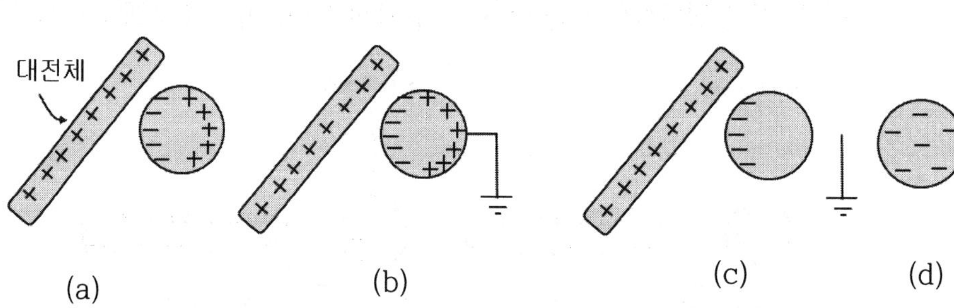

그림 2.4 1개의 금속구와 접지를 이용한 유도에 의한 대전

양전하와 음전하가 분리된 상태에서 그림 2.4(b)와 같이 양(+)의 전하들이 상대적으로 많은 원형도체의 오른쪽을 순간적으로 접지시키면 원형도체의 오른쪽 부분은 전기적으로 중성이 된다. 하지만, 원형도체의 왼쪽 부분은 상대적으로 음(-)의 전하가 많은 상태를 유지하게 되는데, 접지하였던 부분을 제거하면 그림 2.4(c)와 같은 전하 배열이 형성된다. 그림 2.4(c)의 상태에서 양(+)으로 대전된 대전체를 원형도체구로부터 멀리 떨어뜨리면 원형도체의 왼쪽 부분에 모여있던 음(-)의 전하들은 원형도체에 균일하게 분포하게 된다. 물론 이 경우에도 원형도체가 아니라 뾰족한 부분이 있는 도체라면 전하분포는 도체의 위치에 따라 달라질 수 있지만, 도체의 전기적 위치에너지는 전체적으로 일정하게 유지된다.

만약에 원형도체를 양(+)으로 대전시키고 싶다면, 그림 2.4에서 양(+)으로 대전된 대전막대 대신에 음(-)으로 대전된 대전체를 사용하면 된다.

2.2 쿨롱(Coulomb)의 법칙

전자기학을 비롯하여 자연과학이나 공학에서 사용되는 수식들은 크게 2가지 방법으로 만들어진다. 하나는 이론을 바탕으로 얻어지는 이론식이고, 또 하나는 원인은 잘 모르지만 관측된 실험 결과를 바탕으로 얻어지는 실험식이다. 관측을 통하여 전하는 양전하와 음전하가 존재한다는 사실을 알았으며, 점 전하들 사이에 작용하는 전기력은 점 전하들을 서로 연결하는 직선을 따라 서로 힘을 미치며, 점 전하들 사이의 거리의 제곱에 반비례한다. 또한 2개의 점 전하 사이에 작용하는 힘은 두 전하량의 곱에 비례하며, 같은 종류의 전하끼리는 척력, 다른 종류의 전하들 사이에는 인력이 작용한다.

두 전하사이에 작용하는 힘을 정량적으로 조사하였는데, “2개의 점 전하 사이에 작용하는 힘은 점 전하사이의 거리의 제곱에 반비례하며, 전하의 곱에 비례한다.”는 사실을 1784년에 쿨롱(Coulomb)이 비틀림 저울을 이용하여 발견하였다. 과학기술이 발달한 현대는 대전체의 전하량을 측정하는 데 어려움이 없으나, 쿨롱이 쿨롱의 법칙을 발견하던 시절에는 어려움이 있었을 것이다. 하지만, 전하량의 절대적인 크기를 알아내는 것은 어렵다하더라도, 크기가 같은 금속구를 대전된 금속구에 연속적으로 접촉시키면, 처음 대전된 전하량이 접촉할 때마다, 1/2, 1/4, 1/8 ……만큼씩 감소하므로, 두 전하들 사이에 작용하는 전기력에 대한 실험을 수행할 수 있었으리라 판단한다.

실험을 통하여 얻은 결과를 바탕으로 그림 2.5와 같이 고정된 점 전하 q로부터 거리 r되는 곳에 정지해 있는 시험전하 q_0가 받는 전기력은 식 (2.2.1)과 같이 표현된다.

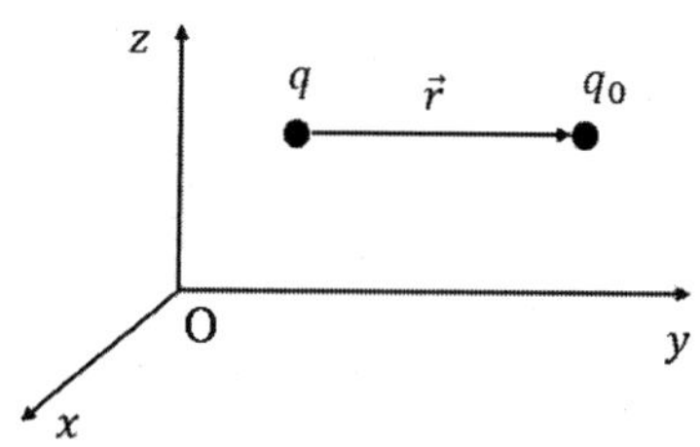

그림 2.5 쿨롱의 법칙

$$\vec{F}= k\frac{qq_0}{r^2}\frac{\vec{r}}{r} = k\frac{qq_0}{r^2}\hat{r} \tag{2.2.1}$$

여기서 $\vec{r}$는 그림 2.5와 같이 점 전하 q에서 시험전하 q_0로 향하는 거리 벡터이며, $\hat{r}$는 점 전하 q에서 q_0로 향하는 방향을 가리키는 단위벡터이다. 한편, 식 (2.2.1)에서 비례상수 k는 C.G.S 단위계에서는 "1"이며, S.I. 단위계에서는 $k = \frac{1}{4\pi\epsilon_0} = 8.99\times10^9[N\cdot m^2/C^2]$이다. 여기서 ϵ_0는 진공에 대한 유전율로 $\epsilon_0 = 8.854\times10^{-12}[C^2/N\cdot m^2]$의 값을 가진다.

예제 1

전하량이 똑같이 0.05 $[\mu C]$ 인 2개의 점 전하가 10 $[cm]$ 떨어져 있을 때, 다음 물음에 답하시오.

해답

(a) 한 전하가 다른 전하에 미치는 힘의 크기는 얼마인가?

실험식으로 얻어진 쿨롱의 법칙을 사용하면, 다음과 같은 결과가 얻어진다.

$$F = \frac{k q_1 q_2}{r^2} = \frac{(8.99 \times 10^9 N \cdot m^2 / C^2)(0.05 \times 10^{-6} C)(0.05 \times 10^{-6} C)}{(0.1m)^2} \tag{2.2.2}$$

$$= 2.25 \times 10^{-3} [N]$$

(b) 한 전하가 가지는 전하의 기본 단위 수를 구하라.

대전 물체가 가지는 전하량은 전자 전하량의 정수배만 가지므로, 각 점 전하가 가지는 전하량인 0.05 μC을 전자의 전하량의 크기로 나눠주면, 전하의 기본 단위 수를 알 수 있다. 0.05μC의 전하량을 만드는데 필요한 전자의 수는 $Q = Ne$ 를 이용하면, 식 (2.2.3)과 같은 결과를 얻는다.

$$N = \frac{q}{e} = \frac{0.05 \times 10^{-6} C}{1.60 \times 10^{-19} C} = 3.12 \times 10^{11} \tag{2.2.3}$$

즉, 전하의 기본 단위 수는 3.12×10^{11} 이다.

지금까지는 두 전하사이에 작용하는 힘에 대하여 알아보았는데, 그림 2.6과 같이 n 개의 점 전하들에 의해 시험전하(q_0)에 작용하는 알짜 전기력은 어떻게 표현될까? 이 경우에는 각각의 점 전하와 시험전하 q_0 사이에 작용하는 힘들을 구한 다음, 이들을 벡터적으로 더해주면 시험전하 q_0 에 작용하는 알짜 힘에 대한 표현식이 얻어진다. 그런데 물리량들을 더하는 경우, 어느 정도 크기를 가지면서 이산적인(discrete) 물리량들을 더할 때는 "$\sum$" 기호를 사용하며 아주 작은 물리량들을 더할 때는 "$\int$"와 같은 적분기호를 사용하게 된다.

여기서는 일정한 크기를 가지는 점 전하들과 q_0 사이에 작용하는 힘들을 더해주므로 시험전하 q_0 에 작용하는 알짜 힘은 식 (2.2.4)와 같이 표현되며, 이를 중첩의 원리(principle of superposition)라고 한다. 중첩의 원리는 어느 두 전하 사이의 상호작용은 다른 전하들의 영향을 전혀 받지 않는다는 것을 기본전제로 하고 있으므로 두 전하 사이에 작용하는 힘을 구하고, 이들을 벡터적으로 더해주면 시험전하 q_0 에 작용하는 알짜 힘을 구할 수 있다.

$$\vec{F} = k\frac{q_1 q_0}{r_{10}^2}\hat{r}_{10} + k\frac{q_2 q_0}{r_{20}^2}\hat{r}_{20} + \cdot\cdot\cdot\ k\frac{q_n q_0}{r_{n0}^2}\hat{r}_{n0} = q_0 \sum_{i=1}^{n} \frac{q_i}{r_{i0}^2}\hat{r}_{i0} \tag{2.2.4}$$

여기서 $\hat{r}_{i0}$는 i번째 전하로부터 시험전하로 향하는 단위벡터이다.

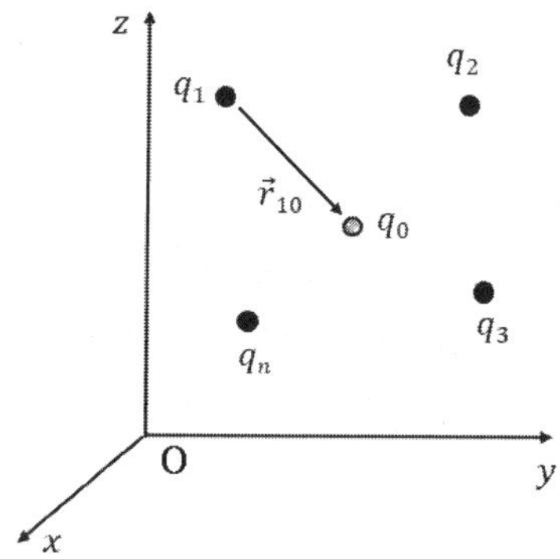

그림 2.6 중첩의 원리

시험전하 q_0에 작용하는 힘에 대한 표현식인 식 (2.2.4)의 양변을 시험전하의 크기로 나눠주면 식 (2.2.5)가 얻어지는데, 이는 단위전하당 작용하는 전기력이 된다.

$$\frac{\vec{F}}{q_0} = \sum \frac{q_i}{r_{i0}^2} \hat{r}_{i0} \tag{2.2.5}$$

하지만, 보다 실질적인 문제는 그림 2.6과 같이 n개의 점 전하가 존재한 상태에서 시험전하 q_0를 좌표의 원점에서 $\vec{r}_0$만큼 떨어진 위치로 가져왔을 때, q_0에 작용하는 알짜 힘을 구하는 것이다. 하지만, n개의 점 전하들이 배치된 상태에서 q_0가 어느 정도의 크기를 가지게 되면, 점 전하들과 q_0 사이에 작용하는 전기력에 의하여 전하들의 위치가 변경되므로, 이는 원래의 전하 배치들에 따른 전기력을 구하는 데 문제가 발생한다. 이러한 문제점을 해결하는 유일한 방법은 시험전하 q_0가 무한히 작으면 시험전하를 원점에서 $\vec{r}_0$만큼 떨어진 위치(관측점)로 가져오더라도 기존의 n개의 점 전하들의 재배치가 일어나지 않게 된다. 이를 수식으로 표현하면 식 (2.2.6)과 같다.

$$\lim_{q_0 \to 0} \frac{\vec{F}}{q_0} = \sum \frac{q_i}{r_{i0}^2} \hat{r}_{i0} = \vec{E} \tag{2.2.6}$$

이처럼 정의되는 물리량을 전기장이라고 하며, 기호로는 $\vec{E}$로 나타낸다.

예제 2

그림 2.7과 같이 x 축 상에 세 개의 점 전하(q_1, q_2, q_0)가 있다. $q_1 = 25\ [nC]$ 은 원점, $q_2 = -15\ [nC]$ 은 $x = 2\ [m]$, 그리고 $q_0 = 20\ [nC]$ 은 $x = 5\ [m]$ 에 정지해 있다. 이때, q_1 , q_2 가 q_0 에 미치는 알짜 힘을 구하여라.

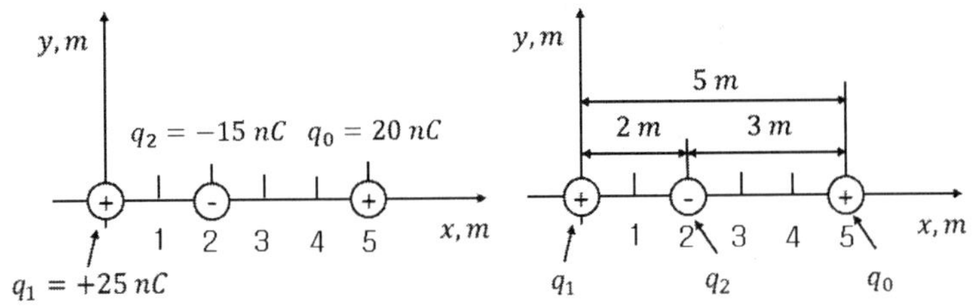

그림 2.7 중첩의 원리

해답

(a) $5m$ 떨어진 q_1이 q_0에 작용하는 힘($\vec{F}_{10}$)은 다음과 같다.

$$\vec{F}_{10} = k\frac{q_1 q_0}{{r_{10}}^2}\hat{r}_{10} = \frac{(8.99\times10^9 N \cdot m^2/C^{2)}(25\times10^{-9}C)(20\times10^{-9}C)}{(5m)^2}\vec{i}$$

$$= (0.18\mu N)\vec{i}$$

(b) $3m$ 떨어진 q_2가 q_0에 작용하는 힘($\vec{F}_{20}$)은 다음과 같다.

$$\vec{F}_{20} = k\frac{q_2 q_0}{{r_{20}}^2}\hat{r}_{20} = \frac{(8.99\times10^9 N \cdot m^2/C^2)(-15\times10^{-9}C)(20\times10^{-9}C)}{(3m)^2}\vec{i}$$

$$= (-0.30\mu N)\vec{i}$$

따라서 q_1, q_2가 q_0에 작용하는 알짜 힘($\vec{F}_{알짜}$)은 $\vec{F}_{10}$와 $\vec{F}_{20}$를 벡터적으로 더한 값으로 다음과 같다.

$$\vec{F}_{알짜} = \vec{F}_{10} + \vec{F}_{20} = (0.18\mu N)\vec{i} - (0.30\mu N)\vec{i} = (-0.12\mu N)\vec{i}$$

즉, 시험전하 q_0에 작용하는 알짜 힘은 음(-)의 $x-$축 방향을 향하며, 크기는 0.12 $[\mu N]$이다.

지금까지는 전하가 점모양으로 분포된 점 전하들에 대해 다루었으나, 전하들은 다양한 형태의 분포가 가능하다. 즉, 선모양의 물체에 따라 분포된 경우, 특정면에 분포된 경우, 또는 특정한 크기의 체적에 분포한 경우를 생각해 볼 수 있다. 전하가 분포된 크기가 원자크기가 아니라면 근사적인 방법으로 연속 전하분포의 개념을 사용하여 설명할 수 있을 것이며, 이들에 대한 정의는 다음과 같이 간단히 표현된다.

$$\text{선 전하밀도 } (\lambda) : \lambda = \lim_{\Delta l \to 0} \frac{\Delta q}{\Delta l} \tag{2.2.7}$$

$$\text{면 전하밀도 } (\sigma) : \sigma = \lim_{\Delta S \to 0} \frac{\Delta q}{\Delta S} \tag{2.2.8}$$

$$\text{체적 전하밀도 } (\rho) : \rho = \lim_{\Delta V \to 0} \frac{\Delta q}{\Delta V} \tag{2.2.9}$$

식 (2.2.7~9)에서 의미하는 전하는 대전체에 존재하는 알짜전하 또는 대전체를 구성하고 있는 물질의 원자핵이나 전자들의 전하를 제외한 과잉의 전하를 의미한다. 식 (2.2.7~9)를 보면 미소길이(Δl)에 대하여 $\Delta l \to 0$와 같이 극한을 취한 이유는 $\Delta l \to 0$와 같은 길이에서는 적어도 전하밀도가 일정하다고 생각할 수 있기 때문이다. 물론 전체적으로 전하가 일정하게 분포되어 있으면, 이러한 극한 표현을 사용할 이유가 없지만, 전하분포가 위치마다 다를 수 있어 미소 길이, 미소 면적 또는 미소 체적의 크기를 거의 "0"이 되도록 극한을 취한 것이다.

예제 3

체적 전하밀도 ρ 를 가지며 전체 체적은 V, 그리고 σ 의 면 전하밀도를 가지며 체적 V를 감싸는 면적이 S라고 하자. 이로부터 $\vec{r}$ 만큼 떨어진 곳에 있는 점 전하 q 에 작용하는 힘은 얼마인가?

해답

전하 q 에 작용하는 힘은 체적 전하분포에 기인한 전하들과 면 전하 분포들에 기인한 전하들에 의한 힘들의 벡터 합으로 다음과 같이 표현된다.

$$\vec{F_q} = \frac{q}{4\pi\epsilon_0}\int_V \frac{\vec{r}-\vec{r'}}{|\vec{r}-\vec{r'}|^3}\rho(\vec{r'})\,dv' + \frac{q}{4\pi\epsilon_0}\int_S \frac{\vec{r}-\vec{r'}}{|\vec{r}-\vec{r'}|^3}\sigma(\vec{r'})\,da' \qquad (2.2.10)$$

여기서 $\vec{r'}$ 는 좌표의 원점에서 전하까지 거리, $\vec{r}$ 은 원점에서 관측점까지의 거리를 의미하므로 체적전하 또는 면전하와 점 전하 q 까지의 거리는 $\vec{r}-\vec{r}'$ 로 표현된다.

2.3 전기장

중력장에 대해서는 일반적으로 이해를 잘하고 있으나, 전하들이 만드는 전기장에 대해서는 막연히 어렵다고 생각하는 듯하다. 질량이 각각 M인 물체와 m인 물체 사이에는 원인은 모르지만 만유인력이 존재하며, 이러한 만유인력의 크기는 두 질량의 곱에 비례하고 질량중심 사이의 거리의 제곱에 반비례한다는 것을 잘 알고 있으며, 이를 수식으로 표현하면 다음과 같다 (그림 2.8(a) 참조).

$$\vec{F} = G\frac{Mm}{r^2}\hat{r} \qquad (2.3.1)$$

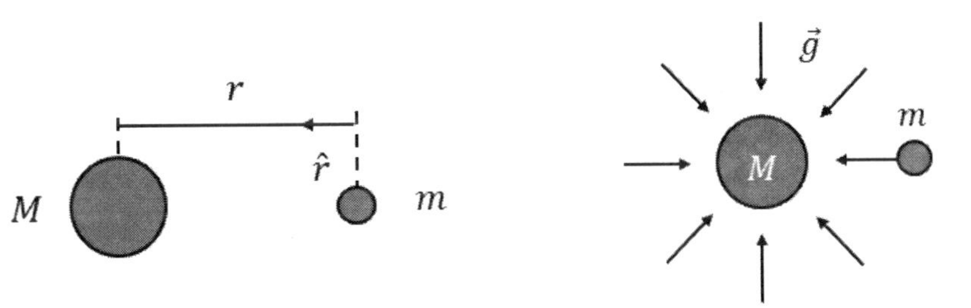

(a) 질량 M과 m인 물체 사이에 작용하는 만유인력

(b) 질량 M인 물체가 만든 중력장 내에 있는 질량 m인 물체

그림 2.8 중력장의 개념을 설명하기 위한 그림

식 (2.3.1)의 양변을 질량 m 으로 나누면, 식 (2.3.2)가 얻어지는데, 이는 단위 질량당 작용하는 힘으로, M이 지구의 질량이라면 우리가 알고 있는 중력가속도($\vec{g}$)를 의미한다.

$$\frac{\vec{F}}{m} = G\frac{M}{r^2}\hat{r} = \vec{g} \tag{2.3.2}$$

그림 2.8(a)에 대한 생각을 그림 2.8(b)와 같이 질량 M인 물체가 만든 중력장 내에 질량 m인 물체가 들어있다고 생각하자. 이 경우에 질량 m인 물체에 작용하는 힘($\vec{F}$)은

$$\vec{F} = m\vec{g} = G\frac{Mm}{r^2}\hat{r} \tag{2.3.3}$$

와 같이 표현되며, 만유인력에 대한 표현식 (2.3.1)과 같음을 알 수 있다.

위에서 설명한 개념과 유사하게 이번에는 전하들이 만드는 영향, 즉, 전기장에 대하여 생각하여 보자. 전하량이 각각 Q, q_0인 두 전하사이에 작용하는 힘은 쿨롱의 법칙을 사용하여 다음과 같이 표현된다.

$$\vec{F} = \frac{1}{4\pi\epsilon_0}\frac{Qq_0}{r^2}\frac{\vec{r}}{r} = \frac{1}{4\pi\epsilon_0}\frac{Qq_0}{r^2}\hat{r} \tag{2.3.4}$$

식 (2.3.4)의 양변을 전하 q_0로 나누면, 식 (2.3.5)가 얻어지는데, 이는 단위 전하당 작용하는 전기력으로, 이를 우리는 전기장($\vec{E}$)이라고 정의한다.

$$\frac{\vec{F}}{q_0} = \frac{1}{4\pi\epsilon_0}\frac{Q}{r^2}\hat{r} = \vec{E} \tag{2.3.5}$$

그림 2.9(a)에 대한 생각을 그림 2.9(b)와 같이 전하량이 Q인 전하가 만든 전기장 내에 전하량이 q_0인 전하가 들어있다고 생각하자. 이 경우에 전하량이 q_0인 전하에 작용하는 힘($\vec{F}$)은 다음과 같이 표현된다.

$$\vec{F} = q_0\vec{E} = \frac{1}{4\pi\epsilon_0}\frac{Qq_0}{r^2}\hat{r} \tag{2.3.6}$$

위에서 설명한 것처럼 똑같은 상황이라 하더라도 어떻게 생각하느냐에 따라 좀 더 쉬운 접근이 가능하다. 질량을 가진 물체들 사이에 작용하는 만유인력은 항상 인력이 작용하지만, 전하들 사이에는 인력 또는 척력이 작용한다. 따라서 양(+)의 전하가 만드는 전기장이 양(+)의 전하를 중심으로 퍼져나가는 방향이라면 음(-)의 전하가 만드

는 전기장은 음(-)의 전하를 향하여 들어오는 방향의 화살표로 나타내고 있다.

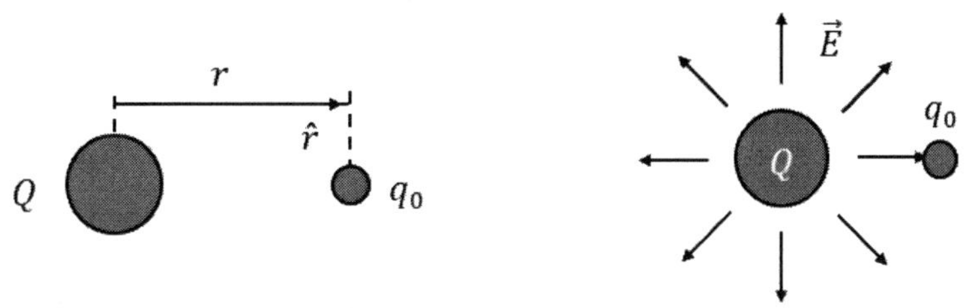

(a) 전하량이 Q, q_0 인 전하 사이에 작용하는 전기력

(b) 전하량이 Q 인 전하가 만든 전기장 내에 놓인 점 전하 q_0

그림 2.9 전기장의 개념을 설명하기 위한 그림

지금까지는 2개의 점 전하들에 기인한 전기장을 취급하였다. 하지만 그림 2.10과 같이 전하량이 q_1, q_2, q_3 인 3개의 점 전하들이 시험전하 q_0 에 만드는 전기장은 q_1, q_2, q_3 와 시험전하 q_0 사이에 작용하는 힘들을 벡터적으로 더한 후, 시험전하의 크기로 나눠주면 시험전하 q_0 가 있는 위치에서의 알짜 전기장이 얻어진다.

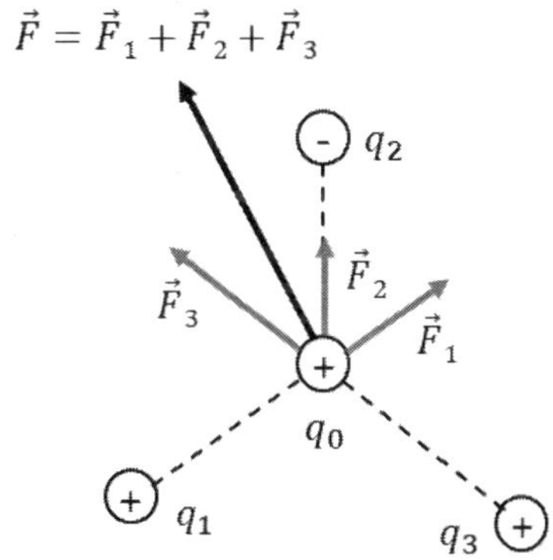

그림 2.10 3개의 점 전하가 시험전하 q_0 의 위치에 만드는 전기장

물론 전하가 N 개인 경우에도 이러한 중첩의 원리를 이용하여 전기장을 구하게 된다. 여기서 시험전하라는 의미는 전하량이 매우 작아 기존 전하들의 배치에 아무런 영향을 미치지 않는 전하라는 의미이므로, 시험전하의 크기를 나타내는 경우는 $q_0 \to 0$ 와 같은 극한을 취하게 된다.

전기장은 위에서 언급하였듯이 측정하고자 하는 위치에서 시험전하에 작용하는 힘을 시험전하의 크기로 나눈 값으로 다음과 같이 정의된다.

$$\vec{E} = \lim_{q_0 \to 0} \frac{\vec{F}_{q_0}}{q_0} \tag{2.3.7}$$

지구 주위의 중력장은 어디에서나 지구의 중심을 향하고 크기가 일정하므로(엄밀히는 위치에 따라 약간의 차이는 있다.) 중력장의 방향이나 크기를 그림으로 표현할 필요는 없을 것이다. 하지만, 전기장은 전하의 크기와 부호에 따라 크기와 방향이 변하므로, 전기장을 그림으로 표현하면 전기장의 효과를 보다 정확히 예측할 수 있다. 따라서 전기장을 그림으로 자주 표현하기도 하며, 전기장을 나타내는 선들은 전기장 내에 존재하는 양(+)의 전하가 받는 전기력의 크기와 방향을 의미한다. 따라서 단위면적당 전기력선이 많은 곳에서는 시험전하에 작용하는 전기력의 크기가 강하다는 것을 의미한다. 그러므로 전기장은 단위면적 당 전기력선의 수를 의미하기도 한다. 이러한 전기력선은 양(+)의 전하에서 시작하여 음(-)의 전하에서 끝나게 된다. (그림 2.11 참조).

그림 2.11(a, c)의 경우에 양(+)의 전하에서 시작한 전기력선은 무한히 멀리 떨어진 음(-)의 전하에서 끝난다는 것을 의미하며, 그림 2.11(b)의 경우에는 음(-)의 전하로부터 무한히 멀리 떨어진 곳에 있는 양(+)의 전하에서 시작한 전기력선이 음(-)의 전하에서 끝난다는 것을 의미한다. 이러한 전기력선들은 서로 만나거나 겹쳐지지 않는다.

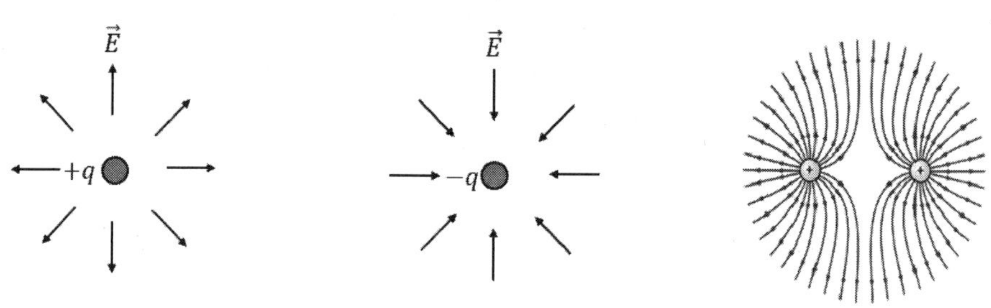

(a) (b) (c)

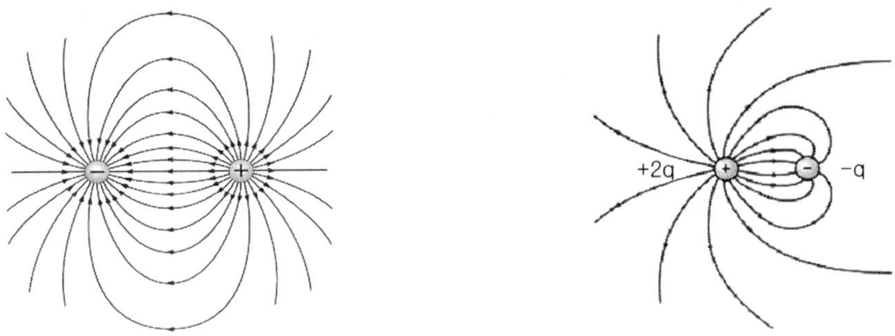

(d) (e)

그림 2.11 전기력선으로 표현한 전기장

예제 4

그림 2.12와 같이 $q_1, q_2, q_3, \cdots, q_N$ 의 N개의 점 전하가 $\vec{r}_1, \vec{r}_2, \vec{r}_3, \cdots, \vec{r}_N$의 위치에 존재하며, 체적전하 밀도 $\rho(\vec{r'})$ 인 전하가 전체 체적 V 내에 균일하게 분포되어 있다. 또한 표면적 S 에 균일하게 밀도 $\sigma(\vec{r'})$ 로 균일하게 표면전하가 분포된 경우, 이들이 만드는 전기장은 어떻게 표현되나?

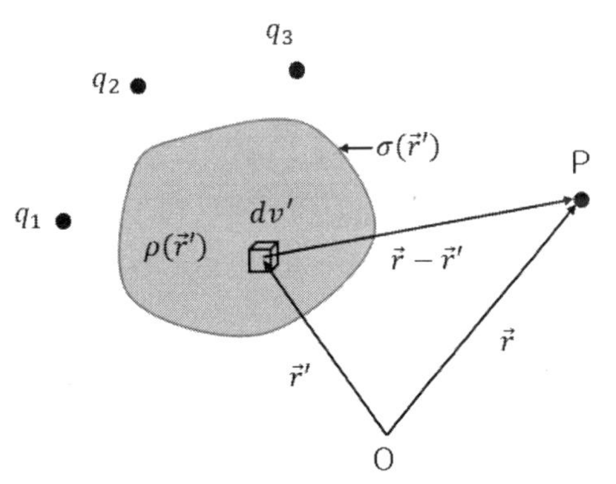

그림 2.12 점 전하, 체적전하 및 표면전하가 만드는 전기장

해답

좌표의 원점으로부터 $\vec{r}$ 인 곳의 관측점 P에 있는 시험전하(=q_0)에 작용하는 힘은 점 전하,

체적전하 및 면전하에 의한 힘들의 벡터 합으로 다음과 같이 표현된다.

$$\overrightarrow{F_{q_0}} = \frac{q_0}{4\pi\epsilon_0}\sum_{i=1}^{N} q_i \frac{\vec{r} - \vec{r_i}}{|\vec{r} - \vec{r_i}|^3} \tag{2.3.8}$$

$$+ \frac{q_0}{4\pi\epsilon_0}\int_V \frac{\vec{r} - \vec{r'}}{|\vec{r} - \vec{r'}|^3}\rho(\vec{r'})\,dv' + \frac{q_0}{4\pi\epsilon_0}\int_S \frac{\vec{r} - \vec{r'}}{|\vec{r} - \vec{r'}|^3}\sigma(\vec{r'})\,da'$$

여기서 $\vec{r'}$ 는 좌표의 원점에서 전하까지의 거리, $\vec{r}$ 은 원점에서 관측점(또는 시험전하)까지의 거리를 의미하므로 점 전하, 체적전하 및 면전하와 시험전하 q_0 까지의 거리는 $\vec{r} - \vec{r}'$ 로 표현된다. 따라서 이러한 전하분포들이 q_0 가 있는 관측점 P에 만드는 전기장은 다음과 같이 표현된다.

$$\vec{E}(\vec{r}) = \frac{1}{4\pi\epsilon_0}\sum_{i=1}^{N} q_i \frac{\vec{r} - \vec{r_i}}{|\vec{r} - \vec{r_i}|^3} + \frac{1}{4\pi\epsilon_0}\int_V \frac{\vec{r} - \vec{r'}}{|\vec{r} - \vec{r'}|^3}\rho(\vec{r'})\,dv' \tag{2.3.9}$$

$$+ \frac{1}{4\pi\epsilon_0}\int_S \frac{\vec{r} - \vec{r'}}{|\vec{r} - \vec{r'}|^3}\sigma(\vec{r'})\,da'$$

식 (2.3.9)에서 첫째 항은 점 전하들이 관측점 P에 만드는 전기장, 둘째 항은 체적전하들에 의한 전기장 그리고 셋째 항은 면 전하들이 관측점 P에 만드는 전기장을 의미한다.

2.4 정전기적 전위

중력가속도가 $\vec{g}$ 인 중력장 내에 질량 m 인 물체가 기준점으로부터 수직높이 y 인 곳에 위치하면, 이 물체는 $P(y) = mgy$ 의 위치에너지를 가지고 있다고 말한다. 이러한 중력 위치에너지를 질량 m 으로 나눠주면, $V(y) = \dfrac{P(y)}{m} = gy$ 의 값을 가지며, 이는 중력장 내에서의 단위 질량당 중력 위치에너지를 의미한다. 여기서 수직높이란 표현을 썼는데, 이는 수직방향으로 중력 위치에너지가 가장 급격히 변한다는 의미를 내포하고 있으며, 단위질량당 중력 위치에너지가 가장 급격히 감소하는 방향이 중력

가속도의 방향이 된다.

단위 질량당 중력 위치에너지와 유사한 개념으로 단위 전하당 전기위치에너지인 전위를 생각할 수 있다. 좌표의 원점으로부터 $\vec{r'}$에 위치한 점 전하 q가 관측점 P에 만드는 전위($\psi(\vec{r})$)는 식 (2.4.1)과 같이 표현된다.

$$\psi(\vec{r}) = \frac{1}{4\pi\epsilon_0}\frac{q}{|\vec{r}-\vec{r'}|} \tag{2.4.1}$$

한편, 점 전하, 체적전하 및 면 전하분포에 기인한 전위는

$$\psi(\vec{r}) = \frac{1}{4\pi\epsilon_0}\sum_{i=1}^{N}\frac{q_i}{|\vec{r}-\vec{r'}|} \tag{2.4.2}$$

$$+\frac{1}{4\pi\epsilon_0}\int_V \frac{\rho(\vec{r'})}{|\vec{r}-\vec{r'}|}dv' + \frac{1}{4\pi\epsilon_0}\int_S \frac{\sigma(\vec{r'})}{|\vec{r}-\vec{r'}|}da'$$

와 같이 표현된다. 한편, 식 (2.4.1)에 기울기 벡터($\vec{\nabla}$)를 취하면 다음과 같이 표현된다.

$$\vec{\nabla}\psi(\vec{r}) = \frac{q}{4\pi\epsilon_0}\vec{\nabla}[\frac{1}{|\vec{r}-\vec{r'}|}] = -\frac{q}{4\pi\epsilon_0}[\frac{1}{|\vec{r}-\vec{r'}|^2}]\frac{\vec{r}-\vec{r'}}{|\vec{r}-\vec{r'}|} \tag{2.4.3}$$

$$= -\vec{E}(\vec{r})$$

식 (2.4.3)으로부터 전기장과 전위와의 관계는

$$\vec{E}(\vec{r}) = -\vec{\nabla}\psi(\vec{r}) \tag{2.4.4}$$

와 같이 표현된다. 식 (2.4.4)로부터 전기장의 방향은 전위가 가장 빨리 감소하는 방향이며, 크기는 거리에 따른 전위의 감소율을 의미한다는 것을 알 수 있다.

예제 5

자유공간의 원점에 전하량이 q인 점 전하가 놓여 있을 때, 원점을 제외한 모든 곳에서 점 전하에 기인한 전기장($\vec{E}(r)$)을 전위 ($\psi(\vec{r})$)를 이용하여 구하시오. 편리를 위해 구 좌표를 사용하시오.

해답

원점에 위치한 점 전하 q에 기인한 전위는 $\psi(\vec{r})=\dfrac{q}{4\pi\epsilon_0 r}$ $(r\neq 0)$이다. 따라서 전기장은 $\vec{E}(\vec{r})=-\vec{\nabla}\psi(\vec{r})=-\vec{\nabla}(\dfrac{q}{4\pi\epsilon_0 r})$ 와 같이 표현된다. 전위가 r만의 함수이므로 구 좌표계에서 전기장은 다음과 같이 표현되며, 전하량이 다른 점을 제외하고는 식 (2.3.5)와 같다.

$$\vec{E}(\vec{r})=-[\hat{r}\frac{\partial}{\partial r}+\hat{\theta}\frac{1}{r}\frac{\partial}{\partial\theta}+\hat{\phi}\frac{1}{r\sin\theta}\frac{\partial}{\partial\phi}](\frac{q}{4\pi\epsilon_0 r})$$

$$=-\hat{r}\frac{\partial}{\partial r}(\frac{q}{4\pi\epsilon_0 r})=-\hat{r}\frac{q}{4\pi\epsilon_0}\frac{\partial}{\partial r}(\frac{1}{r})=-\hat{r}\frac{q}{4\pi\epsilon_0}(-\frac{1}{r^2})=\frac{q}{4\pi\epsilon_0 r^2}\hat{r}$$

식 (2.4.4)의 양변에 미소변위 $d\vec{r}$ 을 스칼라 곱을 하고, 기준점($\vec{r}_{ref}$)으로부터 관측점($\vec{r}$)까지 적분하면,

$$\int_{\vec{r}_{ref}}^{\vec{r}}\vec{E}(\vec{r})\cdot d\vec{r}=-\int_{\vec{r}_{ref}}^{\vec{r}}\vec{\nabla}\psi\cdot d\vec{r} \tag{2.4.5}$$

이 얻어지는데, "$\vec{r}_{ref}$"는 전위가 "영"이 되는 기준점을 의미한다. $\vec{\nabla}\psi\cdot d\vec{r}=d\psi$ 이므로 식 (2.4.5)의 우변은 전위의 완전 미분($d\psi$)에 대한 적분이 되므로 식 (2.4.6)과 식 (2.4.7)이 얻어진다.

$$-\int_{\vec{r}_{ref}}^{\vec{r}}\vec{\nabla}\phi\cdot d\vec{r}=-\int_{\vec{r}_{ref}}^{\vec{r}}d\psi=-\psi(\vec{r})+\psi(\vec{r}_{ref})=\int_{\vec{r}_{ref}}^{\vec{r}}\vec{E}(\vec{r})\cdot d\vec{r} \tag{2.4.6}$$

$$\psi(\vec{r})=-\int_{\vec{r}_{ref}}^{\vec{r}}\vec{E}(\vec{r})\cdot d\vec{r}+\psi(\vec{r}_{ref})=-\int_{\vec{r}_{ref}}^{\vec{r}}\vec{E}(\vec{r})\cdot d\vec{r} \tag{2.4.7}$$

식 (2.4.7)에서 $\psi(\vec{r}_{ref})$는 관례상 "0"으로 두었으며, 전기장과 전위 사이의 관계는 식 (2.4.4)와 같이 미분형으로 표현되거나, 식 (2.4.7)과 같이 적분형으로 표현할 수 있다.

예제 6

그림 2.13과 같이 균일한 전기장이 양(+)의 x−축 방향을 향하고 있으며, 세기가 10 $[V/m]$이다. $x_2 - x_1$이 10 $[cm]$이라고 할 때, 두 점 사이의 전위차는 얼마인가?

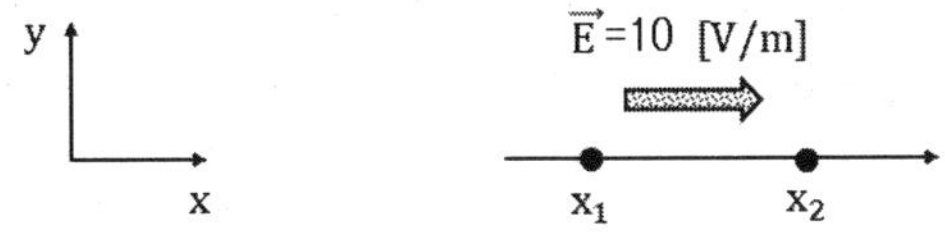

그림 2.13 양(+)의 x−축 방향을 향하는 전기장

해답

두 점 x_1과 x_2사이의 전위차(V)는 $V = 10(x_2 - x_1) = 10[V/m][0.1m] = 1[V]$ 이다.

문제를 간단히 하기 위해 원점에 위치하고 전하량이 q인 하전입자가 관측점 $\vec{r}$에 만드는 전기장 ($\vec{E}(\vec{r}) = \frac{1}{4\pi\epsilon_0}\frac{q}{r^2}\hat{r}$ 을 식 (2.4.7)에 대입한 후, 기준점을 무한대로 취하고 기준점에서의 전위 $\psi(\vec{r}_{ref})$를 "0"이라고 하면 전위에 대한 표현식은

$$\psi(\vec{r}) = \frac{q}{4\pi\epsilon_0 r} \quad (r \neq 0) \tag{2.4.8}$$

와 같이 되어 식 (2.4.1)과 일치한다. 물론 전하가 원점에 위치해 있다고 가정하였으므로 식 (2.4.1)에서 $[\vec{r}\,'] = 0$로 두었다. 여기서 기준점을 무한대로 취한 이유는 점 전하로부터 무한대 떨어진 곳에서는 점 전하가 만드는 전기장이 "0"이 되며, 전기장이 "0"이면, 식 (2.4.4)에 의하여 "$\psi(\vec{r}) =$ 상수"이지만, 상숫값을 "0"으로 설정하는 것은 매우 합리적이기 때문이다.

식 (2.4.8)에서 $r \neq 0$이라는 조건을 부여한 것은 전하가 원점에 있어, 전하 자신의 위치에서 전위에 대한 정의가 불가능하기 때문이다. 식 (2.4.8)에 $r = 0$을 대입하면, 전위가 무한대가 된다. 이는 유한한 크기의 전하량을 가지는 전하가 무한한 크기의 전위를 만든다는 의미가 되므로 물리적으로 받아들일 수 없다.

중력과 같은 임의의 보존력과 관계된 위치에너지는

$$U(\vec{r}) = -\int_{ref}^{\vec{r}} \vec{F}(\vec{r}\,') \cdot d\vec{r}\,' \tag{2.4.9}$$

로서 $U(\vec{r})$ 은 위치에너지가 "영"이 되는 기준점에 대해 $\vec{r}$ 인 곳에서의 위치에너지를 의미한다. 참고로 보존력이란 물체를 위치 A에서 B로 이동시킬 때, 해 준 일의 양이 경로에 의존하지 않고 일정한 힘을 말한다. 이러한 보존력은 보충 자료에서 비교적 자세히 설명하였다. 전기력도 보존력으로 전기장 $\vec{E}$ 내에 있는 전하 q가 받는 전기력은 $\vec{F} = q\vec{E}$ 이다. 이러한 전기력을 식 (2.4.9)에 적용하면, 식 (2.4.10)과 식 (2.4.11)이 얻어진다.

$$U(\vec{r}) = -\int_{\vec{r}_{ref}}^{\vec{r}} \vec{F}(\vec{r}) \cdot d\vec{r} = -\int_{\vec{r}_{ref}}^{\vec{r}} q\vec{E}(\vec{r}) \cdot d\vec{r} \tag{2.4.10}$$

$$\frac{U(\vec{r})}{q} = -\int_{\vec{r}_{ref}}^{\vec{r}} \vec{E}(\vec{r}) \cdot d\vec{r} = \psi(\vec{r}) \tag{2.4.11}$$

식 (2.4.11)로부터 전위는 단위 전하당 전기위치에너지가 됨을 알 수 있다.

중력 위치에너지 자체의 물리적 의미보다는 두 지점 사이의 중력 위치에너지의 차이가 중요하다. 다시 말해서 중력 위치에너지의 차이만큼 위치에너지가 운동 에너지로 변하기도 한다. 높은 곳에 있는 물체는 중력 위치에너지는 크지만, 그 자체로는 아무런 역할을 하지 못한다. 하지만 높은 곳에서 낮은 곳으로 떨어지게 되면, 높은 곳과 낮은 곳의 위치에너지 차에 해당되는 에너지가 운동 에너지 등으로 전환이 가능하다.

전기에서도 마찬가지이다. 전위 자체가 중요한 것이 아니라 두 지점 사이의 전기위치에너지의 차이가 중요하다. 우리가 일반적으로 알고 있는 전압은 두 지점 사이의 전기위치에너지의 차이, 즉 전위차를 의미한다. 전기장과 전위를 요약하면, 전기장 $\vec{E}(\vec{r})$ 은 단위 전하당 작용하는 전기력을 의미하며, 전위 $\psi(\vec{r})$ 는 단위 전하당 전기위치에너지이다. 1.5V 건전지의 경우, (+)극은 전기위치에너지가 높고 (-)극은 전기위치에너지가 낮다는 의미로 (+)극과 (-)극의 전위차인 전압은 1.5V이다.

전위는 위치만의 함수인 스칼라양으로 주어지며, 전기장은 크기와 방향을 가지는 벡터양이다. 전기장과 전위 사이의 관계를 통하여 전위를 알면, $\vec{E}(\vec{r}) = -\vec{\nabla}\psi(\vec{r})$ 의 관계식을 사용하여 전기장에 대한 정보를 알 수 있다. 전기장에 대한 정보를 알면, $\vec{F} = q\vec{E}$ 를 이용하여 전기장 내에 존재하는 전하에 작용하는 힘에 대한 정보를 알 수 있으며, 힘에 대한 정보를 이용하여 $\vec{F} = m\vec{a}$ 을 이용하여 운동방정식을 세울 수 있다. 운동방정식을 알면, 운동방정식을 풀어 전하의 운동에 대한 정보를 알 수 있게 되는 것이다. 따라서 전자기학에서는 벡터양인 전기장보다는 다루기가 편리한 스칼라양인 전위에 대한 표현식을 구하는 것이 일차적인 임무라고 생각할 수 있을 것이다.

2.5 도체와 절연체

자연계에 존재하는 물질은 크게 도체, 부도체(또는 유전체라고도 함), 반도체 및 플라스마로 분류한다. 이러한 분류 중에서 도체와 부도체의 전기적 특성에 대해서 알아보자. 구리 원자들이 수없이 많이 결합하여 만들어진 구리나 다른 종류의 금속물질 내부에는 자유로이 운동이 가능한 자유전자들이 많이 존재한다. 물론 원자번호가 29인 구리 원자는 최외각에 존재하는 1개의 전자가 자유전자로 존재하게 된다. 이처럼 자유전자들이 많이 존재하는 물질을 도체라고 하며, 도체에 전압(보다 엄밀히는 전기장)을 가해주면 자유전자들이 전기력을 받아 쉽게 움직이면서 도체 내에 전류가 흐르게 된다.

시간에 무관한 정전기적 조건에서 도체 내부의 전기장($\vec{E}$)은 "0"이 된다. 만약에 도체 내부의 전기장이 "0"이 아니라면, 자유전자들은 $\vec{F} = q\vec{E}$ 로 주어지는 전기력을 받아 운동하다가 도체 내부의 알짜 전기장이 "0"이 되면, 운동을 멈추게 된다. 따라서 정전기적 안정상태에서 도체 내부의 전기장은 "0"의 값을 가지게 된다. 도체 내부의 전기장이 "0"이라는 조건은 바꿔말해서 도체 내부의 전위는 항상 일정하다는 것을 의미한다.

만약에 도체가 대전되는 경우, 과잉의 전하들은 도체 표면에만 존재하고 도체 내부에는 존재하지 않는다. 대전에 사용되는 과잉의 전하들이 도체 내부에 존재하게 되면, 도체 내부에 전기장을 만들게 되고 이로 인하여 자유전자들이 힘을 받아 운동하는 일이 생기게 되는데, 자유전자들이 움직이지 않는 상태는 도체 내부의 전기장이 "0"인 경우이다. 따라서 과잉의 전하들은 도체 내부에 존재하지 않고 도체 표면에 존재하게 된다.

대전된 도체의 과잉전하들이 만드는 전기장의 방향은 도체의 표면에 대해 항상 수직이다. 만약에 수직이 아니고 도체의 표면에 대해 접선방향의 성분이 존재한다면, 자유전자들이 힘을 받아 도체 표면을 따라 운동하게 되므로 접선방향의 성분이 "0"이 되어야, 전하의 운동이 없는 정적인 평형상태에 이르는 것이다. 따라서 정적인 평형상태에서 도체 내부의 전기장은 "0"이며, 대전된 도체가 만드는 전기장의 방향은 항상 도체 표면에 수직이다. 전하들이 도체 내에서 움직이지 않는 정적 평형상태에서 도체의 전위는 도체 전체에 대해 같은 전위인 등전위 상태로 존재하게 된다. 도체 전체가 등전위로 존재해야 자유전자들이 전위차로 인한 전하의 운동이 일어나지 않는 평형상태로 존재하게 된다.

플라스틱이나 유리와 같은 물질을 구성하고 있는 전자들은 원자들에 강하게 속박되어 있어서 외부에서 어느 정도 크기의 전기장을 가해주어도 자유로이 움직일 수 없어 전류가 흐르지 못하는데 이를 절연체 또는 유전체라고 한다. 물론 이상적인 절연체에서는 외부에서 가해주는 전기장에 대해 원자를 구성하고 있는 전자들의 위치가 약간 이동될 수는 있으나, 구속원자들로부터 벗어나지 못하므로 전류가 흐르지 않는다. 하지만 대부분의 절연체에서는 전기전도도가 "0"이 아니지만, 좋은 도체의 약 $1/10^{20}$ 정도로 매우 작다. 참고로 전기전도도(g)는 전류를 얼마나 잘 흐르게 할 수 있느냐에 대한 척도로서 비저항(ρ)의 역수로 $g = 1/\rho$ 와 같이 정의된다.

2.6 가우스의 법칙

전자기학에서 전기장에 대한 정확한 정보는 전기장 내에 존재하는 전하들에 작용하는 힘에 대한 정보제공을 통하여, 전하들의 운동을 알 수 있는 운동방정식을 제공하므로 매우 중요하다. 이러한 전기장을 구하는 방법은 중첩의 원리나 적분을 이용하여 구하는 방법이 있으나 전하분포가 대칭성을 가지는 경우, 보다 쉽게 구할 수 있는 방법이 가우스의 법칙이다.

가우스의 법칙은 기본적으로 임의의 폐곡면을 뚫고 나가는 알짜 전기력선의 수(폐곡면에 대한 전기장의 법선성분에 대한 면적분)와 그 폐곡면이 감싸고 있는 총 알짜전하 사이의 관계를 나타내주는 법칙이다. 가우스의 법칙을 이해하기 위하여 다음 3가지의 경우를 생각하여 보자.

ⓐ 그림 2.14(a)와 같이 단위 면적당 전기력선의 수를 의미하는 전기장의 세기가 일정한 경우, 전기장에 대하여 수직인 면을 통과하는 전기력선의 수(ϕ)는 다음과 같다.

$$\phi = EA(Nm^2/c) \tag{2.6.1}$$

ⓑ 그림 2.14(b)와 같이 전기장의 세기가 일정하지만 $\vec{E}$에 수직하지 않은 면 A를 통과하는 전기력선의 수(ϕ)는 다음과 같으며, E_n은 면적 A에 대한 전기장의 수직성분을 의미한다.

$$\phi = EAcos\theta = |\vec{E} \cdot \hat{n}| A = EA\cos\theta = E\cos\theta A = E_n A \tag{2.6.2}$$

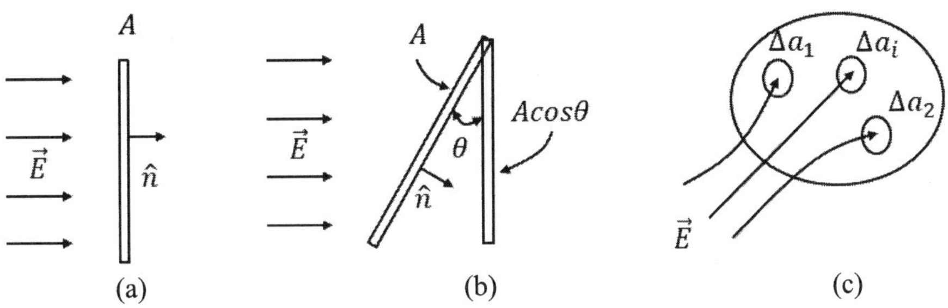

그림 2.14 가우스의 법칙을 설명하기 위한 그림

ⓒ 그림 2.14(c)에서와 같이 전기장의 크기와 방향이 위치에 따라 변하는 경우, i번째 미소면적 $\triangle a_i$를 통과한 전기력선의 수는 $\triangle\phi = |\vec{E} \cdot \hat{n}|_i \triangle a_i$와 같으며 $|\vec{E} \cdot \hat{n}|_i = E_{ni}$로 i번째 미소면적 $\triangle a_i$에 대한 전기장의 수직성분을 의미한다. 따라서 전체면적을 통과한 전기력선의 수는 각각의 미소면적을 통과한 전기력선의 수를 더한 것과 같다. 여기서 각각의 미소면적을 $\triangle a \to 0$와 같이 정의하면, 미소면적 내에서의 전기장의 크기는 일정하다고 볼 수 있으므로, $\sum$을 다음과 같이 적분으로 표현할 수 있다.

$$\phi = \lim_{\triangle a \to 0} \sum_i |\vec{E} \cdot n|_i \triangle a_i = \int |\vec{E} \cdot n| da \tag{2.6.3}$$

따라서 임의의 폐곡면을 통과한 알짜 전기력선의 수는 식 (2.6.4)와 같이 표현된다.

$$\phi_{net} = \oint_s |\vec{E} \cdot \hat{n}| da = \oint_s E_n \, da \qquad (2.6.4)$$

여기서 $\hat{n}$은 표면에 수직인 단위벡터로 폐곡면의 경우, $\hat{n}$의 방향은 폐곡면에 대해 수직 바깥 방향을 나타낸다. 또한 E_n은 면에 수직인 전기장의 크기를 의미한다.

예제 7

원점에 전하량이 q인 점 전하가 있을 때, 점 전하를 감싸는 반경 r인 폐곡면을 뚫고 나가는 알짜 전기력선의 수(전기선속) ϕ_{net}은 얼마인가?

해답

원점에 위치한 점 전하 q가 $\vec{r}$인 곳에 만드는 전기장은

$$\vec{E}(\vec{r}) = \frac{q}{4\pi\epsilon_0} \frac{\vec{r}}{r^3} \qquad (2.6.5)$$

이다. 전기장의 세기는 단위면적당 전기력선의 수이므로, 점 전하 q를 감싸고 있는 반경 r인 구표면을 뚫고 나가는 알짜 전기력선의 수는 다음과 같이 표현된다.

$$\phi_{net} = \oint_s \vec{E} \cdot \hat{n} \, da = \frac{q}{4\pi\epsilon_0} \oint_s \frac{\vec{r} \cdot \hat{n}}{r^3} da = \frac{q}{4\pi\epsilon_0} \oint_s \frac{1}{r^2} \frac{r\hat{r} \cdot \hat{n}}{r} da \qquad (2.6.6)$$

$$= \frac{q}{4\pi\epsilon_0} \oint_s \frac{1}{r^2} da = \frac{q}{4\pi\epsilon_0} \oint_s d\Omega$$

여기서 단위벡터인 $\hat{r}$와 미소면적 da에 수직 바깥 방향을 나타내는 단위벡터 $\hat{n}$의 방향이 서로 같으므로 $\hat{r} \cdot \hat{n} = 1$ 이 된다. 따라서 반경이 r인 구면 위에서 미소면적 da를 r^2으로 나눈 값은 입체각 (=$d\,\Omega$)이 되며, 이를 반경이 r인 구면에 대해 적분하면, 4π가 되는데 4π가 되는 이유는 보충 자료을 참조하기 바란다. 결과적으로

$$\phi_{net} = \oint_s \vec{E} \cdot \hat{n} \, da = \frac{q}{4\pi\epsilon_0} \oint_s \frac{\vec{r} \cdot \hat{n}}{r^3} da = \frac{q}{4\pi\epsilon_0} 4\pi = \frac{q}{\epsilon_0} \qquad (2.6.7)$$

와 같은 결과를 얻으며, 이를 통해 전하를 감싸고 있는 반경 r인 구면을 뚫고 나가는 알짜 전

기력선의 수는 구면의 폐곡면 내에 있는 전하에 비례한다는 것을 알 수 있다. 여기서는 문제를 간단히 하기 위하여 원점에 있는 전하량이 q인 점 전하와 반경이 반경 r인 구면에 대하여 생각하였는데, 이러한 원리는 임의 모양의 폐곡면(그림 2.15 참조)과 임의의 전하분포에 대해서도 성립한다. 물론 폐곡면 내의 전하는 알짜전하를 의미하며, 폐곡면 내에 양(+)의 점 전하 q와 음(-)의 점 전하가 $-q$가 있는 경우에 알짜전하는 "0"이 되므로, 임의의 폐곡면을 뚫고 나가는 알짜 전기력선의 수도 "0"이 된다.

예제 7을 통하여 임의의 폐곡면을 통과하는 알짜 전기력선의 수는 폐곡면 내부에 있는 알짜전하에 $1/\epsilon_0$를 곱한 것과 같다는 것을 알 수 있다. 이처럼 폐곡면 안에 존재하는 알짜전하와 폐곡면을 뚫고 나가는 알짜 전기력선 수와의 관계를 나타내는 법칙을 가우스(Gauss)의 법칙이라고 한다.

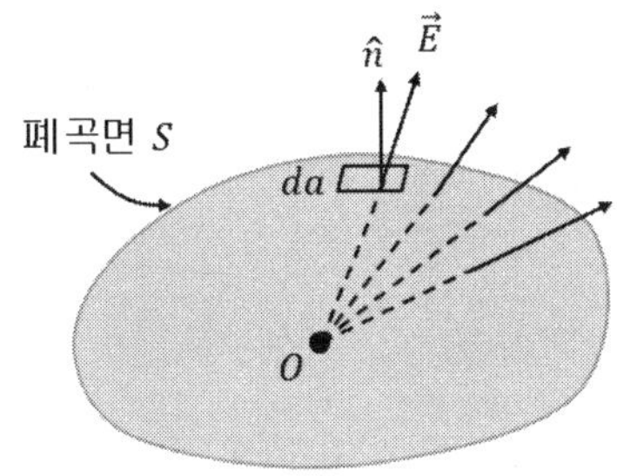

그림 2.15 원점에 있는 점 전하를 감싸는 가상의 폐곡면 S

만약에 임의의 폐곡면 안에 N개의 점 전하가 있는 경우, 이들을 감싸고 있는 임의의 폐곡면을 뚫고 나간 알짜 전기력선의 수(ϕ_{net})는 식 (2.6.8)로 표현된다.

$$\phi_{net} = \oint_s \vec{E} \cdot n\, da = \frac{1}{\epsilon_0} \sum_{i=1}^{N} q_i \tag{2.6.8}$$

만약에 전하가 점 전하가 아닌 체적 전하밀도(ρ)를 가지면서 체적 V에 걸쳐 분포된 경우, V를 감싸고 있는 폐곡면 S를 통과하는 알짜 전기력선의 수에 대해서는 적분형태로 식 (2.6.9)와 같이 표현된다. 물론 이때 미소체적 dv 내에서는 전하밀도는 일정하다고 가정한다.

$$\phi_{net} = \oint_s \vec{E} \cdot \hat{n}\, da = \frac{1}{\epsilon_0} \int_V \rho\, dv \tag{2.6.9}$$

한편 1장에서 발산정리에 대해 알아보면서 벡터 $\vec{F}$를 임의의 폐곡면 S에 대해 적분하면, 벡터의 발산인 $\vec{\nabla} \cdot \vec{F}$을 폐곡면 내의 체적에 대한 적분으로 표현된다는 것을 알았다. 즉,

$$\oint_s \vec{F} \cdot \hat{n}\, da = \oint_v \vec{\nabla} \cdot \vec{F} dv \tag{2.6.10}$$

식 (2.6.10)으로 주어지는 발산정리를 식 (2.6.9)에 적용하면,

$$\oint_s \vec{E} \cdot \hat{n}\, da = \int_V \vec{\nabla} \cdot \vec{E} dv \tag{2.6.11}$$

와 같이 되며, 식 (2.6.9)와 식 (2.6.11)을 비교하면,

$$\int_V \vec{\nabla} \cdot \vec{E} dv = \frac{1}{\epsilon_0} \int_V \rho\, dv \quad \text{(적분형의 가우스 법칙)} \tag{2.6.12}$$

이 된다. 식 (2.6.12)로부터

$$\vec{\nabla} \cdot \vec{E} = \frac{\rho}{\epsilon_0} \quad \text{(미분형의 가우스 법칙)} \tag{2.6.13}$$

이 얻어진다. 가우스의 법칙을 정리하면, 다음과 같다.

$$\phi_{net} = \oint_s \vec{E} \cdot \hat{n}\, da = \frac{q}{\epsilon_0} \tag{2.6.14}$$

식 (2.6.14)에서 q는 폐곡면에 의해 둘러싸인 알짜전하로서 폐곡면 안에 크기가 같고 부호가 반대인 두 개의 점 전하 $+q$와 $-q$가 있는 경우, 알짜전하는 "0"이므로 $\oint_s \vec{E} \cdot \hat{n}\, da = 0$ 이다. 여기서 단위벡터 $\hat{n}$의 방향은 폐곡면 위의 미소면적 da에 대해 수직 바깥으로 향한다.

2.7 가우스 법칙의 응용

전기장을 쉽게 구하는 방법이 있다는 것은 매우 매력적일 수 있다. 왜냐하면, 전기장에 대한 정보를 정확히 알면, 전기장 내에 존재하는 전하들에 작용하는 전기력을 알 수 있으며, 이로부터 전하들에 대한 운동방정식을 구할 수 있기 때문이다. 2.6절에서 설명한 가우스 법칙은 대칭성을 가지는 전하분포에 의한 전기장을 구하는데 매우 편리하게 사용된다. 가우스의 법칙을 적용하기 위해 만족해야 할 조건은 ⓐ 폐곡면 위의 모든 점에서 전기장의 법선성분이 "영" 또는 "일정한 값"을 가지는 폐곡면을 선택할 수 있어야 하며, ⓑ 폐곡면은 대칭성을 가져야 한다는 것이다.

가우스 법칙은 모든 경우에 적용이 가능한 것이 아니라, 전하분포가 대칭성을 가지는 경우에 매우 유용하다. 그림 2.16과 같이 길이가 L, 단위길이당 전하량이 λ인 긴 직선모양의 전하분포가 관측점 P에 만드는 전기장을 구해보자.

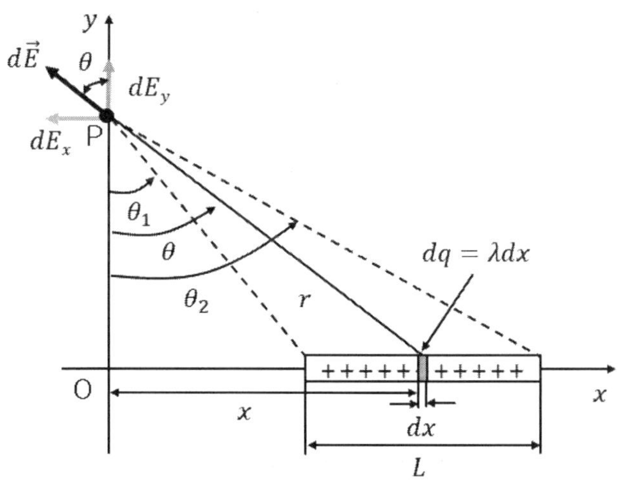

그림 2.16 긴 직선모양의 전하분포가 만드는 전기장

미소길이 dx에 존재하는 전하 $dq = \lambda dx$ (λ:선전하 밀도)가 관측점 P에 만드는 전기장에 대한 표현식을 우선 구하고, 이를 이용하여 전체 길이에 대하여 적분하면 전체 전하가 관측점 P에 만드는 전기장을 구할 수 있다. 그림 2.16에서 미소길이 dx에 존재하는 전하 $dq=\lambda dx$ 가 관측점 P에 만드는 전기장의 크기(dE)는 다음과 같이 주어진다.

$$dE=k\frac{dq}{r^2}=\frac{k\lambda dx}{r^2} \quad (k=\frac{1}{4\pi\epsilon_0}) \tag{2.7.1}$$

식 (2.7.1)로 주어진 전기장의 y-축 방향의 성분(dE_y)은

$$dE_y=dE\cos\theta=\frac{k\lambda dx}{r^2}\frac{y}{r}=\frac{k\lambda ydx}{r^3} \quad (rcos\theta=y) \tag{2.7.2}$$

와 같다. 따라서 관측점 P에서의 전체 전기장의 y-축 방향의 성분(E_y)은

$$E_y=\int_{x_1}^{x_2}\frac{k\lambda y}{r^3}dx=k\lambda\int_{x_1}^{x_2}\frac{y}{r^3}dx \tag{2.7.3}$$

와 같다.

그림 2.16으로부터 $x=y\tan\theta$로 주어지고, $dx=y\sec^2\theta d\theta=y\frac{r^2}{y^2}d\theta$와 같이 표현되므로 식 (2.7.3)은 식 (2.7.4)와 같이 변수 θ에 대한 적분으로 바뀐다.

$$E_y=k\lambda\int_{x_1}^{x_2}\frac{y}{r^3}dx=k\lambda\int_{\theta_1}^{\theta_2}\frac{y}{r^3}\frac{r^2}{y}d\theta=\frac{k\lambda}{y}\int_{\theta_1}^{\theta_2}\frac{y}{r}d\theta \tag{2.7.4}$$

식 (2.7.4)에서 변수 x가 θ로 바뀌면서 적분영역도 $x=x_1\sim x_2$에서 $\theta=\theta_1\sim\theta_2$로 변경됨을 알 수 있다. 그림 2.16에서 $r\cos\theta=y$ 이므로, $y/r=\cos\theta$ 로 표현되어, 식 (2.7.4)를 적분하면

$$E_y=\frac{k\lambda}{y}\int_{\theta_1}^{\theta_2}\cos\theta d\theta=\frac{k\lambda}{y}(\sin\theta_2-\sin\theta_1) \tag{2.7.5}$$

와 같이 된다. 만약에 직선의 길이가 무한대이면 그림 2.16에서 $\theta_2=90^o$, $\theta_1=-90^o$가 되므로 관측점 P에서의 총전기장은 y-축 방향의 성분만 존재하고, 크기는

$$E_y=\frac{2k\lambda}{y} \tag{2.7.6}$$

와 같다. 한편, 직선의 중심으로부터 관측점까지의 수직거리인 y를 r로 바꿔주면 관

측점에서의 전기장은 다음과 같다.

$$E_r = \frac{1}{4\pi\epsilon_0}\frac{2\lambda}{r} = \frac{1}{2\pi\epsilon_0}\frac{\lambda}{r} \tag{2.7.7}$$

만약에 직선의 길이가 무한대이면, 무한대인 직선 모양의 대전체가 만드는 전기장은 길이 방향 및 전하분포(직선) 둘레의 방향과는 무관하다는 것을 전하분포의 대칭성으로부터 알 수 있으므로, 전기장은 반경 r 만의 성분을 가진다는 것을 쉽게 알 수 있다(그림 2.17 참조). 또한 폐곡면 위의 모든 점에서 전기장의 법선 성분 중의 하나인 "$E_\perp = 0$ "이면서 직선 도선으로부터 수직거리 r 인 곳에서의 전기장 "$E_r =$ 일정"한 값을 가지는 폐곡면($S = S_r + S_\perp$)을 선택할 수 있어 가우스 법칙을 이용할 수 있다는 것을 알 수 있다.

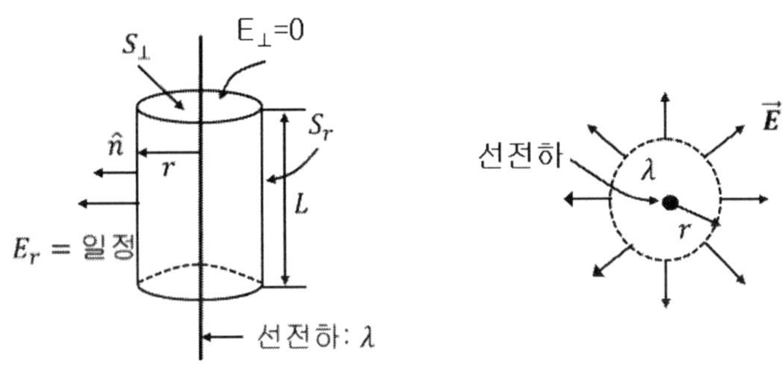

그림 2.17 가우스의 법칙을 이용하여 선전하에 기인한 전기장을 구하기 위한 원통형 표면

그림 2.17에서 원통의 옆면 (S_r)의 면적은 $2\pi r L$, 전하로부터 r 만큼 떨어진 곳에서의 전기장은 S_r에 수직이므로 표면을 뚫고 나가는 전기력선의 수는 $2\pi r L E_r$ 이 된다. 따라서 가우스 법칙으로부터 식 (2.7.8)과 같은 결과를 얻는다.

$$\phi = \oint_s E_r \hat{r}\cdot\hat{n}\,da = \oint_{S_r} E_r\hat{r}\cdot\hat{r}\,da + \oint_{S_\perp} E_r\cdot\hat{n}\,da \tag{2.7.8}$$

$$= E_r\oint_{S_r} da + 0 = E_r(2\pi r L) = \frac{1}{\epsilon_0}\int_0^L \lambda dl = \frac{\lambda L}{\epsilon_0}$$

식 (2.7.8)로부터 전기장을 구하면 다음과 같다.

$$E_r = \frac{1}{2\pi\epsilon_0}\frac{\lambda}{r} \tag{2.7.9}$$

식 (2.7.9)는 적분을 이용하여 구한 식 (2.7.7)과 같음을 알 수 있다. 이처럼 대칭성의 전하분포에 기인한 전기장은 가우스의 법칙을 이용하여 쉽게 구할 수 있다. 한편 전기장과 전위에 대한 관계식 $\vec{E}(r) = -\vec{\nabla}\psi(r)$ 와 식 (2.7.9)를 이용하여 직선 모양의 전하분포로부터 r 만큼 떨어진 관측점에서의 전위 $\psi(\vec{r})$를 구하면 다음과 같다.

$$\psi(\vec{r}) = -\int_{ref}^{\vec{r}} \vec{E}(\vec{r}) \cdot d\vec{r} = -\int_{ref}^{\vec{r}} \frac{\lambda}{2\pi\epsilon_0 r}\hat{r} \cdot d\vec{r} \tag{2.7.10}$$

$$= -\int_{ref}^{\vec{r}} \frac{\lambda}{2\pi\epsilon_0 r}\hat{r} \cdot (-\hat{r})\,dr = \frac{\lambda}{2\pi\epsilon_0}\int_{ref}^{\vec{r}} \frac{1}{r}dr$$
$$= \frac{\lambda}{2\pi\epsilon_0} lnr + C$$

여기서 $d\vec{r} = -\hat{r}dr$ 로 표현한 이유는 전하로부터 무한대 떨어진 곳에 기준점을 두고, 그곳에서의 전위를 "0"으로 두었기 때문에 무한대로부터 $\vec{r}$까지의 미소변위 $d\vec{r}$는 $\vec{r}$의 증가방향과 반대이기 때문이다. 여기서, C는 기준점(전위에 대한 기준점은 전하로부터 무한히 떨어진 곳을 기준점으로 정하는 것이 관례이다.)에서의 전위를 "0"으로 만드는 초기조건에 의해서 주어지는 적분상수로서 $C = (-\lambda/2\pi\epsilon_0)\ln r_{ref}$ 이다.

이번에는 대전된 도체에 가우스의 법칙을 적용하여 보자.

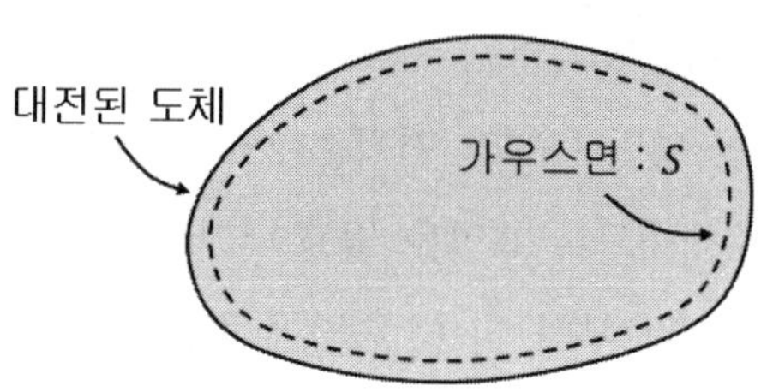

그림 2.18 대전된 도체 내부에 만든 가우스 면 S

도체에 대한 정의로부터 도체 내부의 전기장은 "0"이므로 도체 내부에 알짜전하가 존재하지 않는다 (그림 2.18 참조). 또한 전기장과 전위는 $\vec{E} = -\vec{\nabla}\psi$ 와 같은 관계를 가지므로 도체 내부에서 "$\psi =$ 일정 "하다는 것을 알 수 있다.

대전도체의 경우, 대전에 기여한 전하는 도체 표면에만 존재하는데 대전도체가 만드는 전기장에 대해 알아보자(그림 2.19 참조). 대전된 도체 표면에서의 전기장은 도체 표면에 대해 수직방향을 향하므로, 알약 모양의 폐곡면에서 전기장의 방향과 수직인 옆면을 통하여 빠져나간 전기력의 수는 없다. 또한 도체내부에서는 전기장이 "0"이므로 알약모양의 폐곡면 중에서 도체 내부에 있는 ΔS를 통하여 빠져나가는 전기력선의 수도 없다. 따라서 그림 2.19와 같이 대전된 도체 표면을 가로지르는 알약 모양의 폐곡면에 가우스 법칙을 적용하면 식 (2.7.11)과 같이 표현된다.

$$E\Delta S = \left(\frac{\sigma}{\epsilon_0}\right)\Delta S \quad \Rightarrow \quad E = \frac{\sigma}{\epsilon_0} \tag{2.7.11}$$

여기서 ΔS는 도체 표면 위에서의 미소면적을 의미하며, σ는 표면 전하밀도를 나타낸다. 식 (2.7.11)로부터 대전된 도체 표면 근처에서의 전기장은 표면전하 밀도에 비례함을 알 수 있으며, 전기장의 방향은 도체 표면에 수직방향이다. 하지만, 전위는 도체 전체에 걸쳐 같은 등전위를 가지게 된다.

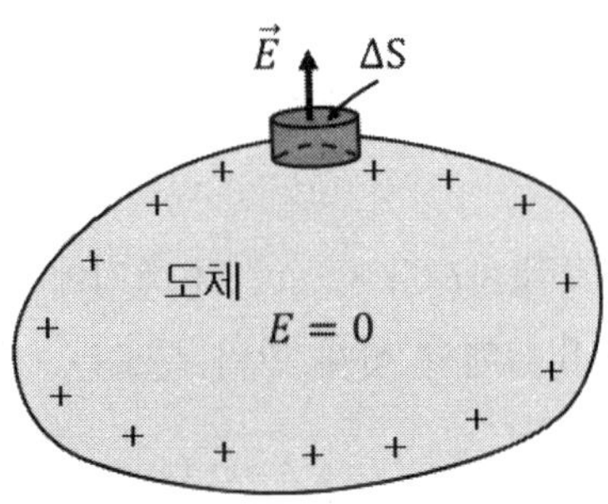

그림 2.19 대전된 도체 표면을 가로지르는 알약 모양의 폐곡면

2.8 전기쌍극자

크기가 같고 부호가 반대인 2개의 전하가 미소 거리만큼 떨어져 있는 전하분포를 전기쌍극자라고 한다(그림 2.20 참조). 이러한 전기쌍극자의 대표적인 예로서 (+)전하

의 중심과 (-)전하의 중심이 일치하지 않는 극성분자인 물 분자를 생각할 수 있다. 그림 2.20과 같이 원점으로부터 $\vec{r}'$ 에 위치한 전하$(-q)$와 크기가 같고 부호가 반대이면서 $\vec{r}'+\vec{l}$ 에 위치한 전하$(+q)$가 관측점 P에 만드는 전기장은 중첩의 원리를 이용하면 식 (2.8.1)과 같이 표현된다.

$$\vec{E}(\vec{r}) = \frac{q}{4\pi\epsilon_0}\left\{\frac{\vec{r}-\vec{r}'-\vec{l}}{|\vec{r}-\vec{r}'-\vec{l}|^3} - \frac{\vec{r}-\vec{r}'}{|\vec{r}-\vec{r}'|^3}\right\} \tag{2.8.1}$$

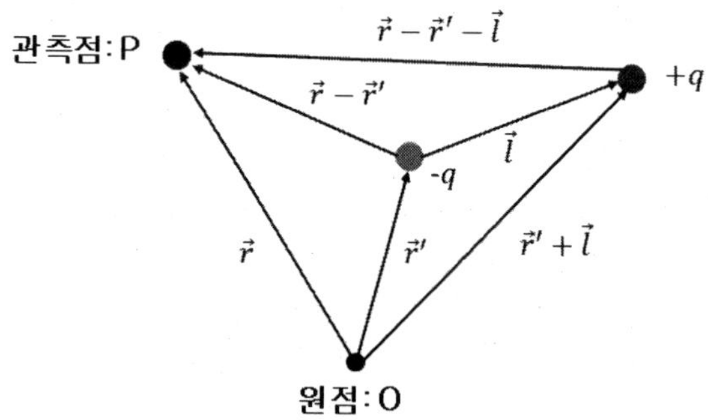

그림 2.20 2개의 점 전하(전기쌍극자)에 의한 전기장

만약에 두 전하 사이의 거리(= l)가 $\vec{r}-\vec{r}'$ 의 크기에 비하여 매우 작은 경우에 대하여 생각하여 보자. 식 (2.8.1)에서 첫째 항의 분모는 식 (2.8.2)와 같이 표현된다.

$$|\vec{r}-\vec{r}'-\vec{l}|^{-3} = [(\vec{r}-\vec{r}')^2 - 2(\vec{r}-\vec{r}')\cdot\vec{l} + \vec{l}^{\,2}]^{-3/2} \tag{2.8.2}$$

$$= |\vec{r}-\vec{r}'|^{-3}\left[1 - \frac{2(\vec{r}-\vec{r}')\cdot\vec{l}}{|\vec{r}-\vec{r}'|^2} + \frac{\vec{l}^{\,2}}{|\vec{r}-\vec{r}'|^2}\right]^{-3/2}$$

식 (2.8.2)에서 괄호 안에 대하여 아래와 같은 이항정리를 이용하여 $\vec{l}$ 에 일차인 항만을 남기면, 식 (2.8.3)과 같이 된다.

※ $(1+x)^p = 1 + px + \frac{p(p-1)}{2!}x^2 + \frac{p(p-1)(p-2)}{3!}x^3 + \cdots$

$$|\vec{r}-\vec{r}'-\vec{l}|^{-3} = |\vec{r}-\vec{r}'|^{-3}\left[1 + \frac{3(\vec{r}-\vec{r}')\cdot\vec{l}}{|\vec{r}-\vec{r}'|^2} + \cdots\right] \tag{2.8.3}$$

식 (2.8.3)을 식 (2.8.2)에 대입하고 $\vec{l}$ 에 대해 일차인 항만을 남기면, 식 (2.8.4)가 얻어진다.

$$\vec{E}(\vec{r}) = \frac{q}{4\pi\epsilon_0}\left\{\frac{3(\vec{r}-\vec{r}')\cdot\vec{l}}{|\vec{r}-\vec{r}'|^5}(\vec{r}-\vec{r}') - \frac{\vec{l}}{|\vec{r}-\vec{r}'|^3} + \cdots\right\} \qquad (2.8.4)$$

전기쌍극자의 특성은 전하의 크기와 두 전하사이의 거리를 곱한 값으로 표현하는데, 이를 전기쌍극자 모멘트($\vec{p}$)라고 한다. 따라서 전기쌍극자 모멘트는 $\vec{p} = q\vec{l}$ 와 같이 주어지며, 방향은 (-)전하에서 (+) 전하를 향한다. 물 분자 또는 염화수소(HCl)처럼 분자 내에서 양(+)전하의 중심과 음(-)전하의 중심이 서로 일치하지 않는 전하분포들로 인하여 이들은

$$\vec{p} = q\vec{l} \qquad (2.8.5)$$

와 같은 영구 전기쌍극자 모멘트를 가지게 된다. 식 (2.8.4)로 표현된 전기장을 전기쌍극자 모멘트를 이용하면 식 (2.8.6)과 같이 표현된다.

$$\vec{E}(\vec{r}) = \frac{1}{4\pi\epsilon_0}\left\{\frac{3(\vec{r}-\vec{r}')\cdot\vec{p}}{|\vec{r}-\vec{r}'|^5}(\vec{r}-\vec{r}') - \frac{\vec{p}}{|\vec{r}-\vec{r}'|^3} + \cdots\right\} \qquad (2.8.6)$$

전기쌍극자에 기인한 전위는 $\vec{E}(\vec{r}) = -\nabla\psi(\vec{r})$을 이용하여 구하면 계산이 매우 복잡하지만, 반대부호를 가진 2개의 점 전하가 만드는 전위에 대한 식을 사용하면 다음과 같이 쉽게 구할 수 있다.

$$\psi(\vec{r}) = \frac{q}{4\pi\epsilon_0}\left\{\frac{1}{|\vec{r}-\vec{r}'-\vec{l}\,|} - \frac{1}{|\vec{r}-\vec{r}'|}\right\} \qquad (2.8.7)$$

전기쌍극자가 자신들이 만든 전기장이 아닌 외부 전기장($\vec{E}_{ext}$)내에 놓여 있을 때, 이들이 가지는 전기위치에너지에 대해 알아보자(그림 2.21 참조). 전기쌍극자가 가지는 총 전기위치에너지는 $-q$가 가지는 위치에너지 $-q\psi(\vec{r})$($\psi(\vec{r})$은 외부요인에 의한 전하 $-q$ 위치에서의 전위)과 $+q$가 가지는 위치에너지 $+q\psi(\vec{r}+\vec{l})$의 합으로 식 (2.8.8)과 같이 표현된다.

$$U = -q\psi(\vec{r}) + q\psi(\vec{r}+\vec{l}) \qquad (2.8.8)$$

이 된다. $\vec{l}$ 이 $\vec{r}$ 에 비하여 매우 작으면, $\psi(\vec{r}+\vec{l})$ 을 $\vec{l}$ 에 대해 급수전개한 후, 처음

2개의 항만을 남겨두면 식 (2.8.9)가 얻어진다. 이때 처음 2개의 항만을 남기고 나머지 항들을 제외한 이유는 나머지 항들에 의한 기여가 매우 작아 이들을 제외하더라도 참값에 가까운 근삿값을 얻을 수 있기 때문이다. 급수전개에 필요한 내용과 의미에 대해서는 보충 설명을 참조하기 바란다.

$$\psi(\vec{r}+\vec{l}) = \psi(\vec{r}) + \vec{l}\cdot\overrightarrow{\nabla}\psi \tag{2.8.9}$$

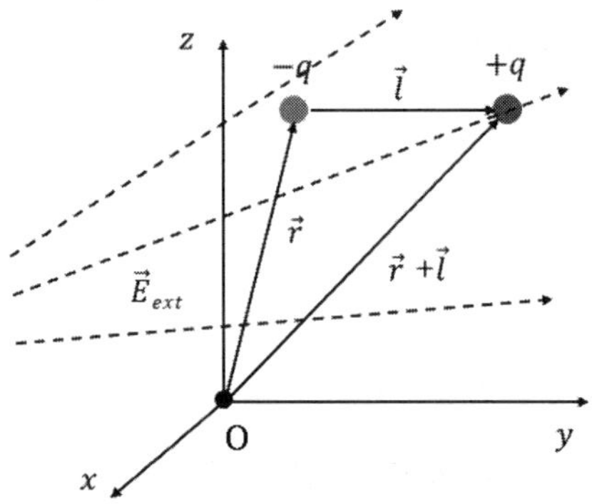

그림 2.21 외부 전기장(점선) 내에 놓인 전기쌍극자

식 (2.8.9)를 식 (2.8.8)에 대입하면,

$$U = q\vec{l}\cdot\overrightarrow{\nabla}\psi = \vec{p}\cdot\overrightarrow{\nabla}\psi \tag{2.8.10}$$

이 되며, $\vec{E}(\vec{r}) = -\overrightarrow{\nabla}\psi(\vec{r})$ 을 이용하면 다음과 같다.

$$U = -\vec{p}\cdot\vec{E}(\vec{r}) \tag{2.8.11}$$

이는 외부 전기장 $\vec{E}(\vec{r})$ 내에 놓인 전기쌍극자의 위치에너지이며, $\vec{E}(\vec{r})$ 은 전기쌍극자 위치에서의 외부 전기장을 의미한다 (그림 2.21 참조).

그림 2.22에서 $+q$는 전기장과 같은 방향의 전기력을 받고, $-q$는 외부 전기장과 반대 방향의 전기력을 받으므로, 전기쌍극자는 두 전하의 중심축을 기준으로 회전하려고 한다. 따라서 전기쌍극자 모멘트가 $\vec{p} = q\vec{l}$ 인 전기쌍극자가 가장 안정된 배열은 전기쌍극자의 방향이 외부 전기장과 같은 방향으로 나란히 존재하는 경우($\theta = 0$ 인 경우)이다. 이 경우에 전기쌍극자는 가장 안정된 상태이며, 가장 안정된 상태는 위치에너지가 가장 작은 경우이다. 이러한 물리적 상황을 하나의 식으로 표현하면, 외부 전

기장 $\vec{E}(\vec{r})$ 내에 놓인 전기쌍극자의 위치에너지는 식 (2.8.11)과 같다.

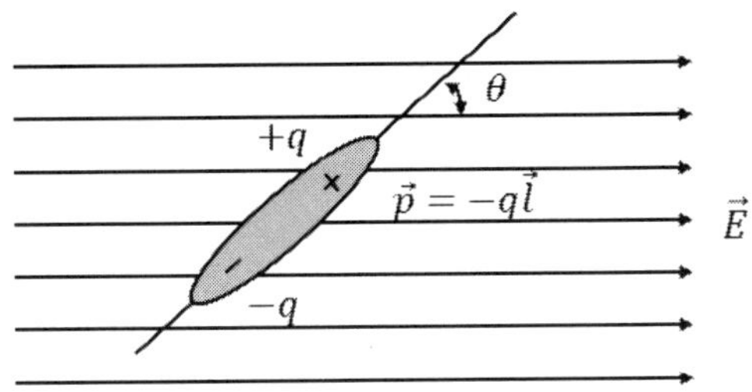

그림 2.22 외부 전기장 $\vec{E}$ 내에 놓인 전기쌍극자

2.9 다중극 전개

한 곳에 모여있는 전하분포에 대하여 멀리 떨어진 곳에서 관찰하면, 마치 점 전하처럼 보여 총 전하량이 Q이면, 전위는 근사적으로 $(1/4\pi\epsilon_0)Q/r$으로 $1/r$에 비례하면서 비교적 잘 맞는다. 하지만, 하나의 전기쌍극자가 놓여 있는 경우와 같이 총 전하량이 $Q=0$이면 전위는 "0"이 되지 않고 전기쌍극자가 만드는 전위로 $1/r^2$에 비례한다. 또한 크기가 같고 방향이 서로 반대인 쌍극자 한 쌍을 함께 두어 사중극자(quodrupole)를 만들면 전위는 $1/r^3$에 비례하고, 사중극자 2개를 서로 반대로 놓아 팔중극자(octopole)를 만들면 전위는 $1/r^4$에 비례한다 (그림 2.23 참조).

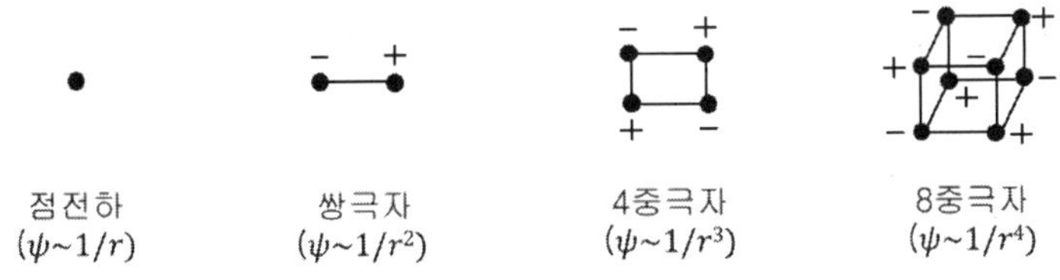

그림 2.23 전하분포의 예

이처럼 한 곳에 모여있는 전하분포에 기인한 전위(ψ)를 근사적으로 구하는 경우, 급수전개를 이용하는 것이 유용하다. 그림 2.24는 원점 근처에 전하밀도 $\rho(\vec{r}\,')$로 전

하가 분포된 경우를 나타낸 것으로 $\vec{r}\,'$ 은 원점으로부터 전하분포 내의 미소체적 dv' 까지의 거리, $\rho(\vec{r}\,')$ 은 $\vec{r}\,'$ 인 곳에서의 전하밀도, $|\vec{r}\,|$은 원점으로부터 관측점 P까지의 거리로 $|\vec{r}\,'|$에 비하여 매우 크다. 이때, 원점으로부터 $\vec{r}$ 인 관측점 P에서의 전위는

$$\psi(\vec{r}\,)= \frac{1}{4\pi\epsilon_0}\int_V \frac{\rho(\vec{r}\,')}{|\vec{r}-\vec{r}\,'|}dv' \tag{2.9.1}$$

이며, dv' 는 전하분포 내의 미소 체적, V 는 전하분포들이 차지하고 있는 체적이다.

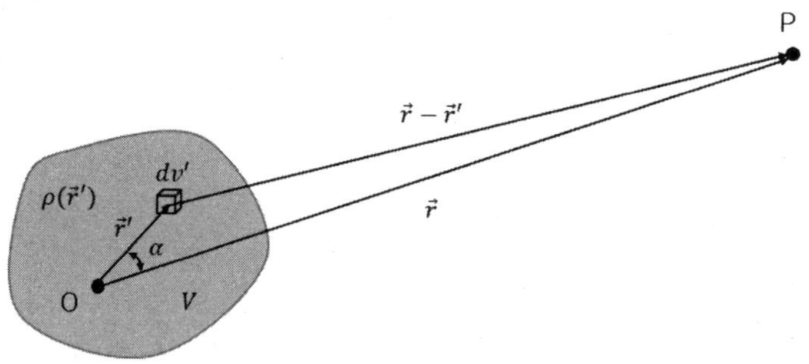

그림 2.24 전하밀도 $\rho(\vec{r}\,')$ 를 가지며 체적 V안에 국소화된 전하

그림 2.24에서 미소체적소 dv' 으로부터 관측점까지의 거리는 다음과 같이 표현된다.

$$|\vec{r}-\vec{r}\,'|^2 = r^2+(r')^2-2rr'\cos\alpha = r^2[1+(\frac{r'}{r})^2-2(\frac{r'}{r})\cos\alpha]$$

$$\Rightarrow |\vec{r}-\vec{r}\,'| = r\sqrt{1+\epsilon}, \quad \epsilon \equiv (\frac{r'}{r})(\frac{r'}{r}-2\cos\alpha) \tag{2.9.2}$$

전하분포로부터 아주 먼 곳에서 ϵ 은 1보다 훨씬 작으므로, 다음과 같이 2항 전개할 수 있다.

$$\frac{1}{|\vec{r}-\vec{r}\,'|} = \frac{1}{r}(1+\epsilon)^{-1/2} = \frac{1}{r}(1-\frac{1}{2}\epsilon+\frac{1}{2}\frac{1}{2}\frac{3}{2}\epsilon^2-\frac{5}{16}\epsilon^3+\cdots) \tag{2.9.3}$$

$$= \frac{1}{r}\left[\begin{array}{l} 1-\frac{1}{2}(\frac{r'}{r})(\frac{r'}{r}-2\cos\alpha)+\frac{3}{8}(\frac{r'}{r})^2(\frac{r'}{r}-2\cos\alpha)^2 \\ -\frac{5}{16}(\frac{r'}{r})^3(\frac{r'}{r}-2\cos\alpha)^3+\cdots \end{array}\right]$$

식 (2.9.3)을 식 (2.9.1)의 적분기호 안에 대입하여 정리하면

$$\psi(\vec{r}) = \frac{1}{4\pi\epsilon_0}\left[\frac{1}{r}\int_V \rho(\vec{r}')dv' + \frac{1}{r^2}\int_V r'\cos\alpha\,\rho(\vec{r}')dv' + \frac{1}{r^3}\int_V (r')^2\left(\frac{3}{2}cos^2\alpha - \frac{1}{2}\right)\rho(\vec{r}')dv' + \cdot\cdot\cdot\right] \tag{2.9.4}$$

와 같은 결과가 얻어지며, 이것이 전위 $\psi(\vec{r})$을 $1/r$의 급수로 전개한 다중극 전개식 (multipole expansion)이다. 식 (2.9.4)에서 첫 항은 단일전하에 의한 것으로 $1/r$에 비례, 둘째 항은 전기쌍극자에 의한 것으로 $1/r^2$에 비례, 셋째 항은 사중극자, 그리고 넷째 항은 팔중극자에 의한 전위를 의미한다. 그림 2.24에 나타낸 바와 같이 α는 $\vec{r}$과 $\vec{r}'$사이의 각을 의미하므로, 전위는 관찰점 P의 방향에 따라 다르다는 것을 알 수 있다.

보충 자료

1. 입체각에 대한 정의와 구에 대한 입체각

반경이 r 인 구 표면 위의 미소면적(da)는 그림 2.25와 같이 $da = r^2 \sin\theta d\theta d\phi$ 이 된다.

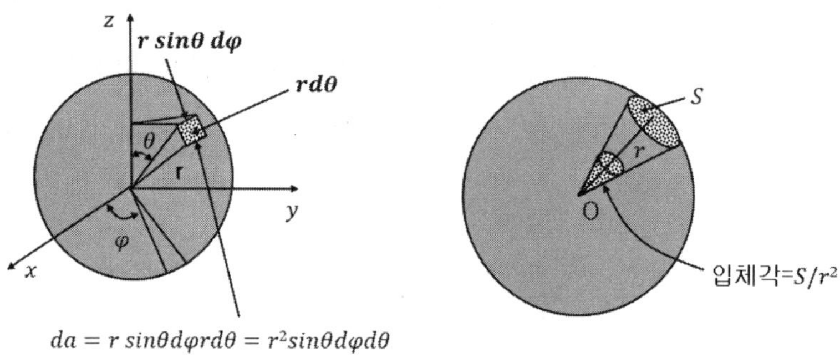

그림 2.25 구 표면에서의 미소면적 및 입체각

따라서 반경 r 인 구의 표면적(S)는 반경이 r 인 구 표면 위의 미소면적을 모두 더한 값으로 다음과 같다.

$$S = \oint_s da = \oint_s r^2 \sin\theta d\theta d\phi = r^2 \int_0^\pi \sin\theta d\theta \int_0^{2\pi} d\phi$$

$$= 2\pi r^2 \int_0^\pi \sin\theta d\theta = 4\pi r^2$$

반경이 r 인 구의 표면적 $4\pi r^2$ 을 r^2 으로 나눈 구에 대한 입체각(Ω)은 $\Omega = \dfrac{4\pi r^2}{r^2} = 4\pi$ 이 된다.

2. 테일러 급수전개(Taylor expansion)와 의미

테일러 급수전개를 이용하여 함수 $f(x)$ 를 a에 대하여 전개하면, 다음과 같다.

$$f(x)=f(a)+(x-a)f'(a)+\frac{1}{2}(x-a)^2f''(a)+\frac{1}{6}(x-a)^3f'''(a)+\cdots\cdots$$

$$=f(a)'+\frac{f'(a)}{1!}(x-a)+\frac{f''(a)}{2!}(x-a)^2+\frac{f'''(a)}{3!}(x-a)^3+\cdot\cdot\cdot$$

$$=\sum_{n=0}^{\infty}\frac{f^{(n)}(a)}{n!}(x-a)^2$$

여기서 $f^{(n)}(a)$는 함수 $f(x)$를 n차 미분한 후, x 대신에 a를 대입하여 얻은 값을 의미한다. 따라서 $f(\vec{r}+\vec{l})$ 을 $\vec{r}$ 에 대해서 전개하면 다음과 같다.

$$f(\vec{r}+\vec{l})=f(\vec{r})+(x+l_x-x)\frac{\partial f}{\partial x}+(y+l_y-y)\frac{\partial f}{\partial y}+(z+l_z-z)\frac{\partial f}{\partial z}+\cdots$$

$$=f(\vec{r})+\vec{l}\cdot\overrightarrow{\nabla}f+\frac{1}{2}(\vec{l}\cdot\overrightarrow{\nabla})^2f(\vec{r})+\cdots$$

위에서 설명한 테일러 급수전개를 1차 함수인 $y=ax+b$에 적용하여 보면, 다음과 같다.

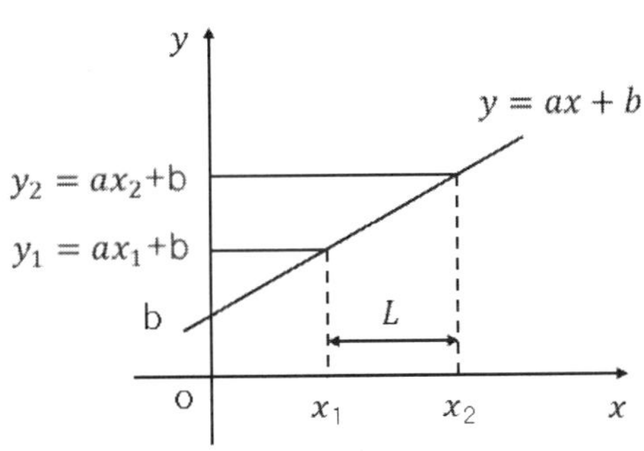

그림 2.26 테일러 급수전개를 설명하기 위한 그림

여기서 기울기는 $\frac{dy}{dx}=a$와 같고, x_1 에서 미소거리인 $dx=x_2-x_1=L$ 만큼 떨어진 x_2 에서 y_2 는 다음과 같이 구해진다.

$$y_2=ax_2+b=a(x_1+L)+b=ax_1+aL+b=ax_1+L\frac{dy}{dx}+b=y_1+L\frac{dy}{dx}$$

이러한 개념을 이용하면, $\vec{r}$ 로부터 미소거리 $\vec{l}$ 만큼 떨어진 곳에서의 근사적인 함숫값은 다음과 같이 표현된다.

$$\psi(\vec{r}+\vec{l})=\phi(\vec{r})+\vec{l}\cdot\overrightarrow{\nabla}\phi$$

3. 보존력

물체에 작용한 힘에 의하여 수행된 일이 경로에 무관한 경우의 힘을 보존력이라 한다. 그림 2.27에서 질량이 m 인 물체가 경로 ①과 ②를 따라 위치 A에서 위치 B로 이동한 경우를 생각하여 보자.

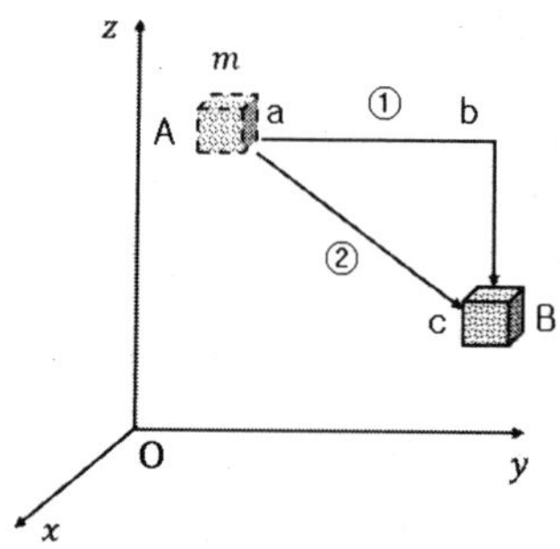

그림 2.27 보존력을 설명하기 위한 그림

경로 ①을 따라 이동하는 경우, 위치 a에서 위치 b로 수평이동하는 동안에는 중력이 한 일은 없다. 다만 위치 b에서 위치 c로 이동하는 동안에만 중력이 일을 한 것이다. 한편, 경로 ②를 따라 물체가 이동하더라도 수평방향으로 이동하는 동안에는 중력이 한 일은 "0"이고, 수직방향으로 이동하는 동안에만 중력이 일을 하게 된다. 따라서 경로 ①과 ②를 통해 중력이 한 일은 이동 경로에 관계없이 일정하다. 이처럼 물체에 힘을 가해 일을 해 주었을 경우, 한 일이 경로에 무관한 힘을 보존력이라 하며, 중력과 전기력이 대표적인 보존력이다. 물론 물체가 시작점과 끝점이 서로 같은 폐 경로를 따라 이동하는 경우, 보존력이 한일은 "0"이 되며, 이를 수식으로 표현하면 다음과 같다.

$$\oint \vec{F}\cdot d\vec{l}=0 \quad (\text{폐 경로를 따라 보존력 } \vec{F}\text{가 한 일})$$

연습문제

01 수소 원자에서 양(+)으로 대전된 원자핵 Q주위로 전자구름이 구대칭의 전하밀도($\rho(r)$)가 $\rho(r)=-\dfrac{Q}{\pi a^3}e^{-2r/a}$($a$: 보아 반경)와 같은 전하분포를 가지는 것으로 모델화되어 있다. 전자구름의 총 전하량을 구하시오.

02 질량이 m 이며 전하량이 각각 q, $2q$ 인 두 개의 대전체가 길이가 l 인 줄에 의하여 같은 지점에 매달려있다. 대전체를 매달고 있는 줄이 연직선과 이루는 각 θ를 구하시오.

03 대전된 2개의 작은 금속구의 전하량이 각각 $4.0\times10^{-9}C$, $-1.0\times10^{-9}C$ 이면서 서로 $5\,cm$ 만큼 떨어져 있다고 할 때, 두 전하 사이에 작용하는 전기력은 얼마인가? 또한 2개의 도체구가 접촉했다가 분리되어 서로 $5\,cm$ 만큼 떨어져 있다고 할 때, 두 전하 사이에 작용하는 전기력은 얼마인가?

04 전하량이 q 인 4개의 점 전하가 한 변의 길이가 a 인 정사각형의 각 꼭짓점에 놓여 있고, 정사각형의 중심에는 전하량이 q_0 인 시험전하가 놓여 있다. 이때 시험전하 q_0 에 작용하는 알짜 힘은 얼마인가?

05 그림 2.28과 같이 길이가 L 이며 균일하게 대전된 가늘고 긴 막대가 수평으로 놓여 있으며, 대전 막대의 총 전하량은 Q 이다. 전하량이 q 인 점 전하가 막대와 동일 직선 방향으로 a 만큼 떨어져 있다고 할 때, 점 전하에 작용하는 전기력은 얼마인가?

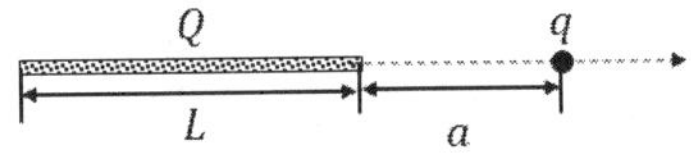

그림 2.28 대전 막대와 점 전하

06 반경이 R 이며, 전하밀도 ρ 로 균일하게 대전된 구 내부에서의 전기장을 가우스 법칙을 사용하여 구하시오.

07 원점으로부터 거리 r의 함수로 $\rho(r) = kr$ (k: 상수)와 같이 주어지는 구 내부에서의 전기장을 가우스 법칙을 사용하여 구하시오.

08 그림 2.29와 같이 서로 반대부호의 점 전하가 배치되어 있을 때, $x-$축 위에 있는 관측점 P(x,0)에서의 전기장($\overrightarrow{E}$)에 대한 수평성분(E_x)과 수직성분(E_y)의 크기를 구하시오.

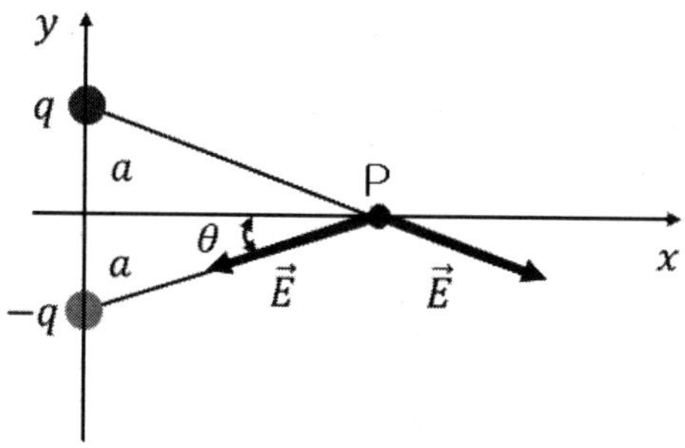

그림 2.29 전기쌍극자에 의한 전기장

09 진공 중에서 전하가

$$\rho = \begin{cases} -\rho_0 & -a < x < 0 \\ \rho_{0,} & 0 < x < a \end{cases}$$

와 같이 분포되어 있으며, ρ_0는 일정하다. 이때 모든 영역에서의 전기장을 구하시오.

10 그림 2.30과 같이 위치에 따라 크기와 방향이 변하는 외부 전기장($\overrightarrow{E}_{ext}$)속에 놓인 전기쌍극자 $\vec{p} = q(d\vec{l})$ 에 작용하는 힘($\overrightarrow{F}$)과 회전능률($\vec{\tau}$)을 구하시오. 또한, 외부 전기장이 모든 곳에서 균일하다면, 전기쌍극자에 작용하는 알짜 힘은 얼마인가?

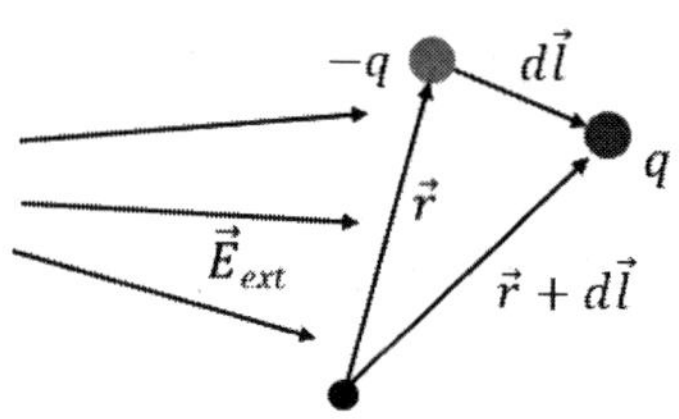

그림 2.30 외부 전기장($\overrightarrow{E}_{ext}$)내에 놓인 전기쌍극자

참고자료

1. Introduction to electrodynamics, 제 4판, 기초전자기학, 김진승 역, 도서출판 북스힐, 2014.
2. Foundations of electronic theory, Fourth edition, John R. Reitz, Frederick J. Milford and Robert W. Christy, Addition-Wesley Publishing Company, 1993.
3. Physics for Scientists and Engineers, Paul A. Tipler, Gene Mosca, 제 5판, 물리학, 물리학교재편찬위원회 역, 청문각, 2006.
4. http://teacher.pas.rochester.edu/PHY217/LectureNotes/Chapter2/LectureNotesChapter2.html.

CHAPTER 03

전위와 전기장의 해

정전기학에 있어 궁극적 과제는 전기장을 구하는 것으로 전하분포에 대한 정보가 정확히 알려진 경우, 중첩의 원리 또는 다음과 같이 적분을 이용하여 직접 구할 수 있다.

$$\vec{E}(\vec{r})=\frac{1}{4\pi\epsilon_0}\int\frac{\rho(\vec{r}\,')}{r^2}\hat{r}dv'$$

이처럼 전기장을 직접 구하는 방법은 전하분포가 아주 간단한 경우를 제외하고는 매우 어렵다. 물론 대칭성의 전하분포에 대해서는 가우스의 법칙을 사용하여 비교적 쉽게 구할 수도 있다. 그러나 보다 편리한 방법은 전위를 구하고, $\vec{E}=-\vec{\nabla}\psi$ 를 이용하여 전기장을 구하는 방법이다.

$$\psi(\vec{r})=\frac{1}{4\pi\epsilon_0}\int\frac{\rho(\vec{r}\,')}{r}dv'$$

하지만 전위를 구하기도 쉽지 않다. 한 예로서 도체를 포함하는 경우, 전하밀도 ρ 자체를 모를 때도 있다. 도체에서 전하는 자유롭게 움직일 수 있어 실험자가 직접 통제할 수 있는 것은 각 도체의 총 전하(또는 전위) 정도이기 때문이다. 따라서 각각의 도체에 대한 전위나 총 전하는 알려져 있으나 전하분포에 대한 정보가 없는 경우에 전위나 전기장을 구하기는 어렵다.

3장에서는 이러한 어려움 없이 자유 공간에서의 전위를 구할 수 있는 기본 미분방정식에 대해 예를 들어 설명하고자 한다.

3.1 푸아송 방정식(Poisson's equation)

서론에서 언급한 전기장이나 전위에 대한 문제를 다루는데 유용한 방정식이 푸아송 방정식이며, 가우스 법칙의 미분형은 식 (3.1.1)과 같이 주어진다.

$$\vec{\nabla} \cdot \vec{E} = \frac{1}{\epsilon_0}\rho \tag{3.1.1}$$

정전기장에 있어서 전기장($\vec{E}$)과 전위(ψ)사이의 관계는

$$\vec{E} = -\vec{\nabla}\psi \tag{3.1.2}$$

와 같다. 식 (3.1.1)과 식 (3.1.2)를 결합하면 식 (3.1.3)이 얻어지는데, 이를 푸아송 방정식이라 한다.

$$\vec{\nabla} \cdot (-\vec{\nabla}\psi) = -\nabla^2\psi = \frac{\rho}{\epsilon_0} \qquad \Rightarrow \qquad \nabla^2\psi = -\frac{\rho}{\epsilon_0} \tag{3.1.3}$$

식 (3.1.3)의 해에 주어진 경계조건을 부여하면, 유일해가 얻어진다. 또한 식 (3.1.3)에서 ∇^2 을 라플라시안(Laplacian)이라고 하며, 직각 좌표계, 구 좌표계 및 원통 좌표계에서의 라플라시안은 식 (3.1.4~6)으로 주어진다.

직각 좌표계: $$\nabla^2\psi = \frac{\partial^2\psi}{\partial x^2} + \frac{\partial^2\psi}{\partial y^2} + \frac{\partial^2\psi}{\partial z^2} \tag{3.1.4}$$

구 좌표계: $$\nabla^2\psi = \frac{1}{r^2}\frac{\partial}{\partial r}\left(r^2\frac{\partial\psi}{\partial r}\right) + \frac{1}{r^2\sin\theta}\frac{\partial}{\partial\theta}\left(\sin\theta\frac{\partial\psi}{\partial\theta}\right) + \frac{1}{r^2\sin^2\theta}\frac{\partial^2\psi}{\partial\phi^2} \tag{3.1.5}$$

원통 좌표계: $$\nabla^2\psi = \frac{1}{r}\frac{\partial}{\partial r}\left(r\frac{\partial\psi}{\partial r}\right) + \frac{1}{r^2}\frac{\partial^2\psi}{\partial\theta^2} + \frac{\partial^2\psi}{\partial z^2} \tag{3.1.6}$$

식 (3.1.5)와 식 (3.1.6)에서 r과 θ는 서로 다르다. 구 좌표계에서 r은 좌표의 원점에서 관측점까지의 거리이며 θ는 $z-$축과 r사이의 각을 의미한다. 하지만 원통 좌표계에서의 r은 원통의 중심축으로부터 관측점까지의 수직거리이며, θ는 원통축에

대한 회전방향을 의미한다.

위에서 언급한 3종류의 좌표계 중에서 주어진 문제를 푸는데 가장 편리한 좌표계를 선택하여 사용하면 된다.

3.2 라플라스 방정식(Laplace's equation)

우리는 실질적으로 전하가 없는 영역($\rho = 0$)에 대한 전위를 구하는 문제를 접하게 된다. 전하가 모든 곳에서 "0"인 경우에는 말할 필요도 없이 전위는 "영"이며, 더 이상 언급할 가치를 가지지 않는다. 따라서 어딘가에 전하는 존재하겠지만, 전하의 위치를 제외한 영역, 즉 $\rho = 0$ 인 영역에 대한 전위를 구해보자는 것이다. $\rho = 0$인 영역에 대한 푸아송 방정식은 식 (3.2.1)과 같이 되며, 식 (3.2.1)을 라플라스 방정식이라 한다.

$$\nabla^2\psi = 0 \tag{3.2.1}$$

식 (3.2.1)로 주어진 라플라스 방정식에 대한 응용의 한 예로서 1차원에서의 라플라스 방정식에 대하여 생각하여 보자. 직각 좌표계를 사용하는 경우, 1차원에서의 전위(ψ)는 변수 x 만에 의존하므로, 이에 대한 라플라스 방정식은 편미분 방정식 대신에 식 (3.2.2)와 같이 변수 x 에 대한 전미분 방정식으로 표현된다.

$$\frac{d^2\psi}{dx^2} = 0 \tag{3.2.2}$$

식 (3.2.2)에 대한 해는 $\psi(x) = ax + b$와 같이 표현된다. 이때 상수 a, b 는 경계조건에 의해 결정되며, 라플라스 방정식으로 주어진 식 (3.2.2)에 대한 유일해가 얻어진다. 전위가 $\psi(x) = ax + b$와 같이 직선에 대한 식 $y(x) = ax + b$의 형태로 주어지는 경우는 그림 3.1과 같이 $x-$축에 수직으로 놓인 두 대전판 사이의 전위를 생각하여 볼 수 있다. 관측점 P에서의 전위($\psi(x)$)는 $\psi(x) = E_0 x + \psi_0$와 같으며, 이는 1차원에서의 라플라스 방정식 (3.2.2)의 해 $\psi(x) = ax + b$와 같은 형태임을 알 수 있다.

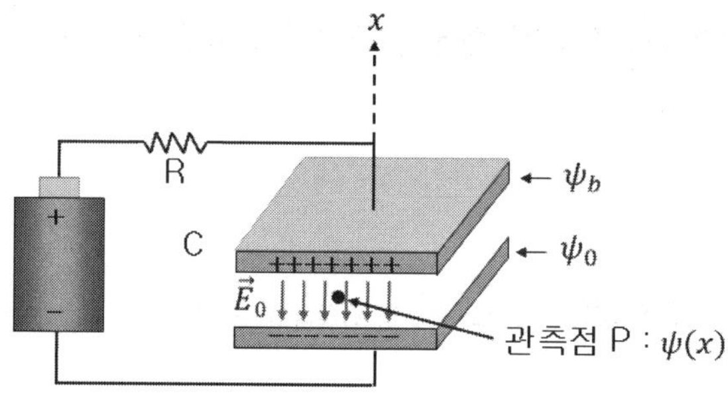

그림 3.1 $x-$축에 수직으로 놓인 두 금속판

3.3 경계조건과 유일해

정전기학과 관련된 전위에 대한 라플라스 방정식을 풀기 전에 그림 3.2와 같이 탄성상수 k인 용수철에 매달린 질량 m인 물체의 운동에 대하여 생각하여 보자.

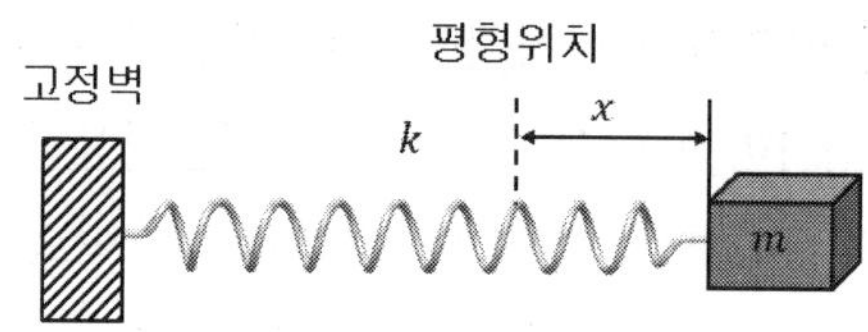

그림 3.2 탄성상수 k인 용수철에 매달린 질량 m인 물체의 운동

질량 m인 물체에 대한 운동방정식은 식 (3.3.1)과 같이 주어진다.

$$\frac{d^2x}{dt^2}+\frac{k}{m}x=0 \quad \Rightarrow \quad \frac{d^2x}{dt^2}+\omega^2x=0 \ \left(\frac{k}{m}=\omega^2\right) \tag{3.3.1}$$

식 (3.3.1)을 만족하는 해들은 다음과 같다.

① $x(t)=A\sin\omega t$

② $x(t)=A\cos\omega t$

③ $x(t)=A\sin(\omega t+\theta)$

④ $x(t) = A\cos(\omega t + \theta)$

그림 3.2에서 물체의 운동은 하나인데, 4가지 종류의 해(일반해라고 한다.)가 존재한다는 것은 문제가 있다. 한 물체의 운동을 정확히 기술하는 해는 하나뿐으로 이를 유일해라고 한다. 진동수가 1개인 물체의 진동을 단조화 진동이라고 하는데, 그림 3.2의 단조화 진동에 대한 해로서 ①, ②, ③ 및 ④에 초기조건을 도입하여 보자. 즉, $t=0$ 인 순간에 진폭이 A 라면, 이를 만족하는 유일해는 ② $x(t) = A\cos\omega t$ 이다. 이처럼 단조화 진동에서 초기조건을 적용하면 유일해가 얻어진다.

한편, 정전기학에서의 전위나 전기장은 시간에 따라 변하지 않지만, 매질이 변하는 경우가 있다. 이때 서로 다른 매질의 경계면에서 만족해야 할 조건들이 있는데 이를 경계조건이라 한다.

라플라스 방정식을 풀면 일반해가 얻어지는데, 일반해로부터 주어진 문제를 만족시키는 유일해를 얻기 위해서는 예제 1에서와 같이 경계조건이 제시되어야 한다. 여기서 일반해란 라플라스 방정식을 만족시키는 모든 해를 의미하며, 경계조건이 부여되어 특정 상황에 맞는 해는 하나만이 존재하는데 이를 유일해이라고 한다.

유일해를 얻는데 필요한 경계조건들은 일반적으로 경계면 위에서의 전위 값 또는 경계면 위에서 경계면에 수직 방향으로의 전위에 대한 변화율($\frac{\partial \psi}{\partial n}$)의 값이 주어진다. 또는 관심 영역 중에서 특정 영역의 경계면 위에서는 전위 값이 제시되고 나머지 영역에 대해서는 $\frac{\partial \psi}{\partial n}$ 의 값이 주어지는데, 라플라스 방정식의 일반해에 이러한 경계조건들을 적용하면 유일해가 얻어진다.

$\psi_1, \psi_2, \cdot\cdot\cdot \psi_n$ 이 모두 라플라스 방정식의 해라면, 식 (3.3.2)로 주어지는 일반해도 또한 라플라스 방정식의 해이다.

$$\psi = C_1\psi_1 + C_2\psi_2 + \cdots C_n\psi_n \tag{3.3.2}$$

식 (3.3.2)가 라플라스 방정식의 해임을 증명하기 위해 식 (3.3.2)를 라플라스 방정식에 대입하면 식 (3.3.3)과 같이 되어, 식 (3.3.2)도 라플라스 방정식의 해가 됨을 알 수 있다.

$$\nabla^2\psi = \nabla^2 C_1\psi_1 + \nabla^2 C_2\psi_2 \cdots + \nabla^2 C_n\psi_n \tag{3.3.3}$$

$$= C_1\nabla^2\phi_1 + C_2\nabla^2\phi_2 + \cdot\cdot\cdot C_n\nabla^2\phi_n$$

$$= 0$$

예제 1

그림 3.3과 같이 균일하게 대전된 무한히 큰 두 금속판 사이의 전위를 라플라스 방정식을 이용하여 구하고, 얻어진 전위를 이용하여 두 금속판 사이의 전기장을 구하라.

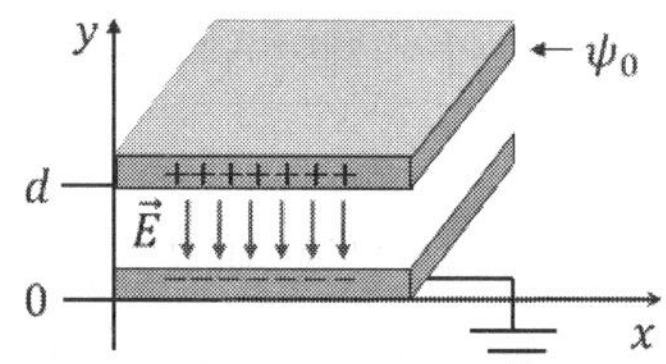

그림 3.3 대전된 두 금속판 사이의 전위

해답

대전된 두 금속판 사이에는 전하가 존재하지 않으므로 두 금속판 사이에서의 전위(ψ)에 대한 방정식은 y-만으로 주어지는 2차 미분방정식인 라플라스 방정식은 식 (3.3.4)와 같다.

$$\nabla^2\psi = \frac{d^2\psi}{dy^2} = 0 \tag{3.3.4}$$

식 (3.3.4)로부터 $d\psi/dy = a$ (a :상수)이며, 이로부터 전위(ψ)는 식 (3.3.5)와 같이 주어진다.

$$\psi(y) = ay + b \quad (a, b:\text{상수}) \tag{3.3.5}$$

$y = 0$ 에서 금속판은 접지되어 있으므로, $y = 0$ 에서의 전위는 "0"이 된다. 이러한 조건을 식 (3.3.5)에 적용하면, $b = 0$ 이 된다. 또한 $y = d$ 에서 $\psi = \psi_0$ 이므로 $a = \psi_0/d$ 이다. 따라서 두 금속판 사이에서의 전위에 대한 유일해는 식 (3.3.6)으로 주어진다.

$$\psi(y) = \frac{\psi_0}{d}y \tag{3.3.6}$$

두 금속판 사이의 전기장$(\overrightarrow{E}(y)$은 $\overrightarrow{E}(y) = -\overrightarrow{\nabla}\psi = -\frac{d\psi}{dy}\hat{j} = -\frac{\psi_0}{d}\hat{j}$와 같다. 한편 가우스의 법칙을 이용하여 두 금속판 사이의 전기장의 크기를 구하면 $E = \frac{\sigma}{\epsilon_0}$ 와 같이 주어진다. 따라서 아래 금속판의 표면 전하밀도는 $\sigma = -\frac{\psi_0}{2d}\epsilon_0$ 이며, 위쪽 금속판의 표면 전하밀도는 $\sigma = \frac{\psi_0}{2d}\epsilon_0$ 이다.

3.3.1 구 좌표계에서의 라플라스 방정식에 대한 해

전하분포가 그림 3.4와 같이 z-축에 대하여 대칭인 경우, 전위(ψ)는 r과 θ만에 의존하므로 $\psi = \psi(r, \theta)$ 와 같이 표현된다. 여기서 r은 원점으로부터 관측점 P까지의 거리, θ는 z-축과 r 사이의 각을 의미한다.

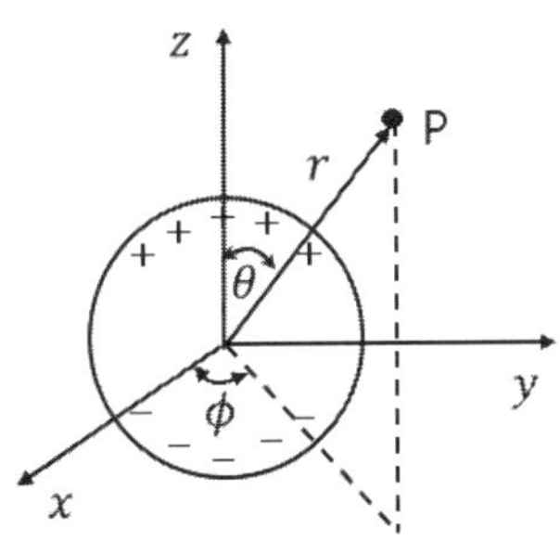

그림 3.4 구 좌표계에서의 방위각(ϕ)에 무관한 구형 전하분포

구 좌표계에서 방위각(ϕ)에 무관한 라플라스 방정식은 식 (3.3.7)과 같다.

$$\frac{1}{r^2}\frac{\partial}{\partial r}\left(r^2\frac{\partial\psi}{\partial r}\right) + \frac{1}{r^2\sin\theta}\frac{\partial}{\partial\theta}\left(\sin\theta\frac{\partial\psi}{\partial\theta}\right) = 0 \tag{3.3.7}$$

식 (3.3.7)과 같은 편미분 방정식의 해는 r만의 함수인 $Z(r)$과 θ만의 함수인 $P(\theta)$의 곱인 식 (3.3.8)과 같이 표현된다.

$$\psi(r,\theta) = Z(r)P(\theta) \tag{3.3.8}$$

식 (3.3.7)과 같은 편미분 방정식의 해가 식 (3.3.8)과 같이 곱하는 형태로 주어지는 이유는 $Z(r)$과 $P(\theta)$이 서로 직교함수(orthogonal function)이므로 더할 수 없기 때문이다. 즉, x에 대한 함수 $f(x)$와 y에 대한 함수 $f(y)$를 서로 더하지 못하는 것과 같다. 식 (3.3.8)을 식 (3.3.7)에 대입하면, 식 (3.3.9)가 얻어지면서 식 (3.3.7)의 편미분 방정식이 전미분 방정식으로 바뀐다.

$$\frac{1}{r^2}P(\theta)\frac{d}{dr}(r^2\frac{dZ}{dr}) + \frac{Z(r)}{r^2\sin\theta}\frac{d}{d\theta}(\sin\theta\frac{dP}{d\theta}) = 0 \tag{3.3.9}$$

이제 식 (3.3.9)의 양변을 $\psi(r,\theta) = Z(r)P(\theta)$로 나누면, 식 (3.3.10)이 얻어진다.

$$\frac{1}{Z}\frac{d}{dr}(r^2\frac{dZ}{dr}) = -\frac{1}{P\sin\theta}\frac{d}{d\theta}(\sin\theta\frac{dP}{d\theta}) \tag{3.3.10}$$

식 (3.3.10)의 왼쪽은 r만의 함수이며, 오른쪽은 θ만의 함수이다. 식 (3.3.10)이 성립할 수 있는 유일한 방법은 식 (3.3.10)이 상수($= k$)와 같은 경우이며, 이때 k를 분리상수(separation constant)라고 한다. 물리적인 관점에서 모든 종류의 상수를 k의 값으로 받아들일 수 있는 것은 아니다. 이를 위해 르장드르 방정식 (*Legendre's equation*) (식 (3.3.11))으로 알려진 θ에 대한 방정식에 대하여 알아보자.

$$\frac{1}{\sin\theta}\frac{d}{d\theta}(\sin\theta\frac{dP}{d\theta}) + kP = 0 \tag{3.3.11}$$

식 (3.3.11)은 θ에 대한 2차 미분방정식이므로 2개의 독립된 해를 가진다. 하지만, $\theta = 0$ 부터 $\theta = \pi$의 전 영역에 대하여 물리적으로 받아들일 수 있는 유일한 상수는 $k = n(n+1)$인 경우로서, n은 "0" 또는 "양의 정수"이다. 한편 n이 정수가 아닌 경우, 얻어지는 해는 $\theta = 0$ 또는 $\theta = \pi$에서 무한히 커지기 때문에 물리적으로 받아들일 수 없다. 즉, 유한한 크기의 전하분포로 무한대 크기의 전위를 가져온다는 것은 물리적으로 받아들일 수 없다. 식 (3.3.11)의 해 $P_n(\theta)$는 $\cos\theta$의 다항식으로 르장드르 다항식(*Legendre polynomials*)이라고 하며, 다항식의 일부를 표 3.1에 나타내었다.

표 3.1

n	$P_n(\theta)$
0	1
1	$\cos\theta$
2	$\frac{1}{2}(3\cos^2\theta - 1)$
3	$\frac{1}{2}(5\cos^3\theta - 3\cos\theta)$
4	$\frac{1}{8}(35\cos^4\theta - 30\cos^2\theta + 3)$
5	$\frac{1}{8}(63\cos^5\theta - 70\cos^3\theta + 15\cos\theta)$

한편, r 에 대한 방정식은 식 (3.3.12)로 주어진다.

$$\frac{d}{dr}(r^2\frac{dZ}{dr}) = n(n+1)Z \tag{3.3.12}$$

관측점의 위치에 따라 식 (3.3.12)에 대한 해는 다음과 같이 주어진다.

$$Z_n = r^n, \qquad Z_n = r^{-(n+1)} \tag{3.3.13}$$

따라서 $z-$축에 대칭인 관계로 방위각에 무관한 라플라스 방정식의 해는 식 (3.3.14)와 같이 쓸 수 있다.

$$\psi_n = r^n p_n(\theta), \quad \psi_n = r^{-(n+1)}P_n(\theta) \quad (n:\text{“0” 또는 양의 정수}) \tag{3.3.14}$$

방위각에 무관한 라플라스 방정식의 일반해는 모든 n에 대해 더해주면 되므로, 식 (3.3.15)와 같이 표현되는데, 교재에 따라서 $P_n(\theta)$ 를 $P_n(\cos\theta)$ 로 나타내기도 한다.

$$\psi(r,\theta) = \sum_{n=0}^{\infty}(A_n r^n + \frac{B_n}{r^{n+1}})P_n(\theta) \tag{3.3.15}$$

좌표의 원점이 반경이 a 인 구의 중심에 있다고 하자. 이때 속이 비어 있고 반경이 a 인 구 내부에서의 전위를 구하고자 한다면, 식 (3.3.15)에서 B_n 을 “0”으로 한다. 왜냐하면, $B_n \neq 0$ 인 경우에 둘째 항은 $r \to 0$ 가 되는 원점 근처에서 무한대의 전위 값을 주기 때문이다. 한편, 관측점이 $r \geq a$ 인 영역에서의 전위는 경계조건에 의해 계수 A_n과 B_n의 값이 결정된다.

3.3.2 크기와 방향이 일정한 전기장 속에 들어있는 반경 a인 도체구

방위각에 무관한 라플라스 방정식의 일반해가 식 (3.3.15)로 주어졌다. 여기서는 이러한 일반해를 이용하여 크기가 일정하고 $z-$축을 향하는 외부 전기장 $\vec{E}= \vec{E}_0\hat{k}$ 내에 반경이 a 이면서 대전되지 않은 속이 찬 도체구가 들어있을 때, $r \geq a$ 영역에서의 전위와 전기장을 구해보고자 한다(그림 3.5 참조).

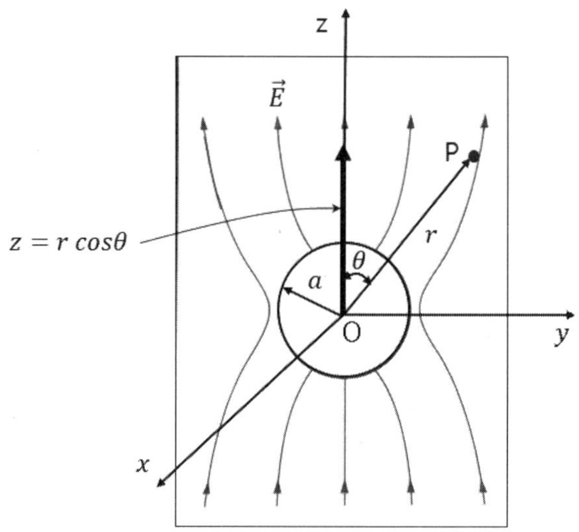

그림 3.5 외부 전기장 내에 놓인 도체구 근처에서의 전기장 $\vec{E}$

속이 찬 도체 내부에서의 전기장은 당연히 “0”이며, 전위는 등전위이므로 도체 내부에는 관심이 없다. 제시된 상황에서 전위와 전기장은 $z-$축에 대하여 대칭이므로 라플라스 방정식은 r 과 θ 만의 함수가 되어 라플라스 방정식의 해는 식 (3.3.15)로 표현된다. 반경이 a 인 도체구의 전위는 모든 곳에서 같으므로 이를 ψ_0 라고 놓는다. $r \geq a$ 영역에서의 라플라스 방정식의 해를 찾되, 전위에 대한 해는 도체구에서 ψ_0 가 되어야 한다. $z-$축에 대하여 대칭성을 갖는 경우에 일반해는 식 (3.3.15)를 사용하여 아래와 같이 쓸 수 있다.

$$\psi(r,\theta) = A_0 + B_0 r^{-1} + A_1 r\cos\theta + B_1 r^{-2}\cos\theta + \frac{1}{2}A_2 r^2(3\cos^2\theta - 1) \tag{3.3.16}$$

$$+ \frac{1}{2}B_2 r^{-3}(3\cos^2\theta - 1) + \frac{1}{2}A_3 r^3(5\cos^3\theta - 3\cos\theta)$$

$$+ \frac{1}{2}B_3 r^{-4}(5\cos^3\theta - 3\cos\theta) + \cdots$$

여기서 A_n, B_n 는 임의의 상수들로서 문제에서 주어진 초기조건들을 사용하면 구할 수 있다. 외부에서 가해준 전기장이 $z-$축을 향하면서 크기가 일정하다고 하였으므로, r 의 값이 매우 큰 경우에 전기장은 원래의 전기장과는 약간 다르지만, 근사적으로 $E_0\hat{k}$ 로 주어진다. 따라서 이러한 조건을 이용하면 식 (3.3.17)이 얻어진다.

$$[\vec{E}(r,\theta)]_{r\to\infty} = \vec{E}_0 = E_0\hat{k} \tag{3.3.17}$$

$$[\psi(r,\theta)]_{r\to\infty} = -E_0 z + \text{상수} = -E_0 r\cos\theta + \text{상수} \tag{3.3.18}$$

r 의 값이 큰 경우에 식 (3.3.18)과 식 (3.3.16)이 같기 위해서는 $A_1 = -E_0$ 이며, A_2 이상의 모든 A 값들은 "영"이 되어야 한다. 따라서 식 (3.3.16)은 다음과 같이 표현된다.

$$\psi(r,\theta) = A_0 + B_0 r^{-1} + A_1 r\cos\theta + B_1 r^{-2}\cos\theta + \tag{3.3.19}$$

$$+ \frac{1}{2}B_2 r^{-3}(3\cos^2\theta - 1) + \frac{1}{2}B_3 r^{-4}(5\cos^3\theta - 3\cos\theta) + \cdots$$

식 (3.3.19)에서 $B_0 r^{-1}$ 은 구형의 알짜전하들이 만드는 전위가 되는데, 알짜전하가 없으므로 $B_0 = 0$ 이어야 한다.

퀴즈 1

$y = a\cos\theta + b\cos\theta + c$ 는 θ의 함수이다. 이는 맞는가 아니면 틀리는가?

해답

ⓐ $a = b = 0$이면 θ의 함수가 아니다.

ⓑ $a = -b$ 이면 θ의 함수가 아니다.

ⓒ $a \neq 0$ 또는 $b \neq 0$이면 θ의 함수이다.

반경 $r=a$ 인 곳에서의 전위는 등전위(=ψ_0)로, θ 와 무관하므로, $n=1$ 인 경우에 $\cos\theta$ 를 포함하는 항은 서로 상쇄될 수 있으나, $n \geqq 2$ 인 경우에는 서로 상쇄될 수 없으므로 $r=a$ 에서 θ 와 무관한 함수가 되기 위해서는 $n \geqq 2$ 에 대한 B_n 의 값들은 모두 "영"이어야 한다. 그러므로 식 (3.3.19)는 다음과 같이 표현된다.

$$\psi(r,\theta) = A_0 - E_0 r\cos\theta + B_1 r^{-2}\cos\theta, \qquad \text{for} \quad r \geqq a \tag{3.3.20}$$

$$\psi(a,\theta) = \psi_0 \qquad \text{for} \quad r = a$$

식 (3.3.20)의 두 표현식이 $r=a$ 에서는 서로 같아야 하므로, $A_0 = \psi_0$, $B_1 = E_0 a^3$ 이어야 한다. 따라서 $r \geqq a$ 인 영역에 대하여 얻어지는 최종적인 유일해는 식 (3.3.21)과 같이 주어진다.

$$\psi(r,\theta) = \psi_0 - E_0 r\cos\theta + \frac{E_0 a^3}{r^2} cos\theta \tag{3.3.21}$$

식 (3.3.21)에서 $-E_0 r\cos\theta$ 는 외부에서 주어진 전기장에 기인하며, $\frac{E_0 a^3}{r^2} cos\theta$ 은 도체 구에 유도된 유도전하에 기인한다. 전위에 대한 해가 얻어졌으므로 이를 이용하여 $r \geqq a$ 인 영역에 대하여 전기장을 구하면, 식 (3.3.22)와 같다.

$$E_r = -\frac{\partial\psi}{\partial r} = E_0\left(1 + 2\frac{a^3}{r^3}\right)\cos\theta \tag{3.3.22}$$

$$E_\theta = -\frac{1}{r}\frac{\partial\psi}{\partial\theta} = -E_0\left(1 - \frac{a^3}{r^3}\right)\sin\theta$$

한편 도체 구의 표면에 유도된 전하분포는 식 (3.3.23)으로 주어진다.

$$\sigma(\theta) = \epsilon_0 E_r \mid_{r=a} = 3\,\epsilon_0 E_0 \cos\theta \tag{3.3.23}$$

도체 구에 유도된 총 전하(Q)는 반경이 a 인 도체 구에 대해 식 (3.3.23)을 적분하면 구해지며, 총 전하는 문제에서 대전되지 않은 도체구라는 조건으로부터 "0"이 되어야 하는데, 적분하여 보면 식 (3.3.24)에서와 같이 "0"이 되어 초기조건과 일치함을 알 수 있다.

$$Q = a^2 \int_0^{\pi} \sigma(\theta)\, 2\pi \sin\theta \, d\theta = a^2 \int_0^{\pi} 3\epsilon_0 E_0 \cos\theta \, 2\pi \sin\theta \, d\theta \tag{3.3.24}$$

$$= 6\pi\epsilon_0 a^2 E_0 \int_0^{\pi} \cos\theta \sin\theta \, d\theta = -6\pi\epsilon_0 a^2 E_0 \int_0^{\pi} \cos\theta \, d(\cos\theta)$$

$$= -6\pi\epsilon_0 a^2 E_0 \left[\frac{\cos^2\theta}{2} \right]_0^{\pi} = 0$$

3.3.3 원통 좌표계에서 라플라스 방정식에 대한 해

그림 3.6과 같이 반경이 a이면서 길이가 무한대인 원통 모양의 도체가 y-축 방향을 향하며 크기가 일정한 전기장($\vec{E} = E_0 \hat{j}$) 내에 있는 경우를 생각하여 보자. 이러한 문제를 푸는데 가장 편리한 좌표계는 원통 좌표계이다.

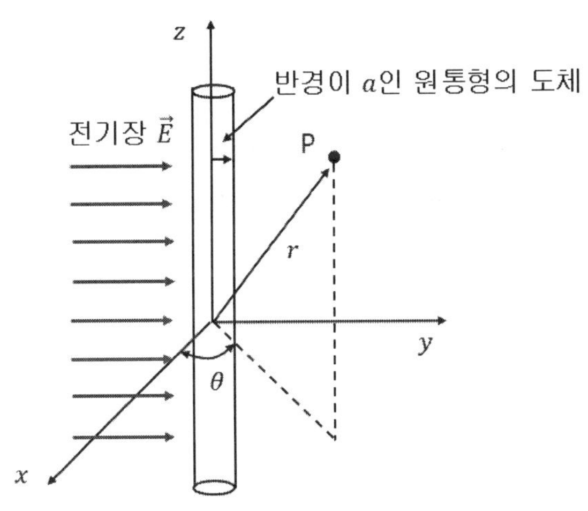

그림 3.6 외부 전기장 $\vec{E} = E_0 \hat{j}$ 내에 놓인 반경이 a이며, 길이가 무한대인 원통형 도체

원통 좌표계에서도 구 좌표계에서와 유사한 방법을 사용하여 해를 구할 수 있는데, 문제를 간단히 하기 위하여 그림 3.6에서와 같이 얻어지는 해가 r, θ에만 의존하며 z에는 무관한 경우에 대해서 생각하여 보자. 이는 기다란 원통형 도체 또는 전선

을 포함하는 문제에는 적합하지만 짧은 길이를 가지는 원통형 도체 또는 전선에는 적합하지 않다.

원통 좌표계에서 전위(ψ)가 z 에 무관한 라플라스 방정식은 식 (3.3.25)와 같다.

$$\frac{1}{r}\frac{\partial}{\partial r}(r\frac{\partial \psi}{\partial r}) + \frac{1}{r^2}\frac{\partial^2 \psi}{\partial \theta^2} = 0 \tag{3.3.25}$$

$\psi = Y(r)S(\theta)$로 설정하고 식 (3.3.25)의 양변을 $\psi = Y(r)S(\theta)$로 나누면, 식 (3.3.26)이 얻어진다.

$$\frac{r}{Y}\frac{d}{dr}(r\frac{dY}{dr}) = -\frac{1}{S}\frac{d^2 S}{d\theta^2} = k \tag{3.3.26}$$

여기서 k 는 분리상수이다. θ 에 대한 방정식의 해는 매우 간단하며, $\cos k^{1/2}\theta$ 와 $\sin k^{1/2}\theta$ 의 해를 가진다. 이들이 물리적인 의미를 가지기 위해서는 θ 의 값이 θ 일 때와 $\theta + 2\pi$ 의 값이 같아야 된다. 즉, 식 (3.3.27)의 조건을 만족해야 된다.

$$\cos k^{1/2}(\theta + 2\pi) = \cos k^{1/2}\theta \quad , \quad \sin k^{1/2}(\theta + 2\pi) = \sin k^{1/2}\theta \tag{3.3.27}$$

식 (3.3.27)이 만족하기 위해서는 $k = n^2$ ($n =$ 정수)이어야 하는데, n 은 양(+)의 정수 또는 "0"의 값을 가지게 된다. 왜냐하면, $\cos(-n\theta) = \cos n\theta$ 이며, $\sin(-n\theta) = -\sin n\theta$ 이기 때문이며 이들 해의 중요한 성질은 그들이 직교한다(서로 독립적이다)는 사실이다. 즉,

$$\int_0^{2\pi} \cos(m\theta)\cos n\theta\, d\theta = \int_0^{2\pi} \sin(m\theta)\sin n\theta\, d\theta = \pi\delta_{mn} \tag{3.3.28}$$

$$\int_0^{2\pi} \sin(m\theta)\cos(n\theta)\, d\theta = 0 \quad (m \neq n) \tag{3.3.29}$$

여기서 $m = n$ 인 경우에, $\delta_{mn} = 1$ 이며, $m \neq n$ 인 경우에, $\delta_{mn} = 0$ 이다. 따라서 θ 에 대한 해($S(\theta)$는 식 (3.3.30)으로 주어진다.

$$S(\theta) = A_n \cos n\theta + B_n \sin n\theta \tag{3.3.30}$$

식 (3.3.30)에서 $n = 0$ 이면 전위는 각 θ 에 의존하지 않는 해를 가지게 된다. 한편, r 에 대한 해는 식 (3.3.31)을 풀면 구해진다.

$$\frac{r}{Y}\frac{d}{dr}(r\frac{dY}{dr}) = n^2 \quad \Rightarrow \quad \frac{d}{dr}(r\frac{dY}{dr}) - \frac{n^2 Y}{r} = 0 \tag{3.3.31}$$

식 (3.3.31)에서 $n=0$ 이면 전위는 각 θ 에 의존하지 않게 되며, r 에 대한 방정식은 식 (3.3.32)와 같이 된다.

$$\frac{d}{dr}(r\frac{dY}{dr}) = 0 \tag{3.3.32}$$

식 (3.3.32)를 r 에 대하여 적분하면 식 (3.3.33)이 얻어진다.

$$r\frac{dY}{dr} = a \quad (a = 상수) \quad \Rightarrow \frac{dY}{dr} = \frac{a}{r} \tag{3.3.33}$$

식 (3.3.33)을 다시 적분하면, 식 (3.3.34)가 얻어진다.

$$Y(r) = a\ln r + b = A_0 \ln r \ (b = 상수) \ \text{또는} \ Y(r) = a(\ln\frac{r}{r_0}) \tag{3.3.34}$$

여기서 b 와 r_0 는 적분상수로서 경계조건에 의하여 결정된다. 또한 $Y(r)$ 이 r 에 의존하지 않는 경우, $r\frac{dY}{dr} = 0$ 이 되므로 $Y(r) = A_0 = 상수$ 가 된다. 한편, $n \neq 0$ 인 경우에 $\frac{d^2Y}{dr^2} + \frac{1}{r}\frac{dY}{dr} - \frac{n^2}{r^2}Y = 0$ 의 해를 구하면 되는데, 이에 대한 해는 $Y(r) = r^n$ 또는 $Y(r) = r^{-n}$ 의 값을 가지게 되어, 식 (3.3.35)와 같이 쓸 수 있다.

$$Y(r) = C_n r^n + D_n r^{-n} \tag{3.3.35}$$

따라서 일반해인 원통 조화함수는 $n \neq 0$ 인 경우의 해 (3.3.30)과 (3.3.35)의 곱에다가 $n=0$ 인 경우의 해(식 (3.3.34)를 더하면 식 (3.3.36)과 같이 얻어진다.

$$\phi(r,\theta) = \sum_{n=1}^{\infty}(A_n\cos n\theta + B_n\sin n\theta)(C_n r^n + D_n r^{-n}) + A_0 + A_0{}'\ln r \tag{3.3.36}$$

$$= \sum_{n=1}^{\infty}(E_n\cos n\theta + E_n\sin n\theta)r^n + \sum_{n=1}^{\infty}(F_n\cos n\theta + F_n\sin n\theta)r^{-n}$$

$$+ A_0 + A_0{}'\ln r$$

식 (3.3.36)에서의 계수들은 구 좌표계에서 구한 것과 마찬가지로 경계조건으로부터 구해진다.

3.3.4 직각 좌표계에서 라플라스 방정식에 대한 해

직각 좌표계에서의 라플라스 방정식의 응용에 대한 예로서 그림 3.7과 같이 한 변의 길이가 π이며 접지된 정사각형 금속 파이프로, $x=0$ 인 면만이 $\psi(0,y,z)=\psi_0(y,z)$ 로 유지된 경우를 생각하여 보자.

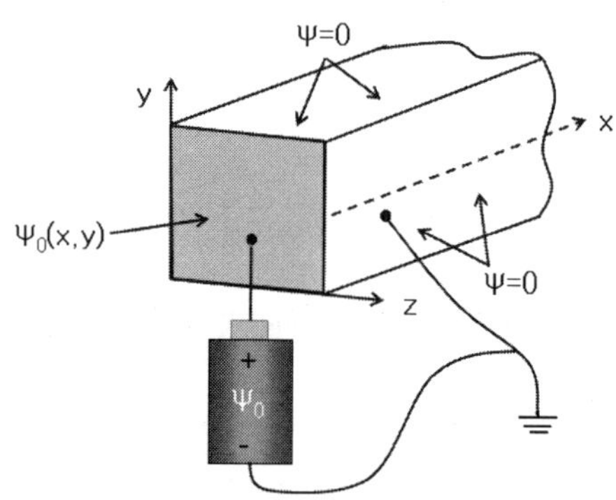

그림 3.7 전압이 Ψ_0 인 전지와 접지에 연결된 도체

그림 3.7과 같이 사각형 파이프 내에서의 전위를 구하는데 가장 적합한 좌표계는 직각 좌표계이다. 직각 좌표계에서의 라플라스 방정식에 대한 해를 구하기 위해서는 식 (3.3.37)과 같이 해를 정의한다.

$$\psi(x,y,z) = f_1(x)f_2(y)f_3(z) \tag{3.3.37}$$

식 (3.3.37)을 라플라스 방정식에 대입한 후, 양변을 $\psi(x,y,z)$ 로 나눠주면 라플라스 방정식은 식 (3.3.38)과 같이 된다.

$$\frac{1}{f_1(x)}\frac{d^2f_1}{dx^2}+\frac{1}{f_2(y)}\frac{d^2f_2}{dy^2} = -\frac{1}{f_3(z)}\frac{d^2f_3}{dz^2} \tag{3.3.38}$$

식 (3.3.38)의 왼쪽은 x, y 의 함수이며, 오른쪽은 z 만의 함수이므로 양변은 하나의 상수와 같아야 한다. 이 상수를 q^2 으로 놓으면, 식 (3.3.38)은 식 (3.3.39, 3.3.40)과 같게 된다.

$$\frac{d^2 f_3}{dz^2} + q^2 f_3 = 0 \tag{3.3.39}$$

$$\frac{1}{f_2}\frac{d^2 f_2}{dy^2} = q^2 - \frac{1}{f_1}\frac{d^2 f_1}{dx^2} \tag{3.3.40}$$

x, y 에 대한 방정식의 분리상수를 $-p^2$ 으로 놓으면, x, y 에 대한 방정식은 각각 다음과 같다.

$$\frac{d^2 f_2}{dy^2} + p^2 f_2 = 0 \tag{3.3.41}$$

$$\frac{d^2 f_1}{dx^2} - (p^2 + q^2) f_1 = 0 \tag{3.3.42}$$

이러한 변수분리에 의하여 편미분 방정식이 식 (3.3.39, 41~42)와 같이 전미분 방정식으로 바뀌었다. x 에 대한 전미분 방정식인 식 (3.3.42)의 해는

$$f_1(x) = Ae^{\sqrt{p^2+q^2}\,x} + Be^{-\sqrt{p^2+q^2}\,x} \tag{3.3.43}$$

으로 주어지며, y 에 대한 전미분 방정식인 식 (3.3.41)의 해는

$$f_2(y) = C\sin py + D\cos py \tag{3.3.44}$$

로 주어진다. 한편 z 에 대한 전미분 방정식 식 (3.3.39)의 해는

$$f_3(z) = E\sin qz + F\cos qz \tag{3.3.45}$$

와 같이 된다. 따라서 직각 좌표계에서의 라플라스 방정식에 대한 해는 (3.3.43~45)의 곱으로 표현된다.

위에서 언급된 분리상수들에 대한 조건은 수학적으로는 제한이 없으나 주어진 경계조건에 의하여 분리상수들에 대한 제한이 주어진다. 이러한 제한에 대해서는 아래에 제시된 내용을 보면 이해가 잘 되리라 판단한다.

그림 3.7과 같이 한 변의 길이가 π인 정사각형의 금속 파이프가 접지되어 있고 $x = 0$ 인 면만이 $\psi(0, y, z) = \psi_0(y, z)$로 유지되어 있을 때, 파이프 내에서의 전위를

구해보자.

문제에서 주어진 경계조건들을 정리하여 보면 다음과 같다.

ⓐ $y = 0$ 일 때 $\psi = 0$

ⓑ $y = \pi$ 일 때 $\psi = 0$

ⓒ $z = 0$ 일 때 $\psi = 0$

ⓓ $z = \pi$ 일 때 $\psi = 0$

ⓔ $x = 0$ 일 때 $\psi = \psi_0(y, z)$

ⓕ $x = \infty$ 일 때 $\psi = 0$

라플라스 방정식의 해가 (3.3.43~45)와 같이 주어지므로, 경계조건 ⓐ에 의하여 $D = 0$, 경계조건 ⓒ에 의하여 $F = 0$ 그리고 경계조건 ⓕ에 의하여 $A = 0$의 값들이 결정된다. 또한 경계조건 ⓑ, ⓓ에 의하여 p, q는 양의 정수가 된다. 이러한 경계조건들에 의하여 파이프 내에서의 전위에 대한 해는 식 (3.3.46)과 같이 표현된다.

$$\psi(x,y,z) = C'e^{-\sqrt{p^2+q^2}\,x}\sin py \sin qz \quad (C' = BCE) \tag{3.3.46}$$

식 (3.3.46)은 경계조건 ⓔ를 제외하고는 모든 경계조건을 만족한다. 식 (3.3.46)에서 결정되지 않은 상수는 p, q이므로 가장 일반적인 해는 p, q에 대한 이중 합이 되어 식 (3.3.47)과 같이 주어진다.

$$\psi(x,y,z) = \sum_{p=1}^{\infty}\sum_{q=1}^{\infty} C_{p,q}'\, e^{-\sqrt{p^2+q^2}\,x}\sin py \,\sin qz \tag{3.3.47}$$

여기서 $p, q \neq 0$ 이다. 이식에 마지막 경계조건 ⓔ를 적용하면, 식 (3.3.48)이 얻어진다.

$$\psi(0,y,z) = \sum_{p=1}^{\infty}\sum_{q=1}^{\infty} C_{p,q}' \sin py \,\sin qz = \psi_0(y, z) \tag{3.3.48}$$

위 식에서 계수 $C_{p,q}'$를 구하기 위하여 양변에 $\sin\bar{p}y\sin\bar{q}z$를 곱해준 후에 적분하면, 식 (3.3.49)가 얻어진다.

$$\sum_{p=1}^{\infty}\sum_{q=1}^{\infty} C_{p,q}{}' \int_0^{\pi} \sin\bar{p}y\sin py\,dy \int_0^{\pi} \sin qz\ \sin\bar{q}\,z\,dz \qquad (3.3.49)$$

$$= \int_0^{\pi}\int_0^{\pi} \phi_0(y,z)\sin\bar{p}\,y\sin\bar{q}\,z\,dy\,dz$$

사인함수의 곱에 대한 적분은 식 (3.3.50)과 같다.

$$\int_0^{\pi} \sin ky \sin ny\,dy = 0 \quad (k \neq n) \qquad (3.3.50)$$

$$= \frac{\pi}{2}\ (k = n)$$

(3.3.49)의 좌변은 $C_{p,q}{}'(\pi/2)^2$ 이 되므로, 식 (3.3.51)이 얻어진다.

$$C_{p,q}{}' = (\frac{2}{\pi})^2 \int_0^{\pi}\int_0^{\pi} \phi_0(y,z)\sin py \sin qz\,dy\,dz \qquad (3.3.51)$$

하지만, $x=0$ 인 경우에 $\psi_0(y,z) = \psi_0$ 라고 하면,

$$C_{p,q}{}' = (\frac{2}{\pi})^2 \phi_0 \int_0^{\pi} \sin py\,dy \int_0^{\pi} \sin qz\,dz = 0 \qquad (p \text{ 또는 } q\text{가 짝수}) \qquad (3.3.52)$$

$$= \frac{16\phi_0}{\pi^2 pq}\ (p \text{ 와 } q\text{가 홀수})$$

와 같은 결과를 얻는다. 따라서 최종적으로 얻어지는 해는 식 (3.3.53)과 같다.

$$\psi(x,y,z) = \frac{16\psi_0}{\pi^2} \sum_{p=1,3,5\cdots}^{\infty} \sum_{q=1,3,5\cdots}^{\infty} \frac{1}{pq} e^{-\sqrt{p^2+q^2}\,x} \sin py \sin qz \qquad (3.3.53)$$

3.4 영상전하법

지금까지는 라플라스 미분방정식을 이용하여 일반해를 구하고, 일반해에 경계조건들을 적용하여 문제에 맞는 유일해를 구할 수 있었다. 하지만, 이러한 미분방정식을 풀지 않고 유일해를 얻을 수 있는 방법이 영상전하법이다. 모든 유형의 정전기 문제들

에 적용이 가능한 것은 아니지만 비교적 많은 문제들이 영상전하법으로 해결된다. 도체는 자유전하가 많은 물질로서 외부에서 전기장이 가해지면 자유전하들이 전기력을 받아 이동하게 된다. 외부전하가 만든 전기장에 의해 도체에서의 자유전하들의 이동에 따라 결정되는 관측점에서의 전위나 전기장을 구하는 경우, 영상전하법이 매우 유용하다.

그림 3.8과 같이 공기 중에 있는 무한히 넓은 도체 면으로부터 수직거리 d만큼 떨어져 있는 곳에 점 전하 q가 있다고 할 때, 관측점 P에서의 전위를 구하는 문제를 생각하여 보자.

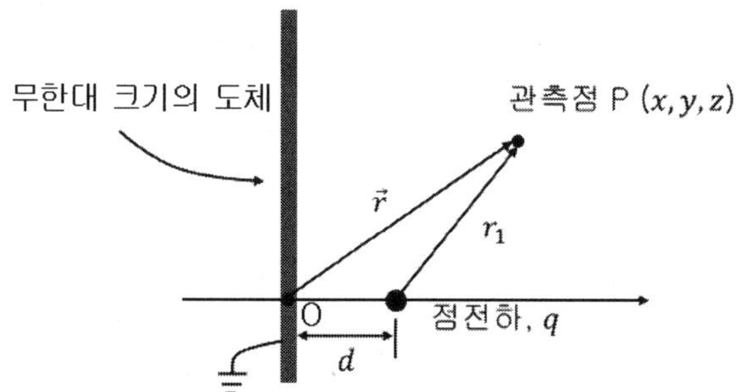

그림 3.8 무한도체와 점 전하 q

점 전하로부터 r_1만큼 떨어진 관측점 P에서의 전위는 간단히 $(1/4\pi\epsilon_0)q/r_1$은 아니다. 왜냐하면, 점 전하 q는 주위에 전기장을 만들고, 이러한 전기장에 의하여 가까운 도체 표면에는 음(-)전하가 유도되기 때문이다. 따라서 관측점 P에서의 총 전위의 일부는 점 전하 q가 만들고, 나머지는 무한도체에 유도된 유도전하가 만들므로 관측점 P에서의 전위는 다음과 같이 쓸 수 있다.

$$\psi(\vec{r}) = \psi_1(\vec{r}) + \frac{1}{4\pi\epsilon_0}\int_s \frac{\sigma(\vec{r}')da'}{|\vec{r}-\vec{r}'|} = \psi_1(\vec{r}) + \psi_2(\vec{r}) \tag{3.4.1}$$

여기에서 $\psi_1(\vec{r})$은 점 전하 q로부터 $\vec{r}_1$만큼 떨어진 곳에서의 점 전하(q)에 기인한 전위이며, 둘째 항은 도체 표면에 유도된 전하에 기인한 전위 $\psi_2(\vec{r})$이다.

$\sigma(\vec{r}')$에 대한 정확한 정보를 알지 못해도 관측점 P($\vec{r}$)에서 전위를 구할 수 있다는 것이 영상전하법의 핵심이다. 즉, 식 (3.4.1)에서 둘째 항을 외부에서 주어진 점 전하 또는 선전하에 대한 영상과 같이 점 전하 또는 선전하에 기인한 전위로 표현할 수 있

다는 점이다. 이때 $\psi_2(\vec{r})$를 만들어내는 전하를 영상전하라 하며, 영상전하는 도체 내에 위치하게 되지만 실제로 존재하는 전하는 아니다. 이러한 영상전하법은 모든 도체 면들이 $\psi = \psi_1(\vec{r}) + \psi_2(\vec{r})$ 의 등전위면과 일치하는 경우에만 적용할 수 있으며, $\psi = \psi_1(\vec{r}) + \psi_2(\vec{r})$ 는 도체 내부가 아닌 외부영역에 대한 해를 구하는 경우에만 올바른 해를 구할 수 있다. 물론 도체 내부는 등전위에 있게 된다.

3.4.1 점 전하와 무한도체로 이뤄진 계에서의 전위

영상전하법에 대한 한 예로서 접지된 무한 도체평면(= yz 평면) 근처에 있는 점 전하 q (x-축 위의 d 되는 지점에 위치)가 관측점 P에 만드는 전위를 구해보자(그림 3.9 참조).

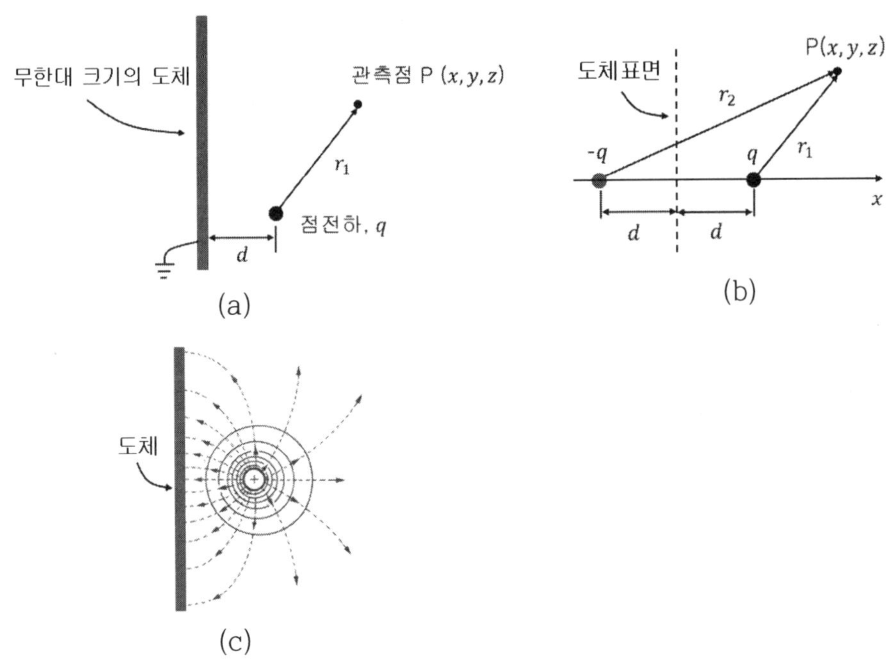

그림 3.9 (a) 점 전하(q)와 접지된 무한도체 평면, (b) 영상전하($-q$)의 위치, (c) 전기력선(점선)과 등전위면(도체평면)

점 전하(q)로부터 r_1 만큼 떨어진 지점에 점 전하 q가 만드는 전위($\psi_1(\vec{r})$)는 다음과 같다.

$$\psi_1(x,y,z) = \frac{q}{4\pi\epsilon_0 r_1} = \frac{q}{4\pi\epsilon_0\sqrt{(x-d)^2+y^2+z^2}} \tag{3.4.2}$$

하지만 그림 3.9(b)와 같이 서로 $2d$ 만큼 떨어진 2개의 점 전하가 만드는 전위는 다음과 같다.

$$\psi(x,y,z) = \phi_1(x) + \phi_2(x) = \frac{q}{4\pi\epsilon_0 r_1} - \frac{q}{4\pi\epsilon_0 r_2} \tag{3.4.3}$$

식 (3.4.3)은 전하가 없는 모든 영역에서 라플라스 방정식을 만족할 뿐만 아니라 두 전하를 연결하는 수직 이등분 평면에서는 일정(=0)하다. 전하 $-q$ 가 만드는 전위는 다음과 같이 표현된다.

$$\psi_2(x,y,z) = -\frac{q}{4\pi\epsilon_0 r_2} = -\frac{q}{4\pi\epsilon_0\sqrt{(x+d)^2+y^2+z^2}} \tag{3.4.4}$$

식 (3.4.4)에서 전하 $-q$ 는 실제로 존재하는 전하가 아닌 영상전하이다. 도체평면 오른쪽에서의 전기장은 식 (3.4.3)과 $\overrightarrow{E} = -\overrightarrow{\nabla}\psi$ 을 이용하여 구할 수 있다.

도체 외부에 주어진 점 전하 q 가 만든 전기장 때문에 도체 표면에 유도된 음(-)전하들의 표면 전하밀도(σ)에 대하여 알아보자. 가우스의 법칙은 임의의 폐곡면을 뚫고 나오는 알짜 전기력선의 수와 폐곡면 안에 있는 알짜전하 사이의 관계를 나타내주는 법칙으로 다음과 같이 표현된다.

$$\oint \overrightarrow{E} \cdot \hat{n} da = \frac{q_{알짜}}{\epsilon_0} \tag{3.4.5}$$

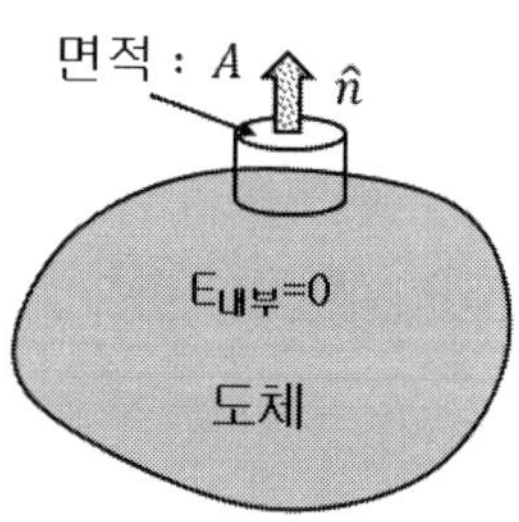

그림 3.10 도체에서의 표면전하

그림 3.10에서 알약 모양의 가우스 폐곡면을 뚫고 나가는 알짜 전기력선은

$$\int_{\text{윗면}} \vec{E}\cdot\hat{n}da+\int_{\text{옆면}} \vec{E}\cdot\hat{n}da+\int_{\text{아랫면}} \vec{E}\cdot\hat{n}da=\frac{q_{\text{알짜}}}{\epsilon_0} \tag{3.4.6}$$

와 같이 표현된다. 이때 도체 표면에서의 전기장은 도체 표면에 항상 수직이고 도체 내부에서는 “0”이므로, 알약 모양인 가우스 폐곡면의 옆면과 아랫면을 통하여 뚫고 나가는 전기력선은 존재하지 않으므로, 식 (3.4.7)이 얻어진다.

$$\int_{\text{윗면}} \vec{E}\cdot\hat{n}da+0+0=\frac{\sigma A}{\epsilon_0}\ \Rightarrow \int_{\text{윗면}} \vec{E}\cdot\hat{n}da=\int_{\text{윗면}} -\frac{\partial\psi}{\partial n}da=\frac{\sigma A}{\epsilon_0}$$

$$\Rightarrow -\frac{\partial\psi}{\partial n}A=\frac{\sigma A}{\epsilon_0}\quad\Rightarrow -\frac{\partial\psi}{\partial n}=\frac{\sigma}{\epsilon_0}\quad\Rightarrow\quad \sigma=-\epsilon_0\frac{\partial\psi}{\partial n} \tag{3.4.7}$$

이처럼 도체 내부에서의 전기장은 “0”이나 외부에서는 “0”이 아니므로, 전기장의 불연속성을 이용하여 도체 표면에서의 표면 전하밀도 $(=\sigma)$를 구할 수 있다. 도체 표면에서의 표면 전하밀도는 식 (3.4.7)에 의하여 얻어지며 그림 3.9에서 도체 표면에 수직한 방향은 $+x$-방향이므로 $yz-$평면에서의 표면 전하밀도는 $\sigma(y,z)=-\epsilon_0\frac{\partial\psi}{\partial x}|_{x=0}$에 의하여 얻어진다. 식 (3.4.3)을 x에 대해서 편미분하면 다음과 같다.

$$\frac{\partial\psi}{\partial x}=\frac{1}{4\pi\epsilon_0}\left\{\frac{-q(x-d)}{(x^2+y^2+(x-d)^2)^{3/2}}+\frac{q(x+d)}{(x^2+y^2+(x+d)^2)^{3/2}}\right\} \tag{3.4.8}$$

$yz-$평면에서의 표면전하 밀도를 구하기 위하여 $x=0$를 식 (3.4.8)에 대입하면, 다음과 같이 표면 전하밀도가 구해진다.

$$\sigma(y,z)=-\epsilon_0\frac{\partial\phi}{\partial x}|_{x=0}=\epsilon_0 E_x|_{x=0}=-\frac{qd}{2\pi(d^2+y^2+z^2)^{3/2}} \tag{3.4.9}$$

예상하였던 바와 같이 표면 전하밀도는 점 전하(q)와 반대의 부호를 가지며, $y=z=0$인 곳에서 가장 큰 $\sigma(y=0,z=0)=-\frac{q}{2\pi d^2}$와 같은 값을 가진다. 또한 식 (3.4.9)는 다음과 같은 표현이 가능하다.

$$\sigma(y,z)=-\frac{qd}{2\pi(d^2+y^2+z^2)^{3/2}}=-\frac{q}{2\pi d^2[1+(y^2+z^2)/d^2)^{3/2}} \tag{3.4.10}$$

따라서 $x=0$, $y=0$인 곳에서의 표면전하 밀도를 그래프로 표현하면 그림 3.11과 같다.

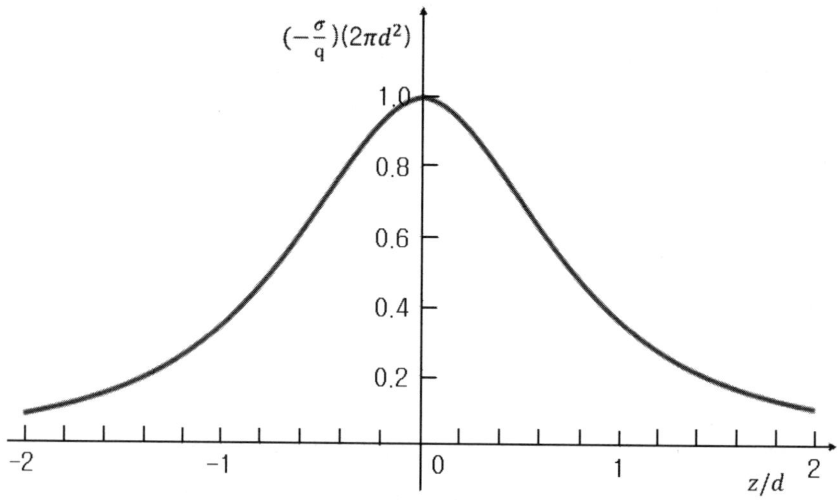

그림 13.11 $x=0$, $y=0$에서의 표면전하 밀도

도체에 유도된 총 전하(Q)는 $-q$와 같으므로 식 (3.4.9)를 도체의 전체 평면에 대하여 적분하면 $-q$가 되며, 총 유도전하는 식 (3.4.11)과 같이 표현된다.

$$Q=\int \sigma\, da \tag{3.4.11}$$

도체 평면이 yz-평면에 있어 직각좌표를 사용하면, 미소면적(da)는 $da=dy\,dz$이지만 구좌표를 이용하는 것이 편리하다(그림 3.12 참조). 그림 3.12에서 $r^2=y^2+z^2$, $da=r\,dr\,d\theta$ 이 되므로, 구좌표를 이용하여 식 (3.4.11)을 적분하면 식 (3.4.12)가 얻어진다.

$$Q=\int \sigma\, da=\int \frac{-qd}{2\pi(r^2+d^2)^{3/2}}\, r\,dr\int_0^{2\pi} d\theta \tag{3.4.12}$$

$$=-qd\int \frac{1}{(r^2+d^2)^{3/2}}\, r\,dr=-qd\left(\frac{-1}{\sqrt{r^2+d^2}}\right)\Big|_0^{\infty}=-q$$

따라서 도체에 유도된 전하의 크기는 전하 q와 크기는 같지만 부호가 반대임을 알 수 있다.

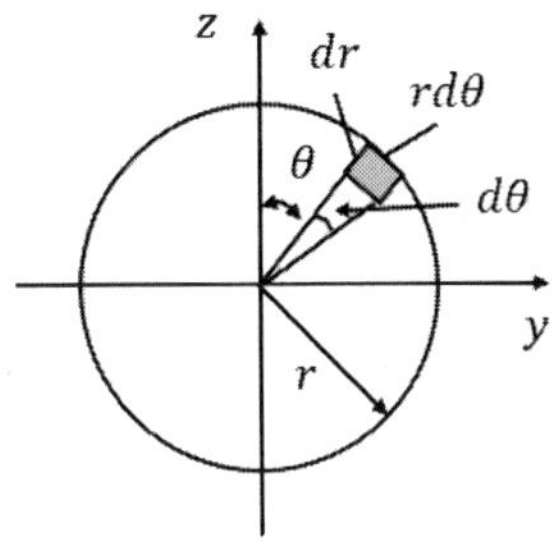

그림 3.12 반경이 r인 구 표면의 미소면적 da

도체에 유도된 전하는 전하 q와 반대 부호를 가지므로 전하 q와 도체 사이에는 서로 인력이 작용하게 된다. 전하 q에 작용하는 힘은 전하 자신에 의해 작용하는 힘은 존재하지 않으므로 영상전하가 만드는 전위(ψ_2)에 (-) 기울기 벡터($\overrightarrow{\nabla}$)를 취한 다음 전하 q를 곱하면 된다. 즉,

$$\overrightarrow{F} = q\overrightarrow{E_2} = -q\overrightarrow{\nabla}\psi_2 \quad \Rightarrow F_x = -q\frac{\partial\psi_{(2)}}{\partial x}\Big|_{x=0} = -\frac{1}{4\pi\epsilon_0}\frac{q^2}{(2d)^2} \tag{3.4.13}$$

식 (3.4.13)의 결과는 부호가 서로 다른 2개의 점 전하가 $2d$만큼 떨어져 있을 때 상호 간에 작용하는 인력과 같은 크기를 가진다는 것을 알 수 있다.

3.4.2 점 전하와 도체구로 이뤄진 계에서의 전위

이번에는 반경이 a 인 도체 구의 근처에 전하량이 q 인 점 전하가 존재하는 3가지 경우에 대하여 알아보자. 즉, ⓐ 도체 구의 전위가 "0"인 경우 (접지된 도체구), ⓑ 도체구의 전위가 일정한 값(V_0)을 가지는 경우 및 ⓒ 도체 구가 전하 Q로 대전되어 있는 경우를 생각하여 보자.

A. 도체구의 전위가 "0"인 경우 (접지된 도체구)

그림 3.13과 같이 도체구가 접지되어 있고 반경 a 인 도체구의 근처에 전하량이 q 인 점 전하가 존재하는 경우, 도체와 점 전하를 제외한 영역에서의 전위를 구해보자. 이때 도체구의 중심과 좌표의 중심은 일치한다.

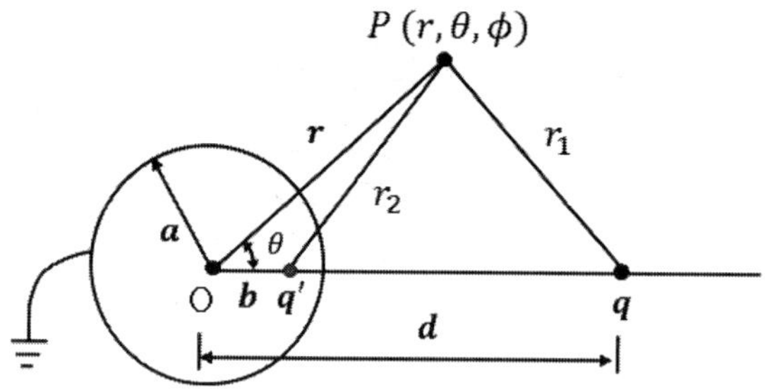

그림 3.13 접지된 도체구와 점 전하

그림 3.13과 같은 상황에서 영상전하의 크기와 위치를 구하기 위하여 영상전하의 크기를 q', 그리고 영상전하의 위치를 도체구의 중심에서 점 전하 q를 연결하는 직선 상의 지점 b라고 하면, 도체구 외부에서의 전위는 식 (3.4.14)로 주어진다.

$$\psi(r,\theta,\phi) = \frac{q}{4\pi\epsilon_0 r_1} + \frac{q'}{4\pi\epsilon r_2} \tag{3.4.14}$$

$$= \frac{1}{4\pi\epsilon_0}\left\{\frac{q}{\sqrt{r^2+d^2-2rd\cos\theta}} + \frac{q'}{\sqrt{r^2+b^2-2rb\cos\theta}}\right\}$$

도체구가 접지되어 있으므로 경계조건인 $r=a$인 도체 표면에서의 전위는 식 (3.4.15)와 같이 "0"이 된다.

$$\psi(a,\theta,\phi) = \frac{1}{4\pi\epsilon_0}\left\{\frac{q}{\sqrt{a^2+d^2-2ad\cos\theta}} + \frac{q'}{\sqrt{a^2+b^2-2ab\cos\theta}}\right\} \tag{3.4.15}$$

$$= \frac{1}{4\pi\epsilon_0}\left\{\frac{q}{a\sqrt{1+(d/a)^2-2(d/a)\cos\theta}} + \frac{q'}{b\sqrt{1+(a/b)^2-2(a/b)\cos\theta}}\right\}$$

$$= 0$$

식 (3.4.15)가 성립하기 위해서는 기본적으로 식 (3.4.16)이 성립되면서 식 (3.4.17~18)이 만족되어야 한다는 것을 의미한다.

$$\sqrt{1+(d/a)^2-2(d/a)\cos\theta} = \sqrt{1(a/b)^2-2(a/b)\cos\theta} \tag{3.4.16}$$

$$\Rightarrow \frac{d}{a} = \frac{a}{b} \quad \Rightarrow \quad b = \frac{a^2}{d} \tag{3.4.17}$$

$$\frac{q}{a} = -\frac{q'}{b} \quad \Rightarrow \quad q' = -\frac{a}{d}q \tag{3.4.18}$$

이로부터 영상전하의 위치는 $b = a^2/d$ 에 존재하며, 크기는 $q' = -(a/d)q$ 로 주어짐을 알 수 있다.

B. 도체 구의 전위가 일정한 값(V_0)을 가지는 경우

그림 3.14(a)와 같이 도체 구의 전위가 일정한 V_0의 값을 가지기 위해서는 제 2의 영상전하(q'')를 도체구의 중심에 부여할 필요가 있다. 이 문제는 그림 3.14(b)와 같이 접지된 도체구와 점 전하 그리고 전위가 일정한 도체구로 이뤄진 계로 생각하고 문제에 접근하는 것이 편리하다. 즉, 도체구의 전위가 일정하다는 것은 전기장이 "0"이라는 의미이므로 도체 내에 전기장이 발생되지 않도록 영상전하(q'')를 대칭적인 위치에 놓아야 한다.

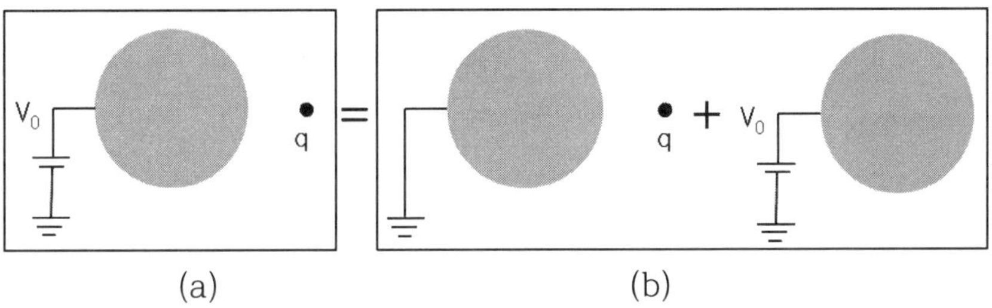

그림 3.14 도체구가 일정한 전위(= V_0)로 유지되어 있는 경우

이처럼 도체의 전위가 V_0이며 반경이 a인 구 모양을 가지는 경우, 영상전하 ($q'' = 4\pi\epsilon_0 a V_0$)를 구의 중심에 놓으므로 $V_0 = kq''/a$ 으로 구는 일정한 전위에 놓여 있다는 초기조건을 만족하게 된다.

그림 3.15의 관측점 P에서의 전위에 대한 표현식은 점점하 q, 접지된 도체 구에서의 영상전하 $q' = -\frac{a}{d}q$ 및 도체 구가 일정한 전위를 가지는데 필요한 영상전하 $q'' = 4\pi\epsilon_0 a V_0$에 의한 전위들을 모두 합한 값으로 주어진다. 따라서 관측점 P에서의 전위는 식 (3.4.19)와 같이 주어진다.

$$\psi(r,\theta,\phi) = \frac{1}{4\pi\epsilon_0}[\frac{q}{r_1} + \frac{1}{r_2}(-\frac{a}{d}q) + \frac{4\pi\epsilon_0 a V_0}{r}] \quad (3.4.19)$$

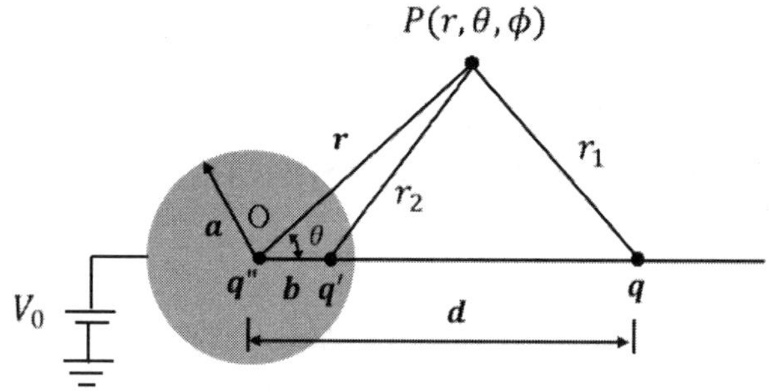

그림 3.15 도체 구의 전위가 일정한 경우에 관측점 P에서의 전위

C. 도체 구가 전하 Q로 대전되어 있는 경우

그림 3.16과 같이 도체 구가 전하 Q로 대전되어 있는 경우에는 제 2의 영상전하 q''을 도체 구의 중심에 두며, q'' 의 크기는 도체구가 접지된 경우에 대한 영상전하(q')와 q'' 의 합이 도체 구의 전체 전하 Q가 되어야 한다. 즉, $Q = q' + q''$의 관계를 만족해야 한다. 이러한 3개의 전하들이 도체 외부($r > a$)에 만드는 전위는 식 (3.4.20)으로 주어진다.

$$\psi(r,\theta,\phi) = \frac{1}{4\pi\epsilon_0}[\frac{q}{r_1} + \frac{q'}{r_2} + \frac{q''}{r}] \quad (3.4.20)$$

$$= \frac{1}{4\pi\epsilon_0}[\frac{q}{\sqrt{r^2 + d^2 - 2rd\cos\theta}} - \frac{\frac{a}{d}q}{\sqrt{r^2 + b^2 - 2rbcos\theta}} + \frac{Q + (\frac{a}{d})q}{r}]$$

반경이 $r = a$인 도체구 위의 전위는 식 (3.4.21)로 주어진다.

$$\psi(a,\theta,\phi) = \frac{q''}{4\pi\epsilon_0 a} \quad (q'' = Q + (\frac{a}{d})q\ ) \quad (3.4.21)$$

한편, 도체 표면에서의 표면 전하밀도는 식 (3.4.23)으로 주어진다.

$$\sigma(\theta,\phi) = -\epsilon_0 \frac{\partial\psi}{\partial r}|_{r=a} \quad (3.4.22)$$

$$\Rightarrow \quad \sigma(\theta,\phi) = -\frac{q}{4\pi a^2}\frac{q}{d} - \frac{(1-\frac{a^2}{d^2})}{(1+\frac{a^2}{d^2}-\frac{2a}{d}cos\theta)} + \frac{Q+\frac{a}{d}q}{4\pi a^2} \tag{3.4.23}$$

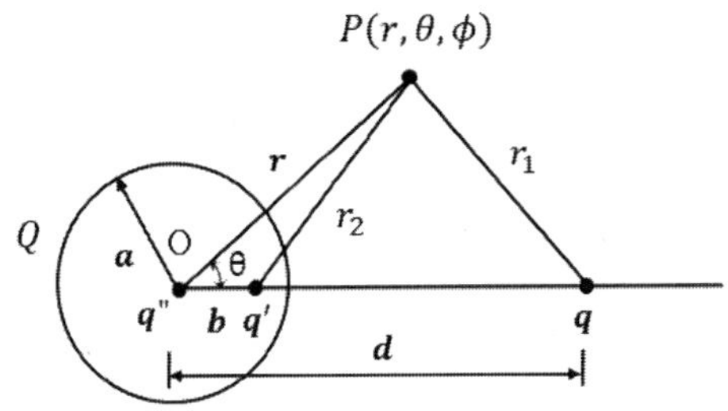

그림 3.16 전하 Q로 대전된 도체구와 점 전하

식 (3.4.23)을 도체구의 전체 표면에 대해 적분하면 식 (3.4.24)의 결과가 얻어지며, 이로부터 영상전하 q''의 크기를 알 수 있다.

$$Q = q' + q'' = -\frac{a}{d}q + q'' \quad \Rightarrow \quad q'' = Q + \frac{a}{d}q \tag{3.4.24}$$

3.4.3 선 전하와 도체로 이뤄진 계에서의 전위

3.4.2절에서는 점 전하와 도체를 포함하는 문제에 국한하였기 때문에 영상전하도 "점 영상전하"에 대해서만 취급하였다. 하지만 이제부터는 "선 영상전하(line image charges)"에 대해 알아보고자 한다. 따라서 그림 3.17과 같이 반경이 r_0 이면서 선 전하밀도가 $+\lambda$로 균일하게 대전된 무한히 긴 직선 모양의 도체를 생각하여 보자.

전하가 무한대까지 퍼져있어 좌표의 원점으로부터 ∞되는 곳의 전위는 "0"이 아니지만 도체의 축(대칭축) 위에서의 전위가 "0"이 되게 택할 수 있다. 즉, 도체는 등전위이므로 도체 내부에서의 전위가 "0"이 되도록 좌표를 설정해도 된다. 도체 외부에서의 전위는 라플라스 방정식 $\nabla^2\psi = 0$을 만족하며 원통 좌표를 사용하는 경우, 전위와 전기장은 r에만 의존하게 된다.

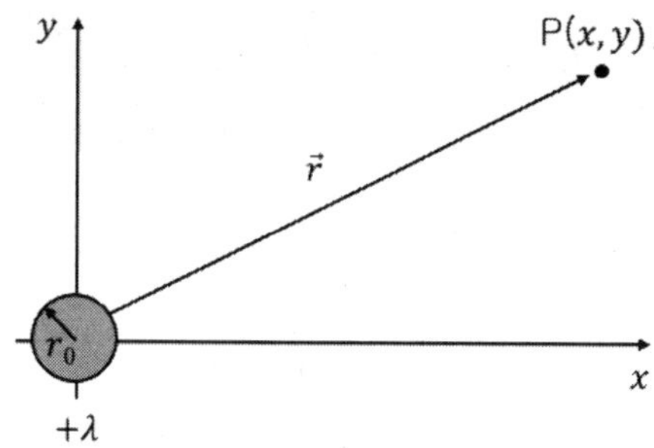

그림 3.17 반경이 r_0 이면서 선 전하밀도가 $+\lambda$로 $z-$축을 따라 놓인 무한히 긴 직선 모양의 도체

원통 좌표를 이용하는 경우, 도체 외부에서의 전위는 방위각과 z에 의존하지 않고 r에만 의존하므로 라플라스 방정식은 식 (3.4.25)로 주어진다.

$$\frac{1}{r}\frac{d}{dr}(r\frac{d\psi}{dr}) = 0 \tag{3.4.25}$$

식 (3.4.25)의 양변에 $r \neq 0$ 을 곱하여 적분하면

$$\frac{d\psi}{dr} = \frac{a}{r} \quad (a = \text{상수}) \tag{3.4.26}$$

와 같이 된다. 또한 식 (3.4.26)를 r에 대하여 다시 적분하면

$$\psi = a\ln(\frac{r}{r_0}) \tag{3.4.27}$$

와 같다. 식 (3.4.26)에 도체 경계면에서의 경계조건 ($\psi(r = r_0) = 0$)을 적용하면 경계조건을 만족함을 알 수 있으며, 상수 a는 경계면에서 $E = \sigma/\epsilon_0$와 식 (3.4.27)을 이용하면 식 (3.4.28)과 같이 구해진다.

$$\vec{E} = -\vec{\nabla}\psi \quad \Rightarrow -\frac{\partial\psi}{\partial r}\,|_{\,r=r_0} = \frac{\sigma}{\epsilon_0} \Rightarrow -\frac{a}{r_0} = \frac{\sigma}{\epsilon_0} \quad \Rightarrow a = -\frac{r_0\sigma}{\epsilon_0} \tag{3.4.28}$$

따라서 얻어지는 최종적인 해는 식 (3.4.29)와 같다.

$$\psi(r) = -\frac{r_0\sigma}{\epsilon_0}ln(\frac{r}{r_0}) = -\frac{\lambda}{2\pi\epsilon_0}ln(\frac{r}{r_0})\ (r > r_0) \quad ☜\ 2\pi r_0 l\sigma = \lambda l \tag{3.4.29}$$

여기서 λ 는 대전된 막대의 단위 길이당 전하를 의미한다. 또한, 길이가 무한대이면서 선 전하밀도가 λ 로 균일하게 대전된 도체 외부에서의 전위는 가우스 법칙을 사용하여 알려진 전기장($\vec{E}=\frac{1}{2\pi\epsilon_0}\frac{\lambda}{r}\hat{r}$)으로부터 쉽게 구할 수 있다. 즉

$$\psi=-\int_{r_0}^{r}\vec{E}\cdot d\vec{r}=-\int_{r_0}^{r}\frac{\lambda dr}{2\pi\epsilon_0 r}=-\frac{\lambda}{2\pi\epsilon_0}ln(\frac{r}{r_0}) \tag{3.4.30}$$

이번에는 그림 3.18과 같이 선 전하밀도가 각각 $+\lambda$, $-\lambda$ 이며 무한히 길고 반경은 r_0로 서로 같은 직선 모양의 도체가 평행하게 놓여 있는 경우를 생각하여 보자.

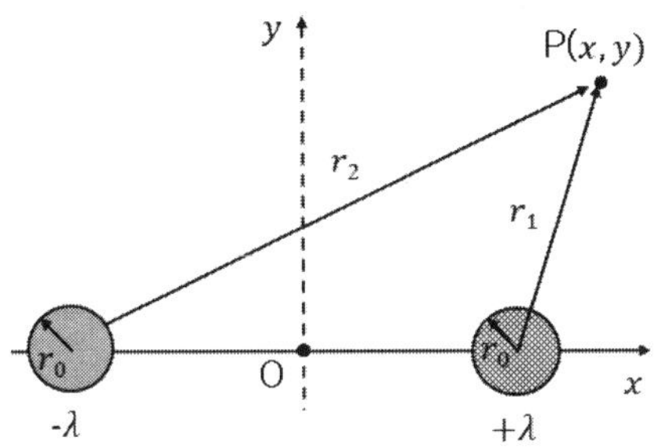

그림 3.18 z−축 방향으로 서로 평행하고 반경이 r_0 이면서 선 전하밀도가 각각 $-\lambda$, $+\lambda$ 인 무한히 긴 직선 도체

그림 3.18에서 도체 위가 아닌 관측점 P에서의 전위는 두 선전하가 만드는 전위의 합으로 식 (3.4.31)로 주어진다.

$$\begin{aligned}\psi &= \psi_{+}+\psi_{-} \\ &= -\frac{\lambda}{2\pi\epsilon_0}ln\frac{r_1}{r_o}-\frac{(-\lambda)}{2\pi\epsilon_0}ln\frac{r_2}{r_o} \\ &= -\frac{\lambda}{2\pi\epsilon_0}lnr_1+\frac{\lambda}{2\pi\epsilon_0}lnr_o+\frac{\lambda}{2\pi\epsilon_0}lnr_2-\frac{\lambda}{2\pi\epsilon_0}lnr_o \\ &= -\frac{\lambda}{2\pi\epsilon_0}ln\frac{r_1}{r_2}=-\frac{\lambda}{2\pi\epsilon_0}lnM \quad (M=\frac{r_1}{r_2})\end{aligned} \tag{3.4.31}$$

여기서 r_1, r_2 는 두 선전하로부터 관측점 P까지의 수직거리이며 두 도선의 반경은 서로 같은데, 이는 영상전하는 원래의 전하와 같은 모양이기 때문이다. 등전위에 대한 문제는 식 (3.4.31)로 주어지는 값을

$$\frac{r_1}{r_2} = M \tag{3.4.32}$$

와 같이 "상수"로 설정하면 해결된다. 따라서 식 (3.4.32)에서 $M=1$ 인 경우와 $M=$ 상수 인 경우를 살펴보자.

1) $M=1$ 일 때

$r_1 = r_2$ 인 곳에 등전위면이 형성되며, 이곳에서의 전위는 $\psi = 0$ 이다. 이는 그림

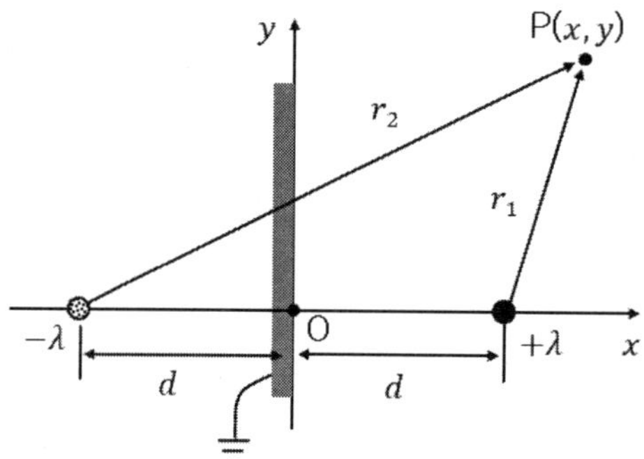

그림 3.19 $z-$축 방향과 나란하면서 선 전하밀도가 $+\lambda$인 무한히 긴 직선 도체로부터 d만큼 떨어져 있으며 접지된 무한도체 평면

3.19와 같이 접지된 무한 도체평면으로부터 수직거리 d 만큼 떨어진 곳에 도체와 평행하게 놓여 있으며 선전하 밀도 $+\lambda$로 대전된 무한 길이의 도체에 의한 전위를 구하는 데에 그대로 사용할 수 있다. 물론 도체는 등전위이므로 도체가 없는 오른쪽 공간에 대해서만 유효하다. 즉, 그림 3.19와 같이 평면도체의 오른쪽에 선전하 밀도가 $+\lambda$인 무한히 긴 직선도선이 무한 도체평면으로부터 거리 d 인 곳에 놓여 있고, 도체 표면으로부터 왼쪽으로 d 인 곳에 선전하 밀도가 $-\lambda$인 영상전하를 가지는 문제로 귀착되며, 도체평면에 유도된 전하는 영상전하의 크기 $-\lambda$와 같다.

2) $M=$ 상수 일 때

$M = r_1/r_2 =$ 상수 일 때 전위는 $\psi = -\frac{\lambda}{2\pi\epsilon_0} lnM$ 로 $M > 1$ 인 경우에 전위는 음(-)이 되며 $0 < M < 1$ 인 경우에는 전위는 양(+)이 되며, 그림 3.20의 등전위면 2

에 해당하는 면이 된다. 이때 원통형의 등전위면 2에 대한 중심좌표(x_0, y_0)와 반경 R_c를 구해보자. 편리상 좌표의 원점을 그림 3.20과 같이 (+)로 대전된 선전하의 중심으로 정하고, 선전하가 z-축과 일치한다고 하자.

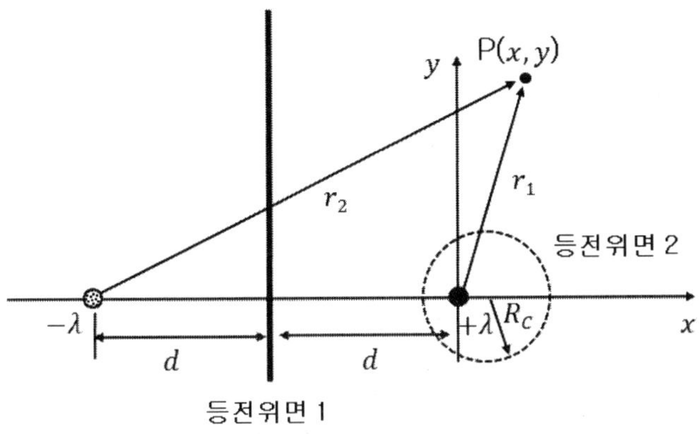

그림 3.20 무한 직선모양의 전하가 만드는 등전위면

그림 3.20에서 선전하 $+\lambda$의 중심을 좌표의 원점으로 설정하면, r_1, r_2는 식 (3.4.33)과 식 (3.4.34)로 주어진다.

$$r_1^2 = x^2 + y^2 \tag{3.4.33}$$

$$r_2^2 = (2d + x)^2 + y^2 \tag{3.4.34}$$

식 (3.4.33~34)로부터

$$\frac{r_1^2}{r_2^2} = \frac{x^2 + y^2}{(2d + x)^2 + y^2} = M^2 \tag{3.4.35}$$

이 얻어지며, 식 (3.4.35)를 정리하면 식 (3.4.36)이 얻어진다.

$$x^2 + y^2 - \frac{4dxM^2}{1 - M^2} = \frac{4d^2M^2}{1 - M^2} \Rightarrow (x - \frac{2dM^2}{1 - M^2})^2 + y^2 = \frac{4d^2M^2}{(1 - M^2)^2} \tag{3.4.36}$$

식 (3.4.36)은 z-축과 나란한 원통에 대한 방정식으로 중심이 (x_0, y_0)에 있는 원의 방정식인 식 (3.4.37)과 같이 표현된다.

$$(x-x_0)^2+(y-y_0)^2=R_c^{\ 2} \tag{3.4.37}$$

식 (3.4.36)과 식 (3.4.37)로부터 식 (3.4.38)과 식 (3.4.39)가 얻어진다.

$$x_0=\frac{2dM^2}{1-M^2}, \quad y_0=0 \tag{3.4.38}$$

$$R_c=\frac{2dM}{1-M^2} \tag{3.4.39}$$

3.5 푸아송(Poisson) 방정식의 해

3.2~3절에서는 라플라스 방정식과 이의 해를 구하는 문제에 대하여 알아보았다. 하지만 이는 전하분포가 도체의 표면에만 있거나 점 전하 또는 선전하와 같이 전하의 분포가 매우 국소적(localized)일 경우에만 유용하다. 하지만 전하분포가 국소적이지 않거나 불연속적인 점 전하의 형태로 분포된 경우, 전위는 푸아송 방정식인 식 (3.5.1)로부터 구해야 한다.

$$\nabla^2\psi=-\frac{\rho}{\epsilon_0} \tag{3.5.1}$$

따라서 3.5절에서는 푸아송 방정식이 어떤 경우에 사용되는지를 알아보고자 한다. 이를 위해 그림 3.21과 같이 균일하게 전하가 분포된 무한평면이 만드는 전위에 대하여 생각하여 보자. 이때 전하분포는 다음과 같이 2개 영역으로 구분된다.

ⓐ $-\frac{l}{2}\leqq y\leqq\frac{l}{2}$ 인 영역에 대하여 $\rho=\rho_0$

ⓑ $|y|>\frac{l}{2}$ 인 영역에 대해서는 $\rho=0$

전하분포가 대칭이므로 전위는 $y=0$ 인 $xz-$ 평면에 대해 $y-$축 방향의 수직거리에만 의존하게 된다. 전하분포가 무한히 펼쳐져 있으므로 $\psi(\infty)\neq 0$ 이지만, $y=0$ 에서 전위를 “0”으로 택하는 것이 편리하다. 영역을 3개 영역으로 세분하고 풀어야 할 방정식을 표 3.2에 나타내었으며, 전위가 y만의 함수이므로 전위 ψ 에 대한 라플라시안은 단순히 $\frac{d^2\psi}{dy^2}$ 이 된다.

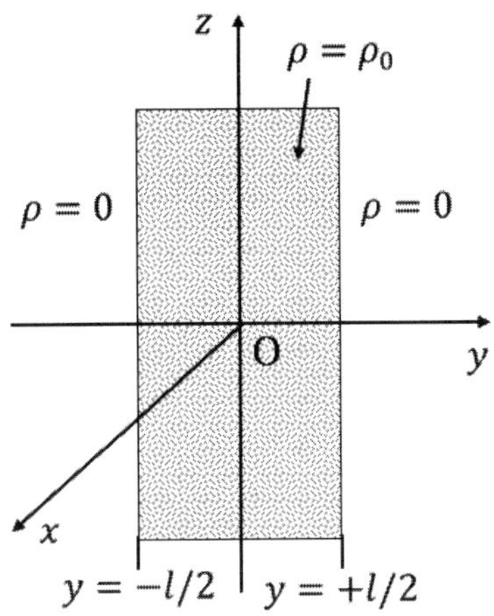

그림 3.21 균일하게 대전된 무한평면 전하분포

표 3.2

영역	전위	방정식	해
$y \geqq \frac{l}{2}$	$\psi_2(y)$	$\frac{d^2\psi_2}{dy^2}=0$	$\psi_2 = c_1 y + c_2$
$\lvert y \rvert \leqq \frac{l}{2}$	$\psi_0(y)$	$\frac{d^2\psi_0}{dy^2}=-\frac{\rho_0}{\epsilon_0}$	$\psi_0 = -\frac{\rho_0}{\epsilon_0}\frac{y^2}{2}+k_1 y + k_2$
$y \leqq -\frac{l}{2}$	$\psi_1(y)$	$\frac{d^2\psi_1}{dy^2}=0$	$\psi_1 = d_1 y + d_2$

결정되어야 할 상수가 6개이지만, $y=0$ 인 곳에서의 전위는 "0"이라고 정하였으므로, $k_2=0$ 이 되며 나머지 5개의 상수는 경계조건을 이용하여 구할 수 있다.

① 경계조건 1 : 경계면에서의 전위는 연속적이므로, $y=-l/2$ 에서 $\psi_1=\psi_0$, $y=l/2$ 에서는 $\psi_2=\psi_0$ 이다.

ⓐ $y=-l/2$ 에서 $\psi_1=\psi_0$: $-\frac{l}{2}d_1+d_2=-\frac{l^2}{8}\frac{\rho_0}{\epsilon_0}-\frac{l}{2}k_1$

ⓑ $y=l/2$ 에서 $\psi_2=\psi_0$: $\frac{l}{2}c_1+c_2=-\frac{l^2}{8}\frac{\rho_0}{\epsilon_0}+\frac{l}{2}k_1$

② 경계조건 2 : 표면 전하밀도가 존재하지 않아 $\vec{E}$의 법선성분인 $-\frac{\partial \psi}{\partial y}$는 어느 곳에서든지 연속이므로 아래와 같은 계산과정을 통하여 $y=-l/2$ 에서 $d_1 = \frac{l}{2}\frac{\rho_0}{\epsilon_0}+k_1$ 그리고 $y=l/2$ 에서는 $c_1 = -\frac{l}{2}\frac{\rho_0}{\epsilon_0}+k_1$ 와 같은 결과가 얻어진다.

$$ⓒ\ y=-l/2 : \quad \begin{array}{l} -\dfrac{\partial \psi_0}{\partial y} = \dfrac{\rho_0}{\epsilon_0}y-k_1 \\ -\dfrac{\partial \psi_1}{\partial y} = -d_1 \end{array} \rightarrow -d_1 = \frac{\rho_0}{\epsilon_0}y-k_1 \rightarrow d_1 = \frac{l}{2}\frac{\rho_0}{\epsilon_0}+k_1$$

$$ⓓ\ y=l/2 : \quad \left.\begin{array}{l} -\dfrac{\partial \psi_0}{\partial z} = \dfrac{\rho_0}{\epsilon_0}z-k_1 \\ -\dfrac{\partial \psi_2}{\partial z} = -c_1 \end{array}\right\} \rightarrow -c_1 = \frac{\rho_0}{\epsilon_0}z-k_1 \rightarrow c_1 = -\frac{l}{2}\frac{\rho_0}{\epsilon_0}+k_1$$

③ 경계조건 3 : 전하의 좌우 대칭성을 고려하면 $y=0$ 에서 전기장이 "0"이 되어야 한다. 즉, $\vec{E}(y)=-\vec{E}(-y)$이며, 전기장은 전위에 대한 미분으로 $E_0 = -\frac{\partial \psi_0}{\partial y} = \frac{\rho_0}{\epsilon_0}y-k_1$ 와 같다. $y=0$에서의 전기장이 "0", 즉 $E_0(y=0) = \frac{\rho_0}{\epsilon_0}(0)-k_1 = 0$ 이므로 $k_1 = 0$ 이다. 이로부터 $c_1 = -\frac{l}{2}\frac{\rho_0}{\epsilon_0}+k_1 = -\frac{l}{2}\frac{\rho_0}{\epsilon_0}$과 $d_1 = \frac{l}{2}\frac{\rho_0}{\epsilon_0}+k_1 = \frac{l}{2}\frac{\rho_0}{\epsilon_0}$의 값도 결정된다. 또한 경계조건 1로부터 얻어진 2개의 조건 ⓐ와 ⓑ를 이용하면, $c_2 = -\frac{l^2}{8}\frac{\rho_0}{\epsilon_0} - \frac{l}{2}(\frac{-\rho_0 l}{2\epsilon_0}) = \frac{\rho_0 l^2}{8\epsilon_0}$ 와 $d_2 = \frac{\rho_0 l^2}{8\epsilon_0}$ 의 값이 결정된다.

경계조건을 이용하여 5개의 상수가 모두 구해지게 되어, 3개 영역에 대해 최종적으로 얻어지는 전위는 식 (3.5.2~4)와 같다.

$$\psi_0 = -\frac{\rho_0}{\epsilon_0}\frac{y^2}{2} \quad (|y| \leqq \frac{l}{2}) \tag{3.5.2}$$

$$\psi_1 = \frac{\rho_0 l}{2\epsilon_0}y + \frac{\rho_0 l^2}{8\epsilon_0} \quad (z \leqq -\frac{l}{2}) \tag{3.5.3}$$

$$\psi_2 = -\frac{\rho_0 l}{2\epsilon_0} y + \frac{\rho_0 l^2}{8\epsilon_0} \quad (z \geq \frac{l}{2}) \tag{3.5.4}$$

푸아송 방정식과 라플라스 방정식을 이용하여 전위를 구하는 또 다른 예로서 전하가 반경이 R 인 구에 체적 전하밀도 ρ 로 균일하게 분포되어 있을 때 구 내부와 외부에서의 전위를 구해보자. 이때 전위에 대한 영역을 $r > R$ 인 경우와 $r \leq R$ 의 두 영역으로 나눌 수 있으며 전하분포의 대칭성을 고려하면 전위는 r 에만 의존하고, θ, ϕ 에는 무관하다. $r \leq R$ 인 영역에 대해서는 푸아송 방정식인 식 (3.5.5)를 만족한다.

$$\frac{1}{r^2}\frac{d}{dr}(r^2\frac{d\psi}{dr}) = -\frac{\rho}{\epsilon_0} \tag{3.5.5}$$

식 (3.5.5)에 대한 일반해는 우변을 “0”으로 놓았을 때의 해와 “영이 아닌 경우”의 해의 합이 된다. 우변이 “영이 아닌 경우의 해”를 구하면, 식 (3.5.6)과 같다.

$$\frac{d}{dr}(r^2\frac{d\psi}{dr}) = -\frac{\rho}{\epsilon_0}r^2 \quad \Rightarrow \quad r^2\frac{d\psi}{dr} = -\int_0^r \frac{\rho}{\epsilon_0}r^2\,dr = -\frac{1}{3}\frac{\rho}{\epsilon_0}r^3$$

$$\Rightarrow \frac{d\psi}{dr} = -\frac{1}{3}\frac{\rho}{\epsilon_0}r \quad \Rightarrow \quad \psi(r) = -\frac{1}{6}\frac{\rho}{\epsilon_0}r^2 \tag{3.5.6}$$

우변을 “0”으로 놓았을 때의 해는 라플라스 방정식의 해(식 3.5.9 참조)와 같은 형이 되므로 푸아송 방정식에 대한 일반해는 식 (3.5.7)과 같다.

$$\psi_1(r) = -\frac{1}{6}\frac{\rho}{\epsilon_0}r^2 + \frac{A_1}{r} + B_1 \quad (r \leq R) \tag{3.5.7}$$

한편 $r \geq R$ 인 영역에 대한 전위는 라플라스 방정식을 풀면 구해진다. 앞에서와 같이 전위가 r 에만 의존하고 θ, ϕ 에 무관한 라플라스 방정식은

$$\frac{1}{r^2}\frac{d}{dr}(r^2\frac{d\psi_2}{dr}) = 0 \tag{3.5.8}$$

와 같고, 이를 적분하면 식 (3.5.9)와 같다.

$$r^2\frac{d\psi_2}{dr} = A_2 \; (A_2 = \text{상수}) \quad \Rightarrow \quad \frac{d\psi_2}{dr} = \frac{A_2}{r^2}$$

$$\Rightarrow \psi_2(r) = \frac{A_2}{r} + B_2 \quad (r \geq R) \tag{3.5.9}$$

일반해가 얻어졌으므로 경계조건 "$\psi_2(r\to\infty)=0$"와 "$\psi_1(r\to 0)=$ 유한"을 대입하여 상숫값을 구한다. 여기서 "$\psi_1(r\to 0)=$ 유한"인 이유는 구의 중심에 점 전하가 없기 때문이다. 또 다른 경계조건은 $r=R$ 에서 두 전위가 같고 균일하게 분포된 전체 전하량은 $(4\pi/3)R^3\rho$ 이다. "$\psi_2(r\to\infty)=0$"에 의하여 $B_2=0$, "$\psi_1(r\to 0)=$ 유한"에 의하여 $A_1=0$ 이 된다. 또한 $r=R$ 에서 두 전위가 같으므로, 식 (3.5.10)이 얻어진다.

$$-\frac{1}{6}\frac{\rho}{\epsilon_0}R^2+B_1=\frac{A_2}{R} \tag{3.5.10}$$

한편, A_2 는 구에 분포된 전체 전하량이 $(4\pi/3)R^3\rho$ 이라는 조건을 이용하여 구할 수 있다. 중심이 구의 중심에 위치하면서 $r>R$ 인 면을 가우스 면으로 설정하면, 식 (3.5.11)이 얻어진다.

$$\oint \vec{E}\cdot\hat{n}\,da=\frac{4\pi R^3}{3\epsilon_0}\rho \tag{3.5.11}$$

하지만 구 바깥에서의 전기장은 $\vec{E}=A_2\hat{r}/r^2$ 이며 $\oint\vec{E}\cdot\hat{n}\,da=4\pi A_2$ 이므로

$4\pi A_2=\dfrac{4\pi R^3}{3\epsilon_0}\rho$ 이므로 A_2 의 값은

$$A_2=\frac{R^3}{3\epsilon_0}\rho \tag{3.5.12}$$

와 같다. 식 (3.5.10)과 식 (3.5.12)를 이용하여 B_1 을 구하면

$$B_1=\rho R^2/2\epsilon_0 \tag{3.5.13}$$

와 같다. 따라서 최종적으로 얻어지는 전위에 대한 해는 식 (3.5.14~15)와 같다.

$$\psi_1(r)=\frac{\rho R^2}{2}\left(1-\frac{r^2}{3R^2}\right) \quad : r\leq R \text{ 영역} \tag{3.5.14}$$

$$\psi_2(r)=\frac{\rho R^3}{2\epsilon_0}\frac{1}{r} \quad : r>R \text{ 영역} \tag{3.5.15}$$

식 (3.5.14)로부터 구 내부에서의 전위는 r 에 대한 이차함수이고, 원점에서의 전

위가 $r=R$에서의 전위보다 크다는 것을 알 수 있다. 한편 전기장은 $r=R$에서 연속이며, $r \leqq R$에서는 $\vec{E}=(\rho r/3\epsilon_0)\hat{r}$, $r>R$ 에서는 $\vec{E}=(\rho R^3/3\epsilon_0 r^2)\hat{r}$, 그리고 $r=R$인 곳에서는 $\vec{E}=(\rho R/3\epsilon_0)\hat{r}$이 된다. 이러한 전기장의 연속성은 $r=R$일 때 표면전하가 없기 때문이다.

연습문제

01 $x=0$에 있는 도체는 접지되어 있으며, $x=10\,[m]$인 곳에 있는 도체판은 $200\,[V]$의 일정한 전위로 유지되어 있다. 1차원 라플라스 방정식을 이용하여 두 도체판 사이의 전위와 전기장을 구하시오.

02 속이 비어 있으며 반경이 각각 r_a, $r_b(r_b > r_a)$인 구의 전위가 각각 ψ_a, ψ_b이며, 두 구의 중심은 같다. 이때, 두 구 사이 $(r_a < r < r_b)$의 전위와 $r > r_b$인 영역에서의 전위를 구하시오.

03 서로 평행하며 무한대 크기의 평판이 d만큼 떨어져 있으며, 두 판 사이의 전위차는 V_0이다. 즉, $x=0$인 곳에 있는 평판의 전위는 "0"이며, $x=d$인 곳에 있는 평판의 전위는 V_0이다. 두 평판사이의 공간전하밀도(ρ)가 $\rho=\rho_0\dfrac{x}{d}$이라고 할 때, 푸아송 방정식을 사용하여 두 판사이의 영역$(0<x<d)$에서의 전위에 대한 표현식을 구하시오.

04 속이 비어 있고 반경이 R이며 접지된 구의 중심에 매우 작은 전기쌍극자 (point dipole)이 놓여 있다. 구 내부에서의 전위를 구하시오.

05 그림 3.22와 같이 접지된 2개의 평면 도체판이 서로 직각으로 만나고, 전하량이 q인 점 전하가 (a,b)인 곳에 놓여 있다. 이때 관측점 P에서의 전위를 구하시오.

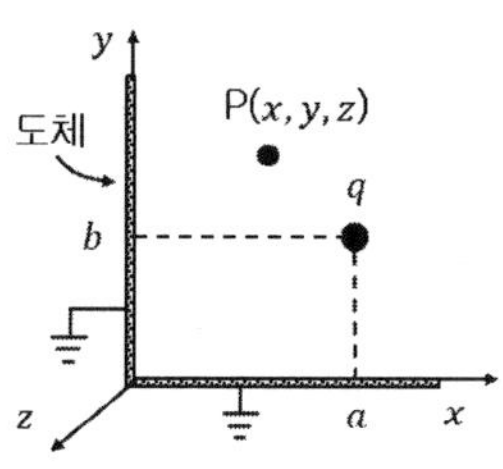

그림 3.22 접지되고 직각인 2개의 평면 도체판과 점 전하

06 그림 3.23과 같이 접지되고 $xy-$평면에 놓인 도체로부터 $z-$축 방향으로 d되는 위치에 $x-$축과 나란히 선전하가 분포되어 있다. 이때 선전하 밀도는 λ로 균일하다고 할

때, $z > 0$인 영역에서의 전위와 도체판에 유도된 표면전하 밀도(σ)를 구하고 유도된 영상전하밀도가 $-\lambda$임을 보이시오.

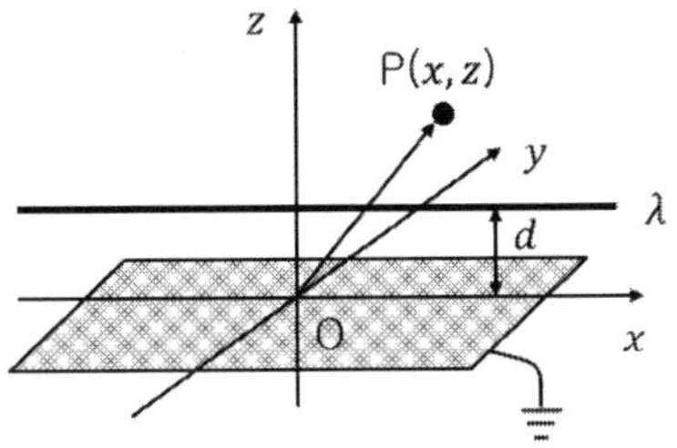

그림 3.23 접지되고 $xy-$평면에 놓인 도체판과 선전하

07 접지된 무한도체 평판 2개가 a만큼 서로 떨어져 있고, 그 사이에 전하량이 q인 하전입자가 한쪽 판으로부터 x만큼 떨어진 곳에 놓여 있다고 할 때, q에 작용하는 힘을 구하시오. 양쪽에 2개의 대형 거울이 놓여 있는 통로를 지날 때, 거울에 비치는 모습을 생각하면 영상전하의 위치와 부호를 쉽게 표현할 수 있다.

참고자료

1. Introduction to Electrodynamics, 기초전자기학, 제4판, 김진승 역, 도서출판 북스힐, 2014.
2. Problem Solvers Electromagnetics, M. Fogiel, Chief Editor, Research & Education Association, 2004.
3. http://www.kawai.phy.uab.edu/courses/2011-Fall/ph420/maple/pde1.pdf.
4. https://bingweb.binghamton.edu/~suzuki/GeneralPhysNote_PDF/LN24Sv4.pdf.
5. http://teacher.pas.rochester.edu/PHY217/LectureNotes/Chapter3/LectureNotesChapter3.html.

CHAPTER

04 유전물질에서의 전기장

지금까지는 유전체 매질을 포함하는 문제들은 다루지 않고 진공 중에서 ⓐ 특정 전하분포 ⓑ 도체 표면에 존재하는 자유전하들이 만드는 전기장에 대한 문제만을 취급하였다. 이제부터는 좀 더 일반적인 문제들을 다루고자 하며, 이를 위해서는 유전체의 성질에 대해서 알아둘 필요가 있다. 4장에서는 이러한 유전체에서의 전위와 전기장과 같은 전기적 특성에 대해 알아보고자 한다.

4.1 편극(극 갈림)

4.1.1 유전체

자연과학에서 물질은 고체, 액체, 기체 및 플라스마의 4종류로 분류하고 있다. 정전기장에 대한 반응은 물질마다 다르지만, 전기적인 특성을 바탕으로 분류하면 도체, 절연체(또는 유전체) 및 반도체로 분류된다. 도체 속에는 특정 원자핵 주위에 속박되지 않고, 자유로이 운동하는 자유전자들이 많다. 전형적인 금속에서는 원자 1개에 1~2개의 자유전자들이 존재한다. 이에 반해 유전체에서는 모든 전자가 특정 원자 또는 분자에 구속되어 있으므로 자유전자가 없다. 물론 분자 속에서는 전자들이 조금은 움직일 수 있으나 분자로부터 분리되어 나갈 수는 없다. 이러한 작은 움직임으로 인한 효과들이 유전체의 전기적 특성으로 나타난다. 전기장 때문에 유전체 원자나 분자에서의 전하분포가 변하는 2가지 주된 과정은 늘림(stretching)과 회전(rotating) 현상이 있는데, 이러한 과정은 다음 4.1.2~3절에서 설명하고자 한다.

4.1.2 유도 쌍극자

유전체의 분자는 크게 양전하와 음전하의 중심이 일치하는 무극성분자와 일치하지 않는 극성분자로 분류된다. 무극성 분자에 전기장이 가해지면 양전하와 음전하의 중심이 서로 일치하지 않게 되는데 이를 편극(또는 분극)이라 하며, 편극을 일으키는 전기장을 편극장(분자나 원자 위치에서의 전기장), $\vec{E}_m$ 이라 한다. 극성분자는 물분자와 같이 편극장 $\vec{E}_m$ 이 없어도 영구 전기쌍극자모멘트($\vec{p}_m$)를 가진다. 무극성분자는 전자구름에 의한 음(-) 전하의 중심과 양(+) 전하의 중심이 일치하며, H_2, N_2, O_2 와 같은 이원자 분자 및 He, Ne, Ar 과 같은 단원자들이 이러한 부류에 속한다. 무극성분자(또는 원자)에 전기장을 가해주면, 무극성분자 내의 음(-)전하의 중심과 양(+)전하 중심의 상대적 위치가 변하면서 전기쌍극자를 형성하는데, 이처럼 형성된 전기쌍극자를 유도 쌍극자라고 한다.

원자는 원자핵과 그 주위를 돌고 있는 전자들로 구성되어 있으며 전자들은 원자핵을 중심으로 전자구름 모양으로 분포되어 있다. 원자 번호가 Z 인 원자의 경우에 원자핵의 전하량은 $+Ze$ 이며, 전자구름의 전하량은 $-Ze$ 이다. 이러한 원자에 편극장 $\vec{E}_m$ 이 가해지면, 전기장의 영향을 받게 된다. 즉, (+) 전기를 띤 양전하들은 전기장의 방향과 같은 방향으로 힘을 받고, (-) 전기를 띤 음전하들은 전기장과 반대방향의 힘을 받아 평형위치에서 벗어나게 된다(그림 4.1 참조). 하지만, 유전체에 있어서 원

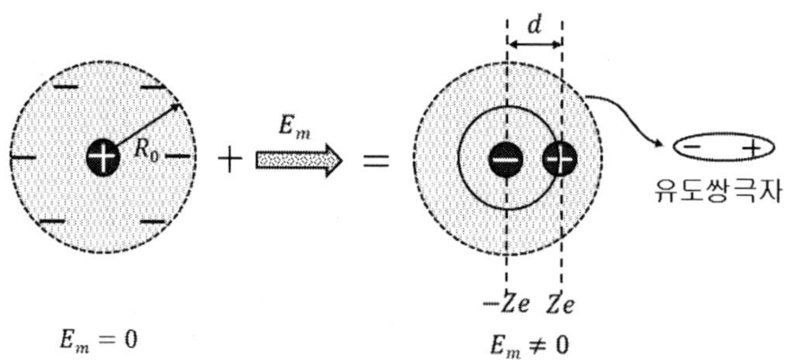

그림 4.1 외부 전기장에 의한 무극성 원자의 편극 및 유도 쌍극자

자를 구성하고 있는 양전하와 음전하는 원자에서의 전하분포의 변화에 기인하는 복원력에 의하여 평형위치로부터의 변위는 제한되게 마련이다. 문제를 간단히 하기 위하여 $\vec{E}_m$ 에 의하여 전자구름의 변형은 일어나지 않는다고 가정한다.

물론 외부에서 가해준 전기장이 매우 세면, 원자핵과 전자들이 완전히 분리된다. 이렇게 원자는 양이온과 음이온으로 이온화되면서 유전체의 성질을 잃어버리고 도체가 된다. 원자핵과 전자 사이에 작용하는 인력과 외부 전기장에 의해 원자핵과 전자에 작용하는 힘이 크기가 같고 반대 방향으로 작용하는 범위 내에서 원자는 양전하의 중심과 음전하의 중심이 조금 어긋나면서 그림 4.1과 같이 편극된다. 간단히 하기 위하여 원자핵은 전하량이 Ze 인 점 모양이며, 전자들의 총 전하량은 $-Ze$ 으로 반경이 R_0 인 공 모양의 전하구름으로 원자핵을 둘러싸고 있다고 가정하자. 이때 원자핵이 편극장 $\vec{E}_m$ 내에서 받는 힘 $Ze\vec{E}_m$ 은 원자핵과 전자구름 사이에 작용하는 복원력 $Ze E_r$ 과 평형을 이루므로, 식 (4.1.1)이 얻어진다. 여기서 E_r 은 전자구름의 일부가 원자핵의 위치에 만드는 전기장으로, 이러한 전기장에 의하여 전하량이 Ze 인 원자핵은 $Ze\vec{E}_r$ 크기의 복원력을 받게 된다.

$$Ze\vec{E}_r = -Ze\vec{E}_m \tag{4.1.1}$$

이때 원자핵을 끌어당기는 (-)전하는 반경 d 내에 있는 전자구름의 일부이다. 전자구름 내의 전하밀도가 균일한 경우, 반경 d 내에 있는 전하(Q_{in})는 $Q_{in} = \rho V' = [\frac{Ze}{(4/3)\pi R_0^3}][\frac{4}{3}\pi d^3] = Zed^3/R_0^3$ 이므로, 복원력을 일으키는 전기장의 크기(E_r)는 식 (4.1.2)로 주어진다.

$$\oint_S \vec{E_r} \cdot \hat{n} da = \frac{Q_{in}}{\epsilon_0} \Rightarrow E_r 4\pi d^2 = \frac{1}{\epsilon_0}\left[\frac{Ze}{\frac{4}{3}\pi R_0^3}\right]\left[\frac{4}{3}\pi d^3\right]$$

$$\Rightarrow \quad E_r = \frac{1}{4\pi\epsilon_0}\frac{Ze\,d}{R_0^3} \tag{4.1.2}$$

편극장과 복원력을 일으키는 전기장이 같은 평형상태에서는 식 (4.1.3)이 얻어진다.

$$E_m = E_r = \frac{1}{4\pi\epsilon_0}\frac{Zed}{R_0^3} \quad \Rightarrow \quad Zed = 4\pi\epsilon_0 R_0^3 E_m \tag{4.1.3}$$

이 과정에서 유도된 원자의 쌍극자는 아주 작은 전기쌍극자 모멘트 $\vec{p}$를 가지며, 방향은 $\vec{E}_m$와 같다. 유도된 전기쌍극자 모멘트는 전기장의 세기가 아주 강하지 않으면, 전기장($\vec{E}_m$)에 비례한다. 즉,

$$\vec{p} = \alpha \vec{E}_m = Ze\vec{d} \tag{4.1.4}$$

여기서 α는 원자 편극율(atomic polarizability)로 그 값은 원자의 내부 구조에 의존한다. 따라서 원자의 편극율은 식 (4.1.5)와 같다.

$$\alpha = 4\pi\epsilon_0 R_0^3 \tag{4.1.5}$$

참고로 표 4.1에 몇몇 원자들에 대한 원자 편극율의 값을 나타내었다.

표 4.1 원자 편극율 ($\alpha = 4\pi\epsilon_0 R_0^3$, 단위는 $10^{-30}\, m^3$)

H	He	Li	Be	C	Ne	Na	Ar	K	Cs
0.667	0.205	24.3	5.60	1.67	0.396	24.1	1.64	43.4	59.4

자료: Handbook of Chemistry and Physics, 91판 (Boca Raton: CRC Press, 2010

한편, 분자의 쌍극자모멘트($\vec{p}_m$)는 분자에 작용하는 전기장(편극장)에 비례하므로 식 (4.1.6)과 같이 표현된다.

$$\vec{p}_m = \alpha \vec{E}_m \tag{4.1.6}$$

여기서 α는 분자편극율, $\vec{p}_m$은 분자의 쌍극자모멘트, 그리고 $\vec{E}_m$은 분자장(또는 편극장)이다. 유전체 내의 단위 체적당 분자수가 N이면, 단위체적당 쌍극자모멘트인 유전체의 편극($\vec{P}$)은 식 (4.1.7)과 같다.

$$\vec{P} = N\vec{p}_m = N\alpha\vec{E}_m = N\alpha\left(\vec{E} + \frac{1}{3\epsilon_0}\vec{P}\right) \tag{4.1.7}$$

식 (4.1.7)에서 편극장이 $\vec{E}_m = \vec{E} + \frac{1}{3\epsilon_0}\vec{P}$와 주어지는 이유에 대해서는 4.2절에서 자세히 설명하였다. 식 (4.1.7)을 유전상수 K를 이용하여 표현하면,

$$\vec{D} = \epsilon_0 \vec{E} + \vec{P} = \epsilon \vec{E}$$

$$\Rightarrow \quad \vec{P} = \epsilon \vec{E} - \epsilon_0 \vec{E} = (\epsilon - \epsilon_0)\vec{E} = \epsilon_0 (\frac{\epsilon}{\epsilon_0} - 1)\vec{E} = \epsilon_0 (K - 1)\vec{E} \qquad (4.1.8)$$

와 같다. 식 (4.1.7)과 식 (4.1.8)을 이용하면, 비례상수 α에 대한 값이

$$\begin{aligned} \epsilon_0 (K-1)\vec{E} &= N\alpha(\vec{E} + \frac{1}{3\epsilon_0}\vec{P}) \qquad \Rightarrow \qquad \alpha = \frac{3\epsilon_0}{N}\frac{(K-1)}{(K+2)} \qquad (4.1.9) \\ &= N\alpha(\vec{E} + \frac{1}{3\epsilon_0}\epsilon_0 (K-1)\vec{E}) \\ &= N\alpha(\frac{K+2}{3})\vec{E} \end{aligned}$$

와 같이 얻어진다. 식 (4.1.9)를 "클라우지우스-모소티(*Clausius* − *Mossotti*)방정식"이라고 하며, 분자의 편극율이 거시적인 관점으로부터 측정이 가능한 유전상수와 단위체적당 분자수에 의하여 결정될 수 있음을 보여주고 있다. 또한 식 (4.1.9)로부터 편극율 α는 분자장의 크기와 관계없이 일정함을 알 수 있다. α가 일정하다는 것은 유전상수 K가 일정함을 의미하며, 이는 유전체가 선형, 즉, 편극이 전기장에 비례함을 의미한다.

하지만, 일반적으로 분자에서는 외부에서 가해준 전기장 $\vec{E}$에 복잡하게 반응하는데, 이는 분자의 모양에 따라 더 쉽게 편극되는 방향이 있기 때문이다.

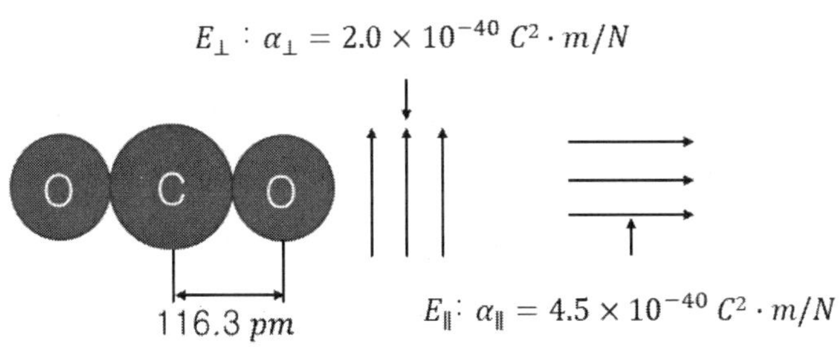

그림 4.2 이산화탄소 분자에 대한 편극율

예를 들어 이산화탄소(그림 4.2 참조)는 전기장을 일렬로 배열된 $O-C-O$와 나란하게 가해주면 편극율이 $\alpha_{//}=4.5\times10^{-40}[C^2\cdot m/N]$이지만 수직방향으로 가해주면 $\alpha_{\perp}=2.0\times10^{-40}[C^2\cdot m/N]$으로 거의 반으로 줄어든다. 만약에 축 방향에 비스듬히 걸어주면, 전기장이 축 방향과 나란한 성분($E_{//}$)과 수직성분($E_{\perp}$)으로 나뉘면서 각 성분의 크기에 의존하여 편극이 일어나므로, 발생된 유도 전기쌍극자는 다음과 같다.

$$\vec{p}=\alpha_{//}E_{//}+\alpha_{\perp}E_{\perp} \tag{4.1.10}$$

물론 이 경우에 유도된 쌍극자모멘트는 일반적으로 $\vec{E}$와 나란하지 않다. 분자들은 이산화탄소와 같이 대칭성을 가지는 분자들이 있지만, 대칭성을 가지지 않는 분자들의 경우에 편극은 다음과 같이 텐서로 표현된다.

$$\vec{p}=\begin{bmatrix}\alpha_{xx} & \alpha_{xy} & \alpha_{xz}\\ \alpha_{yx} & \alpha_{yy} & \alpha_{yz}\\ \alpha_{zx} & \alpha_{zy} & \alpha_{zz}\end{bmatrix}\begin{bmatrix}E_x\\ E_y\\ E_z\end{bmatrix} \tag{4.1.11}$$

식 (4.1.11)에서 편극의 $x-$성분은 $p_x=\alpha_{xx}E_x+\alpha_{xy}E_y+\alpha_{xz}E_z$와 같이 표현되어, $x-$축에 수직인 E_y 및 E_z에도 의존한다는 것을 알 수 있다. 식 (4.1.11)에서 9개의 상수 α_{ij}의 집합이 그 분자의 편극성 텐서이다. 이들 값은 좌표축을 잘 설정하면 식 (4.1.11)의 대각선 성분인 3가지 주성분인 α_{xx}, α_{yy}, α_{zz}만 남기고 나머지 비대각 성분 (α_{xy}, α_{xz} 등)은 모두 값이 “0”이 된다.

4.1.3 극성분자의 정렬

분자들도 크게 양전하의 중심과 음전하의 중심이 일치하는 비극성 분자와 물 분자(그림 4.3 참조)와 같이 양전하의 중심과 음전하의 중심이 일치하지 않는 극성분자로 분류된다. 극성분자는 적어도 2개의 서로 다른 원자들로 구성되어 있으며, 원자들이 모여서 분자를 형성하는 과정에서 전자들의 일부가 전부 또는 부분적으로 한 원자에서 다른 원자로 이동된다. 이러한 전자들의 이동으로 인하여 양전하와 음전하의 중심이 서로 일치하지 않아 영구 전기쌍극자를 형성하게 된다.

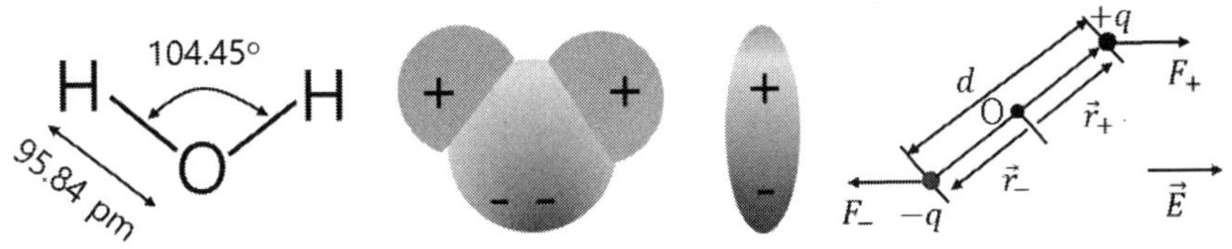

(a) (b)

그림 4.3 물 분자의 구조 및 전하분포(a)와 전기장 내에 놓인 극성분자(b)

극성분자들은 영구 전기쌍극자모멘트를 가지며, 한 예로서 물 분자 1개의 전기쌍극자모멘트의 크기는 $|\vec{p}| = 6.2 \times 10^{-30}$ $[C \cdot m]$이다. 이러한 극성분자를 크기와 방향이 일정한 전기장 속에 넣으면, 양전하가 모인 끝이 받는 힘 $\vec{F}_+ = q\vec{E}$은 음전하가 모인 끝부분이 받는 힘 $\vec{F}_- = -q\vec{E}$와 크기는 같고 방향이 반대이므로 극성분자에 작용하는 알짜 힘은 "0"이 된다. 하지만, 이러한 힘들에 의하여 극성분자는 다음과 같은 회전력을 받게 된다.

$$\vec{N} = (\vec{r}_+ \times \vec{F}_+) + (\vec{r}_- \times \vec{F}_-) \tag{4.1.12}$$

$$= [(\vec{d}/2) \times (q\vec{E})] + [(-\vec{d}/2) \times (-q\vec{E})] = q\vec{d} \times \vec{E} = \vec{p} \times \vec{E}$$

식 (4.1.12)와 같은 회전력으로 인하여 극성분자들은 가해준 전기장과 나란히 배열된다. 가해준 전기장이 균일하지 않다면, $\vec{F}_+$와 $\vec{F}_-$가 완전히 상쇄하지 못하여, 극성분자는 알짜 힘과 함께 회전력을 받는다. 하지만, 분자 크기의 범위 내에서 전기장의 크기가 변하려면 전기장 $\vec{E}$의 변화가 매우 커야 하므로 유전체의 전기적 성질을 취급하는 경우, 전기장이 균일하지 않음을 무시해도 된다. 편극은 단위체적당 전기쌍극자 모멘트로 정의되므로 식 (4.1.13)과 같이 표현된다.

$$\vec{P} = \frac{1}{\Delta v} \sum \vec{p}_m \tag{4.1.13}$$

$\vec{p}_m$ 이 임의의 방향으로 향하고 있다면 이들의 전체 벡터 합은 "0"이 되지만, 전기장이 가해지면 각각의 영구 쌍극자는 회전력을 받아 전기장의 방향으로 배열되기 시작한다(그림 4.4 참조). 전기장의 세기가 매우 강하면, 모든 분자가 같은 방향으로

배열되면서 포화편극($\vec{P}_s$)이 일어나게 된다. 즉, $\vec{E}_m$ 이 매우 강해 일어나는 포화편극($\vec{P}_s$)은

$$\vec{P}_s = N\vec{p}_m \tag{4.1.14}$$

와 같으며, N은 단위 체적당 분자수를 의미한다.

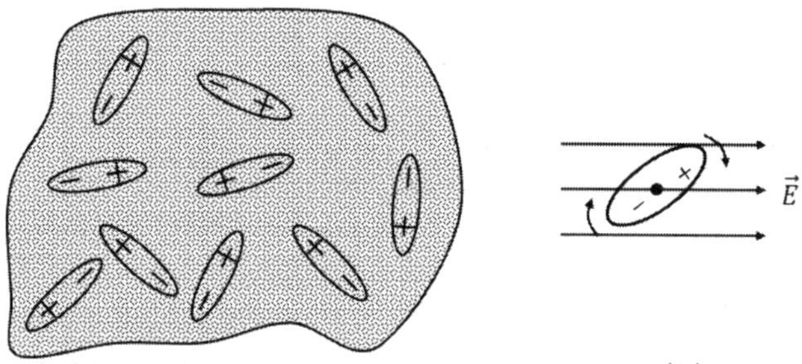

그림 4.4 영구 쌍극자의 임의 분포(a) 및 전기장 내에 놓인 전기쌍극자의 회전(b)

하지만, 보통 세기의 전기장에 대해서 극성 유전체의 편극은 포화편극보다도 훨씬 작으며, 온도가 상승하면서 편극의 정도는 더 작아진다. 이는 열에너지가 분자의 쌍극자 방향을 임의의 방향으로 만들기 때문이다. 통계역학에 의하면, 시료 온도가 T일 때, 에너지 E를 가질 확률은

$$\text{확률} \propto e^{-E/kT} \tag{4.1.15}$$

와 같으며, k는 볼쯔만 상수, T는 절대온도이다. 분자의 에너지(E)는 운동에너지(E_k)와 위치에너지(U)의 합으로 주어지므로, 식 (4.1.15)는

$$\text{확률} \propto e^{-E_k/kT}e^{-U/kT} \tag{4.1.16}$$

와 같이 표현되며, E_k는 운동에너지, U는 위치에너지를 나타낸다. 한편, 전기장 $\vec{E}_m$ 내에 있으며, 영구 쌍극자모멘트 $\vec{p}_0$ 를 가지는 분자의 위치에너지는 식 (4.1.17)과 같다.

$$U = -\vec{p}_0 \cdot \vec{E}_m = -p_0 E_m \cos\theta \tag{4.1.17}$$

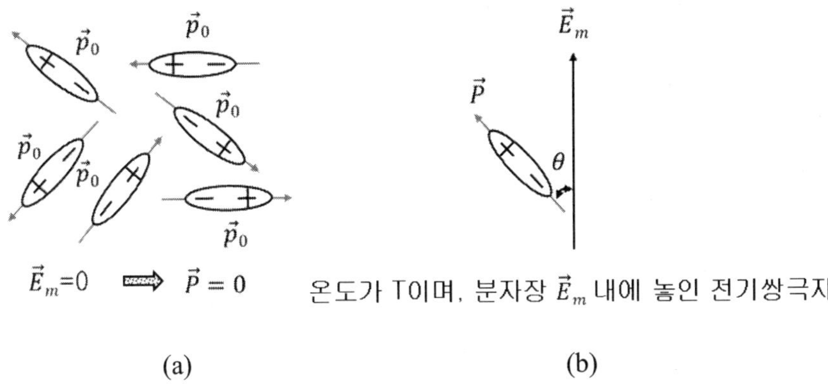

그림 4.5 $\vec{E}_m = 0$인 경우(a)와 $\vec{E}_m \neq 0$일 때의 편극(b)

분자의 운동에너지는 전기장과 상관관계가 없으므로, 운동에너지에 대한 효과는 여기서 고려하지 않는다. 분자 쌍극자의 유효 쌍극자모멘트($< p_0 \cos\theta >$)는 전기장의 방향에 따른 성분으로 $p_0 \cos\theta$ 와 같이 표현되므로, 볼쯔만(Boltzman) 관계식에 의하여, 식 (4.1.18)로 표현된다.

$$\langle p_0 \cos\theta \rangle = \frac{\int p_0 \cos\theta \, e^{+p_0 E_m \cos\theta/kT} d\Omega}{\int e^{+p_0 E_m \cos\theta/kT} d\Omega} = \frac{\int_0^{\pi} 2\pi \sin\theta \, p_0 \cos\theta \, e^{+p_0 E_m \cos\theta/kT} d\theta}{\int_0^{\pi} 2\pi \sin\theta \, e^{+p_0 E_m \cos\theta/kT} d\theta} \tag{4.1.18}$$

여기서 $d\Omega = da/r^2$ 는 입체각을 의미한다(그림 4.6 참조). 식 (4.1.18)에서 원형 띠의 미소면적(=da)에 대한 입체각 $d\Omega$는 식 (4.1.19)와 같이 θ 로만 표현되므로 θ 를 0 에서 π 까지 적분하면, $< p_0 \cos\theta >$ 의 값을 구할 수 있다.

$$d\Omega = \frac{da}{r^2} = \frac{2\pi r \sin\theta \cdot r d\theta}{r^2} = 2\pi \sin\theta \, d\theta \tag{4.1.19}$$

적분을 쉽게 계산하기 위해, $w = \frac{p_0 E_m}{kT} \cos\theta = y \cos\theta$로 치환하면 식 (4.1.18)은 식 (4.1.20)과 같게 된다.

$$\langle p_0 \cos\theta \rangle = \frac{\int_0^{\pi} \sin\theta\, p_0 \cos\theta\, e^{+p_0 E_m \cos\theta / kT} d\theta}{\int_0^{\pi} \sin\theta\, e^{+p_0 E_m \cos\theta / kT} d\theta} = \frac{\int_y^{-y} (-1/y)\,(p_0 w/y) e^w dw}{\int_y^{-y} (-1/y) e^w dw}$$

$$= p_0 \frac{\int_y^{-y} (w/y) e^w dw}{\int_y^{-y} e^w dw} = p_0 < \cos\theta > \qquad (4.1.20)$$

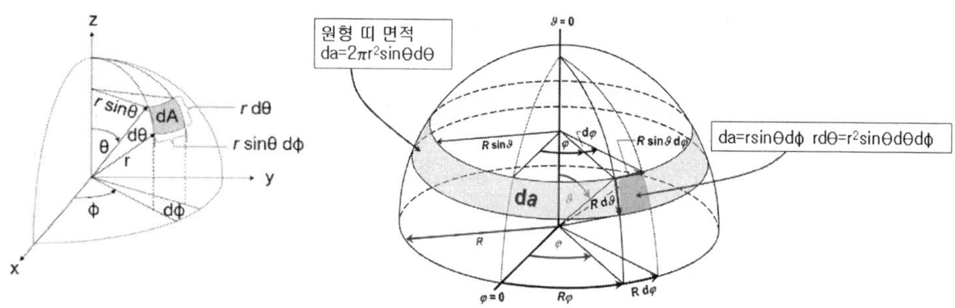

그림 4.6 반경이 R인 원형 구표면 위의 미소면적

식 (4.1.20)에서 $\cos\theta$의 평균값인 $< \cos\theta >$에 대해 부분적분을 수행하면 식 (4.1.21)과 같다.

$$< \cos\theta > = \frac{\int_y^{-y} \frac{w}{y} e^w dw}{\int_y^{-y} e^w dw} = \frac{\left[\frac{w}{y} e^w\right]_y^{-y} - \int_y^{-y} \frac{1}{y} e^w dw}{\int_y^{-y} e^w dw} \qquad (4.1.21)$$

$$= \frac{\left[\frac{w}{y} e^w\right]_y^{-y}}{\int_y^{-y} e^w dw} - \frac{1}{y} = \frac{-e^{-y} - e^y}{e^{-y} - e^y} - \frac{1}{y}$$

$$= \frac{e^y + e^{-y}}{e^y - e^{-y}} - \frac{1}{y} = \coth y - \frac{1}{y}$$

식 (4.1.21)을 이용하여 $\langle p_0 \cos\theta \rangle$을 구하면 식 (4.1.22)가 얻어지는데, 이를 랑

주뱅 공식(*Langevin formula*)이라고 하며, 이의 특성을 그림 4.7에 나타내었다.

$$\langle p_0 \cos\theta \rangle = p_0 \langle \cos\theta \rangle = p_0 \left[\coth y - \frac{1}{y} \right] \tag{4.1.22}$$

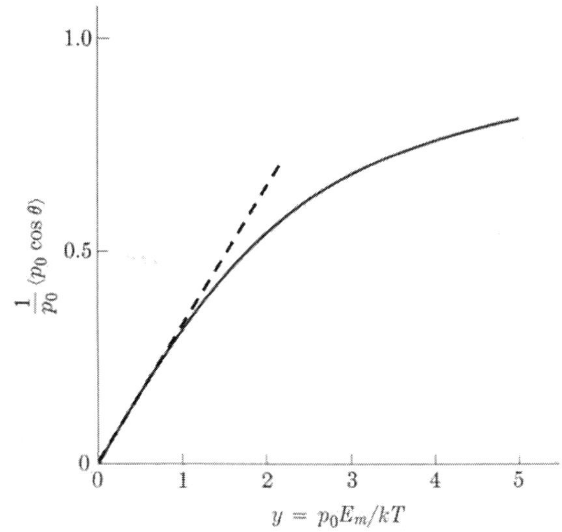

그림 4.7 랑주뱅 함수. y→∞ 에 따른 근삿값은 1

그림 4.7로부터 y 값이 작은 영역에 대해 랑주뱅 함수는 거의 직선이며, 대부분의 실험영역이 이 영역에 속하므로 여기서는 이러한 직선관계에 있는 영역에 대해서만 다루기로 하겠다.

$\coth y$ 을 급수 전개하여 처음 몇 개의 항만을 남기면, 첫 항은 식 (4.1.22)의 둘째 항과 상쇄되므로 $< p_0 \cos\theta >$ 는 근사적으로 식 (4.1.23)과 같으며, 계산과정은 보충 자료에서 자세히 설명하였다.

$$\langle p_0 \cos\theta \rangle \approx \frac{1}{3} p_0 y = \frac{p_0^2 E_m}{3kT} \tag{4.1.23}$$

$\langle p_0 \cos\theta \rangle$은 분자 1개에 대한 유효 쌍극자모멘트의 평균값으로 분자의 전기쌍극자 모멘트의 크기(p_m)와 같으며, 방향은 전기장 E_m 의 방향을 향하므로 식 (4.1.23)을 벡터로 표현하면

$$\vec{p}_m = \frac{1}{N} \vec{P} = \frac{p_0^2}{3kT} \vec{E}_m \tag{4.1.24}$$

와 같다. 이를 식 (4.1.6)으로 표현된 분자의 전기쌍극자 모멘트 $\vec{p}_m = \alpha \vec{E}_m$ 와 비교하면, 극성분자에 대한 편극율은 식 (4.1.25)와 같으며, 예상했던 바와 같이 온도에 반비례한다는 것을 알 수 있다.

$$\alpha = \frac{p_0^2}{3kT} \tag{4.1.25}$$

이러한 결과는 유도된 쌍극자모멘트를 배제하고 극성분자들에 대해 얻은 결과로서 방향성 편극율(orientational polarizability)이라고 한다. 한편, 유도 쌍극자에 의한 효과는 변형 편극율(deformation polariability : α_0)이라고 부르며, $\alpha_0 = \frac{3\epsilon_0}{N}\frac{K-1}{K+2}$ 이다. 따라서 일반 분자들의 총 편극도($\alpha_{총}$)를 유도 쌍극자와 극성분자에 의한 효과를 고려하여 하나의 식으로 표현하면 식 (4.1.26)과 같으며, 이를 랑주뱅-디바이(Langevin-Debye) 방정식"이라고 한다.

$$\alpha_{총} = \alpha_0 + \frac{p_0^2}{3kT} = \frac{3\epsilon_0}{N}\frac{K-1}{K+2} + \frac{p_0^2}{3kT} \tag{4.1.26}$$

4.1.4 편극밀도

전기적으로 중성인 원자나 분자가 외부 전기장 속에 놓이면 편극이 일어난다. 따라서 미소체적의 유전체 조각을 전기장 속에 넣으면, 유전체를 구성하고 있는 각각의 원자 (또는 분자)가 전기장에 반응하면서 하나의 작은 전기쌍극자가 된다. 유전체 조각이 극성분자들로 구성되어 있다면, 각각의 영구 쌍극자는 회전력을 받아 가해준 전기장과 나란히 배열하게 된다. 물론 열적인 효과를 고려하면, 모든 전기쌍극자들이 전기장과 나란하게 배열되지는 않지만, 평균적으로는 전기장과 나란히 배열되는 효과를 가져오게 된다. 이처럼 유전체를 구성하고 있는 원자나 분자의 모든 쌍극자들이 전기장과 나란히 배열되지는 않더라도 평균적으로 아주 많은 작은 쌍극자들은 전기장과 나란히 배열되는데, 이러한 현상을 유전체가 편극되었다고 한다. 똑같은 전기장을 가해더라도 편극되는 정도는 유전체마다 차이가 있다.

미소 체적에 대한 전기쌍극자 모멘트 $\Delta\vec{p}$ 는 미소체적의 크기에 비례하므로, 단위 체적당 전기쌍극자 모멘트로 표현하는 것이 논리적이다. 단위 체적당 전기쌍극자

모멘트를 편극밀도($\vec{P}$)라 하는데 식 (4.1.27)과 같이 정의되며, 단위 면적당 전하량의 차원(C/m^2)을 가진다.

$$\vec{P} = \frac{\Delta \vec{p}}{\Delta v'} \tag{4.1.27}$$

편극밀도 $\vec{P}$는 벡터량으로 방향은 $\Delta \vec{p}$의 방향과 같으며, 음전하에서 양전하로 향하는 방향이다. 식 (4.1.27)을 보다 엄격히 표현하면, 식 (4.1.28)과 같다.

$$\vec{P} = \lim_{\Delta v' \to 0} \frac{\Delta \vec{p}}{\Delta v'} \tag{4.1.28}$$

식 (4.1.28)에서 미소체적 $\Delta v'$은 거시적인 관점에서는 작은 체적이지만, 많은 분자들을 포함하고 있다. 따라서 미소체적 $\Delta v'$ 내에 있는 모든 분자들이 만드는 편극은 각각의 분자가 만드는 분자모멘트($\vec{p}_m$)를 모두 벡터적으로 더하면 되므로 $\Delta \vec{p} = \sum \vec{p}_m$으로 나타낼 수 있다. 따라서 식 (4.1.28)로 표현된 편극은 분자모멘트를 사용하면 식 (4.1.29)로 표현이 가능하다.

$$\vec{P} = \frac{1}{\Delta v'} \sum_m \vec{p}_m \tag{4.1.29}$$

위에서 설명한 바와 같이 유전체에 전기장을 가해주면 편극이 일어나는데 강유전체에서는 외부에서 가해준 전기장을 제거하여도 편극현상이 그대로 유지되므로, 이러한 성질을 이용하여 강유전체는 기억소자로 사용되기도 한다.

4.1.5 일상생활에서 극성분자 물질의 응용

극성분자들은 영구 전기쌍극자 모멘트를 가지며, 한 예로서 물분자 1개의 전기쌍극자모멘트의 크기는 $|\vec{p}| = 6.2 \times 10^{-30} [C \cdot m]$이다. 물 분자를 크기와 방향이 일정한 전기장 속에 놓으면, 물 분자는 다음과 같은 회전력을 받게 된다.

$$\vec{N} = (\vec{r}_+ \times \vec{F}_+) + (\vec{r}_- \times \vec{F}_-) \tag{4.1.30}$$

$$= [(\vec{d}/2) \times (q\vec{E})] + [(-\vec{d}/2) \times (-q\vec{E})] = q\vec{d} \times \vec{E} = \vec{p} \times \vec{E}$$

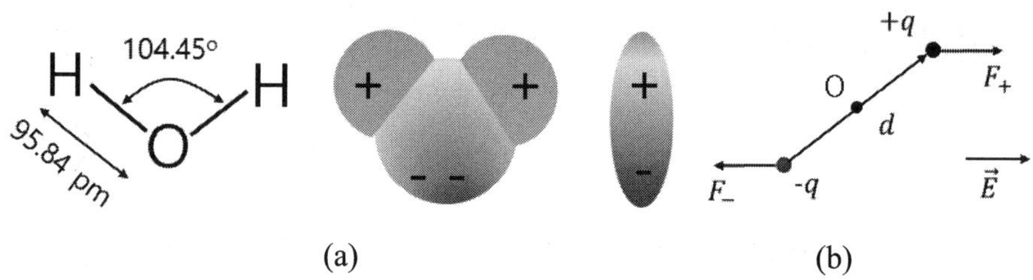

그림 4.8 물 분자의 구조 및 전하분포(a)와 전기장 내에 놓인 극성분자(b)

식 (4.1.30)과 같은 회전력으로 인하여 물 분자들은 가해준 전기장과 나란히 배열되며, 이러한 회전력을 일상생활에서 응용하는 예로는 전자레인지를 생각하여 볼 수 있다(그림 4.9 참조).

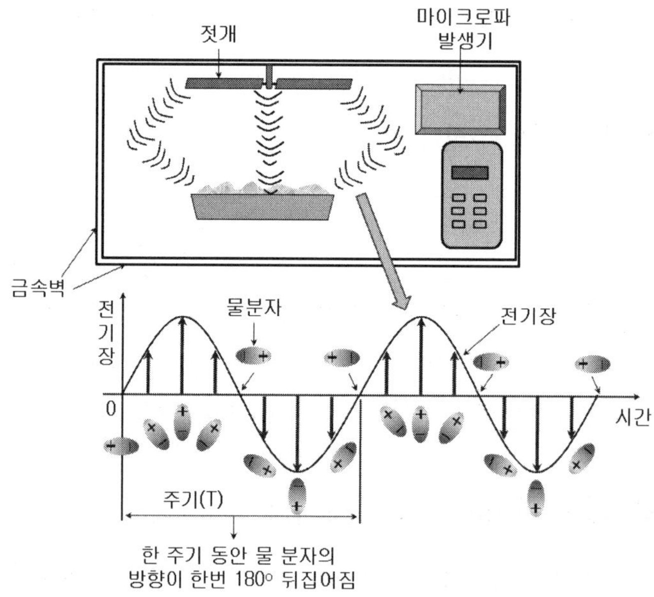

그림 4.9 작동 중인 전자레인지 안에 있는 물 분자의 운동

극성분자인 물 분자가 외부에서 가해준 전기장 내에 있게 되면, 회전력을 받아서 전기장의 방향과 나란하게 배열하게 된다. 전기장의 방향을 반대로 가해주면, 물 분자는 반대방향의 회전력을 받아 180° 회전하게 되는데, 이 과정에서 다른 물 분자들과의 충돌이 일어나게 된다. 따라서 물 분자와 같은 극성물질에 시간에 따라 크기와 방

향이 바뀌는 전기장을 가해주면, 그림 4.9와 같이 물 분자들의 방향이 전기장의 방향에 따라 변하게 된다. 전기장의 방향 변화에 따라 물 분자들이 회전하면서 옆에 있는 물 분자들과의 충돌이 급격하게 일어나 분자들 사이의 마찰이 생기면서 열이 발생하게 된다.

전자레인지의 경우에 1초에 24억 5천만번(진동수: 2,450 MHz, 파장: 12.2 cm)씩 전기장의 방향을 바꿔주므로, 물 분자들도 이와 같은 빠르기로 방향이 변하기 때문에 물 분자들 사이에 매우 급격한 충돌이 발생하면서 분자들 사이에 마찰에 기인한 열이 발생하게 된다. 따라서 물을 전자레인지 안에 넣고 전자레인지를 작동시키면 물이 데워지게 된다. 만약에 물 분자들이 극성분자가 아니라면 전자레인지를 사용하여 물을 데울 수는 없다. 예를 들어 비극성 분자인 헥산같은 액체는 데워지지 않는다.

4.2 유전체 내에서의 분자장

지금까지는 평균의 개념을 바탕으로 해석하는 거시적인 관점에서 유전체 매질의 전기적 성질에 대하여 알아보았다. 즉, 약 10^{10}개 정도의 분자들을 포함하는 $10^{-3}\,cm$ 정도의 크기에 대해 평균값을 취한 전기장에 대해 알아보았다. 하지만 여기서는 약 10-100 개 정도의 분자를 포함하는 $10^{-7}\,cm$ 정도의 크기에 대한 유전체의 특성을 다루고자 한다. 즉, 유전체의 분자적 성질을 조사하고 분자를 편극시키는 전기장과 거시적인 전기장 사이에 어떤 관계가 있는지에 대하여 알아보고자 한다.

먼저 분자의 편극율(α)이 거시적인 관점에서 측정이 가능한 유전상수(K)와 단위체적당 분자수(N)에 의하여 어떻게 결정되는지를 알아보자. 유전체를 구성하고 있는 분자를 편극시키는 전기장을 분자장(E_m)이라고 한다. 따라서 분자장은 유전체 내의 한 분자 위치에서의 전기장을 말하며, 이는 외부에서 주어진 전기장과 유전체 내의 고려 중인 분자를 제외한 모든 다른 편극된 분자들에 기인한 전기장에 의해 결정된다.

그림 4.10과 같이 유전체 내부의 특정 분자 위치에서의 분자장을 계산하기 위해 관측점을 중심으로 작은 공 모양의 동공을 만든다. 동공을 제외한 나머지 부분은 거시적인 관점으로 연속매질로 취급하며, 잘라낸 동공 조각 내의 분자들은 연속매질로서가 아니라 개개의 전기쌍극자로서 취급한다.

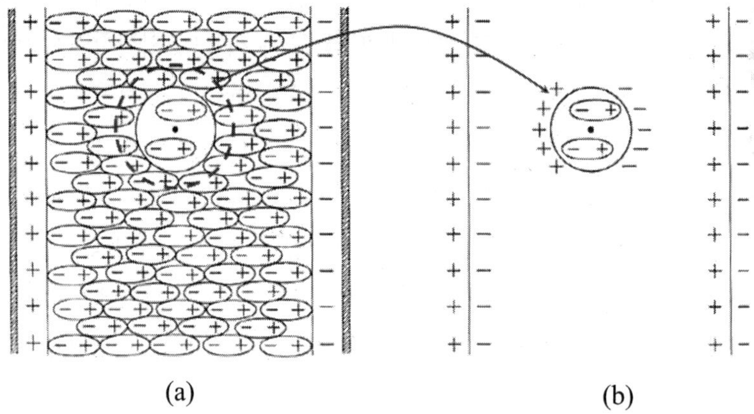

그림 4.10 대전된 두 평행판 사이에서 편극된 유전체(a)와 동공 주위와 동공 내의 전하분포(b)

그림 4.10(a)과 같이 얇은 유전체가 서로 반대로 대전된 두 평행판 사이의 균일한 외부전기장 안에 넣어져 편극되었다고 가정하자. 고려 중인 분자의 위치는 하나의 점으로 나타내고 고려 중인 분자 가까이에 있는 다른 분자들은 전기쌍극자로 표시하였으며, 동공 밖의 분자들은 연속으로 나타내었다. 균일한 외부전기장에 의한 편극은 거시적인 관점에서 균일하므로 체적 편극 전하밀도(ρ_P)는 $\rho_p = -\vec{\nabla} \cdot \vec{P} = 0$이며, $\vec{P}$는 편극을 일으키는 전기장에 평행하다고 가정한다.

동공표면과 유전체와의 경계면에는 외부에서 가한 전기장과 평행한 방향으로 표면전하밀도가 존재한다. 따라서 동공의 중심에 있는 특정 분자 위치에서의 분자장($\vec{E}_m$)은 식 (4.2.1)로 표현된다 (그림 4.11 참조).

$$\vec{E}_m = \vec{E}_x + \vec{E}_d + \vec{E}_s + \vec{E}' \tag{4.2.1}$$

여기서 $\vec{E}_x$는 두 평행판에 서로 반대로 대전된 전하들에 기인한 전기장으로 외부에서 가해준 전기장, $\vec{E}_d$는 유전체 표면에서의 편극전하에 기인한 전기장, $\vec{E}_s$는 동공과 유전체와의 경계면에 생긴 편극전하에 의한 전기장, 그리고 $\vec{E}'$는 동공 내의 다른 분자들의 전기쌍극자에 기인한 전기장을 나타낸다. $\vec{E}_x$의 정확한 표현에는 관심이 없다하더라도, 서로 반대로 대전된 평행판의 크기가 이들 사이의 간격에 비해서 매우 크다면 외부에서 가해준 전기장은 $E_x = (1/\epsilon_0)\sigma$ (σ: 표면 전하밀도)와 같이 주어진다.

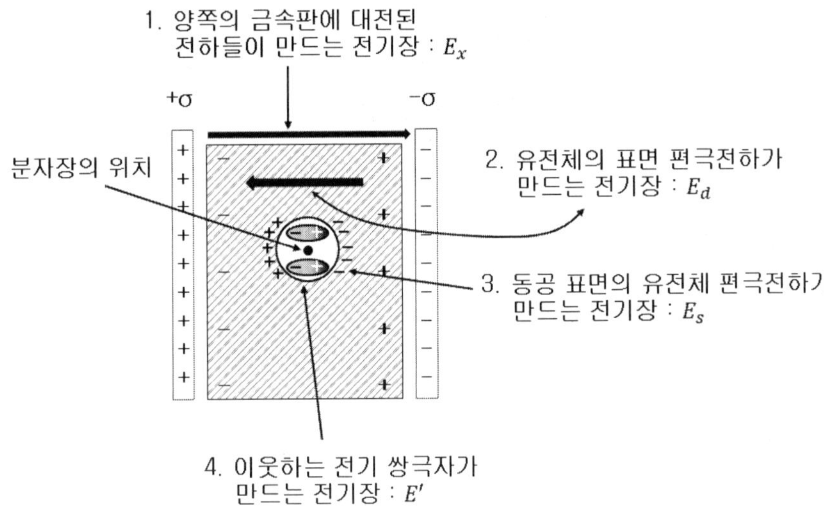

그림 4.11 유전체 내에서의 특정 분자에 대한 분자장

유전체의 편극에 기인한 $\vec{E}_d$은 편극 표면밀도에 기인하므로 유전체의 왼쪽 면에서는 $\sigma_p = \vec{P} \cdot \hat{n} = -P$ 이며, 오른쪽 면에서는 $\sigma_p = P$ 가 되므로 유전체의 편극에 의해서 형성되는 전기장 $\vec{E}_d$ 는 식 (4.2.2)와 같다.

$$\vec{E}_d = -\frac{1}{\epsilon_0}\vec{P} \tag{4.2.2}$$

실질적으로 $\vec{E}_x$와 $\vec{E}_d$는 거시적 전기장이므로 이들을

$$\vec{E} = \vec{E}_x + \vec{E}_d \tag{4.2.3}$$

와 같이 표현하면, 식 (4.2.1)은

$$\vec{E}_m = \vec{E} + \vec{E}_s + \vec{E}' \tag{4.2.4}$$

와 같이 된다. 식 (4.2.4)에서 $\vec{E}_s$ 는 동공과 유전체의 경계면에 생기는 편극표면전하($\sigma_P = P_n$)에 의해서 생기므로 동공의 대칭성을 고려할 경우, 구좌표를 사용하여 $\vec{E}_s$를 구하는 것이 편리하다(그림 4.12 참조).

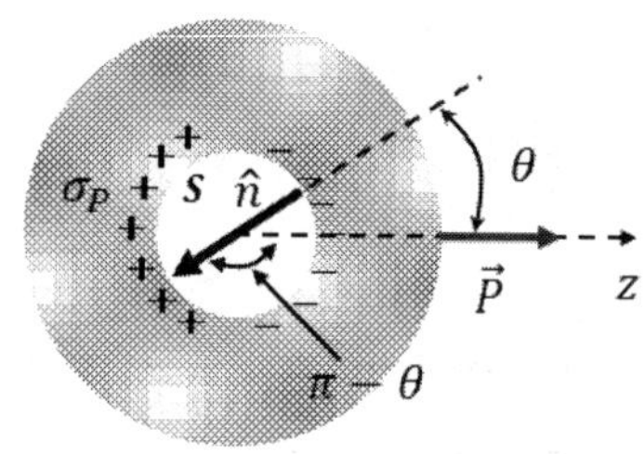

그림 4.12 E_m에 대한 동공 표면전하의 기여와 편극

그림 4.12로부터 표면 편극전하는 식 (4.2.5)로 주어지므로, 미소면적 da에 기인한 미소전기장 $d\vec{E}_s$는 식 (4.2.6)으로 주어진다.

$$\sigma_P = \vec{P}\cdot\hat{n} = P\cos(\pi-\theta) = -P\cos\theta \tag{4.2.5}$$

$$d\vec{E}_s = \frac{1}{4\pi\epsilon_0}\frac{\sigma_P da\vec{r}}{r^3} = \frac{1}{4\pi\epsilon_0}\frac{\vec{P}\cdot\hat{n}\,da\vec{r}}{r^3} \tag{4.2.6}$$

$$= \frac{1}{4\pi\epsilon_0}\frac{-P\cos\theta\,da\vec{r}}{r^3} = \frac{1}{4\pi\epsilon_0}\frac{-P\cos\theta}{r^2}da\hat{r}$$

여기서 $\hat{n}=\hat{r}$은 구의 표면(편극전하요소)으로부터 동공 중심(일종의 관측점)까지의 벡터이므로 방향이 서로 같다. 또한 동공이 구형이므로 반경 r인 표면에서의 미소면적은 식 (4.2.7)과 같다.

$$da = r^2\sin\theta\,d\theta\,d\phi \tag{4.2.7}$$

식 (4.2.7)을 식 (4.2.6)에 대입하면, 식 (4.2.8)이 얻어진다.

$$d\vec{E}_s = \frac{1}{4\pi\epsilon_0}\frac{-P\cos\theta\,\hat{r}}{r^2}da = \frac{1}{4\pi\epsilon_0}\frac{-P\cos\theta\,\hat{r}}{r^2}r^2\sin\theta d\theta d\phi \tag{4.2.8}$$

$$= \frac{P\cos\theta}{4\pi\epsilon_0}\sin\theta\,d\theta\,d\phi(-\hat{r})$$

식 (4.2.8)을 θ에 대해서는 0에서 π 그리고 ϕ에 대해서는 0에서 2π까지 적분하면, 표면 편극전하에 의한 $\vec{E_s}$가 얻어진다. 그림 4.12에서 $\hat{r}=\hat{n}$ 은 구의 중심을 향하는 벡터이므로 $-\hat{r}$은 중심에서 바깥을 향하는 벡터로써,

$-\hat{r}=\sin\theta\cos\phi\hat{i}+\sin\theta\sin\phi\hat{j}+\cos\theta\hat{k}$ 가 된다. 이때 대칭축은 z-축이다. 문제의 대칭성으로부터, $d\vec{E}_s$ 의 성분 중에 $\vec{P}$ 와 나란한 성분만(=$d\vec{E_s}\cos\theta$)이 남고 $\vec{P}$ 에 수직한 성분은 서로 상쇄된다는 것을 알 수 있다. 따라서 동공의 전체표면에 대해 적분하면 식 (4.2.9)가 얻어진다.

$$\vec{E}_s=\frac{P}{4\pi\epsilon_0}\int_{\theta=0}^{\pi}\int_{\phi=0}^{2\pi}\cos\theta\,(-\hat{r})\sin\theta d\theta d\phi \tag{4.2.9}$$

$$=\frac{P}{4\pi\epsilon_0}\int_{\theta=0}^{\pi}\int_{\phi=0}^{2\pi}\cos\theta\,(\sin\theta\cos\phi\hat{i}+\sin\theta\sin\phi\hat{j}+\cos\theta\hat{k})\sin\theta d\theta d\phi$$

$$=\frac{P}{4\pi\epsilon_0}\int_{\phi=0}^{2\pi}d\phi\int_{\theta=0}^{\pi}\cos^2\theta\,\sin\theta d\theta\,\hat{k}$$

$$=\frac{P}{3\epsilon_0}\hat{k}=\frac{\vec{P}}{3\epsilon_0}$$

마지막으로 동공 내의 모든 전기쌍극자가 고려 중인 분자의 위치에 만드는 전기장 $\vec{E}'$ 는 어떻게 되겠는가? 동공 내에 전기쌍극자들이 많거나, 이들이 서로 평행하지만 각각의 위치가 임의적이던지 전기쌍극자들의 위치 사이에 서로 연관성이 없다면 $\vec{E}'=0$ 가 된다.

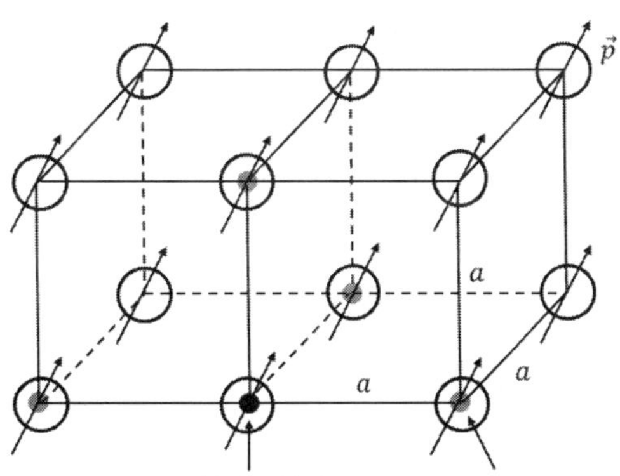

그림 4.13 단순입방결정 구조에서의 분자, 각 분자의 쌍극자모멘트는 $\vec{p}_m$

대표적인 예로서 액체나 기체 또는 동공 내의 분자쌍극자들이 단순입방결정의 규칙적인 격자점(lattice point)에 위치해 있는 경우, $\vec{E}'=0$ (그림 4.13 참조)이나, 일반적으로 $\vec{E}' \neq 0$ 이다. 하지만 여기서는 $\vec{E}' = 0$인 경우만을 다루고자 한다. 따라서 결과적으로 얻어지는 분자장은 식 (4.2.10)과 같다.

$$\vec{E}_m = \vec{E} + \vec{E}_s = \vec{E} + \frac{1}{3\epsilon_0}\vec{P} \tag{4.2.10}$$

예제 1

그림 4.13과 같이 단순입장결정구조에서의 이웃하는 분자들이 고려 중인 분자 위치에 만드는 전기장을 구하라.

해답

$\vec{r}'$ 에 있는 전기쌍극자($\vec{p}$)가 $\vec{r}$ 인 관측점에 만드는 전기장은 식 (4.2.11)로 주어진다.

$$\vec{E}(\vec{r}) = \frac{1}{4\pi\epsilon_0}\left[\frac{3(\vec{r}-\vec{r}')\cdot\vec{p}}{|\vec{r}-\vec{r}'|^5}(\vec{r}-\vec{r}') - \frac{\vec{p}}{|\vec{r}-\vec{r}'|^3}\right] \tag{4.2.11}$$

입방결정의 경우, 이웃하는 분자가 고려 중인 분자의 위치에 만드는 전기장은 가장 가까이에 있는 6개의 분자에 의한 전기쌍극자에 의한 벡터 합이 된다(그림 4.13 참조). 그림 4.13에서 6개 분자에 의한 분자의 전기쌍극자가 모두 같다고 가정하면($\vec{p_i} = \vec{p}$), 고려 중인 특정 분자 위치에서의 총전기장은 식 (4.2.12)와 같다.

$$\begin{aligned}\vec{E}(\vec{r}) = \frac{1}{4\pi\epsilon_0}&\left[\frac{3(a\hat{j})\cdot\vec{p}}{|a|^5}(a\hat{j}) + \frac{3(-a\hat{j})\cdot\vec{p}}{|a|^5}(-a\hat{j}) + \frac{3(a\hat{k})\cdot\vec{p}}{|a|^5}(a\hat{k})\right.\\ &+ \frac{3(-a\hat{k})\cdot\vec{p}}{|a|^5}(-a\hat{k}) + \frac{3(a\hat{i})\cdot\vec{p}}{|a|^5}(a\hat{i}) + \frac{3(-a\hat{i})\cdot\vec{p}}{|a|^5}(-a\hat{i})\\ &\left.- \frac{6\vec{p}}{|a|^3}\right]\\ &= \frac{1}{4\pi\epsilon_0}\left[\frac{6(p_x\hat{i} + p_y\hat{j} + p_z\hat{k})}{|a|^3} - \frac{6\vec{p}}{|a|^3}\right] = 0)\end{aligned}$$

따라서 단순입방결정의 경우, 가장 가까이 있는 분자들이 고려 중인 특정분자의 위치에 만드는 총전기장은 “0”이다.

4.3 편극된 물체가 만드는 전기장

4.3.1 편극된 물체 외부에서의 전위와 전기장

2장 8절에서 전기쌍극자가 만드는 전기장에 대해 알아보았다. 편극된 유전체 내에는 수많은 전기쌍극자가 존재하므로, 이들도 전기장을 만들게 된다. 그러므로 여기서는 편극된 유전체가 만드는 전위와 전기장에 대해 알아보고자 한다.

유전체가 편극되어 있으며, 유전체 내의 $\vec{r}'$ 인 곳에서의 편극밀도를 $\vec{P}(\vec{r}')$ 라 하자. 크기가 유한하며 편극된 유전체가 유전체의 바깥 $\vec{r}$ 되는 지점에 만드는 전위를 구해보자(그림 4.14 참조).

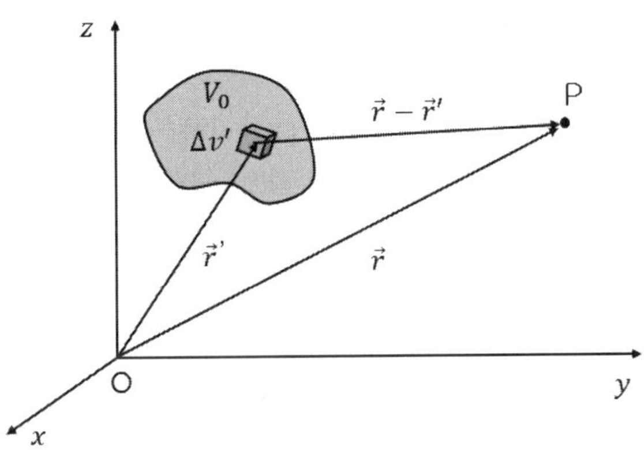

그림 4.14 편극된 유전체에 기인한 관측점 P에서의 전위

유전체의 미소체적 $\Delta v'$는 $\Delta\vec{p}=\vec{P}\Delta v'$ 의 전기쌍극자 모멘트를 가지므로, 이러한 전기쌍극자 모멘트가 유전체 바깥에 있는 관측점 $\vec{r}$ 되는 곳에 만드는 전위 $(\Delta\psi(\vec{r}))$는 식 (4.3.1)로 주어진다.

$$\Delta\psi(r)=\frac{1}{4\pi\epsilon_0}\frac{\Delta\vec{p}\cdot(\vec{r}-\vec{r}')}{|r-r'|^3}=\frac{1}{4\pi\epsilon_0}\frac{\vec{P}(\vec{r}')\cdot(\vec{r}-\vec{r}')\Delta v'}{|\vec{r}-\vec{r}'|^3} \tag{4.3.1}$$

여기서 $\vec{r}-\vec{r}'$ 은 미소체적 $\Delta v'$ 로부터 관측점 P까지의 벡터로서 직각 좌표계에서의 크기는 식 (4.3.2)와 같다.

$$|\vec{r}-\vec{r}'| = \sqrt{(x-x')^2+(y-y')^2+(z-z')^2} \tag{4.3.2}$$

따라서 관측점 $\vec{r}$ 인 곳에서의 실질적인 전위($\psi(\vec{r})$)는 유전체의 전체 체적 V_0에 존재하는 모든 전기쌍극자 모멘트의 기여를 더해주면 되므로, 편극된 유전체에 기인한 전위는 식 (4.3.3)과 같이 주어진다.

$$\psi(\vec{r}) = \frac{1}{4\pi\epsilon_0}\int_{V_0}\frac{\vec{P}(\vec{r}')\cdot(\vec{r}-\vec{r}')dv'}{|\vec{r}-\vec{r}'|^3} \tag{4.3.3}$$

$$= \frac{1}{4\pi\epsilon_0}\int_{V_0}\vec{P}(\vec{r}')\cdot\vec{\nabla}'[\frac{1}{|\vec{r}-\vec{r}'|}]dv'$$

한편, $|\vec{r}-\vec{r}'|$이 식 (4.3.2)로 주어지므로 식 (4.3.4)의 관계식이 얻어진다.

$$\vec{\nabla}'(\frac{1}{|\vec{r}-\vec{r}'|}) = +\frac{\vec{r}-\vec{r}'}{|\vec{r}-\vec{r}'|^3} \tag{4.3.4}$$

여기서 $\vec{\nabla}'$와 같이 표현한 것은 $\vec{r}'$에 대해 미분하라는 의미이다. 따라서 식 (4.3.3)의 적분기호 안에 있는 양은 식 (4.3.5)와 같이 표현된다.

$$\frac{\vec{P}\cdot(\vec{r}-\vec{r}')}{|\vec{r}-\vec{r}'|^3} = \vec{P}\cdot\nabla'(\frac{1}{|\vec{r}-\vec{r}'|}) \tag{4.3.5}$$

벡터 항등식 (1.6.9)로 주어지는 $\vec{\nabla}'\cdot(\phi\vec{F}) = \phi\vec{\nabla}'\cdot\vec{F}+\vec{F}\cdot(\vec{\nabla}'\phi)$ 을 사용하면, 식 (4.3.5)는 식 (4.3.6)과 같이 표현된다.

$$\frac{\vec{P}\cdot(\vec{r}-\vec{r}')}{|\vec{r}-\vec{r}'|^3} = \vec{\nabla}'\cdot(\frac{\vec{P}}{|\vec{r}-\vec{r}'|}) - \frac{1}{|\vec{r}-\vec{r}'|}\vec{\nabla}'\cdot\vec{P} \tag{4.3.6}$$

식 (4.3.6)을 사용하여 식 (4.3.3)을 다시 쓰면 식 (4.3.7)이 얻어진다.

$$\psi(\vec{r}) = \frac{1}{4\pi\epsilon_0}\int_{V_0}\frac{\vec{P}(\vec{r}')\cdot(\vec{r}-\vec{r}')}{|\vec{r}-\vec{r}'|^3}dv' \tag{4.3.7}$$

$$= \frac{1}{4\pi\epsilon_0}\int_{V_0}[\vec{\nabla}'\cdot(\frac{\vec{P}}{|\vec{r}-\vec{r}'|}) - \frac{1}{|\vec{r}-\vec{r}'|}\vec{\nabla}'\cdot\vec{P}]dv'$$

한편, 체적분을 면적분으로 바꿔주는 발산정리 $\int_V \vec{\nabla} \cdot \vec{F} dv = \oint_S \vec{F} \cdot \hat{n} da$을 사용하면 식 (4.3.7)은 식 (4.3.8)과 같이 표현된다.

$$\psi(\vec{r}) = \frac{1}{4\pi\epsilon_0} \oint_{S_0} \frac{\vec{P} \cdot \hat{n} da'}{|\vec{r} - \vec{r}'|} + \frac{1}{4\pi\epsilon_0} \int_{V_0} \frac{(-\vec{\nabla}' \cdot \vec{P}) dv'}{|\vec{r} - \vec{r}'|} \tag{4.3.8}$$

여기서 $\hat{n}$ 은 미소면적 da' 에 수직한 단위벡터로서 유전체 표면으로부터 바깥쪽을 향한다. 식 (4.3.8)에서의 $\vec{P} \cdot \hat{n}$ 은 표면 전하밀도(σ_p)의 차원을 가지며, $-\vec{\nabla}' \cdot \vec{P}$ 은 체적 전하밀도(ρ_p)의 차원을 가지므로 이들을 다음과 같이 표현하자.

$$\sigma_p \equiv \vec{P} \cdot \hat{n} = P_n \tag{4.3.9}$$

$$\rho_P \equiv -\vec{\nabla}' \cdot \vec{P} \tag{4.3.10}$$

이를 이용하여 식 (4.3.8)을 표현하면 식 (4.3.11)이 얻어진다.

$$\psi(\vec{r}) = \frac{1}{4\pi\epsilon_0} [\oint_{S_0} \frac{\sigma_p da'}{|r - r'|} + \int_{V_0} \frac{\rho_p dv'}{|r - r'|}] \tag{4.3.11}$$

식 (4.3.11)은 편극된 물체에 기인한 전위는 표면 전하밀도(σ_P)와 체적 전하밀도(ρ_P)에 의한 전위와 같다는 것을 의미한다. 여기서 전하는 물질을 구성하고 있는 각각의 원자나 분자의 전기쌍극자에 속박된 속박전하를 의미한다. 전위에 대한 식 (4.3.11)과 $\vec{E} = -\vec{\nabla}\psi$ 을 이용하면 전기장은 식 (4.3.12)와 같이 얻어진다.

$$E(\vec{r}) = \frac{1}{4\pi\epsilon_0} [\int_{S_0} \sigma_p \frac{(\vec{r} - \vec{r}')}{|\vec{r} - \vec{r}'|^3} da' + \int_{V_0} \rho_p \frac{(\vec{r} - \vec{r}')}{|\vec{r} - \vec{r}'|^3} dv'] \tag{4.3.12}$$

식 (4.3.12)는 $\vec{\nabla}(\frac{1}{|\vec{r} - \vec{r}'|}) = -\frac{\vec{r} - \vec{r}'}{|\vec{r} - \vec{r}'|^3}$와 같은 결과를 사용하여 얻어진 것이다.

4.3.2 속박전하에 대한 물리적 원인

어떻게 보면 식 (4.3.12)는 단순히 수학적인 방법으로 얻어졌다고 생각할 수 있으므로, 표면 전하밀도(σ_P)와 체적 전하밀도(ρ_P)에 대한 물리적인 원인을 생각해 보자.

표면 전하밀도(σ_P)와 체적 전하밀도(ρ_P)에 대한 물리적인 원인에 대해 알아보기 전에 유전체를 이상적인 유전체(그림 4.15(b))와 미량이지만 다른 종류의 원자나 분자들이 혼합되거나 결함이 있어 원자나 분자가 특정 위치에서 배제되어있는 유전체(그림 4.15 (c)) 또는 유전체 내에 다른 원자나 분자들에 의해 이웃하는 전기쌍극자 모멘트의 값이 약간 다른 경우(그림 4.15(d))에 대해서 생각해 보자(그림 4.15 참조).

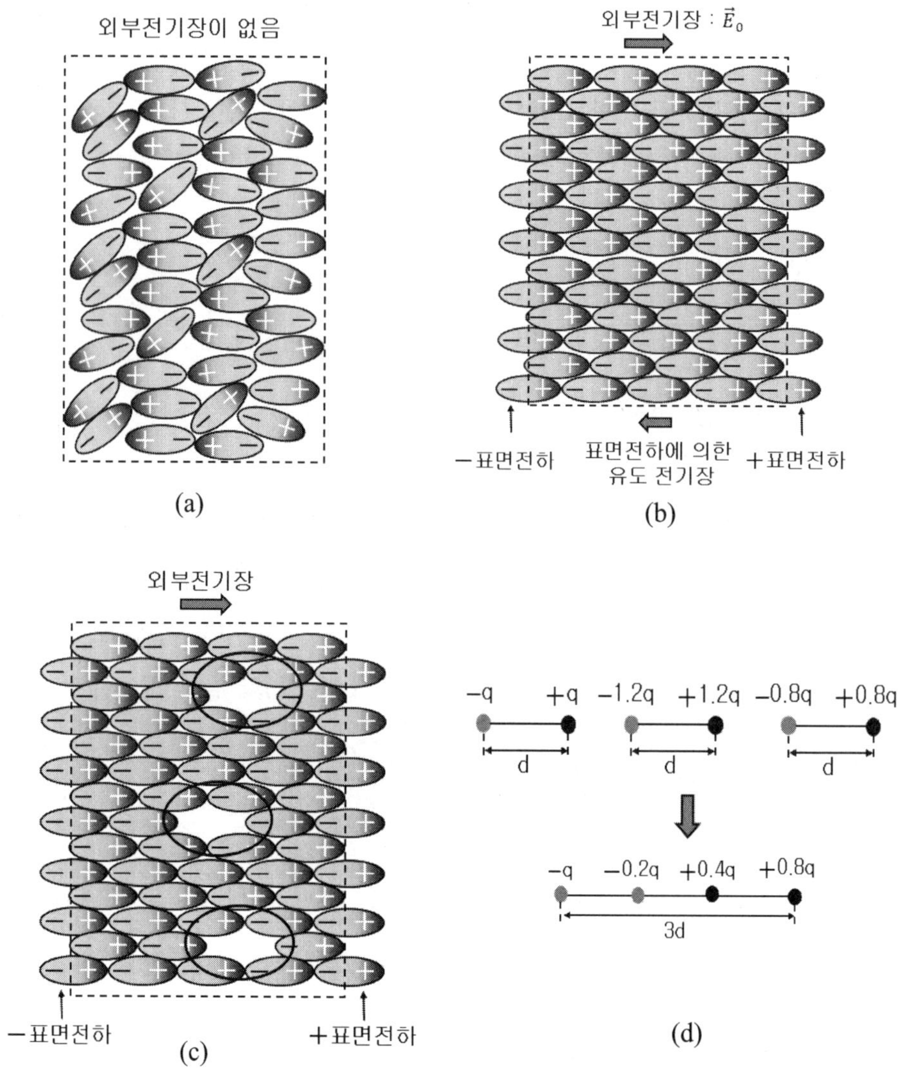

그림 4.15 편극되지 않은 유전체(a), 이상적인 편극된 유전체(b), 결함이 있는 편극된 유전체(c)와 이웃하는 서로 다른 쌍극자모멘트(d)

외부에서 유전체에 전기장이 가해지지 않으면 그림 4.15(a)와 같이 유전체에 알짜 편극이 일어나지 않는다. 하지만 이상적인 유전체에 외부 전기장이 가해지면 그림 4.15(b)와 같이 유전체를 구성하고 있는 원자나 분자의 편극이 외부 전기장과 같은 방향으로 배열된다. 그림 4.15(b)에서 이웃하는 전기쌍극자의 전하들은 서로 상쇄되고, 양쪽 표면에만 외부 전기장에 의해 유도된 표면전하만이 존재하므로 체적전하밀도는 "0"이 된다. 따라서 편극된 물체가 관측점에 만드는 전위는 표면전하밀도(σ_P)만으로 주어진다. 하지만, 그림 4.15(c)와 같이 특정 분자나 원자가 빠지면 이웃하는 분자나 원자의 편극전하가 서로 상쇄되지 못하거나, 그림 4.15(d)와 같이 편극된 다른 종류의 원자나 분자가 존재하는 경우, 유전체 내에서 이웃하는 전기쌍극자들의 전하가 상쇄되지 못하는 결과를 가져오므로 체적 전하밀도(ρ_P)가 발생된다. 또한 그림 4.15 (d)와 같이 편극이 일정하지 않으면 각각의 전기쌍극자의 크기가 다르게 되며, 양전하와 음전하 사이의 거리가 같다고 하더라도 쌍극자의 크기가 변하는 것은 쌍극자 양끝에서의 전하의 변화를 가져오므로 알짜체적전하가 존재하게 되어 체직진하밀도(ρ_P)가 발생된다. 따라서 결함이 존재하거나 쌍극자의 크기가 같지 않은 편극 물체가 관측점에 만드는 전위는 표면 전하밀도(σ_P)와 체적 전하밀도(ρ_P)에 의해 결정된다.

편극된 물체의 알짜전하는 "0"이므로, 체적전하와 표면전하를 합하면 "0"이 된다. 즉, 유전체의 총 편극전하(= Q_P)는 "0"이므로 체적전하밀도(ρ_P)와 표면전하밀도(σ_P)를 전체 체적과 전체표면에 대해 적분하면 식 (4.3.13)과 같은 결과를 얻는다.

$$
\begin{aligned}
Q_P &= \int_{V_0} \rho_p \, dv' + \oint_{s_0} \sigma_p \, da' = \int_{V_0} (-\overrightarrow{\nabla}' \cdot P) \, dv' + \oint_{s_0} P \cdot \hat{n} \, da' \qquad (4.3.13) \\
&= -\oint_{s_0} P \cdot \hat{n} \, da' + \oint_{s_0} P \cdot \hat{n} \, da' \\
&= 0
\end{aligned}
$$

이는 유전체 자체가 전체적으로 보았을 때, 전기적으로 중성이므로 당연한 결과라고 볼 수 있다.

지금까지 유전체의 전기적 특성에 대해 알아보았는데, 이러한 유전체는 축전기에 사용되고 있다. 축전기는 2개의 금속판이 일정한 간격만큼 떨어져 있는 전자소자로서 2개의 금속판에 전압을 걸어주면, 2개의 금속판에 전하가 충전된다. 예를 들어 그림 4.16(a)과 같이 2개의 금속판 사이가 공기(또는 진공)인 경우, 전압 V를 가해주어 8

개의 전하가 충전되었다고 가정하자. 하지만, 그림 4.16(b)와 같이 유전체를 2개의 금속판 사이에 넣고 전압 V를 가하면, 충전되면서 유전체에 전기장을 가해주는 효과로 인하여 두 금속판 사이에 있는 유전체의 편극이 발생된다.

따라서 두 금속판 사이의 알짜 전기장은 금속판에 충전된 전하($\sigma_{자유}$)에 의한 전기장과 유전체의 표면에 형성된 $\sigma_{분극}$전하가 만든 반대방향의 유도전기장에 의해 결정된다. 따라서 유전체를 두 금속판 사이에 넣고, 같은 전압을 가해주면 두 금속판 각각에 12개의 전하가 충전되므로, 유전체를 넣은 축전기는 더 많은 에너지를 저장할 수 있다. 여기서 전하의 개수를 8개 또는 12개로 설명한 것은 이해를 돕기 위함이지, 실제로 충전되는 전하의 개수는 아니다.

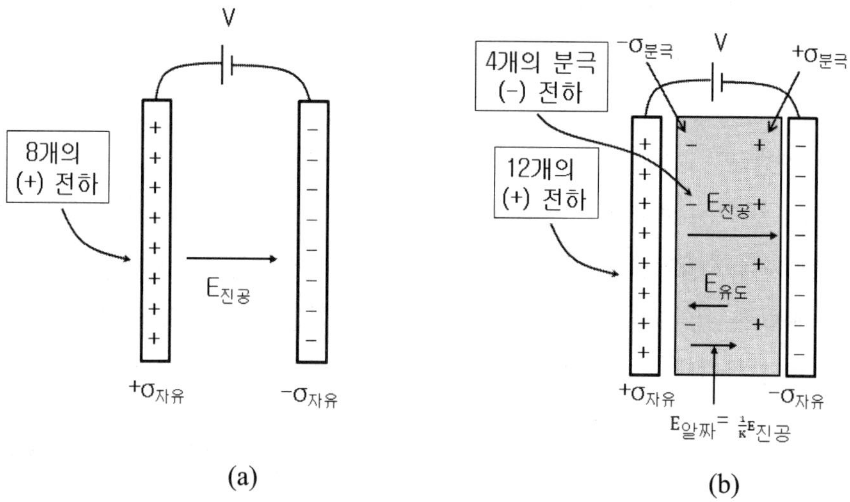

그림 4.16 축전기의 두 금속판 사이에 넣은 유전체의 효과

4.4 전기변위

편극밀도의 효과는 유전체 속에 $\rho_P = -\vec{\nabla} \cdot \vec{P}$, 그리고 유전체 표면에 $\sigma_P = \vec{P} \cdot \hat{n}$ 의 속박전하가 쌓이는 것으로 나타난다. 매질이 편극되어 생기는 전기장은 바로 이러한 속박전하들이 만드는 전기장이다. 이러한 속박전하 외에 대전된 도체 표면에 존재하는 전하 또는 유전체 속에 묻힌 이온들과 같은 자유전하가 존재하는 경

우, 총전기장은 속박전하와 자유전하에 의한 전기장을 벡터적으로 합한 전기장을 의미한다.

전기선속(전기력선의 수)과 전하사이의 관계를 나타내는 가우스의 법칙은 이처럼 속박전하와 자유전하를 포함하는 계에 대한 전기장을 구하는데 사용될 수 있다. 가우스의 법칙은 임의의 폐곡면을 통과하는 전기력선의 수는 폐곡면이 감싸고 있는 알짜 전하량에 비례한다는 것을 의미한다. 따라서 그림 4.17과 같이 유전체 내에 자유전하들이 존재하는 경우, 자유전하를 감싸고 있는 폐곡면(그림 4.17에서 점선으로 표시된 가우스면 S) 내의 총 전하는 속박전하와 유전체 내에 존재하는 자유전하($q_1+q_2+q_3$)를 포함한다.

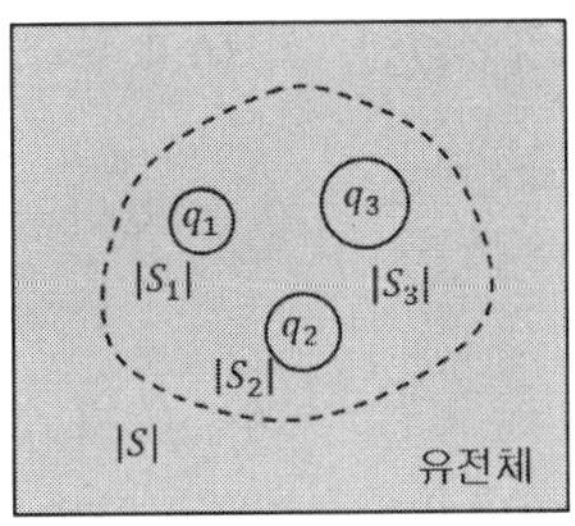

그림 4.17 유전체 내에 형성된 가우스면 S

그림 4.17에서 점선으로 표시한 폐곡면 S가 감싸고 있는 체적 내에 전하량이 각각 q_1, q_2 및 q_3 인 3개의 자유전하가 존재하는 경우, 가우스의 법칙은 식 (4.4.1)과 같이 표현된다.

$$\oint_S \vec{E} \cdot \hat{n}\, da = \frac{1}{\epsilon_0}(Q + Q_P) \qquad (Q = q_1 + q_2 + q_3) \tag{4.4.1}$$

여기서 Q는 유전체 속의 가우스면 안에 있는 알짜 자유전하이며, Q_P는 알짜 편극전하인데, 편극전하는 식 (4.4.2)와 같이 표현된다.

$$\begin{aligned} Q_P &= \int_{S_1+S_2+S_3} \vec{P} \cdot \hat{n}\, da + \int_V (-\vec{\nabla} \cdot \vec{P})\, dv \\ &= \int_{S_1+S_2+S_3} \vec{P} \cdot \hat{n}\, da + \int_{S+S_1+S_2+S_3} (-\vec{P} \cdot \hat{n})\, da \\ &= -\int_S \vec{P} \cdot \hat{n}\, da \end{aligned} \tag{4.4.2}$$

여기서 V는 폐곡면인 가우스면 S로 둘러싸인 유전체의 체적을 의미한다. 그림 4.17의 폐곡면 S에서 유전체의 경계가 없으므로 표면적분에 대한 식 (4.4.2)의 첫째 항에서 S로부터의 기여는 포함하지 않으며, 체적에 대한 적분은 가우스면 S 내에 있는 체적을 의미한다. 식 (4.4.2)의 둘째 항을 발산정리를 이용하여 표면적분으로 바꾸면, 체적 V를 둘러싸는 모든 표면인 $S+S_1+S_2+S_3$ 에 대하여 표면적분을 수행해야 한다. 하지만 표면 $S_1+S_2+S_3$ 로부터의 기여는 식 (4.4.2)의 첫째 항과 서로 상쇄되므로 총 편극전하는 식 (4.4.3)과 같이 주어진다.

$$Q_P = -\oint_S \vec{P}\cdot\hat{n}\,da \tag{4.4.3}$$

식 (4.4.3)을 식 (4.4.2)와 결합하면, 식 (4.4.4)와 같이 주어진다.

$$\oint_S \vec{E}\cdot\hat{n}\,da = \frac{1}{\epsilon_0}\left(Q_{자유} - \oint_S \vec{P}\cdot\hat{n}\,da\right) \Rightarrow \oint_S (\epsilon_0\vec{E}+\vec{P})\cdot\hat{n}\,da = Q_{자유} \tag{4.4.4}$$

식 (4.4.4)는 폐곡면 S를 통과하는 $\epsilon_0\vec{E}+\vec{P}$의 전기력선의 수는 폐곡면 S 내에 있는 알짜 자유전하와 같음을 의미한다. 식 (4.4.4)를 좀 더 간단히 표기하기 위하여

$$\vec{D} = \epsilon_0\vec{E}+\vec{P} \tag{4.4.5}$$

라 하면 식 (4.4.4)는

$$\oint_S \vec{D}\cdot\hat{n}\,da = Q_{자유} \tag{4.4.6}$$

와 같이 되는데, 이때 $\vec{D}$를 전기변위라고 정의한다. 식 (4.4.6)은 적분으로 표현된 가우스 법칙으로 자유전하 $Q_{자유}$와 전기변위 $\vec{D}$ 사이의 관계를 나타낸다. 식 (4.4.6)은 폐곡면 S로 둘러싸인 영역에 대해서 성립하므로 이를 자유 전하분포($Q_{자유}$)가 체적 전하밀도 $\rho_{자유}$ 로 주어지면 식 (4.4.6)은 식 (4.4.7)과 같이 표현된다.

$$\oint_S \vec{D}\cdot\hat{n}\,da = \int \rho_{자유}\,dV \tag{4.4.7}$$

발산정리를 이용하여 식 (4.4.7)을 체적적분으로 바꾸면

$$\oint_S \vec{D}\cdot\hat{n}\,da = \int_V \vec{\nabla}\cdot\vec{D}\,dv = \int_V \rho_{자유}\,dv \quad \Rightarrow \quad \vec{\nabla}\cdot\vec{D} = \rho_{자유} \tag{4.4.8}$$

이 되며, 이를 가우스 법칙의 미분형이라고 한다. 여기서 전하밀도 $\rho_{자유}$ 는 편극전하가 아닌 외부에서 유전체 내에 넣은 자유전하를 의미한다. 식 (4.4.6)과 식 (4.4.8)은 실험자가 조절할 수 있는 자유전하에만 관계되므로 매우 유용하다.

유전체 내에서의 알짜 전기장은 자유전하에 의한 전기장과 편극전하에 의한 전기장을 벡터적으로 더해주면 되므로 식 (4.4.9)와 같이 표현된다.

$$\vec{E}(x, y, z) = \frac{1}{\epsilon_0}\vec{D}(x, y, z) - \frac{1}{\epsilon_0}\vec{P}(x, y, z) \qquad (\vec{D} = \epsilon_0\vec{E} + \vec{P}) \tag{4.4.9}$$

여기서 첫째 항은 자유전하와 관계되며, 둘째 항은 매질의 편극과 관계된다. 전기변위 $\vec{D}$가 전기장 $\vec{E}$와 유사하게 보일 수 있지만, 차이가 존재한다. 전기변위 $\vec{D}$에 $\vec{\nabla}\times$을 취해주면

$$\vec{\nabla}\times\vec{D} = \epsilon_0\vec{\nabla}\times\vec{E} + \vec{\nabla}\times\vec{P} = \vec{\nabla}\times\vec{P} \qquad (\because\ \vec{\nabla}\times\vec{E} = 0) \tag{4.4.10}$$

과 같이 된다.

식 (4.4.10)에서 $\vec{\nabla}\times\vec{P}$가 반드시 "0"일 필요는 없으므로, 전기장 $\vec{E}$와 같이 전기변위 $\vec{D}$를 만들어주는 전위가 없다. 즉, 전기장 $\vec{E}$는 $\vec{E} = -\vec{\nabla}\psi$ 와 같이 전위로부터 구해지지만 전기변위 $\vec{D}$는 그러한 전위가 없다. 어떤 벡터함수 $\vec{F}$에 대한 $\vec{\nabla}\times\vec{F}$와 $\vec{\nabla}\cdot\vec{F}$의 값이 알려지면, 벡터함수 $\vec{F}$를 정확하게(단 1개의 해) 정의할 수 있다. 즉, $\vec{\nabla}\times\vec{E}$와 $\vec{\nabla}\cdot\vec{E}$에 대해서 알고 있으므로, 전기장에 대해 정확하게 정의할 수 있으나. 자유 전하밀도($\rho_{자유}$)에 대한 정보만에 의하여 전기변위 $\vec{D}$가 정확하게 정의되지 못하므로, 편극 $\vec{P}$와 같은 부가적인 정보가 주어져야 전기변위 $\vec{D}$가 정확하게 정의할 수 있다. 이에 대해서는 4.6절 끝부분에 자세히 설명하였다.

4.5 전기 감수율과 유전상수

유전체의 편극은 전기장이 원자 또는 분자 쌍극자를 정렬시키기 때문에 발생한다. 하지만 편극이 일어나는 정도는 전기장의 세기뿐만이 아니라 물질을 이루고 있는 분자들의 성질에 의해서 결정된다. 따라서 유전체의 편극밀도는 전기장에 의존하게

되어 $\vec{P}=\vec{P}(\vec{E})$ 와 같이 표현하는데, 전기장 $\vec{E}$는 총전기장으로서 일부는 자유전하, 그리고 일부는 편극자체에 의해서 생길 수 있다. 이처럼 편극밀도는 전기장에 의존함으로 전기장이 매질 내의 위치에 따라 변하면 편극밀도도 위치에 따라 변하게 된다.

대부분의 물질은 전기장 $\vec{E}$가 사라지면, 편극밀도 $\vec{P}$는 "0"이 되는데, 여기서는 이러한 부류의 매질에 대해서만 다루고자 한다. 모든 방향에 대해 전기적 성질이 같은 등방성 물질에서는 편극의 방향이 편극을 일으키는 전기장의 방향과 같다. 편극은 가해준 전기장의 세기에 따라 전기장에 1차, 2차, 3차 또는 그 이상의 차수에 비례하나 여기서는 전기장에 1차 비례하는 경우만을 취급하고자 한다. 이처럼 편극이 전기장에 1차 비례하는 유전체를 선형유전체라고 하며 선형유전체에서의 편극밀도는

$$\vec{P}=\chi(\vec{E})\vec{E} \tag{4.5.1}$$

와 같이 표현된다. 등방성 매질(예를 들면, 유체, 다결정 물질 및 유리와 같은 비정질 물질, 몇몇 결정들)의 경우, 편극밀도의 방향이 전기장의 방향과 같으므로 $\chi(\vec{E})$ 를 $\chi(E)$ 와 같이 비례상수로 표현되며 비례상수를 전기 감수율(electric susceptibility)이라고 한다. 한편, 등방성 매질에 대한 전기변위는 식 (4.5.2)와 같이 표현된다.

$$\vec{D}=\epsilon_0\vec{E}+\vec{P}=\epsilon_0\vec{E}+\chi(\vec{E})\vec{E}=(\epsilon_0+\chi(\vec{E}))\vec{E}=\epsilon(\vec{E})\vec{E} \tag{4.5.2}$$

여기서 $\epsilon(\vec{E})=\epsilon_0+\chi(\vec{E})$ 를 매질의 "유전율"이라고 한다. 매질의 전기 감수율 $\chi(\vec{E})$ 과 매질의 유전율 $\epsilon(\vec{E})$ 을 전기장에 대한 함수로 표현하였으나 전기장의 세기가 매우 강한 경우를 제외하고는 대부분의 경우, 전기장과 관계없다는 것이 실험적으로 알려져 있다. 이처럼 χ와 ϵ은 물질의 특성을 나타내는 하나의 상수로 주어지며 이를 만족하는 물질을 선형유전체라고 하며, 편극밀도와 전기변위는 각각 식 (4.5.3)과 식 (4.5.4)와 같이 표현된다.

$$\vec{P}=\chi\vec{E} \tag{4.5.3}$$

$$\vec{D}=\epsilon\vec{E} \tag{4.5.4}$$

유전체의 전기적 특성을 나타내는 유전상수 K는 유전체의 유전율(ϵ)과 진공에 대한 유전율(ϵ_0)의 비로

$$K = \frac{\epsilon}{\epsilon_0} = \frac{1+\chi}{\epsilon_0} \tag{4.5.5}$$

와 같이 정의된다. 유전상수가 K인 선형유전체로 채워진 체적 V를 생각해 보자. 선형유전체의 편극밀도는 식 (4.5.3)과 같으므로 식 (4.5.6)이 얻어진다.

$$\vec{\nabla} \times \vec{P} = \vec{\nabla} \times (\chi \vec{E}) = \chi (\vec{\nabla} \times \vec{E}) = 0 \tag{4.5.6}$$

선형유전체인 경우, 전기변위에 $\vec{\nabla} \times$을 취하면

$$\vec{\nabla} \times \vec{D} = \epsilon_0 (\vec{\nabla} \times \vec{E}) + \vec{\nabla} \times \vec{P} = 0 \tag{4.5.7}$$

이 되므로 선형유전체에서의 전기변위에 대해서는 $\vec{\nabla} \times \vec{D} = 0$ 와 $\vec{\nabla} \cdot \vec{D} = \rho_{자유}$ 와 같은 조건을 만족하게 된다. 유전물질이 없는 경우, 즉 진공에서의 자유전하에 의한 전기장은 $\vec{\nabla} \times \vec{E}_{자유} = 0$ 와 $\vec{\nabla} \cdot \vec{E}_{자유} = \rho_{자유}/\epsilon_0$ 와 같으므로 전기장과 전기변위는 식 (4.5.8)로 주어진다. 즉,

$$\vec{D} = \epsilon_0 \vec{E}_{자유} \tag{4.5.8}$$

한편 전기변위는 앞에서 설명하였듯이 선형유전체 내에서의 총전기장으로 표현되기도 한다.

$$\vec{D} = \epsilon_0 \vec{E} + \vec{P} = \epsilon_0 \vec{E} + \chi(\vec{E})\vec{E} = (\epsilon_0 + \chi(\vec{E}))\vec{E} \tag{4.5.9}$$

식 (4.5.8)과 식(4.5.9)의 비교를 통하여 식 (4.5.10)이 얻어진다.

$$\vec{E} = \frac{1}{\epsilon_0 + \chi} \vec{D} = \frac{\epsilon_0}{\epsilon_0 + \chi} \vec{E}_{자유} = \frac{1}{K} \vec{E}_{자유} \tag{4.5.10}$$

이처럼 유전체에서의 총전기장은 진공일 때의 전기장의 크기를 $1/K$만큼 감소시킨다는 것을 알 수 있다. 한편, 유전체 내에서의 매우 강한 전기장은 분자나 원자들에 속박되어 있는 전자를 떼어낼 수 있다. 이처럼 구속전자가 속박상태로부터 벗어나면서 유전체가 도체로 변하는 현상을 유전파괴(번개도 일종의 유전파괴이다.)라고 하며 유전파괴가 일어나지 않고 유전체에 가해줄 수 있는 가장 큰 전기장의 세기를 유전세기라 한다. 참고로 표 4.1에 몇 가지 물질들에 대한 유전상수와 유전세기를 나타내었다.

유전체의 효과를 알아보기 위하여 선형이며, 유전상수 K를 가지는 균질등방성 유전체 속에 점 전하 q가 놓여 있는 경우를 생각해 보자. 그림 4.18과 같이 좌표의 원점이 유전체 속에 있으며, 점 전하 q가 좌표의 원점에 있을 때, 유전체 내에서의 전기장 $\vec{E}$, 전기변위 $\vec{D}$ 및 편극 $\vec{P}$의 특성에 대하여 알아보자.

표 4.1 유전물질의 성질

물질	유전상수 (K)	유전세기, E_{max} (V/m)
Al_2O_3	4.5	6×10^6
유리	5~10	9×10^6
나일론	3.5	19×10^6
폴리에틸렌	2.3	18×10^6
수정(SiO_2)	4.3	
소금	6.1	
에틸알코올 (0℃)	28.4	
벤젠 (0℃)	2.3	
증류수 (0℃)	87.8	
증류수 (20℃)	80.1	
공기 (1기압)	1.00059	3×10^6
공기 (100 기압)	1.0548	
이산화탄소(1 기압)	1.000985	

자료: Handbook of Chemistry and Physics, 58th ed. (Cleveland, OH:CRC Press, Inc., 1978)

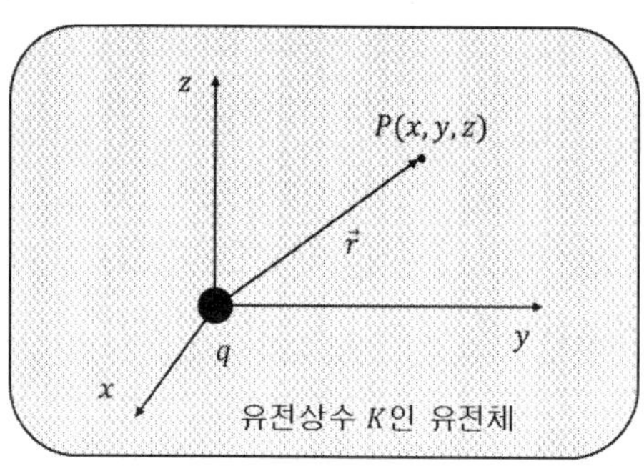

그림 4.18 유전상수 K인 유전체 속의 원점에 놓인 점 전하 q

점 전하(q)가 유전체 내에 존재하는 경우, 구 좌표계에서의 전기장은 $\vec{r}$에만 의존하며, θ 및 ϕ 에는 의존하지 않는다. 따라서 점 전하 q 를 중심으로 하는 반경 r 의 가우스 면을 생각하면, 식 (4.5.11)이 얻어진다.

$$4\pi r^2 D = q \quad \Rightarrow D = \frac{q}{4\pi r^2} \quad \Rightarrow \vec{D} = \frac{q}{4\pi r^3}\vec{r} \tag{4.5.11}$$

따라서 유전체 내에서의 전기장과 편극은 각각 식 (4.5.12)와 식 (4.5.13)으로 주어진다.

$$\vec{E} = \frac{\vec{D}}{\epsilon} = \frac{\vec{D}}{K\epsilon_0} = \frac{1}{K}\frac{1}{4\pi\epsilon_0}\frac{q}{r^3}\vec{r} \tag{4.5.12}$$

$$\vec{P} = \chi\vec{E} = \epsilon_0(K-1)\vec{E} = \epsilon_0(K-1)\frac{q\vec{r}}{4\pi K\epsilon_0 r^3} = \frac{(K-1)q}{4\pi K r^3}\vec{r} \tag{4.5.13}$$

이처럼 점 전하가 유전체 내에 놓인 경우, 전하가 만드는 전기장의 크기는 진공에서의 전기장의 크기에 비해 $1/K$ 만큼 작아진다는 것을 식 (4.5.12)로부터 알 수 있는데 그 이유에 대해서 생각해 보자.

시간에 의존하지 않는 전기장은 정지 전하들에 의해서 생기며 전하는 자유전하(점 전하 q)와 편극전하로 분류된다. 또한 편극전하는 체적 전하밀도($\rho_p = -\vec{\nabla}\cdot\vec{P}$)와 표면 전하밀도($\sigma_p = \vec{P}\cdot\hat{n}$)로 구별된다. 선형 등방성 매질에 대한 편극이 식 (4.5.3)과 같이 주어지므로 전하의 위치가 아닌 $r \neq 0$ 인 경우, 편극에 $\vec{\nabla}\cdot$ 를 취하면 식 (4.5.14)와 같이 "0"이 된다. 따라서 선형 등방성 매질에서의 편극에 기인한 체적 전하밀도는 "0"이다.

$$\rho_p = -\vec{\nabla}\cdot\vec{P} = -\left(\frac{K-1}{K}\right)\left(\frac{q}{4\pi}\right)\left(\vec{\nabla}\cdot\frac{\vec{r}}{r^3}\right) \qquad (r \neq 0) \tag{4.5.14}$$

$$= -\left(\frac{K-1}{K}\right)\left(\frac{q}{4\pi}\right)\left[\vec{\nabla}\left(\frac{1}{r^3}\right)\cdot\vec{r} + \frac{1}{r^3}\vec{\nabla}\cdot\vec{r}\right]$$

$$= -\left(\frac{K-1}{K}\right)\left(\frac{q}{4\pi}\right)\left[-\frac{3}{r^4}\frac{\vec{r}}{r}\cdot\vec{r} + \frac{3}{r^3}\right] = 0$$

점 전하 q 는 하나의 점으로 생각할 수 있으나, 분자 크기의 관점에서 보면 어느 정도의 크기를 가지게 된다. 따라서 그림 4.21과 같이 점 전하의 반경을 b 라고 하면, 총 편극표면전하는 식 (4.5.15)와 같이 주어진다.

$$Q_P = \int_s \sigma_p da = \int_s \vec{P} \cdot \hat{n} da = \lim_{b \to 0} 4\pi b^2 (\vec{P} \cdot \hat{n})\Big|_{r=b} = -\frac{(K-1)q}{K} \tag{4.5.15}$$

여기서 (-)의 부호는 $\vec{P}(\vec{r})$와 $\hat{n}$ 의 방향이 서로 반대 방향이기 때문이다(그림 4.19 참조).

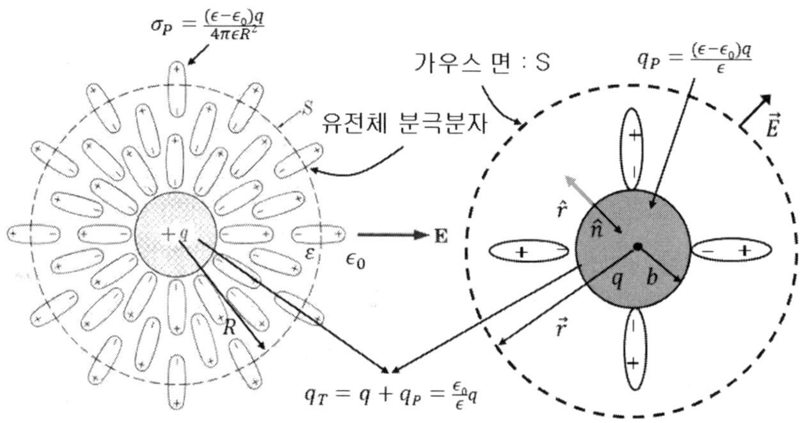

그림 4.19 유전체 내에서 점 전하 q를 감싸고 있는 유전물질의 편극분자 방향

따라서 가우스 표면 S 안에 있는 총 전하는 편극 표면전하(Q_P)와 자유전하(q)의 합으로

$$Q_P + q = \frac{1}{K} q \tag{4.5.16}$$

와 같다. 유전체 내의 점 전하 q의 모양을 그림 4.19에 나타내었다. 이러한 이유로 유전체 내에서의 전기장은 자유전하(q)가 진공 중에 존재할 때에 비하여 $1/K$ 만큼 줄어들게 된다.

예제 2

반경 R, 유전율 ϵ인 선형유전체의 중심에 전하량이 q인 하전입자가 들어 있다고 할 때, 모든 영역에서의 전기장을 구하시오. 단 유전체 구는 진공 속에 놓여 있으며, 좌표의 중심은 구의 중심과 일치한다고 가정한다 (그림 4.19 참조).

✐ **해답**

반경이 r인 구에 대해 가우스의 법칙을 적용하면 다음과 같은 결과를 얻는다.

$$\oint_S \vec{D} \cdot d\vec{s} = D_r 4\pi r^2 = q \rightarrow D_r = \frac{q}{4\pi r^2} \text{ (모든 } r\text{에 대해)} \tag{4.5.17}$$

따라서 $r < R$인 곳과 $r > R$인 영역에서의 전기장은

$$E_r = \begin{cases} \dfrac{D_r}{\epsilon} = \dfrac{q}{4\pi\epsilon r^2}, & r < R \\ \dfrac{D_r}{\epsilon_0} = \dfrac{q}{4\pi\epsilon_0 r^2}, & r > R \end{cases} \tag{4.5.18}$$

와 같이 주어지며, 유전체 때문에 $r = R$에서 전기장은 불연속적임을 알 수 있다. 한편 식 (4.5.17~18)을 이용하여 편극밀도(P_r)를 구하면

$$P_r = D_r - \epsilon_0 E_r = \begin{cases} \dfrac{(\epsilon - \epsilon_0)q}{4\pi\epsilon r^2}, & r < R \\ 0, & r > R \end{cases} \tag{4.5.19}$$

와 같다. 분극체적 전하밀도(ρ_P)는

$$\rho_P = -\vec{\nabla} \cdot \vec{P} = -\frac{1}{r^2}\frac{\partial}{\partial r}(r^2 P_r) = 0, \quad 0 < r < R \tag{4.5.20}$$

와 같이 점 분극전하가 존재하는 $r = 0$을 제외하고는 모든 곳에서 "0"이 된다. 한편, $r = R$인 곳에서의 표면 분극전하(q_P)는 다음과 같다.

$$q_P = -\oint_S \vec{P} \cdot d\vec{s} = -P_r 4\pi r^2 = \begin{cases} -(\epsilon - \epsilon_0)q/\epsilon, & r < R \\ 0, & r > R \end{cases} \tag{4.5.21}$$

$r < R$인 영역에 대해서는 체적전하에 의한 기여가 없으므로, q_P는 원점에서 하나의 점 전하로 존재하게 된다. 따라서 원점에서의 총 전하(q_T)는 외부에서 가해준 점 전하(q)와 분극전하(q_P)를 더한 결과인

$$q_T = q_P + q = \frac{\epsilon_0}{\epsilon} q \tag{4.5.22}$$

와 같은 결과를 얻게 된다. 이러한 알짜전하의 감소는 유전체 구 내부에서의 전기장이 자유공간에서의 전기장보다 작게 되는 이유이다. 즉, 유전체 분자들의 분극에 기인한 전기쌍극자의

반대 극성 끝들이 점 전하 쪽으로 끌리면서 점 전하 q를 부분적으로 중성화시키기 때문이다 (그림 4.19 참조). $r > R$인 구가 감싸고 있는 총 분극전하는 표면 분극전하 밀도

$$\sigma_P = \frac{(\epsilon - \epsilon_0)q}{4\pi\epsilon R^2}$$

에 기인하여 $r = R$에서 반대 부호의 편극 표면전하를 가지므로 "0"이다. 따라서 총 표면전하는 $\sigma_P 4\pi R^2 = (\epsilon - \epsilon_0)q/\epsilon$은 원점에서의 편극 점 전하와 크기는 같고 부호는 반대이다. 따라서 총 편극전하는 항상 "0"이다.

4.6 서로 다른 두 매질 경계면에서의 경계조건

4.6절에서는 전기적 성질이 서로 다른 두 매질의 경계면을 지날 때, $\vec{E}$와 $\vec{D}$에 대하여 어떤 변화가 일어나는지 알아보고 이들이 만족해야 될 경계조건에 대해 알아보자. 이때 두 매질은 서로 다른 성질을 가진 유전체, 또는 유전체와 도체일 수 있다. 진공은 유전율이 ϵ_0인 유전체로 생각할 수 있다.

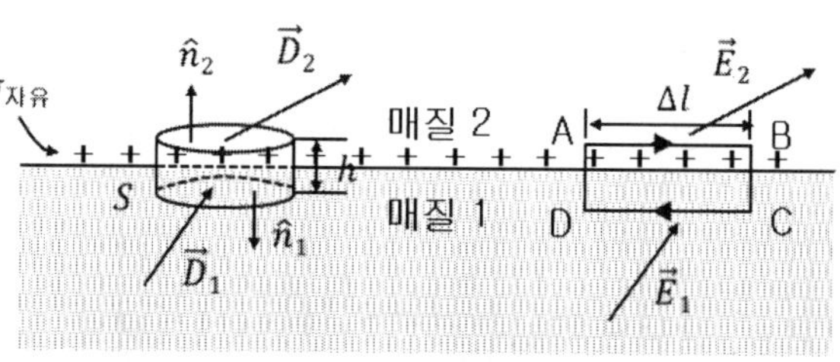

그림 4.20 두 매질의 경계면에서 $\vec{E}$와 $\vec{D}$가 만족해야 될 경계조건

그림 4.20과 같이 두 매질 1, 2가 있으며, 경계면에서의 표면 자유전하밀도는 $\sigma_{자유}$로서 경계면 위에서의 위치에 따라 변한다고 하자. 이때 일약 모양의 높이(=h)는 밑면적(ΔS)의 직경에 비하여 무시할 정도로 작고 두 매질의 영역에 걸쳐있다. 알약 모양을 감싸고 있는 표면적 S에 의하여 둘러싸인 전하는 식 (4.6.1)과 같다.

$$\sigma_{자유}\Delta S + \frac{1}{2}(\rho_1 + \rho_2) \times 부피 \tag{4.6.1}$$

여기서는 경계면 위에서 만족해야 할 조건을 구하고자 한다. 매질 1, 2에서 알약 모양의 높이 h는 무시할 정도로 작으므로 알약 모양의 윗면과 아랫면의 면적은 서로 같다. 따라서 표면전하만이 기여하고, 알약 모양의 옆면적에 의한 기여는 없게 된다. 또한 알약 모양의 체적은 무시할 정도로 작으므로 식 (4.6.1)의 둘째 항은 무시할 수 있다. 따라서 가우스의 법칙을 S에 적용하면, 식 (4.6.2)가 얻어진다.

$$\vec{D_2}\cdot\hat{n}_2\Delta S+\vec{D}_1\cdot\hat{n}_1\Delta S=\sigma_{자유}\Delta S \quad \Rightarrow (\vec{D}_2-\vec{D}_1)\cdot\hat{n}_2=\sigma_{자유} \tag{4.6.2}$$

여기서 $\hat{n}_2$는 경계면에 수직한 단위벡터로서 단위벡터 $\hat{n}_1$과 $\hat{n}_2$의 방향이 서로 반대이므로, $\hat{n}_1=-\hat{n}_2$ 이다. 따라서 경계면에 대하여 $\vec{D}$의 수직 방향 성분인 D_{1n}과 D_{2n}은

$$D_{2n}-D_{1n}=\sigma_{자유} \tag{4.6.3}$$

와 같다. 즉, 경계면에 수직인 $\vec{D}$의 성분은 경계면에서의 표면 전하밀도만큼 경계면에서 불연속적임을 알 수 있다. 물론 경계면 위에 표면전하가 존재하지 않으면 경계면에 수직한 $\vec{D}$의 수직성분은 연속이다.

전기력은 중력과 같이 보존력이므로 임의의 폐회로에 대해 전기장을 적분하면 "0"의 값을 가지게 된다. 따라서 그림 4.21의 폐회로 ABCDA에 대하여 단위 전하당 힘인 전기장을 선적분하면, 식 (4.6.4)와 식 (4.6.5)가 얻어지며, $\vec{E}_2$와 $\vec{E}_1$은 매질 2와 매질 1에서의 전기장을 의미한다. 물론 선분 BC와 DA의 길이는 h이지만, $h\to 0$이므로 이들의 기여는 무시해도 된다.

$$\vec{E}_2\cdot\Delta\vec{l}+\vec{E}_1\cdot(-\Delta\vec{l})=0 \;\Rightarrow\; (\vec{E}_2-\vec{E}_1)\cdot\Delta\vec{l}=0 \tag{4.6.4}$$

$$E_{2t}=E_{1t} \tag{4.6.5}$$

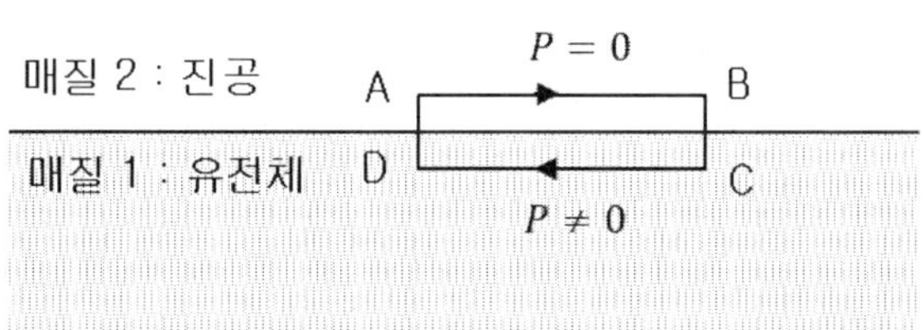

그림 4.21 서로 다른 두 매질의 경계면에 걸쳐있는 폐회로에 대한 편극밀도 $\vec{P}$에 대한 선적분

식 (4.6.5)로부터 전기장이 경계면에 접선인 성분은 연속적임을 알 수 있다. 한편 식 (4.4.10)에서 $\vec{\nabla}\times\vec{P}\neq 0$일 수 있다고 하였다. 선형 등방성 매질에서는 $\vec{P}=\chi\vec{E}$, $\vec{D}=\epsilon\vec{E}$ 와 같은 관계를 가진다.

전기장 $\vec{E}$는 보존장으로서 항상 $\vec{\nabla}\times\vec{E}=0$ 이지만, 그림 4.23과 같이 두 매질이 맞닿은 곳을 포함하는 폐경로에 대해 $\vec{P}$를 적분하면 보통 "0"이 되지 않으므로 $\vec{\nabla}\times\vec{P}\neq 0$일 수 있다. 그 이유는 비례인자인 $\epsilon_0\chi$ 이 경계의 양쪽에서 서로 다르기 때문이다. 그림 4.21과 같이 진공영역에서 $\vec{P}$는 "0"이고, 유전체에서는 "0"이 아니다. 따라서 그림 4.21에서 폐회로 ABCDA를 따라 $\oint\vec{P}\cdot d\vec{l}\neq 0$ 이므로, 스토크스 정리를 이용하면 $\vec{\nabla}\times\vec{P}$는 폐회로 ABCDA 내의 모든 곳에서 "0"이 되지 않는다는 것을 알 수 있다.

4.7 선형 등방성 유전체가 있는 경곗값 문제

4.6절에서 경계조건에 대하여 알아보았는데, 4.7절에서는 경계조건을 이용하여 유전체 내에서의 전위에 대한 표현식을 알아보고자 한다. 전기변위에 대한 가우스 법칙의 미분형은 식 (4.7.1)과 같다.

$$\vec{\nabla}\cdot\vec{D}=\rho_{자유}\quad(\rho_{자유}: \text{자유 전하밀도})\tag{4.7.1}$$

균질의 선형 등방성 매질인 경우, 전기변위 $\vec{D}=\epsilon\vec{E}$ (ϵ 은 매질의 전기적 특성을 나타내는 하나의 상수)로 주어지므로 식 (4.7.1)은

$$\vec{\nabla}\cdot\vec{E}=\frac{1}{\epsilon}\rho_{자유}\tag{4.7.2}$$

와 같이 된다. 한편 전기장($\vec{E}$)과 스칼라 함수인 전위(ψ)와의 관계는 $\vec{E}=-\vec{\nabla}\psi$로 주어지므로, 이를 이용하여 식 (4.7.2)를 다시 쓰면

$$\nabla^2\psi=-\frac{1}{\epsilon}\rho_{자유}\tag{4.7.3}$$

와 같이 되는데, 식 (4.7.3)을 유전체 내에서의 푸아송 방정식이라 한다. 대부분의 문제는 전하가 없는 영역에서의 전위를 구하는 문제이며, 전하가 없는 영역에서 푸아송 방정식은 식 (4.7.4)와 같이 라플라스 방정식으로 표현된다.

$$\nabla^2 \psi = 0 \tag{4.7.4}$$

유전체에 대한 라플라스 방정식인 식 (4.7.4)에 대한 응용의 한 예로서 그림 4.24와 같이 외부에서 주어진 크기와 방향이 일정한 전기장($\vec{E} = E_0 \hat{z}$)내에 존재하는 반경 a , 유전상수가 K 인 균질의 선형 등방성 유전체 구 안에서의 전위와 전기장을 구해보자. 이 문제는 3.3.2절에서 다룬 일정한 전기장 내에 놓인 반경 a 인 금속구의 문제와 매우 유사하다. 금속구의 경우, 금속구에 유도된 전하에 기인한 전기장이 금속구 안에서 외부 전기장과 크기는 서로 같고 방향이 반대로 되어 금속구 내부에서 알짜 전기장이 "0"이었다. 하지만, 유전체 구에서는 유도된 전하에 기인한 전기장이 외부에서 가해준 전기장을 완전히 상쇄하지 못한다. 문제가 구대칭(방위각 ϕ 에 무관)을 가지므로, 구좌표계를 이용하여 문제를 푸는 것이 가장 편리하다.

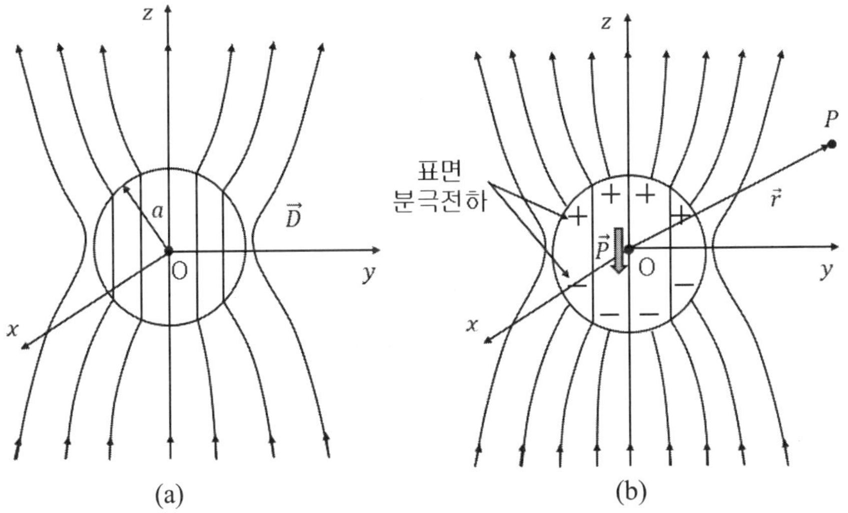

그림 4.22 외부 전기장 내에 놓인 유전체 구에 대한 전기변위(a)와 전기장(b)

그림 4.22와 같이 구좌표계를 사용하고 좌표의 원점을 유전체 구의 중심에 설정하는 경우, 전위에 대한 일반해는 식 (4.7.5)와 같이 주어진다.

$$\psi(r,\theta)=\sum_{n=0}^{\infty}(A_n r^n+\frac{B_n}{r^{n+1}})P_n(\theta) \tag{4.7.5}$$

구 내부에서의 전위를 $\psi_1(r,\theta)$, 구 바깥에서의 전위를 $\psi_2(r,\theta)$ 라 하자. 문제에서 주어진 초기조건 및 유전체 구와 공기의 경계면에서 만족해야 될 경계조건은 다음과 같다.

$$(\text{i})\ \psi_1(a,\theta)=\psi_2(a,\theta),\ r=a \tag{4.7.6}$$

$$(\text{ii})\ \epsilon\frac{\partial\psi_1}{\partial r}=\epsilon_0\frac{\partial\psi_2}{\partial r}\ \text{(자유전하가 없어 연속)},\ r=a \tag{4.7.7}$$

$$(\text{iii})\ \psi_2(r\to\infty)=-E_0 r\cos\theta,\ r\to\infty \tag{4.7.8}$$

구 내부에서의 전위 $\psi_1(r,\theta)$ 는 $1/r^{(n+1)}$ $(n\geq 1)$을 포함하는 항을 포함하지 않는다. 왜냐하면 $1/r^{(n+1)}$ 와 같은 항들을 포함하면, 원점에서의 전위가 무한대가 되기 때문에 물리적으로 받아들일 수 없다. 따라서 $\psi_1(r,\theta)$ 에 대한 일반해는 다음과 같다.

$$\psi_1(r,\theta)=\sum_{n=0}^{\infty}A_n r^n P_n(\theta) \tag{4.7.9}$$

무한대에서 전기장이 $\vec{E}=E_0\hat{z}$ 이므로, $r\to\infty$ 에 근접하더라도 전위는 "0"이 되지 않는다. 또한 $r\to\infty$ 에서 $\vec{E}(r\to\infty)=E_0\hat{k}$ 이며, 이에 대응되는 전위는 $\psi_2(r\to\infty)=-E_0 r\cos\theta$ 와 같다. 따라서 높은 차수의 조화함수($P_n(\theta)$, $n\geq 2$ 에 해당하는 항들)를 포함하면, 이러한 조건을 만족할 수 없으므로 $n\geq 2$ 인 항들은 포함해서는 안된다. 참고로 조화함수($P_n(\theta)$)에 대해서는 표 3.1을 참조하기 바란다. 이러한 조건과 함께 식 (4.7.8)을 고려하면, 구 외부에서의 전위는 다음과 같다.

$$\psi_2(r,\theta)=-E_0 r\cos\theta+\sum_{n=0}^{1}\frac{B_n}{r^{n+1}}P_n(\theta) \tag{4.7.10}$$

무한대에서 전기장이 $\vec{E}=E_0\hat{z}$ 이므로, $r\to\infty$ 에 근접하더라도 전위는 "0"이 되지 않지만, 전위는 $r=a$ 에서 연속이므로 경계조건(i)을 적용하면 다음과 같은 관계식이 얻어진다.

$$\sum_{n=0}^{\infty} A_n a^n P_n(\theta) = -E_0 a\cos\theta + \sum_{n=0}^{1} \frac{B_n}{a^{n+1}} P_n(\theta) \tag{4.7.11}$$

식 (4.7.11)이 성립하기 위해서는 다음과 같은 조건을 만족해야 한다.

$$A_1 a = -E_0 a + \frac{B_1}{a^2} \quad (n=1) \Rightarrow \quad B_1 = A_1 a^3 + E_0 a^3 \tag{4.7.12}$$

$$A_n a^n = \frac{B_n}{a^{n+1}} \qquad (n \neq 1) \qquad \Rightarrow \quad B_n = A_n a^{2n+1} \tag{4.7.13}$$

한편 경계조건(ⅱ)으로부터 다음과 같은 조건이 얻어진다.

$$n\epsilon \sum_{n=0}^{\infty} A_n r^{n-1} P_n(\theta) = -\epsilon_0 [E_0 \cos\theta - (n+1) \sum_{n=0}^{1} \frac{B_n}{r^{n+2}} P_n(\theta)]$$

$$\epsilon A_1 = -\epsilon_0 [E_0 - \frac{2B_1}{a^3}] \quad (n=1) \tag{4.7.14}$$

$$n\epsilon A_n a^{n-1} = -\epsilon_0 [\frac{(n+1)B_n}{a^{n+2}}] \quad (n \neq 1) \tag{4.7.15}$$

식 (4.7.12~15)로부터 다음과 같은 값들이 얻어진다.

$$\left.\begin{array}{ll} A_1 = -\dfrac{3}{K+2} E_0, & B_1 = -\dfrac{K-1}{K+2} a^3 E_0 \\ A_n = B_n = 0, & n \neq 1 \end{array}\right\} (K = \epsilon/\epsilon_0) \tag{4.7.16}$$

따라서 유전체 구 내부에서의 전위는

$$\psi_1(r, \theta) = \sum_{n=0}^{\infty} A_n r^n P_n(\theta) = -\frac{3E_0}{K+2} r\cos\theta = -\frac{3}{K+2} z \tag{4.7.17}$$

와 같이 z만의 함수로 표현된다. 한편, 유전체 구 내부에서의 전기장은

$$\vec{E}_{\text{내부}} = -\frac{\partial}{\partial z}\psi_1(z) = -(\frac{\partial}{\partial z} \frac{3}{K+2} E_0 z) = \frac{3}{K+2} E_0 \hat{k} \tag{4.7.18}$$

와 같으며, 이로부터 유전체 구 내부에서의 전기장은 균일하다는 것을 알 수 있다. 참고로 구는 알짜전하를 가지지 않으므로 $1/r$ 을 포함하는 항을 가지지 않는다. 따라서 $n=0$ 에 해당하는 항은 존재하지 않는다는 것을 처음부터 고려하여 문제를 풀면 더욱 간단해진다. 참고로 전기변위와 전기장을 그림 4.22에 나타내었다. 이처럼 전위변위

는 경계면에서 연속적이지만, 전기장은 연속적이지 않음을 알 수 있다.

4.8 유전체에 대한 전기 영상법

앞에서 전기 영상법을 이용하여 전도성이 매우 좋은 도체의 표면으로부터 수직거리 d 만큼 떨어진 곳에 점 전하 q 가 놓여 있을 때, 도체를 제외한 영역에서의 전위를 비교적 쉽게 구하였다. 하지만 도체가 아닌 2 종류 또는 더 많은 유전체로 이뤄진 계에서 가상의 영상전하는 전위가 계산되어지는 유전체가 아닌 다른 유전체의 내부에 존재하며, 서로 다른 유전체들의 경계에서는 경계조건을 만족해야 한다.

한 예로서 그림 4.23과 같이 유전율이 ϵ_1, ϵ_2 인 두 종류의 유전체가 한 평면에 의하여 분리되어 있으며, 두 유전체를 분리하는 경계면이 $yz-$평면이라고 하자. 경계면에는 자유전하가 없고 점 전하 q 가 경계면에서 $x-$축 위로 d 만큼 떨어진 거리에 위치하며, 자유전하가 있는 곳의 유전체의 유전율은 ϵ_1 이다.

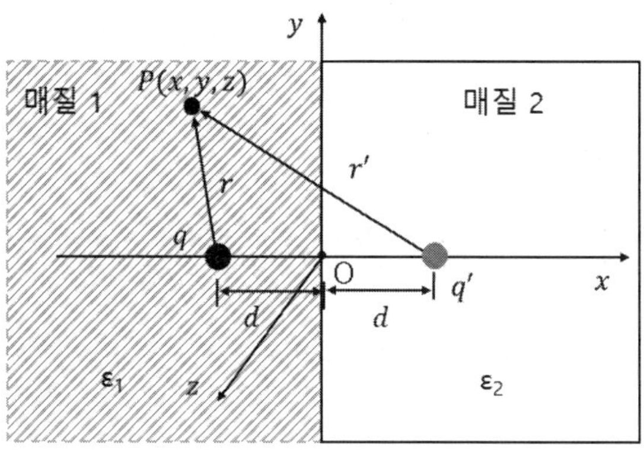

그림 4.23 유전체 매질 1 내에 있는 점 전하(q)와 제 1 영상전하(q')

각 유전체 내에서의 전위는 점 전하 q 와 제 1의 영상전하 q' 에 의한 합으로 주어지며, 이들로부터 관측점 P까지의 거리는

$$r = \sqrt{(x+d)^2 + y^2 + z^2}\ , \qquad r' = \sqrt{(x-d)^2 + y^2 + z^2} \tag{4.8.1}$$

로 주어지는데, 주의점은 $x-$값이 음(-)이므로 식 (4.8.1)의 표현이 옳다. 따라서 매질 1에서의 전위는

$$\psi_1 = \frac{1}{4\pi\epsilon_1}\left[\frac{q}{r} + \frac{q'}{r'}\right] \tag{4.8.2}$$

와 같이 주어지며, 영상전하(q')는 매질 2의 $(d, 0, 0)$에 위치한다. 또한 매질 2에서의 전위는 제 2의 영상전하를 매질 1에 점 전하가 있던 위치인 $(-d, 0, 0)$에 위치시킨 다음, 원래의 점 전하 q와 제 2의 영상전하의 합을 이용하여 구한다. 이들의 합을 q'' 라고 표시하면, 관측점 P가 있는 매질 2에서의 전위는

$$\psi_2 = \frac{q''}{4\pi\epsilon_2 r} = \frac{q''}{4\pi\epsilon_2\sqrt{(x+d)^2+y^2+z^2}} \tag{4.8.3}$$

와 같이 주어진다.

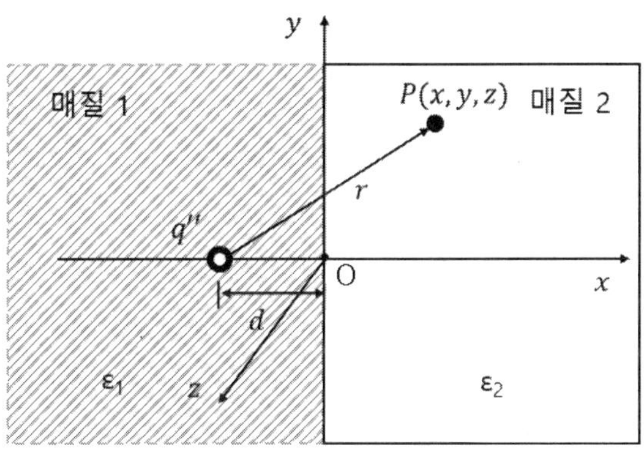

그림 4.26 유전체 매질 2에서의 전위

q' 와 q'' 의 크기는 경계조건들에 의해서 결정된다. 경계면 위에서 자유 표면전하가 없으므로 경계면에 수직인 전기변위의 성분은 경계면에서 연속적이다. 즉, $D_{1n} = D_{2n}$ 이며, $D_{1n} = -\epsilon_1 \frac{\partial \psi_1}{\partial x} \mid_{x=0}$, $D_{2n} = -\epsilon_2 \frac{\partial \psi_2}{\partial x} \mid_{x=0}$이다. 이들을 이용하여 경계조건을 구하면 다음과 같으며, 계산과정은 보충 자료에 수록되어 있다.

$$\frac{(q-q')d}{[d^2+y^2+z^2]^{3/2}} = \frac{q''d}{[d^2+y^2+z^2]^{3/2}} \tag{4.8.4}$$

또한 전기장의 접선성분은 경계면에서 서로 연속이므로 $E_{1y} = E_{2y}$ 이 성립하며, 이로부터 다음과 같은 경계조건이 구해진다. 여기서 $E_{1y} = -[\partial\psi_1/\partial y]_{x=0}$, $E_{2y} = -[\partial\psi_2/\partial y]_{x=0}$ 이며, 이를 이용하여 경계조건을 구하면 식 (4.8.5)가 얻어지며 식 (4.8.5)의 계산과정은 보충 자료에 수록되어 있다.

$$\frac{q+q'}{\epsilon_1[d^2+y^2+z^2]^{3/2}} = \frac{q''}{\epsilon_2[d^2+y^2+z^2]^{3/2}} \tag{4.8.5}$$

식 (4.8.4)와 식 (4.8.5)를 정리하면 매질 1과 2에서의 영상전하가

$$q_1{}' = \frac{\epsilon_1-\epsilon_2}{\epsilon_1+\epsilon_2}q, \quad q'' = \frac{2\epsilon_2}{\epsilon_1+\epsilon_2}q \tag{4.8.6}$$

와 같이 구해지며, 이에 대한 계산과정도 보충 자료에 제시하였다. 식 (4.8.6)을 대입하여 얻어진 전위 ψ_1과 ψ_2는 매질 1과 매질 2에서 라플라스 방정식을 만족하고 경계조건들을 만족하므로 유일해다. 따라서 두 매질에서의 전위는 다음과 같다.

$$\psi_1 = \frac{1}{4\pi\epsilon_1}\frac{q}{r} + \frac{1}{4\pi\epsilon_1}\left(\frac{\epsilon_1-\epsilon_2}{\epsilon_1+\epsilon_2}\right)\frac{q}{r'} \tag{4.8.7}$$

$$\psi_2 = \frac{q''}{4\pi\epsilon_2 r} = \frac{1}{2\pi}\left(\frac{1}{\epsilon_1+\epsilon_2}\right)\frac{q}{r} \tag{4.8.8}$$

보충 자료

A. 식 (4.1.23)을 얻는데 필요한 수식

ⓐ $\sinh y = \dfrac{e^{y} - e^{-y}}{2}$, $\cosh y = \dfrac{e^{y} + e^{-y}}{2}$, $\coth y = \dfrac{\cosh y}{\sinh y} = \dfrac{e^{y} + e^{-y}}{e^{y} - e^{-y}}$

ⓑ $e^{y} = 1 + \dfrac{y}{1!} + \dfrac{y^2}{2!} + \dfrac{y^3}{3!}$

ⓒ
$$\begin{aligned}\coth y &= \frac{\cosh y}{\sinh y} = \frac{e^{y} + e^{-y}}{e^{y} - e^{-y}} \\ &= (1 + y + \frac{y^2}{2!} + \cdot\cdot\cdot\ 1 - y + \frac{y^2}{2!} - \cdot\cdot\cdot\ ) \\ &\quad \times (1 + y + \frac{y^2}{2!} + \cdot\cdot\cdot\ -1 + y - \frac{y^2}{2!} - \cdot\cdot\cdot\ )^{-1} \\ &= (2 + y^2 + \cdot\cdot\cdot\ )(2y + \frac{2y^3}{3!}\ \cdot\cdot\cdot\ )^{-1} = \frac{1}{y}(1 + \frac{y^2}{3} + \cdot\cdot\cdot\ ) \\ &\simeq \frac{1}{y} + \frac{y}{3}\end{aligned}$$

ⓓ $(a+b)^n = a^n + na^{n-1}b + n(n-1)a^{n-2}b^2 \cdots$

ⓔ $< P_0 \cos\theta > = p_0(\coth y - \dfrac{1}{y}) \simeq P_0(\dfrac{1}{y} + \dfrac{y}{3} - \dfrac{1}{y}) = \dfrac{1}{3}P_0 y$

B. 식 (4.8.4)의 유도

경계조건 $D_{1n} = D_{2n}$ 을 다시 쓰면, $-\epsilon_1 \dfrac{\partial \psi_1}{\partial x} \mid_{x=0} = -\epsilon_2 \dfrac{\partial \psi_2}{\partial x} \mid_{x=0}$ 와 같다.

$$D_{1n} = -\epsilon_1 \frac{\partial \psi_1}{\partial x} \mid_{x=0} = \frac{1}{4\pi}\left[\frac{2(x+d)q}{2r^{3/2}} + \frac{2(x-d)q'}{2r'^{3/2}}\right] \mid_{x=0} \tag{1}$$

$$= \frac{1}{4\pi}\left[\frac{dq}{(d^2 + y^2 + z^2)^{3/2}} - \frac{dq'}{(d^2 + y^2 + z^2)^{3/2}}\right]$$

$$= \frac{1}{4\pi}\left[\frac{d(q - q')}{(d^2 + y^2 + z^2)^{3/2}}\right]$$

$$D_{2n} = -\epsilon_2 \frac{\partial \psi_2}{\partial x} \mid_{x=0} = \frac{1}{4\pi}\left[\frac{q''}{r}\right] = \frac{1}{4\pi}\left[\frac{2(x+d)q''}{2r'^{3/2}}\right] \mid_{x=0} \tag{2}$$

$$= \frac{1}{4\pi}\left[\frac{dq''}{(d^2+y^2+z^2)^{3/2}}\right]$$

따라서

$$D_{1n} = D_{2n} \quad \Rightarrow \quad \left[\frac{(q-q')d}{(d^2+y^2+z^2)^{3/2}}\right] = \left[\frac{dq''}{(d^2+y^2+z^2)^{3/2}}\right] \tag{3}$$

C. 식 (4.8.5)의 유도

$$E_{1y} = -\frac{\partial \psi_1}{\partial y} \mid_{x=0} = \frac{1}{4\pi\epsilon_1}\left[\frac{q}{r} + \frac{q'}{r'}\right] = \frac{1}{4\pi\epsilon_1}\left[\frac{2yq}{2r^{3/2}} + \frac{2yq'}{2r'^{3/2}}\right] \mid_{x=0} \tag{1}$$

$$= \frac{1}{4\pi\epsilon_1}\left[\frac{yq}{(d^2+y^2+z^2)^{3/2}} + \frac{yq'}{(d^2+y^2+z^2)^{3/2}}\right]$$

$$E_{2y} = -\frac{\partial \psi_2}{\partial y} \mid_{x=0} = \frac{1}{4\pi\epsilon_2}\left[\frac{q''}{r}\right] = \frac{1}{4\pi\epsilon_2}\left[\frac{2yq''}{2r'^{3/2}}\right] \mid_{x=0} \tag{2}$$

$$= \frac{1}{4\pi\epsilon_2}\left[\frac{yq''}{(d^2+y^2+z^2)^{3/2}}\right]$$

경계조건 $E_{1y} = E_{2y}$ 에 의하여

$$\frac{1}{\epsilon_1}\left[\frac{(q+q')}{(d^2+y^2+z^2)^{3/2}}\right] = \frac{1}{\epsilon_2}\left[\frac{q''}{(d^2+y^2+z^2)^{3/2}}\right] \tag{3}$$

와 같은 결과가 얻어진다.

D. 식 (4.8.6)의 유도

식 (4.8.4)로부터

$(q-q')d = dq'' \quad \Rightarrow \quad d\epsilon_1 q' - d\epsilon_1 q = -d\epsilon_1 q''$ (양변에 $-\epsilon_1$ 을 곱해 줌) (1)

식 (4.8.5)로부터

$$\frac{(q+q')}{\epsilon_1} = \frac{q''}{\epsilon_2} \quad \Rightarrow \quad \epsilon_2 (q+q') = \epsilon_1 q''$$

$$\Rightarrow \epsilon_2 dq + \epsilon_2 dq' = \epsilon_1 dq'' \quad \text{(양변에 } d\text{을 곱해 줌)} \tag{2}$$

식 (1)과 (2)를 더하면,

$$\epsilon_2 dq + \epsilon_2 dq' + \epsilon_1 dq' - \epsilon_1 dq = 0 \quad \Rightarrow d(\epsilon_1 + \epsilon_2) q' = (\epsilon_1 - \epsilon_2) dq$$

$$\Rightarrow q' = \frac{\epsilon_1 - \epsilon_2}{\epsilon_1 + \epsilon_2} q \tag{3}$$

식 (3)을 식 (2)에 대입하면,

$$\epsilon_2 dq + \epsilon_2 d \left[\frac{\epsilon_1 - \epsilon_2}{\epsilon_1 + \epsilon_2} \right] q = \epsilon_1 dq'' \quad \Rightarrow \quad \epsilon_2 d \left[\frac{\epsilon_1 + \epsilon_2 + \epsilon_1 - \epsilon_2}{\epsilon_1 + \epsilon_2} \right] q = \epsilon_1 dq''$$

$$\Rightarrow q'' = \frac{2\epsilon_2}{\epsilon_1 + \epsilon_2} q \tag{4}$$

연습문제

01 단면적이 A 이고 길이가 L 인 유전체 막대가 $x=0$ 부터 $x=L$ 까지 $x-$축에 나란히 놓여 있다. 유전체 막대의 편극은 길이 방향이며, $P_x = ax^2 + b\,(a, b:$ 상수)이라고 할 때, 편극 체적 전하밀도, 막대 양쪽 끝 면에서의 편극 표면 전하밀도 및 총 편극전하가 "0"이 됨을 보이시오.

02 한 변의 길이가 a 이며 정육면체인 유전체가 편극 $\vec{P}=k\vec{r}$ (k: 상수, $\vec{r}=x\hat{i}+y\hat{j}+z\hat{k}$)로 편극되어 있다. 원점이 정육면체의 중심에 있다고 할 때, 편극 체적 전하밀도(ρ_P), 편극 표면 전하밀도(σ_P)를 구하고, 총 편극전하가 "0"임을 보이시오.

03 균일하게 영구분극되고 반경이 R, 길이가 L 인 유전체 막대가 $z-$축 위에 놓여 있다. 분극은 $\vec{P}=P_0\hat{k}$ 와 같이 유전체 막대의 길이 방향과 나란하다. 좌표의 원점이 유전체 막대의 중심과 일치하고 막대의 중심축은 $z-$축과 일치한다고 할 때, 편극 체적 전하밀도(ρ_P), 편극 표면 전하밀도(σ_P)를 구하고, $|z| > L/2$ 인 $z-$축 위에서의 전기장을 구하시오.

04 반경이 a 이고 단위 길이당 $Q[C]$의 전하로 대전된 원통형 막대가 유전체 내에 박혀있을 때, 편극밀도 $\vec{P}$, 편극 체적 전하밀도(ρ_P) 및 편극 표면 전하밀도(σ_P)를 구하시오.

05 총 전하 Q 로 균일하게 대전되고 반경이 R 인 도체구가 유전율이 ϵ 인 균질의 유전매질 내에 잠겨있다고 할 때, $r > R$ 인 곳에서의 전기장을 구하고 r 과 전기장 사이의 관계를 그래프로 표현하시오.

06 그림 4.27과 같이 유전율이 ϵ_1, ϵ_2 인 유전체가 분리되어 있으며, 경계면에는 자유(외부)전하가 없다고 가정할 때, 경계조건을 이용하여 θ_1 과 θ_2 사이의 관계를 구하시오.

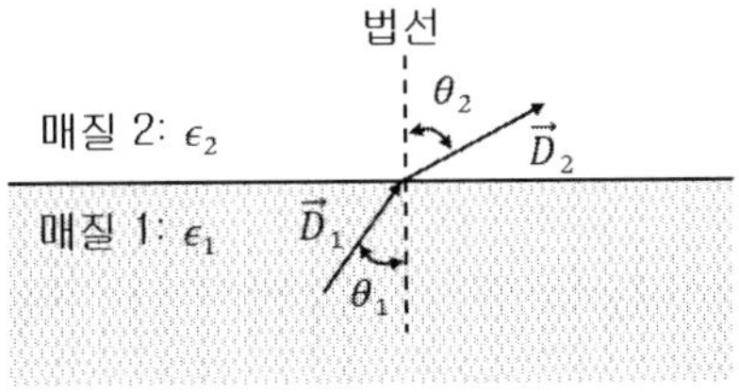

그림 4.27 분리되고 성질이 서로 다른 두 유전체

07 그림 4.28과 같이 유전상수 K_1 인 유전체가 유전상수 K_2 인 유전체 사이에 있고, 두 유전체의 경계면에는 자유전하가 없다($\sigma_{자유} = 0$)고 가정한다. 유전상수 K_2 인 유전체 내의 전기장 $\vec{E}_2$ 는 일정하고 경계면에 수직이라고 할 때, 유전상수 K_1 인 유전체 내에서의 전기장 $\vec{E}_1$, 편극밀도 $\vec{P}_1$ 그리고 편극 표면 전하밀도 σ_P를 구하시오. 유전상수 K_2 인 유전체가 공기라면 어떻게 되겠는가?

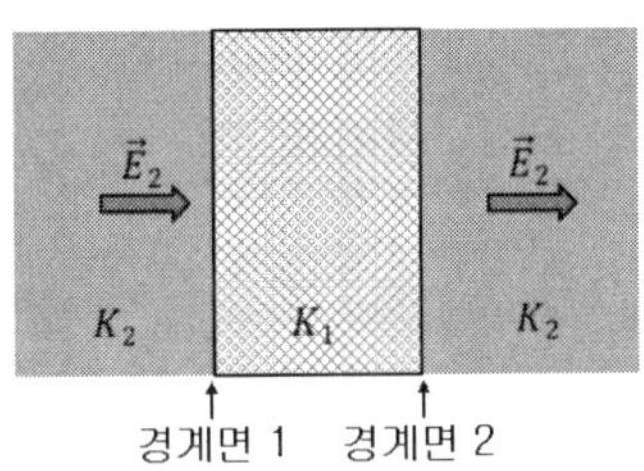

그림 4.28 유전체와 편극밀도

08 2개의 평행도체판 사이의 전위차는 $\Delta\psi$, 도체판 사이의 간격은 d 이며 공기로 채워져 있다. 전위차는 변화시키지 않고 유전상수 K 인 유전체가 2개의 평행도체판 사이에 채워지는 경우, 유전체 표면에서의 편극 표면전화밀도 σ_P를 구하시오. 이때 가장자리효과는 무시한다. 유전체가 채워지기 전과 후의 평행 도체판의 표면전하밀도의 비를 구하고, 유전체의 효과를 설명하시오.

참고자료

1. Introduction to Electrodynamics, 기초전자기학, 제4판, 김진승 역, 도서출판 북스힐, 2014.
2. Foundations of electronic theory, Fourth edition, John R. Reitz, Frederick J. Milford and Robert W. Christy, Addition-Wesley Publishing Company, 1993.
3. Handbook of Chemistry and Physics, 91판 (Boca Raton: CRC Press, 2010.
4. https://slideplayer.com/slide/13694579/.
5. Problem solvers Electromagnetics, Research & Education Association, 2004.
6. 영재가 바라보는 생활 속의 과학, 장기완, 북스힐, 2020.

CHAPTER

05 정전기 에너지

전하들로 이뤄진 계의 에너지는 크게 운동에너지와 위치에너지로 구별된다. 하지만, 정지된 전하들의 모임을 다루는 정전기학에서의 전기에너지는 전하들 사이의 전기적 상호작용에 의한 위치에너지만 존재하며, 이를 정전기 에너지라 한다.

전하량이 q 인 시험전하가 전기장($\vec{E}$) 내에 존재하면, $\vec{F}=q\vec{E}$ 의 전기력을 받는다. 시험전하를 옮기려면 이 힘에 거슬려 $-q\vec{E}$의 힘을 가해줘야 한다. 물론 $q\vec{E}$ 보다 더 큰 힘을 가해주면 전하는 가속되어 운동에너지가 증가하므로, $-q\vec{E}$는 옮기는 데 필요한 최소의 힘이다. 전하량이 q 인 하전입자를 전기장($\vec{E}$) 내의 위치 a 에서 위치 b 로 이동시키는 경우, 전기력이 한 일(W)은

$$W=\int_a^b \vec{F}\cdot d\vec{l}=-q\int_a^b \vec{E}\cdot d\vec{l}=q\int_a^b \vec{\nabla}\psi\cdot d\vec{l} \tag{1}$$

$$=q\int_a^b \frac{d\psi}{dx}\hat{i}\cdot dx\hat{i}=q\int_a^b d\psi=q(\psi_b-\psi_a) \quad (\psi : x\text{만의 함수})$$

와 같으며, 여기서 ψ_a 는 위치 a 에서의 전기위치에너지, ψ_b 는 위치 b에서의 전기위치에너지이다. 전기력도 중력과 마찬가지로 보존력이므로, 전기력이 한 일은 위치 a 에서 위치 b 로 옮기는 경로와는 무관하다. 식 (1)의 양변을 q 로 나누면

$$\frac{W}{q}=\psi(b)-\psi(a) \tag{2}$$

이 되는데, 이는 단위 전하당 해 준 일을 의미한다. 즉, 위치 a와 위치 b에서의 전위 차는 단위전하를 a에서 b로 옮기는데 필요한 일과 같다. 따라서 전하 q를 무한대로부터 $\vec{r}$되는 위치로 가져오는데 필요한 일은

$$W = q[\psi(\vec{r}) - \psi(\infty)] = q\psi(\vec{r}) \quad (\psi(\infty) = 0) \tag{3}$$

와 같다. 이러한 의미에서 전위는 단위 전하당 전기위치에너지를 의미한다. 따라서 전하들로 이뤄진 계에서의 정전기 에너지는 전하들 사이의 쿨롱 힘에 거슬러 전하를 모으는 데 필요한 에너지이다. 5장에서는 이러한 정전기 에너지에 대한 계산 및 결과들에 대해 알아보고자 한다.

5.1 점 전하 분포의 에너지

점 전하들로 이뤄진 계를 만드는 데 필요한 일의 크기를 알면 점 전하들로 이뤄진 계의 정전기 에너지를 알 수 있다. 따라서 그림 5.1과 같이 3개의 점 전하들을 모으는데 필요한 일에 대하여 알아보자.

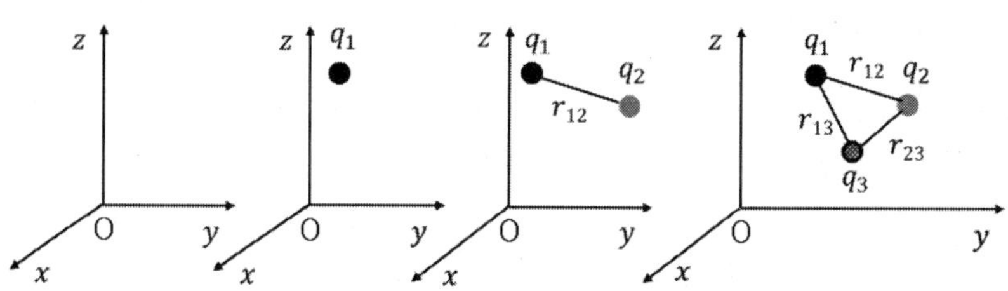

그림 5.1 정전기 위치에너지

첫 번째 전하 q_1을 전기장이 없는 곳으로 가져오는 데에는 일이 들지 않는다 ($W_1 = 0$). q_1이 존재한 상태에서 전하 q_2를 가져오는 데 필요한 일 W_2는 식 (5.1.1)과 같다.

$$W_2 = q_2\,\psi_2 = q_2 \frac{q_1}{4\pi\epsilon_0 r_{12}} \tag{5.1.1}$$

여기서 ψ_2는 q_1이 q_2의 위치에 만드는 전위이다. 점 전하 q_1에서 r_{31}만큼 떨어지고, 점 전하 q_2인 곳에서 r_{32}떨어진 곳에서의 전위 ψ_3는 전하 q_1과 q_2에 의해서 만드는 전위로서 식 (5.1.2)와 같다.

$$\psi_3 = \frac{q_1}{4\pi\epsilon_0 r_{13}} + \frac{q_2}{4\pi\epsilon_0 r_{23}} \tag{5.1.2}$$

전하 q_1과 q_2가 만드는 전기장에 대항하면서 전하 q_3를 무한대로부터 q_3의 위치로 가져오는데 필요한 에너지는 식 (5.1.3)과 같다.

$$W_3 = q_3\psi_3 = q_3\left[\frac{q_1}{4\pi\epsilon_0 r_{13}} + \frac{q_2}{4\pi\epsilon_0 r_{23}}\right] \tag{5.1.3}$$

이처럼 3개의 전하를 모으는데 필요한 총 일(W)이 3개의 점 전하들로 이뤄진 계의 전기 위치에너지(U)로서 식 (5.1.4)와 같으며, 이는 전하들이 각각의 위치까지 옮겨지는 순서와는 무관하다.

$$W = U = \left[\frac{q_1 q_2}{4\pi\epsilon_0 r_{12}} + \frac{q_1 q_3}{4\pi\epsilon_0 r_{13}} + \frac{q_2 q_3}{4\pi\epsilon_0 r_{23}}\right] \tag{5.1.4}$$

식 (5.1.4)의 처음 두 항은 식 (5.1.5)와 같이 쓸 수 있으며, ψ_1은 q_2와 q_3가 q_1의 위치에 만드는 전위이다.

$$\frac{q_1 q_2}{4\pi\epsilon_0 r_{12}} + \frac{q_1 q_3}{4\pi\epsilon_0 r_{13}} = q_1\left(\frac{q_2}{4\pi\epsilon_0 r_{12}} + \frac{q_3}{4\pi\epsilon_0 r_{13}}\right) = q_1\psi_1 \tag{5.1.5}$$

마찬가지로 식 (5.1.4)에서 두 번째와 세 번째 항은 전하 q_1과 q_2가 q_3의 위치에 만드는 전위 ψ_3에 전하 q_3를 곱한 값이다. 또한, 첫 번째와 세 번째 항은 전하 q_1과 q_3가 q_2위치에 만드는 전위 ψ_2에 전하 q_2를 곱한 값과 같다. 이러한 점을 고려하여, 식 (5.1.4)를 다시 쓰면, 식 (5.1.6)과 같다.

$$U = \frac{1}{2}\left[\frac{q_1 q_2}{4\pi\epsilon_0 r_{12}} + \frac{q_1 q_3}{4\pi\epsilon_0 r_{13}} + \frac{q_2 q_3}{4\pi\epsilon_0 r_{23}} + \frac{q_1 q_2}{4\pi\epsilon_0 r_{12}} + \frac{q_1 q_3}{4\pi\epsilon_0 r_{13}} + \frac{q_2 q_3}{4\pi\epsilon_0 r_{23}}\right] \tag{5.1.6}$$

$$= \frac{1}{2}\left[q_1\left(\frac{q_2}{4\pi\epsilon_0 r_{12}} + \frac{q_3}{4\pi\epsilon_0 r_{13}}\right) + q_2\left(\frac{q_3}{4\pi\epsilon_0 r_{23}} + \frac{q_1}{4\pi\epsilon_0 r_{12}}\right) + q_3\left(\frac{q_1}{4\pi\epsilon_0 r_{13}} + \frac{q_2}{4\pi\epsilon_0 r_{23}}\right)\right]$$

$$= \frac{1}{2}(q_1\psi_1 + q_2\psi_2 + q_3\psi_3)$$

지금까지의 설명을 기본으로 한다면, N개의 점 전하들로 이뤄진 계의 정전기 에너지는

$$U = \frac{1}{2}\sum_{i=1}^{N} q_i \psi_i(\vec{r}_i) \tag{5.1.7}$$

와 같이 표현된다. 여기서 $\psi_i(\vec{r}_i)$는 $N-1$개의 다른 모든 전하가 전하 q_i의 위치 $\vec{r}_i$에 만드는 전위이다. 만약에 점 전하들이 진공이 아닌 유전물질 내에서 모아지는 경우, 식 (5.1.1~6)에서 ϵ_0가 ϵ으로 치환되나 식 (5.1.7)의 모양은 변하지 않는다.

식 (5.1.7)은 N개의 점 전하들로 이뤄진 계의 정전기 에너지에 대한 표현으로서 무한대로부터 전하들을 모아 특정 전하분포로 이뤄진 계를 만드는데 해 준 일을 의미한다. 이는 N개의 점 전하들로 이뤄진 계가 분리되면서 전하들이 무한대로 되돌아가는 경우, 방출되는 운동에너지를 의미하기도 한다.

5.2 연속전하 분포에 대한 정전기 에너지

전하량의 크기가 일정한 점 전하들의 분포를 생각할 수 있지만, 전하량의 크기가 매우 작으면서 특정 크기의 체적이나 면적 또는 선모양으로 분포하는 연속전하분포도 생각할 수 있다. 물론 여기서의 전하는 물질을 구성하고 있는 원자 또는 분자들에 속한 전하가 아니라 과잉의 전하(자유전하)를 의미한다.

도체의 경우, 과잉전하는 표면에만 분포하고 도체의 전위는 일정하므로 면 전하밀도 σ와 도체의 전위 V로 정전기 에너지를 표현할 수 있다. 유전체의 경우는 등방성 선형 유전율을 가지는 경우로 국한시켜 다루고자 하는데 그 이유는 등방성 선형 유전율을 가지는 경우, 최종 전하 분포상태를 가져오는데 필요한 일이 전하들이 모아지는 경로에 무관하기 때문이다. 따라서 5.2절에서는 체적 전하밀도 ρ와 면 전하밀도 σ를 가지는 임의의 전하분포에 대한 정전기 에너지에 대하여 알아보고자 한다.

기본적으로 정전기 에너지는 전하를 모으는데 필요한 일의 양과 같으므로, 점 전

하들에 대한 정전기 에너지에 대한 개념을 그대로 적용할 수 있다. 체적 전하밀도가 ρ 인 경우에 미소 체적 dv 내에 존재하는 미소 전하량(dq)은 $dq=\rho dv$ 이며, 이를 전위가 ψ인 곳으로 가져오는데 필요한 에너지(dW)는 $dW=\rho dv\psi$ 이다. 따라서 식 (5.1.7)을 이용하되 연속 전하분포인 경우는 식 (5.1.7)의 덧셈을 의미하는 "$\sum$"을 체적적분 $\int_V$ 로 바꾸면 된다. 또한 전하가 특정 표면에만 분포하는 경우는 "$\sum$"을 면적분 $\int_S$ 로 바꾸면 된다. 따라서 특정 체적 및 면에 걸쳐 전하가 연속 분포된 경우의 정전기 에너지는 식 (5.2.1)과 같이 표현된다.

$$U=\frac{1}{2}\int_V \rho(\vec{r})\psi(\vec{r})\,dv+\frac{1}{2}\int_S \sigma(\vec{r})\psi(\vec{r})\,da \tag{5.2.1}$$

여기서 체적 V 는 모든 체적 전하밀도를 포함하며, 전위 $\psi(\vec{r})$ 는 전하밀도 $\rho(\vec{r})$ (또는 $\sigma(\vec{r})$)인 곳에서 $\rho(\vec{r})dv$ 를 제외한 나머지 전하들이 $\vec{r}$ 인 곳에 만드는 전위이다. 전하밀도는 전하가 분포된 영역 밖에서는 "0"이므로 체적 V 를 모든 공간으로 확장하여도 정전기 에너지는 변화가 없다.

정전기 에너지에 대한 응용의 한 예로서 N개의 도체로 이뤄진 계에 대하여 생각하여 보자. 모든 전하(외부에서 주어진 자유전하)는 도체 표면에만 존재하므로 도체만으로 이뤄진 계의 정전기 에너지는 식 (5.2.2)와 같다.

$$U=\frac{1}{2}\sum_{i=1}^{N}Q_i\psi_i \tag{5.2.2}$$

식 (5.2.2)는 점 전하들로 이뤄진 계에 대한 정전기 에너지에 대한 식 (5.1.7) $U=\frac{1}{2}\sum_{i=1}^{N}q_i\psi_i$ 와 같아 보이지만 중요한 차이가 있다. 식 (5.2.2)에서 $i-$번째 도체의 경우에 전하가 전혀 대전되지 않은 상태에서 시작하여 미소량의 전하를 도체에 대전시켜 최종적으로 Q_i 의 전하로 대전된 경우, $i-$번째 도체의 정전기 에너지는 $U_i=\frac{1}{2}Q_i\psi_i$ 가 된다. 이들을 모든 도체에 대해서 더해 준 것이 식 (5.2.2)이다. 따라서 식 (5.2.2)로 기술된 정전기 에너지는 다른 도체와의 상호작용 에너지와 각각의 도체에 있는 전하들에 기인한 자체 에너지(self energy)가 포함되어 있다. 따라서 도체가 하나만 있는 경우에 $U=\frac{1}{2}Q_1\psi_1$ 은 첫 번째 도체 위에 모인 전하들 사이의 상호작용에 의한 자체 에너지를 의미한다. 하지만 점 전하들에 대한 정전기 에너지에 대한 표현식인 식 (5.1.7)을 유도하는 데에 있어서는 각각의 점 전하들이 하나의 단위로 사용되었으므로 그들보다 좀 더 작은 전하들을 모아 하나의 점 전하를 이루는데 필요한 점 전하의 자체 에너지는 포함되지 않았다.

자체 에너지의 의미를 좀 더 명확히 이해하기 위하여 그림 5.2와 같이 2개의 도체로 이뤄진 계에 대한 정전기 에너지에 대한 표현식에 대하여 알아보자.

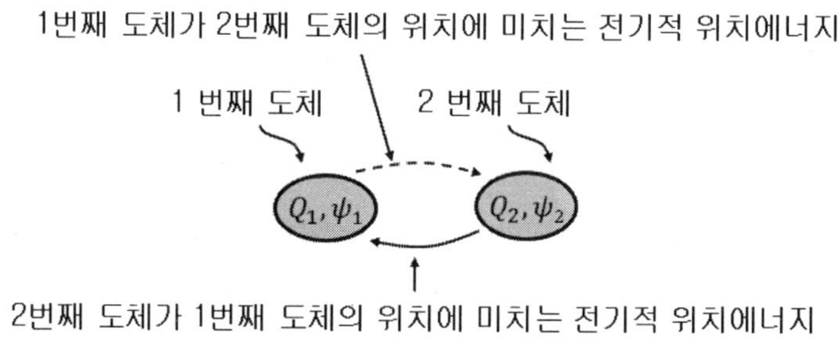

그림 5.2 2개의 도체로 이뤄진 계에서의 전기위치에너지

2개의 도체로 이뤄진 계에서의 전기위치에너지는 식 (5.2.3)으로 표현된다.

$$U=\frac{1}{2}\sum_{i=1}^{2}Q_i\psi_{i1}+\frac{1}{2}\sum_{i=1}^{2}Q_i\psi_{i2} \tag{5.2.3}$$

$$=\frac{1}{2}Q_1\psi_{11}+\frac{1}{2}Q_1\psi_{12}+\frac{1}{2}Q_2\psi_{21}+\frac{1}{2}Q_2\psi_{22}$$

식 (5.2.3)에서 $\frac{1}{2}Q_1\psi_{11}$은 대전된 도체 1의 자체 에너지, $\frac{1}{2}Q_1\psi_{12}+\frac{1}{2}Q_2\psi_{21}$은 도체 1과 도체 2의 상호작용 에너지 그리고 $\frac{1}{2}Q_2\psi_{22}$는 대전된 도체 2의 자체 에너지를 의미한다.

5.3 정전기장의 에너지 밀도

전기용량이 C인 축전기에 전하를 Q만큼 대전시키기 위해 얼마만큼의 일을 해 줘야 하는가?를 먼저 생각해 보자. 충전 과정에서 양(+)극판의 전하가 q인 경우, 두 금속판 사이의 전위차는 q/C이다. 이 상태에서 미소전하 dq를 음(-)극판에서 양(+)극판으로 옮기는데 필요한 일(dW)은 식 (5.3.1)과 같다.

$$dW = \left(\frac{q}{C}\right)dq \tag{5.3.1}$$

따라서 $q=0$에서 $q=Q$인 상태까지 전하를 옮기는데 외부에서 해 준 일은

$$W = \int_0^Q \left(\frac{q}{C}\right)dq = \frac{1}{2}\frac{Q^2}{C} = \frac{1}{2}CV^2 \tag{5.3.2}$$

와 같다. 이는 축전기에 전하를 대전시켜 두 금속판의 전위차를 V까지 올리기 위해 외부에서 축전기에 해 준 일의 양을 의미한다. 한편, 축전기의 금속판 사이에 선형유전체를 채우면 전기용량은 유전체의 유전상수(K)를 곱해준 것만큼 커지므로, 전기용량은 식 (5.3.3)과 같다.

$$C = KC_{진공} \tag{5.3.3}$$

따라서 유전체를 채운 축전기를 충전하기 위해 외부에서 해줘야 하는 일의 양도 K배 커진다. 이처럼 외부에서 해줘야 하는 일의 양이 증가하는 이유는 대전된 축전기의 두 극판 사이에 생기는 전기장이 유전체의 속박전하들이 만드는 전기장 때문에 같은 전위차를 이루려면 더 많은 전하(자유전하)를 두 금속판에 대전시켜야 하기 때문이다. 이는 유전체가 축전기의 두 금속판 사이에 채워지면, 더 많은 에너지를 축전기에 저장할 수 있다는 것을 의미한다.

그림 5.3은 똑같은 축전기이지만 축전기 A는 두 금속판 사이가 공기이고, 축전기 B는 유전상수 K인 유전체로 채워지고 2개의 축전기가 같은 직류전원(또는 건전지)에 연결된 것을 나타낸 것이다. 축전기 A의 전기용량은 “C”이며, 축전기 B의 전기용량은 “KC”이다. 축전기에 가해진 전위차가 같으므로, 축전기 A에 저장된 전하량은

$Q_A = CV$ 인 반면에, 축전기 B에 저장된 전하량은 $Q_B = KCV$ 로 “K”배 더 많이 저장된다. 축전기에 저장된 에너지는 $U = \frac{1}{2}CV^2$ 으로 주어지고, 가해준 전압은 같으므로 축전기 B에 저장된 에너지도 “K”배 더 많이 저장된다.

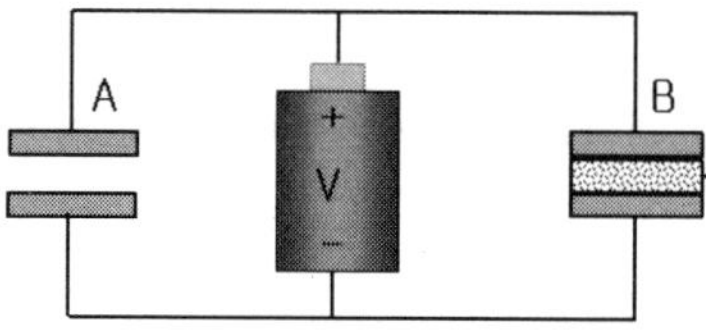

그림 5.3 하나의 건전지에 연결된 2개의 축전기

평행판축전기의 전하를 $q = 0$ 에서 $q = Q$ 인 상태까지 옮기는데 필요한 일(W)은 축전기 내에 저장된 에너지(U)를 의미하므로 식 (5.3.4)와 같이 표현된다.

$$W = U = \frac{1}{2}CV^2 = \frac{1}{2}\epsilon\frac{S}{d}V^2 = \frac{1}{2}\epsilon E^2 Sd \qquad (V = Ed) \tag{5.3.4}$$

여기서 d는 두 금속판 사이의 간격, S는 금속판의 면적이므로 Sd는 평행판축전기의 양극판 사이의 체적이다. 또한 가장자리효과를 무시하면, Sd는 전기장의 체적이기도 하다. 따라서 단위체적당 에너지에 대한 표현식은 식 (5.3.5)와 같이 표현되며, 이는 연속전하분포에 기인한 정전 위치에너지가 전기장의 형태로 저장됨을 의미한다.

$$u = \frac{W}{Sd} = \frac{1}{2}\epsilon E^2 = \frac{1}{2}\frac{D^2}{\epsilon} \qquad (\text{선형유전체 : } D = \epsilon E) \tag{5.3.5}$$

식 (5.3.5)는 평행판축전기에만 적용되는 것이 아니라 일반적인 경우에도 적용되므로, 이에 대해서 알아보자. 그림 5.4와 같이 임의의 유전체 내에 들어있는 대전체에 대하여 생각해 보자. 얇은 알루미늄포일을 등전위면에 걸쳐서 놓아도 전기장은 변하지 않는데 이는 하나의 등전위를 가지는 도체가 등전위면에 놓여지기 때문이다. 이러한 방법으로 원래의 전기장을 변화시키지 않고 얇은 많은 알루미늄포일을 놓을 수 있다. 이는 2개의 대전체 주위의 공간을 무수히 많은 작은 평행판축전기로 쪼갤 수 있음을 의미한다.

따라서 계의 총에너지는 매우 작은 축전기들이 가지는 에너지의 총합으로 표현되고, 각 평행판축전기의 에너지 밀도는 $u = \epsilon E^2/2$ 이다. 그러므로 그림 5.4와 같이 이뤄진 계의 총에너지는 식 (5.3.6)과 같이 표현된다.

$$U = \int_V \frac{1}{2}\epsilon E^2 dv = \int \frac{1}{2}\vec{D}\cdot\vec{E}dv \tag{5.3.6}$$

정전기 에너지는 유전체가 진공인 경우, $u = \epsilon_0 E^2/2 = D^2/2\epsilon_0$와 같은 에너지 밀도를 가지고 장(field)에 분포되어 있다고 생각할 수 있다.

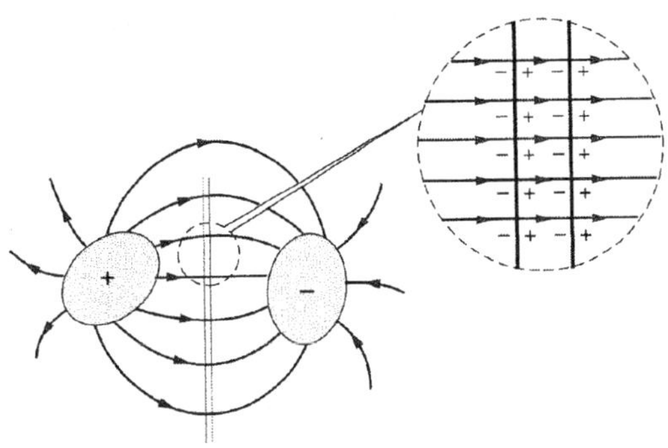

그림 5.4 (+) (-) 대전체에 기인한 전기장 내의 2개 등전위면에 놓인 2장의 알루미늄포일

전기장 내에 놓인 유전체의 경우, 일부 에너지는 유전체 전체에 걸쳐 분포하게 된다. 즉, 전기장은 유전체 분자를 편극시키면서 약간의 일을 하는 동시에, 편극된 분자는 약간의 에너지를 얻게 된다. 이는 용수철을 잡아당기는 데 사용된 에너지가 전체 용수철 내에 분포되는 것과 같이 유전체를 편극시키는데 사용된 에너지가 유전체 전체에 분포된다는 것을 의미한다.

그렇다면 에너지는 어디에 저장되는가?에 대해 생각해 보자. 선형유전체에서 단위체적당 에너지를 전기장이나 전기변위로 표현하면 $u = \frac{1}{2}\epsilon E^2 = \frac{1}{2}\frac{D^2}{\epsilon}$ 와 같다. 이처럼 단위 체적당 에너지를 표현하는 방법에 대해서는 논의할 수 있으나, 어디에 저장되는가는 따질 필요가 없다. 대전된 축전기에서의 에너지는 두 금속판 사이의 전기장 또는 두 금속판에 충전된 전하가 에너지를 가지고 있다고 하여도 좋다. 다만 차이점은 에너지를 표현하는 방법의 차이뿐이다.

5.4 축전기

5.4.1 축전기의 연결

5.4절에서는 전기에너지를 저장하는 축전기에 대해 간단히 설명하고자 한다. 서로 떨어진 두 개의 금속판에 크기가 같고 부호가 서로 반대인 전하로 대전되고 두 금속판 사이에 전위차가 있는 경우, 하나의 축전기를 형성하게 된다. 이때, 두 금속판 사이의 전위차는 금속판에 대전된 전하량 Q에 비례한다. 물론 저장된 총(알짜) 전하는 "0"이지만, 관례적으로 두 금속판 중의 하나에 저장된 전하의 절댓값을 축전기의 전하라고 한다. 저장된 전하량과 두 금속판사이의 전위차 사이의 관계는 식 (5.4.1)로 표현된다.

$$Q = C\Delta\psi \ [Coulombs/Volt] \tag{5.4.1}$$

여기서 C는 축전기의 전기용량으로 단위 전위차에 대해 저장된 전하량을 의미하며, 단위는 $Coulombs/Volt$ 로, $1F \equiv 1C/1V$ 이다. 한편, 대전된 축전기의 에너지는 식 (5.4.2)로 주어진다.

$$U = \frac{1}{2}Q\Delta\psi = \frac{1}{2}C(\Delta\psi)^2 = \frac{1}{2}\frac{Q^2}{C} \tag{5.4.2}$$

축전기의 전기용량은 축전기의 기하학적 구조에 기인하는데, 가장 간단한 평행판 축전기에 대한 전기용량을 구해보자 (그림 5.5 참조).

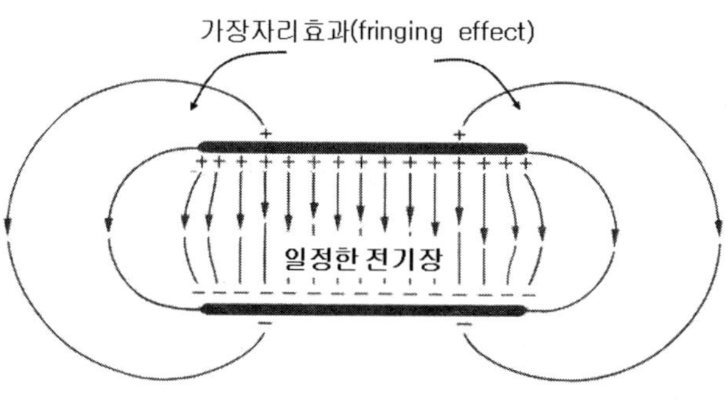

그림 5.5 평행판축전기

그림 5.5로부터 알 수 있듯이 평행판축전기의 가장자리에 생기는 "가장자리효과(fringing field)"를 제외하면 두 금속판 사이의 전기장은 일정하다. 이상적인 평행판 축전기는 금속판의 면적(A)이 두 평행판 사이의 간격 d에 비하여 훨씬 큰 경우로서 가장자리효과는 무시할 수 있다. 또한 두 평행판 사이에 유전율이 ϵ 인 유전체로 채워진 경우, 두 평행판 사이의 전기장은

$$E = \frac{1}{\epsilon}\sigma = \frac{Q}{\epsilon A} \tag{5.4.3}$$

와 같이 주어지며, A는 두 평행금속판의 면적, σ는 단위 면적당 전하량을 의미한다. 두 평행금속판 사이의 전위차($\Delta\psi$)는 $\Delta\psi = Ed$ 이므로 축전기의 전기용량은 식 (5.4.4)와 같다.

$$C = \frac{Q}{\Delta\psi} = \frac{\epsilon A}{d} \tag{5.4.4}$$

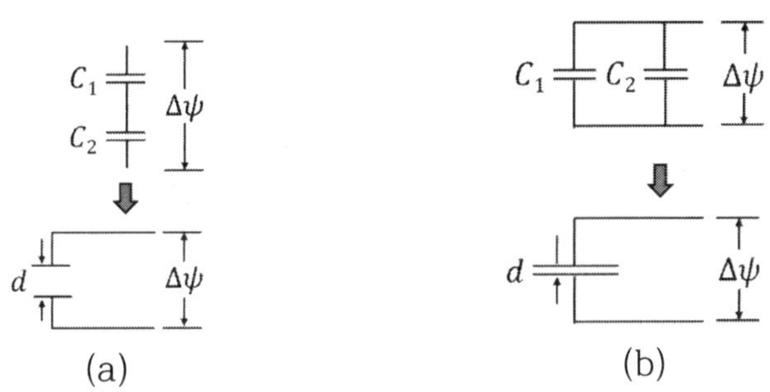

그림 5.6 축전기의 직렬 연결(a)과 병렬 연결(b)

그림 5.6(a)과 같이 대전되지 않은 2개의 축전기가 직렬로 연결되면, 실질적으로 두 극판 사이의 간격이 증가하여 정전용량은 감소하지만, 전하보존에 의하여 각각의 축전기는 같은 크기의 전하를 가지게 된다. 따라서 2개의 축전기가 직렬로 연결된 경우, 축전기의 전기용량은 식 (5.4.5)와 같다.

$$\frac{1}{C} = \frac{\Delta\varphi}{Q} = \frac{\Delta\varphi_1 + \Delta\varphi_2}{Q} = \frac{1}{C_1} + \frac{1}{C_2} \tag{5.4.5}$$

한편, 그림 5.6 (b)와 같이 2개의 축전기가 병렬로 연결되면, 실질적으로 두 극판의 면적이 증가하는 효과를 가져오므로 정전용량은 증가하게 된다. 축전기 양끝에

걸리는 전압(=$\Delta\psi$)이 같으므로 병렬 연결된 축전기의 전기용량은

$$C = C_1 + C_2 \tag{5.4.6}$$

와 같이 증가한다.

5.4.2 축전기의 응용

축전기는 전기에너지를 저장하는 일종의 전자소자이다. 또한 교류신호에 대한 축전기의 저항인 용량성 임피던스($X_c = \dfrac{1}{\omega C}$)가 교류신호의 각진동수에 반비례하는 특성을 이용하여 특정영역의 교류진동수를 배제하거나 통과시키는 필터회로 등을 비롯하여 응용범위가 매우 크다고 볼 수 있다. 그림 5.7은 축전기의 위치에 따라 작동하는 저역 및 고역 필터회로를 나타낸 것으로 축전기의 임피던스가 각진동수에 반비례하는 성질을 이용한 것이다.

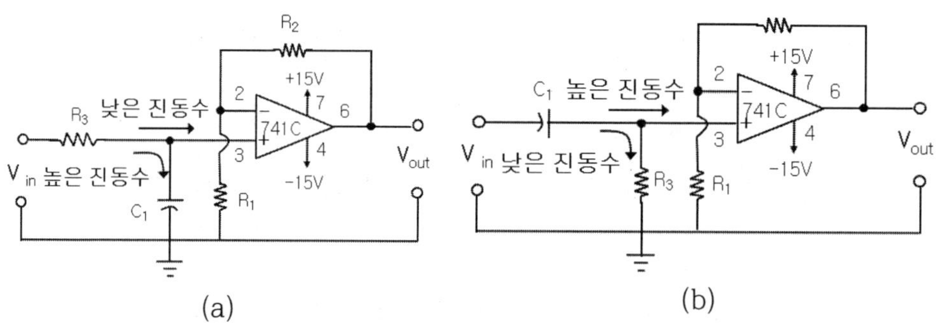

그림 5.7 축전기와 연산증폭기를 이용한 저역(a) 및 고역(b) 필터회로

이 외에도 축전기의 사용은 축전기와 저항을 연결하여 축전기에 저장된 에너지를 매우 짧은 시간 내에 방출시켜 빛을 방출하는 카메라용 플래쉬 또는 컴퓨터 키보드의 전기용량 스위치를 생각하여 볼 수 있다. 키보드의 각각의 키에 부착된 금속판은 축전기 금속판의 위쪽 금속판 역할을 한다. 따라서 키보드의 키를 누르면, 금속판 사이의 간격이 감소하여 전기용량이 증가하게 되므로 전기용량의 변화를 컴퓨터가 인지하게 되어 컴퓨터를 사용할 수 있는 것이다.

5.5 힘과 토크

지금까지는 전하들로 이뤄진 계의 정전기 에너지에 대해 알아보았다. 여기서는 점 전하, 도체 및 유전체 등으로 구성된 계 내에 있는 한 물체에 작용하는 전기력을 정전기 에너지를 이용하여 구하는 방법에 대해서 알아보고자 한다. 이를 위하여 ⓐ 도체, 점 전하 및 유전체들로 이뤄진 하나의 고립계로서 총 전하가 일정한 경우, ⓑ 고립계는 아니지만 계를 이루고 있는 각 도체의 전위가 일정한 경우에 대하여 생각하여 보자.

5.5.1 도체, 점 전하 및 유전체들로 구성된 고립계

직각 좌표계에서 고립계의 일부(도체 또는 점 전하)가 전기력 $\vec{F}$를 받아 미소변위 $d\vec{r}$만큼 이동할 때, 전기력이 한 일(dW)은 다음과 같다.

$$dW = \vec{F} \cdot d\vec{r} = F_x dx + F_y dy + F_z dz \tag{5.5.1}$$

그림 5.8(a)와 같이 중력장에서 중력이 한 일(dW)은 중력 위치에너지의 감소($-dU$)와 같고, 그림 5.8(b)와 같이 전기장 내에서 하전입자가 전기력을 받아 한 일(dW)은 전기 위치에너지의 감소($-dU$)와 같다.

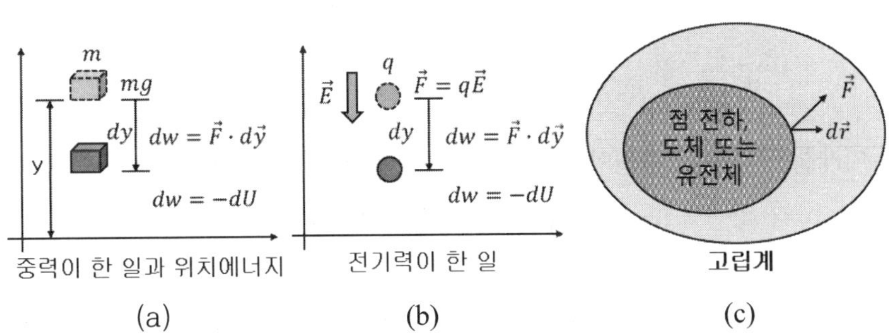

그림 5.8 (a) 중력이 한 일과 위치에너지, (b) 전기력이 한 일, (c) 고립계에서 전기력이 한 일

한편 그림 5.8(c)와 같이 계가 고립된 경우, 전기력이 한 일(dW)은 계의 정전에

너지의 감소($-dU$)에 해당되므로, 식 (5.5.2)가 얻어진다.

$$dW = -dU \tag{5.5.2}$$

식 (5.5.1)과 식 (5.5.2)로부터 식 (5.5.3)과 같은 관계식이 얻어진다.

$$-dU = F_x dx + F_y dy + F_z dz \tag{5.5.3}$$

$$\Rightarrow F_x = -\frac{\partial U}{\partial x}, F_y = -\frac{\partial U}{\partial y}, F_z = -\frac{\partial U}{\partial z}$$

여기서 힘 $\vec{F}$는 보존력이며, $\vec{F} = -\vec{\nabla} U$ 로 쓸 수 있다.

한편 고립계 내에 있는 물체가 어떤 축에 대하여 회전하면, 식 (5.5.1)은

$$dW = \vec{\tau} \cdot d\vec{\theta} \tag{5.5.4}$$

와 같이 표현된다. 식 (5.5.4)를 3차원 공간 내에서 각각의 축에 대한 회전각으로 표현하면,

$$\tau_1 = -\frac{\partial U}{\partial \theta_1},\ \tau_2 = -\frac{\partial U}{\partial \theta_2},\ \tau_3 = -\frac{\partial U}{\partial \theta_3} \tag{5.5.5}$$

와 같다. 따라서 전하가 보존되는 고립계 내에 있는 물체에 작용하는 힘과 토크는 식 (5.5.6)과 식 (5.5.7)과 같이 표현된다.

$$F_x = -\left(\frac{\partial U}{\partial x}\right)_Q \tag{5.5.6}$$

$$\tau_1 = -\left(\frac{\partial U}{\partial \theta_1}\right)_Q \tag{5.5.7}$$

여기서 아래첨자 Q는 고립계의 전하가 보존됨(총 전하가 일정한 경우)을 의미한다.

식 (5.5.6)의 의미를 좀 더 잘 이해하기 위하여 대전된 평행판축전기의 금속판에 작용하는 힘 F을 구해보자. 두 평행금속판은 서로 반대부호의 전하들로 대전되어 있으므로, 두 금속판 사이에 인력이 작용한다. 따라서 원래 간격이 d인 두 금속판 사이의 간격을 dz만큼 더 많이 떨어뜨리려면, 외부에서 역학적인 일을 해주어야 한다(그림 5.9 참조).

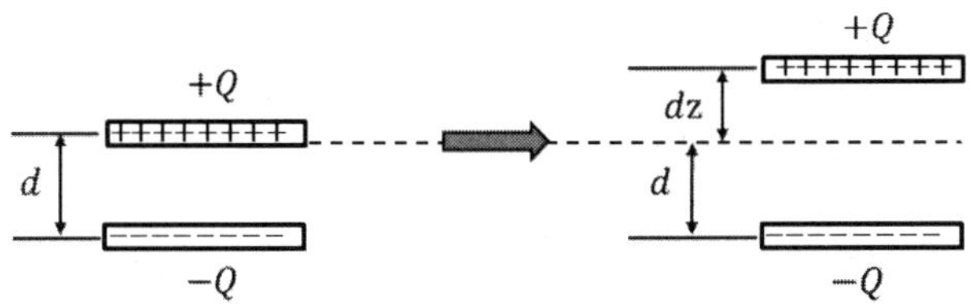

그림 5.9 대전된 축전기의 두 평행금속판

이때, 외부에서 해 줘야 될 일(dW)은

$$dW = Fdz \tag{5.5.8}$$

와 같으며, F는 실제로 두 금속판 사이에 작용하는 전기력의 크기와 같다. 이렇게 외부에서 해준 일은 축전기의 정전에너지의 변화량과 같다. 전기용량이 C이며, 전하 Q로 대전된 축전기에 저장된 정전에너지는

$$U = \frac{1}{2}\frac{Q^2}{C} \tag{5.5.9}$$

와 같다. 두 금속판 사이의 거리가 dz 만큼 변해도 전체 전하는 변하지 않고 축전기의 전기용량만 변하므로 저장된 정전에너지의 변화(ΔU)는

$$\Delta U = \frac{1}{2}Q^2\Delta\left(\frac{1}{C}\right) = -\frac{Q^2}{2C^2}\Delta C \tag{5.5.10}$$

와 같다. 식 (5.5.8)과 식 (5.5.10)으로부터 식 (5.5.11)이 얻어진다.

$$F\Delta z = -\frac{Q^2}{2C^2}\Delta C = -\frac{Q^2}{2C^2}\left(-\frac{\Delta z}{\epsilon_0 A}C^2\right) = \frac{Q^2\Delta z}{2\epsilon_0 A} \tag{5.5.11}$$

$$\Rightarrow F = \frac{Q^2}{2\epsilon_0 A}$$

식 (5.5.11)에서 $\Delta C = -\frac{\Delta z}{\epsilon_0 A}C^2$ 는 $C = \epsilon_0\frac{A}{d}$ 으로부터 구해진다. 이러한 방법은 평행판축전기뿐만 아니라 임의의 모양을 가진 축전기에도 성립된다. 한편, 그림 5.10에서 보여준 가변축전기에서 회전축을 중심으로 금속판이 회전하는 경우, 회전시키면서 해 주어야 하는 일은

$$dW = \tau\, d\theta \tag{5.5.12}$$

와 같으며, $d\theta$는 미소 회전각이다. 이 경우에도 식 (5.5.10)에서 $\Delta(\frac{1}{C})$로 표현되는 전기용량의 변화는 $d\theta$에 따라 변하게 된다. 따라서 그림 5.10과 같이 금속판 하나는 고정되어 있고, 나머지 금속판을 회전시켜 전기용량을 변화시키는 가변축전기에 걸리는 토크를 쉽게 구할 수 있다.

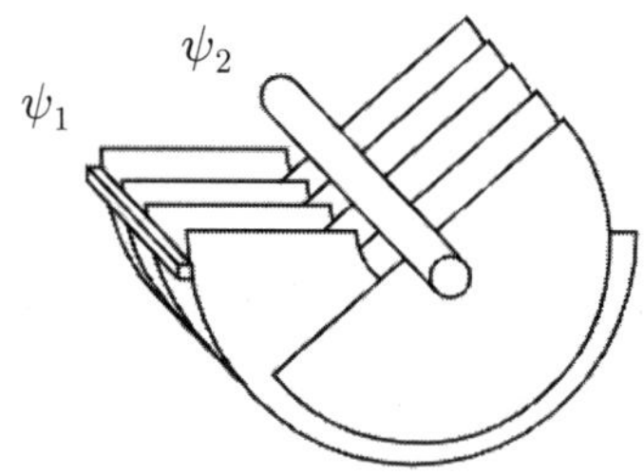

그림 5.10 회전형 가변축전기

이번에는 2개의 평행금속판으로 구성된 축전기로 돌아가서 축전기의 간격을 Δz 만큼 증가시키는 데 필요한 힘을 직접 구해보자. 축전기의 전기용량은

$$C = \frac{\epsilon_0 A}{d} \tag{5.5.13}$$

와 같으며, A는 판의 면적이다. 간격 d를 Δz 만큼 증가시키면, 전기용량의 변화는

$$\Delta(\frac{1}{C}) = -\frac{1}{C^2}\Delta C = \frac{\Delta z}{\epsilon_o A} \tag{5.5.14}$$

와 같다. 식 (5.5.11)과 식 (5.5.14)를 이용하여 2개의 평행판 사이에 작용하는 힘을 구하면

$$F\Delta z = -\frac{Q^2}{2C^2}\Delta C = -\frac{Q^2}{2C^2}\frac{\Delta z}{\epsilon_o A}(-C^2) = \frac{Q^2}{2}\frac{\Delta z}{\epsilon_0 A}$$

$$\Rightarrow F = \frac{Q^2}{2\epsilon_0 A} \tag{5.5.15}$$

와 같다. 이 결과는 식 (5.5.11)과 같으며, 금속판 중의 하나를 미소거리 Δz 만큼 이

동시키는데 필요한 힘의 크기이다. 대전된 금속판의 전하는 $Q=\sigma A$ (σ:단위면적당 전하량)이므로 식 (5.5.15)는 식 (5.5.16)과 같이 표현된다.

$$F=\frac{1}{2}Q\frac{\sigma}{\epsilon_o} \tag{5.5.16}$$

한편, 가장자리효과를 무시하면 대전된 두 금속판 사이의 전기장은 $E=\sigma/\epsilon_0$ 이므로, 2개의 금속판 사이에 작용하는 힘을 전기장으로 표현하면

$$F=\frac{1}{2}QE \tag{5.5.17}$$

와 같다. 즉, 2개의 금속판에 걸리는 힘은 2개의 금속판에 있는 전하들이 전기장을 느끼기 때문에 생기는 것이다. 앞의 1/2은 자체 전기장이 아닌 다른 판에서 생긴 전기장만을 느낀다는 의미로 해석하면 된다. 지금까지 다룬 내용은 모두 금속판에 대전된 총 전하량이 불변인 경우로서 2개의 금속판은 전기적으로 외부와 고립된 경우이다.

5.5.2 고립계는 아니지만 계를 이루고 있는 각 도체의 전위가 일정한 경우

이번에는 고립계는 아니지만, 그림 5.11과 같이 계를 이루고 있는 각 도체들의 전위가 일정한 경우에 대해 생각하여 보자. 대표적인 예로는 축전기들로 이뤄진 계를 생각할 수 있다.

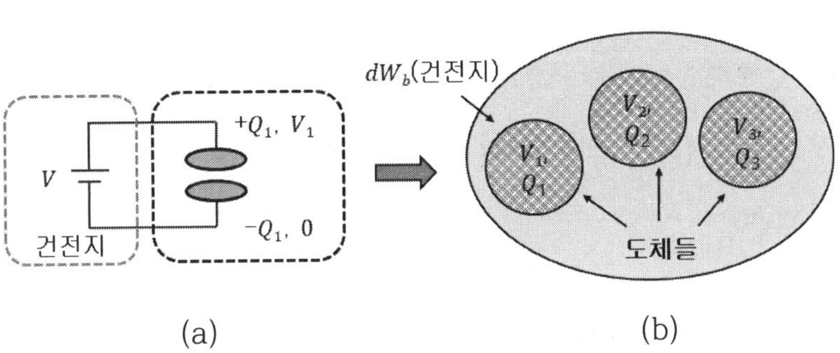

그림 5.11 (a) 외부전원(건전지)과 도체가 연결된 축전기, (b) 외부전원에 의해 일정한 전위의 도체들로 이뤄진 고립되지 않은 계

축전기를 구성하고 있는 도체들은 배터리에 연결되어 있어 도체가 원래의 위치에

서 조금 변위를 일으켜도 도체의 전위는 일정하게 유지된다(그림 5.11). 전기용량이 C이며 전위차가 V인 축전기에 저장된 에너지(U)는

$$U = \frac{1}{2}CV^2 \tag{5.5.18}$$

와 같다. 또한 전위를 일정하게 유지하면서 두 금속판 사이의 간격을 Δz 만큼 넓히기 위하여 해 준 일은

$$F\Delta z = \frac{1}{2}V^2\Delta C = \frac{Q^2}{2C^2}\Delta C \tag{5.5.19}$$

와 같지만, 식 (5.5.11)과 비교하여 부호가 반대임을 알 수 있다.

그림 5.12와 같이 계를 이루고 있는 일부가 미소거리 dz 만큼 움직인다고 할 때, 행하진 일(계와 배터리)은

$$dW = dW_b - dU \tag{5.5.20}$$

와 같다. 여기서 dW_b는 배터리에 의하여 계에 공급된 에너지이다.

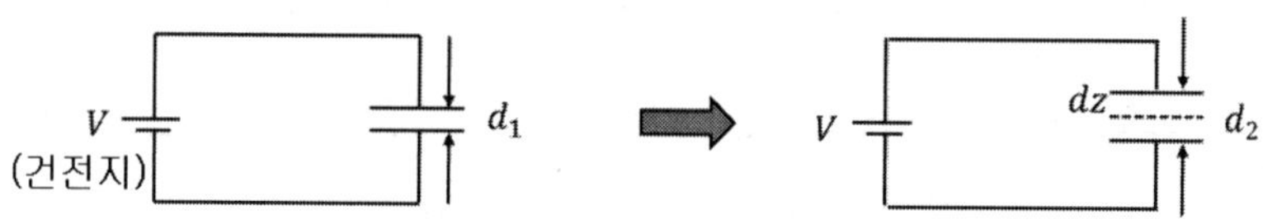

그림 5.12 도체판의 간격은 변하나 전위는 일정하게 유지

대전된 도체계의 정전에너지(U)는 $U = \frac{1}{2}\sum_{i=1}^{N} Q_i\psi_i$ 와 같으므로 N개의 모든 도체들의 전위가 일정하게 유지되면서 계의 일부가 움직일 때 계의 에너지 변화는

$$dU = \frac{1}{2}\sum_{i=1}^{N}\psi_i dQ_i \tag{5.5.21}$$

와 같다. 이때 배터리에 의하여 공급된 일($=dW_b$)은

$$dW_b = \sum_{i=1}^{N}\psi_i dQ_i \tag{5.5.22}$$

와 같다. 식 (5.5.22)를 통하여 배터리에 의하여 공급된 일($=dW_b$)은 계의 에너지 변

화량인 dU의 2배에 해당된다는 것을 알 수 있다. 즉,

$$dW_b = 2dU \tag{5.5.23}$$

식 (5.5.23)을 식 (5.5.20)에 대입하면, 식 (5.5.24)가 얻어진다.

$$dW = dW_b - dU = 2dU - dU = dU = F_x dx + F_y dy + F_z dz \tag{5.5.24}$$

따라서 계를 이루고 있는 도체가 일정한 전위를 유지하면서 계의 일부가 움직이면, 움직인 도체에 가해주는 힘은

$$F_x = +\left(\frac{\partial U}{\partial x}\right)_\psi \tag{5.5.25}$$

와 같으며, 아래첨자 ψ는 도체의 전위가 일정하게 유지됨을 의미한다. 반면에 회전하는 경우에는 식 (5.5.26)과 같다.

$$\tau_1 = \left(\frac{\partial U}{\partial \theta_1}\right)_\psi \tag{5.5.26}$$

전위를 일정하게 유지하면서 두 금속판 사이의 간격이 Δz만큼 변하는 경우, 해준 일은

$$F\Delta z = \frac{1}{2}V^2 \Delta C \tag{5.5.27}$$

와 같다. 반면에 두 금속판에 대전된 전하의 크기는 일정하게 유지되면서 금속판 사이의 간격이 Δz만큼 변하는 경우, 정전에너지의 변화는

$$F\Delta z = -\frac{Q^2}{2C^2}\Delta C = -\frac{1}{2}V^2 \Delta C \tag{5.5.28}$$

와 같다. 식 (5.5.27)과 식 (5.5.28)을 비교하여 보면 크기는 같으나 부호가 반대임을 알 수 있는데, 이는 축전기의 전압을 일정하게 유지하기 위해서는 외부의 전원에서 일을 해 주어야 된다는 사실이다. 즉, $V\Delta C = \Delta Q$만큼의 새로운 전하가 더해져야만 전압이 변하지 않는다. 이러한 크기의 전하는 두 금속판 사이의 전위차가 일정하게 유지되면서 더해졌으므로, 전원에서 계에 해준 일은

$$\Delta W_b = V\Delta Q = V^2 \Delta C \tag{5.5.29}$$

와 같다. 이를 통해 변한 것은 역학적으로 해준 일 $F\Delta z$뿐만 아니라 외부전하를 계로 가져오는데 드는 일 $V^2 \Delta C$도 있다는 것이다. 따라서 축전기의 총 에너지의 변화 (dU)는 $dU = \frac{1}{2} V^2 \Delta C$ 와 같다.

예제 1

가로 길이가 l, 세로가 w 인 두 평행금속판 사이의 간격이 d 라고 하자. 이때 두 평행금속판 사이의 일부는 유전체 (유전율= ε)로 평행금속판의 한쪽 끝으로부터 x 길이만큼 채워져 있고 나머지 부분은 진공상태라고 하자(그림 5.13 참조). 두 평행금속판 사이의 전위차는 일정하게 유지되는 상태에서 유전체가 수평 방향으로 움직인다고 할 때, 유전체에 작용하는 힘의 크기와 방향은 어떻게 되겠는가?

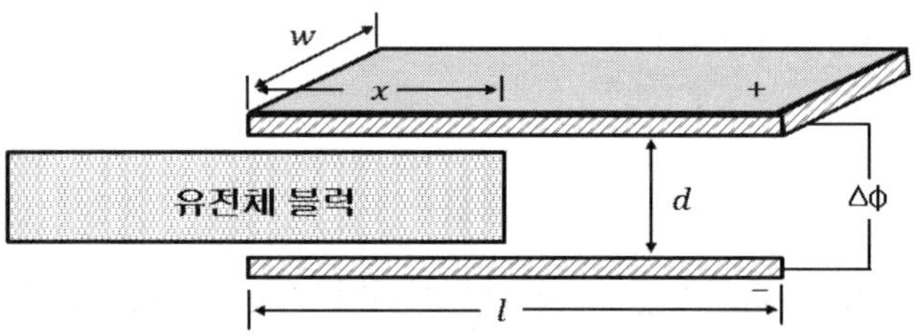

그림 5.13 대전된 두 금속판 사이에 있는 유전체 블록의 이동

해답

두 평행금속판 사이의 전기장의 크기는

$$E = \Delta\psi / d \tag{5.5.30}$$

와 같다. 따라서 $E \neq 0$ 인 두 평행금속판 사이에 저장된 에너지는

$$U = \frac{1}{2}\int_{V_{유전체}} \epsilon E^2 dv + \frac{1}{2}\int_{V_{진공}} \epsilon_0 E^2 dv \tag{5.5.31}$$

와 같다. 축전기의 끝부분에서 일어나는 "가장자리효과(fringing effect)"를 무시하면, 저장된 정전기적 에너지는

$$U = \frac{1}{2}\epsilon\left(\frac{\nabla\varphi}{d}\right)^2 dwx + \frac{1}{2}\epsilon_0\left(\frac{\nabla\varphi}{d}\right)^2 dw(l-x) \tag{5.5.32}$$

와 같다. 따라서 유전체를 움직이는 경우에 유전체에 작용하는 힘을 식 (5.5.25)를 이용하여 구하면 식 (5.5.33)이 되며, 방향은 그림 5.13에서 $x-$값이 증가하는 방향이다.

$$F_x = \frac{1}{2}(\epsilon - \epsilon_0)w\frac{(\nabla\varphi)^2}{d} = \frac{1}{2}(K-1)\epsilon_0 E^2 wd \tag{5.5.33}$$

별해 : 위에서 주어진 문제는 축전기 2개가 병렬로 연결된 것으로 생각할 수 있으며, 각 축전기의 용량은

$$C_1 = \frac{\epsilon w x}{d}\ , \qquad C_2 = \frac{\epsilon_0 w(l-x)}{d} \tag{5.5.34}$$

와 같다. 따라서 전체의 전기용량은 $C_1 + C_2 = \frac{w}{d}[(\epsilon - \epsilon_0)x + \epsilon_0 l]$이 되므로 계의 정전기 에너지는 식 (5.5.35)와 같다.

$$U(x) = \frac{1}{2}CV^2 = \frac{1}{2}\frac{w}{d}[(\epsilon - \epsilon_0)x + \epsilon_0 l](\Delta\varphi)^2 \tag{5.5.35}$$

따라서 유전체에 작용하는 힘은

$$\vec{F} = \left.\frac{\partial U(x)}{\partial x}\right|_{\varphi}\hat{x} = \frac{1}{2}\frac{(\Delta\varphi)^2}{d}(w)(\epsilon - \epsilon_0)\hat{x} \tag{5.5.36}$$

와 같으며, 이는 앞에서 얻은 결과인 식 (5.5.33)과 같음을 알 수 있다.

연습문제

01 한 변의 길이가 a인 정사각형의 각 꼭짓점에 전하량이 q인 4개의 점 전하로 이뤄진 계의 정전기적 에너지는 얼마인가? 단, 무한히 멀리 떨어진 곳에서의 점 전하 전위는 "0"이다. 또한 정사각형의 중심에 다섯 번째의 전하 q를 가져오는 데 필요한 일은 얼마인가?

02 $4.8 \times 10^{-17}[J]$의 운동에너지를 가진 전자가 $E = 600\ [V/m]$인 전기장 내에 들어온다. 전기장의 방향은 전자의 운동방향과 평행하다고 가정할 때, 전자가 정지하기까지 얼마의 거리를 이동하겠는가? 전자의 전하량(e)은 $e = 1.60 \times 10^{-19}[C]$와 같다.

03 반경 R, 균일한 전하밀도 $\rho_{자유}$로 대전된 대전체 구가 가지는 에너지는 얼마인가? 단, 대전체의 유전율은 ϵ이며, 선형유전체라고 가정한다.

04 한 변의 길이가 $a[m]$인 정삼각형의 각 꼭짓점에 전하량이 각각 q_1, q_2및 $q_3[C]$인 3개의 점 전하들이 배치되어 있다. 이들을 한 변의 길이가 $a/2[m]$인 정삼각형의 각 꼭짓점으로 이동시키기 위해 외부에서 해 줘야 될 일은 얼마인가?

05 중심이 비어 있고, 안쪽 반경이 a, 바깥쪽 반경이 b인 유전체 구각(spherical dielectric shell)의 중심에 전하량이 q인 점 전하가 놓여 있다. 이러한 계가 가지는 정전기적 에너지는 얼마인가? 단, 유전체의 유전율은 ϵ이며, 유전상수는 K이다.

06 전기용량이 각각 C, $C/2$인 2개의 축전기에 저장된 전하량은 똑같이 Q_0이다. $t = 0$인 순간에 2개 축전기의 양극은 양극끼리, 음극은 음극끼리, 즉 전선을 사용하여 2개의 축전기는 병렬로 연결되었다. 연결되기 전에 2개의 축전기에 저장된 총에너지, 연결되고 많은 시간($t = \infty$)이 지난 후의 총에너지를 구하고, 그 차이점을 설명하시오.

참고자료

1. Introduction to Electrodynamics, 기초전자기학, 제4판, 김진승 역, 도서출판 북스힐, 2014.
2. Foundations of electronic theory, Fourth edition, John R. Reitz, Frederick J. Milford and Robert W. Christy, Addition-Wesley Publishing Company, 1993.
3. Problem solvers Electromagnetics, Research & Education Association, 2004.
4. https://www.feynmanlectures.caltech.edu/II_08.html.

CHAPTER

06 전류

지금까지는 정지되어 있으면서 다양하게 분포된 전하들에 기인한 전위와 전기장에 대하여 주로 알아보았으나, 6장에서는 일정한 속도로 운동 중인 전하들에 기인한 전류에 대해 알아보고자 한다. 운동 중이며, 전기를 띤 작은 알갱이를 전하 운반자라고 한다. 많은 도체에서 전하 운반자는 전자이지만, 반도체, 전해질, 이온화된 기체 및 불완전한 유전체 등에서는 양이온 또는 음이온들에 의하여 전하가 운반된다.

움직이는 전하는 전류를 만들며, 전하가 운반되는 과정을 전도라고 한다. 6장에서는 자기장의 근원인 전류에 대해 알아보고, 전기회로에 대한 기본이론에 대해서도 알아보고자 한다.

6.1 전류의 성질

전기를 띤 작은 알갱이를 하전입자라 하는데, (-) 전기를 띤 대표적인 하전입자로는 전자가 있고 (+)전기를 띠고 있는 하전입자는 양성자를 생각할 수 있다. 이들 외에 양이온이나 음이온들도 있다. 운동 중인 전하 운반자 때문에 전류가 만들어지며, 전하 운반자가 이동하는 과정을 전도라 한다. 전류는 전도계(conducting system)에서 단위시간 당 주어진 횡단면적을 통과한 순수 전하량으로 정의되며, 수식으로 표현하면 다음과 같다.

$$I = \frac{dQ(t)}{dt} \tag{6.1.1}$$

여기서 $Q = Q(t)$는 t시간 동안에 도체의 횡단면적을 통과한 순수 전하량을 의미하며 1초당 $1[C]$의 전하량이 통과하면 $1A$의 전류가 흐른다고 정의한다. 따라서 전류에 대한 M.K.S 단위는 $1A = 1C/1s$ 와 같다. 여기서 $1C$의 전하량은 $1.60 \times 10^{-19}[C]$의 전하량을 가지는 전자 6.25×10^{18}개의 전자가 가지는 전하량이다. 따라서 $1A$의 전류는 1초당 6.25×10^{18}개의 전자가 흐른다는 것을 의미한다.

하전입자들은 양전하 또는 음전하를 띠고 있는데, 이들의 운동방향은 서로 반대이므로 전류의 방향은 전위가 높은 곳에서 낮은 곳으로 이동하는 양전하의 이동 방향을 전류의 방향으로 정의하여 사용하고 있다.

금속 내에서 흐르는 전류는 거의 전적으로 전자들의 운동에 의해 결정되며, 무거운 양이온들은 결정구조의 규칙적인 위치에 고정돼 있다(그림 6.1 참조). 시간에 따라 전류가 변하지 않는 정상전류인 경우, 전자들은 금속의 한 끝점에서 공급되어 반대쪽에서 빠져나오게 되므로 전체적으로 금속은 중성이다.

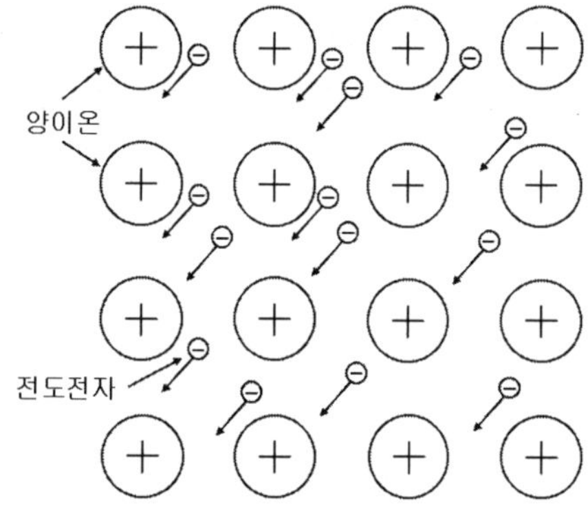

그림 6.1 금속 내에서 전자들의 운동

전해질에서의 전류는 양이온과 음이온에 의해 흐르지만, 서로 반대 방향으로 움직이는 양전하와 음전하는 같은 방향의 전류를 형성한다. 한편, 기체 방전에서의 전류는 전자와 양이온에 의해 운반되나, 양이온에 비하여 전자가 훨씬 가벼우므로 전자들의 유동성이 양이온의 유동성에 비하여 매우 크다(그림 6.2 참조). 따라서 실질적으로 전류는 전자들에 의해 운반된다. 그림 6.2에서 비교를 위해 유동성의 크기를 화살표의 길이로 표현하였다.

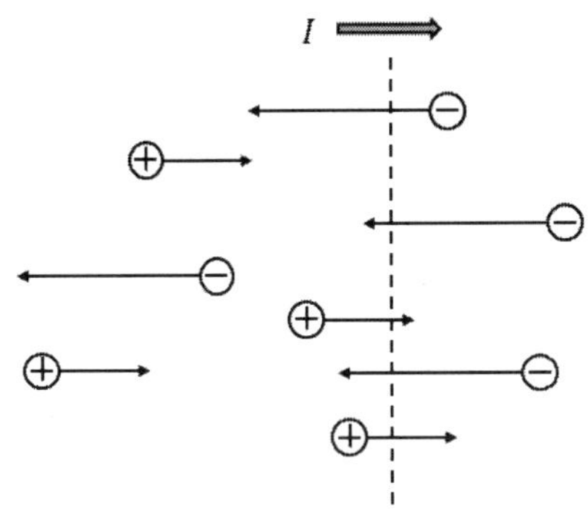

그림 6.2 양이온과 전자의 운동에 의한 전류(I)

6.2 연속방정식

6.2 절에서는 한 가지 유형의 전하 운반자만을 가지고 전도매질 내에서 흐르는 전류에 대하여 알아보고자 한다. 그림 6.3과 같이 전하량이 q인 전하 운반자의 단위 체적당 수를 N이라고 하고, 각 전하 운반자는 같은 이동속도 $\vec{v}$를 가진다고 하자.

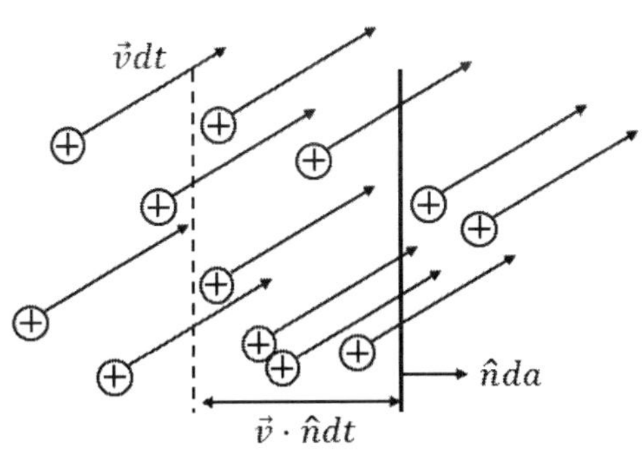

그림 6.3 dt시간 동안에 미소면적 da를 통과한 전하 운반자의 표류운동

dt시간 동안에 각 전하 운반자는 $\vec{v}dt$만큼 이동하며, dt시간 동안에 미소 면적 da를 통과한 전하량은 $(N\vec{v}\cdot\hat{n}\,dt\,da)q$이며, 단위벡터 $\hat{n}$은 da에 수직이다. 따라서 미소면적 da를 통하여 흐르는 전류 dI는 식 (6.2.1)과 같다.

$$dI = \frac{dQ}{dt} = \frac{qN\vec{v} \cdot \hat{n}dtda}{dt} = Nq\vec{v} \cdot \hat{n}da \tag{6.2.1}$$

만약에 한 가지 이상의 전하 운반자가 있다면 전류는 이들 각각의 기여를 고려해야 하므로, 식 (6.2.2)와 같이 표현된다.

$$dI = [\sum_i N_i q_i \vec{v_i}] \cdot \hat{n}da \tag{6.2.2}$$

식 (6.2.2)에서 괄호 안은 단위면적당 전류의 차원을 가지므로 전류밀도라고 하며, 이를 $\vec{J}$로 나타내면 식 (6.2.2)는 식 (6.2.3)과 같이 표현된다.

$$dI = [\sum_i N_i q_i \vec{v_i}] \cdot \hat{n}da = \vec{J} \cdot \hat{n}da \quad [\vec{J}\text{의 단위 : } A/m^2] \tag{6.2.3}$$

따라서 임의 모양의 면 S를 통과한 총 전류는 식 (6.2.4)와 같다.

$$I = \int_S dI = \int_S \vec{J} \cdot \hat{n}da \tag{6.2.4}$$

또한 전류밀도 $\vec{J}$와 전하밀도 ρ는 서로 독립적인 물리량이 아니라 연속방정식이라 불리는 방정식에 의해 서로 연관되어 있으며, 이러한 연관성은 “전하는 생성되거나 소멸되지 않는다.”는 전하보존의 원리에 근거한다.

식 (6.2.4)를 임의의 폐곡면 S가 감싸고 있는 곳에 적용해 보면 전류밀도 $\vec{J}$와 전하밀도 ρ 사이의 관계식을 쉽게 구할 수 있다. 폐곡면 S가 감싸고 있는 체적 V로 들어가는 전류는 식 (6.2.5)와 같으며, (-)부호는 단위벡터 $\hat{n}$의 방향이 그림 6.4와 같이 폐곡면 S의 바깥 방향을 향하기 때문이다.

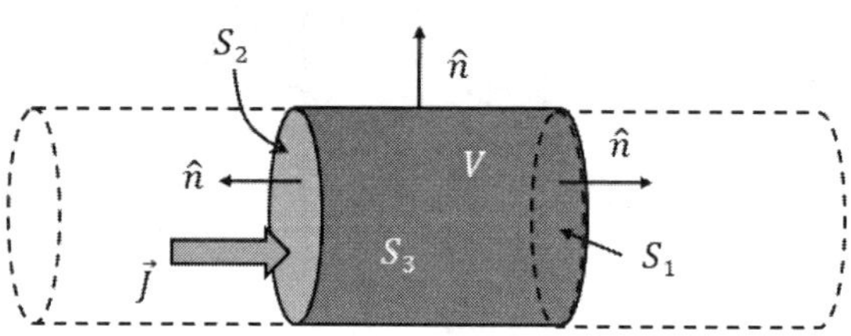

6.4 전류밀도와 전하밀도 관계를 설명하기 위한 그림

그림 6.4에서 폐곡면 S는 $S = S_1 + S_2 + S_3$와 같다.

$$I = -\oint_s \vec{J} \cdot \hat{n}da = -\int_V \vec{\nabla} \cdot \vec{J}dv \tag{6.2.5}$$

식 (6.2.5)의 마지막에서는 발산정리 $\oint_s \vec{F} \cdot \hat{n}\, da = \int_V \vec{\nabla} \cdot \vec{F} dv$을 이용하였다. 또한 전류에 대한 정의로부터 식 (6.2.6)이 얻어진다.

$$I = \frac{dQ}{dt} = \frac{d}{dt}\int_V \rho dv \qquad (6.2.6)$$

전하밀도 ρ가 시간과 위치의 함수라면 식 (6.2.6)에서 오른쪽의 시간 미분을 적분기호 안으로 넣으면 편미분으로 바뀌므로, 식 (6.2.6)은

$$I = \int_V \frac{\partial \rho}{\partial t} dv \qquad (6.2.7)$$

와 같다. 한편, 식 (6.2.5) 및 식 (6.2.7)로부터 식 (6.2.8)이 얻어진다.

$$\int_V \left(\frac{\partial \rho}{\partial t} + \vec{\nabla} \cdot \vec{J}\right) dv = 0 \qquad (6.2.8)$$

따라서 식 (6.2.8)로부터 전하보존을 의미하는 연속방정식인 식 (6.2.9)가 얻어진다.

$$\frac{\partial \rho}{\partial t} + \vec{\nabla} \cdot \vec{J} = 0 \qquad (6.2.9)$$

6.3 전기전도도와 옴의 법칙

금속 내에서 전류밀도 $\vec{J}$는 가해준 전기장에 비례한다는 것이 알려졌으며, 식 (6.3.1)과 같이 표현된다.

$$\vec{J} = g\vec{E} \quad (g\ :\ \text{전기전도도}) \qquad (6.3.1)$$

식 (6.3.1)이 성립하는 물질을 선형 등방성물질 또는 옴성물질(ohmic media)이라고 하는데, 6.3절에서는 이러한 물질에 대해서만 논하고자 한다. 하지만, 일반적으로 등방성 매질에서의 전기전도도는 전기장의 크기에만 의존하여 전기전도도 $g(\vec{E}) = g(E)$와 같이 표현되므로, 식 (6.3.1)은 식 (6.3.2)와 같이 표현된다. 다시 말해서 전기전도도를 $g(E)$와 같이 표현함은 전기전도도가 전기장의 크기에는 의존하지만, 방향에는 의존하지 않는다는 의미다.

$$\vec{J} = g(E)\vec{E} \tag{6.3.2}$$

하지만, 전기전도도가 $g(\vec{E})$ 와 같이 전기장의 크기 및 방향에 의존(벡터 $\vec{E}$의 함수)하는 물질은 비옴성 물질(nonohmic media)라고 하며, 대표적인 것으로는 다이오드를 생각할 수 있다. 이상적인 다이오드의 경우에 전기장의 방향에 따라 전기전도도가 "0"이 되기도 하고, 매우 큰 값(거의 ∞)을 가지기도 한다(그림 6.5 참조).

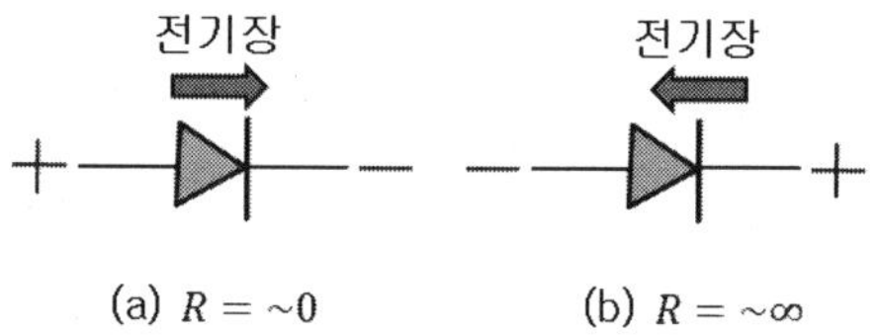

6.5 다이오드의 저항 특성

한편, 전기전도도의 역을 비저항(η)이라고 하며,

$$\eta = \frac{1}{g}\ [volt \cdot m/A] \tag{6.3.3}$$

와 같이 표현된다. 전류밀도 $\vec{J}$는 $\vec{J} = g\vec{E}$ 와 같이 주어지므로 전류밀도의 단위는 $A/m^2 = (g)(volt/m)$ 와 같다. 따라서 비저항에 대한 단위는 $volt \cdot m/A$ 와 같다. 참고로 표 6.1에 20℃에서 측정된 물질들에 대한 비저항과 저항의 온도계수를 나타내었다.

그림 6.6과 같이 횡 단면적이 A로 일정하고 길이가 l이면서 옴의 법칙을 만족하는 전도성 물질의 양끝 사이에 일정한 전위차($\Delta\psi$)가 가해지는 경우를 생각하여 보자.

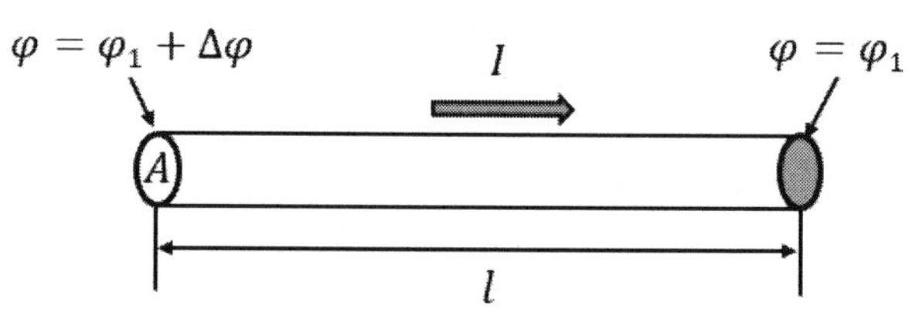

그림 6.6 직선 모양의 도체에 흐르는 전류

도체의 전기전도도 g가 균질하고 일정할 때, 도체 내부에서의 전기장($\vec{E}$)과

도체 양단의 전위차 $\Delta\psi$ 사이에는 식 (6.3.4)와 같은 관계가 있다.

$$\Delta\psi = \int_0^l \vec{E}\cdot d\vec{l} \tag{6.3.4}$$

전기장이 도체 내부에서는 일정하므로 식 (6.3.4)는 다음과 같다.

$$\Delta\psi = El \tag{6.3.5}$$

표 6.1 20℃에서 측정된 물질들에 대한 비저항(η)과 저항의 온도계수(α)

물질	비저항(η, Ωm)	온도계수, $\alpha = \frac{1}{\eta}\frac{d\eta}{dT}$, (℃)$^{-1}$
알루미늄	2.65×10^{-8}	0.0043
구 리	1.67×10^{-8}	0.0039
금	2.35×10^{-8}	0.004
철	9.71×10^{-8}	0.0065
니켈	6.84×10^{-8}	0.0069
은	1.59×10^{-8}	0.0041
수은	95.8×10^{-8}	0.0009
텅스텐	5.51×10^{-8}	0.0045
콘스탄탄(Cu 60, Ni 40)	49.0×10^{-8}	0.0000
니크롬	100.0×10^{-8}	0.0004
순수게르마늄	0.46	-0.048
흑연	1.4×10^{-5}	
포화 NaCl 수용액	0.044	-0.005
Al_2O_3	1×10^{14}	
유리	$10^{10}\sim10^{14}$	
SiO_2	1×10^{13}	
황	2×10^{15}	
나무	$10^{8}\sim10^{11}$	

한편, 횡 단면적이 A 인 도체를 통하여 흐르는 전류(I) 를 전류밀도(J)로 나타내면

$$I = \int_A \vec{J}\cdot\vec{n}\,dA = JA \quad (A : \text{횡 단면적}) \tag{6.3.6}$$

와 같다. 따라서 식 (6.3.5)와 식 (6.3.6)으로부터, 전류와 전위차에 대한 관계식은

$$I = JA = gEA = g\frac{\Delta\psi}{l}A = \frac{gA}{l}\Delta\psi \qquad (6.3.7)$$

와 같이 주어지므로 전위차와 전류와의 관계는

$$\Delta\psi = \frac{l}{gA}I = RI \qquad (6.3.8)$$

와 같다. 식 (6.3.8)에서의 비례상수 R은 $R = l/gA$ 이며, 이를 도체의 저항이라 한다. 따라서 도체의 저항은 길이에 비례하며 면적에 반비례하지만 옴성물질인 경우, 전류의 크기에는 의존하지 않음을 알 수 있다.

전하 dQ가 전위차 $\Delta\psi$인 도체 내에서 이동할 때 한 일(dW)은 $dW = dQ\,\Delta\psi$ 와 같으며, 이에 대응하는 전력(P)은

$$P = \frac{\Delta W}{\Delta t} = \frac{(\Delta Q \cdot \Delta\psi)}{\Delta t} = I\Delta\psi = I^2 R = (\Delta\psi)^2/R \qquad (6.3.9)$$

이 되며, 이는 줄열로서 방출된다.

6.4 연속매질에서의 정상전류

정상상태의 전도 조건에 있는 균질이며 선형의 옴성 도체를 생각하여 보자. 여기서는 정상상태만을 다루므로 국소적인 전하밀도 $\rho(x,y,z)$는 평형상태에 있게 되어, 매질 내의 각 점에서 $\partial\rho/\partial t = 0$ 이다. 따라서 연속 방정식으로부터 다음과 같은 결과를 얻는다.

$$\vec{\nabla}\cdot\vec{J} + \frac{\partial\rho}{\partial t} = 0 \qquad \Rightarrow \vec{\nabla}\cdot\vec{J} = 0 \qquad (6.4.1)$$

$\vec{\nabla}\cdot\vec{J} = 0$는 도체 표면을 통하여 빠져나오는 알짜전류가 없다는 뜻이다. 옴의 법칙 $\vec{J} = g\vec{E}$ 을 식 (6.4.1)에 대입하면, 식 (6.4.2)가 얻어진다.

$$\vec{\nabla}\cdot\vec{J} = \vec{\nabla}\cdot(g\vec{E}) = 0 \qquad (6.4.2)$$

균질등방성 매질에 대해 g는 상수이므로,

$$\vec{\nabla}\cdot\vec{E} = 0 \qquad (6.4.3)$$

와 같은 결과가 얻어진다. 정전기장에 대해, $\vec{\nabla}\times\vec{E}=0$ 이며 $\vec{E}=-\vec{\nabla}\psi$이므로,

$$\vec{\nabla}\cdot\vec{E}=\vec{\nabla}\cdot(-\vec{\nabla}\psi)=-\nabla^2\psi=0 \qquad (6.4.4)$$

이 되어 최종적으로 라플라스 방정식

$$\nabla^2\psi=0 \qquad (6.4.5)$$

이 얻어진다. 따라서 정상상태의 전도에 대한 문제는 정전기학에서와 같은 방법으로 풀 수 있다. 라플라스 방정식의 해는 3장에서 설명한 방법들 중의 하나를 사용하여 얻어지며, 여기에 경계조건을 부여하면 유일해가 얻어진다. 문제를 푸는데 필요한 경계조건들은 전도성 매질표면의 각 점에서 ψ 또는 $\vec{J}$의 값이 주어지는 것이다. $\vec{J}$와 $\vec{E}$는 $\vec{J}=g\vec{E}$ 와 같은 관계를 가지므로, 표면에서 $\vec{J}$의 값이 주어지는 것은 $\vec{E}$의 값이 주어지는 것과 같다. 라플라스 방정식에 대한 알맞은 해가 일단 얻어지면, $\vec{E}=-\vec{\nabla}\psi$ 에 의해 매질 내의 각 점에서 $\vec{E}$ (또는 $\vec{J}$)의 값이 정해질 수 있다.

정상상태의 전도에 있어서, 그림 6.7과 같이 2종류의 전도매질 경계면을 통과하는 전류는 매질 1 또는 매질 2에서의 전류밀도로 표현이 가능하다(그림 6.7 참조).

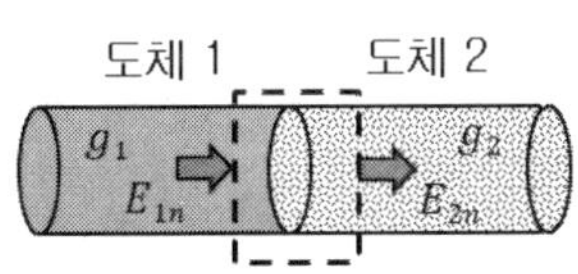

그림 6.7 정상전류에 대한 경계조건

식 (6.4.2)로부터 $\vec{\nabla}\cdot\vec{J}=0$ 이므로, 경계면에 수직한 $\vec{J}$의 성분은 연속이어야 한다. 이로부터 식 (6.4.6) 또는 식 (6.4.7)과 같은 결과를 얻는다.

$$\vec{\nabla}\cdot\vec{J}=0 \Rightarrow J_{1n}=J_{2n} \qquad (6.4.6)$$

또는

$$g_1E_{1n}=g_2E_{2n} \qquad (6.4.7)$$

두 매질 내를 흐르는 전류가 정상전류라면, 정상전류가 만드는 자기장도 역시 시간과 무관한 정자기장이 된다. 따라서 $\vec{\nabla}\times\vec{E}=-\frac{\partial\vec{B}}{\partial t}=0$이 성립하며, 두 매질이 포함된 임의의 폐회로에 대해 이를 적분하면, 식 (6.4.8)이 얻어진다.

$$\int_S (\overrightarrow{\nabla} \times \overrightarrow{E}) \cdot \hat{n} da = \oint \overrightarrow{E} \cdot d\vec{l} = 0 \qquad (6.4.8)$$

식 (6.4.8)은 두 전도 매질의 경계면에 평행한 전기장의 접선성분이 연속임을 의미하므로 다음과 같이 표현된다.

$$E_{1t} = E_{2t} \qquad (6.4.9)$$

전도와 정전기학 사이의 관계에 대한 설명의 한 예로서 균질의 등방성 옴성 물질로서 전도도가 g 인 매질 내에 있는 두 금속 전극을 생각하여 보자(그림 6.8 참조). 그림 6.8에서 옴성 물질은 축전기의 두 금속판 사이에 들어있고, 전기전도도가 g 이면서 유전율이 ϵ 인 유전체로 생각해도 좋다. 즉, 이상적인 유전체가 아니라 일상생활에서 활용되고 있는 운모, 종이 또는 공기와 같은 유전체로 생각하면 된다. 두 전극의 전위가 각각 ψ_1 과 ψ_2 라면, 이들 사이에 흐르는 전류(I)는

$$I = \frac{\psi_1 - \psi_2}{R} \qquad (6.4.10)$$

이며, 이를 매질에서의 전류밀도로 표현하면,

$$I = \oint_s \vec{J} \cdot \vec{n} da \Rightarrow \frac{\psi_1 - \psi_2}{R} = \oint_s \vec{J} \cdot \vec{n} da = g \oint_s \vec{E} \cdot \vec{n} da \qquad (6.4.11)$$

와 같다. 여기서 S 는 두 전극 중의 하나를 감싸는 임의의 폐곡면을 의미한다.

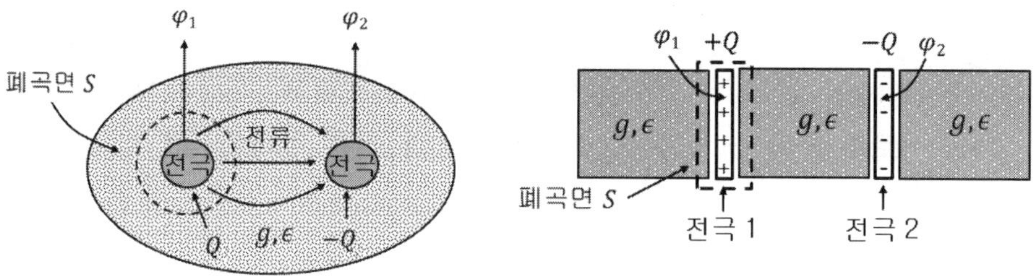

그림 6.8 무한대 크기이면서 균질의 등방성 옴성 물질로서 전기전도도 g , 유전상수 ε인 매질 내에 있는 두 금속 전극

전기장이 전도성 유전체 내에 있는 두 금속 전극에 존재하는 전하(Q)에 의하여 생겼다면, 가우스 법칙에 의하여

$$\oint_s \vec{E} \cdot \vec{n}\, da = \frac{1}{\epsilon} Q \tag{6.4.12}$$

와 같이 된다. 여기서 Q는 폐곡면 S가 감싸고 있는 전하량이며, ϵ은 매질의 유전율이다. 이때 두 개의 전극은 등가 전기용량이 C인 하나의 축전기를 형성하므로, 전하와 전위 사이의 관계는 다음과 같다.

$$Q = C(\psi_1 - \psi_2) \tag{6.4.13}$$

식 (6.4.12)와 식 (6.4.13)을 식 (6.4.11)에 대입하면

$$\frac{\psi_1 - \psi_2}{R} = g \cdot \frac{1}{\epsilon} C(\psi_1 - \psi_2) \;\Rightarrow\; \frac{1}{R} = \frac{gC}{\epsilon} \tag{6.4.14}$$

와 같다. 따라서 전도성이 작은 전도 매질 내에 있는 두 도체 사이의 저항과 등가 전기용량 사이에는

$$RC = \frac{\epsilon}{g} \;\rightarrow\; \text{저항과 전기용량과의 관계} \tag{6.4.15}$$

와 같은 관계가 있다.

식 (6.4.15)의 물리적 의미를 알아보기 위하여 두 금속판 사이에 유전율이 ϵ, 전기전도도가 g인 물질로 채워진 축전기를 생각해 보자. 가장 이상적인 축전기는 두 금속판 사이에 있는 유전체의 전기전도도가 "0"인 이상적인 유전체로 채워진 축전기이다. 하지만 이상적인 유전체는 실질적으로 존재하지 않고 아주 작은 전기전도도 g를 가지므로 시간에 따른 전하의 손실이 있게 된다. 따라서 모든 축전기는 시간이 지남에 따라 충전되었던 전하가 방전되며, 시간이 $t = RC$만큼 지나면 충전된 초기 전하량의 $1/e$ (약 36.8 %)만큼 전하량이 감소된다. 이때, RC를 시상수 (time constant)라고 하며, 금속의 경우에는 $\sim 10^{-14}$[sec] 만큼 매우 짧지만, 절연체에 가까운 물질에 대해서는 수개월 정도로 길다. 이러한 시상수는 축전기를 충전하는 경우, 최종적으로 충전되는 전하량의 63.2%까지 충전하는 데 걸린 시간을 의미하기도 한다.

6.5 정전기적 평형상태로의 접근

2장에서 전하를 도체 안에 넣자마자 거의 동시에 전하들 사이에 반발력이 작용

하여 과잉전하(=excess charge)는 도체 표면으로 이동한다는 것을 알았다. 이처럼 도체에서의 과잉전하는 표면에만 존재하며, 표면에 존재한 상태를 평형상태라고 한다. 즉, 체적 전하밀도가 표면 전하밀도로 바뀌면서 평형상태에 도달하게 된다. 좋은 도체의 경우에는 매우 빨리 평형상태에 도달하지만, 나쁜 도체일수록 평형상태에 도달하는 시간은 길어진다. 여기서는 평형상태에 어떠한 방식으로 도달하는 지에 대해 알아보고자 한다.

균질이며, 등방성 매질의 전기전도도를 g, 유전율을 ϵ, 그리고 $t=0$인 순간의 체적 전하밀도를 $\rho_0(x,y,z)$라고 하자. 이러한 도체가 가해준 전기장으로부터 갑자기 차단된다면, 도체 내부에는 과잉전하가 존재하지 않고 표면에만 과잉전하가 존재하는 평형상태로 진행하게 되는데, 진행 특성에 대해서 알아보자. 연속방정식

$$\overrightarrow{\nabla}\cdot\vec{J}+\frac{\partial\rho}{\partial t}=0 \tag{6.5.1}$$

에 오옴의 법칙인 $\vec{J}=g\vec{E}$ (g: 상수)를 대입하면, 식 (6.5.2)가 얻어진다.

$$g\overrightarrow{\nabla}\cdot\vec{E}+\frac{\partial\rho}{\partial t}=0 \tag{6.5.2}$$

식 (6.5.2)에 $\overrightarrow{\nabla}\cdot\vec{E}=\frac{\rho}{\epsilon}$ 을 대입하면,

$$\frac{\partial\rho}{\partial t}+g\frac{\rho}{\epsilon}=0 \tag{6.5.3}$$

와 같이 ρ에 대한 시간 미분방정식이 얻어지며, 식 (6.5.3)의 해는 식 (6.5.4)와 같다.

$$\rho(x,y,z,t)=\rho_0(x,y,z)e^{-gt/\epsilon}=\rho_0(x,y,z)e^{-t/\tau} \quad (\tau=\epsilon/g) \tag{6.5.4}$$

따라서 체적전하 밀도는 지수 함수적으로 평형상태에 도달함을 알 수 있으며 처음 값의 e^{-1}로 줄어드는 데 걸리는 시간인 시상수(τ)는 $\tau=\epsilon/g$ 이 된다. $t=\tau$가 되면, 체적 전하밀도는 처음 값의 36.8 %로 감소한다. 예를 들어 전도성이 좋고 유전율이 작은 구리의 경우, $\tau=1.53\times10^{-19}$ [sec]로 물질 내에 과잉전하가 발생하면 매우 빨리 구리 금속 표면으로 이동하게 된다. 증류수는 $\tau=\sim10^{-6}$[sec] 그리고 유전율이 매우 높고 전도성이 거의 없는 석영유리는 $\tau=\sim10^{5}$[sec]= 약11일 인 것으로 알려져 있다. 이처럼 전류에 대한 연속방정식은 물질의 전기적 특성을 이해하는데 중요하게 활용된다.

6.6 전도에 대한 미시적 이론

매질 내에서 전하량 q, 질량 m 인 하전입자는 전기력 $\vec{F} = q\vec{E}$ 의 영향 하에서 입자의 표류속도는 $m\frac{d\vec{v}}{dt} = q\vec{E}$ 에 따라 증가하게 된다. 하전입자가 전기장이 가해진 진공 내에 있다면, 하전입자의 속력이 광속에 비하여 매우 작은 경우, 하전입자는 지속적인 가속운동을 하게 된다. 하지만 정상전류가 흐르는 물질 내에서는 유동속도가 일정하므로 하전입자에 작용하는 알짜 힘은 "0"이다. 알짜 힘이 "0"이라는 의미는 전기력 외에 하전입자의 운동을 방해하는 일종의 저항력이 존재한다는 것을 의미한다. 이러한 저항력이 속력에 비례하는 경우, 하전입자의 운동을 기술하는 운동방정식은 다음과 같다.

$$m\frac{d\vec{v}}{dt} = q\vec{E} - G\vec{v} \quad (G\vec{v} \text{ : 속력에 비례하는 일종의 저항력}) \tag{6.6.1}$$

따라서 알짜 힘이 "0"일 때, 즉 $\frac{d\vec{v}}{dt} = 0$ 일 때 입자의 표류속도는

$$\vec{v_d} = \frac{q}{G}\vec{E} \tag{6.6.2}$$

와 같으며, 이는 표류속도에 대한 정상상태의 해가 된다. 하지만 식 (6.6.1)에 대한 완전해는 미분방정식

$$\frac{d\vec{v}}{dt} = \frac{q}{m}\vec{E} - \frac{G}{m}\vec{v} = \frac{G}{m}\left(\frac{q}{G}\vec{E} - \vec{v}\right) \tag{6.6.3}$$

을 적분함으로서 구할 수 있다. 식 (6.6.3)의 양변에 dt 를 곱한 후에 v 와 시간 t 를 분리하여 쓰면, 식 (6.6.4)가 얻어진다.

$$\frac{d\vec{v}}{\frac{q}{G}\vec{E} - \vec{v}} = \frac{G}{m}dt \quad \Rightarrow \quad \frac{d\vec{v}}{\vec{v} - \frac{q}{G}\vec{E}} = -\frac{G}{m}dt \tag{6.6.4}$$

식 (6.6.4)를 적분하면, 오른쪽 항은 $-\frac{G}{m}t$ 가 되며, 왼쪽 항은 로그함수로 표

현되므로 식 (6.6.5)가 얻어진다.

$$\ln[\vec{v}-\frac{q}{G}\vec{E}]-\ln[-\frac{q\vec{E}}{G}]=-\frac{Gt}{m} \tag{6.6.5}$$

식 (6.6.5)의 왼쪽 항과 오른쪽 항을 정리하면, 식 (6.6.6)이 얻어진다.

$$\ln\frac{\vec{v}-\frac{q}{G}\vec{E}}{-\frac{q\vec{E}}{G}}=-\frac{Gt}{m}\Rightarrow\frac{\vec{v}-\frac{q}{G}\vec{E}}{-\frac{q\vec{E}}{G}}=e^{-\frac{G}{m}t}\Rightarrow\vec{v}-\frac{q\vec{E}}{G}=-\frac{q\vec{E}}{G}e^{-\frac{G}{m}t} \tag{6.6.6}$$

따라서 $t=0$에서 $\vec{v}(t=0)=0$라면, 임의의 시간 t에서의 표류속도는

$$\vec{v}(t)=\frac{q\vec{E}}{G}-\frac{q\vec{E}}{G}e^{-\frac{G}{m}t}=\frac{q\vec{E}}{G}(1-e^{-\frac{G}{m}t})=\frac{q\vec{E}}{G}(1-e^{-\frac{t}{\tau}})\quad(\tau=m/G) \tag{6.6.7}$$

와 같이 된다. 즉 국소적 표류속도(Local drift velocity)가 $e^{-t/\tau}$와 같이 지수함수적으로 정상상태의 값(steady value: $\frac{q}{G}\vec{E}$)에 접근함을 알 수 있다. 또한 시간에 의존하지 않는 정상상태에 대한 표류속도는 식 (6.6.8)과 같다.

$$\vec{v}_d=\frac{q}{G}\vec{E}=\frac{q\tau}{m}\vec{E}\quad(\tau=m/G\ \rightarrow\ \ G=m/\tau) \tag{6.6.8}$$

전하 운반자가 한 종류인 경우, 전류밀도 $\vec{J}$는

$$\vec{J}=\sum_i N_i q_i \vec{v}_i=Nq\vec{v}_d=\frac{Nq^2\tau}{m}\vec{E} \tag{6.6.9}$$

와 같이 표현된다. 따라서 선형 등방성 도체에 대한 전류밀도와 전기장 사이의 관계식

$$\vec{J}=g\vec{E} \tag{6.6.10}$$

을 이용하면, 도체의 전기전도도(g)는 다음과 같다.

$$g=\frac{Nq^2\tau}{m}\quad\rightarrow \text{전기전도도} \tag{6.6.11}$$

한편 전하 운반자가 여러 종류인 경우, 전기전도도는 식 (6.6.12)와 같다.

$$g=\sum\frac{N_i q_i{}^2\tau_i}{m_i} \tag{6.6.12}$$

좋은 전도체의 경우, τ는 전도전자들 사이의 평균 충돌시간(mean time between collisions)의 의미를 가진다. 좋은 도체의 경우에 전도전자는 매우 짧은 시간 동안 가속된 후, 물질을 구성하고 있는 원자들 중의 하나와 충돌하게 된다. 충돌 결과 전도전자는 임의의 방향으로 운동하게 되며, 충돌에 의한 평균 효과는 전자의 표류속도를 "0"이 되게 만든다. 평균 충돌시간이 τ이고, 평균 표류속도가 v_d라고 할 때, 전자는 매 τ시간 후에는 mv_d의 운동량을 잊어버리게 된다. 따라서 운동량 손실율 mv_d/τ는 운동량의 이득율 qE와 같아지므로, 식 (6.6.13)이 얻어짐을 알 수 있다.

$$\vec{v}_d = \frac{q}{G}\vec{E} = \frac{q\tau}{m}\vec{E} \quad \Rightarrow \quad \frac{\vec{v}_d}{\tau} = \frac{q}{m}\vec{E} \tag{6.6.13}$$

6.7 회로망과 키르히호프의 법칙

저항과 직류전원으로 구성된 전기회로에서 각 저항에 흐르는 전류 또는 저항 양 끝 사이의 전위차를 알기 위해 사용되는 개념 중의 하나가 분기점(Branch point)으로서 그림 6.9의 점 a 또는 점 b와 같이 여러 회로가 만나는 점을 의미한다. 또한 임의의 폐회로는 시작점과 끝점이 같은 회로를 의미한다. 이러한 회로분석에 자주 사용되는 기본 법칙으로 키르히호프 제 1법칙과 제 2법칙이 있다.

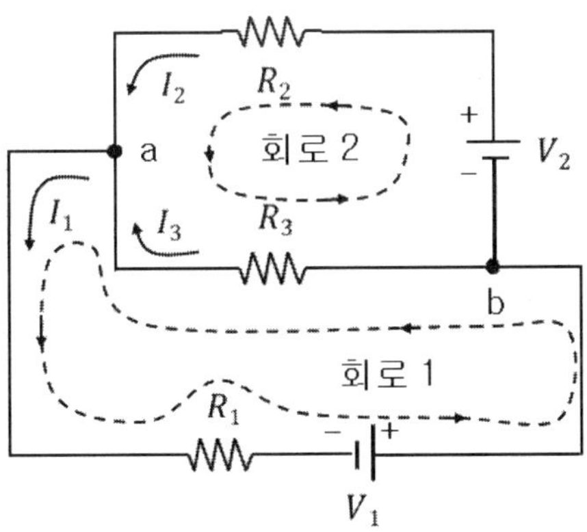

그림 6.9 회로망과 키르히호프 법칙

키르히호프 제 1법칙은 하나의 분기점에 흐르는 전류의 총합은 "0"으로

$\sum I_j = 0$ 와 같이 표현되는데 분기점을 향하여 들어오는 전류는 (+), 분기점으로부터 나가는 전류는 (-)값으로 취급한다. 또한 키르히호프 제2 법칙은 임의의 폐회로 둘레에 대한 전위차의 총합은 "0"으로 $\sum V_j = 0$ 와 같이 표현되며 전압 상승은 (+), 전압하강은 (-)값으로 취급한다. 따라서 그림 6.9의 분기점 a에 대하여 제 1법칙을 적용하면 식 (6.7.1)이 얻어지며, 폐회로 1과 폐회로 2에 대해 제 2법칙을 적용하면 식 (6.7.2)와 (6.7.3)이 얻어진다.

$$I_2 + I_3 - I_1 = 0 \tag{6.7.1}$$

$$V_1 = I_1 R_1 + I_3 R_3 \tag{6.7.2}$$

$$V_2 = I_2 R_2 - I_3 R_3 \tag{6.7.3}$$

이때 식 (6.7.2)와 식 (6.7.3)을 더하면,

$$V_1 + V_2 = I_1 R_1 + I_2 R_2 = I_1 R_1 + (I_1 - I_3) R_2 = I_1 (R_1 + R_2) - I_3 R_2 \tag{6.7.4}$$

이 얻어지며, 식 (6.7.4)로부터 저항 R_3에 흐르는 전류 I_3를 구하면, 다음과 같다.

$$I_3 = (\frac{R_1 + R_2}{R_2}) I_1 - (\frac{V_1 + V_2}{R_2}) \tag{6.7.5}$$

식 (6.7.5)를 식 (6.7.2)에 대입하면, 저항 R_1 양단의 전압 V_1이

$$V_1 = I_1 R_1 + I_3 R_3 = I_1 R_1 + [(\frac{R_1 + R_2}{R_2}) I_1 - (\frac{V_1 + V_2}{R_2})] R_3 \tag{6.7.6}$$

$$= I_1 R_1 + (\frac{R_1 + R_2}{R_2}) I_1 R_3 - (\frac{V_1 + V_2}{R_2}) R_3$$

$$= I_1 [R_1 + \frac{(R_1 + R_2)}{R_2} R_3] - (\frac{V_1 + V_2}{R_2}) R_3$$

와 같이 얻어진다. 식 (6.7.6)의 오른쪽 두 번째 항을 왼쪽으로 이항시키면,

$$V_1 + (\frac{V_1 + V_2}{R_2}) R_3 = I_1 (\frac{R_1 R_2 + R_1 R_3 + R_2 R_3}{R_2}) \tag{6.7.7}$$

와 같이 표현되는데, 식 (6.7.7)을 정리하면,

$$\frac{R_2V_1+V_1R_3+V_2R_3}{R_2}=I_1\left(\frac{R_1R_2+R_1R_3+R_2R_3}{R_2}\right) \tag{6.7.8}$$

와 같이 되어 저항 R_1 에 흐르는 전류 I_1 이 식 (6.7.9)와 같이 얻어진다.

$$I_1=\frac{(R_2+R_3)V_1+V_2R_3}{R_1R_2+R_1R_3+R_2R_3}=\frac{V_2+(1+\frac{R_2}{R_3})V_1}{R_2+R_1(1+\frac{R_2}{R_3})}=\frac{V_2+fV_1}{R_2+fR_1} \tag{6.7.9}$$

식 (6.7.9)의 두 번째 항은 분모와 분자를 R_3 로 나눔으로서 얻어졌으며 마지막에서는 간단히 하기 위하여 $f=1+R_2/R_3$ 와 같이 정의하여 표현하였다.

전기회로는 일상생활에서 다양하게 응용되고 있으며, 한 가지 예를 들면 그림 6.10과 같은 휘트스톤 브리지(Wheatstone Bridge)를 생각할 수 있으며, 이는 미지의 저항값을 결정하기 위하여 광범위하게 사용한다.

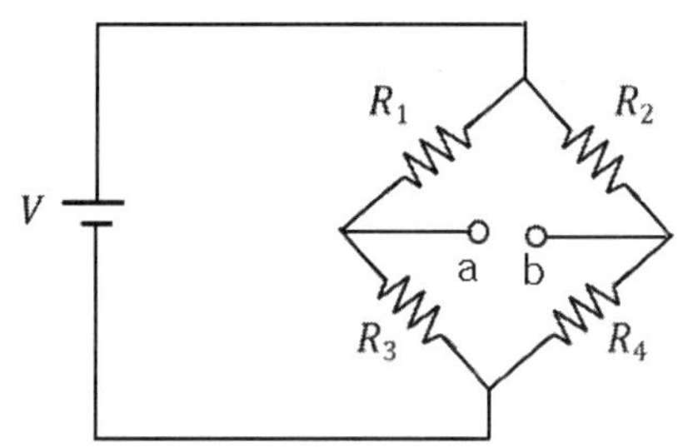

그림 6.10 휘트스톤 브리지 회로

그림 6.10과 같은 휘트스톤 브리지에서 출력단자 a, b 사이의 전압(등가전압: V_T)과 저항(등가저항: R_T)을 구하면 다음과 같으며, 유도과정은 보충 자료에 제시하였다.

$$V_T=V\left(\frac{R_3}{R_1+R_3}-\frac{R_4}{R_2+R_4}\right) \tag{6.7.10}$$

$$R_T=\frac{R_1R_3}{R_1+R_3}+\frac{R_2R_4}{R_2+R_4}$$

여기서 $\frac{R_3}{R_1+R_3}=\frac{R_4}{R_2+R_4}$ 일 때, 즉 $R_2R_3=R_1R_4$ 의 조건에서는 등가전압이

“영”이 되는데, 이러한 조건을 균형 조건(Balance condition) 또는 0 조건(Null condition)이라 한다. 이러한 조건에서 전류계를 휘트스톤 브리지의 출력 단자 a, b 사이에 놓으면, 전류계의 눈금은 항상 “영”을 가리킨다.

이러한 휘트스톤 브리지는 4개 저항 중의 하나에서의 미소 변화를 측정하는 데 사용할 수 있다. 4개의 저항 중 하나가 온도에 따라 어떻게 변하는지를 측정하는 경우를 생각하여 보자. 이때 처음에는 휘트스톤 브리지를 균형조건으로 만든 다음, 한 개를 제외한 나머지 3개의 저항은 일정한 온도로 유지시킨다. 저항 중의 하나, 예를 들면, R_3의 온도가 변하여 δR_3 만큼 저항이 변하면, 출력단자 a와 b사이에 전압(V_o)이 발생하게 되며 그 값은 다음과 같다.

$$V_o = V\left(\frac{R_3 + \delta R_3}{R_1 + R_3 + \delta R_3} - \frac{R_4}{R_2 + R_4}\right) \tag{6.7.11}$$

편의를 위하여 4개의 저항이 모두 같다고 하면, 즉, $R_1 = R_2 = R_3 = R_4 = R$, $\delta R_3 = \delta R$이라고 하면, 출력전압은 다음과 같다.

$$V_o = V\left(\frac{R + \delta R}{2R + \delta R} - \frac{1}{2}\right) = \frac{1}{2} V\left(\frac{1 + \delta R/R}{1 + \delta R/2R} - 1\right) \tag{6.7.12}$$

$|\delta R| \ll R$ 인 경우, $(1 + \frac{\delta R}{R})^n \simeq 1 + \frac{n\delta R}{R}$ 와 같이 근삿값으로 표현이 가능하므로 출력전압은 식 (6.7.13)과 같고, 계산 과정은 보충 자료에 제시하였다.

$$V_o \simeq \frac{1}{4} V \frac{\delta R}{R} \tag{6.7.13}$$

따라서 온도변화에 따른 $\delta R/R$을 측정할 수 있다. 또한 온도변화에 따른 저항의 변화를 알고 있다면, 출력단자 a, b 사이의 전압측정을 통하여 측정하고자 하는 곳(시료 근처의 온도)의 온도를 측정할 수 있다(그림 6.11 참조). 대부분의 저항은 온도에 따른 저항의 변화가 $< 0.1\% / {}^oC$로서 매우 작지만, 서미스터(thermistors)와 같은 것은 크므로 온도변화를 측정하는 데 사용한다.

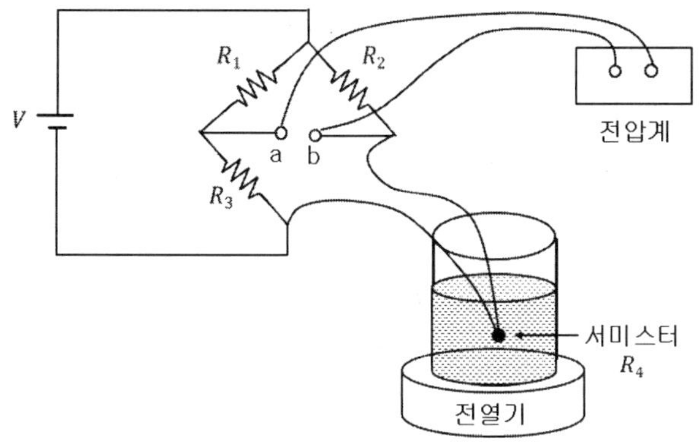

그림 6.11 휘트스톤 브리지를 이용한 온도측정 회로

회로에 대한 기본개념을 활용하여 그림 6.12와 같은 회로에서 전원이 부하 저항 R_L에 가장 효율적으로 에너지를 제공하는데 필요한 부하 저항 R_L의 크기에 대하여 생각하여 보자. 그림 6.12에서 저항 R은 회로의 총 내부 저항이다.

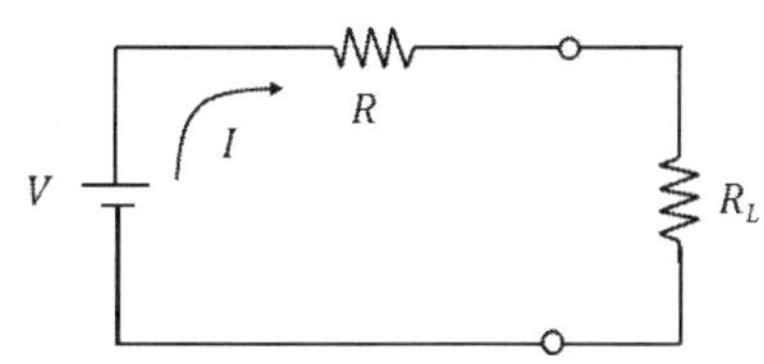

그림 6.12 부하 저항으로 효율적인 에너지 전달

부하 저항에 전달된 일률은

$$P_L = I^2 R_L = \left(\frac{V}{R + R_L}\right)^2 \times R_L = \frac{V^2 / R_L}{(1 + R/R_L)^2} \qquad (6.7.14)$$

식 (6.7.14)로부터 R_L이 매우 작아 $R_L \to 0$이면 $P \to 0$이 되지만 $R_L \to \infty$인 경우에도 $P \to 0$이 된다는 것을 알 수 있다. 따라서 부하저항에 전달되는 일률이 최대가 될 조건은 아래와 같이 결정된다. 즉,

$$\frac{dP_L}{dR_L} = \frac{V^2}{(1 + R/R_L)^4}\left(-\frac{1}{{R_L}^2}\right)(1 + R/R_L)^2 \qquad (6.7.15)$$

$$-\frac{V^2/R_L}{(1+R/R_L)^4}(2)(1+R/R_L)(-R/{R_L}^2)$$

$$=\frac{V^2}{R_L^2}\frac{2R/R_L}{(1+R/R_L)^3}-\frac{V^2}{(1+R/R_L)^2}\frac{1}{{R_L}^2}=0$$

식 (6.7.15)를 정리하면 다음과 같다.

$$\rightarrow \frac{2RV^2}{{R_L}^3}\frac{1}{(1+R/R_L)^3}-\frac{V^2}{(1+R/R_L)^2}\frac{1}{{R_L}^2}=0$$

$$\frac{V^2}{{R_L}^2(1+R/R_L)^2}\left(\frac{2R}{R_L(1+R/R_L)}-1\right)=0$$

$$\frac{2R}{R_L(1+R/R_L)}-1=0 \quad \Rightarrow \quad \frac{2R}{R_L}=1+\frac{R}{R_L} \tag{6.7.16}$$

식 (6.7.16)으로부터 $R_L=R$ 일 때, 즉, 부하저항의 크기(R_L)가 에너지를 제공하는 회로의 내부 저항(R)과 같을 때 가장 효율적으로 에너지를 부하저항에 전달한다는 것을 알 수 있다.

A. 식 (6.7.10)의 유도

ⓐ 그림 6.10에 대한 등가저항 : 그림 6.10에 대한 등가저항은 전원을 서로 단락시켜서 구한다. 따라서 전원을 단락시키면 저항 R_1, R_3이 서로 병렬 연결되고 R_2, R_4가 병렬 연결된 상태가 되므로 그림 6.11(a)과 같이 나타낼 수 있다.

그림 6.11 휘트스톤 브리지에 대한 등가저항(a) 및 회로(a)를 간략히 나타낸 회로(b)

따라서 서로 병렬 연결된 저항 R_1, R_3에 의한 합성저항을 구해보면

$$\frac{1}{R_1}+\frac{1}{R_3}=\frac{R_1R_3}{R_1+R_3} \quad : \ R_1\text{과 } R_3\text{에 의한 합성저항} \tag{1}$$

와 같다. 또한 R_2, R_4에 의한 합성저항을 구해보면

$$\frac{1}{R_2}+\frac{1}{R_4}=\frac{R_2R_4}{R_2+R_4} \ : \ R_2\text{과 } R_4\text{에 의한 합성저항} \tag{2}$$

와 같다. 따라서 휘트스톤 브리지에 대한 등가저항(R_{eq})은

$$R_{eq}=\frac{R_1R_3}{R_1+R_3}+\frac{R_2R_4}{R_2+R_4} \tag{3}$$

이 된다.

ⓑ 그림 6.9에 대한 등가 전압 : 등가 전압은 부하 저항에 흐르는 전류가 "0"일 때에 출력단자에서 본 전압이므로, 그림 6.12에서 부하저항(R_L)이 출력 단자 a, b가 연결되어 있지 않으면 단자 a, b에 연결될 부하 저항에 흐르는 전류는 없게 된다.

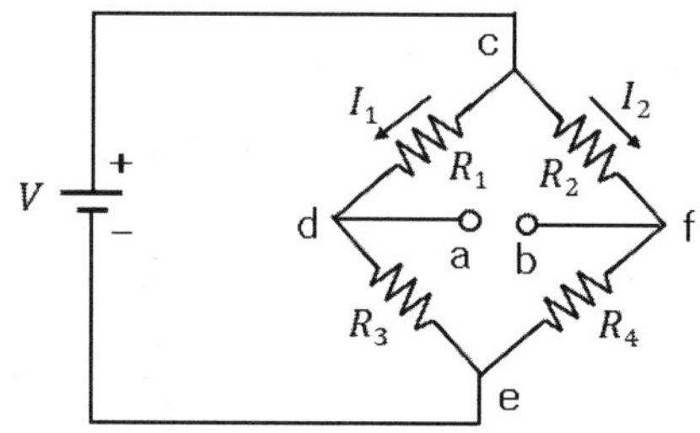

그림 6.12 휘트스톤 브리지 회로

따라서 출력단자 a, b 사이의 전위차는 점 d와 점 e 사이의 전위차(I_1R_3)에서 점 f와 점 e 사이의 전위차(I_2R_4)를 빼면 된다. 또는 점 c와 점 d 사이의 전위차(I_1R_1)에서 점 c와 점 f 사이의 전위차(I_2R_2)를 빼면 된다. 앞의 과정에 의해서 출력단자 a, b 사이의 전위차를 구하면

$$I_1R_3 - I_2R_4 = \frac{V}{R_1+R_3}R_3 - \frac{V}{R_2+R_4}R_4 = V\left(\frac{R_3}{R_1+R_3} - \frac{R_4}{R_2+R_4}\right) \tag{4}$$

와 같이 된다. 따라서 출력단자 a, b 사이의 등가 전압(V_T)은

$$V_T = V\left(\frac{R_3}{R_1+R_3} - \frac{R_4}{R_2+R_4}\right) \tag{5}$$

이 된다.

B. 식 (6.7.13)의 유도

식 (6.7.12)를 간단히 표현하면 다음과 같다.

$$V_o = \frac{1}{2} V \left(\frac{1+\delta R/R}{1+\delta R/2R} - 1 \right) = \frac{1}{2} V \left(\frac{1+a}{1+a/2} - 1 \right) \quad (\delta R/R = a) \tag{1}$$

식 (1)의 괄호 안은 다음과 같이 근삿값으로 표현된다.

$$\frac{1+\delta R/R}{1+\delta R/2R} = \frac{1+a}{1+a/2} = 2 - \frac{1}{1+a/2} = 2 - (1+a/2)^{-1} \quad (\delta R/R = a) \tag{2}$$

$$(1+a/2)^{-1} \simeq 1 - \frac{a}{2} \tag{3}$$

$$\frac{1+a}{1+a/2} - 1 \simeq 2 - 1 + \frac{a}{2} - 1 \simeq \frac{a}{2} \approx \frac{\delta R}{2R} \tag{4}$$

식 (4)를 식 (1)에 대입하면,

$$V_o = \frac{1}{2} V \left(\frac{1+a}{1+a/2} - 1 \right) \simeq \frac{1}{2} V \left(\frac{\delta R}{2R} \right) = \frac{1}{4} \frac{\delta R}{R} V \tag{5}$$

이 되어, 식 (6.7.13)이 얻어진다.

연습문제

01 일상생활에서 많이 사용되는 도선은 구리로 만들어져 있다. 구리 원자당 한 개의 자유전자가 존재한다고 할 때, $1\,[A]$ 의 전류가 흐르는 도선에서 전자의 유동속력은 얼마인가? 이때, 도선의 반경은 $0.815\ [mm]$ 이다.

02 단자전압이 $12\ [V]$ 인 자동차 배터리에 연결된 $30\ [W]$ 의 헤드라이트가 켜져 있다면, 1초당 얼마나 많은 전자들이 회로를 통하여 흐르겠는가?

03 평행판축전기의 두 금속판 사이에 유전상수가 K, 전기전도도가 g 인 물질로 채워져 있다. 초기에 금속판에 저장된 전하량이 Q 일 때, 시간에 따른 전하의 방전과 방전하면서 발생된 총 줄열 에너지가 초기에 축전기에 저장되었던 정전기 에너지와 같음을 보이시오. 또한 물질이 SiO_2인 경우에 시상수는 얼마인가? 단, SiO_2에 대한 유전상수 (K)는 $K = 4.3$ 이며, 비전도도(η)는 $\eta = 1 \times 10^{13}\,[\Omega m]$ 이다.

04 전기적 특성이 같은 4개의 꼬마전구가 있다. 4개의 전구 중에 1개의 필라멘트가 끊어지면 나머지 3개의 전구의 밝기가 어두워지는 회로를 설계하시오.

05 길이가 L, 비저항이 ρ 인 도선의 반경이 $r = a + [(b-a)/L]x$ 와 같이 길이에 따라 비례하여 증가한다. x 는 반경이 a 인 작은 쪽 끝으로부터의 거리이다. 이러한 도선의 저항(R)을 길이 L, 비저항 η 및 반경 a 와 b 로 나타내시오.

06 길이가 l, 안쪽 반경이 a, 바깥쪽 반경이 b 인 완전도체의 원통형 동축 전선($a < b$)의 저항(R)을 구하시오. 이때 a 와 b 사이에는 전도도가 σ 인 물질로 채워져 있고, 안쪽 전선과 바깥쪽 전선 사이의 전위차는 V 이다.

07 직경이 $0.2\,[mm]$ 인 니크롬선이 있다. 니크롬선의 양 끝을 $220\,[V]$ 의 전원에 연결하여 $500\,[W]$ 의 출력을 내는 전기히터를 제작하려고 한다. 이때 필요한 니크롬선의 길이는 얼마인가? 니크롬선의 비저항은 $100.0 \times 10^{-8}\,[\Omega \cdot m]$ 이다.

참고자료

1. Foundations of electronic theory, Fourth edition, John R. Reitz, Frederick J. Milford and Robert W. Christy, Addition-Wesley Publishing Company, 1993.
2. 기초전자기학-Q&A로 쉽게 배우는 기본원리, 곽동주, 김영학, 신광호, 한빛 아카데미, 2013.
3. 물리학, Physics for scientists and engineers, Paul A. Tipler and Gene Mosca, 물리학교재편찬위원회 역, 청문각, 2006.
4. Problem solvers Electromagnetics, Research & Education Association, 2004.

CHAPTER

07 정상전류에 의한 자기장

6장에서는 자기장의 근원 중의 하나인 정상전류의 기본특성에 대해 알아보았다. 7장에서는 전기력과 자기력을 비교해 보고, 자기장 내에서 움직이는 하전입자에 작용하는 자기력의 특성에 대해 다루고자 한다. 또한 자기장의 근원은 전류이므로, 전류와 자기장 사이의 관계에 대한 법칙들에 대해서 알아보고자 한다.

7.1 자기유도란?

원점에 정지해 있는 점 전하 q_1 으로부터 $\vec{r}$ 만큼 떨어져 정지해 있는 전하 q 에 작용하는 힘은 전기력으로 쿨롱의 법칙인 식 (7.1.1)과 같이 표현된다.

$$\vec{F}_e = \frac{1}{4\pi\epsilon_0}\frac{qq_1}{r^2}\frac{\vec{r}}{r} = q\left\{\frac{1}{4\pi\epsilon_0}\frac{q_1}{r^2}\frac{\vec{r}}{r}\right\} = q\vec{E} \quad \Rightarrow \vec{E} = \left\{\frac{1}{4\pi\epsilon_0}\frac{q_1}{r^2}\frac{\vec{r}}{r}\right\} \tag{7.1.1}$$

하지만 진공 중에서 점 전하 q_1 이 속도 $\vec{v}_1$, 전하 q 가 속도 $\vec{v}$ 로 운동 중일 경우, 이들 사이에 작용하는 힘은 전기력 외에 부가적인 자기력이 존재한다. 이때 전하 q 가 받는 자기력은 식 (7.1.2)와 같고, 점 전하 q_1이 속도 $\vec{v}_1$으로 운동하면서 전하 q 의 위치에 만드는 자기장은 식 (7.1.3)과 같다. 물론 점 전하 q_1이 운동 중이지만, 문제를 간단히 하기 위하여 점 전하 q_1의 위치를 좌표의 원점으로 정하고, q_1으로부터 전하 q까지의 거리를 벡터 $\vec{r}$로 나타내었다.

$$\vec{F}_m = \frac{\mu_0}{4\pi}\frac{qq_1}{r^2}\vec{v}\times(\vec{v}_1\times\frac{\vec{r}}{r}) \tag{7.1.2}$$
$$= q\vec{v}\times[\frac{\mu_0}{4\pi}\frac{q_1}{r^2}(\vec{v}_1\times\frac{\vec{r}}{r})] = q\vec{v}\times\vec{B}$$

$$\vec{B}(\vec{r}) = \frac{\mu_0}{4\pi}\frac{q_1}{r^2}[\vec{v}_1\times\frac{\vec{r}}{r}] \tag{7.1.3}$$

MKS 단위계에서 $\mu_0/4\pi = 10^{-7}\,[N\cdot S^2/C^2]$($\mu_0$: 진공에서의 투자율)의 값을 가지며, 자기유도($\vec{B}$)에 대한 단위는 $1N\cdot S/C\cdot m = 1\,T$ (T:테슬라)이다. 이처럼 크기가 일정한 자기장 내에서 운동 중인 전하에 작용하는 힘은 속도에 비례하며 방향은 $\vec{v}$에서 $\vec{B}$의 방향으로 오른손 나사를 회전시킬 때, 오른손 나사의 진행 방향이 자기력의 방향이다.

두 전하사이에 작용하는 자기력($\vec{F}_m$)은 속도에 의존하고 벡터 곱의 형태로 주어지므로 전기력($\vec{F}_e$)보다 좀 복잡하며, $\vec{v}$에 대해 수직 방향으로 작용한다. 따라서 임의의 자기장 $\vec{B}$ 안에서 전하량이 q인 하전입자가 $d\vec{l}$만큼 이동하는데 자기력이 한 일(dW)은 $dW = \vec{F}_m\cdot d\vec{l} = \vec{F}_m\cdot\vec{v}\,dt = 0$이 되므로 자기력은 하전입자 q에 일을 하지 않는다.

식 (7.1.2)의 분모와 분자에 ϵ_0를 곱하면, 분자는 $\mu_0\epsilon_0$이 되는데 이는 진공 중에서의 빛의 속도 c와는 $1/c^2$ ($c = 2.9979\times 10^8\,[m/s]$)와 같은 관계가 있다. 즉, 식 (7.1.4)와 같다.

$$\mu_0\epsilon_0 = 1/c^2 \tag{7.1.4}$$

식 (7.1.4)를 이용하여 식 (7.1.2)를 표현하면 다음과 같다.

$$\vec{F}_m = \frac{1}{4\pi\epsilon_0}\frac{qq_1}{r^2}\frac{\vec{v}}{c}\times(\frac{\vec{v}_1}{c}\times\frac{\vec{r}}{r}) \tag{7.1.5}$$

한편 주어진 한 쌍의 전하에 작용하는 전기력과 자기력의 크기를 비교해 보면, 식 (7.1.6)과 같다.

$$\frac{F_m}{F_e} = \frac{\left| \frac{1}{4\pi\epsilon_0} \frac{qq_1}{r^2} \frac{\vec{v}}{c} \times \left(\frac{\vec{v_1}}{c} \times \frac{\vec{r}}{r} \right) \right|}{\left| \frac{1}{4\pi\epsilon_0} \frac{qq_1}{r^2} \frac{\vec{r}}{r} \right|} \leq \frac{v}{c} \frac{v_1}{c} \tag{7.1.6}$$

따라서 하전입자의 속도(v)가 광속에 비해 작으면, 자기력은 전기력보다 훨씬 작다는 것을 알 수 있다.

그림 7.1(a)과 같이 전기장($\vec{E}$)과 자기장($\vec{B}$)이 함께 존재하면 움직이는 전하에는 전기력과 자기력이 동시에 작용한다. 따라서 전하 q에 작용하는 총 힘은 식 (7.1.7)과 같으며, 이를 로렌츠-힘(Lorentz force)이라고 한다. 이러한 로렌츠-힘은 그림 7.1 (b)와 같은 상황에서 쉽게 관찰된다. 소금물 속에 들어있는 (+)이온들은 전기력을 받아 중앙의 금속 막대로부터 가장자리에 놓인 원형 금속 띠의 방향으로 이동하게 된다. 하지만 원형 자석이 만드는 자기장 내에서 운동 중이므로, 자기력을 함께 받아 소금물이 회전하는 것을 쉽게 관찰할 수 있다.

$$\vec{F} = q(\vec{E} + \vec{v} \times \vec{B}) = q\vec{E} + q\vec{v} \times \vec{B} = \text{전기력} + \text{자기력} \tag{7.1.7}$$

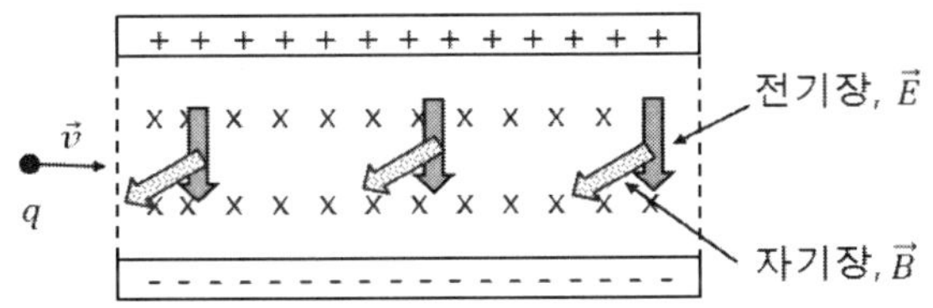

(a)

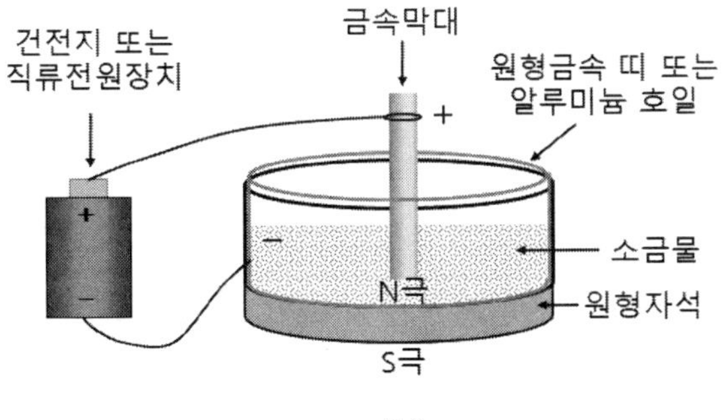

(b)

그림 7.1 (a) 서로 수직인 전기장과 자기장, (b) 전자기장 내에서 하전입자에 작용하는 힘에 의한 소금물의 회전

자기장의 세기는 단위면적당 자기력선의 수로 정의된다. 따라서 임의의 면적 S를 통과한 자기력선의 수를 물리학에서는 자기선속이라고 정의하는데, 자기선속(magnetic flux: Φ)은 식 (7.1.8)과 같이 정의하며 단위는 $Wb(weber)$이다. 어떻게 보면 자기선속이라는 표현보다는 임의의 면적 S를 통과하는 자기력선의 수라는 표현이 개념적으로 이해하기 쉬운 면이 있다.

$$\Phi = \int_S \vec{B} \cdot \hat{n}\, da \quad [Wb] \tag{7.1.8}$$

예제 1

반경이 50 $[cm]$ 인 원형 코일이 자기장의 세기가 100 $[mT]$ 이면서 방향이 일정한 자기장 내에 놓여 있다. 원형 코일의 단면이 자기장의 방향과 수직이라고 할 때, 코일을 통과하는 총 자기선속(자기력선의 수)은 얼마인가?

해답

자기선속은 $\Phi = \int_S \vec{B} \cdot \hat{n}\, da$와 같이 주어지고 자기장의 세기와 방향이 일정하므로, 코일을 통과한 자기력선의 수는 $\Phi = \vec{B} \cdot \vec{A}$ 이다. 자기장의 방향과 면적 $\vec{A} = A\hat{n}$($\hat{n}$: 면에 수직인 단위벡터)의 방향이 같으므로 $\Phi = \vec{B} \cdot \vec{A} = BA$ 이다. 따라서 코일을 통과한 자기력선의 수는

$$\Phi = (100 \times 10^{-3}T)(3.14 \times 0.5^2 m^2) = 7.85 \times 10^{-2} [Wb]$$

와 같다.

임의의 폐곡면을 통과한 자기선속은 식 (7.1.9)와 같이 "0"이 되는데, 이는 N극에서 나온 자기력선이 모두 S극으로 돌아간다는 의미이기도 하지만 N극과 S극이 분리되어 존재하지 않는다는 의미도 있다.

$$\Phi = \oint_S \vec{B} \cdot \vec{n}\, da = 0 \tag{7.1.9}$$

한편 이러한 자기선속의 개념은 전자기 유도를 다루는 10장에서 자세히 설명하고자 한다.

7.2 전류가 흐르는 도체에 작용하는 힘

전류는 전자와 같은 하전입자의 운동을 의미한다. 따라서 질량이 m , 전하량이 q 인 하전입자가 자기장 $\vec{B}$ 내에서 운동할 때 받는 자기력 $\vec{F}= q\vec{v}\times \vec{B}$ 에 대한 개념은 전류가 흐르는 도체에 그대로 적용된다. 일반적으로 전류는 매우 많은 하전 입자들의 운동을 의미하므로, 1개의 하전입자에 작용하는 자기력을 하전입자의 수와 속도를 고려하면 전류가 흐르는 도체에 작용하는 자기력에 대한 표현식은 비교적 쉽게 얻을 수 있다.

그림 7.2와 같이 일정한 전류 I가 흐르는 도선의 미소길이 $d\vec{l}$ 에 작용하는 자기력을 구해보자. $d\vec{l}$ 의 방향을 전류의 방향과 같게 정하면, $d\vec{l}$ 의 방향은 도체 내의 전하 운반자의 속도 $\vec{v}$ 의 방향과 평행이 된다. 도체 내의 단위 체적당 전하 운반자의 수를 N 이라 하면, 미소길이 $d\vec{l}$ 에 들어있는 전하 운반자의 수(n)는 $n= NA|d\vec{l}|$ 이 된다. 따라서 전하운반자의 전하량을 q 라고 할 때, n 개의 전하 운반자에 작용하는 자기력($d\vec{F}$)은 식 (7.2.1)과 같다.

$$d\vec{F}= NA|d\vec{l}|\, q\,\vec{v}\times \vec{B} \tag{7.2.1}$$

여기서 A 는 도체의 횡 단면적이다. $\vec{v}$ 와 $d\vec{l}$ 이 서로 평행하므로 식 (7.2.1)은 식 (7.2.2)와 같이 표현된다.

$$d\vec{F}= Nq|\vec{v}|A d\vec{l}\times \vec{B} \tag{7.2.2}$$

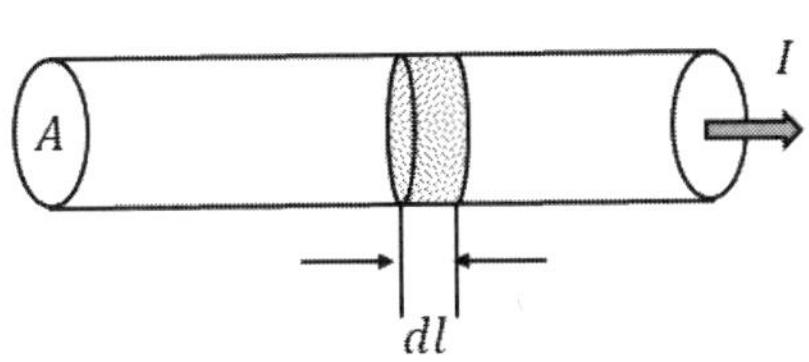

그림 7.2 단면적이 A 이며 전류 I가 흐르는 도체

식 (7.2.2)에서 $Nq|\vec{v}|A$는 한 종류의 전하 운반자 N개가 만드는 전류(I)를 의미

하므로, 식 (7.2.2)는

$$d\vec{F} = Nq|\vec{v}|Ad\vec{l} \times \vec{B} = Id\vec{l} \times \vec{B} \tag{7.2.3}$$

와 같이 표현된다. 식 (7.2.3)에서 미소 길이 $|d\vec{l}|$이 받는 자기력($d\vec{F}$)은 $d\vec{l}$과 $\vec{B}$에 수직 방향으로 작용한다. 따라서 식 (7.2.3)을 자기장 내에 들어있는 도선의 전체 길이에 대하여 적분하면, 도선 전체에 작용하는 자기력이 얻어진다. 한편, 전류가 흐르는 도선이 자기장 내에서 폐회로 형태로 존재하면, 폐회로 C에 작용하는 자기력($\vec{F}$)은 폐회로에 대해 식 (7.2.3)을 적분하면 얻어지며

$$\vec{F} = \oint_C Id\vec{l} \times \vec{B} \tag{7.2.4}$$

와 같이 표현된다. 하지만, 자기장 $\vec{B}$가 일정($\vec{B} \neq \vec{B}(x, y, z)$: 위치에 따라 변하지 않음)하다면, 식 (7.2.4)의 적분 결과는

$$\vec{F} = I(\oint_c d\vec{l}\,) \times \vec{B} = 0 \quad (\vec{B} = \text{일정}\,) \tag{7.2.5}$$

아 같이 "0"이 되어 식 (7.2.5)로부터 폐회로 전체에 작용하는 자기력이 "0"이 됨을 알 수 있다. 하지만, 폐회로에 작용하는 회전토크는 "0"이 되지 않는데, 이에 대해 알아보자(그림 7.3 참조).

폐회로 전체에 작용하는 회전토크는 미소 길이 $d\vec{l}$에 작용하는 미소 회전토크($d\vec{\tau}$)에 대한 표현식을 구한 후, 이를 전체 회로에 대해 적분하면 폐회로 전체에 작용하는 회전토크가 구해진다. 미소 길이 $d\vec{l}$에 작용하는 미소 회전토크($d\vec{\tau}$)는

$$d\vec{\tau} = \vec{r} \times d\vec{F} = \vec{r} \times (Id\vec{l} \times \vec{B}) = I\vec{r} \times (d\vec{l} \times \vec{B}) \tag{7.2.6}$$

와 같으므로, 폐회로 전체에 작용하는 토크는

$$\vec{\tau} = I\oint_C \vec{r} \times (d\vec{l} \times \vec{B}) \tag{7.2.7}$$

와 같다. 계산을 간단히 하기 위하여 "$\vec{B} = \text{일정}$"하다고 가정하자.

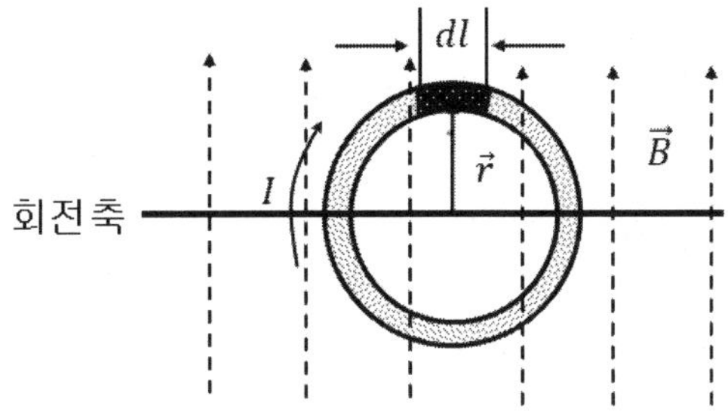

(a)

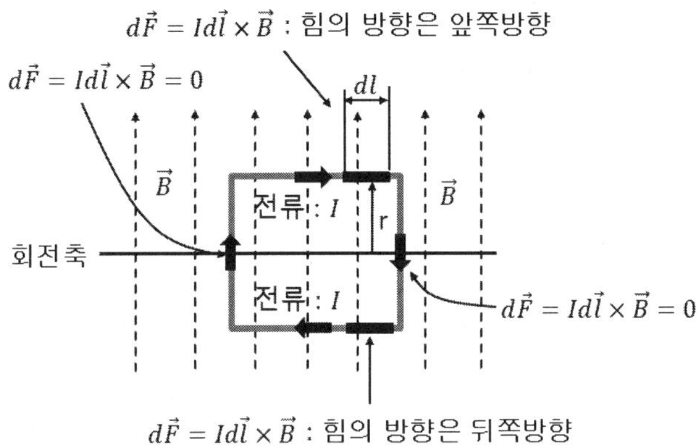

(b)

그림 7.3 전류 I가 흐르고, 자속밀도가 $\vec{B}$인 자기장 내에 놓인 반경 r의 원형 고리(a)와 정사각형 도선(b)

식 (7.2.7)에서 $d\vec{l} \times \vec{B}$ 의 결과는 식 (7.2.8)과 같이 성분별로 행렬 표현이 가능하다.

$$d\vec{l} \times \vec{B} = \hat{i}\,(dyB_z - dzB_y) + \hat{j}\,(dzB_x - dxB_z) + \hat{k}\,(dxB_y - dyB_x) \tag{7.2.8}$$

$$= \begin{vmatrix} \hat{i} & \hat{j} & \hat{k} \\ dx & dy & dz \\ B_x & B_y & B_z \end{vmatrix}$$

식 (7.2.8)에 $\vec{r}$ 을 벡터 곱을 하면, 다음과 같다.

$$\vec{r} \times (d\vec{l} \times \vec{B}) = \begin{vmatrix} \hat{i} & \hat{j} & \hat{k} \\ x & y & z \\ dyB_z - dzB_y & dzB_x - dxB_z & dxB_y - dyB_x \end{vmatrix} \tag{7.2.9}$$

식 (7.2.9)를 성분별로 표시하면 식 (7.2.10)과 같다.

$$[\vec{r}\times(d\vec{l}\times\vec{B})]_x = y\,dx\,B_y - y\,dy\,B_x - z\,dz\,B_x + z\,dx\,B_z \quad : x\text{-성분}$$

$$[\vec{r}\times(d\vec{l}\times\vec{B})]_y = z\,dy\,B_z - z\,dz\,B_y - x\,dx\,B_y + x\,dy\,B_x \quad : y\text{-성분} \qquad (7.2.10)$$

$$[\vec{r}\times(d\vec{l}\times\vec{B})]_z = x\,dz\,B_x - x\,dx\,B_z - y\,dy\,B_z + y\,dz\,B_y \quad : z\text{-성분}$$

$\vec{B}$가 $\vec{r}$에 의존하지 않고 일정하다고 가정하였으므로, 식 (7.2.10)에서 $\vec{B}$의 각 성분들은 적분기호 밖으로 보내질 수 있다. 따라서 공간적분은 식 (7.2.11~12)와 같이 두 가지 유형으로 분류된다.

$$ⓐ\ \oint y\,dy\,,\ \oint z\,dz\,,\ \oint x\,dx \quad \rightarrow \quad \oint \zeta\,d\zeta \qquad (7.2.11)$$

$$ⓑ\ \oint y\,dx\,,\ \oint z\,dy\,,\ \oint x\,dz \quad \rightarrow \oint \xi\,d\eta \qquad (7.2.12)$$

임의의 폐회로에 대한 식 (7.2.11)과 같은 유형의 적분값은 “0”이 되므로 중요하지 않다. 하지만, 식 (7.2.12)와 같은 유형의 적분, 한 예로서 $\oint x\,dy$는 두 변수 x와 y를 포함하지만, z를 포함하지 않으므로 실제의 폐곡선 C 둘레에 대한 적분값은 그림 7.4와 같이 $xy-$평면에 폐곡선 C를 투영시킨 그림자 둘레에 대한 적분값과 같다.

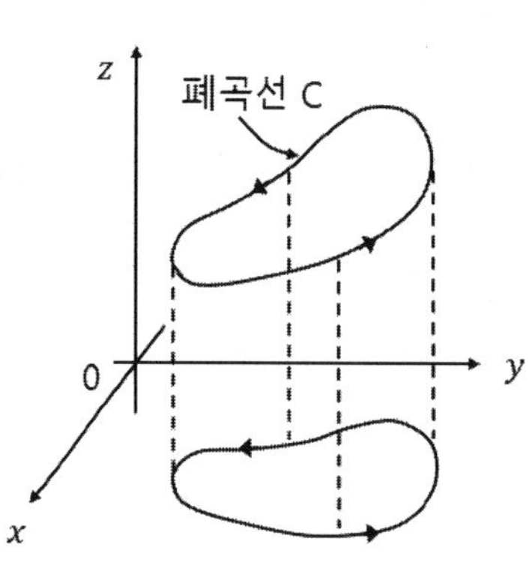

그림 7.4 xy-평면 위에 투영된 곡선 C

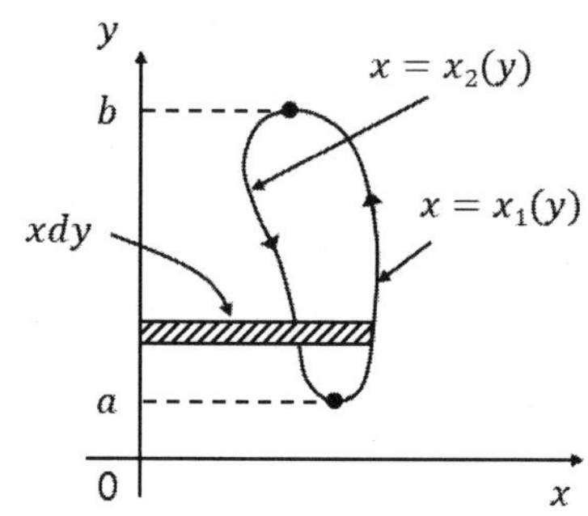

그림 7.5 $\oint x\,dy$에 대한 적분

그림 7.5에 미소면적 $x\,dy$를 xy-평면에 나타내었으며, 폐회로에 대한 $\oint x\,dy$의 적분은 식 (7.2.13)과 같이 2개의 적분구간으로 표현이 가능하다.

$$\oint x\,dy = \int_a^b x_1(y)\,dy + \int_b^a x_2(y)\,dy \tag{7.2.13}$$

x와 y를 오른손 좌표계에 대한 x, y, z의 순환순열(cyclic permutation)로 표현하면, 식 (7.2.14~16)과 같이 된다.

$$\oint x dy = A_z \tag{7.2.14}$$

$$\oint y\,dz = \int_a^b y_1(z)\,dz + \int_b^a y_2(z)\,dz = A_x \tag{7.2.15}$$

$$\oint z\,dy = \int_a^b z_1(y)\,dy + \int_b^a z_2(y)\,dy = -A_x \tag{7.2.16}$$

식 (7.2.14~16)과 같은 약속을 식 (7.2.7)에 적용하여 회전토크를 x, y, z 성분별로 표현하면, 식 (7.2.17~19)와 같다.

$$\tau_x = I\oint_c [\vec{r}\times(d\vec{l}\times\vec{B})]_x = I\oint_c [y\,dx B_y - y\,dy\,B_x - z\,dz\,B_x + z\,dx\,B_z] \tag{7.2.17}$$

$$= I\oint_c (y\,dx)B_y - I\oint_c (y\,dy)B_x - I\oint_c (z\,dz)B_x + I\oint_c (z\,dx)B_z$$

$$= I\oint_c (y\,dx)B_y - 0 - 0 + I\oint_c (z\,dx)B_z = -IA_z B_y + IA_y B_z$$

$$= I(A_y B_z - A_z B_y)$$

$$\tau_y = I\oint_c [\vec{r}\times(d\vec{l}\times\vec{B})]_y = I(A_z B_x - A_x B_z) \tag{7.2.18}$$

$$\tau_z = I\oint_c [\vec{r}\times(d\vec{l}\times\vec{B})]_z = I(A_x B_y - A_y B_x) \tag{7.2.19}$$

회전토크를 식 (7.2.17~19)와 같이 각 성분별로 표현하였는데, 이를 벡터연산을 이용하여 하나의 식으로 표현하면 다음과 같다.

$$\vec{\tau} = I\vec{A}\times\vec{B} \tag{7.2.20}$$

여기서 $\vec{A}$의 크기는 $yz-$, $zx-$ 및 $xy-$평면에 투영된 폐회로 C의 면적이며, 방향은 면에 수직이다. 한편 식 (7.2.20)에 나오는 $I\vec{A}$는 자기학에서 매우 자주 사용하는 용어로 회로에 대한 자기쌍극자 모멘트(magnetic-dipole moment: $\vec{m}$)라고 하며, $I\vec{A} = \vec{m}$ 와 같이 나타낸다. 따라서 전류 I가 흐르며, 면적이 A 인 폐회로에 대한 자기쌍극자 모멘트는 식 (7.2.21)과 같이 나타내며, 방향은 그림 7.6과 같이 폐회로가 만드는 평면에 대해 수직이다.

$$\vec{m} = I\vec{A} \tag{7.2.21}$$

따라서 식 (7.2.21)을 사용하여 회전토크를 표현하면,

$$\vec{\tau} = I\vec{A} \times \vec{B} = \vec{m} \times \vec{B} \tag{7.2.22}$$

와 같다.

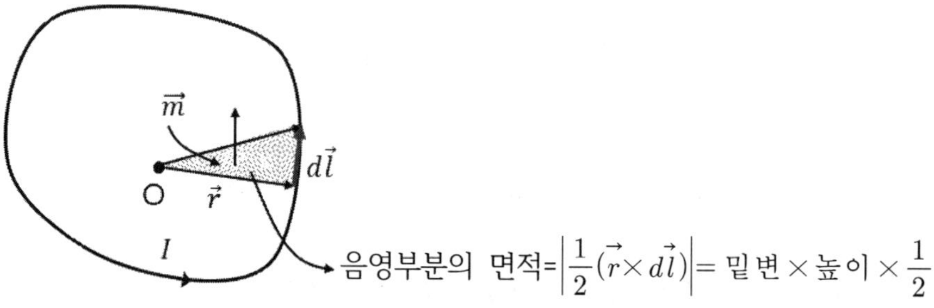

그림 7.6 폐회로에 흐르는 전류 I가 만드는 자기쌍극자 모멘트

또한 그림 7.6을 통하여 알 수 있듯이 임의의 폐회로 둘레에 대한 $\vec{r} \times d\vec{l}$ 에 대한 적분값은 곡선에 의해 둘러싸인 면적(A)의 2배이며 방향은 $\vec{r}$ 에서 벡터 $d\vec{l}$ 로 오른손 나사를 회전시켰을 때, 오른손 나사의 진행방향을 가리킨다.

$$\oint (\vec{r} \times d\vec{l}) = 2\vec{A} \tag{7.2.23}$$

따라서 자기쌍극자 모멘트에 대한 식 (7.2.21)은

$$\vec{m} = I\vec{A} = \frac{1}{2} I \oint_c \vec{r} \times d\vec{l} \tag{7.2.24}$$

와 같이 쓸 수 있다. 전류가 도선이 아닌 특정매질 내에 분포하면, 식 (7.2.24)에서 $Id\vec{l}$ 은 식 (7.2.25)와 같이 단위면적당 전류를 의미하는 전류밀도($\vec{J}$)와 미소 체적(dv)으로 표현이 가능하므로, 자기쌍극자 모멘트는 식 (7.2.26)과 같이 표현되기도

한다.

$$I d\vec{l} = \frac{I}{A} A d\vec{l} = \vec{J} dv \quad (dv\text{:미소체적}) \tag{7.2.25}$$

$$\vec{m} = \frac{1}{2} I \oint_c \vec{r} \times d\vec{l} = \frac{1}{2} \int \vec{r} \times \vec{J} dv \tag{7.2.26}$$

이러한 자기쌍극자 모멘트의 개념은 물질의 자기적 성질을 논하는 데 매우 유용하게 사용된다.

7.3 비오-사바르 법칙

1820년, 덴마크의 과학자 에르스테드는 전류에 의해 자기장이 발생한다는 놀라운 사실을 발표하였으며, 정상전류가 만드는 자기장은 시간에 따라 변하지 않으므로 이러한 자기장을 다루는 분야가 정자기학(magnetostatics)이다.

정상전류란 시간에 따라 크기와 방향이 변하지 않는 전하의 흐름을 의미한다. 즉, 그림 7.7에서 원통모양의 도체에 흐르는 전류가 정상전류라면 도체의 왼쪽에서 흘러 들어간 전하량만큼 오른쪽에서 빠져나오므로 도체 내에서의 전하밀도는 항상 일정하게 된다. 이처럼 전하밀도가 시간에 의존하지 않으므로, 전하밀도는 $\rho \neq \rho(t)$와 같이 표현된다. 따라서 $\frac{\partial \rho}{\partial t} = 0$ 이므로 정상전류에 대한 연속방정식은 식 (7.3.1)과 같다.

$$\frac{\partial \rho}{\partial t} + \vec{\nabla} \cdot \vec{J} = 0 \quad \Rightarrow \quad \vec{\nabla} \cdot \vec{J} = 0 \tag{7.3.1}$$

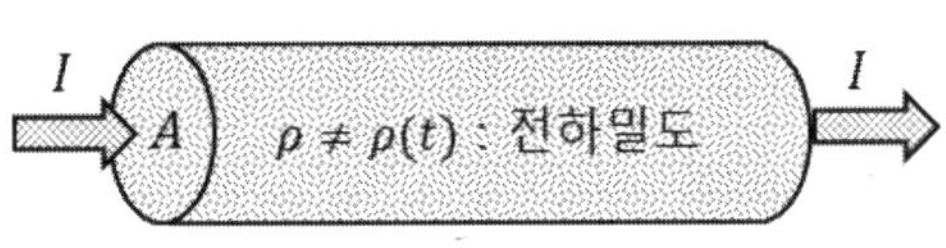

그림 7.7 정상전류에 대한 개념

참고로 움직이는 점 전하는 정상전류를 만들지 못한다. 점 전하는 특정 순간에 여기 있다가도 다른 순간에는 사라져 버리기 때문이다. 정상전류가 도선에 흐르면, 전류의 크기 I는 도선 어디에서나 같다. 그렇지 않으면, 도선의 어디엔가 전하가 쌓이게 되어 일정한 크기의 전류를 계속 유지하지 못하기 때문이다.

정상전류는 관측점에 크기와 방향이 변하지 않는 정자기장을 만들며, 관측점에서의 정자기장은 식 (7.3.2)로 표현되는 비오-사바르 법칙(Biot-Savart law)을 사용하여 구할 수 있다.

$$\vec{B}(\vec{r}) = \frac{\mu_0}{4\pi} I \oint \frac{d\vec{l}' \times (\vec{r} - \vec{r}')}{|\vec{r} - \vec{r}'|^3} \tag{7.3.2}$$

여기서 $\mu_0 = 4\pi \times 10^{-7} N/A^2$ 의 값을 가지며, 진공에서의 투자율(permeability of free space)이다.

식 (7.3.2)는 진공 속에서 전류 I가 흐르는 도선으로부터 $\vec{r}$만큼 떨어진 곳에 만드는 자속밀도를 의미하며, 식 (7.3.2)의 미분형은 다음과 같다.

$$d\vec{B}(\vec{r}) = \frac{\mu_0}{4\pi} \frac{I d\vec{l}' \times (\vec{r} - \vec{r}')}{|\vec{r} - \vec{r}'|^3} \tag{7.3.3}$$

한편 식 (7.3.2)를 면전류($\vec{K}(\vec{r}')$)와 전류밀도($\vec{J}(\vec{r}')$)로 표현하면 식 (7.3.4)와 같으며, 식 (7.3.2)에서 $I d\vec{l}' = \frac{I}{A} A d\vec{l}' = \vec{J}(\vec{r}') dv'$ 이 된다.

$$\vec{B}(\vec{r}) = \frac{\mu_0}{4\pi} \oint_{S'} \frac{\vec{K}(\vec{r}') \times (\vec{r} - \vec{r}')}{|\vec{r} - \vec{r}'|^3} da' \tag{7.3.4}$$

$$\vec{B}(\vec{r}) = \frac{\mu_0}{4\pi} \oint_{V} \frac{\vec{J}(\vec{r}') \times (\vec{r} - \vec{r}')}{|\vec{r} - \vec{r}'|^3} dv'$$

식 (7.3.4)에서 전류밀도 $\vec{J}(\vec{r}')$을 체적 적분하면 관측점인 $\vec{r}$인 곳에서의 정자기장이 결정된다는 것을 알 수 있다.

7.3.1 비오-사바르 법칙의 응용

식 (7.3.2) 또는 식 (7.3.4)와 같이 적분을 통하여 자기장 $\vec{B}$를 구하는 것은 적분과정에서의 어려움 때문에 적용할 수 있는 범위가 제한적이다. 여기서는 비교적 쉽게 적분을 이용하여 자기장 $\vec{B}$를 구할 수 있는 몇 가지 예를 들어 설명하고자 한다.

첫 번째 예로서 x-축과 평행하게 놓인 직선 도선에 흐르는 전류 I가 만드는 자기장을 구해보자(그림 7.8 참조).

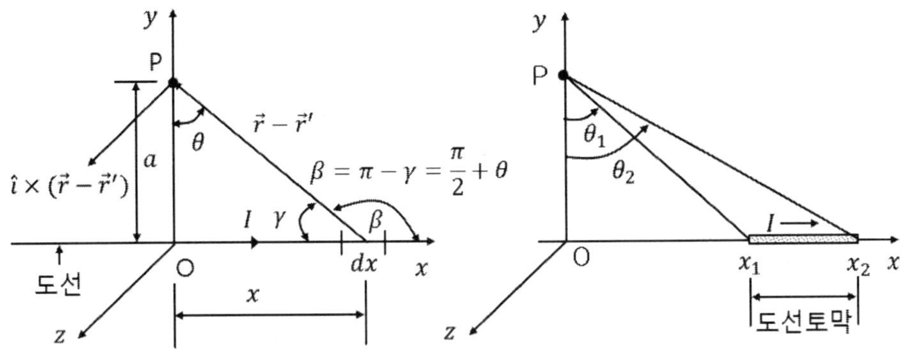

그림 7.8 정상전류 I가 흐르는 직선 도선으로부터 수직거리 a인 점 P에서의 자기장

비오-사바르 법칙을 이용하여 관측점 P에서의 자기장 $\vec{B}(\vec{r})$ 을 구하면

$$\vec{B}(\vec{r})=\frac{\mu_0}{4\pi}I\int_{x_1}^{x_2}\frac{dx\,\hat{i}\times(\vec{r}-\vec{r}')}{|\vec{r}-\vec{r}'|^3} \tag{7.3.5}$$

와 같다. $\vec{r}-\vec{r}'$ 이 xy 평면에 있으므로, $\hat{i}\times(\vec{r}-\vec{r}')$은 xy 평면에 수직이면서 양(+)의 $z-$축 방향을 향하므로 다음과 같다.

$$\hat{i}\times(\vec{r}-\vec{r}')=|\vec{r}-\vec{r}'|\sin\beta\,\hat{k} \qquad (\hat{k}: z-\text{축 방향의 단위벡터}) \tag{7.3.6}$$

$$=|\vec{r}-\vec{r}'|\sin[\pi-(\pi/2-\theta)]\hat{k}$$

$$=|\vec{r}-\vec{r}'|\cos\theta\,\hat{k}$$

그림 7.8에서 $\beta=\pi-\gamma=\pi-(\pi/2-\theta)=\pi/2+\theta$이다. 또한, 그림 7.8로부터 식 (7.3.7~8)과 같은 관계식이 얻어진다.

ⓐ $a\tan\theta=x \quad\Rightarrow\quad a\left(\frac{\cos^2\theta+\sin^2\theta}{\cos^2\theta}\right)d\theta=a\left(\frac{1}{\cos^2\theta}\right)d\theta=dx$ (7.3.7)

ⓑ $|\vec{r}-\vec{r}'|\cos\theta=a \quad\Rightarrow\quad |\vec{r}-\vec{r}'|=\frac{a}{\cos\theta}$ (7.3.8)

식 (7.3.7~8)을 식 (7.3.5)에 대입하고, 식 (7.3.5)에서 x_1부터 x_2까지의 적분을

θ 에 대해 θ_1 부터 θ_2 까지의 적분으로 바꾸어 적분하면 식 (7.3.9)와 같은 결과를 얻는다.

$$\vec{B}(\vec{r}) = \frac{\mu_0}{4\pi}\int_{x_1}^{x_2}\frac{Idx\,\vec{i}\times(\vec{r}-\vec{r}\,')}{|\vec{r}-\vec{r}\,'|^3} \tag{7.3.9}$$

$$= \frac{\mu_0 I}{4\pi}\int_{\theta_1}^{\theta_2}\frac{|\vec{r}-\vec{r}\,'|\cos\theta\,\hat{k}}{|\vec{r}-\vec{r}\,'|^3}\frac{a}{\cos^2\theta}d\theta$$

$$= \frac{\mu_0 I}{4\pi}\int_{\theta_1}^{\theta_2}\frac{\cos\theta}{\frac{a^2}{\cos^2\theta}}\frac{a}{\cos^2\theta}d\theta\,\hat{k} = \frac{\mu_0 I}{4\pi a}\int_{\theta_1}^{\theta_2}\cos\theta\,d\theta$$

만약 도선의 길이가 무한대라면, 식 (7.3.9)에서 $\theta_1 = -\pi/2$, $\theta_2 = \pi/2$ 가 되므로, 이를 식 (7.3.9)에 대입하면 다음과 같다.

$$\vec{B}(\vec{r}) = \frac{\mu_0 I}{4\pi a}(\sin\pi/2 - \sin(-\pi/2))\,\hat{k} = \frac{\mu_0 I}{2\pi a}\hat{k} \tag{7.3.10}$$

식 (7.3.10)으로부터 양(+)의 $x-$축 방향을 오른손 엄지손가락의 방향과 일치시킬 때 나머지 감싸 쥔 4개 손가락의 방향이 자기력선의 방향이다. 이는 오른손 법칙에 의한 자기유도 $\vec{B}(\vec{r})$ 와 일치함을 알 수 있으며, 도선을 중심으로 모든 곳에서 자기장은 원 모양이다.

이번에는 비오-사바르 법칙의 응용에 대한 두 번째 예로 자주 사용되는 전류 I가 흐르는 원형루프의 중심축 위에 형성되는 자기장 $\vec{B}$를 구해보자(그림 7.9 참조). 전류 I가 흐르는 도선에 의한 자기유도 $\vec{B}$는 다음과 같이 주어진다.

$$\vec{B}(\vec{r}) = \frac{\mu_0}{4\pi}I\oint\frac{d\vec{l}\times(\vec{r}-\vec{r}\,')}{|\vec{r}-\vec{r}\,'|^3} \tag{7.3.11}$$

그림 7.9에서 전류분포가 원형대칭이므로 식 (7.3.11)에서 $d\vec{l}$ 과 $\vec{r}-\vec{r}\,'$에 대한 표현식은 원통 좌표를 이용하면 적분하기가 수월하다.

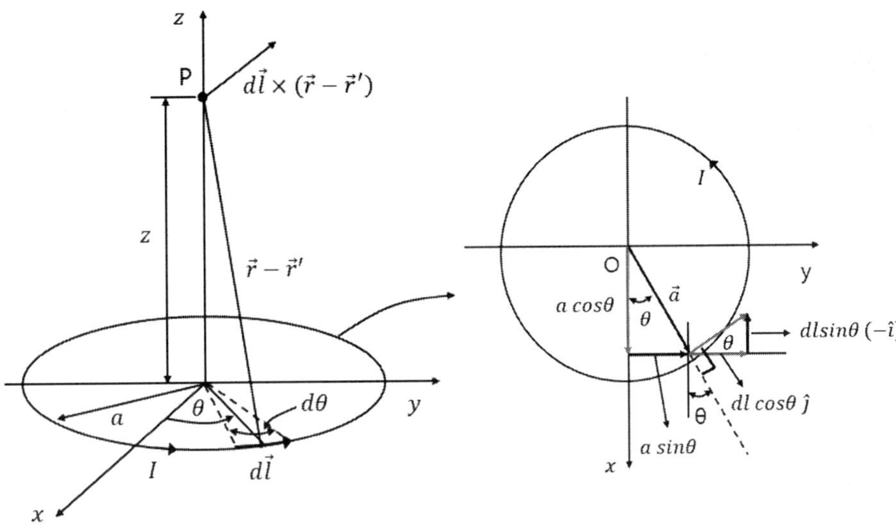

그림 7.9 원형 도선에 흐르는 전류 I에 기인한 원형 축 위에서의 자기장

그림 7.9로부터 $|\vec{r}-\vec{r}'| = (a^2+z^2)^{1/2}$이며, 계산의 편리를 위하여 미소길이 $d\vec{l}$을 반경 a 및 θ로 나타내면 식 (7.3.12)와 같다.

$$d\vec{l} = a\,d\theta(-\hat{i}\sin\theta + \hat{j}\cos\theta) \tag{7.3.12}$$

또한 $\vec{r}-\vec{r}'$도 계산의 편리를 위하여 반경 a, θ 및 z로 나타내면 식 (7.3.13)과 같다.

$$\vec{r}' = a\cos\theta\,\hat{i} + a\sin\theta\,\hat{j}$$
$$\vec{r}-\vec{r}' = z\hat{k} - (a\cos\theta\,\hat{i} + a\sin\theta\,\hat{j}) = -a\cos\theta\,\hat{i} - a\sin\theta\,\hat{j} + z\hat{k} \tag{7.3.13}$$

식 (7.3.12)와 식 (7.3.13)을 식 (7.3.11)에 대입하면 관측점 P에서의 자기장이

$$\vec{B}(z) = \frac{\mu_0 I}{4\pi}\int \frac{d\vec{l}\times(\vec{r}-\vec{r}')}{|\vec{r}-\vec{r}'|^3} \tag{7.3.14}$$

$$= \frac{\mu_0 I}{4\pi}\int_0^{2\pi} \frac{a\,d\theta(-\hat{i}\,sin\theta + \hat{j}\cos\theta)\times(-a\cos\theta\,\hat{i} - a\sin\theta\,\hat{j} + z\hat{k})}{(a^2+z^2)^{3/2}}$$

와 같이 얻어진다. 식 (7.3.14)에서 적분기호 안의 분자에 대해 먼저 계산하면 다음과 같다.

$$(-a\sin\theta\,\hat{i} + a\cos\theta\,\hat{j}) \times (-a\cos\theta\,\hat{i} - a\sin\theta\,\hat{j} + z\,\hat{k}) \tag{7.3.15}$$

$$= a^2\sin^2\theta\,\hat{k} + az\sin\theta\,\hat{j} + a^2\cos^2\hat{k} + az\cos\theta\,\hat{i}$$

$$= az\cos\theta\,\hat{i} + az\sin\theta\,\hat{j} + a^2\,\hat{k}$$

식 (7.3.15)를 식 (7.3.14)에 대입하면 적분구간이 "0"부터 2π까지인 θ만에 의한 적분으로 되면서 식 (7.3.16)과 같이 된다.

$$\vec{B}(z) = \frac{\mu_0 I}{4\pi}\int_0^{2\pi}\left(\frac{az\cos\theta\,\hat{i} + az\sin\theta\,\hat{j} + a^2\hat{k}}{(a^2+z^2)^{3/2}}\right)d\theta \tag{7.3.16}$$

식 (7.3.16)을 0부터 2π까지 한 주기에 대해서 적분하면, $\cos\theta$와 $\sin\theta$에 대한 두 항의 적분은 "0"이 되므로 최종적으로 다음과 같은 결과가 얻어진다.

$$\vec{B}(z) = \frac{\mu_0 I}{4\pi}\int_0^{2\pi}\frac{a^2\hat{k}}{(a^2+z^2)^{3/2}}d\theta = \frac{\mu_0 I}{4\pi}\frac{a^2}{(z^2+a^2)^{3/2}}2\pi\hat{k} \tag{7.3.17}$$

$$= \frac{\mu_0 I}{2}\frac{a^2}{(z^2+a^2)^{3/2}}\hat{k}$$

관측점 P가 원형루프로부터 매우 멀리 떨어진 곳, 즉 $z \gg a$인 곳에서의 자기장은 다음과 같이 하나의 자기쌍극자 $\vec{m}$이 만드는 자기장과 근사적으로 같아진다.

$$\vec{B}(z) = \frac{\mu_0 I}{2}\frac{a^2}{(z^2+a^2)^{3/2}}\hat{k} = \frac{\mu_0 I}{2}\frac{a^2}{[z^2(1+a^2/z^2)]^{3/2}}\hat{k} \tag{7.3.18}$$

$$\simeq \frac{\mu_0}{2\pi}\frac{I\pi a^2}{z^3}\hat{k} = \frac{\mu_0}{2\pi}\frac{m}{z^3}\hat{k} \quad (|\vec{m}| = I\pi a^2)$$

7.4 자기장 $\vec{B}$의 발산과 회전

7.4.1 자기장 $\vec{B}$에 대한 발산

자기장 $\vec{B}$에 대한 미분형과 적분형은 식 (7.4.1~2)와 같다.

$$\vec{\nabla}\cdot\vec{B} = 0 \tag{7.4.1}$$

$$\oint_S \vec{B} \cdot d\vec{a} = 0 \quad (S\text{: 임의의 폐곡면}) \tag{7.4.2}$$

체적분과 면적분 사이의 관계를 나타내는 발산정리를 식 (7.4.1)과 적용하면, $\int_V \vec{\nabla} \cdot \vec{B} dv = \int_S \vec{B} \cdot d\vec{a} = 0$와 같이 되므로, 식 (7.4.1)과 식 (7.4.2)는 같은 내용을 포함하고 있다는 것을 알 수 있다. 자기장 $\vec{B}$의 크기는 단위면적당 자기력선의 수를 의미하므로, 식 (7.4.2)는 임의의 폐곡면을 뚫고 나간 알짜 총자기력선의 수가 "0"이라는 의미다. 즉, 뚫고 나가는 자기력선의 수가 폐곡면을 뚫고 들어오는 수와 같다는 의미다. 이는 단일자극인 N극 또는 S극이 분리되어 존재하지 않고 항상 함께 존재한다는 것을 의미하는 것으로 단일자극은 존재하지 않는다는 의미이다.

7.4.2 자기장 $\vec{B}$에 대한 회전

자기장 $\vec{B}$의 회전에 대한 미분형과 적분형은 식 (7.4.3~4)와 같다.

$$\vec{\nabla} \times \vec{B} = \mu_0 \vec{J} \tag{7.4.3}$$

$$\oint_C \vec{B} \cdot d\vec{l} = \mu_0 I_{\text{알짜}} \quad (C\text{: } I_{\text{알짜}}\text{를 감싸고 있는 임의의 폐곡선}) \tag{7.4.4}$$

식 (7.4.4)는 앙페르의 법칙으로 알려져 있으며, $I_{\text{알짜}}$는 폐곡선 C로 둘러싸인 영역의 내부를 통과하는 알짜전류이다. $\vec{J}$는 전류밀도로서 단위는 A/m^2이다. 면적분과 선적분의 관계를 정의해 주는 스토크 정리를 이용하면 자기장 $\vec{B}$의 회전에 대한 미분형인 식 (7.4.3)은 적분형인 식 (7.4.4) (또는 식 (7.4.5))로 바꿀 수 있다.

$$\int_S (\vec{\nabla} \times \vec{B}) \cdot d\vec{a} = \oint_C \vec{B} \cdot d\vec{l} = \mu_0 \oint_S \vec{J} \cdot d\vec{a} = \mu_0 I_{\text{알짜}} \tag{7.4.5}$$

식 (7.4.5)에서 오른손의 엄지손가락을 세우고, 나머지 4개 손가락이 엄지손가락을 감싸고 있다고 할 때, 엄지손가락의 방향이 미소 면적 $d\vec{a}$의 방향이고, 4개 손가락의 방향이 미소 길이 $d\vec{l}$의 방향이다. 따라서 $\vec{\nabla} \times \vec{B} = \mu_0 \vec{J}$는 자기장 $\vec{B}$가 전류 $\vec{J}$ 주위를 회전한다는 의미이다. 실질적으로 식 (7.4.3)과 식 (7.4.4)는 같은 의미이다. 그림 7.10은 표면적분이 선적분으로 변환되는 스토크 정리를 설명해주고 있으며, 식 (7.4.5)에서 $I_{\text{알짜}}$는 폐곡선 C 안쪽에 흐르는 총 알짜전류를 의미한다.

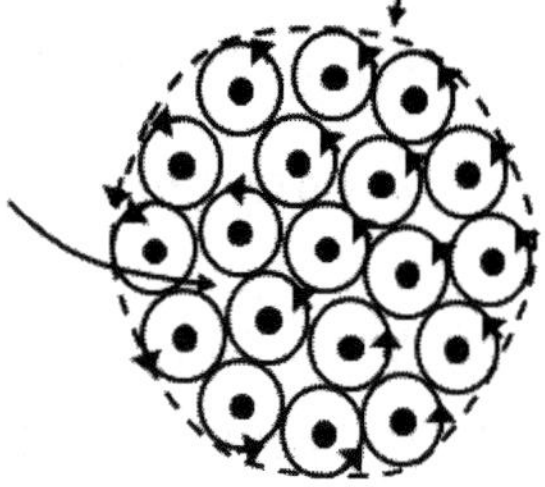

그림 7.10 스토크 정리 및 앙페르의 법칙에 대한 그림

비오-사바르 법칙으로 알려진 식 (7.3.2)에 발산을 취하면 $\vec{\nabla} \cdot \vec{B} = 0$ 또는 회전을 취하면 $\vec{\nabla} \times \vec{B} = \mu_0 \vec{J}$ 이 되는 것은 모두 비오-사바르 법칙을 사용하여 유도되며, 유도과정은 보충 자료에 나타내었다.

7.5 앙페르의 회로법칙

7.4절에서 자기장 $\vec{B}(\vec{r})$에 대한 미분형과 적분형이 식 (7.4.1)과 (7.4.2)로 주어짐을 보이고 이들에 대한 의미를 설명하였다. 무한히 긴 직선 도선에 흐르는 정상전류가 만드는 자기장과 같이 대칭성이 존재하는 경우, 7.3절에서의 같이 비오-사바르 법칙을 이용하여 복잡한 적분을 수행하지 않고 앙페르의 법칙을 이용하여 간단히 자기장을 구할 수 있다.

이에 대한 한 예로서 그림 7.11과 같이 무한히 긴 직선 도선에 흐르는 전류 I가 만드는 자기장을 구해보자. 그림 7.11에 앙페르의 법칙 $\oint_C \vec{B} \cdot d\vec{l} = \mu_0 I_{알짜}$을 적용하면 식 (7.5.1)이 얻어진다.

$$\oint_C \vec{B} \cdot d\vec{l} = B \int_0^{2\pi} r\, d\theta = B(2\pi r) = \mu_0 I \qquad (7.5.1)$$

따라서 직선 도선으로부터 r만큼 떨어진 곳에서의 자기장의 세기는

$$|\vec{B}| = \frac{\mu_0}{2\pi r} I \tag{7.5.2}$$

와 같으며, 적분을 이용하여 얻은 식 (7.3.10)과 일치함을 알 수 있다.

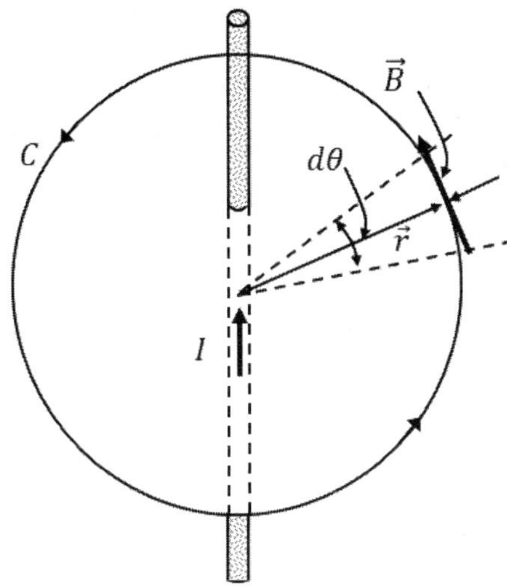

그림 7.11 긴 직선 도선을 이용한 앙페르 법칙의 증명

또한 앙페르 법칙에 대한 응용의 한 예로서 그림 7.12와 같이 서로 반대 방향으로 크기 I인 전류가 흐르는 동축 케이블을 생각해 볼 수 있는데, ① $r < a$인 영역, ② $a < r < b$인 영역 및 ③ $r > b$ 인 영역에서의 자기장을 구해보자.

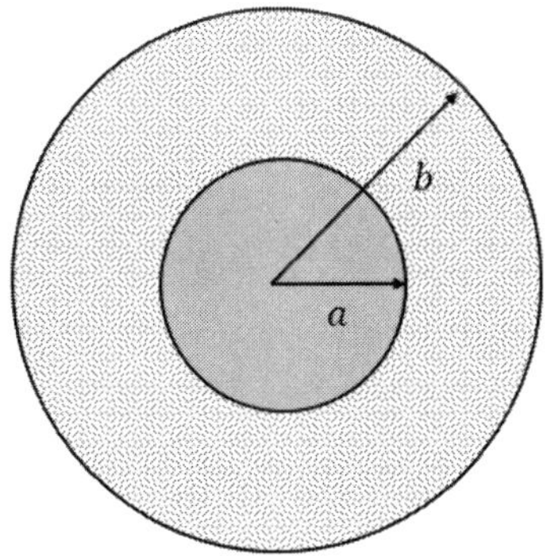

그림 7.12 동축 케이블의 단면

1) $r < a$ 인 영역:

전류가 도선의 단면 전체에 균일하게 흐른다면, 단면을 흐르는 전류는 면적에 비례하므로 $I_{r<a} = I\frac{\pi r^2}{\pi a^2}$ 이 된다. 따라서 $r < a$ 영역에서의 자기장의 크기는 (7.5.3)과 같다.

$$B = \frac{\mu_0 I_{r<a}}{2\pi r} = \frac{\mu_0 I}{2\pi r}\frac{\pi r^2}{\pi a^2} = \frac{\mu_0 I}{2\pi a^2} r \qquad (7.5.3)$$

2) $a < r < b$ 인 영역:

전류가 I 이므로 자기장의 크기는 (7.5.4)와 같다.

$$B = \frac{\mu_0 I}{2\pi r} \qquad (7.5.4)$$

3) $r > b$ 인 영역:

동축 케이블 안쪽 도선에 흐르는 전류방향과 바깥쪽 도선에 흐르는 전류방향이 서로 반대이면서 같은 양의 전류가 흐르므로 동축 케이블 외부에 폐곡선을 설정하면, 폐곡선 내부에 흐르는 알짜전류는 "0"이 된다. 따라서 $B = 0$ 이다.

이처럼 앙페르의 법칙은 적분하지 않고 비교적 쉽게 자기장을 구할 수 있는데, 항상 사용이 가능한 것은 아니다. 즉, 대칭성이 있어, $\oint \vec{B} \cdot d\vec{l}$ 의 적분에서 B를 적분기호 밖으로 꺼낼 수 있을 때만 가능하다. 예를 들면, 무한히 긴 직선 및 코일에 흐르는 전류가 만드는 자기장을 구하는 경우 등을 생각해 볼 수 있다.

7.6 자기벡터전위

정전기학에서 전기장 $\vec{E}$는 발산장으로 $\nabla \times \vec{E} = 0$ 이 된다. 따라서 스칼라 전위 V를 다음과 같이 도입함으로서 전기장의 계산이 매우 간단해졌다.

$$\vec{E} = -\vec{\nabla} V \qquad (7.6.1)$$

한편, 정자기학에서 자기장 $\vec{B}$는 비발산장($\nabla \cdot \vec{B} = 0$)이므로, 자기장 $\vec{B}$를 식

(7.6.2)와 같이 다른 벡터 $\vec{A}$의 회전으로 표현할 수 있는데, 이때 $\vec{A}$를 자기벡터전위라고 한다.

$$\vec{B} = \vec{\nabla} \times \vec{A} \tag{7.6.2}$$

임의 벡터의 회전에 발산을 취하면 항상 "0"이 되므로 $\vec{\nabla} \cdot \vec{B} = 0$ 는 항상 성립한다. 전위 V에 기울기가 "0"인 임의의 함수 (예를 들면 상수)를 더해주어도 전기장 $\vec{E}$는 변하지 않는다. 이와 마찬가지로 $\vec{A}$에 회전이 "0"인 벡터함수 (스칼라 함수의 기울기 : $\vec{\nabla}\lambda$)를 더해주어, $\vec{A} + \vec{\nabla}\lambda$가 되어도 자기장 $\vec{B}$는 변하지 않는다. 따라서 이러한 자유도를 활용하여 $\vec{A}$의 발산을 "0"으로 둘 수 있다. 즉, $\vec{\nabla} \cdot \vec{A}$의 값은 상황에 따라 마음대로 선택할 수 있으며 식 (7.6.3)과 같이 $\vec{\nabla} \cdot \vec{A} = 0$ 으로 선택하면 수학적으로 매우 간편해지는데, 이를 쿨롱 게이지라고도 한다.

$$\vec{\nabla} \cdot \vec{A} = 0 \tag{7.6.3}$$

한편, 자기장 $\vec{B}$와 관련하여 벡터전위 $\vec{A}$에 부여된 필수조건은 식 (7.6.4)이다.

$$\vec{\nabla} \times \vec{B} = \vec{\nabla} \times (\vec{\nabla} \times \vec{A}) = \vec{\nabla}(\vec{\nabla} \cdot \vec{A}) - \nabla^2 \vec{A} = \mu_0 \vec{J} \tag{7.6.4}$$

식 (7.6.4)에 $\vec{\nabla} \cdot \vec{A} = 0$ 을 적용하면

$$\nabla^2 \vec{A} = -\mu_0 \vec{J} \tag{7.6.5}$$

이 얻어진다. 식 (7.6.5)는 식 (3.5.1)의 푸아송 방정식과 유사한데, 스칼라 전위 V에 대한 푸아송 방정식과 해는 식 (7.6.6)의 모양으로 주어졌다.

$$\nabla^2 V = -\frac{\rho}{\epsilon_0} \quad \Rightarrow V = \frac{1}{4\pi\epsilon_0} \int_V \frac{\rho}{r} dv \tag{7.6.6}$$

식 (7.6.5)와 식 (7.6.6)이 같은 유형이므로, 식 (7.6.5)의 해는 식 (7.6.7)처럼 표현이 가능하다. 따라서 자기벡터전위를 자기장의 근원인 전류 (I) 또는 전류 밀도($\vec{J}$)로 표현하면 식 (7.6.7)과 같다. 또한 이해를 돕기 위하여 긴 직선과 원형도선에 흐르는 전류에 의한 자기벡터전위를 그림 7.13에 나타내었으며, 이로부터 자기벡터전위의 방향은 많은 경우, 전류의 방향과 같다는 것을 알 수 있다.

$$\vec{A}(\vec{r}) = \frac{\mu_0}{4\pi}\int \frac{I}{|\vec{r}-\vec{r'}|}d\vec{l'} \qquad \text{또는} \quad \vec{A}(\vec{r}) = \frac{\mu_0}{4\pi}\int_V \frac{\vec{J}(\vec{r'})}{|\vec{r}-\vec{r'}|}dv' \tag{7.6.7}$$

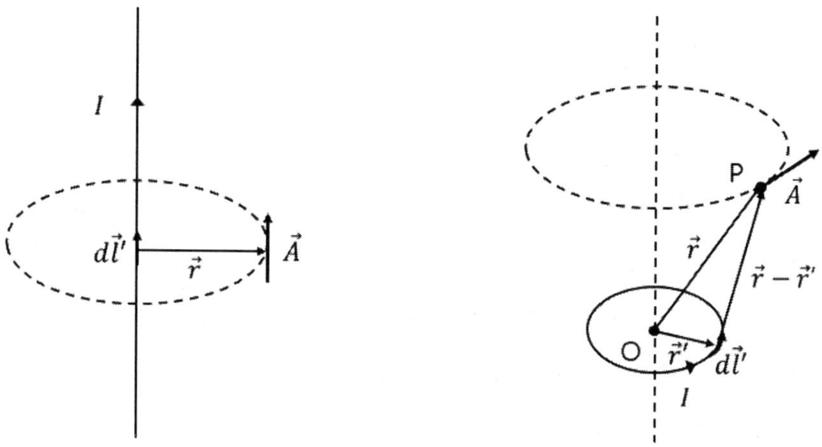

(a) (b)

그림 7.13 직선 전류(a)와 원형 전류(b)에 의한 자기벡터전위

전류가 도선을 따라 흐르는 경우, 도선으로부터 $\vec{r}$만큼 떨어진 지점에서의 자기벡터전위를 구하는데 유용한 $\vec{A}(\vec{r}) = \frac{\mu_0}{4\pi}\int \frac{I}{|\vec{r}-\vec{r'}|}d\vec{l'}$의 응용 예로서 그림 7.14와 같이 길이가 $2L$이고, 전류 $\vec{I} = I\hat{i}$가 흐르는 직선 도선으로부터 수직거리 R인 곳에서의 자기벡터전위를 구해보자. 참고로 $\int \frac{dx}{\sqrt{x^2+a^2}} = \ln\left|x+\sqrt{x^2+a^2}\right|$ 이다.

$$\vec{A}(\vec{r}) = \frac{\mu_0 I}{4\pi}\int_{-L}^{L} \frac{dx}{\left|\sqrt{x^2+R^2}\right|}\hat{i} = 2\frac{\mu_0 I}{4\pi}\hat{i}\ln[x+\sqrt{R^2+x^2}]_0^L \tag{7.6.8}$$

$$= \frac{\mu_0 I}{2\pi}\hat{i}\{\ln[L+\sqrt{R^2+L^2}]-\ln R]\}$$

$$= \frac{\mu_0 I}{2\pi}\hat{i}\left\{\ln\left(\frac{L[1+\sqrt{1+(R/L)^2}]}{R}\right)\right\}$$

$\sqrt{1+\epsilon} \approx 1\,(\epsilon \ll 1)$ 이므로 $L \gg R$이면, 식 (7.6.8)은 근사적으로

$$\vec{A}(\vec{r}) = \frac{\mu_0 I}{2\pi}\left\{\ln\left(\frac{2L}{R}\right)\right\}\hat{i} \tag{7.6.9}$$

와 같이 주어지며, 방향은 전류의 방향과 같다는 것을 알 수 있다.

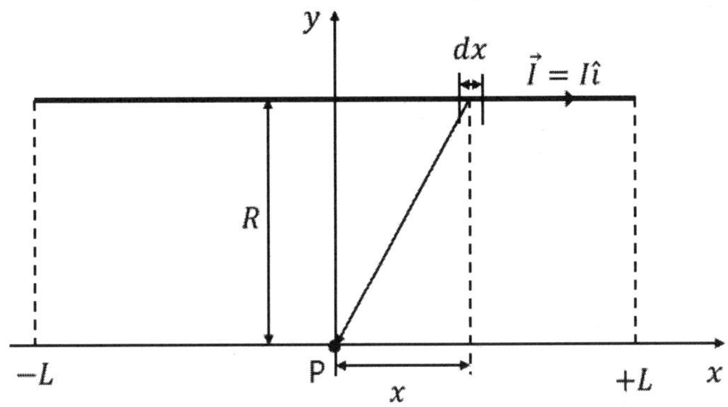

그림 7.14 길이가 $2L$이고, 전류 $\vec{I}=I\hat{i}$ 가 흐르는 직선 도선

한편, 식 (7.6.7)에서 $\vec{A}(\vec{r}) = \frac{\mu_0}{4\pi}\int_V \frac{\vec{J}(\vec{r}')}{|\vec{r}-\vec{r}'|}dv'$을 얻는 또 다른 방법은 식 (7.3.4)를 $\vec{B} = \vec{\nabla}\times\vec{A}$ 인 식 (7.6.2)로 변환하는 것인데 이는 식 (7.6.10)을 이용하면 된다. 즉,

$$\frac{\vec{r}-\vec{r}'}{|\vec{r}-\vec{r}'|^3} = -\vec{\nabla}\left(\frac{1}{|\vec{r}-\vec{r}'|}\right) \tag{7.6.10}$$

여기서 $\vec{\nabla}$ 는 $\vec{r}$ 에 대한 미분을 의미한다. 한편, 벡터에 대한 연산

$$\vec{\nabla}\times(\varphi\vec{F}) = \varphi\vec{\nabla}\times\vec{F} - \vec{F}\times\vec{\nabla}\varphi \tag{7.6.11}$$

을 이용하면, 식 (7.6.12)가 얻어진다.

$$\vec{\nabla}\times\left\{\frac{1}{|\vec{r}-\vec{r}'|}\vec{J}(\vec{r}')\right\} = \frac{1}{|\vec{r}-\vec{r}'|}\vec{\nabla}\times\vec{J}(\vec{r}') - \vec{J}(\vec{r}')\times\vec{\nabla}\frac{1}{|\vec{r}-\vec{r}'|} \tag{7.6.12}$$

$$= -\vec{J}(\vec{r}')\times\vec{\nabla}\frac{1}{|\vec{r}-\vec{r}'|}$$

$$= +\vec{J}(\vec{r}')\times\frac{(\vec{r}-\vec{r}')}{|\vec{r}-\vec{r}'|^3}$$

식 (7.6.12)에서 전류밀도 $\vec{J}(\vec{r}')$은 $\vec{r}'$에 대한 함수이므로, 여기에 $\vec{r}$에 대한 미분연산자인 $\vec{\nabla}$을 취하면 "0"이 되므로 오른쪽 첫 항은 "0"이 된다. 따라서 식 (7.6.12)를 식 (7.6.4)와 결합하면, 식 (7.6.13)이 얻어진다.

$$\vec{B}(\vec{r}) = \frac{\mu_0}{4\pi}\int_{\div} \vec{J}(\vec{r}') \times \frac{(\vec{r} - \vec{r}')}{|\vec{r} - \vec{r}'|^3} dv' \tag{7.6.13}$$

$$= -\frac{\mu_0}{4\pi}\int_V \vec{J}(\vec{r}') \times \vec{\nabla}\frac{1}{|\vec{r} - \vec{r}'|} dv' = \frac{\mu_0}{4\pi}\int_V \vec{\nabla} \times \frac{\vec{J}(\vec{r}')}{|\vec{r} - \vec{r}'|} dv'$$

$$= \vec{\nabla} \times \frac{\mu_0}{4\pi}\int \frac{\vec{J}(\vec{r}')}{|\vec{r} - \vec{r}'|} dv'$$

식 (7.6.13)을 $\vec{B} = \vec{\nabla} \times \vec{A}$ 와 비교하면 자기벡터전위에 대한 식 (7.6.14)가 얻어진다는 것을 알 수 있다.

$$\vec{B}(\vec{r}) = \vec{\nabla} \times \vec{A}(\vec{r}) \qquad \Rightarrow \qquad \vec{A}(\vec{r}) = \frac{\mu_0}{4\pi}\int \frac{\vec{J}(\vec{r}')}{|\vec{r} - \vec{r}'|} dv' \tag{7.6.14}$$

이로부터 식 (7.6.14)는 앞에서 구한 식 (7.6.7)과 같음을 알 수 있다. 자기벡터전위를 구하는 주된 이유 중의 하나는 주어진 전류 분포로부터 비오-사바르 법칙을 이용하여 바로 자기장을 구하는 것보다 자기장을 구하기 쉽기 때문이다. 이처럼 자기장은 비오-사바르 법칙과 자기벡터전위에 회전을 취하여 얻는 것 방법이 있는데, 문제의 유형에 따라 보다 편리한 방법을 사용하게 된다. 이해를 돕기 위하여 정전기적 특성과 정자기적 특성을 표 7.1에 비교하여 나타내었다.

표 7.1 정전기 및 정자기 특성 비교

	정전기 특성	정자기 특성
근원	전하밀도, $\rho(\vec{r}')$	전류밀도, $\vec{J}(\vec{r}')$
장	전기장, $\vec{E}$	자기장, $\vec{B}$
힘	쿨롱 힘, $\vec{F_e} = q\vec{E}$	로렌츠 힘, $\vec{F_m} = q\vec{v} \times \vec{B}$
전위	스칼라 전위, $\psi(\vec{r})$ $\psi(\vec{r}) = \frac{1}{4\pi\epsilon_0}\int_V \frac{\rho(\vec{r}')}{\vert\vec{r} - \vec{r}'\vert} dv'$ $\vec{E} = -\vec{\nabla}\psi(\vec{r})$	자기벡터전위, $\vec{A}(\vec{r})$ $\vec{A}(\vec{r}) = \frac{\mu_0}{4\pi}\int_V \frac{\vec{J}(\vec{r}')}{\vert\vec{r} - \vec{r}'\vert} dv'$ $\vec{B} = \vec{\nabla} \times \vec{A}$

	전기쌍극자	자기쌍극자
대상	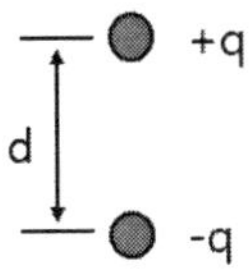	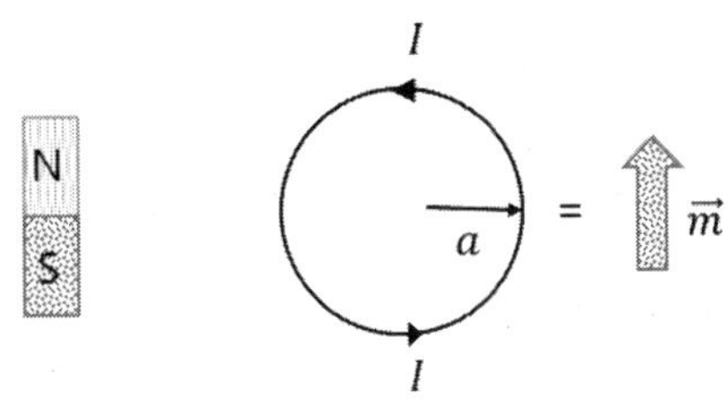
모멘트	전기쌍극자 모멘트 $\vec{p} = q\vec{d}$	자기쌍극자 모멘트 $\vec{m} = I\vec{A}$
회전토크	$\tau = \vec{p} \times \vec{E}$	$\tau = \vec{m} \times \vec{B}$
전위	스칼라 전위, $\psi(\vec{r})$ $\psi(\vec{r}) = \dfrac{1}{4\pi\epsilon_0}\dfrac{\vec{p} \cdot \vec{r}}{r^3}$	벡터 전위, $\vec{A}(\vec{r})$ $\vec{A}(\vec{r}) = \dfrac{\mu_0}{4\pi}\dfrac{\vec{m} \times \vec{r}}{r^3}$

한편, 전기장과 전위 그리고 자기장과 자기벡터전위에 대한 개념의 이해를 돕기 위하여 (+)의 전하에 기인한 전기장과 전위 및 전류에 기인한 자기장과 자기벡터전위를 그림 7.15에 나타내었다. 또한 이해를 돕기 위하여 정전기학과 정자기학의 유사성을 그림 7.16에 나타내었다.

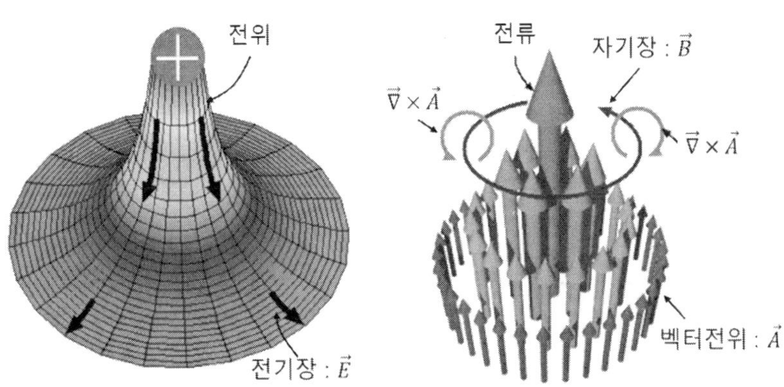

(a) (b)

그림 7.15 (+)의 전하에 기인한 전기장과 전위(a) 및 전류에 기인한 자기장과 벡터 전위(b)

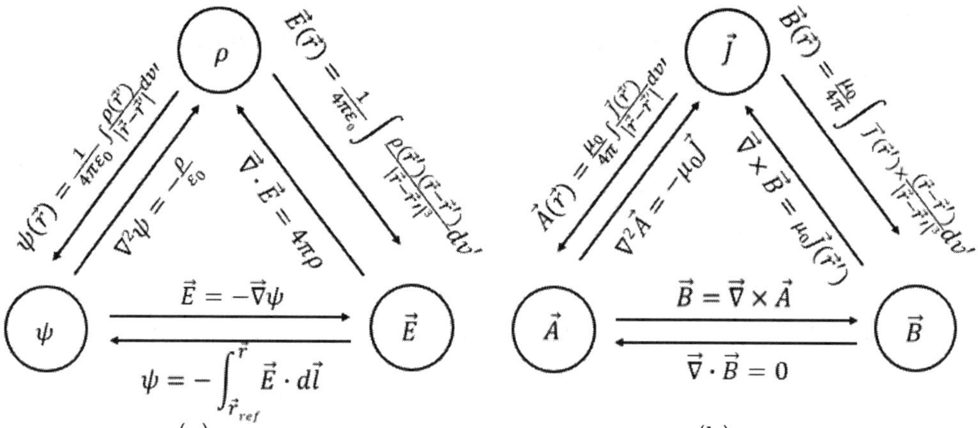

(a)　　　　　　　　　　　　　　　　(b)

그림 7.16 (a) 정전기학, (b) 정자기학의 비교

7.7 전류 I가 흐르는 폐회로부터 멀리 있는 곳에서의 자기장

크기가 작은 회로로부터 멀리 떨어진 곳에서의 자기벡터전위에 대한 근사식은 다중극 전개를 이용하면 비교적 쉽게 얻어진다(그림 7.17 참조).

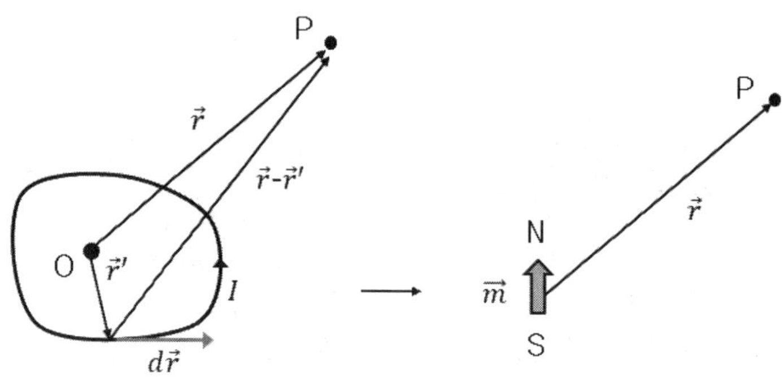

(a)　　　　　　　　　　　　　　　　(b)

그림 7.17 $\vec{r}'$에 있는 회로(a)가 멀리 떨어진 $\vec{r}$에 만드는 자기장(b)

다중극 전개란 전위를 $1/r$의 멱급수로 표현하는 것이다. $|\vec{r}|$이 $|\vec{r}'|$에 비하여 매우

크면, 자기벡터전위에 대한 기여는 차수가 가장 낮은 항에 의해 결정되고, 차수가 높은 항에 의한 기여는 무시할 수 있다. 그림 7.17에서 전류 I가 흐르는 회로를 멀리서 관찰하면서 전류의 방향과 전류가 만드는 자기장의 방향을 고려하면, N과 S극으로 구성된 하나의 자기쌍극자($\overrightarrow{m}$)로 관찰하게 된다(그림 7.17 (b) 참조).

$\vec{r}\,'$에 있는 전류밀도 $\vec{J}(\vec{r}\,')$이 $\vec{r}$인 곳에 만드는 자기벡터전위는 식 (7.7.1)과 같이 표현된다.

$$\vec{A}(\vec{r}) = \frac{\mu_0}{4\pi}\int_V \frac{\vec{J}(\vec{r}\,')}{|\vec{r}-\vec{r}\,'|}dv' \tag{7.7.1}$$

식 (7.7.1)에서 $\vec{J}dv'$를 $Id\vec{r}\,'$로 치환하면

$$\vec{A}(\vec{r}) = \frac{\mu_0 I}{4\pi}\oint \frac{d\vec{r}\,'}{|\vec{r}-\vec{r}\,'|} \tag{7.7.2}$$

와 같이 되는데 $|\vec{r}\,'|$가 $|\vec{r}|$에 비하여 매우 작다면, 식 (7.7.2)에서의 분모를 멱급수 전개에 대한 식 (7.7.3)을 이용하여 식 (7.7.4)와 같이 근사화시킬 수 있다.

$$(1+x)^p = 1 + px + \frac{p(p-1)}{2!}x^2 + \frac{p(p-1)(p-2)}{3!}x^3 + \cdots \qquad |x| < 1 \tag{7.7.3}$$

$$|\vec{r}-\vec{r}\,'|^{-1} = (r^2 + r'^2 - 2\vec{r}\cdot\vec{r}\,')^{-1/2} = \left[r^2\left(1 + \frac{r'^2}{r^2} - 2\frac{\vec{r}\,'\cdot\vec{r}}{r^2}\right)\right]^{-1/2} \tag{7.7.4}$$

$$= \frac{1}{r}\left[1 + \frac{r'^2}{r^2} - 2\frac{\vec{r}\,'\cdot\vec{r}}{r^2}\right]^{-1/2}$$

$$= \frac{1}{r}\left(1 + (-\frac{1}{2})(-2)\frac{\vec{r}\,'\cdot\vec{r}}{r^2} - \frac{1}{2}\frac{r'^2}{r^2} + \cdots\right)$$

$$\simeq \frac{1}{r}\left[1 + \frac{\vec{r}\,'\cdot\vec{r}}{r^2} + \cdots\right]$$

위에서 얻어진 관계식들을 식 (7.7.2)에 대입하면, 식 (7.7.5)가 얻어진다.

$$\vec{A}(\vec{r}) = \frac{\mu_0 I}{4\pi}\left\{\frac{1}{r}\oint d\vec{r}\,' + \frac{1}{r^3}\oint d\vec{r}\,'(\vec{r}\,'\cdot\vec{r}) + \cdots\right\} \tag{7.7.5}$$

식 (7.7.5)에서 첫 항에 대한 적분은 임의의 폐곡선에 대한 벡터적분으로 시작점

과 끝점이 같기 때문에 “0”이 된다. 한편 벡터연산에 대한 $[\vec{A}\times(\vec{B}\times\vec{C})=\vec{B}(\vec{A}\cdot\vec{C})-\vec{C}(\vec{A}\cdot\vec{B})]$을 사용하면 식 (7.7.6)과 같은 결과가 얻어지며, 이와 함께 식 (7.7.7)을 이용하면 식 (7.7.5)의 둘째 항에 대한 적분인자는 식 (7.7.8)과 같이 표현된다.

$$(\vec{r}'\times d\vec{r}')\times\vec{r}=-\vec{r}\times(\vec{r}'\times d\vec{r}')=\vec{r}'(-\vec{r}\cdot d\vec{r}')-d\vec{r}'(-\vec{r}\cdot\vec{r}') \tag{7.7.6}$$

$$=-\vec{r}'(\vec{r}\cdot d\vec{r}')+d\vec{r}'(\vec{r}\cdot\vec{r}')$$

한편, 여기서 $|\vec{r}|=$ 상수이므로, $\vec{r}'$의 미소변화에 대하여 $\vec{r}'(\vec{r}\cdot\vec{r}')$에 미분을 취하면 식 (7.7.7)이 얻어진다.

$$d\,[\vec{r}'(\vec{r}\cdot\vec{r}')]=\vec{r}'(\vec{r}\cdot d\vec{r}')+d\vec{r}'(\vec{r}\cdot\vec{r}') \tag{7.7.7}$$

식 (7.7.6)과 식 (7.7.7)을 더하면 식 (7.7.8)이 얻어진다.

$$(\vec{r}'\times d\vec{r}')\times\vec{r}+d\,[\vec{r}'(\vec{r}\cdot\vec{r}')]=2d\vec{r}'(\vec{r}'\cdot\vec{r})$$

$$\Rightarrow\ d\vec{r}'(\vec{r}'\cdot\vec{r})=\frac{1}{2}(\vec{r}'\times d\vec{r}')\times\vec{r}+\frac{1}{2}d\,[\vec{r}'(\vec{r}\cdot\vec{r}')] \tag{7.7.8}$$

식 (7.7.8)을 식 (7.7.5)에 대입하면,

$$\vec{A}(\vec{r})=\frac{\mu_0 I}{4\pi}\frac{1}{r^3}\left[\frac{1}{2}\oint_C(\vec{r}'\times d\vec{r}')\times\vec{r}+\frac{1}{2}\oint_C d\,[\vec{r}'(\vec{r}\cdot\vec{r}')]\right] \tag{7.7.9}$$

와 같이 된다. 식 (7.7.9)의 오른쪽 둘째 항은 폐회로에 대한 벡터량에 대한 적분을 의미하므로, 적분하면 “0”이 된다. 즉, $d\,[\vec{r}'(\vec{r}\cdot\vec{r}')]$에서 $(\vec{r}\cdot\vec{r}')=A$(A는 상수)는 하나의 크기만을 가지는 스칼라이므로 $d\,[\vec{r}'(\vec{r}\cdot\vec{r}')]$은 $Ad\vec{r}'$이 되어 이를 폐회로에 대해 적분하면 “0”이 된다. 한편, 자기쌍극자 모멘트($\vec{m}$)는 $\vec{m}=\dfrac{I}{2}\oint\vec{r}'\times d\vec{r}'=I\vec{a}$ ($\vec{a}$: 면적)이 되므로 식 (7.7.9)는 식 (7.7.10)과 같이 쓸 수 있다. 여기서 $\vec{a}$는 고리의 “벡터 넓이”로서 고리가 평평하면, $\vec{a}$의 크기는 전류고리에 의해 둘러싸인 면의 넓이이다. 이때 엄지손가락을 치켜세우고 나머지 4개의 손가락이 엄지손가락을 감싸면서 전류의 방향과 일치시켰을 때, 엄지손가락의 방향이 $\vec{a}$의 방향이다.

$$\vec{A}(\vec{r}) = \frac{\mu_0 I}{4\pi}\left\{\frac{1}{r^3}\oint\frac{1}{2}(\vec{r}'\times d\vec{r}')\times\vec{r}\right\} \tag{7.7.10}$$

$$= \frac{\mu_0}{4\pi}\left[\frac{I}{2}\oint\vec{r}'\times d\vec{r}'\right]\times\frac{\vec{r}}{r^3}$$

$$= \frac{\mu_0}{4\pi}\vec{m}\times\frac{\vec{r}}{r^3}\ \left[\vec{m} = \frac{I}{2}\oint\vec{r}'\times d\vec{r}'\right]$$

식 (7.7.10)을 얻는 과정에서 $r' \ll r$ 이라고 가정되었으므로, 식 (7.7.10)은 임의의 원점에 대해서 성립하는 것이 아니라 원점을 회로 가까이에 정한 경우에 대하여 성립한다. 이처럼 원점 가까이 위치한 자기쌍극자가 관측점 P에 만드는 자기장 $\vec{B}(\vec{r})$ 은 식 (7.7.10)에 "회전"을 취하면

$$\vec{B}(\vec{r}) = \vec{\nabla}\times\vec{A}(\vec{r}) = \frac{\mu_0}{4\pi}\vec{\nabla}\times\left(\vec{m}\times\frac{\vec{r}}{r^3}\right) \tag{7.7.11}$$

와 같이 되는데, 여기에 식 (7.7.12)로 주어지는 벡터 연산을 이용하면 식 (7.7.13)과 같이 자기장($\vec{B}(\vec{r})$)이 얻어진다.

$$\vec{\nabla}\times(\vec{F}\times\vec{G}) = (\vec{\nabla}\cdot\vec{G})\vec{F} - (\vec{\nabla}\cdot\vec{F})\vec{G} + (\vec{G}\cdot\vec{\nabla})\vec{F} - (\vec{F}\cdot\vec{\nabla})\vec{G} \tag{7.7.12}$$

$$\vec{B}(\vec{r}) = \vec{\nabla}\times\vec{A}(\vec{r}) = \frac{\mu_0}{4\pi}\vec{\nabla}\times(\vec{m}\times\frac{\vec{r}}{r^3}) \tag{7.7.13}$$

$$= \frac{\mu_0}{4\pi}\left[(\vec{\nabla}\cdot\frac{\vec{r}}{r^3})\vec{m} - (\vec{\nabla}\cdot\vec{m})\frac{\vec{r}}{r^3} + (\frac{\vec{r}}{r^3}\cdot\vec{\nabla})\vec{m} - (\vec{m}\cdot\vec{\nabla})\frac{\vec{r}}{r^3}\right]$$

$$= \frac{\mu_0}{4\pi}\left[-(\vec{m}\cdot\vec{\nabla})\frac{\vec{r}}{r^3} + (\vec{\nabla}\cdot\frac{\vec{r}}{r^3})\vec{m}\right]$$

식 (7.7.13)의 둘째 줄의 오른쪽 둘째, 셋째 항은 $\vec{m}$이 $\vec{r}'$ 만의 함수이므로 $\vec{r}$ 에 대한 미분과는 무관하므로 $\vec{m}$ 을 $\vec{r}$ 에 대해 미분하면 "0"이 된다. 따라서 자기쌍극자 모멘트가 $\vec{m}$ 인 자기쌍극자에 기인한 자기장 $\vec{B}(\vec{r})$ 는

$$\vec{B}(\vec{r}) = \frac{\mu_0}{4\pi}\left[-\frac{\vec{m}}{r^3} + \frac{3(\vec{m}\cdot\vec{r})\vec{r}}{r^5}\right] \tag{7.7.14}$$

와 같이 되어 전기쌍극자에 의하여 얻어지는 전기장에 대한 표현식

$$\vec{E}(\vec{r}) = \frac{1}{4\pi\epsilon_0}\left\{-\frac{\vec{p}}{|\vec{r}-\vec{r}'|^3} + \frac{3(\vec{r}-\vec{r}')\cdot\vec{p}}{|\vec{r}-\vec{r}'|^5}(\vec{r}-\vec{r}')\right\}$$

와 같은 유형으로 주어진다. 이해를 돕기 위하여 식 (7.7.13)으로부터 식 (7.7.14)가 얻어지는 과정은 보충 자료에서 자세히 설명하였다.

다중극 전개에서 $|\vec{m}| \neq 0$인 경우에 자기쌍극자에 의한 기여가 가장 크고, 식 (7.7.10) 또는 식 (7.7.14)가 참값에 가까운 근사값이지만, 정확한 자기전위 또는 자기장은 아니다. 왜냐하면, 식 (7.7.4)에서 생략한 사중극자, 팔중극자 등의 고차항들이 있기 때문이다.

보충 자료

1. 식 (7.3.4)의 $\vec{B}(\vec{r}) = \frac{\mu_0}{4\pi}\oint_V \frac{\vec{J}(\vec{r}')\times(\vec{r}-\vec{r}')}{|\vec{r}-\vec{r}'|^3}dv'$ 로부터 $\vec{\nabla}\cdot\vec{B}(\vec{r}) = 0$

증명

벡터 연산에 대한 항등식

$$\vec{\nabla}\cdot(\vec{A}\times\vec{B}) = -\vec{A}\cdot\overline{(\nabla\times\vec{B})} + \vec{B}\cdot\overline{(\nabla\times\vec{A})} \tag{1}$$

을 사용하고, 식 (7.3.4)의 양변에 $\vec{\nabla}\cdot$ 을 취하면 식 (2)가 얻어진다.

$$\vec{\nabla}\cdot\vec{B}(\vec{r}) = \frac{\mu_0}{4\pi}\int_{V'}\vec{\nabla}\cdot\left[\vec{J}(\vec{r}')\times\frac{\vec{r}}{|\vec{r}|^3}\right]dv' \tag{2}$$

$$= -\frac{\mu_0}{4\pi}\int_{V'}\vec{J}(\vec{r})\cdot\vec{\nabla}\times\frac{\vec{r}}{|\vec{r}|^3}dv'$$

$$+\frac{\mu_0}{4\pi}\int_{V'}\frac{\vec{r}}{|\vec{r}|^3}\cdot(\vec{\nabla}\times\vec{J}(\vec{r}'))dv'$$

식 (2)에서 $\vec{J}(\vec{r'})$ 는 변수 (x, y, z) 에 의존하지 않아, $\vec{\nabla}\times\vec{J}(\vec{r}') = 0$이므로, 식 (2)의 둘째 항은 "0"이 된다. 한편 식 (2)에서 적분기호 안의 $\frac{\vec{r}}{|r|^3}$은 식 (3)에서 보여 준 바와 같이 $\vec{\nabla}[-\frac{1}{|r|}]$와 같다.

$$\vec{\nabla}\left(-\frac{1}{|\vec{r}|}\right) = -(\vec{i}\frac{\partial}{\partial x}+\vec{j}\frac{\partial}{\partial y}+\vec{k}\frac{\partial}{\partial z})[x^2+y^2+z^2]^{-\frac{1}{2}} \tag{3}$$

$$= \frac{\frac{1}{2}2x\,\hat{i}}{[x^2+y^2+z^2]^{\frac{3}{2}}}+\frac{\frac{1}{2}2y\,\hat{j}}{[x^2+y^2+z^2]^{\frac{3}{2}}}+\frac{\frac{1}{2}2z\,\hat{k}}{[x^2+y^2+z^2]^{\frac{3}{2}}}$$

$$= \frac{\vec{r}}{|r|^3}$$

따라서 식 (2)에서 적분기호 안의 $\vec{\nabla}\times[\frac{\vec{r}}{|r|^3}]$ 은 $\vec{\nabla}\times[\vec{\nabla}(-\frac{1}{\vec{r}})]$와 같이 표현되는데, $\vec{\nabla}\times[\vec{\nabla}(\frac{-1}{\vec{r}})]=0$ 이므로, 식 (2)의 첫째 항도 "0"이 된다. 그러므로 $\vec{\nabla}\cdot\vec{B}=0$ 임은 수식적으로도 증명된다.

2. 식 (7.7.14) $\vec{B}(\vec{r})=\frac{\mu_0}{4\pi}\left[-\frac{\vec{m}}{r^3}+\frac{3(\vec{m}\cdot\vec{r})\vec{r}}{r^5}\right]$ 의 유도

$$\vec{B}(\vec{r})=\frac{\mu_0}{4\pi}\left[-(\vec{m}\cdot\vec{\nabla})\frac{\vec{r}}{r^3}+(\vec{\nabla}\cdot\frac{\vec{r}}{r^3})\vec{m}\right] \tag{7.7.13}$$

식 (7.7.13)에서 괄호 안의 첫째 항을 성분별로 표시하면 식 (1)과 같고, 이를 성분별로 계산하면 식 (2~4)와 같다.

$$(\vec{m}\cdot\vec{\nabla})\frac{\vec{r}}{r^3}=\left[(m_x\vec{i}+m_y\vec{j}+m_z\vec{k})\cdot(\vec{i}\frac{\partial}{\partial x}+\vec{j}\frac{\partial}{\partial y}+\vec{k}\frac{\partial}{\partial z})\right]\frac{\vec{r}}{r^3} \tag{1}$$

1. $x-$성분 :

$$\left((\vec{m}\cdot\vec{\nabla})\frac{\vec{r}}{r^3}\right)_x=m_x\frac{\partial}{\partial x}(\frac{\vec{r}}{r^3})=m_x\frac{\partial}{\partial x}\left[\frac{x\vec{i}+y\vec{j}+z\vec{k}}{(x^2+y^2+z^2)^{3/2}}\right] \tag{2}$$

$$=m_x\left[\frac{\hat{i}\,(x^2+y^2+z^2)^{3/2}}{(x^2+y^2+z^2)^{6/2}}-\frac{(x\hat{i}+y\hat{j}+z\hat{k})(\frac{3}{2})(x^2+y^2+z^2+)^{1/2}(2x)}{(x^2+y^2+z^2)^{6/2}}\right]$$

$$=m_x\left[\frac{\hat{i}}{(x^2+y^2+z^2)^{3/2}}-\frac{3x\vec{r}}{(x^2+y^2+z^2)^{5/2}}\right]=m_x\left[\frac{\hat{i}}{r^3}-\frac{3x\vec{r}}{r^5}\right]$$

$$=\frac{m_x\vec{i}}{r^3}-3m_x x\frac{\vec{r_2}}{r^5}$$

2. $y-$성분 :

$$\left((\vec{m}\cdot\vec{\nabla})\frac{\vec{r}}{r^3}\right)_y=\frac{m_y\hat{j}}{r^3}-3m_y\,y\frac{\vec{r}}{r^5} \tag{3}$$

3. $z-$성분 :

$$\left((\overrightarrow{m} \cdot \overrightarrow{\nabla})\frac{\overrightarrow{r}}{r^3}\right)_z = \frac{m_z \hat{k}}{r^3} - 3m_z\, z\frac{\overrightarrow{r}}{r^5} \tag{4}$$

위에서 성분별로 얻어진 결과들을 모두 더하면 식 (5)가 얻어진다.

$$(\overrightarrow{m} \cdot \overrightarrow{\nabla})\frac{\overrightarrow{r}}{r^3} = \frac{m_x\hat{i} + m_y\hat{j} + m_z\hat{k}}{r_2^3} - \frac{3(\overrightarrow{m} \cdot \overrightarrow{r})\overrightarrow{r}}{r^5} \tag{5}$$

$$= \frac{\overrightarrow{m}}{r^3} - \frac{3(\overrightarrow{m} \cdot \overrightarrow{r})\overrightarrow{r}}{r^5}$$

한편, 식 (7.7.13)에서 괄호 안의 둘째 항을 성분별로 표시하면 식 (6)과 같고, 성분별로 계산하면 식 (7~9)와 같다.

ⓑ $$\overrightarrow{\nabla} \cdot \frac{\overrightarrow{r}}{r^3} = \left(\hat{i}\frac{\partial}{\partial x} + \hat{j}\frac{\partial}{\partial y} + \hat{k}\frac{\partial}{\partial z}\right) \cdot \left(\frac{x\hat{i} + y\hat{j} + z\hat{k}}{(x^2+y^2+z^2)^{3/2}}\right) \tag{6}$$

1. $x-$성분 :

$$\left[\overrightarrow{\nabla} \cdot \frac{\overrightarrow{r}}{r^3}\right]_x = \left[\frac{(x^2+y^2+z^2)^{3/2}}{(x^2+y^2+z^2)^{6/2}} - \frac{(x)(\frac{3}{2})(x^2+y^2+z^2)^{1/2}(2x)}{(x^2+y^2+z^2)^{6/2}}\right]_x \tag{7}$$

$$= \left[\frac{1}{(x^2+y^2+z^2)^{3/2}} - \frac{3xx}{(x^2+y^2+z^2)^{5/2}}\right]_x = \frac{1}{r^3} - \frac{3xx}{r^5}$$

2. $y-$성분 :

$$\left[\overrightarrow{\nabla} \cdot \frac{\overrightarrow{r}}{r^3}\right]_y = \frac{1}{r^3} - \frac{3yy}{r^5} \tag{8}$$

3. $z-$성분 :

$$\left[\overrightarrow{\nabla} \cdot \frac{\overrightarrow{r}}{r^3}\right]_z = \frac{1}{r^3} - \frac{3zz}{r^5} \tag{9}$$

위에서 성분별로 얻어진 결과들을 모두 더하면 식 (10)과 같은 결과가 얻어지면서 “0”이 됨을 알 수 있다.

$$\left[\vec{\nabla}\cdot\frac{\vec{r}}{r^3}\right]=\frac{3}{r^3}-\frac{3\vec{r}\cdot\vec{r}}{r^5}=\frac{3}{r^3}-\frac{3}{r^3}=0 \qquad (\because r\neq 0) \tag{10}$$

위에서 얻어진 식 (5)와 (10)을 식 (7.7.13)에 대입하면, 식 (11)과 같이 되면서 식 (7.7.14)와 같음을 알 수 있다.

$$\vec{B}(\vec{r})=\frac{\mu_0}{4\pi}\left[-\frac{\vec{m}}{r^3}+\frac{3(\vec{m}\cdot\vec{r})\vec{r}}{r^5}\right] \tag{11}$$

연습문제

01 반지름이 R인 얇은 절연체의 원판이 단위 면적당 σ의 균일한 표면전하를 가지고 있고 원판의 중심축에 대하여 $\vec{\omega}$의 각속도로 회전하고 있다고 할 때, 원판의 자기모멘트 $\vec{m}$은 얼마인가?

02 그림 7.18과 같이 한 변의 길이가 30 $[cm]$, 100회 감긴 정사각형의 코일에 3$[A]$의 전류가 흐르며, $xy-$ 평면에 놓여 있다. 코일에 균일한 자기장($\vec{B}$), $\vec{B}=0.1\hat{i}\,[T]$가 가해진다고 할 때, 코일의 자기 쌍극자 모멘트($\vec{m}$)와 코일에 작용하는 토크를 구하시오.

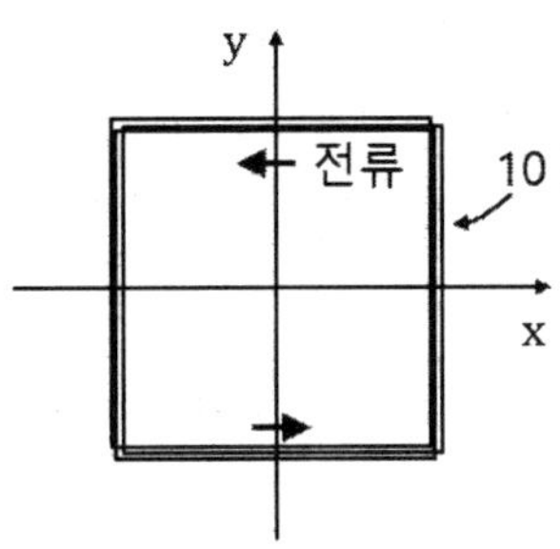

그림 7.18 $xy-$ 평면에 놓인 코일

03 전기전도도가 g로 균질이며 등방성의 비자성 매질에 정상전류가 흐른다고 할 때, 자속밀도 $\vec{B}$는 $\nabla^2\vec{B}=0$와 같은 벡터 라플라스 방정식을 만족함을 보이시오.

04 그림 7.19와 같이 서로 평행하고 길이가 $2L$인 2개의 직선 도선에 서로 반대 방향으로 같은 크기의 전류 I가 흐른다고 할 때, 도선으로부터 수직거리 R_1, R_2만큼 떨어진 관측점 P에서의 자기벡터전위의 근삿값을 구하시오. 단위벡터 $\hat{i}$는 도선의 방향과 평행하며, $L \gg R_1, R_2$라고 가정한다. 또한 앞에서 구한 자기벡터전위를 이용하여 자기장을 구하시오. 참고로 $\int \frac{dx}{\sqrt{x^2+a^2}} = \ln\left|x+\sqrt{x^2+a^2}\right|$이다.

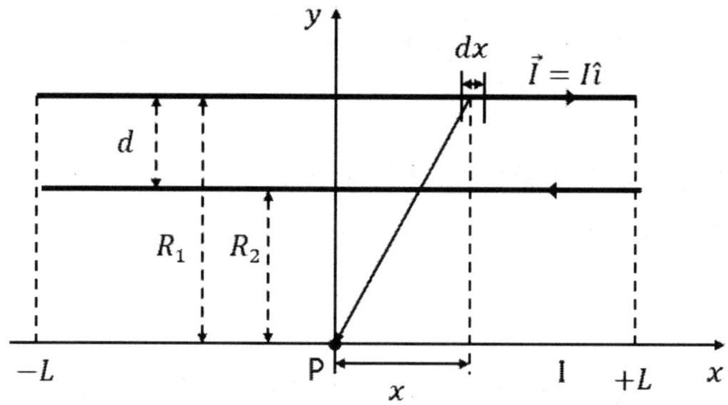

그림 7.19 서로 반대 방향으로 흐르는 전류

05 길이가 무한대, 반경이 R, 단위 길이당 감긴 횟수가 n인 솔레노이드에 정상전류 I가 흐르고 있다. 솔레노이드의 중심축이 $z-$축과 평행하다고 가정하고, 중심축으로부터의 거리 r이 $r=R$인 지점, $r<R$인 지점과 $r \geq R$인 지점에서의 자기벡터전위를 구하시오. 단, 솔레노이드 내부는 공기로 채워져 있다고 가정한다.

06 단면적이 A, 길이가 L인 원통형 자석이 균일하게 자화($\overrightarrow{M}=M_0\hat{k}$)되어 있다. 이러한 영구자석이 외부 자기장 $\overrightarrow{B}=B_0\hat{k}$ 내에 있다고 할 때, 자석에 작용하는 회전토크를 자화전하밀도로 나타내시오.

참고자료

1. 제 4판 기초전자기학, 김 진승 역, 도서출판 북스힐, 2014.
2. Foundations of Electromangentic Theory, 2nd edition, John R. Reitz and Frederick J. Milford, Addison-Wesley Publishing Company, 1967.
3. http://web.hep.uiuc.edu/home/serrede/P435/Lecture_Notes/P435_Lect_16.pdf.

CHAPTER

08 물질의 자기적 성질

7장에서는 자유공간(또는 공기 중)에서 흐르는 전류가 만드는 자기장과 관련된 내용에 대하여 알아보았는데, 자유공간은 진공을 의미한다. 8장에서는 보다 실용적인 측면에서 물질 속에서의 정자기장에 대해 다루고자 한다. 일반적으로 자성이라 함은 네오디움 자석, 막대자석 및 나침반 등을 생각나게 된다. 7장에서 자기장의 근원은 전류라고 정의하였는데, 자석은 마치 움직이는 전하나 전류와는 관계가 없어 보인다. 따라서 8장에서는 이러한 의문점에 대하여 생각해 보고, 자성체의 자기적 특성과 일상생활에서의 응용에 대해 알아보고자 한다.

8.1 물질의 자기적 성질

자기적 성질을 가지는 물질을 자성체라고 하는데 일반적으로 자성체라 하면, 일상생활에서 쉽게 접하는 막대자석, 원형자석 및 냉장고 등에 붙이는 두꺼운 종이 모양의 자석을 생각하게 된다. 하지만, 이러한 것들은 움직이는 전하나 전류와는 관계가 없어 보인다. 일상 경험을 통하여 N극과 S극이 표시된 막대자석을 1/2로 절단해도 그림 8.1(a)와 같이 N극과 S극이 분리되지 않는다는 것을 알 수 있다. 이러한 막대자석을 계속 쪼개어 원자나 분자까지 쪼개면 이론적으로 그림 8.1(b)와 같이 하나의 원자자석이 얻어진다. 궁극적으로 자성체는 원자나 분자 단위의 작은 자석의 배열방식에 따라 자기적 성질이 변한다.

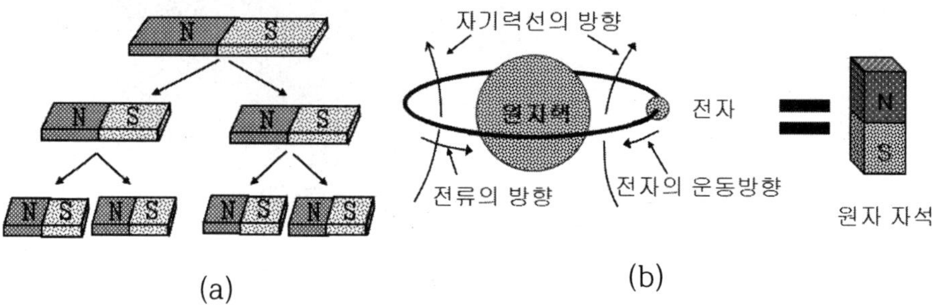

그림 8.1 잘려진 막대자석(a)과 원자 또는 분자 크기의 자석(b)

전자가 자전하거나 원자핵 주위를 회전하기 때문에 생기는 미세전류로 인하여 원자크기의 자석을 생각할 수 있는데, 이러한 미세전류가 흐르는 회로는 원자크기의 아주 작은 하나의 폐회로로 생각할 수 있다. 따라서 이러한 폐회로는 하나의 자기쌍극자로 취급될 수 있는데, 이러한 쌍극자들의 방향이 제멋대로이어서 이를 벡터적으로 더하면 서로 상쇄되어 거시적으로는 자기적 성질이 나타나지 않는다. 하지만, 외부에서 자기장을 가해주면, 자기쌍극자들이 특정 방향으로 배열되면서 자성을 띠게 된다.

어떤 물질에서는 자기쌍극자들이 외부에서 가해준 자기장과 나란히 배열되는데, 이러한 물질을 상자성체 (paramagnet)라고 하며, 알루미늄, 마그네슘, 텅스텐 및 산소가 이 부류에 속한다. 한편, 가해준 자기장과 반대로 배열되는 물질을 반자성체 (diamagnet)라고 하며, 비스무스, 구리, 흑연, 금, 은, 수은 및 물 등이 여기에 속한다. 이러한 물질들은 가해준 자기장을 제거하면, 본래의 상태로 되돌아 가면서 자성을 잃어버린다. 하지만, 처음에는 자성을 가지지 않으나 자기장을 가해주면 자성을 띠게 되고, 가해준 자기장을 제거하여도 오랫동안 자성을 유지하는 강자성체 (ferromagnet)가 있는데 철, 코발트 및 네오디움-철 합금 등이 여기에 속한다.

알루미늄, 마그네슘 및 텅스텐 같은 금속막대를 그림 8.2(a)와 같이 강한 자석의 N극과 S극 사이에 실로 매달고 자석을 회전시키면, 금속막대가 자석에 이끌리어 함께 회전하는 것을 볼 수 있다. 반자성체인 비스무스, 구리 및 흑연 가까이에 강한 자석을 가까이 가져가면, 자석으로부터 멀어지는 현상을 관찰할 수 있다. 샤프 연필심을 종이 위에 올려놓고 강한 네오디움 자석을 가까이 가져가면, 연필심이 자석으로부터 멀어지는 현상을 쉽게 관찰할 수 있다. 물도 반자성 물질인데, 그림 8.2(b)와 같이 수분이 대부분인 포도 알갱이를 매달고 자석을 포도 알갱이 가까이 가져가면 자석으로부터 멀어지는 방향으로 회전하는 것을 볼 수 있다.

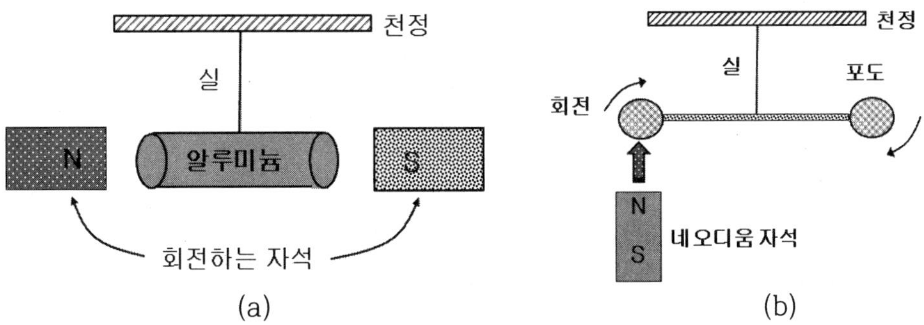

그림 8.2 상자성인 알루미늄 막대(a)와 반자성인 포도 알갱이(b)

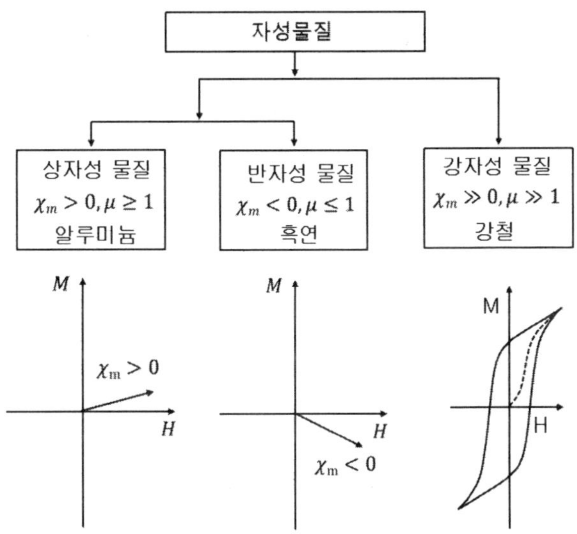

그림 8.3 자성물질의 분류

물질의 자기적 성질은 그림 8.3에 나타낸 바와 같이 크게 3가지로 분류되며 일부 상자성, 반자성 및 강자성 물질들의 예를 8.6절의 표 8.2에 나타내었다. 이러한 물질들의 근본 원인에 대해서는 9장에서 이론적으로 자세히 설명하였으며, 그림 8.3에서 사용된 χ_m, μ, M 및 H에 대해 설명하고자 한다.

8.2 자화밀도

자기장은 전하가 움직여야 생기므로 자성체 속을 원자 수준에서 생각해 보면, (-) 전기를 띤 전자가 핵 주위를 회전하거나 자전하기 때문에 미세전류 또는 원자 전류를 만들게 된다. 원자 전류가 흐르는 회로는 원자크기의 아주 작은 하나의 폐회로이면서 하나의 자기쌍극자로 볼 수 있다. 따라서 원자로부터 멀리 떨어진 곳에서의 자기장은 원자의 자기쌍극자모멘트($\overrightarrow{m}$)에 의하여 결정된다. 일반적으로 원자 전류의 방향은 임의적이므로, 각각의 원자들이 만드는 자기쌍극자 모멘트를 벡터적으로 더해주면 "0"이 된다. 하지만, 외부에서 자기장을 가해주면 자기쌍극자들이 특정 방향으로 배열되어 알짜 자기쌍극자모멘트를 가지므로 자성을 띠면서 자화된다.

i-번째 원자의 자기쌍극자모멘트를 $\overrightarrow{m}_i$라고 하고 전기편극을 정의하였을 때와 같은 방법으로 자화 $\overrightarrow{M}$을 정의하면, 자화 $\overrightarrow{M}$은

$$\overrightarrow{M} = \lim_{\Delta V \to 0} \frac{1}{\Delta V} \sum_i \overrightarrow{m}_i \tag{8.2.1}$$

와 같이 표현되며, 단위 체적당 평균 자기쌍극자모멘트를 의미한다. 이처럼 평균의 개념을 내포하고 있는 물리량을 거시적 물리량이고 하며, 자화 $\overrightarrow{M}$이 여기에 속한다. 자화되지 않은 물질에서는 $\overrightarrow{m}_i$의 방향이 임의적이므로 이들의 벡터 합이 "0"이 된다. 하지만, 외부에서 자기장($\overrightarrow{B}$)을 가해주면 $\overrightarrow{M}$은 외부 자기장의 세기에 의존하게 되는데, $\overrightarrow{B}$에 대한 $\overrightarrow{M}$의 의존성에 대해서는 8.6절에서 다루게 된다.

$\overrightarrow{M}(x,y,z)$ 가 알려진 함수라고 가정하고, 자화의 근원인 자화 전류밀도 $\overrightarrow{J_M}$과 자화 $\overrightarrow{M}$과의 관계에 대하여 알아보자. $\overrightarrow{M}(x,y,z)$ 는 단위 체적당 원자 전류의 회로 수에 각 회로의 평균 또는 유효 자기모멘트를 곱한 것을 의미한다.

$\overrightarrow{J_M}$ 과 $\overrightarrow{M}$ 사이의 관계식을 유도하기 전에 같은 방향으로 돌고 있는 원자크기의 루프 전류로 구성된 자화 물질에 대한 간단한 모델을 생각하되 균일하게 자화된 물체와 불균일하게 자화된 물체로 구분하여 생각해 보자. 자화가 일정하다면, 이웃하는 루프들에서의 전류는 서로 상쇄되므로, 물질 내부에서의 알짜 유효전류는 "0"이 된다 (그림 8.4 참조).

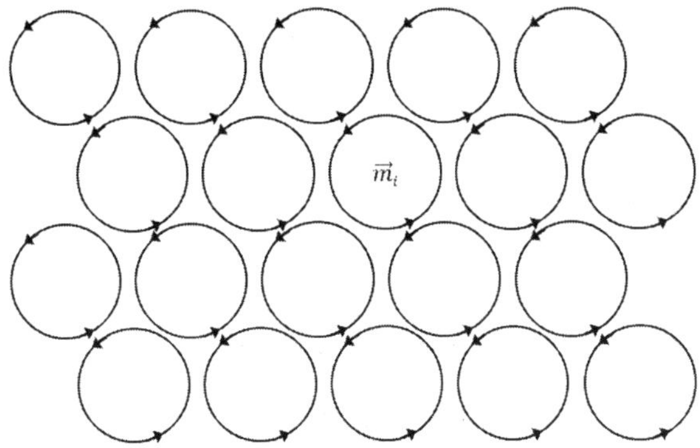

그림 8.4 같은 방향의 원자 전류에 의한 자성물질의 묘사

균일하게 자화된 물질의 한 예로서 그림 8.5와 같은 직육면체에 대하여 생각해 보자. 그림 8.5(b)에서 직육면체의 가장 윗면을 고려하면, 자화 M_x 에 기인한 전류(I_{yz})는 $\hat{j}$ 와 반대 방향으로 흐르고 M_y 에 기인한 표면전류(I_{zx})는 $\hat{i}$ 의 방향으로 흐름을 알 수 있다. 즉,

$$\frac{-I_{yz}\hat{j}}{\Delta x} = K_y\hat{j} \ , \quad \text{그리고} \quad \frac{I_{zx}\hat{i}}{\Delta y} = K_x\hat{i} \tag{8.2.2}$$

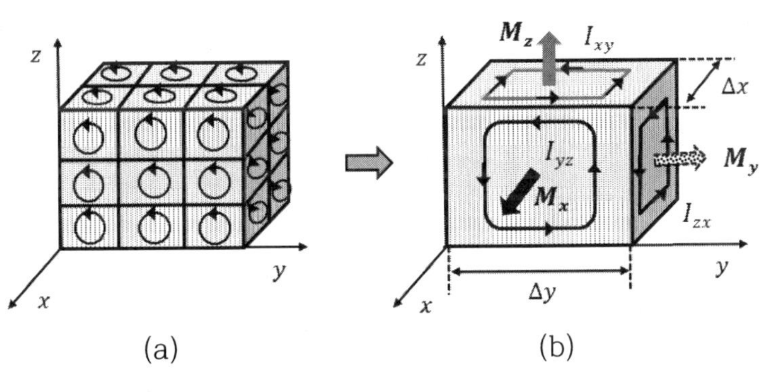

그림 8.5 $|\vec{M}|$=상수인 물질에 대한 표면전류

따라서 $xy-$ 평면 위에서의 총 표면전류는 $\vec{K}_{xy} = K_x\hat{i} + K_y\hat{j}$가 된다. 직육면체의 자기쌍극자 모멘트 $\vec{m} = \vec{M}V$ 또는 $\vec{m} = I\vec{a}$ ($\vec{a}$:면적)의 관계식을 그림 8.5(b)에 적용하면 $M_x\Delta V = I_{yz}\Delta y\Delta z$ 및 $M_y\Delta V = I_{zx}\Delta z\Delta x$ 의 관계식이 얻어지므로, 이를 식 (8.2.2)에 적용하면 식 (8.2.3~4)가 얻어진다.

$$\vec{K}_{xy} = \hat{i}\,(\frac{I_{zx}}{\Delta y}) - \hat{j}\,(\frac{I_{yz}}{\Delta x}) = \hat{i}\,M_y - \hat{j}\,M_x \tag{8.2.3}$$

$$\Rightarrow \quad \vec{K}_{xy} = \begin{vmatrix} \hat{i} & \hat{j} & \hat{k} \\ M_x & M_y & M_z \\ 0 & 0 & 1 \end{vmatrix} = M_y\hat{i} - M_x\hat{j} \qquad \Rightarrow \qquad \vec{K}_{xy} = \vec{M} \times \hat{k} \tag{8.2.4}$$

식 (8.2.4)로부터 $xy-$ 평면 위에서의 표면전류($\vec{K}_{xy}$)는 자화 $\vec{M}$에 $xy-$ 평면에 수직인 단위벡터 $\hat{k}$와의 벡터 곱으로 주어짐을 알 수 있다. 이를 바탕으로 임의의 곡면에 대한 표면전류밀도($\vec{K}_M$)는 자화 $\vec{M}$과 곡면에 수직인 단위벡터 $\hat{n}$과의 벡터 곱으로 다음과 같이 표현된다.

$$\vec{K}_M = \vec{M} \times \hat{n} \qquad (\hat{n} = \text{단위벡터}) \tag{8.2.5}$$

이러한 표면전류는 특이한 전류로서, 전하가 자성체의 표면을 따라 실제로 이동하지는 않는다. 즉, 전하마다 원자 속에서 아주 작은 궤도를 따라 움직일 뿐이다. 하지만 알짜효과는 전류가 자화된 물체 표면을 따라 흐르는 것과 같으므로 이를 "속박전류"라고 부른다. 이는 전하마다 물체 속의 특정 원자에 붙어 있음을 기억하려는 것이며, 이러한 속박전류는 일반적으로 알고 있는 전류와 똑같이 자기장을 만든다.

식 (8.2.5)를 앞에서 설명하였는데, 이해를 돕기 위하여 균일하게 자화된 물체의 한 예로서 반경이 a, 높이가 h 이면서 $z-$축 방향으로 균일하게 자화($\vec{M} = \vec{M}_0\hat{k}$)된 원통 모양의 물체를 생각하여 보자(그림 8.6 참조). 자화의 근원은 본질적으로 전류이므로 속박 체적 자화전류밀도($\vec{J_M}$)는 $\vec{J_M} = \vec{\nabla} \times \vec{M}$와 같이 정의되며, 이러한 정의는 뒷부분에서 자세히 설명하였다. 따라서 균일하게 자화($\vec{M} = M_0\hat{k}$)된 원통 모양의 물체인 경우, $\vec{J_M} = \vec{\nabla} \times M_0\hat{k} = 0$이므로 부피 내부에서의 알짜전류가 "0"이므로 체적 자화전류밀도 $|\vec{J_M}| = 0$이 된다. 이는 그림 8.6(b)에서 같은 방향으로 순환하면서 원자 크기의 인접한 루프 전류들은 서로 상쇄된다는 사실로부터 알 수 있다. 따라서 균일하고 일정한 크기의 자화를 만드는 전류는 표면전류뿐이다.

이처럼 균일하게 자화된 원통 모양의 물체에 대한 자화 $\vec{M}$은 표면전류 밀도 $\vec{K}_M$에 의하여 결정된다. 이러한 유형의 자기장은 솔레노이드가 만드는 자기장과 같은 유형으로 솔레노이드의 전선에 흐르는 전류가 마치 표면전류와 같은 역할을 하게 되며,

이러한 표면전류밀도($\vec{K}_M$)는 크기가 M_0 인 자화를 만들게 된다. 중심축에서 멀리 떨어진 곳에서의 자기장은 $\vec{m} = \vec{M}V = \vec{M}(\pi a^2 h)$ 인 자기쌍극자가 만드는 자기장과 같고, V는 원기둥의 체적이다.

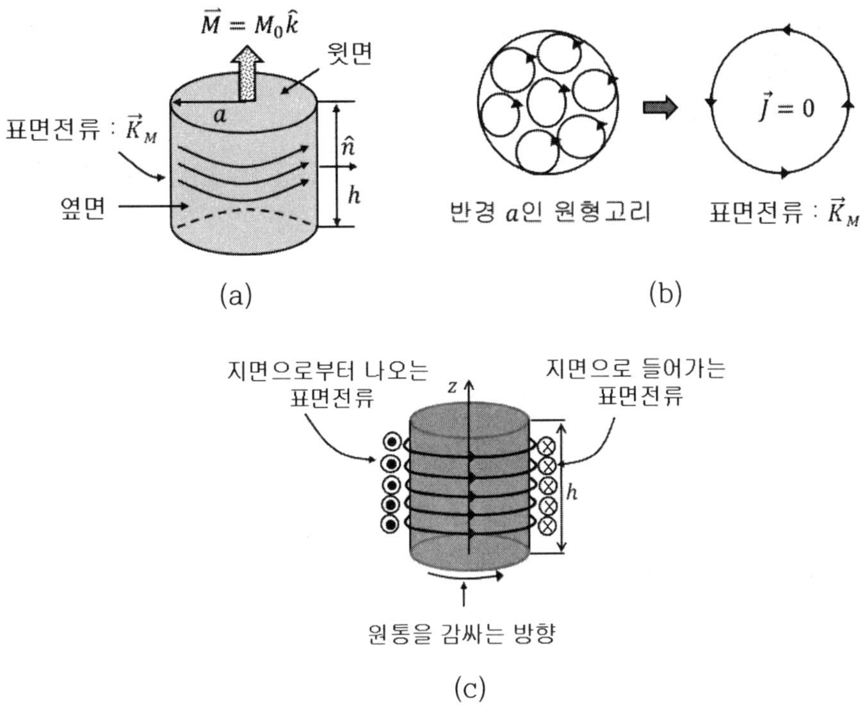

그림 8.6 균일하게 자화된 원통 모양의 물체(a), 표면전류(b) 및 표면전류 $\vec{K}_M$에 의한 자화 $\vec{M}$ (c)

그렇다면 $\vec{K}_M$은 어떻게 표현될까? 자화된 원통 모양 물체의 일부인 원형 고리의 면적은 πa^2, 높이는 h 이다(그림 8.6 참조). 따라서 자기쌍극자 모멘트의 크기를 자화밀도 M으로 나타내면 $|\vec{m}| = M\pi a^2 h$이 되고, 이를 전류 I로 나타내면 $|\vec{m}| = I\pi a^2$와 같다. 따라서 $I = Mh$ 이며, 표면전류의 크기(K_M)는 $K_M = I/h = M$이다. 그림 8.6(a)의 옆면에서 밖으로 향하는 단위벡터를 $\hat{n}$로 나타내면, $\vec{K}_M$은

$$\vec{K}_M = \vec{M} \times \hat{n} \tag{8.2.6}$$

와 같이 표현된다. 식 (8.2.6)은 자화된 원통 모양 물체의 윗면과 아래 표면에는 전류

가 없다는 것을 의미한다. 그림 8.6(c)에서 보듯이 원통 표면의 양쪽에 식 (8.2.6)으로 표현되는 균일한 표면전류가 서로 반대 방향으로 흐른다는 것을 알 수 있으며, 식 (8.2.6)은 앞에서 유도한 식 (8.2.5)와 같다는 것도 알 수 있다.

이번에는 불균일하게 자화된 물체에 대하여 생각하여 보자. 자화가 일정하지 않다면 이웃하는 원형 루프들에서의 전류는 서로 상쇄되지 않는다(그림 8.7 참조). 그림 8.7의 점선으로 표시된 부분을 고려하면, 위로 올라가는 전류보다 아래로 내려오는 전류가 더 많다. 따라서 전하의 이동이 없다고 하더라도 부분적으로 아래로 향하는 전하의 알짜 이동이 있게 되며, 이러한 전하의 이동이 자기장을 만들기 때문에 이를 자화전류라고 한다.

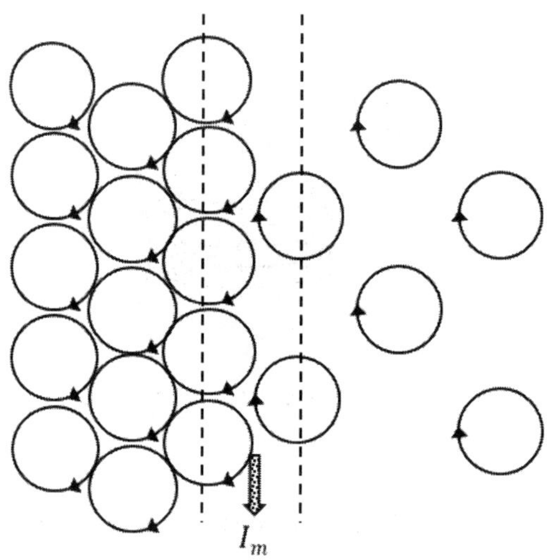

그림 8.7 자화가 불균일하여 자화 전류밀도($\vec{J}_M$)가 "0"이 아닌 경우

$\overrightarrow{M}$과 $\vec{J}_M$ 사이의 관계를 알아보기 위하여 그림 8.8과 같이 서로 $z-$축 방향으로 나란히 있는 자화물질 내의 2개의 미소체적($\Delta V = \Delta x \Delta y \Delta z$)을 생각하여 보자. 그림 8.8에서 아래쪽 체적소의 자기모멘트 중에 $y-$성분은 $M_y \Delta x \Delta y \Delta z$ 이며, 이를 순환전류 I_c' 로 표현하면 식 (8.2.7)과 같고 두 체적소가 서로 만나는 경계에서 I_c' 은 양(+)의 x 축 방향으로 흐른다.

$$M_y \Delta x \Delta y \Delta z = I_c' \Delta x \Delta z \tag{8.2.7}$$

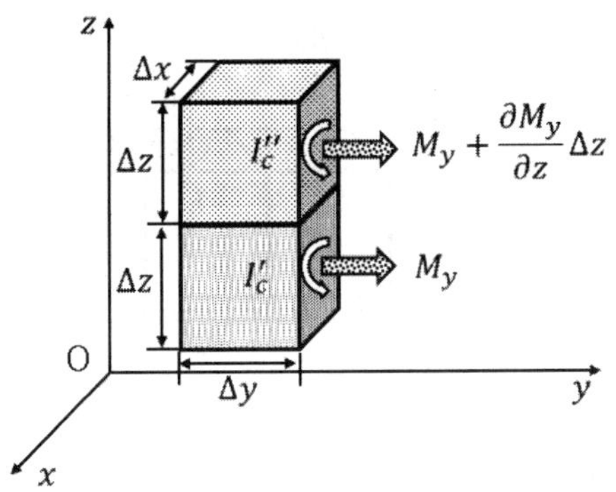

그림 8.8 순환전류 I_c' 와 I_c''에 의해 자화된 물질의 체적소

마찬가지로 그림 8.8에서 위쪽 체적소에 의한 자기모멘트는 근사적으로

$$(M_y + \frac{\partial M_y}{\partial z}\Delta z)\Delta x \Delta y \Delta z = I_c'' \Delta x \Delta z \tag{8.2.8}$$

와 같은데, I_c''은 음(-)의 $x-$축 방향으로 흐른다. 따라서 그림 8.8의 두 미소체적소의 경계면에서 (+)$x-$축 방향으로 흐르는 알짜전류는

$$I_c' - I_c'' = -\frac{\partial M_y}{\partial z}\Delta y \Delta z \tag{8.2.9}$$

와 같다.

이번에는 그림 8.9와 같이 서로 $y-$축 방향으로 나란히 있는 자화 물질 내의 2개의 미소 체적($\Delta V = \Delta x \Delta y \Delta z$)을 생각하여 보자. 그림 8.9에서 왼쪽 체적소의 자기모멘트 중에 z 성분은 $M_z \Delta x \Delta y \Delta z$ 이며, 이를 순환전류를 I_c' 로 표현하면 식 (8.2.10)과 같고 두 체적소가 만나는 경계면에서 음(-)의 $x-$축 방향으로 흐른다.

$$M_z \Delta x \Delta y \Delta z = I_c' \Delta x \Delta y \tag{8.2.10}$$

마찬가지로 오른쪽 체적소에 의한 자기모멘트는 근사적으로

$$(M_z + \frac{\partial M_z}{\partial y}\Delta y)\Delta x \Delta y \Delta z = I_c'' \Delta x \Delta y \tag{8.2.11}$$

와 같은데, I_c''은 양(+)의 x축 방향으로 흐른다.

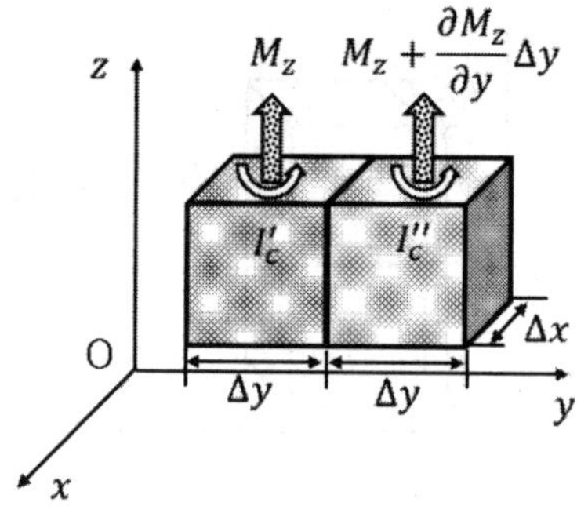

그림 8.9 순환전류 I_c' 와 I_c''에 의해 자화된 물질의 체적소

따라서 그림 8.9의 두 미소 체적 경계면에서 양(+)의 $x-$축 방향으로 흐르는 알짜전류는

$$I_c'' - I_c' = \frac{\partial M_z}{\partial y}\Delta y \Delta z \tag{8.2.12}$$

와 같다. 위에서 얻은 식 (8.2.9)와 식 (8.2.12)으로부터 양(+)의 $x-$축 방향으로 흐르는 총 알짜전류는 식 (8.2.13)과 같다.

$$\Delta I_x'(\text{총전류}) = \Delta y \Delta z \left(\frac{\partial M_z}{\partial y} - \frac{\partial M_y}{\partial z}\right) \tag{8.2.13}$$

따라서 단위 면적당 양(+)의 $x-$축 방향으로 흐르는 총 알짜전류(J_x)는 식 (8.2.14)와 같다.

$$J_x = \frac{\Delta I'_x}{\Delta y \Delta z} = \left(\frac{\partial M_z}{\partial y} - \frac{\partial M_y}{\partial z}\right) \tag{8.2.14}$$

한편 $x-$축 방향의 자화 M_x와 관련하여 $x-$축과 나란히 놓인 미소 체적소에 대해서는 그림 8.10으로부터 알 수 있듯이 $x-$축 방향으로 흐르는 전류는 “0”이다. 식 (8.2.14)는 자화전류밀도 $\vec{J}_M$을 행렬로 표현한 식 (8.2.15)에서 자화전류밀도 $\vec{J}_M$의 x성분, 즉, J_x임을 알 수 있다.

$$\overrightarrow{J_M} = \begin{pmatrix} J_x \\ J_y \\ J_z \end{pmatrix} = \overrightarrow{\nabla} \times \overrightarrow{M} = \begin{vmatrix} \hat{i} & \hat{j} & \hat{k} \\ \dfrac{\partial}{\partial x} & \dfrac{\partial}{\partial y} & \dfrac{\partial}{\partial z} \\ M_x & M_y & M_z \end{vmatrix} \tag{8.2.15}$$

$$= \hat{i}\left(\frac{\partial M_z}{\partial y} - \frac{\partial M_y}{\partial z}\right) + \hat{j}\left(\frac{\partial M_x}{\partial z} - \frac{\partial M_z}{\partial x}\right) + \hat{k}\left(\frac{\partial M_y}{\partial x} - \frac{\partial M_x}{\partial y}\right)$$

$$= \hat{i}\,J_x + \hat{j}\,J_y + \hat{k}J_z$$

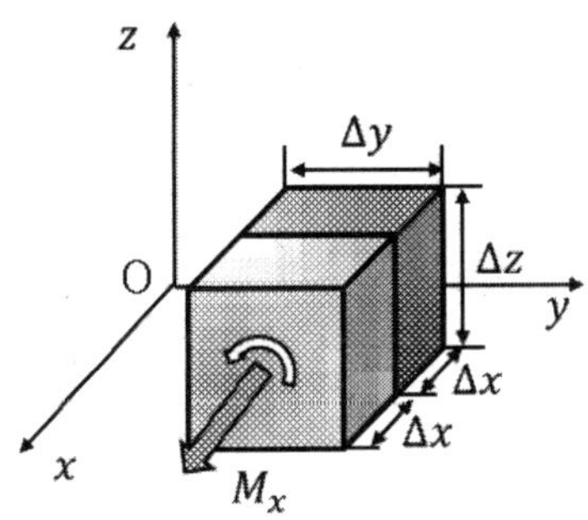

그림 8.10 순환전류 I_c' 와 I_c''에 의해 자화된 물질의 체적소

이처럼 식 (8.2.14)와 식 (8.2.15)로부터 자화전류밀도 $\vec{J}_M$는 자화 $\overrightarrow{M}$에 회전을 취한 형태로 표현될 수 있다는 것을 유추할 수 있다. 위에서와 같은 방법으로 $y-$, $z-$축 방향으로 흐르는 알짜전류와 물질의 자화에 대한 관계로부터 자화전류밀도 $\overrightarrow{J_M}$과 자화 $\overrightarrow{M}$사이의 관계는

$$\overrightarrow{J_M} = \overrightarrow{\nabla} \times \overrightarrow{M} \tag{8.2.16}$$

와 같이 표현할 수 있다. 공기 중에 놓인 도선에 실제로 흐르는 전류와 전류가 만드는 자기장 사이의 관계는 다음과 같다.

$$\overrightarrow{\nabla} \times \overrightarrow{B} = \mu_0 \vec{J} \tag{8.2.17}$$

한편, 식 (8.2.16)으로부터 물질의 자화는 속박전류에 의해서 생기며, 자화된 물체는 주변에 자기장을 만든다는 것을 알 수 있다. 즉, 자화된 물체가 만드는 자기장은 속박전류 $\overrightarrow{J_M}$와 $\overrightarrow{K}_M$이 만드는 장과 같음을 알았다. 따라서 자화된 물체가 만드는 자기벡터전위는 표면 자화전류밀도 $\overrightarrow{K}_M = \overrightarrow{M} \times \hat{n}$ 과 체적 자화전류밀도 $\overrightarrow{J_M} = (\overrightarrow{\nabla} \times \overrightarrow{M})$ 이 만드는 자기벡터전위와 같으며, 이를 수식으로 표현하면

$$\overrightarrow{A}(\vec{r}) = \frac{\mu_0}{4\pi}\int_V \frac{\overrightarrow{J_m}(\vec{r}\,')}{|\vec{r} - \vec{r}\,'|}dv' + \frac{\mu_0}{4\pi}\oint_S \frac{\overrightarrow{K}_m(\vec{r}\,')}{|\vec{r} - \vec{r}\,'|}da' \tag{8.2.18}$$

와 같다. 이러한 현상은 편극된 물체가 만드는 전기장이 속박 체적전하밀도 $\rho_{구속} = -\overrightarrow{\nabla} \cdot \overrightarrow{P}$ 와 속박 표면전하밀도 $\sigma_{구속} = \overrightarrow{P} \cdot \hat{n}$ 에 의해 결정되는 것과 매우 유사하다.

예제 1

그림 8.11과 같이 표면전하 밀도 σ로 균일하게 대전되고 반경이 R인 공 모양의 물체가 일정한 각속도 ω로 $z-$ 축에 대하여 회전하는 경우, 이들이 만드는 표면전류와 함께 자기장을 구하시오.

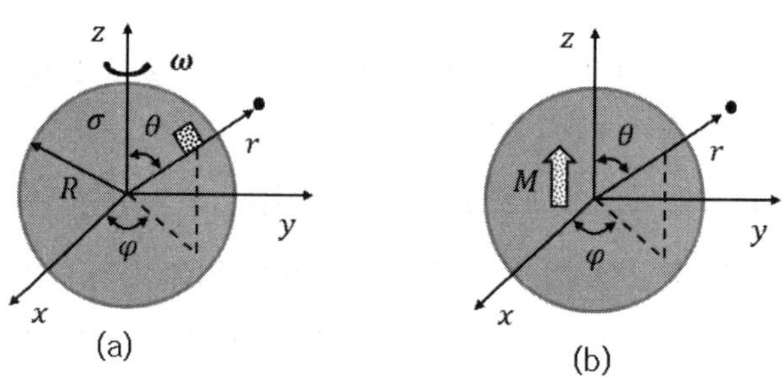

그림 8.11 (a) $z-$축에 대해 각속도 ω로 회전하는 공 모양의 대전된 물체, (b) 균일하게 자화($\overrightarrow{M}$)된 공 모양의 물체

해답

그림 8.11(a)에서와 같이 반경이 R이며 균일하게 대전된 공 모양의 물체가 일정한 각속도 ω로 회전하는 경우, 이들이 만드는 표면전류($\overrightarrow{K}_M$)는 다음과 같다.

$$\overrightarrow{K}_M = \sigma\vec{v} = \sigma\omega R\sin\theta\,\hat{\varphi} \tag{8.2.19}$$

한편 그림 8.11(b)와 같이 균일하게 자화된 물체의 속박전류는 다음과 같다.

$$\vec{J}_M = \vec{\nabla} \times \vec{M} = 0 \ , \ \vec{K} = \vec{M} \times \hat{n} = M \sin\theta \, \hat{\varphi} \tag{8.2.20}$$

식 (8.2.19)와 (8.2.20)으로부터 균일하게 자화된 공 모양의 물체가 만드는 자기장은 $\sigma R \omega \to M$ 으로 되면, 자전하는 공 모양의 물체가 만드는 자기장과 같다. 따라서 도체 속에서의 자기장은

$$\vec{B} = \frac{2}{3} \mu_0 \vec{M} \tag{8.2.21}$$

와 같이 주어지며, 물체 밖에서의 자기장은 식 (8.2.22)로 주어진 순수 자기쌍극자가 만드는 것과 같다.

$$\vec{m} = \frac{4}{3} \pi R^3 \vec{M} \tag{8.2.22}$$

지금까지의 설명으로 자기장은 실제로 도선에 흐르는 전류와 속박전류에 의하여 만들어진다는 것을 알 수 있다.

8.3 자화세기 $\vec{H}$

자화된 물체에서 자화 $\vec{M}$을 일으키는 요인으로 물질 속에서는 체적 전류밀도 $\vec{J}_M = \vec{\nabla} \times \vec{M}$, 표면에서는 표면전류밀도 $\vec{K}_M = \vec{M} \times \hat{n}$ 이라는 것을 알았으며, $\vec{J}_M$과 $\vec{K}_M$은 모두 속박전류로서 원자 수준의 자기쌍극자들에 의하여 생긴다. 이제는 하전입자인 전하의 실질적 이동에 의한 자유전류가 만드는 자기장에 대하여 알아보자. 자유전류는 자성체 속에 넣은 도선을 따라 흐르거나, 자성체가 도체라면 자성체 안에서 직접 흐르게 된다. 이 경우, 총 전류는 속박전류와 자유전류의 합으로서 다음과 같이 표현된다.

$$\vec{J}_{\text{총전류}} = \vec{J}_{\text{자유}} + \vec{J}_{\text{속박}} \tag{8.3.1}$$

즉, 자기장은 도선에 실제로 흐르는 자유전류와 원자나 분자에 속박된 속박전류에 의해서 생기며, 이를 앙페르의 법칙(식 (7.4.3))에서의 전류밀도 $\vec{J}$ 대신에

$\vec{J}_{속박} + \vec{J}_{자유}$ 을 넣으면 다음과 같다.

$$\vec{\nabla} \times \vec{B} = \mu_0 \vec{J}_{총전류} = \mu_0 (\vec{J}_{자유} + \vec{J}_{속박}) = \mu_0 (\vec{J}_{자유} + \vec{J}_M) \tag{8.3.2}$$

모든 물리법칙은 실험자가 스스로 조절할 수 있는 물리량으로 표현하는 것이 관례이다. 식 (8.3.2)에서 속박전류 $\vec{J}_M$은 실험자가 직접 조절할 수 없으므로 식 (8.3.3)과 같이 자유전류만을 포함하는 수식으로 표현하는 것이 관례이다.

$$\vec{\nabla} \times \left(\frac{\vec{B}}{\mu_0} - \vec{M}\right) = \vec{J}_{자유} \Rightarrow \vec{\nabla} \times \vec{H} = \vec{J}_{자유} \quad \left(\vec{H} \equiv \frac{1}{\mu_0}\vec{B} - \vec{M}\right) \tag{8.3.3}$$

식 (8.3.3)에서 새로 도입된 $\vec{H}$를 자화세기(저자에 따라서는 보조장 또는 자기장 $\vec{H}$라고도 함)라 하며, $\vec{H}$는 하전입자의 실질적인 운동에 기인한 자유전류와 직접 관계되는 물리량으로 자유전류 주위만 회전하는 벡터량으로 단위는 A/m이다. 식 (8.3.3)의 양변을 표면 S에 대하여 적분하고 면적분을 선적분으로 바꿔주는 스토크스 정리를 적용하면, 자성체 속에서의 앙페르 법칙은 다음과 같이 쓸 수 있다.

$$\oint_S (\vec{\nabla} \times \vec{H}) \cdot d\vec{s} = \oint_S \vec{J}_{자유} \cdot d\vec{s} = \oint_C \vec{H} \cdot d\vec{l} = I_{자유} \tag{8.3.4}$$

이해를 돕기 위하여 전자석을 생각하여 보자. 전자석을 만들려면 코일에 전류를 흘려주는데 코일에 흐르는 전류는 전류계를 이용하여 쉽게 측정되며, 측정된 전류의 크기에 의해 자화세기 $\vec{H}$가 결정된다. 하지만, 자기장 $\vec{B}$는 전자석의 코일 내부에 들어있는 물질에 따라 달라지고, 철과 같은 물질은 자석의 자기이력에 따라 달라진다. 물질 속의 자기장에 대한 앙페르의 법칙을 미분형과 적분형으로 구분하여 정리하면 표 8.1과 같다.

표 8.1 물질 속의 자기장에 대한 앙페르의 법칙

미분형	적분형
$\vec{\nabla} \times \vec{H} = \vec{J}_{자유}$	$\oint_C \vec{H} \cdot d\vec{l} = I_{자유}$
$\vec{\nabla} \times \vec{B} = \mu_0 (\vec{J} + \vec{\nabla} \times \vec{M})$	$\oint_C \vec{B} \cdot d\vec{l} = \mu_0 (I_{자유} + I_{속박})$

$\vec{B}$와 $\vec{H}$에 대하여 좀 더 알아보자. $\vec{B}$에 발산을 취한 $\vec{\nabla} \cdot \vec{B} = 0$ 는 항상 성립하

지만, $\vec{H}$의 발산은 항상 “0”이 아니다. 식 (8.3.3)에서 $\vec{H} \equiv \frac{1}{\mu_0}\vec{B} - \vec{M}$이므로, 양변에 발산을 취하면

$$\vec{\nabla} \cdot \vec{H} \equiv \frac{1}{\mu_0}\vec{\nabla} \cdot \vec{B} - \vec{\nabla} \cdot \vec{M} = -\vec{\nabla} \cdot \vec{M} \tag{8.3.5}$$

와 같다. 식 (8.3.5)를 통하여 알 수 있듯이 $\vec{\nabla} \cdot \vec{H}$는 “0”일 때도 있고, 아닐 때도 있다. 앙페르의 법칙을 이용하여 $\vec{B}$와 $\vec{H}$에 대한 유일해를 얻기 위해서는 2가지 조건을 만족해야 한다. 즉, 회전과 발산값이 주어져야 유일해가 얻어지는데, 자기장 $\vec{B}$에 대해서는 $\vec{\nabla} \cdot \vec{B} = 0$, $\vec{\nabla} \times \vec{B} = \mu_0 \vec{J}$ 이므로 유일해가 얻어진다. 하지만 자화세기 $\vec{H}$에 대해서 $\vec{\nabla} \times \vec{H} = \vec{J}$ 은 항상 성립하지만, $\vec{\nabla} \cdot \vec{H} = 0$ 또는 $\neq 0$ 이므로 유일해를 얻기 위해서는 $\vec{H}$에 대한 발산이 “0”인지에 대한 정보가 필요하다. 이에 대해서는 8.4절에서 비교적 자세히 설명하였다.

8.4 자기장 $\vec{B}$ 와 자화세기 $\vec{H}$의 비교

앙페르의 법칙을 이용하여 자기장 $\vec{B}$ 와 자화세기 $\vec{H}$ 를 구하기 위해 그림 8.12와 같이 $z-$축 방향으로 영구적이면서 균일하게 자화된 무한 길이의 원통형 자성체를 생각해 보자.

자화세기 $\vec{H}$ 는 $\vec{\nabla} \times \vec{H} = \vec{J}_{자유}$ 와 같이 자유전류에만 관계하며, 그림 8.12(a)의 앙페르 루프 내에는 자유전류가 없으므로, 자화세기는 다음과 같이 모든 곳에서 “0”이다.

$$\oint_C \vec{H} \cdot d\vec{l} = I_{자유} = 0 \tag{8.4.1}$$

또한 균일하게 자화되어 자화 전류밀도 $\vec{J_M} = \vec{\nabla} \times \vec{M}_0 \hat{k} = 0$이므로 자성체 내부에서의 알짜전류는 “0”이며 자화 전류밀도 $|\vec{J_M}| = 0$이 된다.

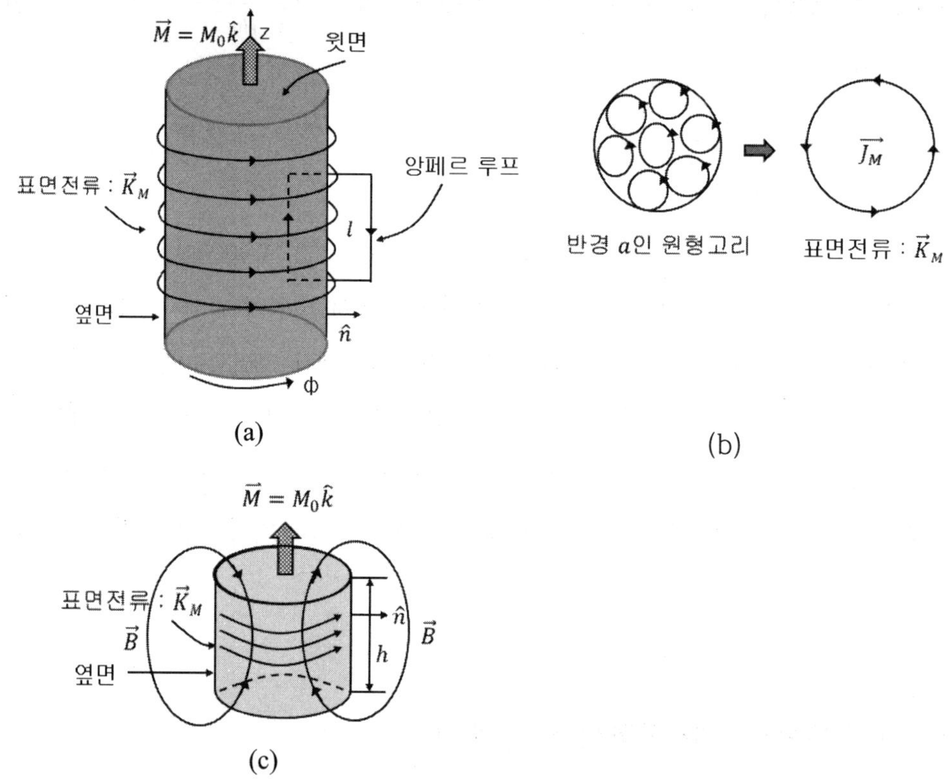

그림 8.12 균일하게 자화($\overrightarrow{M}$)된 긴 원통모양의 자성체

그림 8.12(b)에서 알 수 있듯이 같은 방향으로 순환하면서 원자크기의 인접한 루프 전류들은 서로 상쇄되고, 남은 전류는 표면전류가 된다. 따라서 균일하게 자화된 원통 모양의 물체에 대한 자화 $\overrightarrow{M}$은 표면 자화전류 밀도 $\overrightarrow{K}_M$와 의하여 결정된다. 이러한 유형의 자기장은 솔레노이드가 만드는 자기장과 같은 유형으로 솔레노이드의 전선에 흐르는 전류가 마치 표면전류와 같은 역할을 하게 되며, 이러한 표면전류밀도(K_M)는 크기가 M_0 인 자화를 만들게 된다. 표면전류는 원통형 자성체의 원주를 따라 회전하는 방향으로 그림 8.12(a)의 옆면에서 밖으로 향하는 단위벡터를 $\hat{n}$로 나타내면, $\overrightarrow{K}_M$의 방향은 원통형 좌표계에서의 회전방향인 $\hat{\phi}$를 향하므로

$$\overrightarrow{K}_M = \overrightarrow{M_0}\,\hat{k} \times \hat{n} = M_0\,\hat{\phi} \tag{8.4.2}$$

와 같이 표현된다. 그림 8.12(a)로부터 균일하게 자화된 원통 모양 물체의 윗면과 아

랫면에는 전류가 없다는 것을 알 수 있다. 자기장을 구하기 위하여 그림 8.12(a)의 앙페르 루프에 앙페르의 법칙을 적용하면 자성체 내에서의 자기장($\vec{B}$)은 다음과 같다.

$$\oint \vec{B} \cdot d\vec{l} = Bl = \mu_0 I_{enc} = \mu_0 K_M l \; (I_{enc} : \text{앙페르 루프 내의 전류}) \tag{8.4.3}$$

$$\Rightarrow \vec{B} = \mu_0 K_M \hat{k} = \mu_0 M_0 \hat{k} = \mu_0 \vec{M}$$

이처럼 무한히 길고 균일하게 자화된 원통형 자성체 속에서는 자기장이 존재하나, 바깥에서는 자기장의 세기가 “0”이다. 한편, 균일하게 자화되었으나, 길이가 유한한 원통형 자성체(그림 8.12(c) 참조)는 윗면에서 나와 아랫면으로 들어가는 자기력선이 존재하므로, 자성체 바깥에서의 자기장의 세기는 “0”이 아니다.

이번에는 그림 8.13과 같이 균일하게 자화되고 반경인 R인 자성체를 생각해 보자.

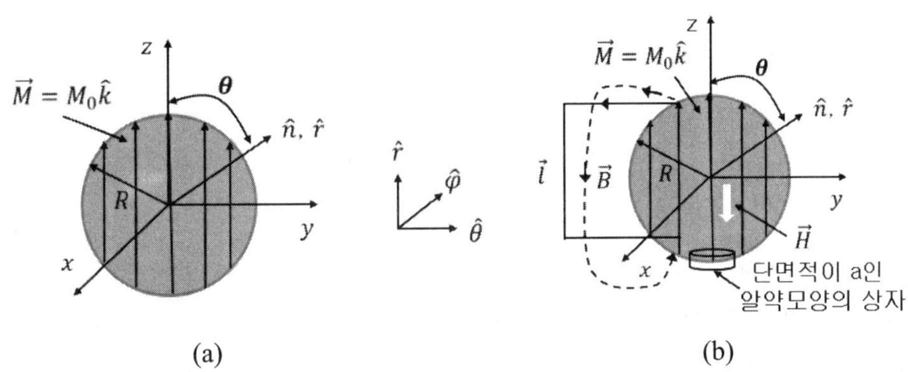

그림 8.13 균일하게 자화되고 반경이 R인 자성체

균일하게 자화되어 $\vec{J}_M = \vec{\nabla} \times \vec{M}_0 \hat{k} = 0$이므로 자성체 내부에서의 알짜전류는 “0”이 되면서 자화 전류밀도 $|\vec{J_M}| = 0$이다. 한편, 그림 8.13에서 표면 자화 전류밀도는

$$\vec{K}_M = \vec{M}_0 \hat{k} \times \hat{n} = M_0 (\cos\theta\, \hat{r} - \sin\theta\, \hat{\theta}) \times \hat{r} = M_0 \sin\theta\, \hat{\varphi} \quad (\hat{\theta} \times \hat{r} = -\hat{\varphi}) \tag{8.4.4}$$

와 같다. 자성체 내에서의 자기장은

$$\vec{B} = \frac{2\mu_0 M_0}{3} \hat{k} \quad (r < R) \tag{8.4.5}$$

와 같이 주어지는데, 식 (8.4.5)의 값이 얻어진 이유는 방법은 다르지만 같은 결과가 얻어지는 보충 자료를 참조하기 바란다. 그림 8.13에서 자유전류가 “0”이므로, 자화세기가 전체적으로는 “0”이지만 모든 곳에서 “0”은 아니다. 자화세기 $\vec{H}$와 자기장 $\vec{B}$ 사이의 관계는 $\vec{H} \equiv \frac{1}{\mu_0}\vec{B} - \vec{M}$와 같으므로 자성체 내에서의 자화세기는 다음과 같다.

$$\vec{H} = \frac{1}{\mu_0}\frac{2\mu_0\vec{M}}{3} - \vec{M} = -\frac{\vec{M}}{3} \tag{8.4.6}$$

따라서 구 내부와 외부에서의 자화세기에 대해 적분하면 다음과 같다.

$$\int \vec{H} \cdot d\vec{l} < 0 \quad (\text{구 내부}) \tag{8.4.7}$$

$$\int \vec{H} \cdot d\vec{l} > 0 \quad (\text{구 외부})$$

물론 그림 8.13(b)에서 점선으로 표시한 임의의 폐곡선에 대해 자화세기를 적분하면 “0”이 된다.

$$\oint \vec{H} \cdot d\vec{l} = 0 \tag{8.4.8}$$

자유전류가 없다는 것은 자화세기에 대한 회전인 $\vec{\nabla} \times \vec{H} = 0$ 라는 의미로 $\vec{H}$를 임의의 폐곡선에 대해 선적분하면 그 값이 “0”이 됨을 의미하는 것이지, 모든 곳에서 자화세기가 “0”이라는 의미는 아니다. 그림 8.13과 같이 균일하게 자화된 공 모양의 자성체에 대해서는 자성체 외부와 내부에서 모두 자화세기가 존재하지만, 선적분을 하면 내부와 외부에서의 효과가 서로 상쇄된다 (식 8.4.7) 참조).

그림 8.13과 같은 상황에서 자화세기에 대해 발산을 취하면 자성체 표면 위에서는 다음과 같다.

$$\vec{\nabla} \cdot \vec{H} = \frac{1}{\mu_0}\vec{\nabla} \cdot \vec{B} - \vec{\nabla} \cdot \vec{M} = -\vec{\nabla} \cdot \vec{M} \neq 0 \tag{8.4.9}$$

따라서 그림 8.13(b)에서 자성체 안쪽의 알약모양 상자에 대해 체적분을 면적분으로 변환하는 발산정리를 이용하여 적분하면

$$\int_V \vec{\nabla} \cdot \vec{M} dv = \oint_S \vec{M} \cdot da\hat{n} = M_0 a \tag{8.4.10}$$

와 같은 결과를 얻는다. 이처럼 항상 $\vec{\nabla} \cdot \vec{B} = 0$ 이지만, $\vec{\nabla} \cdot \vec{M}$은 항상 "0"이 아니므로 자화세기에 대한 발산은 $\vec{\nabla} \cdot \vec{H} = 0$ 또는 $\neq 0$ 일 수 있다.

예제 2

반지름이 R인 긴 구리 막대에 자유전류 I가 균일하게 퍼져 있다(그림 8.14). 막대 안과 밖에서의 H를 구하여라.

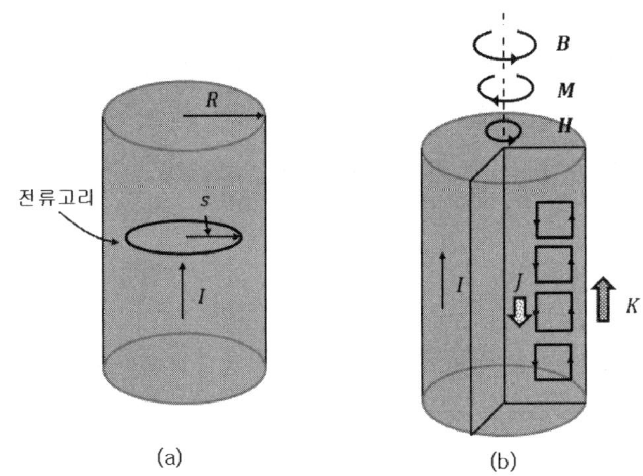

그림 8.14 (a) 전류 I가 흐르는 구리막대, (b) 속박전류

해답

구리는 약한 반자성체이므로 쌍극자는 자기장과 반대쪽으로 정렬한다. 따라서 속박전류의 방향은 도선 안쪽에서는 전류 I와 반대 방향이고 표면에서는 I와 같다(그림 8.14(b) 참조). 속박전류 $\vec{J}_M$의 크기는 모르지만, $\vec{H}$를 구하는 데에는 전류가 축 방향이라는 것만 알면 된다. $\vec{B}$, $\vec{M}$ 과 $\vec{H}$는 모두 원둘레 방향이므로 반경이 $s\,(s < R)$인 전류고리에 대하여 앙페르의 법칙을 적용하면

$$H(2\pi s) = I\frac{\pi s^2}{\pi R^2} \quad s \le R$$

이다. 따라서 도선 안쪽에서는

$$\vec{H} = \frac{I}{2\pi R^2} s\hat{\phi} \quad (s \le R)$$

이 된다. 반면에 도선 바깥쪽에서는 $|\vec{M}| = 0$이므로 자화되지 않은 도선과 같이

$$\vec{B} = \mu_0 \vec{H} = \frac{\mu_0 I}{2\pi s}\hat{\varphi} \qquad (s \ge R)$$

이다. 여기서 도선 속의 $\vec{B}$를 알 수 없는 이유는 $\vec{M}$을 모르기 때문이다.

예제 3

길이가 무한대이고 전류 I가 흐르는 도선이 투자율이 μ이며, 반경이 a인 균질의 원통형 물체 내에 있다(그림 8.15 참조). 또한 원통형 물체는 공기 중에 있다. 모든 영역에서의 $\vec{B}$, $\vec{H}$ 및 $\vec{M}$을 구하시오. 또한 자화전류는 얼마인가?

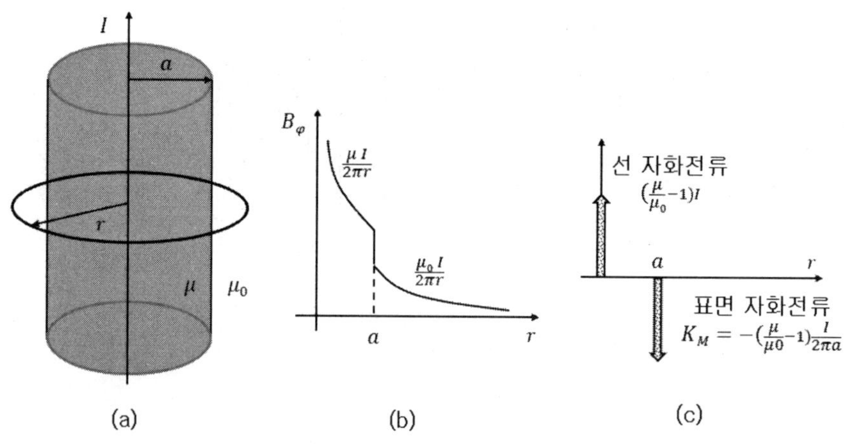

그림 8.15 투자율이 μ인 원통 물체 내에서 전류 I가 흐르는 도선

해답

도선을 반경이 a인 원통 물체의 중심과 일치시키고, 원통의 중심축과 관측점까지의 거리를 r로 정의하고 자화세기 $\vec{H}$에 대해 암페어의 법칙을 적용하면 다음과 같다.

$$\oint \vec{H} \cdot d\vec{l} = H_\phi 2\pi r = I \;\; \rightarrow \;\; H_\phi = \frac{I}{2\pi r}$$

한편, 자기장은 자화 물질의 차이에 의해 관측점의 위치에 따라 변하며 결과는 다음과 같다(그림 8.15(b) 참조).

$$B_\phi = \begin{cases} \mu H_\phi = \dfrac{\mu I}{2\pi r}, & 0 < r < a \\ \mu_0 H_\phi = \dfrac{\mu_0 I}{2\pi r}, & r > a \end{cases}$$

한편, 자화 $\overrightarrow{M} = \dfrac{\overrightarrow{B}}{\mu_0} - \overrightarrow{H}$ 을 이용하면 다음과 같다(그림 8.15(c) 참조).

$$M_\phi = \begin{cases} (\dfrac{\mu}{\mu_0} - 1)H_\phi = \dfrac{\mu - \mu_0}{\mu_0}\dfrac{I}{2\pi r}, & 0 < r < a \\ 0, & r > a \end{cases}$$

원통 좌표계를 이용하여 체적 자화전류 밀도를 구하면,

$$\overrightarrow{J_M} = \overrightarrow{\nabla} \times \overrightarrow{M} = -\frac{\partial M_\phi}{\partial z}\hat{r} + \frac{1}{r}\frac{\partial}{\partial r}(rM_\phi)\hat{k} = 0 \ \ (0 < r < a)$$

와 같으며, 원통 좌표계에 대한 벡터 연산 $\overrightarrow{\nabla} \times \overrightarrow{F}$ 에 대해서는 1장의 보충자료를 참고하기 바란다. 체적 자유전류가 "0"이므로 체적 자화전류도 "0"이지만, $r = 0$ 에 선모양의 전류와 $r = a$ 의 표면자화전류 $\overrightarrow{K}_M$은 존재한다. 따라서 스토크 정리

$$\int_S \overrightarrow{\nabla} \times \overrightarrow{M} \cdot d\vec{s} = \oint \overrightarrow{M} \cdot d\vec{l} = \int_S \overrightarrow{J_M} \cdot d\vec{s}$$

을 $r < a$ 인 영역에 적용하면 다음과 같은 결과를 얻는다.

$$M_\phi 2\pi r = (\frac{\mu - \mu_0}{\mu_0})I = I_M \ \ (I_M : \text{선자화 전류})$$

$r > a$ 인 영역에서는 M_ϕ 가 "0"이므로, 총 자기전류는 "0"이다. $r = a$ 인 곳에서는 총 전류 크기는 같으나, 선자화 전류와 방향이 반대인 표면자화전류가 흘려야 된다.

$$K_M = \frac{-I_M}{2\pi a} = -\frac{(\mu - \mu_0)I}{\mu_0 2\pi a} \qquad (r = a)$$

8.5 자화된 물질이 만드는 자기장

자화된 물체에 기인한 자기벡터전위($\vec{A}$)는 표면전류밀도 $\vec{K}_M = \vec{M} \times \hat{n}$ 과 자화 전류밀도 $\vec{J}_M = \vec{\nabla} \times \vec{M}$ 이 만드는 자기벡터전위와 같으며, 이를 수식으로 표현하면

$$\vec{A}(\vec{r}) = \frac{\mu_0}{4\pi} \int_V \frac{\vec{J_m}(\vec{r}\,')}{|\vec{r} - \vec{r}\,'|} dv' + \frac{\mu_0}{4\pi} \oint_S \frac{\vec{K}_m(\vec{r}\,')}{|\vec{r} - \vec{r}\,'|} da' \tag{8.2.16}$$

와 같다는 것을 알았다. 이러한 현상은 편극된 물체가 만드는 전기장이 속박 체적 전하밀도 $\rho_{구속} = -\vec{\nabla} \cdot \vec{P}$와 속박 표면전하 밀도 $\sigma_{구속} = \vec{P} \cdot \hat{n}$에 의해 결정되는 것과 매우 유사하다.

$\vec{B} = \vec{\nabla} \times \vec{A}$ 와 같이 주어지므로 자화밀도 $\vec{M}$으로 자화된 물체가 만드는 자기장을 알기 위해서는 먼저 이 물체가 만드는 자기벡터전위를 알 필요가 있다. 진공에서 $\vec{r}\,'$에 위치하고 자기쌍극자 모멘트가 $\vec{m}$인 1개의 자기쌍극자가 $\vec{r}$인 곳의 관측점에 만드는 자기벡터전위는

$$\vec{A}(\vec{r}) = \frac{\mu_0}{4\pi} \vec{m} \times \frac{\vec{r} - \vec{r}\,'}{(\vec{r} - \vec{r}\,')^3} \tag{8.5.1}$$

와 같이 주어진다. 자화밀도 $\vec{M}$으로 자화된 물질의 미소체적소 $\Delta v'$ 속에 들어있는 자기쌍극자 모멘트($\Delta\vec{m}$)는 $\Delta\vec{m} = \vec{M}(x', y', z')\Delta v'$ 이므로, 이들이 $\vec{r}$인 곳에 만드는 자기벡터전위는

$$\Delta\vec{A}(\vec{r}) = \frac{\mu_0}{4\pi} \Delta\vec{m} \times \frac{(\vec{r} - \vec{r}\,')}{|r - r'|^3} \tag{8.5.2}$$

와 같다. 따라서 자화된 물체가 만드는 총 자기벡터전위($\vec{A}(x,y,z)$)는 전체 체적에 대하여 식 (8.5.2)를 적분하면

$$\vec{A}(x, y, z) = \frac{\mu_0}{4\pi} \int_{V_0} \frac{\vec{M}(x', y', z') \times (\vec{r} - \vec{r}\,')}{|\vec{r} - \vec{r}\,'|^3} dv' \tag{8.5.3}$$

와 같이 표현된다. 직접 자기장 $\vec{B}$를 구하기 전에 $\vec{A}$를 먼저 구한 후, $\vec{\nabla} \times \vec{A}$을 계산함으로서 자기장 $\vec{B}$를 구해보자. 식 (8.5.3)을 이용하여 자기벡터전위를 구할 수

있으나, 식 (8.5.4)와 같은 벡터 항등식을 이용하면 쉽게 구할 수 있다.

$$\vec{\nabla}'\left[\frac{1}{|\vec{r}-\vec{r}'|}\right]=\frac{\vec{r}-\vec{r}'}{|\vec{r}-\vec{r}'|^3} \tag{8.5.4}$$

식 (8.5.4)를 이용하면 관측점 $P(x,y,z)$에서의 $\vec{A}$는 다음과 같다.

$$\vec{A}(x,y,z)=\frac{\mu_0}{4\pi}\int_{V_0}\frac{\vec{M}(x',y',z')\times(\vec{r}-\vec{r}')}{|\vec{r}-\vec{r}'|^3}dv' \tag{8.5.5}$$

$$=\frac{\mu_0}{4\pi}\int_{V_0}\vec{M}(x',y',z')\times\left[\vec{\nabla}'\left(\frac{1}{|\vec{r}-\vec{r}'|}\right)\right]dv'$$

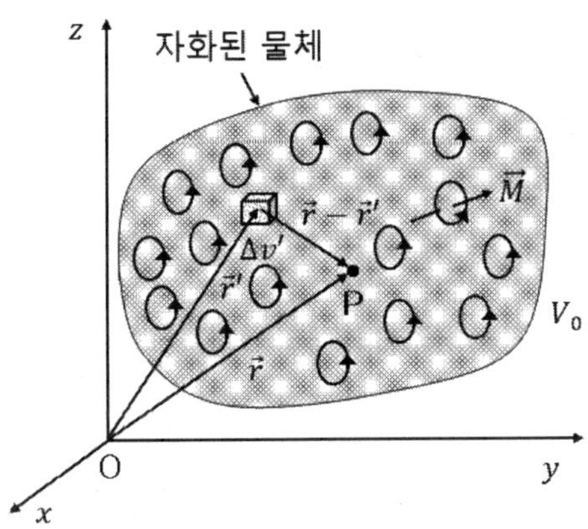

그림 8.16 자화 물질에 의한 자기유도

식 (8.5.5)의 적분을 수행하기 위하여 벡터 항등식인 $\vec{\nabla}\times(\phi\vec{F})=(\vec{\nabla}\phi)\times\vec{F}+\phi(\vec{\nabla}\times\vec{F})$을 활용하면, 식 (8.5.5)는 다음과 같다.

$$\vec{A}(\vec{r})=\frac{\mu_0}{4\pi}\int_{V_0}\frac{1}{|\vec{r}-\vec{r}'|}[\vec{\nabla}'\times\vec{M}(\vec{r}')]dv'-\frac{\mu_0}{4\pi}\int_{V_0}\vec{\nabla}'\times\left[\frac{\vec{M}(\vec{r}')}{|\vec{r}-\vec{r}'|}\right]dv' \tag{8.5.6}$$

식 (8.5.6)에서 오른쪽 둘째 항의 체적적분을 $\int_V\vec{\nabla}\times\vec{F}dv=-\oint_S(\vec{F}\times\hat{n})\,da$을 이용하여 면적분으로 바꾸면

$$\vec{A}(\vec{r}) = \frac{\mu_0}{4\pi}\int_{V_0}\frac{1}{|\vec{r}-\vec{r}\,'|}[\vec{\nabla}\,'\times\vec{M}(\vec{r}\,')]dv' + \frac{\mu_0}{4\pi}\oint_{S_0}\frac{1}{|\vec{r}-\vec{r}\,'|}[\vec{M}(\vec{r}\,')\times d\vec{a}\,'] \tag{8.5.7}$$

와 같다. 식 (8.5.7)에서 $d\vec{a}\,' = \hat{n}da'$ 이며 $\vec{M}(\vec{r}\,')\times\hat{n} = \vec{K}_M$, 그리고 $\vec{\nabla}\,'\times\vec{M}(\vec{r}\,') = \vec{J}_M(\vec{r}\,')$ 이므로, 이를 식 (8.5.7)에 대입하면 식 (8.5.8)이 얻어진다.

$$\vec{A}(x,y,z) = \frac{\mu_0}{4\pi}\int_{V_0}\frac{\vec{\nabla}\,'\times\vec{M}(\vec{r}\,')}{|\vec{r}-\vec{r}\,'|}dv' + \frac{\mu_0}{4\pi}\int_{S_0}\frac{\vec{M}(\vec{r}\,')\times\vec{n}}{|\vec{r}-\vec{r}\,'|}da' \tag{8.5.8}$$

$$= \frac{\mu_0}{4\pi}\int_{V_0}\frac{\vec{J}_M(\vec{r}\,')}{|\vec{r}-\vec{r}\,'|}dv' + \frac{\mu_0}{4\pi}\int_{S_0}\frac{\vec{K}_M(\vec{r}\,')}{|\vec{r}-\vec{r}\,'|}da'$$

= 체적 자화전류밀도에 의한 전위+표면 자화전류밀도에 의한 전위

여기서 S_0 는 체적 V_0 를 감싸고 있는 표면을 의미한다. 식 (8.5.8)을 통하여 자화된 물체가 만드는 총 자기벡터전위는 체적 자화전류 밀도 $\vec{J}_M(\vec{r}\,') = \vec{\nabla}\,'\times\vec{M}(\vec{r}\,')$ 와 표면에 존재하는 표면 자화전류밀도 $\vec{K}_M = \vec{M}(\vec{r}\,')\times\hat{n}$ 가 만드는 자기벡터전위의 합과 같다. 자기벡터전위를 구하기 위하여 식 (8.5.3)과 같이 모든 자기쌍극자가 만드는 자기벡터전위를 적분하는 대신, 속박전류를 구하고 이러한 전류가 만드는 자기벡터전위을 구한 다음, $\vec{B}(\vec{r}) = \vec{\nabla}\times\vec{A}(\vec{r})$ 을 이용하여 관측점에서의 자기장을 구하게 된다.

자기장의 근원은 크게 2가지로 전하의 실질적 이동에 기인한 자유전류와 원자에 속박된 속박전류이다. 자성체 금속과 같은 물질은 ① 자유전자의 흐름에 의한 자유전류가 흐를 수 있으며, ② 금속결정 내의 고정된 위치에 있는 금속이온들은 속박전류인 원자 전류를 포함하고 있다. 따라서 일반적으로 자기장은 자유전류와 속박전류에 의한 효과의 합으로 표현된다.

8.6 자기 감수율과 투자율 및 자기이력 곡선

상자성체와 반자성체에서 자화밀도 $\vec{M}$ 은 외부에서 가해준 자기장($\vec{B}$) 때문에 유지되며 자기장 $\vec{B}$ 를 제거하면 자화도 사라지는데, 자기장에 대한 문제를 풀기 위해서는 $\vec{B}$ 와 $\vec{H}$ 또는 $\vec{M}$ 과 $\vec{H}$ 사이의 관계를 알 필요가 있다. 이러한 관계들은 자성체의

성질에 의존하는데, 일반적으로 실험을 통하여 얻어지며 자기장이 매우 강하지 않다면 대부분 자성체의 자화밀도는 자기장에 비례한다. 만약에 물질이 등방성이며 비례관계에 있다면 $\vec{M}$ 과 $\vec{H}$ 사이의 관계는

$$\vec{M} = \chi_m \vec{H} \tag{8.6.1}$$

와 같이 표현되며, 차원이 없는 양인 χ_m 을 자기 감수율이라 한다. 상자성체에서는 χ_m 이 양(+)의 값을 가지므로, 진공일 때에 비하여 자기장은 더 강해지지만 반자성체에서는 χ_m 이 음(-)의 값을 가지므로 자기장은 오히려 약해진다. χ_m 가 온도에 따라 변하지만 상자성이나 반자성 물질에서는 $\sim 10^{-5}$ 정도의 크기를 가지므로 매우 작다. 참고로 1기압 20℃에서의 몇 가지 물질에 대한 자기 감수율을 표 8.2에 나타내었다.

표 8.2 상자성 및 반자성체에 대한 자기 감수율(1기압, 20℃)

구 분	종류	자기 감수율 (χ_m)
반자성체	비스무스	-1.7×10^{-4}
	금	-3.4×10^{-5}
	은	-2.4×10^{-5}
	구리	-9.7×10^{-6}
	흑연	-1.6×10^{-5}
	물	-9.0×10^{-6}
	이산화탄소	-1.1×10^{-8}
	수소	-2.1×10^{-9}
상자성체	산소	1.7×10^{-6}
	나트륨	8.5×10^{-6}
	알루미늄	2.2×10^{-5}
	텅스텐	7.0×10^{-5}
	백금	2.7×10^{-4}
	액체산소 (-200℃)	3.9×10^{-4}
강자성체	종류	상대자화율($\mu_r = 1+\chi_m$)
	니켈	600
	코발트	250
	철(iron, 99.95%)	200,000
	퍼멀로이(Permalloy)	100,000
	수퍼 퍼멀로이 (superpermalloy)	1,000,000

자료: Handbook of chemistry and Physics 등

식 (8.6.1)을 만족하는 물질을 선형자성체라 하는데, $\vec{M}$과 $\vec{H}$ 사이의 선형관계는 $\vec{B}$와 $\vec{H}$ 사이의 선형관계를 의미하므로 식 (8.6.2)가 성립한다.

$$\vec{B} = \mu_0 \vec{H} + \mu_0 \vec{M} = \mu_0 \vec{H} + \mu_0 \chi_m \vec{H} = \mu_0 (1 + \chi_m) \vec{H} = \mu \vec{H} \tag{8.6.2}$$

식 (8.6.2)에서 μ를 자성체의 투자율이라고 하며,

$$\mu = \mu_0 (1 + \chi_m) \tag{8.6.3}$$

와 같이 주어진다. 또한 자성체의 투자율과 진공에서의 투자율의 비를 상대 투자율이라 하는데, 상대 투자율은

$$K_m = \frac{\mu}{\mu_0} = 1 + \chi_m \tag{8.6.4}$$

와 같이 정의되며 상자성체와 반자성체에 대한 K_m의 값은 약 "1"이다.

선형매질에서 자화세기 $\vec{H}$에 발산을 취하면

$$\vec{\nabla} \cdot \vec{H} = \vec{\nabla} \cdot \left(\frac{1}{\mu} \vec{B}\right) = \frac{1}{\mu} \vec{\nabla} \cdot \vec{B} + \vec{B} \cdot \vec{\nabla}\left(\frac{1}{\mu}\right) = B \cdot \vec{\nabla}\left(\frac{1}{\mu}\right) \tag{8.6.5}$$

$$\vec{\nabla} \cdot \vec{H} = \frac{1}{\mu}(\vec{\nabla} \cdot \vec{B}) - \vec{\nabla} \cdot \vec{M} = -\vec{\nabla} \cdot \vec{M} \tag{8.6.6}$$

와 같이 되는데, 이로부터 투자율이 변하는 곳에서는 $\vec{\nabla} \cdot \vec{H} \neq 0$임을 알 수 있다. 한 예로서 선형 상자성체로 만들어진 긴 원통의 끝에서는 $\vec{M}$이 원통 밖에서는 "0"이지만, 내부에서는 "0"이 아니다. 그림 8.17에서 알약모양의 가우스 상자에 대해 발산정리를 이용하여 적분하면 $\int_V \vec{\nabla} \cdot \vec{M} dv = \oint_S \vec{M} \cdot \hat{n} da \neq 0$이므로 상자성체 속의 모든 곳에서 $\vec{\nabla} \cdot \vec{M}$이 "0"이 될 수는 없다.

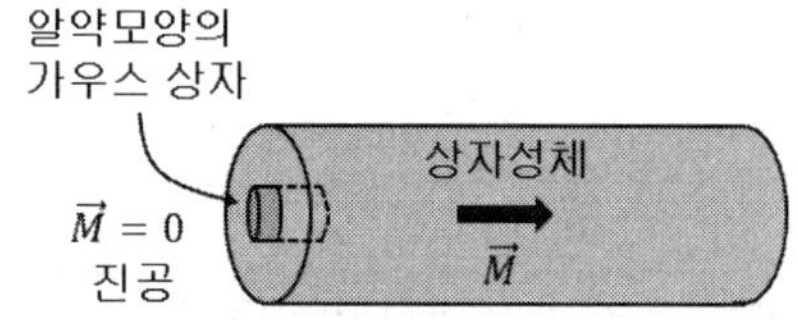

그림 8.17 균일하게 자화된 원통 모양의 선형 상자성체

균질의 선형자성체 속에서의 속박 전류밀도 $\vec{J}_M$은

$$\vec{J}_M = \vec{\nabla} \times \vec{M} = \vec{\nabla} \times (\chi_m \vec{H}) = \chi_m \vec{\nabla} \times \vec{H} = \chi_m \vec{J}_{자유} \tag{8.6.7}$$

와 같이 자유전류 밀도 $\vec{J}_{자유}$에 비례한다는 것을 알 수 있다. 이는 자유전류가 매질(균질의 선형자성체) 속에서 흐르지 않는다면, 속박전류는 표면에만 흐른다는 것을 의미한다.

예제 4

그림 8.18과 같이 자유전류 I가 흐르고 단위 길이당 n번 감기고 무한히 긴 솔레노이드 내부에 자기 감수율 χ_m인 선형자성체를 넣었다. 솔레노이드 내에서의 자기장 $\vec{B}$을 구하라.

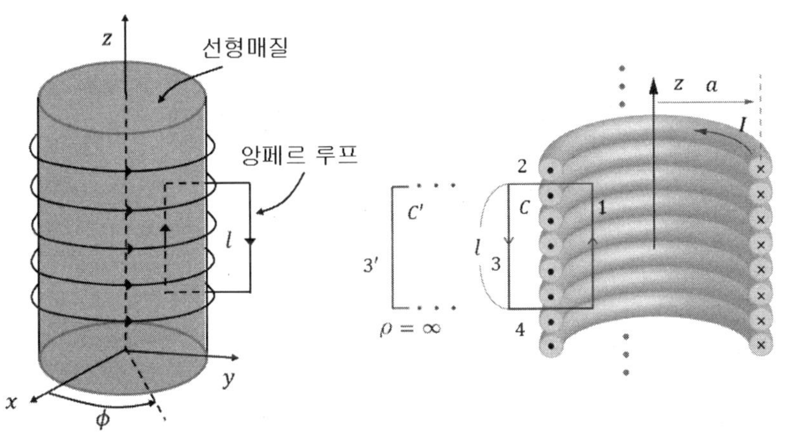

그림 8.18 솔레노이드 내부에 들어있는 선형자성체

해답

자기장 $\vec{B}$의 일부는 우리가 알지 못하는 속박전류에 의해 만들어지므로 이를 직접 구할 수는 없다. 그림 8.18에서 솔레노이드 코일에 의한 자기장 성분은 $z-$성분만 존재하므로, 세로 방향의 길이가 l인 사각형의 폐 경로에 대하여 앙페르의 법칙을 적용하면 다음과 같다.

1. $\oint_C \vec{H} \cdot d\vec{l} = \int_1 H_{in}\hat{k} \cdot dz\hat{k} - \int_3 H_{out}\hat{k} \cdot dz\hat{k} = nlI$ (C에 대해)

2. $\oint_{C'} \vec{H} \cdot d\vec{l} = \int_1 H_{in}\hat{k} \cdot dz\hat{k} - \int_{3'} H_{out}\hat{k} \cdot dz\hat{k} = nlI$($C'$에 대해)

3. $\int_3 H_{out}\hat{k} \cdot dz\hat{k} = -\int_{3'} H_{out}\hat{k} \cdot dz\hat{k} = 0$

4. $\int_1 H_{in}\hat{k} \cdot dz\hat{k} = nlI$

따라서 자화세기는 다음과 같다.

$$\vec{H} = nI\hat{z}(A/m),\ \rho < a$$

$$= 0,\ \rho > a$$

이처럼 솔레노이드 길이가 무한대로 길다면 외부에서의 자화세기는 "0"이며, 자기장 $\vec{B}$도 "0"이다(그림 8.19 참조).

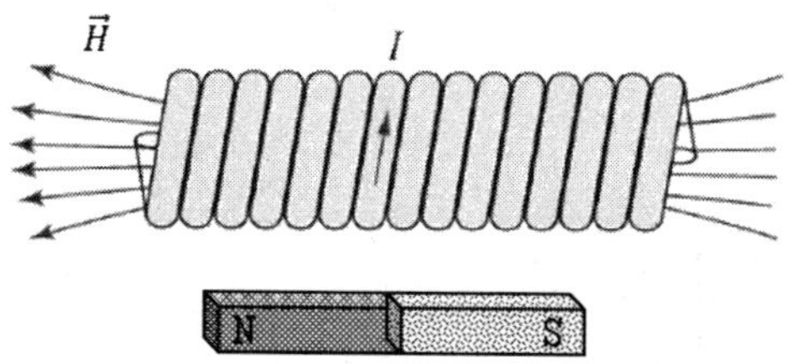

그림 8.19 솔레노이드에 의한 자기장

자화세기를 이용하여 $\rho < a$인 영역에서 자기장 $\vec{B}$를 구하면 다음과 같다.

$$\vec{B} = \mu_0(1 + \chi_m)nI\hat{z}$$

따라서 매질이 상자성체이면 $\chi_m > 0$이므로 자기장이 조금 강해지고, 반자성체라면 $\chi_m < 0$이므로 자기장이 조금 약해진다. 그림 8.19에서의 속박표면전류는 다음과 같다.

$$\vec{K}_M = \vec{M} \times \hat{n} = (\chi_m \vec{H}) \times \hat{n} = (\chi_m H\hat{k}) \times \hat{n} = \chi_m nI\hat{\phi}$$

이러한 속박전류는 상자성체($\chi_m > 0$)에서는 I와 같은 방향이고 반자성체($\chi_m < 0$)인 경우에는 반대 방향이기 때문에 상자성체에서는 자기장이 조금 더 강해지고, 반자성체에서는 조금 약해진다.

강자성물질은 자성체에 대한 특이한 경우로 외부에서 가해준 자기장을 제거하여

도 자화($\vec{M}$)가 유지되며, 영구자석이 대표적이다. 이러한 강자성체에 대해서는 χ_m와 μ가 상수가 아니므로, 식 (8.6.1)과 식 (8.6.2)를 그대로 사용할 수 없다.

강자성물질의 자기적 특성을 알아보기 위하여 우선 매우 긴 솔레노이드 내부에 들어있는 자화되지 않은 강자성물질을 생각하여 보자(그림 8.20 참조). 솔레노이드에 흐르는 전류를 "0"부터 천천히 증가시키면 솔레노이드 내의 자화세기가 "0"부터 천천히 증가한다. 이처럼 자화세기를 "0"부터 천천히 증가시키면, 강자성 물질은 그림 8.21의 $|\vec{M}|=0$에서 출발한 비선형 자화곡선을 따라 증가하면서 자구정렬에 의해 $\vec{M}$의 최댓값인 포화자화에 도달하게 된다.

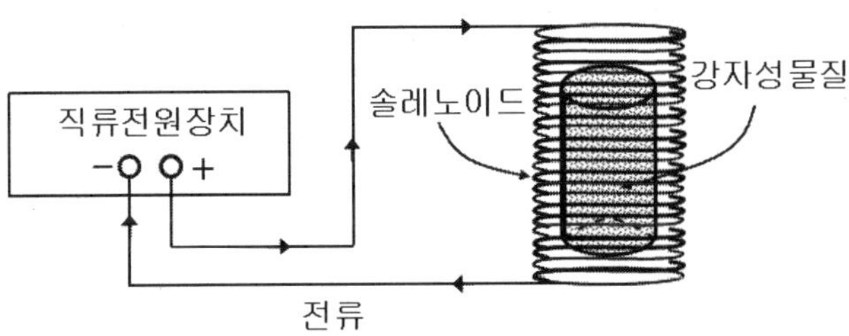

그림 8.20 솔레노이드 내부에 들어있는 강자성 물질

포화자화에 도달한 후, 자화세기 $\vec{H}$를 천천히 감소시키면, $\vec{M}-\vec{H}$ 곡선은 그림 8.21의 원래의 비선형 자화곡선을 따라 되돌아오는 것이 아니라 그림 8.21의 점 r까지 새로운 곡선을 따라 감소한다.

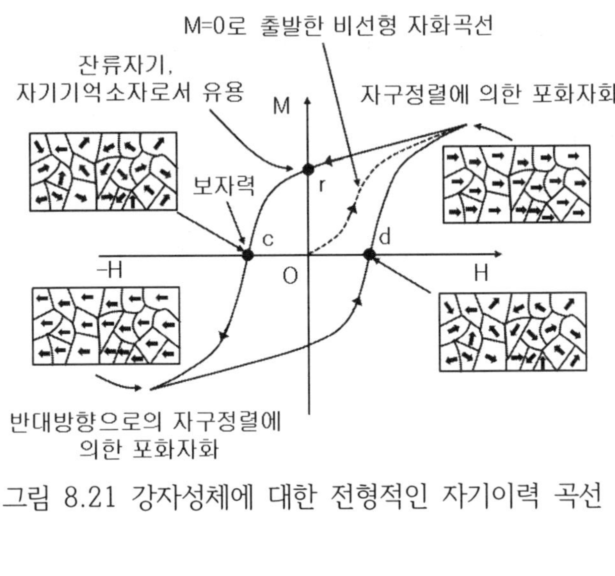

그림 8.21 강자성체에 대한 전형적인 자기이력 곡선

이처럼 일단 자화가 이뤄지면, $\vec{H}$가 "0"이 된다고 하더라도 자화는 없어지지 않는다. 이번에는 솔레노이드에 흐르는 전류의 방향을 반대로 하여 $\vec{H}$를 처음과 반대 방향으로 증가시키면, 점 c에서 자화는 "0"이 된다.

처음과 반대 방향으로 $\vec{H}$를 증가시키면, 처음과는 반대 방향으로의 자구정렬에 의해 다시 포화자화가 일어난다. 반대 방향으로 포화자화된 상태에서 자화세기를 증가시키면 자화가 "0"인 상태(점 d)를 지나, 포화자화가 다시 발생한다. 그림 8.21의 곡선을 강자성체 물질에 대한 자기이력 곡선이라 하며, 점 r에서의 $\vec{B}$의 값을 잔류자기(remanence)라고 하며 점 c에서의 $\vec{H}$값을 보자력(coercivity)이라고 한다. 자기이력 곡선의 모양은 물질의 특성에만 의존하는 것이 아니라 가해준 $\vec{H}$의 최댓값에도 의존한다(그림 8.22 참조).

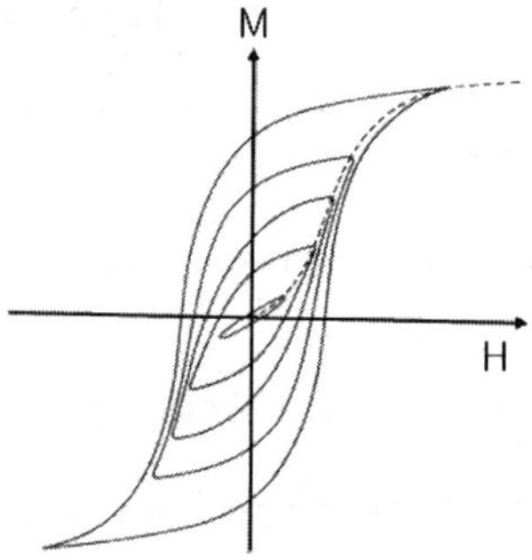

그림 8.22 자화세기 H에 대한 자화 M의 관계

강자성물질에 대한 자기이력 곡선은 물질마다 차이가 있으며, 사용 목적에 적합한 강자성물질의 개발이 요구되기도 한다. 그림 8.23은 자기이력 곡선의 면적이 서로 다른 예를 나타낸 것이다.

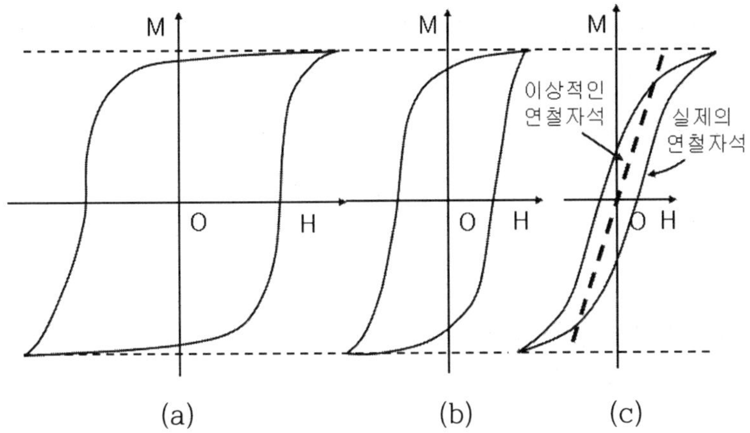

그림 8.23 면적이 서로 다른 자기이력 곡선

그림 8.23(a)의 경우에 외부에서 가해주는 자화세기(그림 8.20에서 솔레노이드에 흐르는 전류)가 제거되어도 포화자화의 대부분이 유지된다. 이러한 물질은 영구자석, 자기 녹음테이프 재료(철, 크롬) 및 자기 기억소자의 재료로 적합하다. 자기이력 곡선의 면적은 자기장의 방향이 반대로 될 때, 에너지 손실의 크기와 관계된다. 그림 8.23(c)와 같이 좁은 모양의 자기이력 곡선은 자화의 방향이 반대로 되는 경우, 손실되는 에너지의 양이 적음을 의미한다. 교류는 전극의 방향이 주기적으로 변하므로 변압기나 모터의 철심에 적합한 강자성체의 자기이력 곡선은 자화의 방향이 반대로 바뀔 때마다 발생되는 에너지의 손실이 작아야 한다. 따라서 변압기 또는 교류 모터의 철심으로는 그림 8.23(c)와 같은 자기이력 곡선의 특성을 가지는 물질이 바람직하다.

그림 8.23(a)와 같은 자기이력 곡선의 특징을 가지는 물질은 자기적으로 "강함"이라고 하며, 강철이 여기에 속한다. 반면에 그림 8.23(c)와 같은 특성을 가지는 철을 연철이라고 한다. 변압기에서는 주기적으로 자기장이 바뀌게 되므로, 이와 관련된 에너지의 손실을 최소화하는데 가장 이상적인 연철은 그림 8.23(c)의 점선 모양의 직선으로 표시한 성질을 가지는 물질이라 볼 수 있는데, 이때에는 에너지 손실이 발생하지 않는다.

강자성 물질은 전자석에서 자속밀도를 증가시키거나 영구자석과 같이 자기장을 만드는 물체를 만드는 데 사용된다. 영구자석을 만들기 위해서는 강자성 물질을 전자석의 S극과 N극 사이에 넣거나 그림 8.20과 같은 조건에서 많은 전류를 흘려주어 강한 자기장이 형성된 솔레노이드 속에 넣어 포화로 자화시킨다.

한 가지 특이한 점은 철의 경우에 퀴리온도인 770℃보다 낮으면 강자성의 특성을 유지하나 퀴리온도보다 높으면 상자성의 특징을 가지게 되며, 강자성과 상자성 사이의 점진적인 전이현상은 일어나지 않는다. 이처럼 물체의 특성이 특정 온도에서 급격히 변하는 현상을 상전이라고 한다.

8.7 자기장에 대한 경계조건

정전기학에서와 같이 정자기학에서도 필수적으로 자기적 성질이 서로 다른 두 매질의 경계면을 통과하는 경우, $\vec{B}$와 $\vec{H}$가 어떻게 변하는지를 알아야 한다. 한 예로서 서로 다른 자기적 성질을 가지는 두 물질의 경계면 또는 물질과 진공 사이의 경계면을 생각할 수 있는데, 그림 8.24와 같이 서로 접촉되어 있으면서 자기적 성질이 서로 다른 두 물질을 생각해 보자.

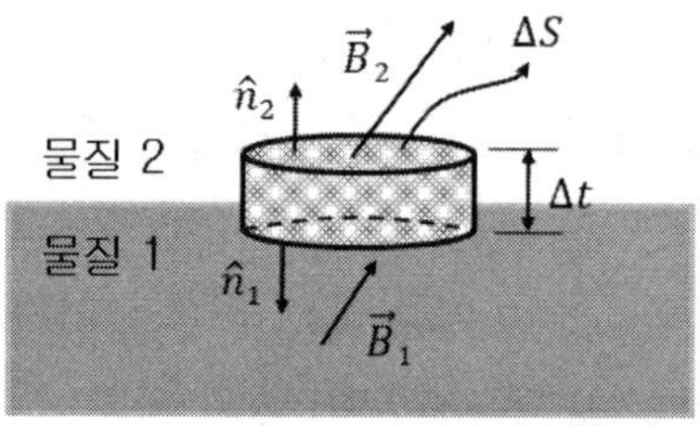

그림 8.24 서로 다른 두 물질 경계면에서의 자기장(B)에 대한 경계조건

그림 8.24와 같이 밑면(ΔS)에 비하여 무시할 정도의 높이(Δt)를 가진 알약 모양의 상자를 생각하고 폐곡면 S(윗면+아랫면+옆면)에 대하여 $\oint_S \vec{B} \cdot \vec{n}\, da = 0$ 와 같이 적분하면 식 (8.7.1)이 얻어진다. 이때, $\Delta t \to 0$ 이므로 옆면을 통과하는 자기력선의 수는 "0"이며, $\Delta t \to 0$ 이므로 윗면과 아랫면의 면적은 서로 같다.

$$\vec{B}_2 \cdot \vec{n}_2 \Delta S + \vec{B}_1 \cdot \vec{n}_1 \Delta S = 0 \tag{8.7.1}$$

여기서, $\vec{n}_1$와 $\vec{n}_2$는 아랫면과 윗면에 대하여 수직 바깥 방향의 단위벡터이므로,

$\vec{n}_1 = -\vec{n}_2$ 의 관계가 있다. 따라서 식 (8.7.1)은 다음과 같이 쓸 수 있다.

$$(\overrightarrow{B_2} - \overrightarrow{B_1}) \cdot \vec{n}_2 \;\Rightarrow\; B_{2n} - B_{1n} = 0 \;\;\Rightarrow\; B_{1n} = B_{2n} \tag{8.7.2}$$

여기서 B_n은 경계면에 수직한 자기장 성분을 의미하므로 식 (8.7.2)로부터 경계면에 수직한 자기장 성분은 연속임을 알 수 있다. 이러한 사실로부터 $\mu_1 H_{1n} = \mu_2 H_{2n}$와 같은 관계가 얻어지며, 이는 $H_{1n} = \dfrac{\mu_2}{\mu_1} H_{2n}\ (\mu_1 \neq \mu_2)$을 의미하므로 $\vec{H}$의 수직성분은 경계에서 불연속적으로 변한다는 것을 알 수 있다. 즉, 경계면에 수직한 자기장($\vec{B}$)의 수직성분은 연속이나, 자화세기($\vec{H}$)는 불연속이라는 것을 알 수 있다.

자화세기 $\vec{H}$에 대한 또 하나의 경계조건은 그림 8.25와 같이 자기적 성질이 서로 다른 두 물질의 경계면에 걸쳐진 임의의 폐회로 ABCDA에 앙페르의 법칙 $\oint \vec{H} \cdot d\vec{l} = \int \vec{J} \cdot \hat{n}\, da$ 을 적용하면 알 수 있다. 경로 ABCDA에서 AB와 CD의 길이를 Δl, BC와 DA의 길이(Δt)를 무시할 정도로 작게 설정하면 직사각형 ABCDA를 통과한 전류는 실질적인 표면전류가 없는 한 "0"이 된다.

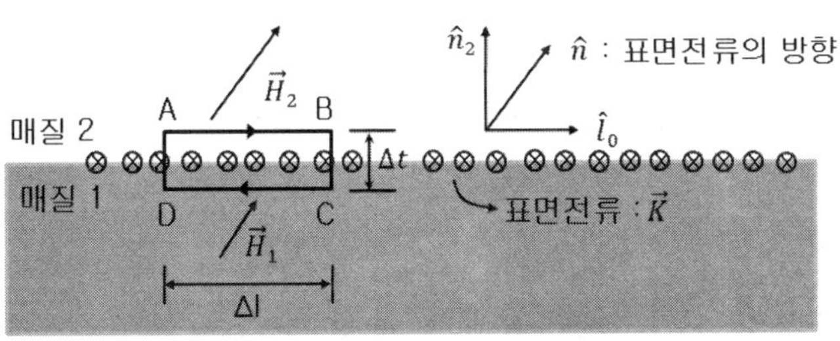

그림 8.25 두 매질의 경계면에서 자화 벡터에 대한 경계조건

직사각형 ABCDA의 경로에 대해 앙페르의 법칙을 적용하면 다음과 같다.

$$\oint \vec{H} \cdot d\vec{l} = \int_A^B \vec{H}_2 \cdot d\vec{l} + \int_B^C \vec{H} \cdot d\vec{l} + \int_C^D \vec{H}_1 \cdot d\vec{l} + \int_D^A \vec{H}_1 \cdot d\vec{l} \tag{8.7.3}$$

$$= H_{2t}\Delta l - H_{2n}\frac{\Delta t}{2} - H_{1n}\frac{\Delta t}{2} - H_{1t}\Delta l + H_{1n}\frac{\Delta t}{2} + H_{2n}\frac{\Delta t}{2}$$

$$= H_{2t}\,\Delta l - H_{1t}\,\Delta l = J\Delta l \Delta t = K\Delta l$$

여기서 H_{1t}, H_{2t}는 물질 1, 2에서 경계면에 나란한 성분을 의미하며, H_{1n}, H_{2n}은 물질 1, 2에서 경계면에 대해 수직성분을 의미한다. 한편 식 (8.7.3)에서 경로 BC와 DA에 대한 적분은 $\Delta t \to 0$ 이므로 무시하였다. 식 (8.7.3)을 정리하면

$$H_{2t} - H_{1t} = K \tag{8.7.4}$$

이 얻어지는데, 여기서 K는 단위 길이당 전류를 의미하는 표면 전류밀도이다. 식 (8.7.4)로부터 자화세기 $\vec{H}$의 경계면에 접선성분은 불연속적임을 알 수 있으며, 식 (8.7.4)를 벡터로 표현하면,

$$(\vec{H}_2 - \vec{H}_1) \times \hat{n}_2 = \vec{K} \tag{8.7.5}$$

와 같다. 만약 경계면에 알짜 표면전류가 존재하지 않으면, $H_{2t} = H_{1t}$와 같이 되어 경계에서 연속적이다. 하지만, $B_{1t} = \dfrac{\mu_1}{\mu_2} B_{2t}$ 의 관계에 의하여 자기장 $\vec{B}$의 접선성분은 경계에서 불연속적이다.

자성체 주위에 아주 가느다란 솔레노이드와 같은 모양으로 도선을 감고 전류를 흘려주면 이것이 표면전류가 경계면에 흐르는 경우로서 생각할 수 있으며, 이러한 경우에 식 (8.7.4)와 (8.7.5)를 적용할 수 있다. 한편 전기전도도가 무한대인 완전 도체에서는 표면전류만 흐르므로, 이 경우에도 식 (8.7.4)와 (8.7.5)가 적용된다.

8.8 자기물질을 포함하는 경계치 문제 풀어보기

자기장 $\vec{B}$ 와 자화세기 $\vec{H}$ 는 전기장 $\vec{E}$ 와 전기변위에 $\vec{D}$ 에 대한 경계조건과 비슷한 경계조건을 만족해야 하므로, 선형물질이나 특정 자화에 대한 문제는 4장에서 다룬 유전체 문제와 비슷하다. 여기서는 "자유전류"가 "0"인 자화물질 내에서의 자기장을 구해보고자 한다. 이는 외부 전하밀도가 "영"인 유전체의 경우와 수식적으로 매우 유사하다. $\vec{J}_{자유} = 0$ 이므로, 자기장 $\vec{B}$ 와 자화세기 $\vec{H}$ 에 대해서는

$$\vec{\nabla} \cdot \vec{B} = 0 \tag{8.8.1}$$

$$\vec{\nabla} \times \vec{H} = 0 \tag{8.8.2}$$

와 같이 나타낼 수 있다. 식 (8.8.2)는 $\vec{H}$가 어떤 스칼라 함수 φ^*의 기울기로서 기술될 수 있음을 의미하므로 $\vec{H}$는

$$\vec{H} = -\vec{\nabla}\varphi^* \quad (\varphi^* \text{ : 자기 스칼라 전위}) \tag{8.8.3}$$

와 같이 쓸 수 있다. 여기서는 ⓐ $\vec{B} = \mu\vec{H}$을 만족하는 선형 자기물질과 ⓑ $\vec{\nabla} \cdot \vec{M} = 0$를 만족하는 균일하게 자화된 자화물질의 2가지 유형에 대해서만 알아보고자 한다. 이러한 경우에 대하여, 식 (8.8.4)가 얻어진다. 즉, $\vec{\nabla} \times \vec{H} = 0$와 $\vec{\nabla} \cdot \vec{H} = 0$이 되므로, $\vec{H}$에 대해 유일해를 얻을 수 있다.

$$\vec{\nabla} \cdot \vec{B} = \vec{\nabla} \cdot (\mu\vec{H}) = \mu\vec{\nabla} \cdot \vec{H} = 0 \quad \rightarrow \quad \vec{\nabla} \cdot \vec{H} = 0 \tag{8.8.4}$$

식 (8.8.3)을 식 (8.8.4)에 대입하면

$$\nabla^2\varphi^* = 0 \tag{8.8.5}$$

와 같이 되어 라플라스 방정식이 얻어진다. 따라서 이러한 경우에 자기문제는 경계조건을 만족하는 라플라스 방정식의 해를 구하는 문제로 귀착된다. 이런 유형의 문제로 초기에 $\vec{B}_0$의 일정한 자기장 내에 반경이 a이며, 자화율이 μ인 선형 자화 물질을 넣으면 자기장은 어떻게 변형되며, 구 내부에서의 자기장은 어떻게 되는 지에 대해서 알아보자.

자유전류가 존재하지 않고 물질이 선형적이므로 자기 스칼라 전위는 라플라스 방정식을 만족한다. 외부에서 가해준 자기장($\vec{B}_0$)이 존재하므로 구면 대칭은 깨지나 균일한 외부 자기장이 $z-$축 방향을 향하고 있으면 ϕ방향으로의 대칭성만 남아 자기 스칼라 전위는 r과 θ에만 의존하게 된다.

구의 중심을 좌표의 원점으로 설정하고 $\vec{B}_0$의 방향을 $z-$축의 방향과 같게 놓으면, 띠 조화함수(zonal harmonics)의 합으로서 자기 스칼라 전위에 대한 해가 얻어진다. 즉, 여기서 풀어야 할 문제는 식 (8.8.6)으로 주어진 라플라스 방정식을 푸는 것이다.

$$\nabla^2\varphi^* = 0 \tag{8.8.6}$$

문제가 구대칭(r 과 θ 에 의존)이므로 구좌표를 이용하는 것이 편리하며 구좌표를 이용하여 라플라스 방정식을 쓰면, 다음과 같다.

$$\frac{1}{r^2}\frac{\partial}{\partial r}(r^2\frac{d\varphi^*}{dr})+\frac{1}{r^2\sin\theta}\frac{\partial}{\partial\theta}(\sin\theta\frac{\partial\varphi^*}{\partial\theta})=0 \tag{8.8.7}$$

한편, 식 (8.8.7)에 대한 가장 일반적인 해의 형태는 알고 있는 바와 같이 다음과 같이 주어진다.

$$\varphi^*(r,\theta)=\sum_{n=0}^{\infty}(A_n r^n+\frac{C_n}{r^{n+1}})P_n(\theta) \tag{8.8.8}$$

먼저 $r>a$인 구 바깥의 진공 영역에 대한 자기 스칼라 전위는 다음과 같다.

$$\varphi_1^*(r,\theta)=A_0r^0P_0(\theta)+C_0r^{-1}P_0(\theta)+A_1rP_1(\theta)+C_1r^{-2}P_1(\theta) \tag{8.8.9}$$

$$A_2r^2P_2(\theta)+C_2r^{-3}P_2(\theta)\cdot\cdot\cdot$$

$$=A_0+C_0r^{-1}+A_1r\cos\theta+C_1r^{-2}\cos\theta+A_2r^2P_2(\theta)+C_2r^{-3}P_2(\theta)\cdot\cdot\cdot$$

$$=C_0r^{-1}+A_1r\cos\theta+C_1r^{-2}\cos\theta$$

위의 과정에서

① $A_0=0$: 상수이므로 편리상 “0”으로 둠

② $C_0=0$: 외부(자유) 전류가 없으므로 “0”

③ $n\ge 2$ 이상의 차수, 즉 $P_2(\theta)$, $P_3(\theta)\cdot\cdot\cdot$ 를 포함하는 항들의 계수는 “0”으로 둔다. 왜냐하면 $n\ge 2$ 이상의 차수에 대하여 $P_2(\theta)$, $P_3(\theta)\cdot\cdot\cdot$ 들이

$$P_2(\theta)=\frac{1}{2}(3\cos^2\theta-1) \tag{8.8.10}$$

$$P_3(\theta)=\frac{1}{2}(5\cos^3\theta-3\cos\theta)$$

$$\vdots$$

와 같이 표현되므로 $P_2(\theta)$, $P_3(\theta)$ 와 같은 항들이 들어가면 $r\to\infty$ 에서 $\vec{B}=B_0\hat{k}$ 가 되지 않으므로 이들을 포함하는 항들은 제외되었다. 진공이며, 구로부터 멀리 떨어진 영역인 $r\to\infty$ 에서 자기장은 $\vec{B}=B_0\hat{k}$ 이어야 하므로,

$\varphi^{*1}(r \to \infty) = -(\frac{B_0}{\mu_0}) r\cos\theta$ 이어야 한다. 따라서 $A_1 = -\frac{B_0}{\mu_0}$ 이며, 식 (8.8.9)을 이용하여 자기장을 구하면

$$\overrightarrow{B_1}(r,\theta) = \mu_0 \overrightarrow{H_1}(r,\theta) = -\mu_0(\overrightarrow{\nabla}\varphi_1^*) \tag{8.8.11}$$

$$= -\mu_0(\frac{\partial\varphi_1^*}{\partial r}\hat{r} + \frac{1}{r}\frac{\partial\varphi_1^*}{\partial\theta}\hat{\theta})$$

$$= -\mu_0[-\frac{B_0}{\mu_0}\cos\theta\,\hat{r} - \frac{1}{r}(-\frac{B_0}{\mu_0})r\sin\theta\,\hat{\theta}]$$

$$= B_0\cos\theta\,\hat{r} - B_0\sin\theta\,\hat{\theta}$$

$$= B_0(\cos\theta\,\hat{r} - \sin\theta\,\hat{\theta}) = B_0\hat{k}$$

이 되어 문제에서 제시된 $\overrightarrow{B} = B_0\hat{k}$ 을 만족함을 알 수 있다. 식 (8.8.11)의 마지막 단계에서는 직각 좌표계에서 $z-$방향의 단위벡터 $\hat{k}$를 구 좌표계에서의 단위벡터인 $\hat{r}$와 $\hat{\theta}$로 표현한 식 (8.8.12)를 이용하였다(그림 8.26 참조).

$$\hat{k} = \hat{r}\cos\theta - \hat{\theta}\cos(\pi/2-\theta) = \hat{r}\cos\theta - \hat{\theta}(\cos\frac{\pi}{2}\cos\theta + \sin\frac{\pi}{2}\sin\theta) \tag{8.8.12}$$
$$= \hat{r}cos\theta - \sin\theta\,\hat{\theta}$$

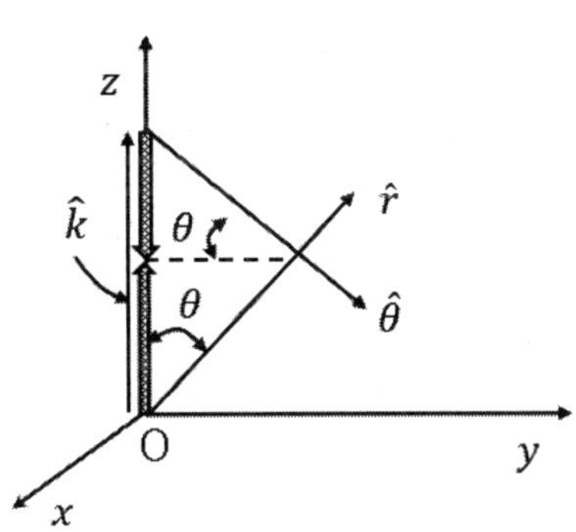

그림 8.26 직각 좌표계와 구 좌표계에서의 단위벡터

한편, 구 내부의 자화 물질에 대한 자기 스칼라 전위에 대한 일반해는

$$\varphi_2^*(r,\theta) = \sum_{n=0}^{\infty} (C_n r^n + D_n r^{-(n+1)}) P_n(\theta) \tag{8.8.13}$$

$$= C_0 r^0 P_0(\theta) + D_0 r^{-1} P_0(\theta) + C_1 r P_1(\theta) + D_1 r^{-2} P_1(\theta)$$

$$+ C_2 r^2 P_2(\theta) + D_2 r^{-3} P_2(\theta) \cdot \cdot \cdot$$

와 같다. $r \to 0$ 에서도 유한한 크기의 자기 스칼라 전위을 가져야 되는데 $r^{-1}, r^{-2}, \cdot\cdot\cdot$ 항들은 $r \to 0$ 에서 무한대의 값을 가지므로 배제된다. 따라서 $D_0 = D_1 = D_2 = 0$ 이므로, $\varphi_2^*(r,\theta)$ 는 다음과 같다.

$$\varphi_2^*(r,\theta) = C_0 + 0 + C_1 r P_1(\theta) + 0 + C_2 r^2 P_2(\theta) + \cdot\cdot\cdot \tag{8.8.14}$$

$$= C_1 r\cos\theta = A_2 r\cos\theta$$

식 (8.8.14)에서 C_0는 상수이므로 편하게 "0"으로 두었고, C_1을 A_2로 둔 이유는 $r > a$ 영역에 대한 상수 C_1과 혼동되기 때문이다. 경계에서 $\varphi_1^*(\vec{r}) = \varphi_2^*(\vec{r})$ 이어야 하는데 $\varphi_1^*(\vec{r}) = A_1 r\cos\theta + C_1 r^{-2}\cos\theta$ 이므로 $\varphi_2^*(\vec{r})$도 $\cos\theta$ 에 대해 2차 또는 3차 항 이상의 항들을 포함하지 않아야 된다. 따라서 $C_2 = C_3 = C_4 = 0$ 이다. 따라서 구 바깥의 진공영역과 자화물질 영역에 대한 자기 스칼라 전위는 다음과 같다.

$$\varphi_1^*(r,\theta) = -\frac{B_0}{\mu_0} r\cos\theta + C_1 r^{-2}\cos\theta \quad (r > a\text{인 진공 영역}) \tag{8.8.15}$$

$$\varphi_2^*(r,\theta) = C_1 r\cos\theta = A_2 r\cos\theta \qquad (r \le a\text{인 자화물질 영역}) \tag{8.8.16}$$

$r = a$ 에서의 경계조건인 $H_{1\theta} = H_{2\theta}$ 와 $B_{1r} = B_{2r}$ 을 이용하면,

$$H_{1\theta} = H_{2\theta} \quad \Rightarrow \quad -\frac{B_0}{\mu_0}\sin\theta + \frac{C_1}{a^3}\sin\theta = A_2\sin\theta \tag{8.8.17}$$

$$B_{1r} = B_{2r} \quad \Rightarrow \quad B_0\cos\theta + 2\mu_0\frac{C_1}{a^3}\cos\theta = -\mu A_2\cos\theta \tag{8.8.18}$$

와 같이 얻어지며, 유도과정은 보충 자료에 제시하였다. 식 (8.8.17)과 식 (8.8.18)로부터, 식 (8.8.19)가 얻어진다.

$$-\frac{B_0}{\mu_0}+\frac{C_1}{a^3} = A_2, \quad \frac{B_0}{\mu}+\frac{2\mu_0 C_1}{\mu a^3} = -A_2 \tag{8.8.19}$$

이로부터 A_2와 C_1을 구하면, 다음과 같다.

$$A_2 = -\frac{3B_0}{\mu+2\mu_0}, \quad C_1 = [(\mu/\mu_0)-1]\frac{B_0 a^3}{(\mu+2\mu_0)} \tag{8.8.20}$$

따라서 구 외부에서의 자기장은

$$\vec{B}_1 = \mu_0 \vec{H}_1 = \mu_0 [\frac{B_0}{\mu_0}\cos\theta + \frac{2}{r^3}(\frac{\mu}{\mu_0}-1)(\frac{B_0 a^3}{\mu+2\mu_0})\cos\theta]\,\hat{r} \tag{8.8.21}$$

$$+\mu_0[-\frac{B_0}{\mu_0}\sin\theta + \frac{1}{r^3}(\frac{\mu}{\mu_0}-1)(\frac{B_0 a^3}{\mu+2\mu_0})\sin\theta]\,\vec{\theta}$$

$$= B_0(\cos\theta\,\hat{r} - \sin\theta\,\hat{\theta}) + \frac{a^3}{r^3}(\frac{\mu-\mu_0}{\mu+2\mu_0})B_0(2\cos\theta\,\hat{r} + \sin\theta\,\hat{\theta})$$

$$= B_0\hat{k} + \frac{a^3}{r^3}(\frac{\mu-\mu_0}{\mu+2\mu_0})B_0(2\cos\theta\,\hat{r} + \sin\theta\,\hat{\theta})$$

$$= B_0\hat{k} + \left[\frac{(\mu/\mu_0)-1}{(\mu/\mu_0)+2}\right](\frac{a}{r})^3 B_0(2\cos\theta\,\hat{r} + \sin\theta\,\hat{\theta})$$

이 된다. 한편, 구 내부에서의 자기장은

$$\vec{B}_2 = \mu\vec{H}_2 = \mu(-\nabla\phi_2^*) = \mu\frac{3B_0}{\mu+2\mu_0}(\cos\theta\,\hat{r} - \sin\theta\,\hat{\theta})$$

$$\Rightarrow \vec{B}_2 = \frac{3B_0}{1+2(\mu_0/\mu)}\hat{k} \tag{8.8.22}$$

와 같이 얻어지며, 식 (8.8.21)과 식 (8.8.22의 결과를 그림 8.27에 나타내었다.

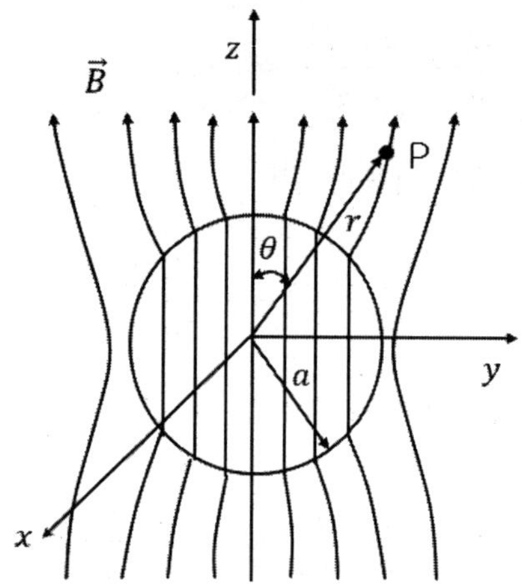

그림 8.27 $\mu > \mu_0$ 이며 반경 a인 구 근처에서의 자기장 $\vec{B}$

보충 자료

A. 식 (8.4.5)에 대한 유도 및 별해

다른 자기장은 없고 반경이 a 이며, 일정하게 자화($\vec{M}$)된 구가 만드는 자기장에 대해서 알아보자(그림 8.28 참조).

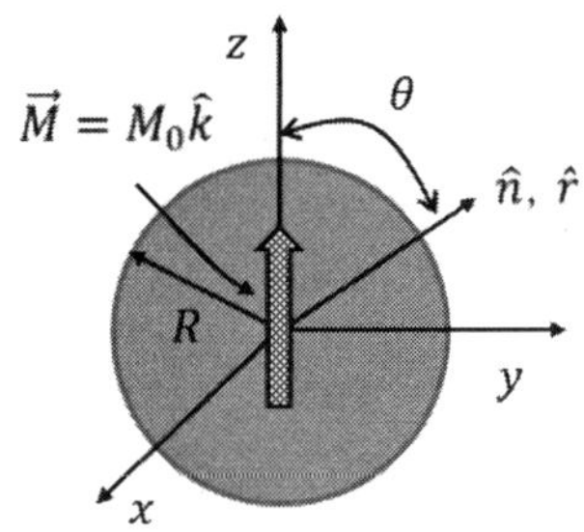

그림 8.28 균일하게 자화된 반경 R인 구

자화의 방향을 $z-$축과 일치시키고 구의 중심을 좌표의 원점으로 설정하면, 자기 스칼라 전위는 다음과 같다.

$$\varphi^*{}_1(r,\theta) = \sum_{n=0}^{\infty} C_{1n}\, r^{-(n+1)} P_n(\theta) \qquad (r \geq a\text{인 진공 영역}) \tag{1}$$

$$\varphi^*{}_2(r,\theta) = \sum_{n=0}^{\infty} A_{2n}\, r^{n} P_n(\theta) \qquad (r < a\text{인 영구자석 내의 영역}) \tag{2}$$

$r = a$ 에서의 경계조건 $H_{1\theta} = H_{2\theta}$, $B_{1r} = B_{2r}$ 이므로, $H = -\vec{\nabla}\phi^*(r,\theta)$를 이용하면 식 (3) 또는 식 (4)가 얻어진다.

$$\sum_{n=0}^{\infty} \left(C_{1n}\, a^{-(n+1)} - A_{2n}\, a^{n} \right) a^{-1} \frac{d}{d\theta} P_n(\theta) = 0 \tag{3}$$

$$\sum_{n=0}^{\infty} \left(C_{1n}\, a^{-(n+1)} - A_{2n}\, a^{n} \right) a^{-1} P_n(\theta) = \text{상수} \tag{4}$$

$$\mu_0 C_{1,0} a^{-2} + \mu_0 \sum_{n=1}^{\infty} P_n(\theta) \left[C_{1,n} (n+1) a^{-(n+2)} + A_{2,n}\, n\, a^{n-} \right] - \mu_0 M \cos\theta = 0 \tag{5}$$

$P_n(\theta)$는 서로 직교함수들이므로, 식 (4)와 식 (5)가 성립되기 위해서는 $P_n(\theta)$ 와 $dP_n(\theta)/d\theta$ 를 포함하는 항들은 각각 "0"이 되어야 한다. $n=0$ 에 대해,

$$C_{1,0}\,a^{-1} - A_{2,0} = \text{상수}, \quad \mu_0\, C_{1,0}\,a^{-2} = 0 \tag{6}$$

이 되어, $C_{1,0}=0$ 이 된다. 또한, $A_{2,0}=$ 상수 가 되는 데 편리상 임의의 상수는 $\vec{H}$ 및 $\vec{B}$ 에 어떠한 영향도 미치지 않으므로 "0"으로 놓을 수 있다. 한편, $n=1$ 인 경우에 대해

$$C_{1,1}\,a^{-3} - A_{2,1} = 0, \quad 2\,C_{1,1}\,a^{-3} + A_{2,1} - M = 0 \tag{7}$$

의 조건이 얻어진다. 이로부터 $C_{1,1}$ 을 구하면,

$$C_{1,1} = \frac{1}{3}Ma^3 \tag{8}$$

이 되며 $A_{2,1} = \frac{1}{3}M$ 이 된다. 한편, $n \geqq 2$ 인 경우에 $C_{1,n}=0$, $A_{1,n}=0$ 이 된다. 이러한 결과들을 식 (1) 및 식 (2)에 대입하면,

$$\varphi^*{}_1(r,\theta) = \frac{1}{3}M(a^3/r^2)\cos\theta \tag{9}$$

$$\varphi^*{}_2(r,\theta) = \frac{1}{3}Mr\cos\theta \tag{10}$$

와 같은 결과를 얻는다. 한편, 자화세기는 식 (9) 및 식 (10)에 "$-\vec{\nabla}$"를 취하여 얻어지며, 그 결과는 다음과 같다.

$$\vec{H_1} = \frac{1}{3}M(a^3/r^2)\left[2\,\vec{a_r}\cos\theta + \vec{a_\theta}\sin\theta\right] \tag{11}$$

$$\vec{H_2} = -\frac{1}{3}M\vec{k} \tag{12}$$

따라서 균일하게 자화된 구 바깥에서의 자기장은 자기쌍극자 모멘트가 $\frac{4}{3}\pi a^3\vec{M}$ 인 자기 쌍극자가 만드는 자기장과 같음을 알 수 있다. 또한 구 내부에서의 자화세기는 반자기장(demagnetizing field)이 되어 균일하게 자화된 구는 자기 자신의 반자기장을 받게 된다. 식 (12)에서 $1/3=(1/4\pi)(4\pi/3)$는 전적으로 자화된 물체의 기하학적 구조에 의존하는데 구 모양인 경우, 1/3의 값을 가지며 $4\pi/3$은 구에 대한 반자기

인자(demagnetzation factor)로 알려져 있다. 한편, 구 외부에서의 자기장은 식 (11)에 μ_0 를 곱해주면 되며, 구 내부에서의 자기장은

$$\overrightarrow{B_2} = \mu_0 (\overrightarrow{H_2} + \overrightarrow{M}) = \frac{2}{3} \mu_0 M \vec{k} = \frac{2}{3} \mu_0 \overrightarrow{M} \tag{13}$$

와 같으며, 이에 대응하는 자기력선을 그림 8.29에 나타내었다.

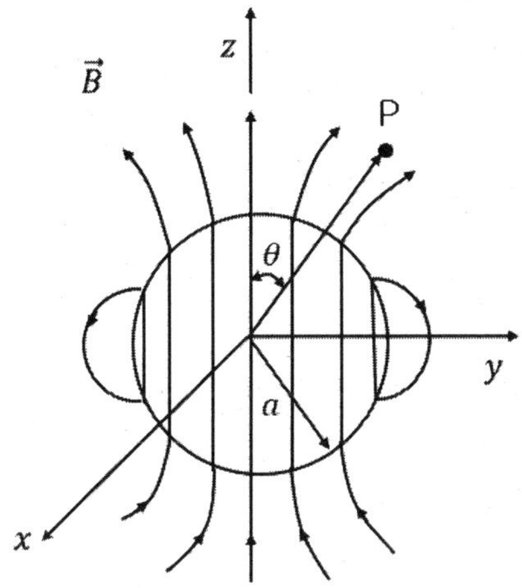

그림 8.29 균일하게 자화된 구에 대한 자기장 $\vec{B}$

B. 식 (8.8.17)과 식 (8.8.18)의 유도과정

$$\vec{H}_1 = -\vec{\nabla}\varphi_1^* = -\left(\frac{\partial \varphi_1^*}{\partial r}\hat{r} + \frac{1}{r}\frac{\partial \varphi_1^*}{\partial \theta}\hat{\theta}\right)$$

$$= -\left(-\frac{B_0}{\mu_0}\cos\theta - \frac{2C_1}{r^3}\cos\theta\right)\hat{r} - \left(-\frac{1}{r}\frac{B_0}{\mu_0}r\sin\theta - \frac{1}{r}C_1 r^{-2}\sin\theta\right)\hat{\theta}$$

$$= \left(\frac{B_0}{\mu_0}\cos\theta + \frac{2C_1}{r^3}\cos\theta\right)\hat{r} + \left(-\frac{B_0}{\mu_0}\sin\theta + \frac{1}{r^3}C_1\sin\theta\right)\hat{\theta}$$

$$\vec{H}_2 = -\vec{\nabla}\varphi_2^* = -\left(\frac{\partial \varphi_2^*}{\partial r}\hat{r} + \frac{1}{r}\frac{\partial \varphi_2^*}{\partial \theta}\hat{\theta}\right)$$

$$= -A_2\cos\theta\,\hat{r} + A_2\sin\theta\,\hat{\theta}$$

$r = a$에서 만족해야 하는 경계조건은 $H_{1\theta} = H_{2\theta}$ 와 $B_{1r} = B_{2r}$ 이므로, 식 (1)과 (2)가 얻어진다.

$$H_{1\theta} = H_{2\theta} \quad \rightarrow \quad -\frac{B_0}{\mu_0}\sin\theta + \frac{C_1}{a^3}\sin\theta = A_2\sin\theta \tag{1}$$

$$B_{1r} = B_{2r} \quad \rightarrow \quad \mu_0 H_{1r} = \mu H_{2r}$$

$$\mu_0\left(\frac{B_0}{\mu_0}\cos\theta + \frac{2C_1}{a^3}\cos\theta\right) = \mu\left(-A_2\cos\theta\right)$$

$$\Rightarrow B_0\cos\theta + \frac{2\mu_0 C_1}{a^3}\cos\theta = -\mu A_2\cos\theta \tag{2}$$

연습문제

01 길이가 L인 원형 막대 모양의 영구자석이 있으며, 원의 중심 축은 $z-$축과 나란하다. 영구자석의 자화($\vec{M}$)는 $\vec{M}= M_0\hat{k}$ 와 같이 균일하다. 이러한 영구자석에 대한 체적 자화전류밀도 $\vec{J}_M$와 표면 자화전류밀도 $\vec{K}_M$를 구하시오.

02 양(+)의 $y-$축을 따라 선전류가 흐르고 있다고 할 때, 관측점 P, $P(x,y,z)=(-1,-1,0)$ 인 위치에서의 자기장 $\vec{B}$의 방향을 직각 좌표계를 사용하여 설명하시오.

03 투자율이 각각 μ_1, μ_2 인 두 종류의 자기 물질이 하나의 경계면에 의하여 분리되어 있으며, 경계면에 수직한 법선과 이루는 각이 각각 θ_1, θ_2 라고 할 때, $\mu_2\tan\theta_1=\mu_1\tan\theta_2$ 임을 보이시오. 단, 경계면에는 자유 표면 전류가 없다고 가정한다.

04 그림 8.30과 같이 $xy-$방향으로 무한대 크기의 판이 일정한 자기장 $\vec{B}= B_0\hat{k}$ 내에 놓여 있다. 그림 8.30(a)에서 판은 $\vec{M}= M_0\hat{k}$ 로 일정하게 영구자화된 판이며, 그림 8.30(b)에서 판은 투자율이 μ인 선형 자화물질이다. 위의 2가지 경우에 대해, 판 내부에서의 자화세기 $\vec{H}$를 구하시오.

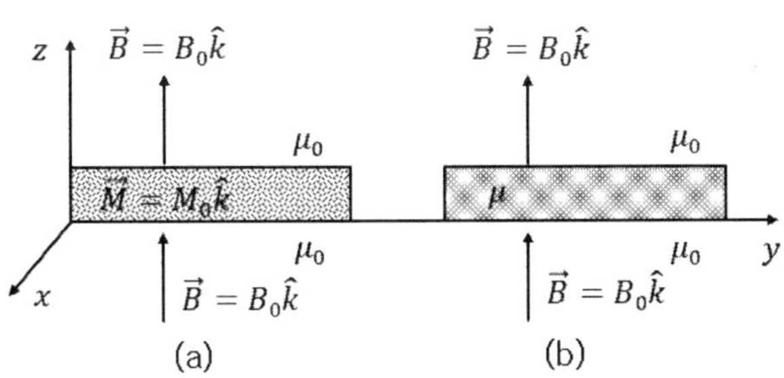

그림 8.30 균일한 자기장 내에 있는 영구자화된 판(a)과 선형의 균질 자화판(b)

참고자료

1. 김진승 역, 제 4판 기초전자기학, 도서출판 북스힐, 2014.
2. 유태훈, 허노정 옮김, 전자기학, 한빛 아카데미, 2013.
3. https://courses.physics.illinois.edu/phys435/sp2014/p435web/magnetization.pdf.
4. http://hyperphysics.phy-astr.gsu.edu/hbase/Solids/hyst.html.
5. Handbook of chemistry and Physics.
6. https://ocw.mit.edu/courses/res-6-002-electromagnetic-field-theory-a-problem-solving-approach-spring-2008/pages/textbook-contents/.

CHAPTER

09 미시적 자기이론

8장에서는 자성체의 자화에 대해 알아보았으며, 자성체에 대한 자기쌍극자 모멘트의 평균값으로 자화를 설명하였다. 이처럼 평균값을 가지고 얻어진 물체의 특성은 거시적 관점(macroscopic view point)에서 본 자성체의 자기적 성질이다. 하지만, 9장에서는 미시적인 관점(소수의 원자 또는 분자위치에서의 자기적 성질)에서 물질의 자기적 특성 및 가해준 자기장에 대한 각 분자들의 반응을 다루게 된다. 이를 통해 자기 감응률에 대한 이론적인 표현식을 얻고, 자성체에 대한 B-H 사이의 관계를 알아보고자 한다.

거시적인 관점에서 $\vec{B}$와 $\vec{H}$사이의 관계는 $\vec{B}=\mu_0(\vec{H}+\vec{M})$ 로 주어지지만, 미시적 관점에서는 진공 중에 있는 분자들의 집합체(자기쌍극자들의 집합체)로 문제를 생각하기 때문에 $\vec{B}$와 $\vec{H}$사이의 근본적인 차이는 없다. 진공 중에서 특정 분자의 위치 또는 분자가 고려 중인 계에서 제거되었을 때, 그 분자 위치에서의 자기장($\vec{B}_m$)은 $\vec{B}_m=\mu_0\vec{H}_m$ 와 같이 표현되며, 아래첨자 "m"은 미시적(microscopic)이라는 의미이다. 따라서 $\vec{B}_m$은 특정 분자위치에서의 자기장으로 분자장이라고 한다.

물질 내에서 특정 원자 또는 분자위치에서의 자기장을 논할 때, $\vec{B}$와 $\vec{B}_m$ 사이의 관계 대신에 $\vec{H}_m$을 거시적인 자화세기 $\vec{H}$와 연관지워 설명하는 것이 관례인데, 이는 $\vec{H}$와 $\vec{H}_m$ 은 각각 전류와 자기쌍극자 분포들에 대한 적분으로 간단히 표현할 수 있기 때문이다. 물론 $\vec{H}_m$ 또는 $\vec{B}_m$을 계산하더라도 이들 사이에는 μ_0만큼만 차이가 나므로, 거의 차이가 없다고 볼 수 있다.

9.1 물질 내에서의 분자장

원자 또는 분자의 자기쌍극자와 상호작용하는데 유효한 자기장을 분자장 $\vec{B}_m = \mu_0 \vec{H}_m$ 또는 국소장(local field)이라고 하는데, 이는 물질 내의 특정분자(또는 원자) 위치에서의 자기장을 의미한다. 이러한 분자장은 고려 중인 위치에 있는 하나의 분자(또는 원자)를 제외한 모든 외부원천(external sources)들과 물질 내의 모든 분자쌍극자에 의해서 만들어진다.

분자장($\vec{H}_m$)의 계산은 유전체에서의 분자 전기장을 구하는 방법과 유사하다. 그림 9.1과 같이 자화 $\vec{M}$으로 균일하게 자화된 물체에 분자장이 계산되는 점 주위로 반경이 R인 동공을 만든다.

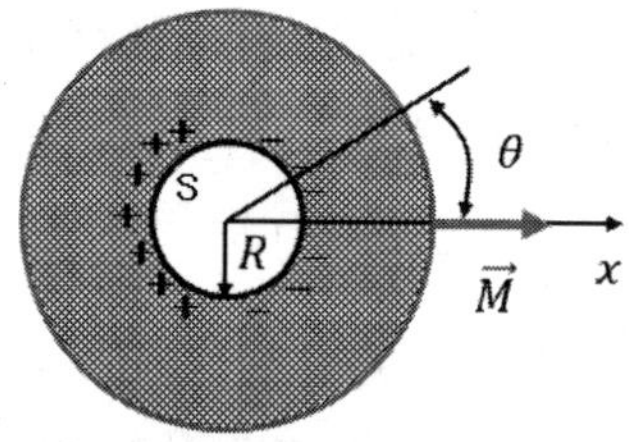

그림 9.1 $\vec{H}_m$에 대한 동공 표면자기전하의 기여도. (+)와 (-)는 자기전하(즉, N-과 S-극을 의미)를 의미한다.

그림 9.1에서 반경이 R인 동공을 제외한 영역은 거시적 관점으로부터 연속매질로 취급하며, 분자장을 구하고자 하는 위치는 그림 9.1에서 동공의 중심이다. 따라서 동공 중심에서의 분자장($\vec{H}_m$)은 크게 3가지 요인에 의해 결정된다. 즉, 동공의 표면자기전하들에 의한 기여, 연속매질에 대한 거시적 관점에서의 자화세기 및 동공 안에 있던 소수의 원자나 분자들의 자기쌍극자들에 의한 기여에 의해 결정된다.

시료에서의 거시적 자화세기 $\vec{H}$는 모든 자화원천, 즉, $\vec{J}$, ρ_M 및 σ_M에 대한 적분으로 식 (9.1.1)과 같이 표현된다.

$$\vec{H} = \frac{1}{4\pi}\int \frac{\vec{J}\times(\vec{r}-\vec{r}\,')}{|\vec{r}-\vec{r}\,'|^3}dv' \tag{9.1.1}$$

$$+\frac{1}{4\pi}\int \rho_M \frac{(\vec{r}-\vec{r}\,')}{|\vec{r}-\vec{r}\,'|^3}dv' + \frac{1}{4\pi}\int_S \sigma_M \frac{(\vec{r}-\vec{r}\,')}{|\vec{r}-\vec{r}\,'|^3}da'$$

여기서 ρ_M는 체적 자화밀도로 $\rho_M = -\vec{\nabla}' \cdot \vec{M}(\vec{r}\,')$, 그리고 σ_m은 표면 자화밀도로 $\sigma_M(\vec{r}\,') = \vec{M}(\vec{r}\,') \cdot \hat{n}$ 를 의미한다. 앞에서 언급하였듯이 분자장 $\vec{H}_m$ 은 반경이 R인 동공표면으로부터의 기여와 동공 내에 존재하는 소수의 원자나 분자 각각의 자기쌍극자에 의한 기여를 함께 고려해야 된다는 것을 제외하고는 식 (9.1.1)과 유사하게 표현된다. 균일하게 자화된 물질의 경우에 $\rho_M = -\vec{\nabla} \cdot \vec{M} = 0$ 이므로, 동공체적에 대한 $\rho_M(\vec{r}-\vec{r}\,')/|\vec{r}-\vec{r}\,'|^3$의 적분을 배제시킬 필요는 없다. 따라서 분자장 $\vec{H}_m$ 은 다음과 같이 같다.

$$\vec{H}_m = \vec{H} + \vec{H}_s + \vec{H}' \tag{9.1.2}$$

여기서 $\vec{H}$ 는 시료의 거시적 자화세기, $\vec{H}_s$ 는 표면 자화밀도($\sigma_M = M_n$)에 기인한 자화세기, 그리고 $\vec{H}'$ 는 동공 내에 존재하던 소수의 원자나 분자들의 자기쌍극자들에 의한 기여를 나타낸다. 4.2절에서 사용한 방법을 이용하면,

$$\vec{H}_s = \frac{1}{3}\vec{M} \tag{9.1.3}$$

이 된다. 또한 동공 내에 원래 존재하던 소수의 원자나 분자들의 자기쌍극자로부터의 기여는

$$\vec{H}' = \frac{1}{4\pi}\sum_i \left[\frac{3(\vec{m}_i \cdot \vec{r}_i)\vec{r}_i}{r_i^5} - \frac{\vec{m}_i}{r_i^{\,3}}\right] \tag{9.1.4}$$

이 되며, $\vec{r}_i$ 는 동공의 중심에서 i-번째 자기쌍극자까지의 거리이다. 식 (9.1.4)가 "0"이 되는 물질에서의 자화세기 $\vec{H}_m$ 은

$$\vec{H}_m = \vec{H} + \frac{1}{3}\vec{M} \tag{9.1.5}$$

이 되며, 분자 자기장($\vec{B}_m$)은

$$\vec{B}_m = \mu_0 \vec{H}_m = \mu_0(\vec{H} + \frac{1}{3}\vec{M}) \tag{9.1.6}$$

와 같다. 식 (9.1.5)와 식 (9.1.6)은 분자장에 대한 표현식을 거시적인 자화세기와 자화밀도로 표현하였으며, 대부분의 상자성 물질(알루미늄: $\chi_m = 2.1 \times 10^{-5}$, 텅스텐: $\chi_m = 7.6 \times 10^{-5}$)과 반자성 물질(비스무스: $\chi_m = -16.4 \times 10^{-5}$, 구리: $\chi_m = -0.98 \times 10^{-5}$)인 경우에 $\frac{1}{3}\vec{M} = \frac{1}{3}\chi_m \vec{H}$ 은 무시할 정도로 작다. 하지만 강자성 물질에서는 매우 중요하다.

9.2 반자성의 근원

전자는 원자핵 주위를 회전하는 궤도운동을 하는데, 궤도반지름이 R인 원을 그리면서 반시계 방향으로 운동한다고 하자(그림 9.2(a) 참조).

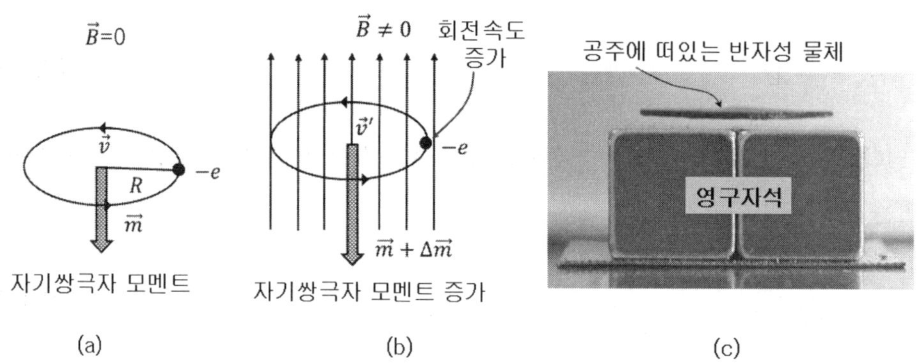

그림 9.2 외부 자기장이 가해지기 전(a)과 후(b)에 전자의 궤도운동에 기인한 자기쌍극자 모멘트의 변화 및 외부 자기장에 놓인 반자성 물체 띄우기

이러한 전자의 궤도운동은 하나의 원자크기에서의 전류가 흐르는 루프를 만들게

되고 이러한 원자전류 루프는 자기장을 만들게 된다. 반경 R인 원을 주기 $T=2\pi R/v$ 로 $xy-$평면 위에서 운동하는 전자가 만드는 전류의 크기는

$$I=\frac{-e}{T}=-\frac{ev}{2\pi R} \tag{9.2.1}$$

와 같다. 이러한 전류가 만드는 궤도 자기쌍극자 모멘트의 크기($|\vec{m}|=I\pi R^2$)는

$$\vec{m}=-\frac{ev}{2\pi R}\pi R^2\hat{k}=-\frac{1}{2}evR\hat{k}=-\frac{e\omega_0}{2}R^2\hat{k} \tag{9.2.2}$$

와 같다. 한편, 전자의 궤도운동과 관련된 각운동량 ($\vec{L}$)은

$$\vec{L}=\vec{R}\times\vec{p}=\vec{R}\times(m_e R\vec{\omega}_0)=m_e R^2\omega_0\hat{k} \quad (m_e:\text{전자의 질량}) \tag{9.2.3}$$

와 같다. 식 (9.2.2)와 식 (9.2.3)를 이용하여 전자의 궤도운동에 의한 자기모멘트를 각운동량으로 표현하면 다음과 같다.

$$\vec{m}=-\frac{e\omega_0}{2}R^2\hat{k}=-\frac{e\,m_e\omega_0}{2m_e}R^2\hat{k}=-\frac{e}{2m_e}\vec{L} \tag{9.2.4}$$

외부에서 자기장이 가해지면, 패러데이 법칙에 따라 원 운동하는 전자의 원형궤도를 뚫고 지나가는 자기력선 수의 변화에 기인한 유도기전력이 발생하는데, 이를 수식으로 표현하면

$$\oint\vec{E}\cdot d\vec{l}=-\frac{d\phi}{dt} \tag{9.2.5}$$

와 같으며, 여기서 $\vec{E}$는 유도 전기장, ϕ는 외부에서 가해준 자기장에 의해 전자의 원형 운동궤도를 뚫고 지나가는 자기력선의 수다. 전자의 원형 운동궤도에 대한 $\vec{E}$의 접선 성분을 E_t 라고 하면, 식 (9.2.5)의 적분 결과는

$$(E_t)(2\pi R)=-\frac{d}{dt}(\pi R^2 B_m)=-\pi R^2\frac{dB_m}{dt} \tag{9.2.6}$$
$$\Rightarrow E_t=-\frac{1}{2}R\frac{dB_m}{dt}$$

와 같다. 이렇게 형성된 전기장은 전자에 대해

$$\vec{\tau} = \vec{R} \times \vec{F} = \vec{R} \times (qE_t\hat{\theta}) = -eRE_t\hat{k} \tag{9.2.7}$$

와 같은 회전토크를 주게 되며, $\hat{\theta}$ 는 $xy-$평면에서 전자의 회전방향을 나타내는 단위벡터, $\hat{k}$ 는 $xy-$평면에 수직인 단위벡터이다. 한편, 회전토크는 각운동량의 시간에 대한 변화량이므로,

$$\vec{\tau} = \frac{d\vec{L}}{dt} \tag{9.2.8}$$

와 같이 표현된다. 식 (9.2.6~8)을 이용하여 각운동량의 변화를 구하면

$$\frac{d\vec{L}}{dt} = -eRE_t\hat{k} = -eR\left(-\frac{1}{2}R\frac{dB_m}{dt}\right)\hat{k} = \frac{1}{2}eR^2\frac{dB_m}{dt}\hat{k} \tag{9.2.9}$$

와 같다. 식 (9.2.9)는 자기장의 변화는 각운동량의 변화를 가져옴을 의미하며, 식 (9.2.4)로부터 각운동량의 변화는 자기모멘트의 변화를 가져옴을 알 수 있다. 즉, 자기장의 변화에 따른 자기모멘트의 변화($\Delta\vec{m}$)는

$$\Delta\vec{m} = -\frac{e}{2m_e}\Delta\vec{L} = -\frac{e}{2m_e}\left(\frac{1}{2}eR^2\Delta B_m\right)\hat{k} = -\frac{e^2R^2}{4m_e}\Delta\vec{B}_m \tag{9.2.10}$$

와 같다. 외부에서 물질에 자기장이 가해지면, 원자 전류가 흐르는 루프는 가해준 자기장을 감소시키는 방향으로 배열하려고 한다. 다시 말해서 원자크기의 매우 작은 루프를 따라 운동하고 있는 전자에 자기장이 가해지면, 패러데이의 법칙에 따라 전자는 속도가 줄어들거나 증가하게 된다.

자기장은 운동 중인 전자에 일을 해 주지 않으나 시간에 따라 변하는 자기장에 의해 발생된 전기장이 궤도운동 중인 전자를 가속시키게 된다. 따라서 원 궤도로 회전하고 있는 전자의 운동에 기인한 유효전류가 변하므로 자기쌍극자의 크기가 변하게 된다. 전자는 (-)전기를 띠고 있으므로, 가해준 자기장과 반대 방향으로 자기쌍극자 모멘트가 증가하게 된다.

반자성은 외부에서 가해준 자기장과 반대 방향의 자기장을 만들면서 척력을 일으키는 물질의 성질을 말한다. 따라서 반자성 물질에서는 외부에서 가해준 자기장이 핵 주위를 회전하고 있는 전자의 속도를 변화시킴으로서 외부에서 가해준 자기장과 반대 방향으로 알짜 자기쌍극자 모멘트를 일으키게 된다(그림 9.3 참조).

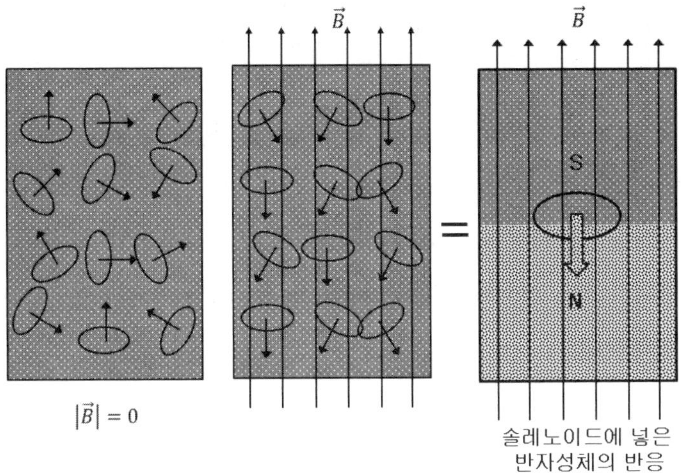

그림 9.3 외부 자기장에 대한 반자성체의 반응

원자들로 이뤄진 집합체의 반자성 감수율을 계산하기 위해서는 원자에서의 전자의 운동을 이해해야 한다. 각각의 전자는 원자핵 둘레를 회전하는 궤도운동을 하는데 간단히 하기 위하여 전자는 가해준 자기장과 수직인 평면 내에서 반경 R 인 원운동을 한다고 가정하자.

이제 외부 자기장 안에 존재하는 분자들의 집합에 대해 유도된 자화($\vec{M}$)를 구해보자. 식 (9.2.10)을 이용하고 분자당 전자들의 수를 "n"이라 하면 1개 분자에 의한 자기모멘트의 변화는

$$\Delta\vec{m} = -\frac{e^2}{4m_e}\Delta\vec{B}_m\sum_{i=1}^{n}R_i^{\,2} \tag{9.2.11}$$

와 같으며, R_i 는 $i-$ 번째 전자의 회전반경을 의미한다. 따라서 같은 종류의 분자들이 단위 체적당 "N"개 존재한다면 자화는 다음과 같다.

$$\vec{M} = N\Delta\vec{m} = -\frac{1}{4}\frac{e^2}{m_e}N\Delta\vec{B}_m\sum_{i=1}^{n}R_i^{\,2} = -\frac{1}{4}\frac{e^2}{m_e}N\mu_0\Delta\vec{H}_m\sum_{i=1}^{n}R_i^{\,2} \tag{9.2.12}$$

반자성 물질의 경우에 $\vec{H}_m$ 은 $\vec{H}$ 와 차이가 거의 없으므로, 즉, $\vec{H_m} \approx \vec{H}$ 이므로 다음과 같은 관계식이 얻어진다.

$$\overrightarrow{M} = \chi_m \overrightarrow{H} \Rightarrow \chi_m = \frac{\overrightarrow{M}}{\overrightarrow{H}} \approx \frac{\overrightarrow{M}}{\overrightarrow{H_m}} = -\frac{Ne^2\mu_0}{4m_e}\sum_{i=1}^{n} R_i^{\,2} \tag{9.2.13}$$

이러한 결과는 모든 전자들의 운동 평면이 $\overrightarrow{H}_m$ 에 수직인 평면에서 원운동을 한다(그림 9.4(a) 참조)는 가정으로부터 얻어진 것이다. 전자의 원운동 궤도가 그림 9.4(b)와 같이 외부 자기장과 θ_i 만큼 기울어져 있다면 $\overrightarrow{H}_m \cos\theta_i$ 만이 전자의 각운동량 변화에 기여하므로 $\overrightarrow{H}_m$ 과 평행한 $\Delta\overrightarrow{m}$ 의 성분은 $\cos\theta_i$ 만큼 작아지게 되어 식 (9.2.14)가 얻어진다.

$$\chi_m = -\frac{1}{4}\frac{Ne^2\mu_0}{m_e}\sum_{i=1}^{n} R_i^{\,2}\cos^2\theta_i \tag{9.2.14}$$

또한, $R_i^2\cos^2\theta_i$ 에 대한 평균값($< R_i^2\cos^2\theta_i >$)은 식 (9.2.16)과 같으므로, 식 (9.2.14)는 식 (9.2.17)과 같이 표현된다.

$$R_i^{\,2}\cos^2\theta_i = \rho^2 = x^2 + y^2 \tag{9.2.15}$$

$$< R_i^{\,2}\cos^2\theta_i > = < \rho^2 > = \frac{1}{R}\int_0^R x^2 dx + \frac{1}{R}\int_0^R y^2 dy = \frac{2}{3} < R^2 > \tag{9.2.16}$$

$$\chi_m = -\frac{1}{4}\frac{Ne^2\mu_0}{m_e}\frac{2}{3} < R^2 > = -\frac{1}{6}\frac{Ne^2\mu_0}{m_e} < R^2 > \tag{9.2.17}$$

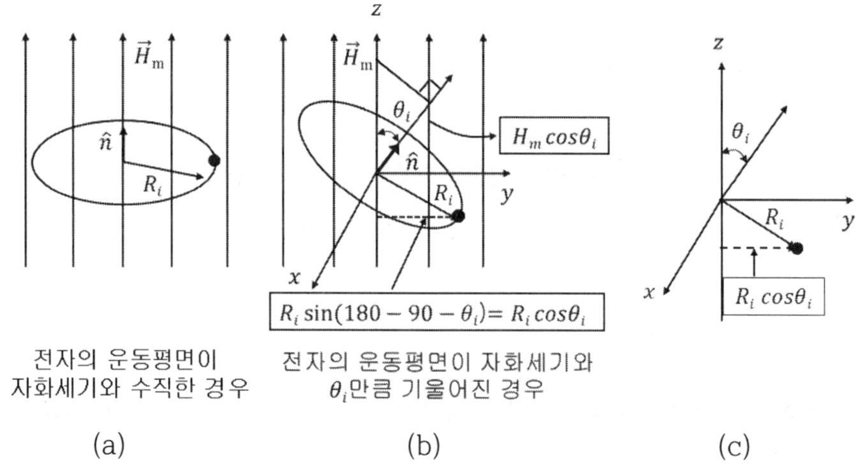

그림 9.4 전자의 원형궤도 운동평면과 분자 위치에서의 자화세기 방향

반자성이 전자의 궤도운동에 기인한다면, 모든 유형의 물체에서 반자성의 특성이 나타나야 되지만 자성체에서 동시에 나타날 수 있는 좀 더 강한 상자성 또는 강자성에 의하여 그 효과가 차폐된다. 반자성은 모든 상자성 효과들이 서로 상쇄되는 꽉 찬 전자각을 가진 이온이나 원자들로 구성된 물질에서 두드려지게 나타난다. 이러한 반자성의 근원은 원자 크기에서 작용하는 렌츠 법칙의 결과이다. 즉, 자기장을 가해주면, 각 원자에서의 전자의 궤도운동에 기인한 전류는 가해준 자기장의 효과를 감소시키는 방향으로 조정된다.

9.3 상자성의 근원

상자성은 외부에서 자기장을 가해지는 경우에만 자성을 띠게 되며 선형자성체인 경우, 외부 자기장에 의해 유도된 자기쌍극자 모멘트는 자화세기에 비례한다. 강자성체와는 달리 외부에서 가해준 자기장을 없애면 상자성체는 자화를 유지하지 못하는데, 이는 열적인 운동이 스핀의 방향을 임의의 방향으로 향하도록 만들기 때문이다. 외부 자기장이 존재하더라도 일부의 스핀만이 자기장에 의해 정렬되므로 유도된 자화는 작은 값을 가지게 된다.

상자성 물질을 구성하고 있는 원자나 분자들은 외부 자기장이 존재하지 않더라도 영구 자기모멘트를 가지고 있다. 이러한 현상은 원자/분자의 전자궤도에서 짝을 이루지 않는 전자(unpaired electrons)의 스핀 때문에 생긴다. 순수 상자성 물질에서 자기쌍극자들은 상호작용을 하지 않으며, 열적인 효과로 인하여 외부에서 자기장을 가해주지 않으면, 임의의 방향을 향하게 되어 알짜 자기모멘트를 가지지 못한다. 하지만 외부로부터 자기장이 가해지면, 자기쌍극자들이 가해준 자기장과 나란히 정렬하면서 가해준 자기장의 방향으로 알짜 자기모멘트를 가지게 된다(그림 9.5 참조). 이때 일어나는 정렬은 스핀과 궤도 각운동량의 양자역학적 성질에 의해서 결정된다.

원자나 분자에 있어서 각 전자의 궤도운동은 자기쌍극자 모멘트로 기술될 수 있다. 또한 전자는 고유의 스핀을 가지고 있어 전자의 스핀에 의한 고유 자기쌍극자 모멘트를 가지고 있다. 따라서 각각의 분자는 분자 내에 있는 여러 전자들의 궤도운동과 스핀에 의한 자기모멘트의 벡터 합에 의한 자기모멘트 $\overrightarrow{m_i}$ 를 가지게 된다. 상자성은 이러한 분자들의 자기모멘트가 가해준 자기장과 일렬로 정렬하는 성질에 기인하는데, 상자성 물질에서 고려해야 할 2가지 메카니즘은 다음과 같다.

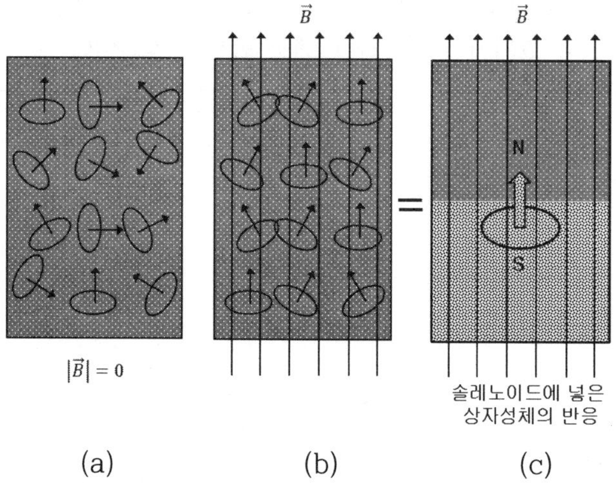

그림 9.5 외부에서 가해준 자기장에 대한 상자성체의 반응

첫째, 자기장이 존재하면 전자의 운동은 궤도운동에 기인한 자기모멘트와 스핀에 기인한 자기모멘트가 가해준 자기장의 방향에 대하여 띠엄띠엄한 방향만을 가지도록 양자화된다. 분자 내에서 두 개의 전자가 동일한 양자상태에 있을 수 없으므로 분자당 "전자껍질(electron shell)"을 채우는데 필요한 전자들만이 존재할 경우, 모든 가능한 방향들이 사용되어야 하므로 $\vec{m}_i = 0$이다. 물론 상자성은 $\vec{m}_i \neq 0$인 경우에만 일어난다.

둘째, $\vec{m}$과 각운동량과의 원자 내 전자의 원형궤도 운동은 원자핵에 대하여 각운동량을 일으키며, $\vec{m}_i$와 각운동량과의 관계는 $\vec{m} = -\dfrac{e}{2m_e}\vec{L}$와 같다. 이러한 조건에서 자기 토크는 가해준 자기장과 자기쌍극자 모멘트 $\vec{m}_i$가 정렬되게 하지 않고 일정하게 기울어진 축에 대하여 세차운동을 하게 한다. 또한 기체나 액체에서 원자들은 서로 연속적으로 충돌하며 고체 내의 원자들은 열에 의한 진동운동을 한다. 물질들은 열에너지를 가지고 있으므로 자기쌍극자 $\vec{m}_i$의 자기에너지는 주위의 열에너지와 상호작용을 하게 된다. 따라서 $\vec{m}_i$의 방향은 완전히 임의의 방향을 가지도록 만들지만, 가해준 자기장의 방향과 나란하던지 또는 가해준 자기장과 거의 같은 방향의 좀 더 낮은 자기에너지를 가지는 방향으로 존재하려는 경향이 많다.

분자당 자기쌍극자 모멘트 $\overrightarrow{m}_0$ 를 가지는 한 종류의 분자로만 구성된 물질을 생각하여 보자. 자기쌍극자 모멘트 m_0 를 가지는 분자 1개의 유효 쌍극자 모멘트는 란제빈 함수(Langevin function)로 식 (9.3.1)과 같이 표현되는데, 여기서 $y = m_0\mu_0 H_m / kT$ 이다. 식 (9.3.1)이 얻어지는 과정은 5장에서 편극을 일으키는 과정과 같지만 보충 자료에서 자세히 설명하였다.

$$\langle m_0 \cos\theta \rangle = m_0 \langle \cos\theta \rangle = m_0 \left[\coth y - \frac{1}{y} \right] \tag{9.3.1}$$

단위 체적당 N개의 같은 종류의 분자를 가지는 물질에서의 유효자화는

$$|\overrightarrow{M}| = N\langle m_0 \cos\theta \rangle = Nm_0 \left[\coth y - \frac{1}{y} \right] \tag{9.3.2}$$

와 같이 표현된다. 식 (9.3.2)에서 $\coth y$ 을 급수전개하면

$$\coth y = \frac{1}{y}(1 + \frac{y^2}{3} + \cdot\cdot\cdot) \simeq \frac{1}{y} + \frac{y}{3} \tag{9.3.3}$$

와 같으며, 식 (9.3.3)에서 처음 2개의 항만을 남기고 나머지를 무시하면 식 (9.3.2)는 다음과 같이 근사식으로 쓸 수 있다.

$$|\overrightarrow{M}| = N\langle m_0 \cos\theta \rangle \approx Nm_0 (\frac{1}{y} + \frac{y}{3} - \frac{1}{y}) = \frac{1}{3} Nm_0 y = \frac{Nm_0^2 \mu_0 H_m}{3kT} \tag{9.3.4}$$

절대온도 “0”근처를 제외하고, 란제빈 함수의 급수전개를 통하여 1차 항으로 근사화 시킨 자화는

$$\overrightarrow{M} = \frac{Nm_0^2}{3kT} \mu_0 \overrightarrow{H}_m \tag{9.3.5}$$

와 같게 되므로, 상자성체에 대한 자기 감응률은

$$\chi_m = \frac{Nm_0^2 \mu_0}{3kT} \tag{9.3.6}$$

와 같다. 요약하면, 상자성이 되기 위해서는 원자나 분자는 영구 자기 모멘트를 가져야 하며 외부에서 가해준 자기장의 방향과 나란히 정렬된다. 또한 절대영도 또는 매우 큰 $\vec{H}_m$을 제외하고는 자화 값은 모든 쌍극자 모멘트가 정렬될 때 얻어지는 포화 값보다는 매우 작은 값을 가진다.

9.4 강자성의 원리

강자성 물질에서 원자(또는 분자)의 영구 자기모멘트는 외부에서 가해준 자기장을 제거하더라도 정렬된 상태가 유지되어 자성을 띠게 된다. 이처럼 원자(또는 분자)의 영구 자기모멘트가 특정방향으로 정렬된 상태를 유지하는 이유는 자화세기($|\vec{H}|$)가 "0"이 되더라도 $\vec{M}$이 동시에 "0"이 되지 않는 한 분자장 ($\vec{H}_m$)이 "0"이 되지 않기 때문이다. 9.1절에서 설명하였듯이 동공 내에 원래 존재하던 원자나 분자들의 자기쌍극자로부터의 기여를 나타내는 $\vec{H}'$이 "0"이 되는 물질에서의 자화세기 $\vec{H}_m$ 은

$$\vec{H}_m = \vec{H} + \frac{1}{3}\vec{M} \tag{9.4.1}$$

와 같이 주어진다. $|\vec{H}'| = 0$인 물질에서의 분자장을 일반화하기 위하여 $\vec{H}_m = \vec{H} + \gamma\vec{M}$으로 쓰되 $|\vec{H}| = 0$이면

$$\vec{H}_m = \gamma\vec{M} \tag{9.4.2}$$

이 된다. $|\vec{H}'|$의 값이 "0"인 경우 $\gamma = 1/3$이며, $|\vec{H}'| \neq 0$이면 $\gamma \neq 1/3$일 수 있지만, γ의 값이 이 정도의 크기를 가진다고 예측된다.

문제를 간단히 하기 위하여 한 가지 종류의 원자들로 이뤄진 물질에 대하여 생각하되, 각각의 원자는 m_0의 자기모멘트를 가지며 단위 체적당 N개의 원자들이 존재한다고 가정하자. 원자들의 자기모멘트가 완전히 같은 방향으로 정렬되면, M은 Nm_0의 값을 가지겠지만,

$$M > 0.7Nm_0 \tag{9.4.3}$$

이라고 정의하면, 식 (9.3.2)로 정의된 $|\overrightarrow{M}| = Nm_0\,[\coth y - 1/y]$에 의해 $[\coth y - 1/y] > 0.7$ 또는 $y > 3$ 임을 의미한다. 즉,

$$y = \frac{m_0\,\mu_0\,H_m}{k\,T} > 3 \tag{9.4.4}$$

따라서 이를 식 (9.4.2), $\overrightarrow{H}_m = \gamma\overrightarrow{M}$과 식 (9.4.3), $M > 0.7\,Nm_0$과 결합하면,

$$0.7\,\frac{\gamma\,N\mu_0\,m_0^2}{k\,T} > 3 \tag{9.4.5}$$

이 되는데, 이러한 조건이 강자성이 일어날 조건이다. 한편, $\overrightarrow{H}_m = \gamma\overrightarrow{M}$ 와 $y = m_0\mu_0 H_m / kT$ 로부터

$$|\overrightarrow{M}| = M = Nm_0\left[\coth y - \frac{1}{y}\right] \tag{9.3.2}$$

$$|\overrightarrow{M}| = M = \frac{k\,T}{\gamma\,\mu_0\,m_0}y = \alpha y \;\; (\alpha = \frac{k\,T}{\gamma\,\mu_0\,m_0}) \tag{9.4.6}$$

와 같은 결과를 얻는다.

주어진 온도에 대해 외부에서 가해주는 자기장이 "0"일 때의 자화를 자발 자기화 (spontaneous magnetization)라 하는데 이는 식 (9.3.2)와 식 (9.4.6)의 해로부터 구해진다. 이러한 해는 그래프 방법을 이용하여 쉽게 구할 수 있으며, 두 곡선이 만나는 점에서 자화 $M(T)$가 일어난다(그림 9.6 참조).

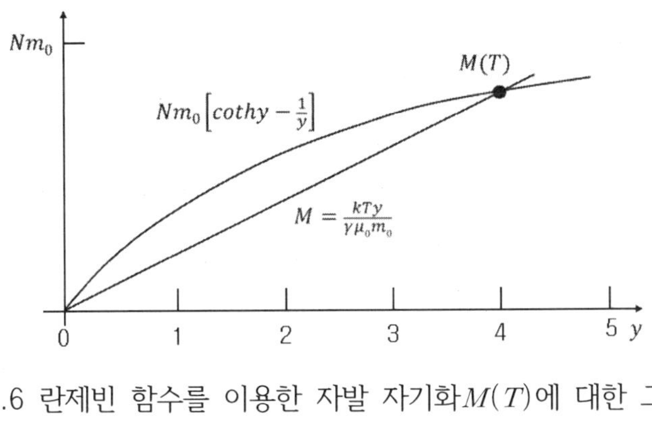

그림 9.6 란제빈 함수를 이용한 자발 자기화$M(T)$에 대한 그래프

온도가 상승함에 따라 식 (9.4.6)은 변화가 작으나, 기울기인 α가 온도에 비례하여 증가한다. 따라서 온도가 상승함에 따라 두 곡선이 만나는 점은 왼쪽으로 이동하며, 순간 자화의 값은 작아진다. 식 (9.3.2)와 식(9.4.6)이 만나게 되는 온도보다 높은 온도에서 자발 자기화는 "0"이 된다. 자발 자기화가 "0"이 되는 온도를 "큐리에(Curie) 온도"라고 하는데, 큐리에 온도보다 높은 온도에서는 자발 자기화가 "0"이 되면서 상자성의 특성을 보이게 된다.

온도에 대한 $M(T)$의 특성을 그림 9.7에 나타내었으며, $T/T_c = 1.0$이 되는 온도에서 $M(T_C) = 0$가 됨을 보여주고 있다. 한편, 그림 9.7의 결과는 강자성물질에 대해 실험적으로 결정된 자발 자기화의 값과 잘 일치한다.

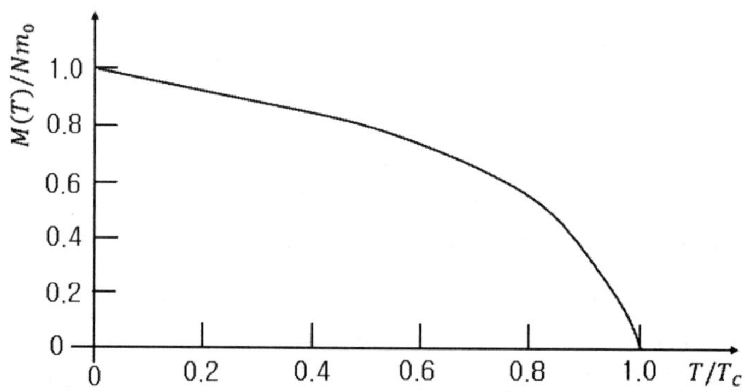

그림 9.7 온도의 함수로 나타낸 강자성 물질의 자화, T_c는 큐리에 온도

강자성물질은 큐리에 온도 이하에서 거의 포화될 정도의 자화가 일어나야 하지만, 이러한 이론적인 결과는 일반적인 관찰과는 상반된다. 즉, 철 조각은 자화되거나 자화되지 않은 조건으로 존재할 수 있다. 이에 대한 설명은 강자성물질을 "자기구역(Domain)"으로 조각조각 나누는 것이다. 그림 9.8과 같이 각 자기구역은 포화 값으로 자화되나, 각 자기구역의 방향은 임의의 방향을 향하므로 거시적인 관점에서 보았을 때 자화되지 않은 것으로 볼 수 있다(그림 9.8(a) 참조). 거시적인 관점에서 강자성물질에서의 자화는 자기구역 배열(domain configuration)의 변화와 관련된다.

외부에서 가해주는 자기장에 의하여 생기는 자화의 증가는 2개의 과정에 의하여 발생한다. 즉, 가해준 자기장의 방향으로 향하는 구역의 체적은 증가하면서 다른 구역의 체적이 감소하는 과정인데, 구역 벽의 이동이 일어난다(그림 9.8(b) 참조). 또는 구역의 자화 방향이 외부에서 가해준 자기장 방향으로 회전하는 경우이다 (그림

9.8(c) 참조).

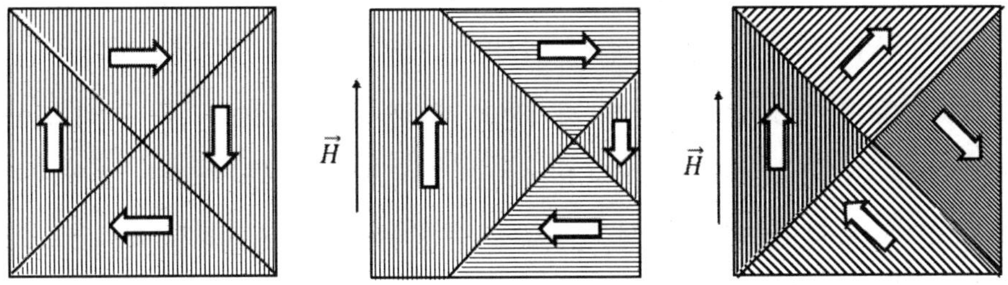

그림 9.8 강자성물질의 자화. (a) 자화되지 않음, (b) 구역 벽의 이동에 의한 자화, (c) 구역의 회전에 의한 자화.

외부에서 가해주는 자기장의 세기가 약한 경우에는 자화는 보통 구역 벽(domain wall)의 이동에 의하여 일어난다. 단일상의 순수 물질에서는 가해준 자기장이 약한 경우, 가역적으로 구역 벽의 이동이 비교적 크게 일어난다. 하지만, 외부에서 가해주는 자기장의 세기가 강한 경우에는 자화는 비가역적 구역 벽의 이동으로 진행되어 최종적으로는 구역회전으로 진행된다. 이렇게 된 상태에서 외부 자기장이 제거되어도 물질은 자화된 상태를 유지하게 된다.

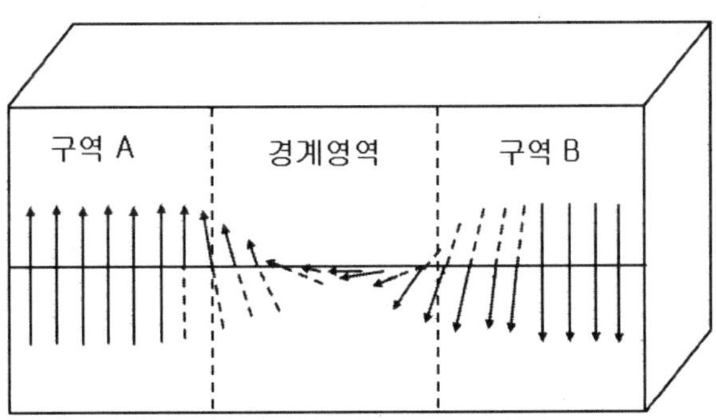

그림 9.9 강자성 물질에서 2개 자기구역 사이의 전이 구조

하나의 자기구역에서 이웃하는 구역으로 이동함에 따라 원자의 자기모멘트의 방향은 원래의 방향에서 새로운 방향으로 회전하게 된다(그림 9.9 참조). 이웃하는 두 자기구역의 경계를 자기구역벽(domain wall)이라고 하는데 이 영역에서의 원자의 스핀 모멘트는 자기구역 내에 있는 원자의 스핀 모멘트보다 작은 분자장을 받게 된다.

강자성물질은 전자석에 응용되기도 한다. 그림 9.10과 같이 공기 중에 놓여 있으며 단위 길이당 n번 감긴 솔레노이드 코일에 전류 I가 흐르는 경우, 코일 한쪽 끝에서의 자기장의 세기는 $|\vec{B}| = \mu_0 n I$ 이지만, 솔레노이드 내부에 자화율(χ_m)이 200,000인 철(99.95%)을 넣어주면 자기장의 세기는 $|\vec{B}| = \mu_0 (1 + \chi_m) n I$이 되어 약 200,000배로 증가한다. 지금은 메모리 소자로 많이 사용되지는 않지만, 과거에는 플로피디스크 또는 테이프에 강자성 물질을 코팅하여 정보를 저장하는 테이프 레코딩 등으로 활용되기도 하였다.

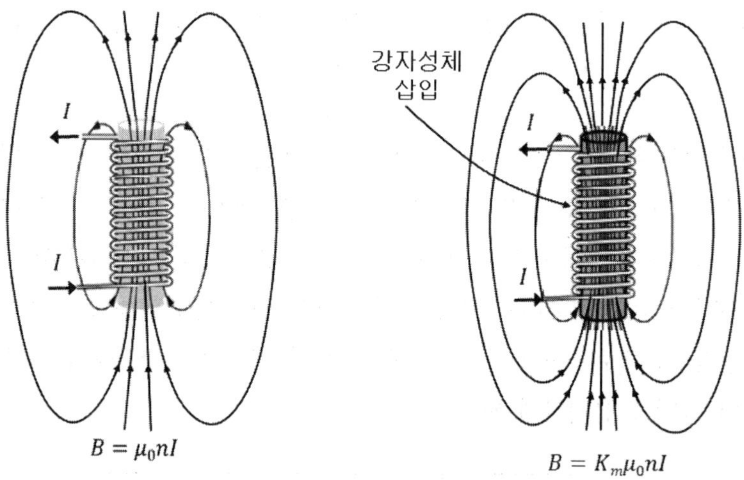

그림 9.10 솔레노이드 내부가 공기(a)와 강자성체로 채워진 경우(b)

A. 식 (9.3.1)에 대한 유도 및 별해

통계역학에 의하면, 시료의 온도가 T일 때, 에너지 E를 가질 확률은

$$e^{-E/kT} \tag{1}$$

에 비례한다. 여기서 k는 볼츠만상수이며, T는 절대온도이다. 분자의 에너지는 운동에너지(E_k)와 위치에너지(U)로 주어지므로, 식 (1)은

$$e^{-E_k/kT}e^{-U/kT} \tag{2}$$

와 같이 쓸 수 있다. 분자가 자화세기 $\vec{H}_m$ 인 자기장 내에 있으면서 영구 자기쌍극자 모멘트 $\vec{m}_0$를 가지는 경우, 분자의 위치에너지는

$$U = -\vec{m}_0 \cdot \vec{B}_m = -\mu_0 \vec{m}_0 \cdot \vec{H}_m = -\mu_0 m_0 H_m \cos\theta \tag{3}$$

와 같이 주어진다. 여기서 θ는 $\vec{m}_0$와 $\vec{H}_m$사이의 각이다. 분자의 운동에너지는 자기장과는 아무 상관관계가 없으므로, 여기서는 운동에너지에 대한 항은 제외하겠다. 분자 쌍극자의 유효 자기쌍극자 모멘트는 자기장의 방향에 따른 성분이므로 $m_0\cos\theta$로 표현된다. 볼츠만 관계식에 의하여 $m_0\cos\theta$ 의 평균값은

$$\langle m_0\cos\theta \rangle = \frac{\int m_0\cos\theta\, e^{+m_0 H_m \cos\theta/kT}\, d\Omega}{\int e^{+m_0 H_m\cos\theta/kT}\, d\Omega} \tag{4}$$

$$= \frac{\int_0^\pi 2\pi\sin\theta\, m_0\cos\theta\, e^{m_0 H_m\cos\theta/kT}\, d\theta}{\int_0^\pi 2\pi\sin\theta\, e^{+m_0 H_m\cos\theta/kT}\, d\theta}$$

로 표현된다. 또한 식 (4)에서 미소면적(=da)에 대한 입체각 $d\Omega$는

$$d\Omega = \frac{da}{r^2} = \frac{2\pi r\sin\theta \cdot r\,d\theta}{r^2} = 2\pi\sin\theta\, d\theta \tag{5}$$

와 같이 θ 로만 표현되므로, θ 에 대하여 0 에서 π 까지 적분하면 $\langle \mu_0 m_0 \cos\theta \rangle$ 이 구해진다.

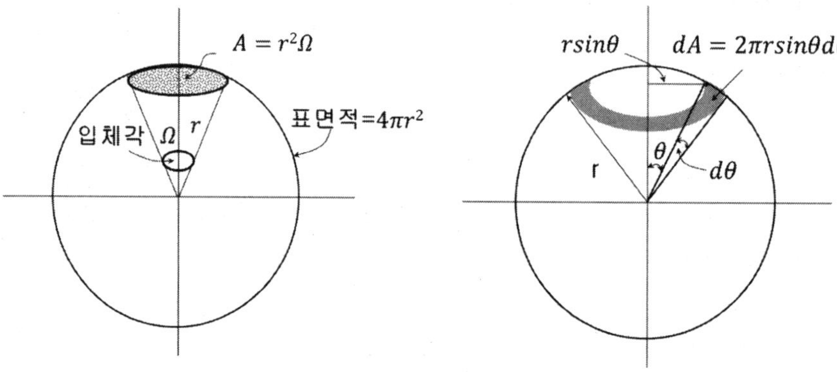

그림 9.11 입체각과 반경 R인 구형 표면 위의 미소 면적 dA

적분을 쉽게 하기 위하여,

$$w = \frac{m_0 H_m}{k T} \cos\theta = y \cos\theta \tag{6}$$

로 놓으면, 식 (4)는

$$\langle m_0 \cos\theta \rangle = \frac{\int_0^\pi \sin\theta \, m_0 \cos\theta \, e^{m_0 H_m \cos\theta / kT} d\theta}{\int_0^\pi \sin\theta \, e^{m_0 H_m \cos\theta / kT} d\theta} = \frac{\int_y^{-y} (-1/y)\,(m_0 w/y)\, e^w dw}{\int_y^{-y} (-1/y)\, e^w dw} \tag{7}$$

$$= m_0 \frac{\int_y^{-y} (w/y)\, e^w dw}{\int_y^{-y} e^w dw} = m_0 < \cos\theta >$$

이 되며 아래와 같이 부분적분이 된다. 즉,

$$< \cos\theta > = \frac{\int_y^{-y} \frac{w}{y} e^w \, dw}{\int_y^{-y} e^w \, dw} = \frac{\left[\frac{w}{y} e^w \right]_y^{-y} - \int_y^{-y} \frac{1}{y} e^w \, dw}{\int_y^{-y} e^w \, dw} \tag{8}$$

$$= \frac{\left[\frac{w}{y} e^w \right]_y^{-y}}{\int_y^{-y} e^w \, dw} - \frac{1}{y} = \frac{-e^{-y} - e^y}{e^{-y} - e^y} - \frac{1}{y} = \frac{e^y + e^{-y}}{e^y - e^{-y}} - \frac{1}{y} = \cos\mathrm{h} y - \frac{1}{y}$$

와 같이 부분 적분되므로, 식 (4)는

$$\langle m_0 \cos\theta \rangle = m_0 \langle \cos\theta \rangle = m_0 \left[\coth y - \frac{1}{y} \right] \tag{9}$$

이 되며 이를 "*Langevin* for*mula*"라고 한다. 이에 대한 특성은 그림 9.12 (또는 그림 4.7)을 참조하기 바란다.

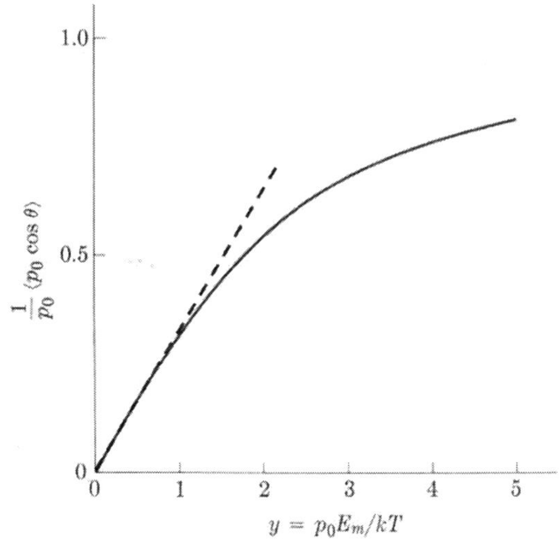

그림 9.12 Langevin 함수. y→∞ 에 따른 근삿값은 1

연습문제

01 수소 원자에서 전자는 원자핵을 중심으로 보아 반경을 가지고 원운동을 하며, 원 궤도의 둘레는 드브로이 파장(de Broglie wavelength)과 같다. 전자의 질량을 m_e, 플랑크 상수를 h라고 할 때, 전자의 자기쌍극자 모멘트를 구하시오.

참고자료

1. Foundations of Electromagnetic Theory, 4th ed. John R. Reitz, Frederick J. Milford and Robert W. Christy, Addison-Wesley Publishing Company, 1993.

2. http://hyperphysics.phy-astr.gsu.edu/hbase/Solids/ferro.html.

CHAPTER 10 전자기 유도

임의의 폐회로를 뚫고 지나가는 자기력선 수의 변화로 생기는 유도기전력은 19세기 초 패러데이와 헨리에 의해서 발견되었으며, 이를 바탕으로 오늘날의 발전기, 변압기 등이 개발되었다. 정전기학의 특성을 표현하는 방정식은

$$\vec{\nabla}\times\vec{E}=0 \quad \text{또는} \quad \oint\vec{E}\cdot d\vec{l}=0$$

와 같이 주어진다. 하지만 위의 방정식은 전기장이 시간에 따라 변하지 않는 정전기학에서는 성립하지만 시간에 의존하는 전기장에 대해서는 성립하지 않는다. 따라서 여기서는 시간에 의존하는 전기장 또는 자기장의 효과에 대해서 다루고자 한다.

10.1 전자기 유도

임의의 폐회로를 뚫고 지나가는 자기력선 수의 변화로 폐회로에 유도되는 유도기전력(ε)에 대한 실험 결과는

$$\varepsilon=-\frac{d\Phi}{dt} \tag{10.1.1}$$

와 같이 주어진다. 식 (10.1.1)에서 Φ는 폐회로를 뚫고 지나가는 자기력선의 수를 의미하므로, $d\Phi/dt$는 폐회로를 뚫고 지나가는 자기력선 수의 시간 변화를 의미한다. 예

를 들어 감긴 회수가 N, 단면적이 A인 원형 코일이 자속밀도가 $\vec{B}$인 자기장 내에 있다면, 코일에 유도된 유도기전력은 다음과 같다.

$$\varepsilon = -\frac{d\Phi}{dt} = -\frac{d}{dt}(NA\vec{B} \cdot \hat{n}) \quad (\hat{n} \ : \text{단면적 } A\text{에 수직인 단위벡터}) \qquad (10.1.2)$$

식 (10.1.1)은 실험의 결과로부터 얻어진 하나의 실험식으로 어떤 이론으로부터 유도되지 않는다. 식 (10.1.1)에서 유도기전력(ε)의 크기를 정의해 주는 $\varepsilon = d\Phi/dt$은 패러데이 법칙 그리고 유도기전력이 폐회로를 뚫고 지나가는 자기력선 수의 시간 변화를 방해하는 방향으로 생긴다는 것을 나타내기 위하여 앞에 "-"부호를 붙여 설명하는 $\varepsilon = -d\Phi/dt$ 은 렌츠의 법칙으로 알려져 있다.

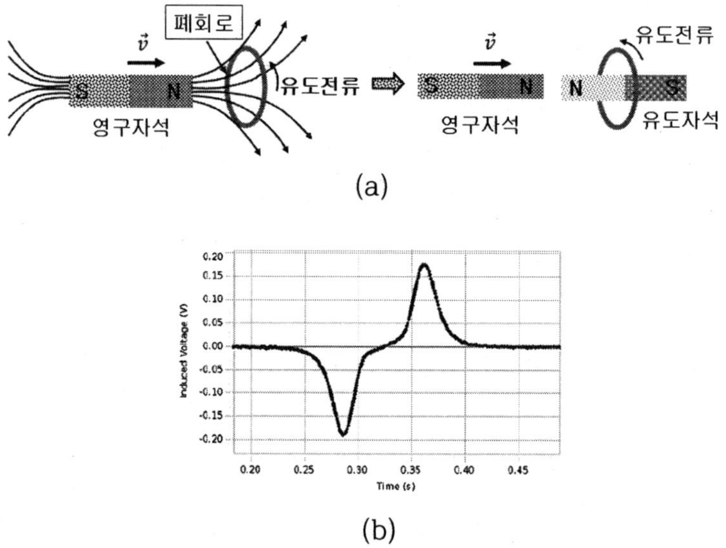

그림 10.1 (a) 폐회로에 유도된 유도전류, (b) 솔레노이드 코일을 통과한 자석에 의해 솔레노이드 코일에 생긴 전압

예제 1

단면적이 A, 감긴 회수가 N인 원형코일이 자속밀도 B가 일정한 자기장 내에서 각속도 ω_0로 회전하고 있다. 코일의 양 끝에 유도된 기전력의 크기를 구하시오. 단, $t=0$일 때, 코일 단면의 수직 방향과 자기장의 방향은 서로 같다.

해답

코일의 평면과 자기장 $\vec{B}$의 방향 사이의 각도가 θ인 경우에 코일을 통과하는 자기력선의 수는 $\Phi = N\phi = NAB\cos\theta = NAB\cos\omega_0 t$ (ϕ: 코일 하나를 통과하는 자기력선의 수)와 같다. 따라서 코일에 유도기전력은 $\varepsilon = -\dfrac{d\Phi}{dt} = -\dfrac{d}{dt}(NAB\cos\omega_0 t) = -\omega_0 NAB\sin\omega_0 t$ 와 같다.

한편, 임의의 폐회로에 유도된 기전력(ε)과 폐회로를 뚫고 지나가는 자기력선의 수(Φ)는

$$\varepsilon = \oint_c \vec{E} \cdot d\vec{l} \tag{10.1.3}$$

$$\Phi = \oint_s \vec{B} \cdot \hat{n}\,da \tag{10.1.4}$$

와 같이 표현된다. 식 (10.1.4)에서 $|\vec{B}|$은 단위면적당 자기력선의 수 그리고 da는 폐회로 내의 미소 면적, 그리고 $\hat{n}$은 미소 면적에 수직인 단위벡터를 의미한다. 식 (10.1.1~4)으로부터

$$\epsilon = \oint_c \vec{E} \cdot d\vec{l} = -\frac{d}{dt}\int_s \vec{B} \cdot \hat{n}\,da \tag{10.1.5}$$

가 얻어진다. 회로의 크기와 모양이 변하지 않으면 식 (10.1.5)에서의 시간 미분은 적분기호 안으로 넣을 수 있으며, 넣으면 편미분으로 바뀐다. 또한 스토크 정리를 이용하면 식 (10.1.5) 왼쪽 항의 선적분은 면적분으로 전환이 가능하므로, 식 (10.1.5)는 다음과 같이 쓸 수 있다.

$$\int_s \vec{\nabla} \times \vec{E} \cdot \hat{n}\,da = -\int_s \frac{\partial \vec{B}}{\partial t} \cdot \hat{n}\,da \tag{10.1.6}$$

따라서 식 (10.1.6)으로부터,

$$\vec{\nabla} \times \vec{E} = -\frac{\partial \vec{B}}{\partial t} \tag{10.1.7}$$

와 같은 결과를 얻을 수 있으며, 이를 패러데이 법칙의 미분형이라 한다.

예제 2

진공 중에서 전기장($\vec{E}$)이 $\vec{E}(z,t) = A\cos\omega(t-z/c)\,\hat{j}$ 와 같이 변한다고 할 때, 전기장에 기인하여 발생되는 자기장($\vec{B}$)을 구하시오.

해답

전기장과 자기장 사이의 관계는 $\nabla\times\vec{E} = -\frac{\partial\vec{B}}{\partial t}$ 와 같으며, 이를 직각 좌표계를 사용하여 표현하면 다음과 같은 관계식이 얻어진다.

$$\left(\frac{\partial E_z}{\partial y} - \frac{\partial E_y}{\partial z}\right)\hat{i} + \left(\frac{\partial E_x}{\partial z} - \frac{\partial E_z}{\partial x}\right)\hat{j} + \left(\frac{\partial E_y}{\partial x} - \frac{\partial E_x}{\partial y}\right)\hat{k} = -\frac{\partial\vec{B}}{\partial t}$$

주어진 전기장이 $y-$성분만 가지므로, $E_x = E_z = 0$이며, 전기장의 y성분이 z와 t만의 함수로 주어졌다. 따라서 $-\frac{\partial E_y}{\partial z}\hat{i} = -\frac{\partial\vec{B}}{\partial t}$ 와 같은 결과를 얻어지므로 다음과 같은 표현식이 얻어진다.

$$\frac{\partial E_y}{\partial z} = \frac{\partial}{\partial z}[A\cos\omega(t-z/c)] = \frac{\omega}{c}A\sin\omega(t-z/c) = \frac{\partial B}{\partial t}$$

따라서 $\vec{B}$의 $x-$성분은 다음과 같다.

$$B_x = \frac{\omega A}{c}\int\sin\omega(t-z/c)dt = -\frac{A}{c}cos\omega(t-z/c) + C_1 \quad (C_1\text{:적분상수})$$

$$\vec{B}(z,t) = -\frac{A}{c}cos\omega(t-z/c)\,\hat{i}$$

적분상수 C_1은 시간에 의존하는 물리량에는 영향을 미치지 않으므로 “0”으로 둘 수 있다.

패러데이 법칙에 대한 응용으로서 그림 10.2와 같이 길이가 l인 도체가 길이 방향과 수직으로 가해준 자기장 내에서 $\vec{v}$의 속도를 가지고 운동하며, 관측자는 실험실 내의 정지좌표계 내에 있다고 가정한다. 그림 10.2와 같이 자기장의 방향은 도체가 움직이는 평면에 대하여 수직이므로, 도체 내에 있는 자유전하(q)가 받는 힘은 로렌츠 힘으로 다음과 같다.

$$\vec{F} = q(\vec{E} + \vec{v}\times\vec{B}) \tag{10.1.8}$$

도체 내의 (+)와 (-)의 전하들은 식 (10.1.8)의 $q\vec{v}\times\vec{B}$ 에 의하여 도체의 양끝으로 이동하게 되며, 이러한 전하들의 분리는 도체 내에 전기장($\vec{E}$)을 형성하게 된다. 이렇게 형성된 전기장에 의하여 전하가 받는 힘의 크기(qE)가 반대 방향으로 작용하는 자기력과 평형을 이루면, 전하들은 더 이상 움직이지 않게 되면서 정상상태를 만들게 된다.

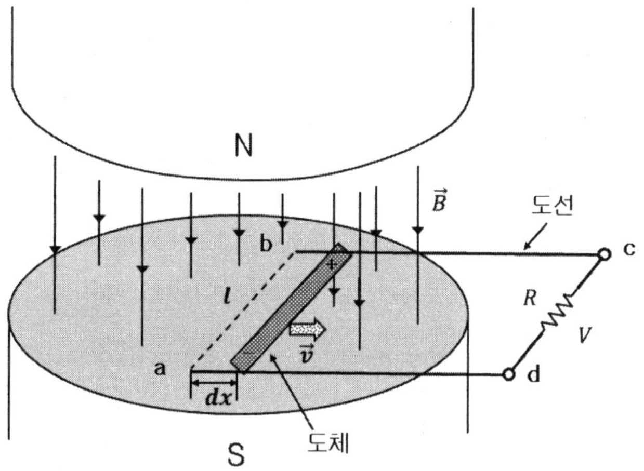

그림 10.2 자기장 내에서 운동 중인 도체의 양끝에 형성된 전압

따라서 이러한 정상상태를 이룰 조건은

$$E = v\,B \quad (\vec{v}\perp\vec{B}\text{ 이므로}) \tag{10.1.9}$$

이다. 자속밀도 B가 일정하고 도체 내에서 전기장 E가 일정한 경우, 도체 양끝 사이의 전위차(V)는

$$V = -\int_a^b \vec{E}\cdot d\vec{l} = El \tag{10.1.10}$$

이 된다. 식 (10.1.9)를 사용하면, 식 (10.1.10)은

$$V = El = v\,Bl \tag{10.1.11}$$

와 같다. 한편, $\vec{B}$는 시간과 무관하므로, $\vec{\nabla}\times\vec{E} = -\dfrac{\partial B}{\partial t}$ 에 의하여 "$\vec{\nabla}\times\vec{E} = 0$" 이 되므로 정전기학에서와 같이

$$\int_s \vec{\nabla} \times \vec{E} \cdot \hat{n} da = \oint_c \vec{E} \cdot d\vec{l} = 0 \tag{10.1.12}$$

와 같은 관계식이 얻어진다. 전기장 $\vec{E}$는 보존장이므로 $\int \vec{E} \cdot d\vec{l}$ 은 경로에 무관하다. 따라서 그림 10.2에서와 같이 폐경로 $abcda$ 에 이를 적용하면, V는 경로 $bcda$ 에 따른 전위차가 된다. 점 b 와c , 그리고 점 d 와 a 를 연결하는 도선의 저항이 "0"이라고 하면, 이러한 전위차는 자기장 밖에 있는 단자 c 와 d 사이의 전위차(V)가 된다.

회로 $abcda$ 를 뚫고 지나가는 자기력선 수의 시간 변화율($d\Phi/dt$)은 $d\Phi/dt = BdA/dt = Bldx/dt = -Blv$ ("-"부호가 붙은 이유는 자기장 내에 있는 면적이 감소하기 때문이다.)에 따라 변하므로, 식 (10.1.11)은

$$V = -\frac{d\Phi}{dt} = Blv \tag{10.1.13}$$

와 같이 표현된다. 식 (10.1.13)에 대한 좀 더 일반적인 표현은 속도($\vec{v}$), 도체의 길이($\vec{l}$) 그리고 자기장($\vec{B}$)에 대한 표현을 벡터로 나타내는 것이다. $\vec{v}$ 와 $\vec{l}$ 이 서로 수직이 아닌 경우, $\vec{l}$ 에 수직한 $\vec{v}$ 의 성분만이 전위차 V에 기여한다. 즉, V는 $\vec{l} \times \vec{v}$ 에 비례하게 된다. 또한, $\vec{B}$ 는 $\vec{l}$ 과 $\vec{v}$ 가 이루는 평면에 수직한 성분만이 V에 기여하게 된다. $\vec{l} \times \vec{v}$ 는 $\vec{l}$ 과 $\vec{v}$ 가 이루는 평면에 수직하므로, V는

$$V = \vec{B} \cdot \vec{l} \times \vec{v} \tag{10.1.14}$$

와 같이 표현되며, 식 (10.1.14)에서의 전압을 "운동 기전력"이라고 한다.

예제 3

그림 10.3과 같이 지면에 수직하고 균일하지만 변화율이 dB/dt 인 자기장 $\vec{B}$가 반경이 R인 원안에만 존재하고 나머지 영역에서는 "0"이다. 이때 지면에서의 유도 전기장의 크기와 방향을 원의 중심으로부터 $r < R$인 영역과 $r > R$인 영역에 대하여 구하고, 전기장의 특성을 간단히 설명하시오. 원의 면적에 수직인 단위벡터 $\hat{n}$ 의 방향은 자기장의 방향과 같다고 가정하며, 자기장 방향은 지면으로 들어가는 방향이다.

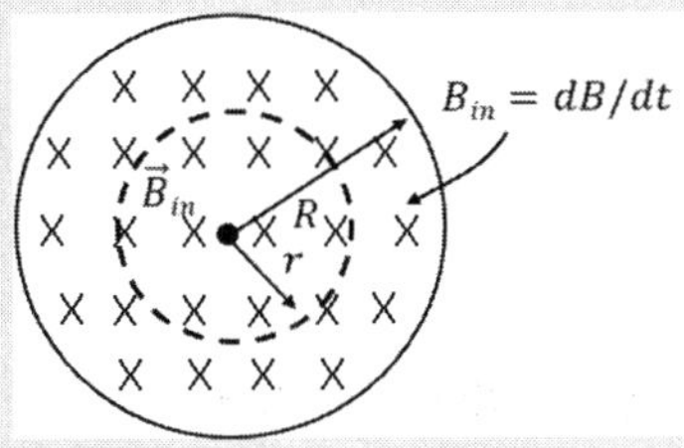

그림 10.3 지면에 수직이고 시간에 따라 변하는 자기장

해답

유도 전기장과 자기장 사이에는 $\oint_c \vec{E} \cdot d\vec{l} = -\frac{d}{dt}\int_s \vec{B} \cdot \hat{n}\,da$ 와 관계가 있다.

$$\oint_c \vec{E} \cdot d\vec{l} = E_t \oint dl = E_t 2\pi r \quad (E_t : \text{반경 } r \text{ 인 원에 접선성분})$$

① $r < R$인 영역:

$$-\frac{d}{dt}\int_s \vec{B} \cdot \hat{n}\,da = -\frac{dB}{dt}(\pi r^2) \ \rightarrow \ E_t(2\pi r) = -\frac{dB}{dt}(\pi r^2)$$

유도된 전기장은 $E_t = -\frac{r}{2}\frac{dB}{dt}$ 으로 음의 값이므로 시계 반대 방향이다.

② $r > R$인 영역:

$$-\frac{d}{dt}\int_s \vec{B} \cdot \hat{n}\,da = -\frac{dB}{dt}(\pi R^2) \ \rightarrow \ E_t(2\pi r) = -\frac{dB}{dt}(\pi R^2)$$

유도 전기장은 $E_t = -\frac{R^2}{2r}\frac{dB}{dt}$ 으로 음의 값이므로 역시 시계 반대 방향이다. 여기서 유도 전기장은 전하가 아니라 자기장의 변화에 의하여 유도되며, 도선의 존재와는 상관없이 자기장이 변하는 영역을 감싸면서 자기장의 변화와 수직되는 폐곡선을 따라 전기장과 기전력이 존재한다.

10.2 자체인덕턴스

도선에 전류가 흐르면, 도선 주위에 자기장이 생긴다. 그림 10.4와 같이 고립된 코일에 전류가 갑자기 흐르면, 코일에 흐르는 전류에 의해 생긴 자기력선이 코일을 뚫고 지나가게 된다. 코일과 같이 고립된 회로를 뚫고 지나가는 자기력선의 수는 회로의 모양 및 회로에 흐르는 전류에 비례한다.

그림 10.4(a)에서는 전류가 흐르지 않으므로 코일을 뚫고 지나가는 자기력선이 생기지 않으나, 10.4(b)와 같이 스위치가 연결되는 순간 역기전력이 갑자기 생긴다. 이러한 역기전력은 어느 정도의 시간이 지나면, 코일을 뚫고 지나가는 자기력선의 수가 변하지 않으므로 사라지나, 그림 10.4(c)와 같이 코일에 흐르는 전류에 의해 코일 내에 자기장이 존재한다.

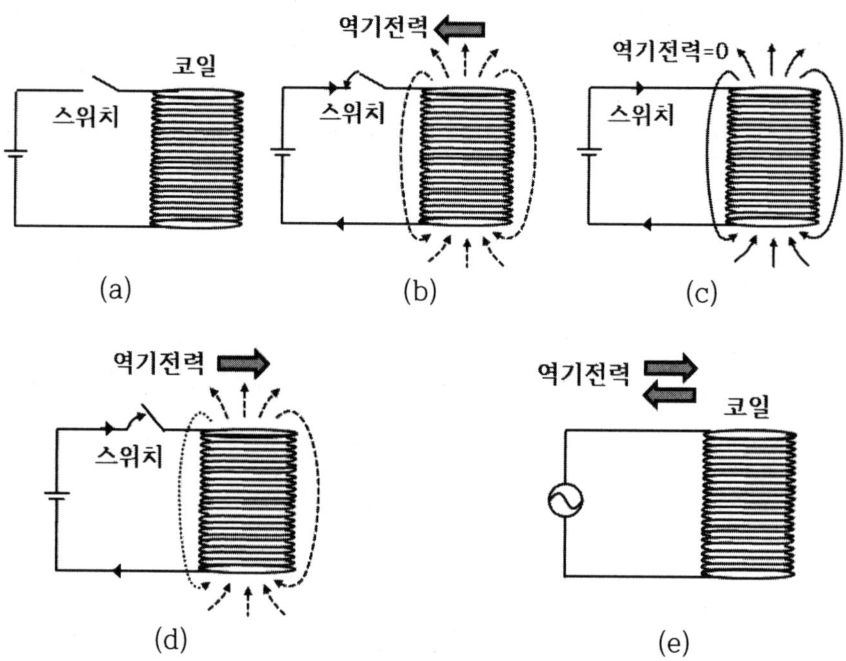

그림 10.4 코일에 흐르는 전류와 역기전력 사이의 관계

하지만, 그림 10.4(d)와 같이 스위치를 단락시키면 코일 속에 존재하는 자기력선

의 수를 유지시키기 위해 역기전력이 그림 10.4(b)와 반대방향으로 생긴다. 한편, 그림 10.4(e)와 같이 교류를 코일에 가해주면 코일을 뚫고 지나가는 자기력선의 수가 지속적으로 변하므로, 이러한 변화에 대응하는 역기전력이 주기적으로 방향이 변화면서 코일 양끝에 생기게 된다.

정지해 있는 회로의 경우, 시간에 따라 코일을 뚫고 지나가는 자기력선 수의 변화는 전류의 변화에만 기인하므로 다음과 같다.

$$\frac{d\Phi}{dt}=\frac{d\Phi}{dI}\frac{dI}{dt} \tag{10.2.1}$$

식 (10.2.1)이 성립할 필요조건은 Φ 가 전류에만 의존한다는 것이다. Φ 가 회로에 흐르는 전류에 비례하는 경우($\Phi = LI(L:$ 상수$)$), $d\Phi/dI = L$ 이 되며 L 을 자체인덕턴스라고 한다. 따라서 자체인덕턴스 L 은

$$L=\frac{d\Phi}{dI} \tag{10.2.2}$$

와 같이 정의된다. 지금까지 정의된 식 (10.1.2). (10.2.1) 및 (10.2.2)로부터 유도기전력에 대한 정의를 사용하면 코일 양 끝에 생긴 역기전력은

$$V=-L\frac{dI}{dt} \tag{10.2.3}$$

와 같이 정의된다. 한편, 보충 자료에 설명된 바와 같이 회로를 구성하여 실험하면 역기전력에 의한 효과를 시각적으로 관찰할 수 있다.

예제 4

그림 10.5와 같이 N회 감긴 도넛모양(toroidal)의 코일에 대한 자체인덕턴스를 구해보자.

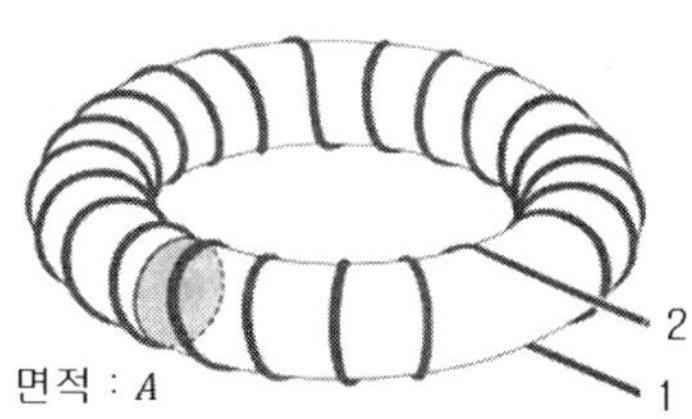

그림 10.5 도넛 모양의 코일

해답

도넛 모양의 코일 외부에 있는 전선 1, 2를 서로 꼬거나 동축 전선을 사용하면 외부 자기장을 만들지 않을 수 있다. 앙페르의 법칙에 의해 도넛 모양의 코일 내에 유도된 자기장은

$$B=\frac{\mu_0 NI}{l} \tag{10.2.4}$$

이며, N은 코일의 감긴 수, l은 코일의 평균 길이 그리고 I는 코일에 흐르는 전류이다. 코일의 단면적을 A라고 할 때, 한 바퀴의 코일을 뚫고 지나가는 자기력선이 수는

$$\Phi_1=\frac{\mu_0 NIA}{l} \tag{10.2.5}$$

이며, N번 감긴 코일 전체를 뚫고 지나가는 총자기력선이 수는

$$\Phi=\frac{\mu_0 N^2 IA}{l} \tag{10.2.6}$$

이 된다. 따라서 자체인덕턴스 L은

$$L=\frac{d\Phi}{dI}=\frac{\mu_0 N^2 A}{l} \tag{10.2.7}$$

와 같이 주어진다.

한편, 코일의 자체인덕턴스를 변화시킬 수 있는 가변 인덕터가 있는데, 한 가지 방법은 코일 내부로 자성물질의 원통형 막대인 코아를 이동시킴에 따라 코일의 인덕턴스를 변화시키는 방법이다. 강자성 물질로 된 코아를 코일 내부로 이동시키면 코일의 인덕턴스가 증가하지만, 반자성체인 황동(brass)으로 된 코아를 코일 내부로 이동시키면 인덕턴스는 감소한다.

이상적인 인덕터는 직류에 대해서는 저항이 "0"이지만, 교류에 대해서는 진동수의 증가에 따라 저항의 일종인 리액턴스(=ωL)가 증가하는 특성이 있다. 따라서 이러한 특성을 이용하여 그림 10.6(a)와 같은 회로에서는 낮은 진동수를 가지는 신호는 코일로 통과되고 출력전압인 V_{out}에는 높은 진동수를 가지는 신호만이 출력된다. 따라서 그림 10.6(a)는 높은 진동수의 신호를 통과시키는 RL-하이패스 필터로 사용된다. 반면에 그림 10.6(b)는 낮은 진동수의 신호만을 통과시키는 RL-로우패스 필터로 활용

되기도 한다.

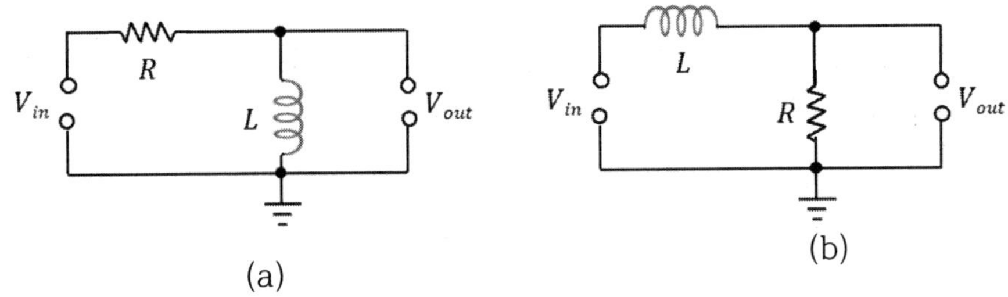

그림 10.6 코일을 이용한 필터회로

10.3 상호인덕턴스

10.2절에서는 고립된 회로만을 고려하였으므로 회로를 뚫고 지나가는 자기력선의 수는 회로 자체에 흐르는 전류의 변화에만 의존하였다. 하지만 여기서는 n 개의 회로들이 인접하여 있는 경우를 생각하여 보자. n 개의 회로 중에서 i -번째 회로를 뚫고 지나가는 자기력선의 수 $(=\Phi_i)$는

$$\Phi_i = \Phi_{i1} + \Phi_{i2} + \Phi_{i3} + \cdot\cdot\cdot\cdot + \Phi_{in} = \sum_{j=1}^{n} \Phi_{ij} \qquad (10.3.1)$$

와 같이 표현된다. 여기서, Φ_{i1} 은 "1번" 회로에 흐르는 전류에 의해 발생된 자기력선이"i 번째" 회로를 뚫고 지나가는 자기력선의 수를 의미한다. 따라서 i -번째 회로에 유도된 기전력 V_i 는 다음과 같다.

$$V_i = -\frac{d\Phi_i}{dt} = -\left\{\frac{d\Phi_{i1}}{dt} + \frac{d\Phi_{i2}}{dt} + \frac{d\Phi_{i3}}{dt} + \cdot\cdot \frac{d\Phi_{in}}{dt}\right\} \qquad (10.3.2)$$
$$= -\sum_{j=1}^{n} \frac{d\Phi_{ij}}{dt}$$

각각의 회로들이 정지상태에 있다면, Φ_{ij} 에서의 변화는 전류의 변화에만 기인하므로, $d\Phi_{ij}/dt$ 는 다음과 같이 표현된다.

$$\frac{d\Phi_{ij}}{dt} = \frac{d\Phi_{ij}}{dI_j}\frac{dI_j}{dt} = M_{ij}\frac{dI_j}{dt} \tag{10.3.3}$$

회로들 사이를 채우고 있는 매질이 균질의 선형자기매질인 경우에 $d\Phi_{ij}/dI_j$ 는 전류에 관계없이 일정하다. 하지만 자기매질이 선형 또는 비선형에 관계없이 식 (10.3.3)에서의 비례상수 M_{ij}를 i 번째 회로와 j 번째 회로 사이의 상호인덕턴스라고 하며 다음과 같이 정의된다.

$$M_{ij} = \frac{d\Phi_{ij}}{dI_j}, \quad (i \neq j) \quad ☜ \; M_{ii} = \frac{d\Phi_{ii}}{dI_i} = L \tag{10.3.4}$$

상호인덕턴스인 $M_{ij} = M_{ji}$의 단위는 $M_{ii} = L$인 자체인덕턴스의 단위와 같다. 한 예로서 코일 1과 코일 2가 서로 가까이 있고, 코일 2에만 전류가 일정한 비율로 증가한다고 할 때, 코일 1에 유도되는 기전력의 크기는

$$V_1 = -M_{12}\frac{dI_2}{dt} \tag{10.3.5}$$

와 같으며, M_{12} 는 상호인덕턴스의 크기를 의미한다. 이러한 상호인덕턴스는 변압기 및 공항의 금속탐지기 등에 응용된다.

예제 5

그림 10.7과 같이 전체 길이가 l 이며 도넛 모양의 물체에 감긴 코일 1에는 전류 I_1 이 흐르면서 N_1 번 감겨 있으며, 같은 도넛 모양의 물체에 감긴 코일 2는 N_2 번 감겨 있다고 하자. 그림 10.7과 같이 코일 1이 만드는 자기장의 세기는 $B = \frac{\mu_0 N_1 I_1}{l}$ 인데, 두 회로 사이의 상호인덕턴스는 얼마인가? 단, 전류에 의해 생긴 자기력선은 모두 도넛 모양의 물체 속에 존재한다고 가정한다.

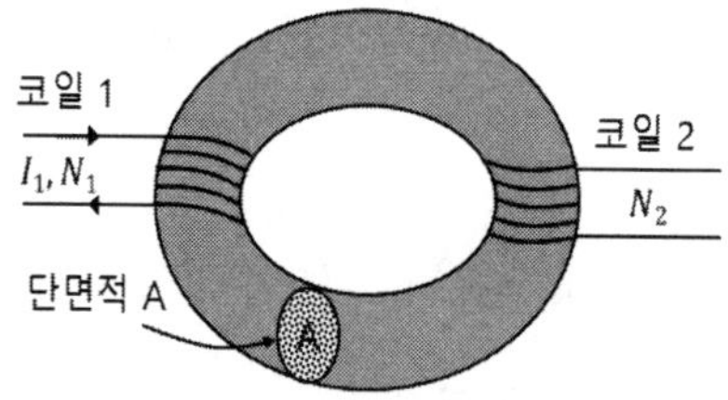

그림 10.7 2개의 코일이 감긴 도넛 모양의 물체

해답

두 회로를 뚫고 지나가는 자기력선의 수는

$$\Phi_{11} = \frac{\mu_0 N_1{}^2 I_1 A}{l} \ , \qquad \Phi_{21} = \frac{\mu_0 N_1 N_2 I_1 A}{l} \tag{10.3.6}$$

이 된다. 이로부터 자체인덕턴스는

$$L_1 = \frac{d\Phi_{11}}{dI_1} = \frac{\mu_0 N_1{}^2 A}{l} \tag{10.3.7}$$

이 되며, 상호인덕턴스는 식 (10.3.4)를 사용하면 다음과 같다.

$$M_{21} = \frac{\mu_0 N_1 N_2 A}{l} \tag{10.3.8}$$

한편 전류 I_2 가 흐르는 코일 2의 자체인덕턴스와 상호인덕턴스는

$$L_2 = \frac{\mu_0 N_2{}^2 A}{l} \tag{10.3.9}$$

$$M_{12} = \frac{\mu_0 N_1 N_2 A}{l} \tag{10.3.10}$$

가 된다. 식 (10.3.8)과 식 (10.3.10)으로부터

$$M_{12} = M_{21} \tag{10.3.11}$$

임을 알 수 있다. 또한, 식 (10.3.7~9)로부터

$$M_{12} = (\frac{\mu_0 N_1^2 A}{l} \frac{\mu_0 N_2^2 A}{l})^{1/2} = \sqrt{L_1 L_2} \tag{10.3.12}$$

이 됨을 알 수 있다. 항상 상호인덕턴스(M_{12})는 자체인덕턴스의 곱($L_1 L_2$)에 제곱근을 취한 값보다 작거나 같으므로 두 회로의 결합계수 k 를 사용하면, 식 (10.3.12)는

$$M_{12} = k\sqrt{L_1 L_2} \qquad (0 \leq k \leq 1) \tag{10.3.13}$$

와 같이 표현된다. $k=1$은 회로 "1"에 의해 만들어진 모든 자기력선이 회로 "2"를 통과함을 의미하며, 그림 10.6과 같은 도넛형 회로의 경우가 이에 해당한다. 마찬가지로 그 역인 M_{21} 도 성립한다.

10.4 직렬 및 병렬회로에서의 인덕턴스

2개의 코일이 직렬 및 병렬 연결된 회로에 대한 인덕턴스를 구해보자. 그림 10.8(a)와 같이 2개의 코일이 서로 같은 방향으로 감긴 회로에서의 상호인덕턴스 M은 (+)의 값을 가지나, 그림 10.8(b)처럼 서로 반대인 경우는 (-)가 될 수 있다.

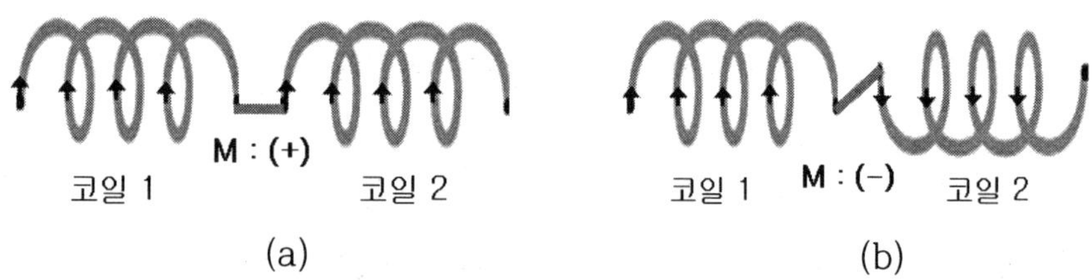

그림 10.8 같은 방향(a)과 반대 방향(b)으로 연결된 코일에 대한 상호인덕턴스

도선을 감은 코일은 항상 어느 정도의 내부저항을 가지고 있으므로, 코일의 전기적 특성을 인덕턴스만으로 설명할 수는 없다. 따라서 2개의 코일이 직렬로 연결된 그림 10.9의 회로에서 각각의 코일에 대한 내부저항을 R_1, R_2로 나타내었다.

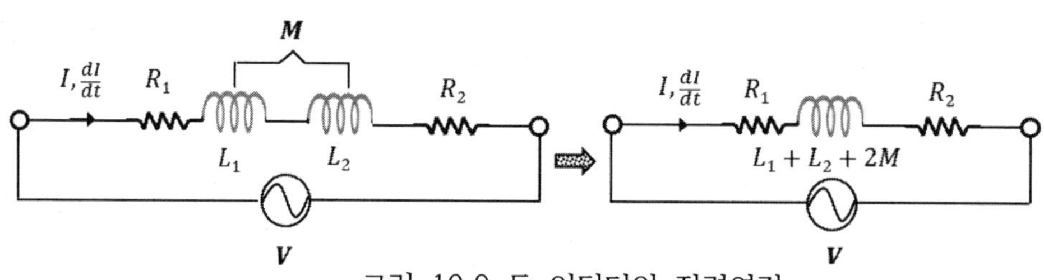

그림 10.9 두 인덕터의 직렬연결

그림 10.9의 회로에 키르히호프 법칙을 적용하면, 다음과 같은 결과가 얻어진다.

$$V = IR_1 + L_1\frac{dI}{dt} + M\frac{dI}{dt} + IR_2 + L_2\frac{dI}{dt} + M\frac{dI}{dt} \qquad (10.4.1)$$

$$= I(R_1 + R_2) + (L_1 + L_2 + 2M)\frac{dI}{dt}$$

따라서 그림 10.9는 R_1+R_2의 저항에 인덕터가 L_1+L_2+2M인 코일을 직렬 연결한 것과 같이 된다. 인덕턴스의 크기는 ⓐ 그림 10.8(a)와 같이 각각의 코일에 흐르는 전류 I_1, I_2 가 같은 방향일 경우에 $L_1+L_2+2|M|$이 되며, ⓑ 그림 10.8(b)와 같이 I_1, I_2 의 방향이 각각의 코일에 대해서 반대 방향일 경우에 $L_1+L_2-2|M|$이 되므로 상호인덕턴스의 값은 다음과 같이 표현된다.

$$M=k\sqrt{L_1L_2} \qquad (-1 \leq k \leq 1) \tag{10.4.2}$$

그림 10.9와 같은 직렬회로에 대한 유효 인덕턴스(L_{eff})는

$$L_{eff}=L_1+2k\sqrt{L_1L_2}+L_2 \tag{10.4.3}$$

와 같으며, k의 값을 바꿈으로서 가변 인덕터가 만들어진다.

이번에는 그림 10.10과 같은 병렬회로에서의 유효인덕턴스를 구해보자. 코일의 내부저항인 R_1, R_2의 크기가 무시할 정도로 작다면, 식 (10.4.4~5)가 얻어진다.

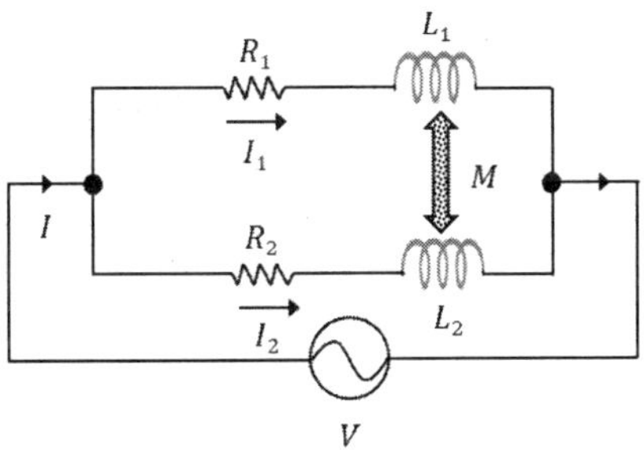

그림 10.10 두 인덕터의 병렬연결

$$V=L_1\frac{dI_1}{dt}+M\frac{dI_2}{dt} \tag{10.4.4}$$

$$V=L_2\frac{dI_2}{dt}+M\frac{dI_1}{dt} \tag{10.4.5}$$

식 (10.4.4)에서 dI_1/dt를 구한 후, 이를 식 (10.4.5)에 대입하면 다음의 결과를 얻는다.

$$V(L_1 - M) = (L_1 L_2 - M^2)\frac{dI_2}{dt} \tag{10.4.6}$$

마찬가지로 식 (10.4.4)에서 dI_2/dt 를 구한 후, 이를 식 (10.4.5)에 대입하면 다음의 결과를 얻는다.

$$V(L_2 - M) = (L_1 L_2 - M^2)\frac{dI_1}{dt} \tag{10.4.7}$$

식 (10.4.6)과 (10.4.7)을 서로 합하면,

$$V = \frac{L_1 L_2 - M^2}{L_1 + L_2 - 2M}\frac{dI}{dt} \qquad (I = I_1 + I_2) \tag{10.4.8}$$

와 같이 되며, 식 (10.4.8)이 얻어지는 과정은 보충 자료에 자세히 설명하였다. 따라서 그림 10.9와 같이 병렬 연결된 두 인덕터에 대한 유효 인덕턴스는 다음과 같다.

$$L_{eff} = \frac{L_1 L_2 - M^2}{L_1 + L_2 - 2M} \tag{10.4.9}$$

식 (10.4.9)에서 M의 부호는 두 인덕터가 연결되는 방법, 예를 들면 코일의 감긴 방향에 의존한다. 한편, 교류회로에서의 인덕턴스는 회로에 가해준 진동수에 의존한다.

A. 식 (10.4.8)에 대한 유도 및 별해

식 (10.4.4)로부터

$$\frac{dI_1}{dt}=\frac{V}{L_1}-\frac{M}{L_1}\frac{dI_2}{dt} \tag{1}$$

이 얻어진다. 이를 식 (10.4.5)에 대입하면,

$$V=L_1\frac{dI_1}{dt}+M(\frac{V}{L_2}-\frac{M}{L_2}\frac{dI_2}{dt}) \rightarrow VL_1-MV=(L_1L_2-M^2)\frac{dI_2}{dt}$$

$$\rightarrow V(L_1-M)=(L_1L_2-M^2)\frac{dI_2}{dt} \tag{2}$$

마찬가지로 식 (10.4.5)로부터

$$\frac{dI_2}{dt}=\frac{V}{L_2}-\frac{M}{L_2}\frac{dI_1}{dt} \tag{3}$$

이 얻어진다. 이를 식 (10.4.4)에 대입하면,

$$V=L_1\frac{dI_1}{dt}+M(\frac{V}{L_2}-\frac{M}{L_2}\frac{dI_1}{dt}) \rightarrow VL_2-MV=(L_1L_2-M^2)\frac{dI_1}{dt}$$

$$\rightarrow V(L_2-M)=(L_1L_2-M^2)\frac{dI_1}{dt} \tag{4}$$

식 (2)와 (4)를 서로 더하면, 다음과 같은 결과가 얻어진다.

$$V(L_1+L_2-2M)=(L_1L_2-M^2)\frac{d}{dt}(I_1+I_2)=(L_1L_2-M^2)\frac{dI}{dt} \tag{5}$$

$$\Rightarrow V=(\frac{L_1L_2-M^2}{L_1+L_2-2M})\frac{d}{dt}(I_1+I_2)=(\frac{L_1L_2-M^2}{L_1+L_2-2M})\frac{dI}{dt}=L_{eff}\frac{dI}{dt} \tag{6}$$

B. 역기전력을 시각적으로 관찰하기

코일이란 전기가 잘 통하는 도선을 반경이 일정한 모양으로 감아놓은 것을 말한다. 코일에 전류가 흐르지 않은 상태에서는 코일 내부에 아무런 일도 일어나지 않는다. 하지만, 코일에 전류가 흐르게 되면 전류가 흐르는 도선 주위로 자기장이 생기게 되어 코일 내부에 자기장이 생긴다.

자기장이 없던 상태에서 전류를 흘려 자기장을 생기게 하는 것을 코일 자체가 방해하게 되는데 이는 코일 양 끝에 연결된 직류 전원장치와 반대 방향의 전압을 발생시켜서 방해하므로 이러한 전압을 역기전력이라 한다. 이러한 역기전력은 일정한 크기의 직류가 흘려서 코일 내부에 자기장이 충분히 생성되면 없어지게 된다. 한편, 내부에 자기장이 존재하는 상태에서 직류전원 장치의 전원을 끄게 되면 코일 내부에 존재하던 자기장이 직류 전원장치의 전원을 끄는 순간에 없어져야 하는데 코일은 또한 이를 방해한다. 즉, 기존의 자기장의 세기를 유지하려고 하는 전압이 코일 자체에서 발생하게 된다. 따라서 코일에 직류전원을 연결하거나 스위치를 끌 때, 코일 내부에 있어서 자기장의 변화를 억제하려는 전압이 생기게 되는 것이다.

물론 역기전력은 직류에서만 생기는 것은 아니며, 교류에 의해서도 생기게 된다. 가전기기에 연결된 플러그를 벽에 있는 콘센트에 연결하는 순간에 불꽃이 나거나 콘센트에 연결된 플러그를 뽑는 순간에도 불꽃이 생김을 볼 수 있는데 이러한 것들은 모두 가전기기 내에 코일이 있어, 코일에 역기전력이 발생하여 생기는 현상들이다.

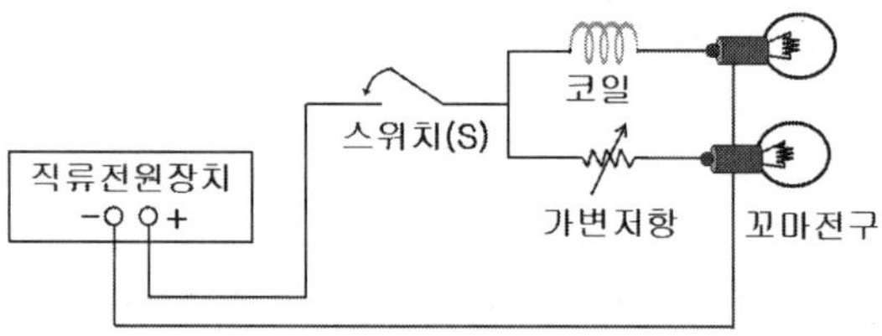

그림 10.11 코일의 전기적 특성 실험회로

가변저항의 저항을 코일의 저항과 같게 한 후, 직류 전원장치에 같은 종류의 전구 2개를 그림 10.11과 같이 연결하고, 스위치를 연결하면 코일에서 전류의 흐름을 방해하는 역기전력이 생겨 코일에 연결된 전구는 가변저항에 연결된 전구에 비하여 늦게 켜지게 된다. 하지만, 직류 전원장치에 가변저항과 함께 연결된 전구는 전류의 흐름을 방해하는 요인이 없으므로 스위치를 연결하는 순간에 전구에 불이 들어오게 된다.

역기전력은 비교적 짧은 시간동안 일어나며, 코일 내부에 충분한 자기장이 형성되면 역기전력은 생기지 않게 되므로 스위치를 연결한 후 어느 정도의 시간이 지나면 2개의 전구에 똑같은 전류가 흘려서 전구의 밝기는 같아진다.

마이크로오븐에는 사진과 같은 코일(그림 10.12 참조)이 있는데, 측정된 코일의 저항은 약 67Ω, 인덕턴스는 $13.44\,H$ 이다. 이를 이용하여 그림 10.11과 같은 회로를 구성하면 역기전력의 효과를 시각적으로 쉽게 관찰할 수 있다.

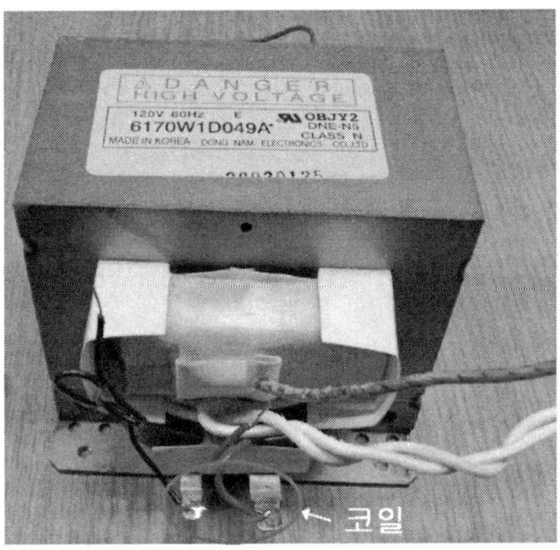

그림 10.12 역기전력을 시각적으로 관찰하는데 사용된 코일

C. 변압기의 내부에는 왜 그림 10.13과 같은 얇은 판 모양의 철심이 들어 있는가?

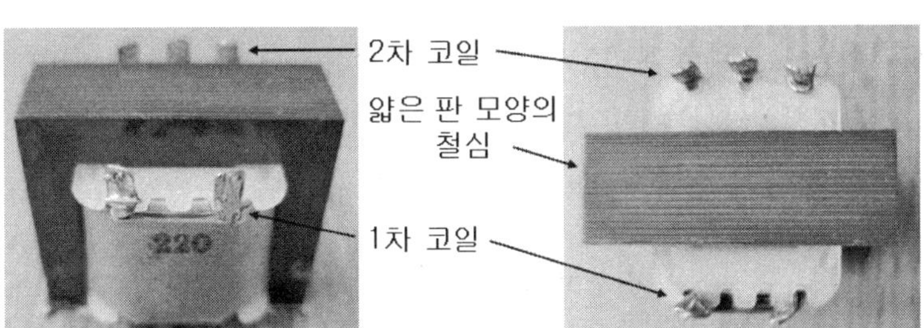

그림 10.13 변압기의 내부에 들어 있는 얇은 판 모양의 철심

변압기의 내부에 철과 같은 물질을 넣는 주된 이유는 1차 코일에 흐르는 전류에 의해 발생되는 자기력선을 모두 2차 코일로 보내기 위함이다. 그런데 그림 10.13과 같이 금속 덩어리가 아닌 얇은 판 모양의 도체를 넣는 이유에 대하여 알아보자.

그림 10.14와 같이 직사각형 모양의 도체를 통과하는 자기장 $B(t)$가 시간에 따라 변하면 도체에 맴돌이전류(eddy current)가 유도된다. 도체에 유도되는 맴돌이전류의 경로를 그림 10.14와 같이 직사각형 모양이라고 근사시키면, 면적 $4xy$를 통과하는 자기력선의 수는

$$\Phi = -4xyB(t) \tag{1}$$

와 같으며, 맴돌이전류에 의해 생성된 자기장이 전체자기장에 대한 기여는 외부에서 가해준 자기장에 비하여 훨씬 작다고 가정하고 무시하였다. 제 1사분면의 면적이 xy이므로 전체 면적은 $4xy$와 같으며, 식 (1)에서 (-)부호는 오른손 법칙에 따라 양(+)의 자기력선의 수가 오른손 법칙에 따라 자기장의 방향과 반대이기 때문이다.

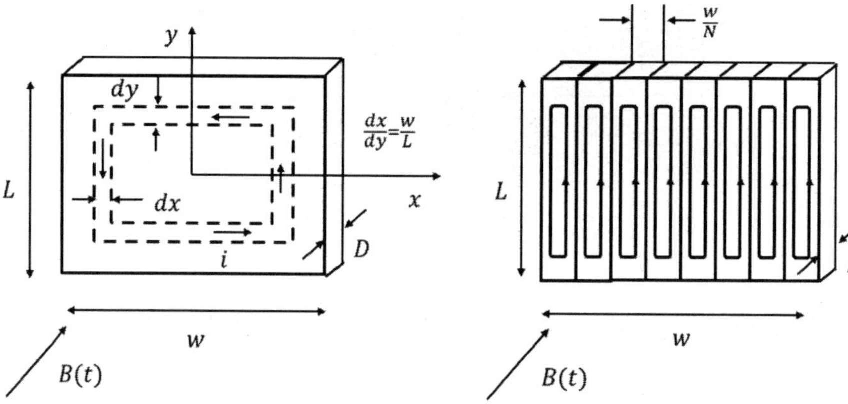

그림 10.14 (a) 도체를 통과하는 자기장이 시간에 따라 변함에 따라 도체 내에 유도된 맴돌이전류(점선 내의 화살표), (b) 맴돌이전류를 얇은 판 모양의 도체 내로 제한시킴에 따라 열로 손실되는 에너지의 감소

도선의 저항은 면적에 반비례하고 길이에 비례하므로, 그림 10.14(a)에서 점선 모양의 직사각형 루프에 대한 저항(R_x)은

$$R_x = \frac{4}{gD}\left(\frac{y}{dx} + \frac{x}{dy}\right) = \frac{4}{gD}\frac{L}{w}\frac{x}{dx}\left[1 + \left(\frac{w}{L}\right)^2\right] \quad (g\text{: 도체의 전기전도도}) \tag{2}$$

와 같으며, 루프 둘레에 생긴 기전력은 맴돌이전류를 루프 둘레로 흐르게 한다. 식 (2)는 $y=\frac{L}{w}x$ 로부터 $dy=\frac{L}{w}dx$, $\frac{1}{dy}=\frac{w}{L}\frac{1}{dx}$의 관계식을 사용하여 얻어졌다.

$$\oint_L \vec{E}\cdot d\vec{l}=iR_x=-\frac{d\Phi}{dt}=4xy\frac{dB}{dt}=\frac{4L}{w}x^2\frac{dB}{dt} \tag{3}$$

식 (3)으로 주어지는 전류에 의해 점선 모양의 직사각형 루프에서 열로 손실되는 전력 (dP)은

$$dP=i^2R_x=\frac{4Dx^3gL(dB/dt)^2dx}{w[1+(w/L)^2]} \tag{4}$$

와 같다. 따라서 금속판 전체에서 단위 시간당 손실되는 에너지는

$$P=\int_0^{w/2}dP=\frac{4DgL(dB/dt)^2}{w[1+(w/L)^2]}\int_0^{w/2}x^3dx=\frac{LDw^3g(dB/dt)^2}{16[1+(w/L)^2]} \tag{5}$$

와 같다. 도체판이 그림 10.14(b)와 같이 N개의 얇은 판 모양으로 쪼개지면, 각각의 얇은 판에서 손실되는 에너지는 식 (5)와 같다. 물론 식 (5)에서 w는 w/N으로 대체되므로, 하나의 얇은 판에서 손실되는 에너지는

$$P=\frac{LD(\frac{w}{N})^3g(dB/dt)^2}{16[1+(\frac{w}{N}L)^2]} \tag{6}$$

와 같다. 따라서 N개의 얇은 판들에서 손실되는 에너지는 식 (6)으로 주어진 값에 N을 곱해주면 되므로

$$P=N\frac{LD(\frac{w}{N})^3g(dB/dt)^2}{16[1+(\frac{w}{N}L)^2]}=\frac{LDw^3g(dB/dt)^2}{16N^2[1+(\frac{w}{N}L)^2]} \tag{7}$$

와 같다. $\frac{w}{N}L\ll 1$ 이 되도록 N이 증가하면, 손실되는 전력은 $1/N^2$와 같이 감소함을 알 수 있다. 이러한 이유로 손실되는 에너지를 줄이기 위해 얇은 판 모양의 철심을 사용하는 것이다.

연습문제

01 균일하고 방향이 일정하지만 크기가 100 $[T/s]$의 비율로 증가하는 자기장 내에, 반지름이 $5\,cm$ 이고 400번 감긴 원형 코일이 놓여 있다. 자기장의 방향과 원형 코일의 축이 45^o의 각을 이루고 있다고 할 때, 코일에 유도되는 기전력의 크기를 구하시오.

02 $1\,m$ 길이의 금속 막대가 막대 끝을 회전축으로 하여 $xy-$평면 위에서 일정한 각속도 $(\vec{\omega})\vec{\omega}=12\,[rad/s]\,\hat{k}$로 회전하고 있다. 크기가 일정하고 균일한 자기장 $\vec{B}=0.5\,[T]\,\hat{k}$이 가해진다고 할 때, 막대의 양 끝에 유도되는 기전력의 크기를 구하시오.

03 두 코일의 상호인덕턴스가 $4.0\times10^{-4}\,[H]$이다. 코일 1의 전류가 $7.50\,[A/s]$의 비율로 증가한다고 할 때, 코일 2에 유도된 기전력의 크기는 얼마인가? 이번에는 반대로 코일 2에 같은 비율로 전류가 변한다고 할 때, 코일 1에 유도된 유도기전력의 크기는 얼마인가? 이를 통하여 알 수 있는 것은 무엇인가?

04 공기 중에서 동일 평면 위에 반경이 $R_1, R_2\,(R_1 \gg R_2)$이 두 개의 코일이 놓여 있으며, 반경이 R_1인 코일에 전류 I_1이 흐르고 있다. 두 코일 사이의 상호인덕턴스는 얼마인가? 단, 코일의 중심은 서로 같다고 가정한다.

05 그림 10.12와 같이 공기 중에 길이가 무한대인 직선 도선에 전류 I가 흐르고 있고, 가로 a, 세로 b인 직사각형 모양의 도선이 직선 도선에 나란히 놓여 있다. 직사각형 도선이 직선 도선으로부터 제일 가까운 거리가 d라고 할 때, 상호인덕턴스는 얼마인가?

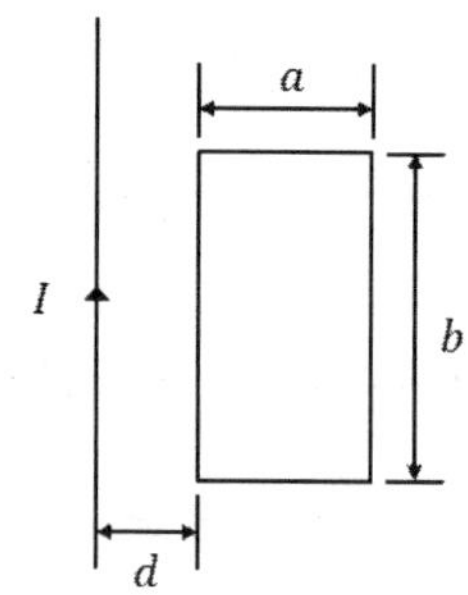

그림 10.12 전류 I가 흐르는 직선 도선 근처에 있는 직사각형 도선

참고자료

1. Foundations of Electromagnetic Theory, Reitz Milfords, Frederick J. Milford, 2nd ed. Addison-Wesley Publishing Company, 1975.
2. Problem solvers Electromagnetics, Research & Education Association, 2004.
3. Electromagnetic field theory: a problem solving approach, Markus Zahn, Krieger Publishing Company, 1987.
4. https://web.engr.oregonstate.edu/~traylor/ece112/beamer_lectures/inductors.pdf.
5. https://web.stanford.edu/class/archive/engr/engr40m.1176/slides/lecture18.pdf.

CHAPTER 11

자기에너지

저항이 연결된 회로에 전원을 연결하면 전류가 흐르며, 전원에서 공급된 에너지는 저항에서 열로 변하여 비가역적으로 소모되고 전류가 흐르는 시간이 증가할수록 소모되는 에너지도 많아진다. 하지만, 저항이 없는 코일에 전류를 흘려보내려면 에너지가 들어가지만, 이 에너지는 저항에서 손실되는 에너지와는 달리 전류의 변화에 따라 코일에서 발생되는 역기전력에 거슬려 공급해주는 에너지이다. 이러한 에너지의 양은 정해져 있으며, 되찾아 올 수 있다. 즉, 전류를 끊으면 이 에너지를 돌려받는다. 11장에서는 자기장 내에 저장된 에너지에 대한 표현식을 구해보고, 자기력과 돌림힘에 대해 알아보고자 한다.

11.1 자기에너지

코일에 전류가 흐르면 자기장이 발생하며 자기장을 만들어주기 위해서는 에너지가 필요하다. 이때 외부에서 코일에 가해준 에너지는 전류가 흐르는 코일 내부에 자기장의 형태로 저장되며, 이러한 에너지는 뒤에 되찾아 올 수 있다. 그림 11.1과 같이 자체 저항이 R인 코일에 전압 V를 가해주면, 가해준 전압과 회로에 흐르는 전류 사이의 관계는 다음과 같다.

$$V = -\epsilon + IR \quad \rightarrow \quad V + \epsilon = IR \quad (\epsilon = -d\Phi/dt \ : \text{역기전력}) \tag{11.1.1}$$

여기서 ϵ은 역기전력이며, R은 코일의 자체 저항이다. 회로를 통해 미소 전하 $dq = Idt$ 를 운반하기 위하여 V가 해준 일(dW)은 다음과 같다.

$$dW = Vdq = VIdt = -\epsilon Idt + I^2 Rdt = Id\Phi + I^2 Rdt \tag{11.1.2}$$

식 (11.1.2)에서 I^2Rdt은 저항에서 열로 소모되어 회수할 수 없는 에너지로 전류가 회로에 얼마나 오랫동안 흘렸느냐에 의해서 결정된다. 하지만, $Id\Phi$ 는 회로에 전류를 흘려보내기 시작할 때 생기는 역기전력에 거슬러 외부에서 해주어야 할 일로 자기장의 형태로 코일 내에 저장되며 회수가 가능한 에너지이다. 즉, 전류를 끊으면 이 에너지를 되돌려 받는다.

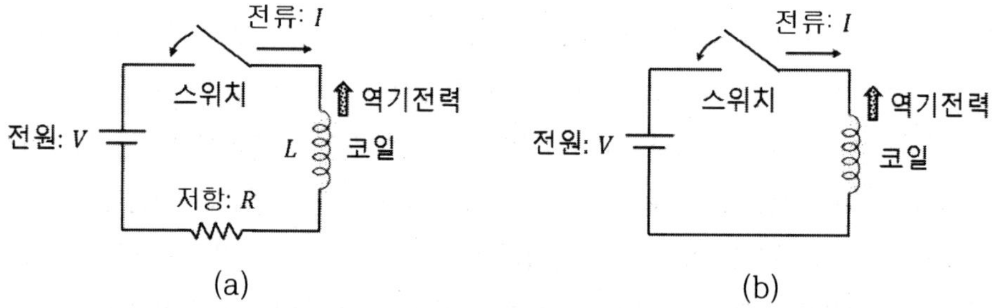

그림 11.1 전원과 코일이 직렬연결된 회로

그림 11.1(b)와 같이 코일의 저항이 "0"인 이상적인 코일이라면 열에너지의 형태로 소모되는 에너지는 "0"이며, 외부전원인 배터리가 역기전력에 거슬러 회로에 해준 일 또는 에너지는 $dW = Vdq$가 된다. 식 (11.1.2)에서 코일의 저항이 "0"이므로 $dW = -\epsilon Idt$ 이다. 따라서 단위 시간당 해 준 일에 대한 표현식은 다음과 같다.

$$\frac{dW}{dt} = -\epsilon I = I\frac{d\Phi}{dt} = I\frac{d(LI)}{dt} = IL\frac{dI}{dt} \qquad (L \ : \text{일정}) \tag{11.1.3}$$

식 (11.1.3)은 외부전원이 단위 시간당 회로에 해 준 일이다. 따라서 전류가 "0"에서 I로 증가하는 동안 외부전원이 회로에 한 일은

$$W = L\int_0^I IdI = \frac{1}{2}LI^2 \tag{11.1.4}$$

와 같으며, 이는 코일에 저장된 에너지이다. 이러한 일의 양은 전류를 흘려보낸 시간과는 관계없고, "L"이 고리의 모양에 의존하는 관계로 고리의 모양과 최종전류의 크기 I에 의해서 결정된다. 한편, 식 (11.1.3)에 의해서 한 일은 (+) 또는 (-)의 값을 가질 수 있다. 코일을 통과하는 자기력선 수의 변화 $d\Phi$가 전류 I가 만드는 자기력선들과 같은 방향이면 (+)가 된다. 즉, 전류가 I에서 "0"로 감소하는 경우에 $d\Phi$는 전류 I가 만드는 자기력선과 같은 방향이 되므로 (+)가 되지만, 전류가 "0"에서 I로 증가하는 경우에는 $d\Phi$는 반대방향이 되어 (-)가 된다.

독자에 따라 "자기장은 하전입자에 일을 하지 않는데, 자기장을 만들기 위해 일을 해 줘야 된다"는 것에 의문점을 가질 수 있다. 중요한 것은 자기장이 없던 곳에 자기장을 만든다는 것은 자기장이 변한다는 것을 의미한다. 패러데이 법칙에 따라 자기장 $\vec{B}$가 변하면, 전기장이 만들어진다. 처음에 전기장이 존재하지 않았고 나중에도 전기장이 존재하지 않지만, 자기장이 생기는 동안에는 전기장이 존재하므로 이에 대항하여 일을 해주어야 한다.

11.2 여러 개의 회로가 결합된 회로에서의 자기에너지

전류가 흐르며 상호작용하는 회로들로 이뤄진 계의 자기에너지에 대한 표현식을 구해보자. n개의 회로가 있는 경우에 역기전력에 거슬러 한 일은 다음과 같다.

$$dW = \sum_{i=1}^{n} I_i d\Phi_i \tag{11.2.1}$$

식 (11.2.1)은 $d\Phi_i$가 어떻게 형성되었느냐에 관계없이 성립하지만, 여기서는 n 개 회로 자체에서의 전류 변화에 따라 $d\Phi_i$가 어떻게 변화는 지에 대해 알아보고자 한다. $i-$ 번째 회로를 뚫고 지나가는 자기력선의 수는 전류의 변화와 직접 관계되므로 $d\Phi_i$는 다음과 같이 표현된다.

$$d\Phi_i = \sum_{j=1}^{n} \frac{d\Phi_{ij}}{dI_j} dI_j = \sum_{j=1}^{n} M_{ij} dI_j \tag{11.2.2}$$

회로들의 모양과 위치가 서로 고정된 정지상태라면, 자기력선 수의 변화 $d\Phi_i$ 와 연관된 역학적 일은 없으며, 외부전원이 계에 해준 일 dW 는 코일들로 구성된 계의 자기에너지 변화와 같다. n 개의 위치가 고정된 회로로 구성된 계에서의 자기에너지는 식 (11.2.1)을 계산하면 구해진다. n 개의 회로를 통과하는 자기력선의 수가 전류에 비례하는 선형 자기매질 내에 놓여 있으면 Φ_i 는 "i"번째 회로에 흐르는 전류에 비례한다. 따라서 각각의 회로에 흐르는 전류의 최종값을 $I_1, I_2, \cdots, I_n$ 로 나타내면, "0"으로부터 최종값으로 도달하는 과정에서의 임의 순간에 i-번째 회로에 흐르는 전류(I_i')는 $I_i' = aI_i$ 와 같이 표현이 가능하다. 또한 $d\Phi_i = \Phi_i da$ 와 같이 표현이 가능하므로, 식 (11.2.1)은 다음과 같이 표현된다.

$$\int dW = \int_0^1 da \sum_{i=1}^{n} I_i' \Phi_i = \sum_{i=1}^{n} I_i \Phi_i \int_0^1 \alpha\, da = \frac{1}{2}\sum_{i=1}^{n} I_i \Phi_i \tag{11.2.3}$$

따라서 n 개로 구성된 회로에 있어서 자기에너지는 다음과 같다.

$$W = \frac{1}{2}\sum_{i=1}^{n} I_i \Phi_i \quad \text{(선형 자기물질 내에 위치가 고정된 회로)} \tag{11.2.4}$$

선형 자기물질 내에 위치가 고정되어 놓인 i 번째 회로를 뚫고 지나가는 자기력선의 수(Φ_i)은 $\Phi_i = \sum_{j=1}^{n} M_{ij} I_j$ 와 같으므로 이를 식 (11.2.4)에 대입하면, 자기에너지는

$$W = \frac{1}{2}\sum_{i=1}^{n} I_i \Phi_i = \frac{1}{2}\sum_{i=1}^{n} I_i \sum_{j=1}^{n} M_{ij} I_j \tag{11.2.5}$$

$$= \frac{1}{2}\sum_{i=1}^{n}\sum_{j=1}^{n} M_{ij} I_i I_j$$

$$= \frac{1}{2}L_1 I_1^2 + \frac{1}{2}L_2 I_2^2 + \cdot\cdot\cdot \frac{1}{2}L_n I_n^2$$

$$+ M_{12} I_1 I_2 + M_{13} I_1 I_3 + \cdot\cdot\cdot M_{1n} I_1 I_n$$

$$+ M_{23} I_2 I_3 + \cdot\cdot\cdot M_{n-1,n} I_{n-1} I_n$$

와 같다. 식 (11.2.5)에서 $M_{ij} = M_{ji}$ 및 $M_{ii} = L_i$을 사용하였으며, 자기에너지가 전류 및 회로의 모양과 상호 간의 위치에 따라 결정되는 인덕턴스로 표현됨을 알 수 있

다. 이는 회로의 기하학적 구조에 의해서 결정되는 인자이다.

한 예로서, 그림 11.2와 같이 2개의 회로로 구성된 계에 대한 자기에너지를 구해 보자.

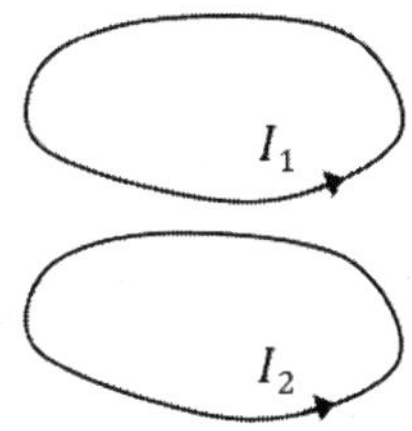

그림 11.2 각각 I_1, I_2의 전류가 흐르는 2개의 루프

그림 11.2와 같이 2개의 회로로 구성된 계의 총 자기에너지는 다음과 같다.

$$W = \frac{1}{2}L_1 {I_1}^2 + MI_1 I_2 + \frac{1}{2}L_2 {I_2}^2 \tag{11.2.6}$$

식 (11.2.6)을 간략히 하기 위하여 $M_{12} = M_{21} = M$으로 나타내었다. 그림 11.2에서 2개 회로에 흐르는 전류의 방향이 같으므로, 식 (11.2.6)에서, $MI_1 I_2$은 (+)의 값을 가진다. 하지만, 인접한 2개의 회로에 흐르는 전류의 방향이 서로 반대이면 전류의 상대적 크기에 따라 (-)가 될 수 있으나 총 자기에너지는 한 쌍의 전류 I_1, I_2에 대하여 (+) 또는 "0"이 되어야 한다. 따라서 전류에 대한 표현식을 $x = I_1/I_2$로 표현하면, 총 자기에너지는

$$W = \frac{1}{2}{I_2}^2 (L_1 x^2 + 2Mx + L_2) \geq 0 \tag{11.2.7}$$

와 같이 표현된다. 자기에너지가 최대 또는 최솟값을 가질 조건은 위의 식을 x에 대하여 미분하여 그 결과를 "0"으로 두면 결정된다. 즉,

$$\frac{dW}{dx} = 0 \Rightarrow \frac{1}{2}{I_2}^2 (2x L_1 + 2M) = 0 \tag{11.2.8}$$

식 (11.2.8)로부터 자기에너지가 최소가 되는 조건은

$$x = -M/L_1 \tag{11.2.9}$$

와 같다. 한편 최소 자기에너지는 "0"보다 크거나 같아야만 되는데 이는 W에 대한 표현식을 x 에 대하여 2차 미분을 통하여 알 수 있으며, 2차 미분한 결과는

$$\frac{d^2W}{dx^2} = \frac{1}{2}I_2{}^2(2L_1) = L_1I_2{}^2 > 0 \tag{11.2.10}$$

와 같다. 따라서 $W \geqq 0$ 이므로 W의 최솟값은 0보다 크거나 같음을 알 수 있다. I_1과 I_2의 크기가 서로 같고 방향이 서로 반대인 2개의 회로가 겹쳐 있는 경우에 자기에너지는 "0"이 된다. 따라서

$$W = \frac{1}{2}I_2{}^2\left(L_1(-\frac{M}{L_1})^2 + 2M(-\frac{M}{L_1}) + L_2\right) \geqq 0 \tag{11.2.11}$$

이 되며, 이로부터 다음의 결과를 얻는다.

$$\frac{M^2}{L_1} - \frac{2M^2}{L_1} + L_2 \geqq 0 \quad \Rightarrow \quad L_1L_2 \geqq M^2 \tag{11.2.12}$$

한편, 1개만의 회로에 대해서는 $\Phi = LI$와 같이 되므로 자기에너지는

$$W = \frac{1}{2}I\Phi = \frac{1}{2}LI^2 = \frac{1}{2}\frac{\Phi^2}{L} \tag{11.2.13}$$

와 같은데, 이는 식 (11.1.4)와 같음을 알 수 있다.

지금까지의 내용을 요약하면, 자기에너지는 전류를 "0"부터 "I"까지 증가시키는 데 걸린 시간에 의존하는 것이 아니라 회로의 형태(L을 결정) 및 최종전류의 크기 I 에만 의존한다. 이러한 에너지는 전류가 "0"에서 "I"가 될 때까지 회로에 공급되는 에너지이다. 한편 전류가 "I"에서 "0"으로 감소할 때 코일은 외부 회로에 대하여 $\frac{1}{2}LI^2$ 의 에너지를 공급하는 에너지원의 역할을 한다. 한 예로서 냉장고와 같은 전기기기의 플러그를 갑자기 뺄 때, 플러그의 접촉 부분에서 불꽃이 발생하는 현상은 회로 내에 저장된 자기에너지의 방출에 기인한다.

11.3 자기장 내에서의 에너지 밀도

11.2절에서는 선형 자기매질(μ) 내에 놓여 있으며, 일정한 전류가 흐르는 n개의 회로들로 구성된 계(그림 11.3 참조)에 대한 자기에너지가 식 (11.2.5)로 표현됨을 보였다. 여기서는 면전류와 전류밀도($\vec{J}$)가 있을 때의 자기에너지에 대한 표현식을 구해 보고자 한다. 그림 11.3에서 $i_1, i_2, \cdot\cdot\cdot i_n$은 임의의 순간에 각각의 회로에 흐르는 전류를 의미하며, $I_1, I_2, \cdot\cdot\cdot I_n$은 각각의 회로에 흐르는 최종전류의 크기를 의미한다.

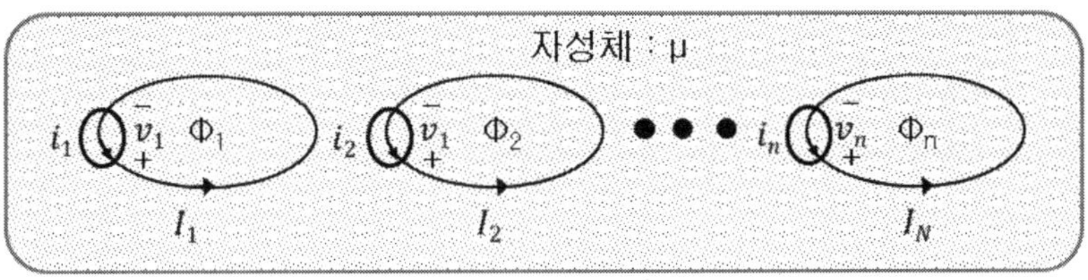

그림 11.3 투자율이 μ인 선형 자기매질 내에 놓여 있으며 전류가 흐르는 n개의 회로

임의의 폐회로를 통과하는 자기력선의 수(Φ)를 단위 면적당 자기력선의 수인 $\vec{B}$와 자기 벡터전위 $\vec{A}$를 이용하여 표현하면 다음과 같다.

$$\Phi = \int_{s_i} \vec{B} \cdot \hat{n}\, da = \int (\vec{\nabla} \times \vec{A}) \cdot \hat{n}\, da = \oint \vec{A} \cdot d\vec{l} \tag{11.3.1}$$

여기서, $\vec{A}$는 자기 벡터전위이고 적분은 임의의 폐회로를 따라 수행되므로, 식 (11.3.1)은 $\Phi = LI = \oint \vec{A} \cdot d\vec{l}$과 같다. 미소길이 $d\vec{l}$의 방향을 전류 I의 방향과 같게 설정하면, 벡터 $d\vec{l}$을 스칼라 dl로 표현하는 대신에 I를 벡터 $\vec{I}$로 표현이 가능하다. 따라서 식 (11.3.1)을 이용하면 식 (11.2.13)은 다음과 같이 쓸 수 있다.

$$W = \frac{1}{2} I\Phi = \frac{1}{2} I \oint \vec{A} \cdot d\vec{l} = \frac{1}{2} \oint (\vec{A} \cdot \vec{I}) dl = \frac{1}{2} \int_{V'} (\vec{A} \cdot \vec{J}) dv' \tag{11.3.2}$$

식 (11.3.2)의 마지막 단계에서 전류 I와 전류밀도 $\vec{J}$사이의 관계인 $\vec{I}dl = \vec{J}dv$을 이용하여 전류 $\vec{I}$ 대신에 전류밀도 $\vec{J}$로 표현하였다. 한편, $\vec{\nabla} \times \vec{H} = \vec{J}$ 의 관계식을 사용하면 식 (11.3.2)는 다음과 같이 표현된다.

$$W = \frac{1}{2}\int_{V'} \vec{A} \cdot \vec{J}dv' = \frac{1}{2}\int_{V'} \vec{A} \cdot (\vec{\nabla} \times \vec{H})dv' \tag{11.3.3}$$

한편, 벡터 항등식

$$\vec{\nabla} \cdot (\vec{A} \times \vec{H}) = \vec{H} \cdot (\vec{\nabla} \times \vec{A}) - \vec{A} \cdot (\vec{\nabla} \times \vec{H})$$

$$\Rightarrow \vec{A} \cdot (\vec{\nabla} \times \vec{H}) = \vec{H} \cdot (\vec{\nabla} \times \vec{A}) - \vec{\nabla} \cdot (\vec{A} \times \vec{H}) \tag{11.3.4}$$

을 사용하면 자기에너지에 대한 표현식 (11.3.3)은 다음과 같다.

$$\begin{aligned} W &= \frac{1}{2}\int_{V'} \vec{H} \cdot (\vec{\nabla} \times \vec{A})dv' - \frac{1}{2}\int_{V'} \vec{\nabla} \cdot (\vec{A} \times \vec{H})dv' \\ &= \frac{1}{2}\int_{V'} \vec{H} \cdot \vec{B}dv' - \frac{1}{2}\oint_{S'} (\vec{A} \times \vec{H}) \cdot \hat{n}da' \end{aligned} \tag{11.3.5}$$

식 (11.3.5)를 얻는 과정에서 관계식 $\vec{B} = \vec{\nabla} \times \vec{A}$ 와 발산정리를 이용하였으며, S'는 체적 V'를 감싸는 표면이다. 식 (11.3.2)의 적분영역을 모든 공간으로 확대하더라도 그곳에서는 $|\vec{J}| = 0$이므로 문제가 없다. 식 (11.3.5)의 표면적분에서 $|\vec{H}| \sim 1/r^2$, $|\vec{A}| \sim 1/r$에 따라 감소하며, 표면적은 r^2에 비례한다. 따라서 적분공간을 키울수록 식 (11.3.5)에서 표면적분으로부터의 기여는 $1/r$ 또는 이보다 더 빨리 감소하므로 표면 S를 무한대로 이동시키면 식 (11.3.5)에서 표면적분에 의한 기여는 “0”이 되면서 체적적분만 남는다. 따라서 식 (11.3.5)는

$$\begin{aligned} W &= \frac{1}{2}\int_{\text{모든 공간}} \vec{H} \cdot (\vec{\nabla} \times \vec{A})dv = \frac{1}{2}\int_{\text{모든 공간}} \vec{H} \cdot \vec{B}dv \\ &= \frac{1}{2\mu}\int_{\text{모든 공간}} B^2 dv \end{aligned} \tag{11.3.6}$$

와 같이 표현된다. 식 (11.3.6)은 식 (11.2.13)으로부터 유도되었으므로 선형 자기매질을 포함하는 계에 국한되며, 단위 체적당 자기에너지를 나타내는 자기에너지 밀도 (u)는 다음과 같이 표현된다.

$$u = \frac{1}{2}\vec{H} \cdot \vec{B} = \frac{1}{2\mu}B^2 \tag{11.3.7}$$

따라서 등방성 선형 자기매질($\vec{B} = \mu\vec{H}$)에서의 자기에너지 밀도(u)는

$$u = \frac{1}{2}\mu H^2 = \frac{B^2}{2\mu} \tag{11.3.8}$$

와 같다. 식 (11.3.2)는 에너지가 전류분포에 저장된 것으로 볼 수 있는 반면에 식 (11.3.8)에서는 에너지가 자기장에 저장되는 것으로 볼 수 있다. 시간에 의존하지 않는 정자기장 계에서는 이 두 식으로 구한 결과가 서로 같지만, 시간에 따라 원천(source)과 장(field)이 변할 때는 자기장이 공간 속을 이동하면서 에너지를 이동시키므로 식 (11.3.8)이 더 타당하다. 참고로 전기에너지밀도($u_{전기}$)와 자기에너지밀도($u_{자기}$)를 비교하여 보면

$$u_{자기} = \frac{1}{2}\int(\vec{A} \cdot \vec{J})d\tau = \frac{1}{2\mu}\int B^2 d\tau \tag{11.3.9}$$

$$u_{전기} = \frac{1}{2}\int(V\rho)d\tau = \frac{\epsilon}{2}\int E^2 d\tau \tag{11.3.10}$$

와 같다. 지표면에서 지구자기장은 지역에 따라 $20\mu T$에서 $70\mu T$까지 변한다. 평균값을 $50\mu T$로 정하면 거리에 따른 지구자기장의 크기가 근사적으로 $50\mu T(R_e/r)^3$ ($R_e = 6,400\,km$:지구의 반경)와 같으므로, 지구자기장에 저장된 에너지의 근삿값은 다음과 같다.

$$U_m \approx \frac{1}{2\mu_0}\int_{R_e}^{\infty}(50\mu T)^2 R_e^6 \frac{4\pi r^2}{r^6}dr = \frac{2\pi(50\mu T)^2 R_e^3}{3\mu_0} \approx 10^{17}\,J$$

가솔린 1리터의 에너지는 $3.33\times10^6\,J$의 에너지를 가지고 있으므로, 지구자기장에 저장된 에너지는 3.0×10^{10} 리터의 가솔린이 가지는 에너지와 같은 양이다.

예제 1

그림 11.4와 같이 전체 길이 l, 단면적 A, 총 감긴 횟수가 N인 솔레노이드 코일에 전류 I가 흐르며, 솔레노이드 내부에는 투자율이 μ인 선형 자성물질로 채워져 있다. 코일 내에 저장된 총 자기에너지와 단위체적당 에너지 밀도는 얼마인가?

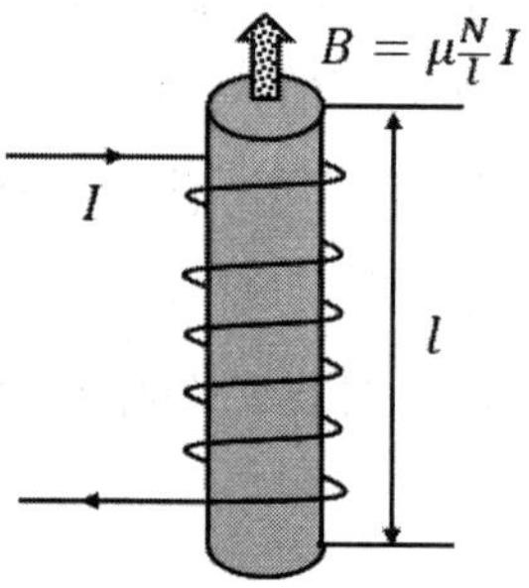

그림 11.4 전류 I가 흐르는 솔레노이드 코일

해답

코일에 저장된 자기에너지는

$$W_{자기} = \frac{1}{2}LI^2 \quad \left(L = \frac{d\Phi}{dI} = \frac{\mu_0 N^2 A}{l}\right) \tag{11.3.11}$$

로 주어지므로, 단위 체적당 에너지를 의미하는 자기에너지 밀도($u_{자기}$)는

$$u_{자기} = \frac{\frac{1}{2}LI^2}{Al} = \frac{\frac{1}{2}\frac{\mu N^2 A}{l}\frac{B^2 l^2}{\mu^2 N^2}}{Al} = \frac{1}{2}\frac{B^2}{\mu} \tag{11.3.12}$$

와 같다.

예제 2

그림 11.5와 같이 반경이 각각 a, b 인 원통형 도체의 표면을 통하여 전류 I가 서로 반대 방향으로 흐른다. 이때 길이 l 인 동축 케이블 내에 저장된 자기에너지는 얼마인가?

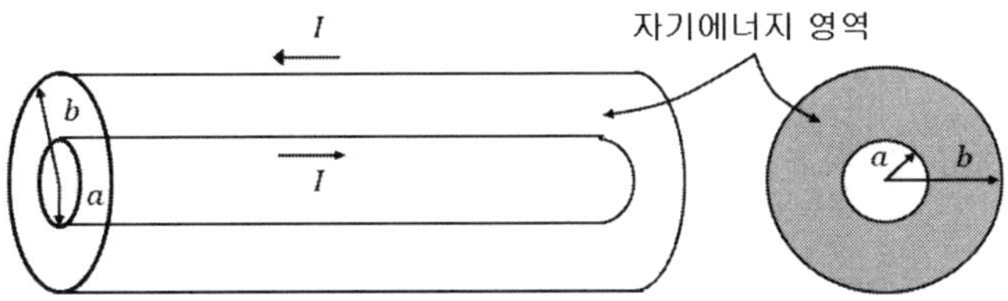

그림 11.5 반경이 각각 a와 b이며 전류 I가 서로 반대 방향으로 흐르는 동축 케이블

해답

앙페르의 법칙을 이용하여 반경이 각각 a, b인 두 원통형 도체 사이의 자기장을 구하면

$$\vec{B}=\frac{\mu_0 I}{2\pi r}\frac{\vec{\phi}}{\phi}=\frac{\mu_0 I}{2\pi r}\hat{\phi} \tag{11.3.13}$$

와 같다. 한편 $a \le r \le b$을 제외한 나머지 다른 영역에서는 $|\vec{B}|=0$이므로, 두 원통사이의 영역에 대한 단위 체적당 에너지 밀도는

$$u=\frac{1}{2\mu_0}(B^2)=\frac{1}{2\mu_0}\left(\frac{\mu_0 I}{2\pi r}\right)^2=\frac{\mu_o I^2}{8\pi^2 r^2} \tag{11.3.14}$$

와 같으며, 길이 l, 반경 r, 두께 dr 사이에 저장된 에너지는 다음과 같다.

$$\left(\frac{\mu_o I^2}{8\pi^2 r^2}\right)(l)(2\pi r)dr=\frac{\mu_0 I^2 l}{4\pi}\frac{dr}{r} \tag{11.3.15}$$

이를 $r=a$로부터 $r=b$까지 적분하면 저장된 총 자기에너지가 다음과 같이 얻어진다.

$$W=\int_a^b \frac{\mu_0 I^2 l}{4\pi}\frac{dr}{r}=\frac{\mu_0 I^2 l}{4\pi}\int_a^b \frac{dr}{r}=\frac{\mu_0 I^2 l}{4\pi} ln\frac{b}{a} \tag{11.3.16}$$

$$W=\frac{1}{2}LI^2$$

한편, 식 (11.3.16)을 사용하여 솔레노이드에 대한 자체인덕턴스를 구하면

$$\frac{\mu_0 I^2 l}{4\pi} ln\frac{b}{a} = \frac{1}{2}LI^2 \quad \Rightarrow \quad L = \frac{\mu_0 l}{2\pi} ln\frac{b}{a} \tag{11.3.17}$$

와 같다.

11.4 자기력과 회전토크

5.5절에서는 점 전하, 도체 및 유전체 등으로 구성된 계에서 물체에 작용하는 힘을 정전기 에너지로부터 구하는 방법에 대해 알아보았는데, 여기서는 정자기계의 자기에너지로부터 자기력을 구하는 방법에 대하여 알아보고자 한다.

그림 11.6과 같이 전류 I가 흐르는 솔레노이드 근처에 자성체 막대를 놓으면 어떤 일이 일어날까? 전류가 흐르는 솔레노이드 자체가 하나의 자석이므로 자성체 막대가 반자성 물질이면 솔레노이드로부터 멀어지려고 하지만, 상자성 및 강자성 물질이라면 솔레노이드 쪽으로 향하는 자기력이 작용하게 된다. 물론 상자성 물질의 경우에는 솔레노이드로 향하는 힘이 매우 작지만, 철과 같은 강자성 물질의 경우에는 비교적 크므로 이러한 자기력은 솔레노이드 스위치에 활용되고 있다.

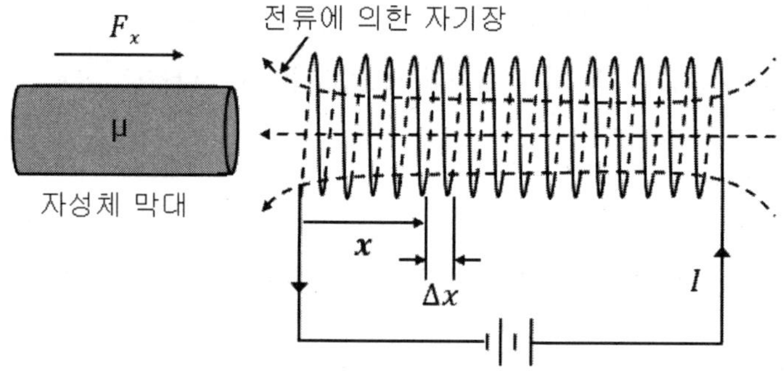

그림 11.6 전류 I가 흐르는 솔레노이드 가까이에 있는 자성체 막대

문제를 간단히 하기 위하여 솔레노이드는 고정되어 있고, 솔레노이드 양 끝과 솔

레노이드 내부에서의 자기장의 세기는 균일하다고 가정하고 자성체의 위치를 변수 x로 나타낸다. 이러한 유형의 문제는 2가지 경우로 분리하여 생각할 수 있다. 첫째는 솔레노이드에 흐르는 전류가 항상 일정한 경우이며, 둘째는 자성체 막대의 운동과 상관없이 솔레노이드 내부에서의 자기력선의 수가 변하지 않는 경우이다.

A. 솔레노이드에 전류가 항상 일정하게 흐르는 경우

자성체 막대가 자기력을 받아 수평방향으로 이동하면 솔레노이드 코일에 일종의 역기전력인 유도기전력이 발생하므로, 코일에 일정한 전류를 흘려주기 위해 전원은 전기적인 일(dW_b)을 해 줘야 한다. 이제 계의 일부인 자성체 막대가 변위 $\vec{dx}$ 만큼 움직이는 경우를 생각하여 보자(그림 11.7 참조). 자기력($\vec{F}$)의 영향 하에서 계의 일부인 자성체 막대가 $\vec{dx}$ 만큼 이동하면서 한 일은

$$dW = \vec{F} \cdot \vec{dx} \tag{11.4.1}$$

와 같다. 이때 전원은 회로에 일정한 크기의 전류를 공급하는 "정전류원(ideal current source)"의 역할을 하게 된다.

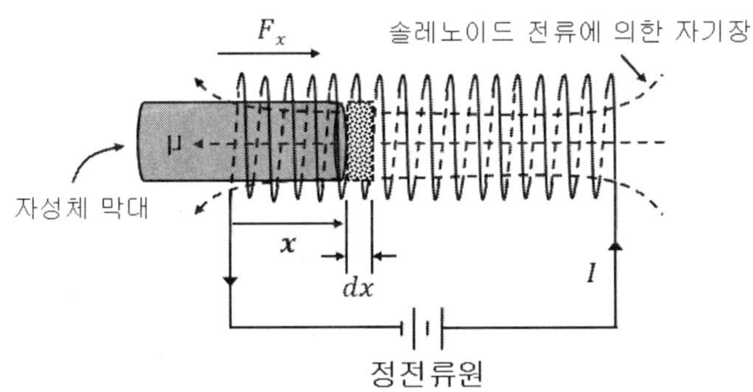

그림 11.7 솔레노이드 내부에 자성체 막대의 일부가 들어있는 모양

한편, 전원은 회로에 흐르는 전류를 일정하게 유지하기 위하여 역기전력에 거슬러 전기적 일 dW_b을 한다. 전원이 회로에 해 준 일에서 자기력이 한 일(dW)을 빼준 것은 솔레노이드와 자성체로 이뤄진 계에서의 자기에너지의 변화(du_m)와 같다. 즉,

$$dW_b - dW = dU_m \quad \Rightarrow dW = dW_b - dU_m \tag{11.4.2}$$

여기서 dU_m 는 계에 있어서 자기에너지의 변화이며 dW_b 는 전류의 세기가 일정하게 유지하도록 역(유도)기전력에 거슬러 외부전원이 계에 해준 일을 의미한다.

회로를 통과하는 자속의 변화를 $d\Phi$ 라고 하면, dW_b 는 다음과 같다.

$$dW_b = Id\Phi \tag{11.4.3}$$

반면에 n개의 회로로 구성된 계의 자기에너지(U_m)는 $U_m = \frac{1}{2}\sum_{i=1}^{n} I_i\Phi_i$ 와 같으므로, 그림 11.7과 같이 1개의 솔레노이드로 구성된 회로에서의 자기에너지는 $U_m = \frac{1}{2}I\Phi$ 와 같다. 따라서 그림 11.7과 같이 솔레노이드 코일에 흐르는 전류의 세기가 일정한 경우, 자기에너지의 변화(dU_m)는

$$dU_m = \frac{1}{2}Id\Phi \quad \text{(전류가 일정할 때)} \tag{11.4.4}$$

와 같다. 식 (11.4.4)를 식 (11.4.3)과 비교하면,

$$dW_b = 2dU_m \tag{11.4.5}$$

이 됨을 알 수 있다. 식 (11.4.5)를 식 (11.4.2)에 대입하여 dW_b 를 제거하면,

$$dW = 2dU_m - dU_m = dU_m \quad \text{(전류가 일정할 때)} \tag{11.4.6}$$

와 같이 된다. 이로부터 회로에 흐르는 전류가 일정한 경우, 자기에너지의 변화는 역학적인 일과 같게 됨을 알 수 있으며, 이를 식 (11.4.1)과 결합하면,

$$dU = dW = \vec{F} \cdot d\vec{x} \quad \Rightarrow \quad \vec{F} = \vec{\nabla} U_m \tag{11.4.7}$$

이 얻어진다. 따라서 그림 11.7과 같이 자성체 막대가 자기력을 받아 수평방향으로 움직이는 경우, 자기력은 $x-$축 방향으로의 자기에너지의 변화율과 같으며 식 (11.4.8)과 같이 표현되며, 아래첨자 I는 전류가 일정함을 의미한다.

$$F_x = \left(\frac{\partial U_m}{\partial x}\right)_I \quad \text{(전류가 일정할 때)} \tag{11.4.8}$$

한편, 자성체 막대가 전류가 흐르는 솔레노이드 근처에서 θ 방향으로 자유롭게 회전

하는 경우, 회전토크(τ_θ)는 다음과 같이 표현된다.

$$\tau_\theta = \left(\frac{\partial U_m}{\partial \theta}\right)_I \quad \text{(전류가 일정할 때)} \tag{11.4.9}$$

예제 3

그림 11.8과 같이 일정한 전류 I가 흐르며, 감긴 회수가 N, 길이가 l인 솔레노이드가 있다. 자화율이 μ이며 단면적인 A인 원통형 연철막대의 일부가 솔레노이드의 축을 따라 삽입되어 있다. 연철막대가 전체 길이의 1/2만이 솔레노이드 내부에 있게 될 때까지 빼내는 경우, 연철막대를 원래의 위치로 되돌리려는 근사적인 힘을 구하라.

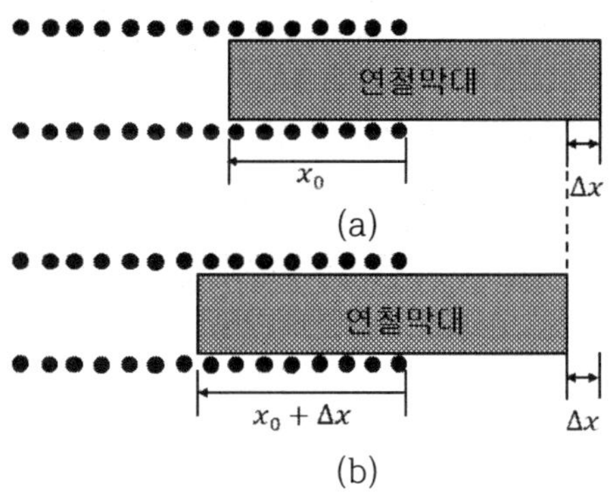

그림 11.8 솔레노이드 내에 놓여 있고 단면적이 A인 연철막대

해답

문제에서 솔레노이드의 가장자리 효과를 고려하면 복잡해진다. 여기서 필요한 것은 그림 11.8(a)와 11.8(b)에 대한 자기에너지의 차이이다. 자기장은 막대와 솔레노이드의 안쪽 깊은 곳에서는 거의 일정하다. 따라서 $\vec{H}$는 Δx의 범위 내에서 거의 솔레노이드의 가로축 방향이고, $\vec{H}$의 접선 성분은 막대의 원통형 경계에서 연속적이기 때문에

$$U_m = \frac{1}{2}\int \mu H^2 dv \tag{11.4.10}$$

와 같다. 여기서 $\vec{H}$는 전류 I가 일정하므로 막대의 내부와 외부에서 일정하다. 따라서 자성체 막대가 솔레노이드 내부에서 Δx 만큼 변하는 경우, 자기에너지의 변화는

$$U(x_0+\triangle x) \approx U(x_0)+\frac{1}{2}\int_{A\triangle x}(\mu-\mu_0)H^2 dv \tag{11.4.11}$$

$$= U(x_0)+\frac{1}{2}(\mu-\mu_0)\frac{N^2I^2}{l^2}A\triangle x$$

와 같다. 또한 식 (11.4.8)로부터

$$F_x = \left(\frac{\partial U_m}{\partial x}\right)_I = \frac{1}{2}(\mu-\mu_0)\frac{N^2I^2A}{l^2} = \frac{1}{2}\chi_m\mu_0 H^2 A \tag{11.4.12}$$

이 얻어지며, x_0가 증가하는 왼쪽 방향으로 작용한다.

B. 솔레노이드 코일을 통과하는 자기선속이 일정한 경우

그림 11.9와 같이 자성체 막대가 자기력을 받아 수평 방향으로 이동하면서 자기력선의 수를 감지하고, 감지 결과에 따라 솔레노이드 코일에 흐르는 전류를 변화시켜 솔레노이드 내부에서의 자기력선의 수가 일정하게 유지되는 경우를 생각하여 보자. 이때 전원은 일종의 "정선다발원(ideal flux source)"의 기능을 수행하게 된다.

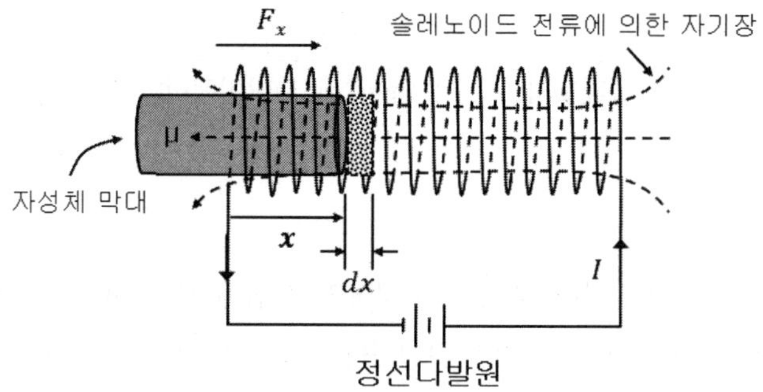

그림 11.9 자기력선의 수가 일정한 경우에 자성 막대의 일부가 솔레노이드 내부에 들어있는 모양

자성체 막대가 반자성, 상자성 또는 강자성 물질이냐에 따라 솔레노이드로부터 밀쳐지거나 솔레노이드로 끌어당겨진다. 자성체 막대가 자기력의 영향 하에서 수평 방향으로 dx만큼 이동하는 경우, 자기력이 한 일은 $dW = F_x dx$이다. x가 변하면, 자기장 $\vec{B}$와 자화세기 $\vec{H}$가 변하므로, 자기에너지는 dU_m만큼 변하게 되므로 에너지

보존법칙에 따라 식 (11.4.13)이 얻어진다.

$$F_x dx + dU_m = 0 \quad \Rightarrow \quad F_x dx = -dU_m \tag{11.4.13}$$

이로부터 자기력이 한 일은 자기에너지의 감소와 같다는 것을 알 수 있으며, 식 (11.4.14)가 얻어진다. 또한 자성체 막대가 솔레노이드 근처에서 θ 방향으로 자유롭게 회전하는 경우, 회전토크(τ_θ)는 식 (11.4.15)와 같이 아래첨자 Φ는 자기선속이 일정함을 의미한다.

$$F_x = -\left(\frac{\partial U_m}{\partial x}\right)_\Phi \quad \text{(자기력선의 수가 일정할 때)} \tag{11.4.14}$$

$$\tau_\theta = -\left(\frac{\partial U_m}{\partial \theta}\right)_\Phi \quad \text{(자기력선의 수가 일정할 때)} \tag{11.4.15}$$

이때 U_m는 좌표 $(x, y, z,)$ 또는 (θ)에 대한 함수로 주어져야 한다.

예제 4

자석 양극사이의 자기장이 균일하며, 일정한 세기 $\overrightarrow{B_0}$로 유지되고 있다고 가정하자. 그림 11.10과 같이 수직방향으로 운동하도록 되어있는 얇은 상자성 물체가 자기선속이 일정한 자기장 속으로 넣어진다. 상자성 물질의 자화율은 x_m이며, 단면적은 A이다. (a) 상자성 물체에 작용하는 힘은 얼마인가? (b) 상자성 물질이 티타늄이며, $A = 1\,cm^2$, $B_0 = 0.25\,T$인 경우에 물체에 작용하는 힘의 크기는 얼마인가?

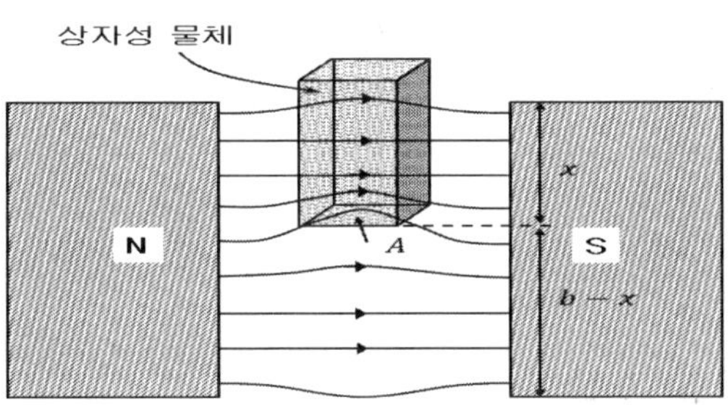

그림 11.10 자석의 2극 사이에 놓인 띠 모양의 상자성 물체

해답

그림 11.10에 대한 자기에너지는

$$U = \frac{1}{2}\int_v \vec{H}\cdot\vec{B}dv = \frac{1}{2}\int_0^x \frac{\vec{B}_0}{\mu_0(1+x_m)}\cdot\vec{B}_0 dv + \frac{1}{2}\int_x^b \frac{\vec{B}_0}{\mu_0}\cdot\vec{B}_0 dv$$

$$= \frac{1}{2}\left(\frac{B_0^2}{\mu_0(1+x_m)}\right)Ax + \frac{1}{2}\left(\frac{B_0^2}{\mu_0}\right)A(b-x)$$

$$= \frac{1}{2}\left(\frac{B_0^2}{\mu_0(1+x_m)}\right)Ax + \frac{1}{2}\left(\frac{B_0^2}{\mu_0}\right)Ab - \frac{B_0^2 xA}{2\mu_0}$$

$$= \frac{1}{2}\left(\frac{B_0^2}{\mu_0}\right)$$

$$= \frac{B_0^2}{2\mu_0}Ab - \frac{B_0^2 A x x_m}{2\mu_0(1+x_m)}$$

와 같다. 따라서 얇은 상자성 물체에 작용하는 힘은 다음과 같다.

$$\vec{F} = -\left(\frac{\partial U}{\partial x}\right)_{\Phi} = +\frac{B_0^2 x_m A}{2\mu_0(1+x_m)}$$

티타늄에 대한 $x_m = 18.0\times 10^{-5}$ 이므로 얇은 상자성 물체에 작용하는 힘은 다음과 같다.

$$\vec{F_x} = \frac{B_0^2 x_m A}{2\mu_0(1+x_m)} \cong \frac{B_0^2 x_m A}{2\mu_0} = \frac{(0.25)^2(18.0\times 10^{-5})(10^{-4}m^2)}{2\times 4\pi\times 10^{-7}N\cdot S^2/C^2}$$

이 문제를 풀면서 상자성체가 자석의 N극과 S극 사이에 딱 들어맞는 경우, 위에서 제시한 에너지가 맞다. 물론 딱 들어맞지 않는 공간에 대한 자기에너지도 존재하지만, 자기력을 구하는 데 있어 자기에너지의 변화가 중요하므로, 이 부분에 대한 에너지를 고려하지 않아도 문제는 없다.

11.5 히스테리시스 손실

지금까지는 가역 및 선형계에 대해 논의하였으나, 이 절에서는 강자성 물질을 포함하는 계에서의 에너지 변환에 대하여 알아보고자 한다. 강자성 물질이 포함된 계에서는 히스테리시스가 중요한 역할을 하는데, 그림 11.11과 같이 강자성 물질을 촘촘하게 N번 감싸고 있는 회로에 대하여 생각해 보자. 그림 11.11에서 스위치를 연결하면 코일에 역기전력이 발생하는데, 이에 거슬러 전원이 한 일(dW_b)은

$$dW_b = Id\Phi \tag{11.5.1}$$

이다. 여기서 자기선속의 변화 $d\Phi$ 는 회로를 통과하는 전체 자기선속의 변화이다. 편리를 위하여 N번 감긴 코일 중에서 1개의 코일을 통과하는 자기선속의 변화를 $\delta\Phi$ 로 나타내고 모든 각각의 코일에서의 자기선속의 변화가 같다고 가정하면, 식 (11.5.1)은 다음과 같다.

$$dW_b = Id\Phi = NI\delta\Phi \quad (\delta\Phi\text{: 1개의 코일을 통과하는 자속의 변화}) \tag{11.5.2}$$

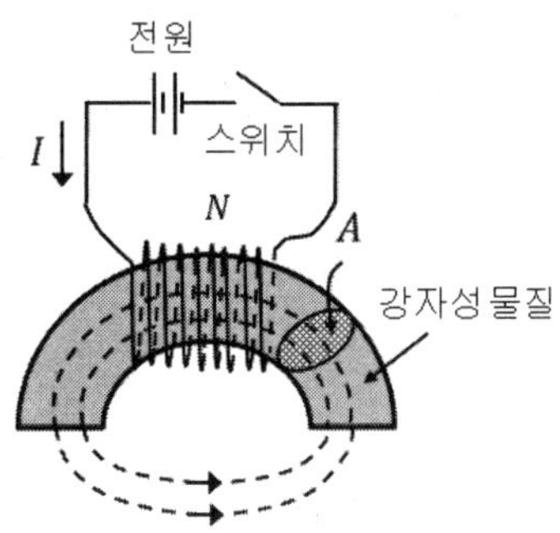

그림 11.11 강자성 물질을 촘촘하게 N번 감싸고 있는 회로

앙페르의 법칙을 이용하여 식 (11.5.2)의 NI를 $\oint \vec{H}\cdot d\vec{l}$ 로 치환하면, 식 (11.5.2)는

$$dW_b = \oint \delta\Phi \vec{H}\cdot d\vec{l} = \oint A\delta B\vec{H}\cdot d\vec{l} \tag{11.5.3}$$

와 같이 표현된다. 여기서 A 는 강자성 물질을 감싸고 있는 코일의 횡 단면적이다. 또한 $d\vec{l}$ 은 자기선속의 경로와 항상 접선방향이므로 식 (11.5.3)은

$$\delta W_b = \oint A\delta B\vec{H}\cdot d\vec{l} = \oint \delta\vec{B}\cdot \vec{H}Adl = \int_V \delta\vec{B}\cdot\vec{H}dv \tag{11.5.4}$$

와 같이 표현되며, V는 자기회로의 체적, 즉, 자기장이 "0"이 아닌 공간의 체적으로 그림 11.11에서 점선으로 표현된 자기력선이 존재하는 공간을 의미한다.

강자성물질이 가역 자기반응(reversible magnetic behavior)을 보인다면, $|\vec{B}|=0$에서 최종값($|\vec{B}|=B$)까지 식 (11.5.4)를 적분하면, 계의 자기에너지가 구해진다. 만약에 강자성물질이 선형매질이라면, 식 (11.5.4)를 적분하여 얻어진 결과는 $W_b=\frac{1}{2}\int_V \vec{H}\cdot\vec{B}dv$와 같다. 하지만, 식 (11.5.4)는 훨씬 더 일반적으로 비가역 자기반응을 보이는 히스테리시스가 있는 비선형 자성물질에 대해서도 성립한다.

식 (11.5.4)로부터 단위체적당 자기장을 $\vec{B}$에서 $\vec{B}+d\vec{B}$로 변화시키는 데 필요한 일은

$$dW_b=\vec{H}\cdot d\vec{B} \tag{11.5.5}$$

와 같다는 것을 알 수 있으며, 이는 또한 전원에서 공급되는 일을 의미한다. 그림 11.11에서 시료를 감싸고 있는 코일에 교류전류를 흘려주는 경우, 즉, 자화세기 H가 "0"에서 출발하여 최댓값($=H_{\max}$)까지 증가된 후 최솟값($-H_{\min}$)으로 되었다가 "0"으로 되돌아오는 경우에 대하여 알아보자(그림 11.12 참조).

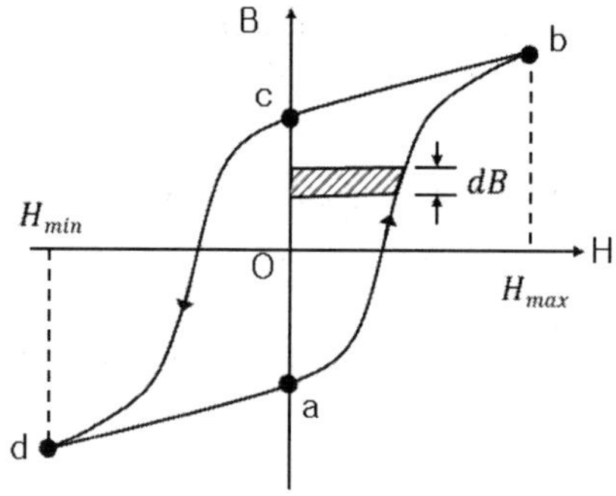

그림 11.12 강자성 물질에서 전류의 한 주기 동안 단위체적당 한 일

히스테리시스 곡선의 점 a로부터 점 b까지 자기장 B를 변화시키는 데 필요한 일은

$$(W_b)_{ab}=\int_a^b HdB \tag{11.5.6}$$

와 같으며, 이는 히스테리시스 루프 ab와 B-축 사이의 면적으로 (+)의 값을 가지게 된다. 점 a → 점 b → 점 c → 점 d → 점 a까지 하나의 사이클을 이루면서 자기유

도를 변화시키는데 요구되는 일을 4개 과정으로 나눠 구해보면 다음과 같다.

$$(W_b)_{ab} = \int_a^b HdB \quad \Rightarrow \quad (+) \quad \rightarrow \quad \text{H : (+), dB : (+)}$$

$$(\omega_b)_{bc} = \int_b^c HdB \quad \Rightarrow \quad (-) \quad \rightarrow \quad \text{H : (+), dB : (-)}$$

$$(\omega_b)_{cd} = \int_c^d HdB \quad \Rightarrow \quad (+) \quad \rightarrow \quad \text{H : (-), dB : (-)}$$

$$(\omega_b)_{da} = \int_d^a HdB \quad \Rightarrow \quad (-) \quad \rightarrow \quad \text{H : (-), dB : (+)}$$

따라서 히스테리 곡선의 한 바퀴를 도는데 전원이 회로에 단위체적당 해 준 일은

$$W_b = \oint HdB \ \Rightarrow \text{히스테리시스 루프로 쌓인 면적} \tag{11.5.7}$$

와 같이 되며, 이는 히스테리시스 루프로 둘러쌓인 면적과 같다. 따라서 1개의 사이클이 완전히 끝나는 순간에 물질의 자기상태는 처음 상태와 같으므로, 물질의 자기에너지는 같다. 즉 자기에너지의 전체적인 변화는 "0"이지만 외부전원이 계에 해준 총 일은 "0"이 아니다. 따라서 식 (11.5.7)은 에너지 손실을 의미하며, 이러한 손실은 열로 나타난다. 즉, 식 (11.5.7)이 의미하는 것은 "에너지 손실"로 물질의 자기구역 구조의 비가역 변화를 통하여 발생되는 열로서 나타난다. 이는 1개 사이클마다 단위체적당 "에너지 손실"로 교류전류가 흐르는 회로에서는 매우 중요하며, 에너지 손실은 교류 주파수에 비례하게 된다.

식 (11.5.5)에 따라, 물질의 단위 체적당 자기유도를 변화시키는데 필요한 일은

$$dW_b = \vec{H} \cdot d\vec{B} = \mu_0 HdH + \mu_0 \vec{H} \cdot d\vec{M} \tag{11.5.8}$$

와 같다. 여기서 $\mu_0 HdH$은 코일 내부가 진공인 경우에 전원이 계에 해준 일이며, $\mu_0 \vec{H} \cdot d\vec{M}$은 코일 내부에 강자성물질이 있는 영역의 단위체적당 해 준 일이다. 1개 사이클에 대한 HdH의 적분은 "0"이 되므로, 1개 사이클에 대해 식 (11.5.8)을 적분하면 다음과 같다.

$$W_b = \oint (\mu_0 H dH + \mu_0 \vec{H} \cdot d\vec{M}) = \oint \mu_0 H dH + \oint \mu_0 \vec{H} \cdot d\vec{M} \tag{11.5.9}$$

$$= \oint \mu_0 H \cdot dM$$

연습문제

01 그림 11.13과 같이 반경이 R, 길이가 L인 솔레노이드에 전류 I가 흐른다고 할 때, 철 막대에 작용하는 자기력의 크기는 얼마인가? 단, 솔레노이드 내부는 공기로 채워 있으며, 철의 투자율은 $\mu_m = 5{,}500\,\mu_0$와 같다. $\mu_0 = 4\pi \times 10^{-7}\,[T \cdot m/A]$는 공기의 투자율이다.

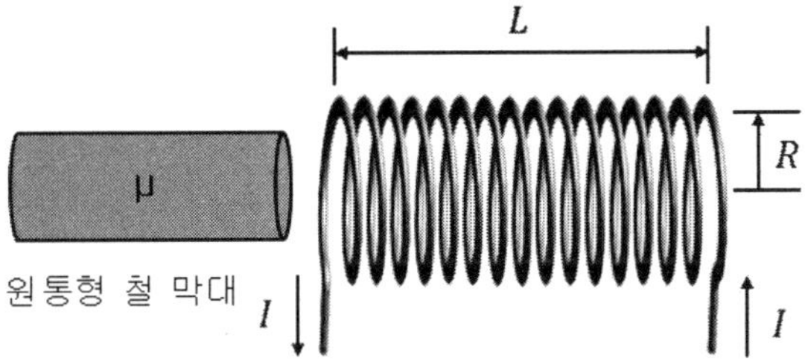

그림 11.13 원통형 철 막대에 작용하는 자기력

02 그림 11.14와 같이 반경 $R = 2\,[cm]$, 길이 $L = 20\,[cm]$ 그리고 감긴 회수 $N = 200\,[회]$인 솔레노이드에 솔레노이드의 안쪽 반경과 딱 맞는 철 막대가 들어 있다. 철 막대가 솔레노이드의 아래 방향으로 떨어지지 않는다고 할 때, 솔레노이드에 흐르는 전류 I는 얼마인가? 철의 투자율 $\mu_m = 4 \times 10^{-2}\,[T \cdot m/A]$이다.

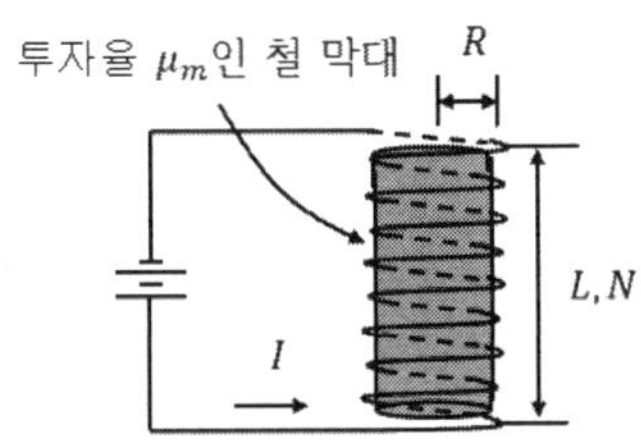

그림 11.14 솔레노이드 내부에 들어있는 철 막대

참고자료

1. Foundations of Electromagnetic Theory, Reitz Milfords, Frederick J. Milford, 2nd ed. Addison-Wesley Publishing Company, 1975.
2. 전자기학, Arlon T. Asams, Jay Kyoon Lee(이재균) 지음, 유태훈, 허노정 옮김, 한빛 아카데미, 2013.
3. http://spiff.rit.edu/classes/phys313/lectures/sol/sol_f01_long.html.
4. https://web.pa.msu.edu/people/duxbury/courses/phy481/Fall2009/Lecture24.pdf.

CHAPTER

12 맥스웰 방정식

지금까지의 전자기 법칙들은 시간에 의존하지 않는 전하와 전류분포에 기인한 전기장과 자기장에 대하여 설명하였다. 맥스웰은 변위전류의 개념을 도입하여 시간에 따라 변하는 전기장과 자기장은 매질이 없는 공간을 통하여 전파되는 전자기파를 이론적으로 처음 제시하였고, 빛의 속력을 예측하였다.

여기서는 맥스웰의 전자기 파동방정식을 세우고, 파의 진행과 관련된 경계조건들에 대해 알아보고 물리적 의미를 설명하고자 한다. 전자기 파동방정식은 파동, 광학 및 상대론에서 매우 중요하게 적용되는 개념이다.

12.1 맥스웰 이전의 전기역학 : 변위전류

지금까지 알아본 전기장과 자기장에 대한 발산과 회전은 다음과 같이 요약된다. 즉, 맥스웰 이전의 전자기 법칙들은 식 (12.1.1)과 같은 4개의 방정식으로 주어지며, 이들은 맥스웰 이전의 실험 결과들을 비교적 잘 설명해주고 있었다. 하지만 한 가지 모순점은 회전하는 벡터장($\vec{\nabla}\times\vec{E}$ 또는 $\vec{\nabla}\times\vec{B}$)에 발산을 취하는 경우, 항상 만족되지 않는다는 것이다.

$\vec{\nabla}\cdot\vec{E}=\frac{1}{\epsilon_0}\rho$	가우스의 법칙	(2.6.13)	(12.1.1)
$\vec{\nabla}\cdot\vec{B}=0$	단일자극은 없다.	(7.4.1)	
$\vec{\nabla}\times\vec{E}=-\frac{\partial\vec{B}}{\partial t}$	패러데이 법칙	(10.1.7)	
$\vec{\nabla}\times\vec{B}=\mu_0\vec{J}$	앙페르의 법칙	(7.4.3)	

이를 알아보기 위하여 식 (10.1.7)의 양변에 $\vec{\nabla}\cdot$ 을 취해주면

$$\vec{\nabla}\cdot(\vec{\nabla}\times\vec{E})=\vec{\nabla}\cdot(-\frac{\partial\vec{B}}{\partial t})=-\frac{\partial}{\partial t}(\vec{\nabla}\cdot\vec{B}) \tag{12.1.2}$$

와 같이 되는데, 왼쪽 항과 오른쪽 항 모두 "0"이 되므로 식 (10.1.7)은 문제가 없다. 하지만, 식 (7.4.3)의 양변에 $\vec{\nabla}\cdot$ 을 취해주면

$$\vec{\nabla}\cdot(\vec{\nabla}\times\vec{B})=\mu_0(\vec{\nabla}\cdot\vec{J}) \tag{12.1.3}$$

와 같이 되는데, 왼쪽 항은 항상 "0"이지만, 오른쪽 항은 항상 "0"이 아니다. 즉, 정상전류에 대하여 $\vec{\nabla}\cdot\vec{J}=0$이지만, 정자기학을 벗어나면 식 (12.1.3)은 성립하지 않는다. 즉, 전류가 시간에 따라 변하면 앙페르의 법칙이 성립하지 않는데, 이는 충전 중인 축전기(그림 12.1 참조)를 생각하면 비교적 쉽게 이해된다.

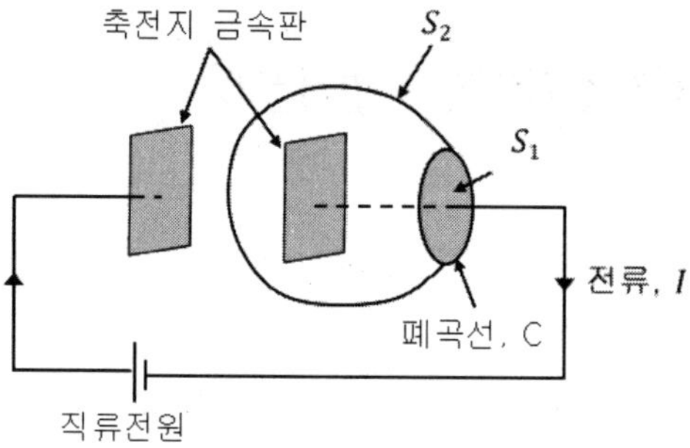

그림 12.1 수정된 앙페르의 법칙을 설명하기 위한 그림

충전 중인 축전기를 나타낸 그림 12.1의 표면 S_1과 S_2에 대해 적분형의 앙페르 법칙을 적용하여 보면 다음과 같은 결론을 얻는다.

① 표면 S_1 및 폐곡선 C에 대해서:

$$\oint_C \vec{B} \cdot d\vec{l} = \mu_0 \int_{S_1} \vec{J} \cdot \vec{n}\, da = I_{\text{알짜}} = I \quad (I_{\text{알짜}} = I \text{ 이므로 만족}) \tag{12.1.4}$$

② 표면 S_2 및 같은 폐곡선 C에 대해서:

$$\oint_C \vec{B} \cdot d\vec{l} = \mu_0 \int_{S_2} \vec{J} \cdot \vec{n}\, da = I_{\text{알짜}} = 0 (J\text{가 } S_2 \text{ 위의 모든 곳에서 “0”}) \tag{12.1.5}$$

축전기가 충전 중이므로 식 (12.1.4)에서 $I_{\text{알짜}} = I$은 폐곡선 C를 테두리로 하는 면을 뚫고 지나가는 알짜전류로서 그림 12.1의 면 S_1에 대해서는 옳다. 하지만 같은 폐곡선 C를 테두리로 하는 면 S_2에 대해서는 $I_{\text{알짜}} = 0$이므로 성립하지 않는 모순이 생긴다. 이러한 문제는 정자기학에서는 발생하지 않으나, 정자기학을 벗어나면 이런 모순이 발견된다. 맥스웰이 살던 때는 앙페르의 법칙을 의심할 실험적인 증거가 없었기에 맥스웰은 순전히 이론적인 논의를 바탕으로 앙페르의 법칙을 수정하였으며, 수정된 앙페르의 법칙은 전자기 복사에 대한 헤르츠(Hertz) 실험으로 1888년에 실험적으로 증명되었다.

12.2 맥스웰이 앙페르의 법칙을 수정한 방법

앞에서 설명한 바와 같이 식 (12.1.3)의 왼쪽 항은 항상 성립하나, 오른쪽 항은 시간과 무관한 정자기학에서는 성립하지만, 시간에 따라 변하는 경우는 성립하지 않는 모순이 있었다. 전하의 보존을 설명하는 연속방정식은

$$\vec{\nabla} \cdot \vec{J} + \frac{\partial \rho}{\partial t} = 0 \tag{12.2.1}$$

와 같으며, 이에 대한 또 다른 표현식은 다음과 같다.

$$\begin{aligned}\vec{\nabla} \cdot \vec{J} &= -\frac{\partial \rho}{\partial t} = -\frac{\partial}{\partial t}(\epsilon_0 \vec{\nabla} \cdot \vec{E}) = -\vec{\nabla} \cdot (\epsilon_0 \frac{\partial \vec{E}}{\partial t}) \\ &= -\vec{\nabla} \cdot (\frac{\partial (\epsilon_0 \vec{E})}{\partial t})\end{aligned} \tag{12.2.2}$$

$$\rightarrow \quad \vec{\nabla} \cdot (\vec{J} + \epsilon_0 \frac{\partial \vec{E}}{\partial t}) = 0$$

따라서 앙페르 법칙의 $\vec{J}$에 $\epsilon_0(\partial \vec{E}/\partial t)$을 더해주면, 식 (12.1.3)의 오른쪽 항도 성립함을 알 수 있다. 즉,

$$\vec{\nabla} \times \vec{B} = \mu_0 \vec{J} + \mu_0 \epsilon_0 \frac{\partial \vec{E}}{\partial t} = \mu_0 (\vec{J} + \epsilon_0 \frac{\partial \vec{E}}{\partial t}) \tag{12.2.3}$$

식 (12.2.3)에서 $\epsilon_0(\partial \vec{E}/\partial t)$은 변위전류 밀도($\partial \epsilon_0 \vec{E}/\partial t = \partial \vec{D}/\partial t = \vec{J}_d$)라고 하며, 차원은 회로에 실제로 흐르는 전류밀도 $\vec{J}$와 같은 단위 면적당 전류이다. 식 (12.2.3)의 물리적인 의미는 시간에 따라 변하는 자기장이 전기장을 만들어 내듯이(패러데이 법칙), 시간에 따라 변하는 전기장도 자기장을 만들어낸다는 것이다. 지금까지의 논의를 정리하여 보면, 시간에 따라 변하지 않는 전기장과 자기장은 각각 독립적으로 존재하나 시간에 따라 변하는 전기장과 자기장은 상호 의존적임을 알 수 있다.

이제 맥스웰이 도입한 변위전류에 의해 충전 중인 축전기에서 발생한 모순이 어떻게 해결되었는 지에 대해 알아보자. 축전기의 두 금속판 사이의 간격이 작고 두 금속판이 공기 중에 있다면, 두 금속판 사이의 전기장은

$$E = \frac{1}{\epsilon_0} \sigma = \frac{1}{\epsilon_0} \frac{Q}{A} \tag{12.2.4}$$

와 같이 주어지며, Q는 금속판 위의 전하량, A는 금속판의 면적을 나타낸다. 식 (12.2.4)에서 전하량 Q가 시간에 따라 변하므로, 식 (12.2.4)의 양변을 시간에 대해 미분하면 다음과 같다. Q는 시간 t만의 함수이고, E는 위치와 시간의 함수이므로, 식 (12.2.5)의 좌변은 편미분, 중간 항은 전미분으로 표현하였다.

$$\frac{\partial E}{\partial t} = \frac{1}{\epsilon_0 A} \frac{dQ}{dt} = \frac{1}{\epsilon_0 A} I \tag{12.2.5}$$

한편, 식 (12.2.3)의 양변을 적분하면 다음과 같다.

$$\int_S (\vec{\nabla} \times \vec{B}) d\vec{a} = \oint_C \vec{B} \cdot d\vec{l} = \mu_0 \int_S \vec{J} \cdot d\vec{a} + \mu_0 \epsilon_0 \int_S (\frac{\partial \vec{E}}{\partial t}) \cdot d\vec{a} \tag{12.2.6}$$

$$= \mu_0 I_{enc} + \mu_0 \epsilon_0 \int_S (\frac{\partial \vec{E}}{\partial t}) \cdot d\vec{a}$$

식 (12.2.6)을 그림 12.1의 표면 S_1 에 대해 적분하면 $I_{enc}= I$ 로 회로에 실제 흐르는 전류이며, 축전기 밖에서는 전기장이 "0"이므로 식 (12.2.6)의 둘째 항에 대한 적분값은 "0"이다. 한편 식 (12.2.5)를 사용하여 표면 S_2 에 대해 적분하면, 다음과 같은 결과가 얻어진다.

$$\mu_0\epsilon_0\int_{S_2}(\frac{\partial\vec{E}}{\partial t})\cdot d\vec{a}= \mu_0\epsilon_0\int_{S_2}(\frac{I}{\epsilon_0 A})\cdot d\vec{a}= \mu_0 I \qquad (12.2.7)$$

식 (12.2.7)에서 I는 실제 전류는 아니나 실제 전류처럼 자기장을 만들며, 이를 변위전류(I_d)라고 부르며, $I_d = \epsilon_0\dfrac{\partial E}{\partial t}A$ (A :면적)와 같이 표현된다. 식 (12.2.6)과 식 (12.2.7)을 통하여 같은 폐곡선 C에 대해 자기장을 적분하면 $\int_S(\vec{\nabla}\times\vec{B})d\vec{a}= \oint_C\vec{B}\cdot d\vec{l}= \mu_0 I_{enc}$ (I_{enc}: 폐곡선 C가 감싸고 있는 전류)와 같이 서로 같음을 알 수 있다.

예제 1

그림 12.2와 같은 평행판축전기에 교류전압 $V_s(t)= V_0\cos\omega t$ 이 가해진다고 할 때, 다음 물음에 답하시오. ① 축전기와 전원을 연결하는 도선이 완전도체인 경우, 도선에 흐르는 전류는 얼마인가? ② 두 금속판 사이에 흐르는 변위전류는 얼마인가? 단, 축전기의 두 금속판 사이는 공기로 채워져 있으며, 공기의 전기전도도는 "0"이라고 가정한다.

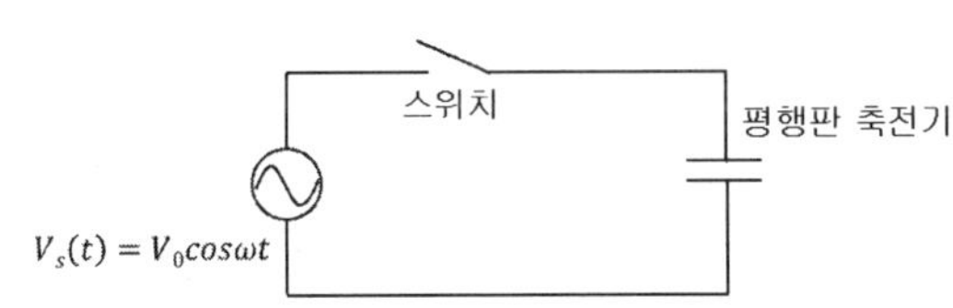

그림 12.2 교류전압이 가해진 평행판축전기

해답

도선이 완전도체이므로, $|\vec{D}|= |\vec{E}|= 0$이다. 따라서 도선에서의 변위전류는 "0"이다. 전원전압($V_s(t)$)과 축전기 양끝 사이의 전압(V_c)이 같으므로, $V_c= V_s(t)$ 이다. 따라서 도선에 흐르는 전류(I_{1c})는 다음과 같다.

$$I_{1c} = C\frac{dV_c}{dt} = C\frac{d}{dt}(V_0\cos\omega t) = -CV_0\omega\sin\omega t \quad \text{: 전도전류} \tag{12.2.8}$$

두 금속판 사이에 있는 유전체의 전기전도도가 "0"인 이상적인 유전체라고 가정하면, 두 금속판 사이에 흐르는 전도전류는 "0"이다. 따라서 두 금속판 사이의 전기장은

$$\vec{E} = \frac{V_c}{d}\hat{j} = \frac{V_0}{d}cos\omega t\hat{j} \quad (\hat{j} \text{ : 금속판에 수직 방향의 단위벡터}) \tag{12.2.9}$$

와 같다. 이를 이용하여 변위전류를 구하면 다음과 같다.

$$I_d = \int_S \frac{\partial \vec{D}}{\partial t} \cdot \hat{j}da = \int_S \frac{\partial}{\partial t}[\frac{\epsilon_0 V_0}{d}cos\omega t\hat{j}] \cdot \hat{j}da = -\frac{\epsilon_0 A}{d}V_0\omega\sin\omega t \tag{12.2.10}$$

$$= -CV_0\omega\sin\omega t \ (\epsilon_0\frac{A}{d} = C)$$

이로부터 변위전류와 전도전류의 크기가 서로 같다는 것을 알 수 있다.

자기장의 원천이 전류임을 고려하면, 변위전류(시간에 따른 전기장의 변화인 전파)의 존재는 자기파의 존재를 예측하게 된다. 이러한 예측은 헤르츠에 의해서 실험적으로 증명되었다. 이처럼 수정된 앙페르의 법칙을 포함한 맥스웰 방정식을 정리하면 아래와 같다.

$\vec{\nabla} \cdot \vec{E} = \frac{1}{\epsilon_0}\rho$	가우스의 법칙	(2.6.13)	(12.2.11)
$\vec{\nabla} \cdot \vec{B} = 0$	단일자극은 없다.	(7.4.1)	
$\vec{\nabla} \times \vec{E} = -\frac{\partial \vec{B}}{\partial t}$	패러데이 법칙	(10.1.7)	
$\vec{\nabla} \times \vec{B} = \mu_0\vec{J} + \mu_0\epsilon_0\frac{\partial \vec{E}}{\partial t}$	맥스웰이 수정한 앙페르 법칙	(12.2.3)	

식 (12.2.11)로 요약된 4개의 방정식과 로렌츠의 힘 법칙

$$\vec{F} = q(\vec{E} + \vec{v} \times \vec{B}) \tag{12.2.12}$$

은 고전 전자기학의 모든 내용을 요약한 것이라 할 수 있다. 즉, 전자기적으로 상호작용하는 입자들에 대해 실험적으로 관측된 결과들에 대한 표현이다. 한편 전하 보존 법칙을 의미하는 연속방정식

$$\vec{\nabla}\cdot\vec{J}+\frac{\partial\rho}{\partial t}=0 \tag{12.2.13}$$

도 맥스웰이 수정한 앙페르의 법칙인 식 (12.2.3)의 양변에 $\vec{\nabla}\cdot$ 을 취하면

$$\vec{\nabla}\cdot[\vec{\nabla}\times\vec{B}]=\mu_0\vec{\nabla}\cdot\vec{J}+\mu_0\frac{\partial}{\partial t}[\vec{\nabla}\cdot\vec{D}] \;\rightarrow\; 0=\vec{\nabla}\cdot\vec{J}+\frac{\partial\rho}{\partial t} \tag{12.2.14}$$

와 같이 연속방정식이 얻어짐을 알 수 있다.

12.3 물질 속에서의 맥스웰 방정식

식 (12.2.11)로 표현된 맥스웰 방정식은 완전하고 정확하지만 전자기적으로 편극되는 매질을 취급하는 경우, 사용하기에 더 편리한 방정식으로 바꿀 수 있다. 편극된 물질 속에서는 실험자가 직접 조절할 수 없는 "속박전하"와 "속박전류"가 존재하므로, 직접 조절이 가능한 "자유전하"와 "자유전류"만으로 맥스웰 방정식을 쓰는 것이 사용하기에 편리하다.

앞에서 전기 편극밀도 $\vec{P}$가

$$\rho_{속박}=-\vec{\nabla}\cdot\vec{P} \tag{12.3.1}$$

와 같이 속박전하를 만들어내는 것을 알았다. 마찬가지로 자기 편극밀도 (또는 자화밀도) $\vec{M}$은

$$\vec{J}_{속박}=\vec{\nabla}\times\vec{M} \tag{12.3.2}$$

와 같은 속박 전류밀도를 만들어낸다. 전하와 전류가 시간에 따라 변하면, 고려해야 할 사항이 하나 있다. 즉, 전기 편극밀도 $\vec{P}$가 시간에 따라 변하면, 반드시 속박전하의 흐름($\vec{J}_{속박}=\partial\vec{P}/\partial t$)이 발생하므로, 총 전류에 이를 포함하여야 한다. 그림 12.3과 같이 편극된 작은 물체를 생각하여 보자.

편극밀도 때문에 한쪽 끝 면에는 $+\sigma_{속박}=\vec{P}\cdot\hat{n}=P$, 다른 쪽 끝 면에는 $-\sigma_{속박}=\vec{P}\cdot(-\hat{n})=-P$ 이 생긴다. 이제 P가 시간에 따라 변하면, 양쪽 끝 면의 속박전하도 함께 변화므로,

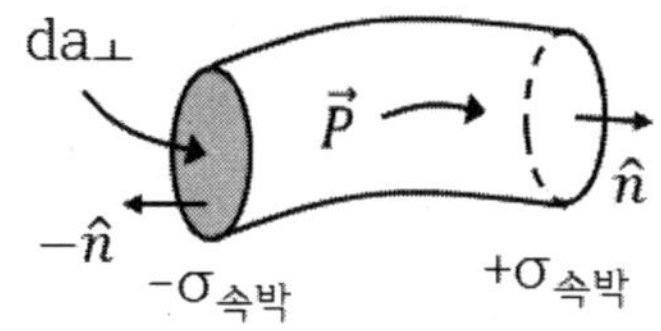

그림 12.3 편극된 물체

$$dI= \frac{\partial \sigma_{속박}}{\partial t} da_{\perp} = \frac{\partial P}{\partial t} da_{\perp} \tag{12.3.3}$$

와 같은 알짜전류가 발생된다. 따라서 단위 면적당 전류인 편극 전류밀도는

$$\vec{J}_{편극} = \frac{\partial \vec{P}}{\partial t} \tag{12.3.4}$$

와 같이 표현할 수 있다. 이러한 편극 전류밀도 $\vec{J}_{편극}$은 전기 편극밀도인 $\vec{P}$가 시간에 따라 변하면서 전하가 이동하여 발생한다. 즉, $\vec{P}$가 그림 12.3에서 오른쪽을 향하여 커진다면 모든 양전하는 오른쪽으로, 그리고 음전하는 왼쪽으로 조금 움직이게 되며, 이러한 효과를 모두 합한 것이 편극전류 $\vec{J}_{편극}$이다. 한편, $\vec{J}_{속박}$은 전자의 스핀과 궤도운동에 기인한 자화밀도 $\vec{M}$과 관계되므로, $\vec{J}_{편극}$와 $\vec{J}_{속박}$은 별개의 물리량이다.

식 (12.3.4)가 연속방정식에 어긋나지 않는지 알아보기 위하여 양변에 $\vec{\nabla}\cdot$을 취하면

$$\vec{\nabla} \cdot \vec{J}_{편극} = \vec{\nabla} \cdot \frac{\partial \vec{P}}{\partial t} = \frac{\partial}{\partial t}(\vec{\nabla} \cdot \vec{P}) = -\frac{\partial \rho_{속박}}{\partial t} \tag{12.3.5}$$

와 같이 되므로, 연속방정식을 만족한다는 것을 알 수 있다.

따라서 총 전하밀도(ρ)는 다음과 같이 두 부분으로 분류할 수 있다.

$$\rho = \rho_{자유} + \rho_{속박} = \rho_{자유} - \vec{\nabla} \cdot \vec{P} \tag{12.3.6}$$

마찬가지로 전류밀도는 세 부분으로 나눌 수 있다.

$$\vec{J} = \vec{J}_{자유} + \vec{J}_{속박} + \vec{J}_{편극} = \vec{J}_{자유} + \vec{\nabla} \times \vec{M} + \frac{\partial \vec{P}}{\partial t} \tag{12.3.7}$$

따라서 식 (2.6.13)으로 주어진 가우스의 법칙은 다음과 같이 쓸 수 있다.

$$\vec{\nabla} \cdot \vec{E} = \frac{1}{\epsilon_0}(\rho_{자유} - \vec{\nabla} \cdot \vec{P}) \Rightarrow \vec{\nabla} \cdot (\epsilon_0 \vec{E} + \vec{P}) = \vec{\nabla} \cdot \vec{D} = \rho_{자유} \quad (12.3.8)$$

$$\vec{D} = \epsilon_0 \vec{E} + \vec{P} \quad (12.3.9)$$

한편 맥스웰에 의하여 수정된 앙페르의 법칙인 식 (12.2.3)은 다음과 같이 쓸 수 있다.

$$\vec{\nabla} \times \vec{B} = \mu_0 (\vec{J}_{자유} + \vec{\nabla} \times \vec{M} + \frac{\partial \vec{P}}{\partial t}) + \mu_0 \epsilon_0 \frac{\partial \vec{E}}{\partial t} \quad (12.3.10)$$

또는 다음과 같다.

$$\vec{\nabla} \times (\frac{1}{\mu_0}\vec{B} - \vec{M}) = \vec{J}_{자유} + \frac{\partial \vec{P}}{\partial t} + \epsilon_0 \frac{\partial \vec{E}}{\partial t} \qquad (\vec{D} = \epsilon_0 \vec{E} + \vec{P}) \quad (12.3.11)$$

$$= \vec{J}_{자유} + \frac{\partial \vec{D}}{\partial t}$$

또는

$$\vec{\nabla} \times \vec{H} = \vec{J}_{자유} + \frac{\partial \vec{D}}{\partial t} \qquad (\vec{H} = \frac{1}{\mu_0}\vec{B} - \vec{M}) \quad (12.3.12)$$

패러데이 법칙과 $\vec{\nabla} \cdot \vec{B} = 0$은 ρ 또는 $\vec{J}$와 관련이 없으므로 전하와 전류를 위에서처럼 자유전하와 속박전하, 자유전류와 속박전류로 분류하여도 모양은 변화가 없다.

이제 식 (12.2.11)로 주어진 맥스웰 방정식을 실험자가 자유로이 조절할 수 있는 자유전하와 자유전류만을 사용하여 나타내면 식 (12.3.13)과 같다.

$\vec{\nabla} \cdot \vec{D} = \rho_{자유}$	가우스의 법칙	(12.3.8)	(12.3.13)
$\vec{\nabla} \cdot \vec{B} = 0$	단일자극은 없다.	(7.4.1)	
$\vec{\nabla} \times \vec{E} = -\frac{\partial \vec{B}}{\partial t}$	패러데이 법칙	(10.1.7)	
$\vec{\nabla} \times \vec{H} = \vec{J}_{자유} + \frac{\partial \vec{D}}{\partial t}$	맥스웰이 수정한 앙페르 법칙	(12.3.12)	

이러한 맥스웰 방정식은 모든 거시적 상황에 적용되며, 시간에 따라 변하는 경우에도 적용된다. 또한 비선형, 비등방성 및 비가역성 매질을 포함하는 모든

매질에 대해서도 유효하다. 특히 매질의 전기 및 자기적 성질이 선형매질인 경우, $\vec{P}$, $\vec{M}$, $\vec{D}$ 및 $\vec{H}$는 다음과 같다.

$$\vec{P}=\epsilon_0\chi_{\text{전기}}\vec{E}\,,\qquad \vec{M}=\epsilon_0\chi_{\text{자기}}\vec{H} \tag{12.3.14}$$

$$\vec{D}=\epsilon\vec{E}\,,\qquad \vec{H}=\frac{1}{\mu}\vec{B} \tag{12.3.15}$$

여기서 $\epsilon=\epsilon_0(1+\chi_{\text{전기}})$, $\mu=\mu_0(1+\chi_{\text{자기}})$ 이다. 지금까지 정의된 물리량들 사이의 관계는 그림 12.4와 같이 표현할 수 있을 것이다.

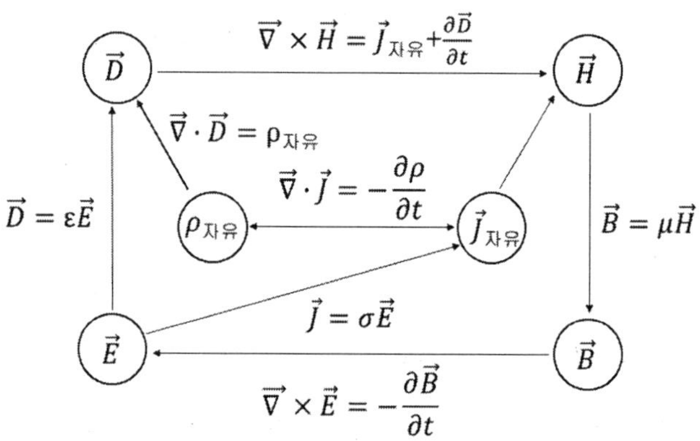

그림 12.4 물리량들 사이의 관계

12.4 전자기 에너지

일정한 전하분포로 이뤄진 계의 정전 위치에너지는

$$U_E=\frac{1}{2}\int_V\vec{E}\cdot\vec{D}dv \tag{12.4.1}$$

와 같이 표현되는데 이는 전하들을 쿨롱 힘에 거슬러 해주는 일을 계산하여 얻어졌으며, $\vec{E}$는 전하분포가 만드는 전기장이다. 한편 자기장 내에 저장된 에너지는

$$U_M = \frac{1}{2}\int_V \vec{H}\cdot\vec{B}\,dv \qquad (12.4.2)$$

와 같다. 따라서 전자기장에 저장된 총에너지는

$$U_{total} = \frac{1}{2}\int_V (\vec{E}\cdot\vec{D} + \vec{H}\cdot\vec{B})\ dv \qquad (12.4.3)$$

와 같이 표현된다.

이제 식 (12.4.1)과 식 (12.4.2)가 시간에 의존하는 상황((=Non static situations)에도 적용 가능한지에 대해 알아보고자 한다. 따라서 지금부터는 전기역학(electrodynamics)에 대한 에너지 보존법칙과 관련된 전자기 에너지에 대한 표현식을 구하고자 한다. 일반적으로 역학(dynamics)이라는 용어가 사용되는 경우, 시간에 의존하는 물리량을 포함하게 된다.

시각 t에 전하분포가 만드는 전기장을 $\vec{E}$, 전류분포가 만드는 자기장을 $\vec{B}$라고 하고 전자기장 내에서 dt 시간 동안에 전하들이 속도 $\vec{v}$로 운동하는 경우, dt 시간 동안에 전자기력이 전하들에 해 준 일은 얼마인가?에 대해 알아보자. 전자기장 내에서 운동 중인 전하들이 받는 로렌츠 힘($\vec{F}$)이 전하 dq에 한 일(dW)은

$$dW = \vec{F}\cdot d\vec{l} = dq(\vec{E} + \vec{v}\times\vec{B})\cdot\vec{v}dt = \vec{E}\cdot\vec{v}\,dq\,dt \qquad (12.4.4)$$

$$= \vec{E}\cdot\vec{v}\,\rho\,d\tau\,dt$$

$$= \vec{E}\cdot\vec{J}d\tau\,dt$$

와 같다. 식 (12.4.4)를 얻는 과정에서 $(\vec{v}\times\vec{B})\cdot\vec{v} = 0$, $dq = \rho d\tau$ 및 $\rho\vec{v} = \vec{J}$의 관계식이 이용되었으며, $d\tau$는 미소체적을 의미한다. 식 (12.4.4)의 양변을 dt로 나누면 로렌츠 힘이 단위 시간당 한 일(dW/dt)로서 $dW/dt = \vec{E}\cdot\vec{J}d\tau$ 이므로, 체적 V내의 모든 전하들에 대하여 한 총 일은

$$\frac{dW}{dt} = \int_V (\vec{E}\cdot\vec{J})d\tau \qquad (12.4.5)$$

와 같다. 식 (12.4.5)에서 적분인자 $\vec{E}\cdot\vec{J}$는 단위 부피에 단위 시간당 해준 일로서 단위 부피에 전해 준 일률을 의미한다. $\vec{E}\cdot\vec{J}$를 전기장 또는 자기장만으로 나타내기 위하여 다음과 같은 연산을 취한 후, 식 (12.4.6)에서 식 (12.4.7)을 빼

면 식 (12.4.8)이 얻어진다.

$$\vec{\nabla}\times\vec{E}=-\frac{\partial\vec{B}}{\partial t} \quad\Rightarrow\quad \vec{H}\cdot(\vec{\nabla}\times\vec{E})=-\vec{H}\cdot\frac{\partial\vec{B}}{\partial t} \tag{12.4.6}$$

$$\vec{\nabla}\times\vec{H}=\vec{J}+\frac{\partial\vec{D}}{\partial t} \quad\Rightarrow\quad \vec{E}\cdot(\vec{\nabla}\times\vec{H})=\vec{E}\cdot\vec{J}+\vec{E}\cdot\frac{\partial\vec{D}}{\partial t} \tag{12.4.7}$$

$$\vec{H}\cdot(\vec{\nabla}\times\vec{E})-\vec{E}\cdot(\vec{\nabla}\times\vec{H})=-\vec{H}\cdot\frac{\partial\vec{B}}{\partial t}-\vec{E}\cdot\frac{\partial\vec{D}}{\partial t}-\vec{E}\cdot\vec{J} \tag{12.4.8}$$

한편, 벡터 연산에 대한 항등식

$$\vec{\nabla}\cdot(\vec{F}\times\vec{G})=\vec{G}\cdot(\vec{\nabla}\times\vec{F})-\vec{F}\cdot(\vec{\nabla}\times\vec{G})$$

$$\Rightarrow\quad \vec{\nabla}\cdot(\vec{E}\times\vec{H})=\vec{H}\cdot(\vec{\nabla}\times\vec{E})-\vec{E}\cdot(\vec{\nabla}\times\vec{H})$$

을 이용하면, 식 (12.4.8)의 좌변은 $\vec{\nabla}\cdot(\vec{E}\times\vec{H})$와 같이 간단히 표현되므로 식 (12.4.8)은

$$\vec{\nabla}\cdot(\vec{E}\times\vec{H})=-\vec{H}\cdot\frac{\partial\vec{B}}{\partial t}-\vec{E}\cdot\frac{\partial\vec{D}}{\partial t}-\vec{E}\cdot\vec{J} \tag{12.4.9}$$

와 같이 표현된다.

선형이면서 시간에 의존하지 않는 매질에서 ϵ, μ는 상수이므로 전기변위($\vec{D}$)와 자화세기($\vec{H}$)는 다음과 같이 표현된다.

$$\vec{D}(t)\propto\vec{E}(t) \quad\Rightarrow\quad \vec{D}(t)=\epsilon\vec{E}(t) \qquad \epsilon\neq\epsilon(t) \tag{12.4.10}$$

$$\vec{B}(t)\propto\vec{H}(t) \quad\Rightarrow\quad \vec{B}(t)=\mu\vec{H}(t) \qquad \mu\neq\mu(t) \tag{12.4.11}$$

따라서 식 (12.4.10)과 식 (12.4.11)을 사용하면 식 (12.4.9)의 각 항들은

$$\vec{H}\cdot\frac{\partial\vec{B}}{\partial t}=\vec{H}\cdot\frac{\partial}{\partial t}(\mu\vec{H})=\frac{1}{2}\mu\frac{\partial}{\partial t}(\vec{H}\cdot\vec{H})=\frac{\partial}{\partial t}\frac{1}{2}(\vec{H}\cdot\vec{B}) \tag{12.4.12}$$

$$\vec{E}\cdot\frac{\partial\vec{D}}{\partial t}=\vec{E}\cdot\frac{\partial}{\partial t}(\epsilon\vec{E})=\frac{1}{2}\epsilon\frac{\partial}{\partial t}(\vec{E}\cdot\vec{E})=\frac{\partial}{\partial t}\frac{1}{2}(\vec{E}\cdot\vec{D}) \tag{12.4.13}$$

와 같이 표현된다. 따라서 식 (12.4.12)와 식 (12.4.13)을 사용하면 식 (12.4.9)의 우변은

$$\vec{\nabla}\cdot(\vec{E}\times\vec{H}) = -\frac{\partial}{\partial t}\frac{1}{2}(\vec{H}\cdot\vec{B}) - \frac{\partial}{\partial t}\frac{1}{2}(\vec{E}\cdot\vec{D}) - \vec{E}\cdot\vec{J} \tag{12.4.14}$$

$$= -\frac{\partial}{\partial t}\frac{1}{2}(\vec{E}\cdot\vec{D}+\vec{B}\cdot\vec{H}) - \vec{J}\cdot\vec{E}$$

와 같이 표현된다. 식 (12.4.14)에서 오른쪽의 첫 항은 단위 체적당 "전기 및 자기에너지의 합"에 대한 시간 미분을 의미하며, 둘째 항은 단위 체적당 "주울(Joule) 열 발생"을 의미한다. 한편, 식 (12.4.14)는 다음과 같이 쓸 수 있다.

$$\vec{J}\cdot\vec{E} = -\frac{\partial}{\partial t}\frac{1}{2}(\vec{E}\cdot\vec{D}+\vec{B}\cdot\vec{H}) - \vec{\nabla}\cdot(\vec{E}\times\vec{H}) \tag{12.4.15}$$

식 (12.4.15)를 식 (12.4.5)에 대입하고, 오른쪽의 둘째 항에 발산정리를 이용하면

$$\frac{dW}{dt} = \int_V (\vec{E}\cdot\vec{J})dv \tag{12.4.16}$$

$$= -\frac{d}{dt}\int_V \frac{1}{2}(\vec{E}\cdot\vec{D}+\vec{B}\cdot\vec{H})dv - \int_V \vec{\nabla}\cdot(\vec{E}\times\vec{H})dv$$

$$= -\frac{d}{dt}\int_V \frac{1}{2}(\vec{E}\cdot\vec{D}+\vec{B}\cdot\vec{H})dv - \oint_S (\vec{E}\times\vec{H})\cdot\hat{n}\,da$$

와 같이 표현된다. 여기서 S는 전체 체적 V를 감싸는 표면이며, 단위벡터 $\hat{n}$은 표면에 대해 수직 바깥 방향을 향한다. 식 (12.4.16)을 포인팅 정리(Poynting's theorem)라고 하며, 전기역학에서의 에너지 보존을 의미하는 "일-에너지 정리"이다. 식 (12.4.16)의 오른쪽 첫 항은 "전자기장에 저장된 에너지의 감소"를 의미하며, 오른쪽 둘째 항은 "체적 V속의 에너지가 전자기장에 실려 경계면 밖으로 단위 시간당 빠져나가는 에너지"를 의미한다.

전자기장에 실려 단위 시간당 단위면적을 빠져나가는 에너지는 포인팅 벡터($\vec{S}$)로 설명되며

$$\vec{S} = \vec{E}\times\vec{H} = \frac{1}{\mu}(\vec{E}\times\vec{B}) \tag{12.4.17}$$

와 같이 정의된다. 따라서 $\vec{S}\cdot\vec{da}$는 전자기장에 실려 단위시간 동안에 미소 면적 $\vec{da}$를 통하여 빠져나가는 에너지로서 에너지 흐름($\vec{S}$: 에너지 흐름밀도(energy flux density))을 의미한다. 미소 면적을 의미하는 $\vec{da}$의 방향은 da에 대해 수직 바깥을 나타낸다. 한편 단위체적당 에너지인 전자기장 에너지 밀도(u)는

$$u = \frac{1}{2}(\vec{E} \cdot \vec{D} + \vec{B} \cdot \vec{H}) \tag{12.4.18}$$

와 같이 정의된다. 포인팅 벡터($\vec{S}$)와 에너지 밀도(u)를 이용하여 포인팅 정리를 다시 표현하면

$$\frac{dW}{dt} = -\frac{d}{dt}\int_V u\,dv - \oint_S \vec{S} \cdot \vec{da} \quad (\vec{da} = \hat{n}da) \tag{12.4.19}$$

와 같다. 체적 V 내의 전하들에 일을 해 주지 않는 경우의 한 예로서 전하가 없는 진공에서는 $dW/dt = 0$이므로 식 (12.4.19)는

$$\int_V \frac{\partial u}{\partial t} dv = -\oint_S \vec{S} \cdot \vec{da} = -\int_V \vec{\nabla} \cdot \vec{S} dv \tag{12.4.20}$$

와 같이 되며, 이로부터

$$\frac{\partial u}{\partial t} = -\vec{\nabla} \cdot \vec{S} \tag{12.4.21}$$

와 같은 관계식이 얻어진다. 식 (12.4.21)은 일종의 "에너지에 대한 연속방정식"으로 전자기 에너지가 국소적으로 보존됨을 의미한다. 한편 식 (12.4.14)를 포인팅 벡터를 사용하여 다시 쓰면

$$\vec{\nabla} \cdot (\vec{E} \times \vec{H}) = -\frac{\partial}{\partial t}\frac{1}{2}(\vec{E} \cdot \vec{D} + \vec{B} \cdot \vec{H}) - \vec{J} \cdot \vec{E} \tag{12.4.14}$$

$$\Rightarrow \quad \vec{\nabla} \cdot \vec{S} + \frac{\partial u}{\partial t} = -\vec{J} \cdot \vec{E} \tag{12.4.22}$$

와 같으며, 식 (12.4.22)의 의미는 다음과 같다.

① $\vec{\nabla} \cdot \vec{S} = 0$ 이면 $\vec{J} \cdot \vec{E} + \frac{\partial u}{\partial t} = 0$: 국소적으로 에너지가 보존됨을 의미하며, 단위 체적당 전자기장에 저장된 에너지의 변화율($= \frac{\partial u}{\partial t}$)은 단위 체적당 발생된 주울 열과 같다. 여기서 국소적이라는 의미는 물리적 관심이 있는 특정

영역을 의미한다. 또한 $\vec{\nabla} \cdot \vec{S} = 0$ 의 의미는 특정 영역을 빠져나가는 에너지가 없다는 의미이므로 에너지 보존을 내포하고 있다고 볼 수 있다.

② $\vec{\nabla} \cdot \vec{S} \neq 0$ 이고 $\vec{J} \cdot \vec{E} = 0$: 비전도성 물질에서 $|\vec{J}| = 0$ 이므로, $\vec{\nabla} \cdot \vec{S} + \frac{\partial u}{\partial t} = 0$ 이 된다. 이는 단위 체적당 전자기장에 저장된 에너지의 감소율($-\frac{\partial u}{\partial t}$)은 전자기장에 실려 표면을 통하여 단위 시간당 단위 면적당 빠져나가는 에너지와 같다. 식 (12.4.22)의 물리적 의미를 알아보기 위해서는 예제 2를 참조하기 바란다.

예제 2

전류 I가 반경이 R인 도선을 따라 흐르면, 전자기적 일이 행해지며 이는 도선에서의 주울 열로서 나타난다. 포인팅 벡터의 개념을 사용하여 도선에 전달된 단위 시간당의 에너지를 구하라. 단, 도선의 중심축은 원통좌표의 중심축과 일치한다.

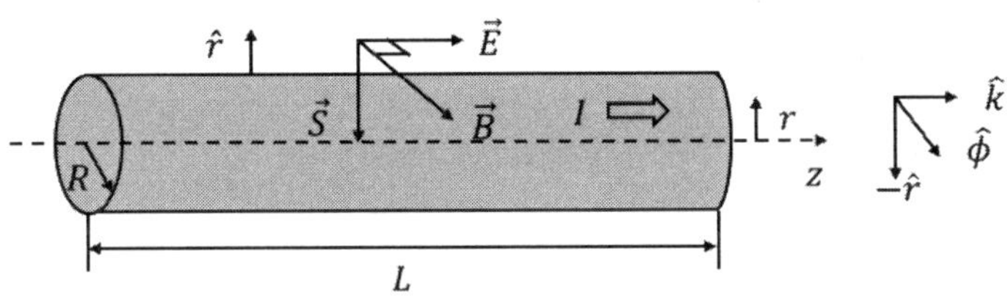

그림 12.5 전류 I가 흐르는 도선

해답

도선의 길이가 L, 도선 양끝 사이의 전위차가 V이고 전기장이 균일하다고 가정하면 도선과 평행한 전기장의 크기는 $|\vec{E}| = V/L$와 같다. 전류 I가 만드는 도선 표면에서의 자기장은 도선을 감싸는 방향으로

$$\vec{B} = \frac{\mu_0 I}{2\pi R}\hat{\phi} \tag{12.4.23}$$

와 같다. 이로부터 포인팅 벡터를 구하면,

$$\vec{S} = \vec{E} \times \vec{H} = \frac{1}{\mu_0}(\vec{E} \times \vec{B}) = \frac{1}{\mu_0}\left(\frac{V}{L}\hat{k} \times \frac{\mu_0 I}{2\pi R}\hat{\phi}\right) = \frac{VI}{2\pi RL}(-\hat{r}) \tag{12.4.24}$$

이 되며, 방향은 도선의 중심을 향하는 방향($-\hat{r}$)이다. 참고로, $\hat{k} \times \hat{\phi} = -\hat{r}$ 이다. 따라

서 도선의 표면을 통하여 유입되는 단위시간당 에너지는

$$\int \vec{S} \cdot \vec{n}\, da = S(2\pi RL) = \left(\frac{VI}{2\pi RL}(-\hat{r})\right) \cdot (2\pi RL\hat{r}) = -VI \tag{12.4.25}$$

와 같으므로, 유입된 에너지는 주울 열($P = VI$)로서 방출된다는 것을 알 수 있다.

12.5 파동방정식

맥스웰이 수정한 앙페르의 법칙인 식 (12.5.1)에서 변위전류($\partial \vec{D}/\partial t$)는 실질적으로 시간에 따른 전기장의 변화를 의미하므로, 변위전류의 존재는 파동과 빛이 전자기학에서 다뤄질 내용이라는 것을 알 수 있다. 맥스웰 방정식의 가장 중요한 결과 중의 하나는 전자기파에 대한 파동방정식의 유도라고 볼 수 있으며, 맥스웰 방정식들은

$$\vec{\nabla} \times \vec{H} = \vec{J} + \frac{\partial \vec{D}}{\partial t} \quad \Rightarrow \quad \vec{\nabla} \times \vec{B} = \mu g \vec{E} + \mu\epsilon \frac{\partial \vec{E}}{\partial t} \tag{12.5.1}$$

$$\vec{\nabla} \times \vec{E} = -\frac{\partial \vec{B}}{\partial t} \tag{12.5.2}$$

$$\vec{\nabla} \cdot \vec{D} = \rho \tag{12.5.3}$$

$$\vec{\nabla} \cdot \vec{B} = 0 \tag{12.5.4}$$

와 같이 1차 미분방정식의 형태로 $\vec{H}$(또는 $\vec{B}$)와 $\vec{E}$가 서로 결합되어 있다. 식 (12.5.1) 및 식 (12.5.2)의 양변에 $\vec{\nabla}\times$을 취해줌으로써 $\vec{E}$와 $\vec{H}$를 서로 분리할 수 있으며, 이러한 분리를 통하여 $\vec{H}$와 $\vec{E}$에 대한 파동방정식을 구할 수 있다. 우선 $\vec{H}$에 대한 파동방정식을 구하기 위하여 식 (12.5.1)의 양변에 $\vec{\nabla}\times$을 취하면,

$$\vec{\nabla} \times (\vec{\nabla} \times \vec{H}) = \vec{\nabla} \times \vec{J} + \vec{\nabla} \times \frac{\partial \vec{D}}{\partial t} \tag{12.5.5}$$

와 같이 된다. 선형매질의 경우에 전기변위와 전류밀도는

$$\left.\begin{aligned} \vec{D} &= \epsilon \vec{E} \\ \vec{J} &= g\vec{E} \end{aligned}\right] \quad (\epsilon,\ g = \text{상수}) \tag{12.5.6}$$

와 같이 표현되므로, 식 (12.5.6)을 식 (12.5.5)에 대입하면, 식 (12.5.5)는

$$\vec{\nabla}\times(\vec{\nabla}\times\vec{H})=g(\vec{\nabla}\times\vec{E})+\epsilon\frac{\partial}{\partial t}(\vec{\nabla}\times\vec{E}) \tag{12.5.7}$$

와 같이 된다. 식 (12.5.7)에 식 (12.5.2)에서 주어진 $\vec{\nabla}\times\vec{E}=-\partial B/\partial t$을 대입하면, 식 (12.5.7)은

$$\vec{\nabla}\times(\vec{\nabla}\times\vec{H})=g(\vec{\nabla}\times\vec{E})+\epsilon\frac{\partial}{\partial t}(\vec{\nabla}\times\vec{E}) \tag{12.5.8}$$

$$=g(-\frac{\partial\vec{B}}{\partial t})+\epsilon\frac{\partial}{\partial t}(-\frac{\partial\vec{B}}{\partial t})=-g\mu\frac{\partial\vec{H}}{\partial t}-\epsilon\mu\frac{\partial^2\vec{H}}{\partial t^2}$$

와 같이 이차 미분방정식이 된다. 한편 식 (12.5.8)의 왼쪽 항은 벡터 연산을 이용하면

$$\vec{\nabla}\times(\vec{\nabla}\times\vec{H})=\vec{\nabla}(\vec{\nabla}\cdot\vec{H})-\nabla^2\vec{H} \tag{12.5.9}$$

$$=\vec{\nabla}(\frac{1}{\mu}\vec{\nabla}\cdot\vec{B})-\nabla^2\vec{H}=-\nabla^2\vec{H}$$

와 같이 표현되므로, 식 (12.5.8)은

$$\nabla^2\vec{H}-g\mu\frac{\partial\vec{H}}{\partial t}-\epsilon\mu\frac{\partial^2\vec{H}}{\partial t^2}=0 \tag{12.5.10}$$

와 같이 되어 자화세기 $\vec{H}$(일종의 자기파)에 대한 파동방정식이 된다. 한편, $\vec{E}$에 대한 2차 미분방정식은 식 (12.5.2)에 $\vec{\nabla}\times$ 을 취하여 다음과 같은 과정을 거쳐 정리하면 식 (12.5.11)이 얻어진다.

$$\vec{\nabla}\times(\vec{\nabla}\times\vec{E})=\vec{\nabla}(\vec{\nabla}\cdot\vec{E})-\nabla^2\vec{E}=\vec{\nabla}\times(-\frac{\partial\vec{B}}{\partial t})$$

$$\vec{\nabla}(\vec{\nabla}\cdot\vec{E})-\nabla^2\vec{E}=-\frac{\partial}{\partial t}(\vec{\nabla}\times\vec{B})=-\frac{\partial}{\partial t}(\vec{\nabla}\times\mu\vec{H})$$

$$=-\mu\frac{\partial}{\partial t}(\vec{\nabla}\times\vec{H})=-\mu\frac{\partial}{\partial t}(\vec{J}+\frac{\partial\vec{D}}{\partial t})$$

$$\vec{\nabla}(\vec{\nabla}\cdot\vec{E})-\nabla^2\vec{E}=-\mu\frac{\partial}{\partial t}(g\vec{E}+\frac{\partial}{\partial t}(\epsilon\vec{E})) \tag{12.5.11}$$

$$=-g\mu\frac{\partial\vec{E}}{\partial t}-\mu\epsilon\frac{\partial^2\vec{E}}{\partial t^2}$$

현재 우리의 주된 관심사는 전기장을 만들어내는 전하가 있는 영역이 아니라, 어디에선가 만들어진 전기장을 관측하는 관측점에서의 전기장의 특성에 대해서 알아보는 것이다. 따라서 관측점은 전하가 없는 곳에 있으므로, 식 (12.5.11)을 전하가 없는 영역($\overrightarrow{\nabla} \cdot \overrightarrow{E} = 0$)에 국한시켜 문제를 풀어나가도 이상할 것이 전혀 없으며, 관측점에서의 전기장에 대한 파동방정식이 다음과 같이 얻어진다.

$$\nabla^2 \overrightarrow{E} - g\mu \frac{\partial \overrightarrow{E}}{\partial t} - \epsilon\mu \frac{\partial^2 \overrightarrow{E}}{\partial t^2} = 0 \qquad (12.5.12)$$

위에서 얻어진 파동방정식은 매질의 전도성에 관계없이 전하밀도가 “0”인 균질 선형매질에서의 전기장과 자기장에 대해 성립한다. 자유공간 속에서 $g = 0$, $\mu = \mu_0$, $\epsilon = \epsilon_0$ 이므로, 식 (12.5.12)는 다음과 같이 표현된다.

$$\nabla^2 \overrightarrow{E} - \mu_0\epsilon_0 \frac{\partial^2 \overrightarrow{E}}{\partial t^2} = \nabla^2 \overrightarrow{E} - \frac{1}{c^2} \frac{\partial^2 \overrightarrow{E}}{\partial t^2} = 0 \quad \left(\mu_0\epsilon_0 = \frac{1}{c^2}\right) \qquad (12.5.13)$$

물론 식 (12.5.10)에 자유공간 속에서 $g = 0$, $\mu = \mu_0$, $\epsilon = \epsilon_0$ 을 대입하면 식 (12.5.13)과 같은 형태의 자화세기($\overrightarrow{H}$)에 대한 파동방정식이 얻어진다. 참고로 3차원 공간 내에서 속력 v 로 진행하는 파에 대한 파동방정식은 식 (12.5.14)와 같이 주어진다.

$$\nabla^2 f(x,y,z,t) - \frac{1}{v^2} \frac{\partial^2 f(x,y,z,t)}{\partial t^2} = 0 \qquad (12.5.14)$$

식 (12.5.14)는 스칼라 파동방정식이고 식 (12.5.13)에서 전기장 $\overrightarrow{E}$는 벡터 형이지만 2차 미분방정식은 같은 형태이므로, 식 (12.5.13)은 전기장 $\overrightarrow{E}$가 c의 속력으로 전파된다는 것을 의미한다.

$$c = \frac{1}{\sqrt{\mu_0\epsilon_0}} = \frac{1}{\sqrt{4\pi \times 10^{-7} \times 8.85 \times 10^{-12})}} = 3 \times 10^8 \quad (m/s) \qquad (12.5.15)$$

이는 맥스웰이 앙페르의 법칙에 변위전류 항을 추가했기 때문에 자유공간 속을 일정한 속력 c 로 전파하는 전자기파의 존재와 함께 전자기파의 속력을 예측할 수 있었다. 여기서 흥미로운 사실은 ϵ_0 는 쿨롱법칙에서, μ_0 는 비오-사바르 법칙에서 나왔으며, 빛과는 전혀 상관이 없는 실험에서 측정된다. 그런데 맥스웰 이론에 의하여 ϵ_0 와 μ_0 을 이용하여 빛의 속력을 얻을 수 있었다. 수정된 앙페르 법칙에 있는 맥스웰 항

$(\mu_0\epsilon_0\partial\vec{E}/\partial t)$이 없었다면 파동방정식이 나오지 않았을 것이고, 빛에 대한 전자기 이론도 없었을 것이다. 한편, 진공 중에서 전자기파는 진동수와 상관없이 전파속도가 일정하다는 것을 식 (12.5.15)를 통하여 알 수 있다.

지금까지는 맥스웰 방정식을 이용하여 파동방정식을 세웠는데, 파동방정식을 풀어 해를 구하는 방법에 대하여 알아보자. 또한 간단히 하기 위해 진동수가 1개인 단색 평면파를 이용하고자 한다. 시간과 공간에 따라 단일진동수를 가지고 주기적으로 변하는 파동은 사인함수(또는 코사인 함수)를 이용하거나 복소수를 이용할 수 있는데, 2개 이상의 파를 더하거나 빼는 경우 복소수를 이용하는 것이 훨씬 편리하므로 복소수를 이용하여 설명하도록 한다.

복소수를 이용하면 각 진동수 ω를 가지고 시간에 따라 주기적으로 변하는 전기장의 시간 의존은 $e^{-i\omega t}$와 같이 주어지므로, 전기장은

$$\vec{E}(\vec{r},t)=\vec{E}(\vec{r})e^{-i\omega t} \qquad (\vec{E}(\vec{r})\text{: 복소수}) \tag{12.5.16}$$

와 같이 표현되며, 여기서 $\vec{E}(\vec{r})$은 초기위상 때문에 복소수이다. 모든 물리량은 실수로 표현하는 것이 관례이므로 전기장은 식 (12.5.16)에서 실수부를 택하여 얻어진다. 따라서 물리적으로 의미있는 실제의 전기장은 $\cos(\omega t+\phi)$에 비례하며, ϕ는 $t=0$일 때 $\vec{E}(\vec{r})$의 초기위상을 의미한다.

식 (12.5.16)을 식 (12.5.12)에 대입하면

$$e^{-i\omega t}(\nabla^2\vec{E}+\omega^2\mu\epsilon\vec{E}+i\omega g\mu\vec{E})=0 \tag{12.5.17}$$

와 같이 되는데 이는 공간에서 전기장의 변화를 기술해주는 미분방정식이다.

다음 절에서는 식 (12.5.17)을 이용하여 비전도성 매질에서의 단색 평면파의 진행특성에 대해 알아볼 것이다.

12.6 비전도성 매질에서의 단색 평면파

A. 자유 공간 내에서의 전기장의 전파특성

매질이 자유공간인 경우, $\mu=\mu_0$, $\epsilon=\epsilon_0$, $g=0$ 이므로, 식 (12.5.17)은

$$\left.\begin{array}{r}\nabla^2\vec{E}+\omega^2\mu_0\epsilon_0\vec{E}=0\\ \mu_0\epsilon_0=\dfrac{1}{c^2}\end{array}\right\}\quad\Rightarrow\quad\nabla^2\vec{E}+\frac{\omega^2}{c^2}\vec{E}=0 \tag{12.6.1}$$

와 같이 된다. $\vec{E}(\vec{r})$ 이 z 만의 함수이고 x, y 에 무관한 경우, 식 (12.6.1)은

$$\frac{d^2\vec{E}(z)}{dz^2}+(\frac{\omega}{c})^2\vec{E}(z)=0 \tag{12.6.2}$$

와 같이 z 만의 2차 미분방정식으로 표현된다. 한편, 식 (12.6.2)에 대한 해는 일반적으로

$$\vec{E}(z)=\vec{E}_0e^{\pm ik_0z}\quad (k_0=\omega/c\ \ :\text{진공에서의 파수벡터}) \tag{12.6.3}$$

와 같이 주어진다. 식 (12.6.3)을 시간에 따른 전기장의 해와 함께 쓰면

$$\vec{E}(z,t)=\vec{E}_0e^{-i(\omega t\mp k_0z)}\quad\Rightarrow\quad\vec{E}(z,t)=\vec{E}_0\cos(\omega t\mp k_0z) \tag{12.6.4}$$

와 같이 되며, 이는 $\pm z$ 방향으로 전파속도 c 로 진행하는 정현파를 나타낸다. 마찬가지로 $\pm z$ 방향으로 진행하는 자기장에 대해서도 다음과 같이 표현된다.

$$\vec{B}(z,t)=\vec{B}_0\cos(\omega t\mp k_0z) \tag{12.6.5}$$

B. 비전도성 매질 내에서의 전기장과 자기장의 전파특성

전기전도도 g가 "0"인 매질 속을 빛이 진행하는 경우, 매질은 빛의 에너지를 흡수하지 않기 때문에 에너지의 손실이 발생하지 않는다. 즉, 에너지의 손실이 없다는 것은 진행거리에 관계없이 전기장의 진폭이 일정하게 유지된다는 의미이다. 물론 이때, 자기장의 진폭도 일정하게 유지된다. $g=0$ 인 손실이 없는 비전도성 매질에서 $g=0$, $\mu=\mu$, $\epsilon=\epsilon$ 이므로 식 (12.5.12)는

$$\nabla^2\vec{E}-\mu\epsilon\frac{\partial^2\vec{E}}{\partial t^2}=\nabla^2\vec{E}-\frac{1}{v^2}\frac{\partial^2\vec{E}}{\partial t^2}=0 \tag{12.6.6}$$

와 같이 된다. 마찬가지로 자화세기에 대한 식 (12.5.10)도

$$\nabla^2\vec{H}-\epsilon\mu\frac{\partial^2\vec{H}}{\partial t^2}=\nabla^2\vec{H}-\frac{1}{v^2}\frac{\partial^2\vec{H}}{\partial t^2}=0 \tag{12.6.7}$$

와 같이 된다.

식 (12.6.6)과 식 (12.6.7)에 대한 방정식의 해를 각각

$$\vec{E}(z,t) = \vec{E}_o e^{-i(\omega t \mp kz)} = \vec{E}_o e^{-i(\omega t - kz)} \leftarrow (+)\ z\text{축 방향으로 진행} \tag{12.6.8}$$

$$\vec{B}(z,t) = \vec{B}_o e^{-i(\omega t \mp kz)} = \vec{B}_o e^{-i(\omega t - kz)} \leftarrow (+)\ z\text{축 방향으로 진행} \tag{12.6.9}$$

라고 가정하자. 물론 식 (12.6.7)이 자화세기($\vec{H}$)에 대한 파동방정식이지만 자화세기와 자기장 사이의 선형관계를 고려하면, 식 (12.6.7)에 대한 해를 식 (12.6.9)로 표현이 가능하다.

전자기파인 빛의 전기장과 자기장은 서로 위상이 같다(그림 12.6 참조). 즉, 전기장의 진폭이 가장 큰 순간에 자기장의 진폭도 가장 크고, 전기장의 진폭이 가장 작은 순간에 자기장의 진폭도 가장 작으므로 식 (12.6.8)과 식 (12.6.9)에서 전기장과 자기장에 대한 위상을 $(\omega t - kz)$와 같이 똑같게 표현하였다.

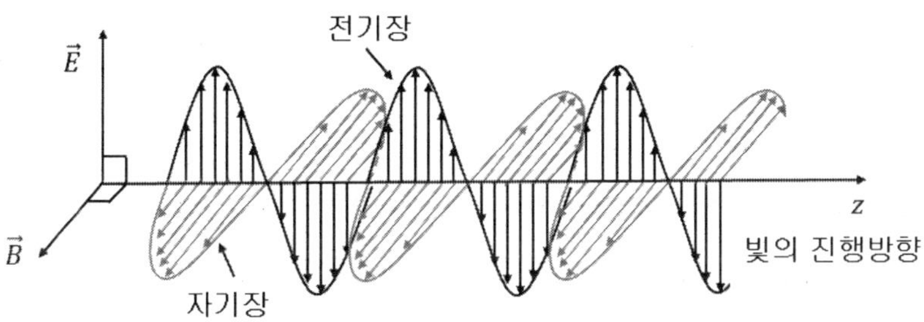

그림 12.6 전자기파인 빛의 진행방향 및 전기장과 자기장의 관계

맥스웰 방정식은 전기장과 자기장의 진폭 $\vec{E}_0$와 $\vec{B}_0$에 대한 구속조건을 부여하는데, 전하나 전류밀도가 존재하지 않으며 전기전도도가 "0"인 비전도성 매질 내에서의 맥스웰 방정식은

$$\vec{\nabla} \cdot \vec{E} = 0 \tag{12.6.10}$$

$$\vec{\nabla} \cdot \vec{B} = 0 \tag{12.6.11}$$

이 된다. 식 (12.6.10) 및 식 (12.6.11)에 파동방정식의 해인 식 (12.6.8)과 식 (12.6.9)를 각각 대입하면,

$$\vec{\nabla}\cdot\vec{E}=\vec{\nabla}\cdot(E_{0x}\hat{i}+E_{0y}\hat{j}+E_{0z}\hat{k})e^{-i(\omega t-kz)} \tag{12.6.12}$$
$$=\left(\hat{i}\frac{\partial}{\partial x}+\hat{j}\frac{\partial}{\partial y}+\hat{k}\frac{\partial}{\partial z}\right)\cdot(E_{0x}\hat{i}+E_{0y}\hat{j}+E_{0z}\hat{k})e^{-i(\omega t-kz)}$$
$$=\frac{\partial}{\partial z}\left(E_{0z}e^{-i(\omega t-kz)}\right)$$
$$=E_{0z}(ik)e^{-i(\omega t-kz)}$$
$$=0$$

와 같이 얻어진다. 식 (12.6.12)가 항상 성립하기 위해서는 빛의 진행 방향과 나란한 전기장의 성분인 E_{0z}가 "0"이어야 한다. 즉,

$$E_{0z}=0 \tag{12.6.13}$$

이는 전기장 $\vec{E}$가 진행 방향과 수직 성분만을 가진다는 것을 의미하므로, 이로부터 전기장 $\vec{E}$가 횡파라는 사실을 알 수 있다. 한편, $\vec{\nabla}\cdot\vec{B}=0$에 대해서도, 위와 같은 원리에 의하여

$$B_{0z}=0 \tag{12.6.14}$$

이 된다. 빛의 진행 방향에 대한 전기장과 자기장의 성분이 "0"이 되어 식 (12.6.13~14)로부터 전자기파인 빛이 횡파임을 알 수 있다. 따라서 진행 방향이 양(+)의 $z-$축 방향을 향하고, $z-$축과 수직인 파면을 가진 전기장은

$$\vec{E}(z)=(\vec{E}_{0x}\hat{i}+\vec{E}_{0y}\hat{j})e^{i(kz-\omega t)} \tag{12.6.15}$$

와 같이 표현된다.

전기장과 자기장에 대한 발산과는 별도로 회전(curl)으로부터는 전기장과 자기장이 서로 독립적인 것이 아니라 상호 연관되어 있음을 알 수 있으며, 이로부터 전기장과 자기장 사이의 진폭 관계를 구할 수 있다. 즉, $\vec{\nabla}\times\vec{E}=-\frac{\partial\vec{B}}{\partial t}$을 계산하면 식 (12.6.16~17)이 얻어진다.

$$\vec{\nabla}\times\vec{E}=\begin{vmatrix}\hat{i} & j & \hat{k}\\ \frac{\partial}{\partial x} & \frac{\partial}{\partial y} & \frac{\partial}{\partial z}\\ E_{0x}e^{-i(\omega t-kz)} & E_{0y}e^{-i(\omega t-kz)} & E_{0z}e^{-i(\omega t-kz)}\end{vmatrix} \tag{12.6.16}$$
$$=(-1)E_{0y}e^{-i(\omega t-kz)}(ik)\hat{i}+E_{0x}e^{-i(\omega t-kz)}(ik)\hat{j}$$

$$\frac{\partial \vec{B}}{\partial t} = (-i\omega)(B_{0x}e^{-i(\omega t - kz)}\hat{i} + B_{0y}e^{-i(\omega t - kz)}\hat{j}) \tag{12.6.17}$$

따라서 $\vec{\nabla} \times \vec{E} = -\frac{\partial \vec{B}}{\partial t}$ 의 관계식과 식 (12.6.16~17)로부터

$$-ikE_{0y} = i\omega B_{0x} \Rightarrow kE_{0y} = -\omega B_{0x} \Rightarrow B_{0x} = -\frac{k}{\omega}E_{0y} \tag{12.6.18}$$

$$ikE_{0x} = i\omega B_{0y} \Rightarrow kE_{0x} = \omega B_{0y} \Rightarrow B_{0y} = \frac{k}{\omega}E_{0x} \tag{12.6.19}$$

이 된다. 식 (12.6.18)과 (12.6.19)로부터

$$\vec{B}_0 = \frac{k}{\omega}\left(\hat{k} \times \vec{E}_0\right) = \frac{n}{c}\left(\hat{k} \times \vec{E}_0\right) \tag{12.6.20}$$

이 얻어지며, 이로부터 $\vec{B}_0$, $\vec{E}_0$ 그리고 $\hat{k}$는 서로 직각임을 알 수 있다. 또한 진공 중에서 이들의 크기를 비교하여 보면,

$$B_0 = \frac{k}{\omega}E_0 = \frac{n}{c}E_0 = \frac{E_0}{c} \ (\text{진공 중에서 } n = 1) \tag{12.6.21}$$

이 되어 자기장의 진폭이 전기장에 의존함을 알 수 있다.

12.7 경계조건

전자기적 성질이 서로 다른 두 매질의 경계면에서 전기장과 자기장이 만족해야 될 경계조건은 다음과 같은 적분형의 맥스웰 방정식으로부터 구해진다.

ⓐ $\int_V \vec{\nabla} \cdot \vec{B} dv = \oint_S \vec{B} \cdot d\vec{a} = 0$: 닫힌 곡면 S (12.7.1)

ⓑ $\int_V \vec{\nabla} \cdot \vec{D} dv = \int_V \rho dv \Rightarrow \oint_S \vec{D} \cdot d\vec{a} = Q_{enc}$: 닫힌 곡면 S (12.7.2)

ⓒ $\oint_C \vec{E} \cdot d\vec{l} = -\frac{d}{dt}\oint_S \vec{B} \cdot d\vec{a}$: 폐곡선 C로 둘러싸인 면 S (12.7.3)

ⓓ $\int_S (\vec{\nabla} \times \vec{H}) \cdot d\vec{a} = \oint_C \vec{H} \cdot d\vec{l}$

$\Rightarrow \oint_C \vec{H} \cdot d\vec{l} = I_{fenc} + \frac{d}{dt}\int_S \vec{D} \cdot d\vec{a}$: 폐곡선 C로 둘러싸인 면 S (12.7.4)

식 (12.7.1~4)를 실제 문제에 적용시키는 모든 경우, 경계면을 포함하게 된다. 어느 한 영역에서 맥스웰 방정식의 해를 구하기 위해서는 구하고자 하는 영역에 대해 맥스웰 방정식을 풀고, 경계조건을 적용하여 만족하는 해를 얻게 된다. 따라서 구하고자 하는 영역에서의 완전해를 얻기 위해서는 경계면에서 만족해야 될 경계조건에 대한 정보가 필요하므로, 전기장과 자기장이 경계면에서 만족해야 될 4개의 조건(경계면에 대한 전기장과 자기장의 수직 및 수평성분)에 대해서 알아보자.

A. 경계면에 수직한 자기장에 대한 경계조건

두 매질의 경계면에 수직인 자기장 성분이 만족해야 할 경계조건을 구하기 위하여 그림 12.7은 자기적 성질이 서로 다른 두 매질의 경계면에 걸쳐있는 알약 모양의 미소 체적을 나타낸 것이다.

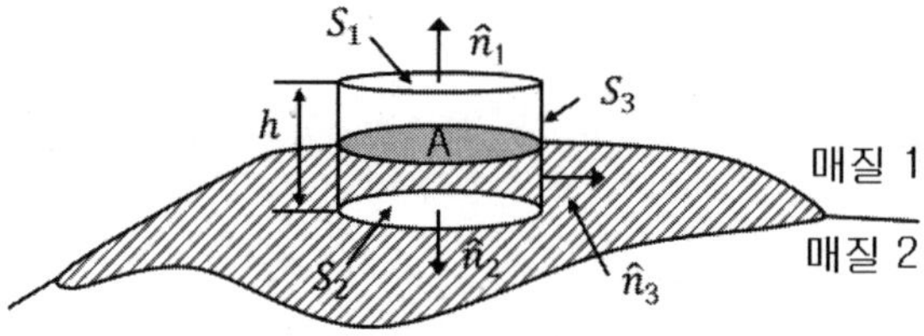

그림 12.7 두 매질의 경계면에 걸쳐있는 알약 모양의 미소 체적

정전기학이나 전기역학에서 만족하는 맥스웰 방정식인 식 (12.7.5)를 그림 12.7과 같은 알약 모양의 미소 체적에 적용하여 보자.

$$\vec{\nabla} \cdot \vec{B} = 0 \tag{12.7.5}$$

식 (12.7.5)의 좌변에 체적적분을 취하고 발산정리를 이용하면,

$$\int_V \vec{\nabla} \cdot \vec{B} dv = \oint_S \vec{B} \cdot d\vec{a} = 0 \tag{12.7.6}$$

와 같이 된다. 이를 그림 12.7의 알약 모양의 물체에 적용하면,

$$\oint_S \vec{B} \cdot \hat{n} da = \int_{S_1} \vec{B}_1 \cdot \hat{n}_1 da + \int_{S_2} \vec{B}_2 \cdot \hat{n}_2 da + \int_{S_3} \vec{B} \cdot \hat{n}_3 da = 0 \tag{12.7.7}$$

와 같이 된다. 전기장과 자기장이 경계면에서 만족해야 될 조건은 $h \to 0$인 극한의 경우에 해당되며, 이때 $S_1 \to S_2$이 되어 S_1과 S_2의 면적이 같아지는 동시에 $S_3 \to 0$이 된다. 따라서 식 (12.7.7)의 세 번째 항은

$$\lim_{h \to 0} \int_{S_3} \vec{B} \cdot \hat{n}_3 da = 0 \tag{12.7.8}$$

이 된다. 그림 12.7에서 $\hat{n}_1$과 $\hat{n}_2$의 방향이 서로 반대이므로 식 (12.7.7)로부터

$$\int_{S_1} \vec{B}_1 \cdot \hat{n}_1 da + \int_{S_2} \vec{B}_2 \cdot (-\hat{n}_1) da = 0 \ \Rightarrow \ B_{1n} = B_{2n} \tag{12.7.9}$$

와 같은 결과를 얻게 된다. 즉, 각 매질에서 경계면에 수직한 자기장의 법선성분은 연속이며, 이는 정적 자기장(static magnetic field)에 대한 결과와 같다.

B. 경계면에 나란한 전기장의 접선성분에 대한 경계조건

맥스웰 방정식 중의 하나인 $\vec{\nabla} \times \vec{E} = -\partial \vec{B}/\partial t$ 의 적분형은

$$\int_S \vec{\nabla} \times \vec{E} \cdot \hat{n} da = -\int_S \frac{\partial \vec{B}}{\partial t} \cdot \hat{n} da \tag{12.7.10}$$
$$\Rightarrow \oint_C \vec{E} \cdot d\vec{l} = -\frac{\partial}{\partial t} \int_S \vec{B} \cdot d\vec{a}$$

와 같은데, 이를 이용하여 경계면에 나란한 전기장의 접선성분에 대한 경계조건을 구할 수 있다. 식 (12.7.10)에서 폐곡선 C는 면적 S를 둘러싸는 곡선이다. 그림 12.8에 주어진 직사각형을 바탕으로 식 (12.7.10)의 왼쪽 항에 스토크 법칙을 적용하면,

$$lE_{1t} - lE_{2t} + h_1 E_{1n} + h_2 E_{2n} \tag{12.7.11}$$
$$- h_1 E_{1n} - h_2 E_{2n} = -\frac{\partial}{\partial t} \int B \cdot \vec{n} da$$

이 되며, 아래 첨자 1, 2는 매질 1과 2를 의미하며, t는 경계면에 평행, 그리고 n은 경계면에 수직을 의미한다.

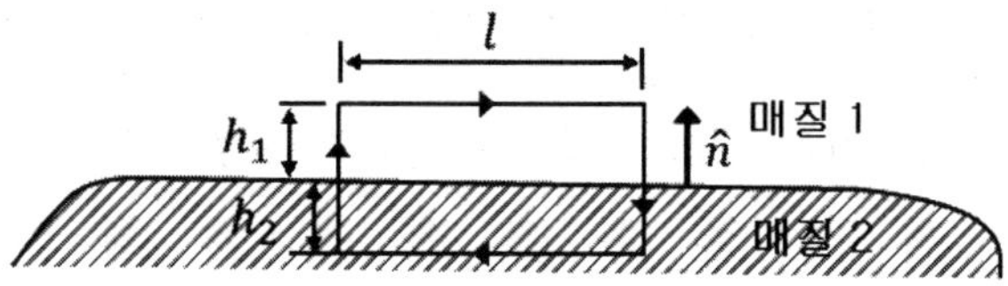

그림 12.8 두 매질의 경계면에 걸쳐있는 직사각형

앞에서 설명한 비와 같이 경계조건은 h_1 및 h_2이 "0"으로 가는 극한의 경우를 의미하므로 직사각형의 면적은 "0"이 된다. 따라서 직사각형을 통과하는 자기력선의 수는 "0"이 된다("$\partial \vec{B}/\partial t=$ 유한"이면 면적이 "0"이므로 식 (12.7.11)의 오른쪽 항은 "0"이 된다). 또한 식 (12.7.11)의 왼쪽 항에서 처음 2개의 항을 제외하고, 나머지 항들은 모두 "0"이 되므로,

$$lE_{1t} - lE_{2t} = 0 \quad \Rightarrow \quad E_{1t} = E_{2t} \tag{12.7.12}$$

와 같은 결과를 얻는다. 따라서 식 (12.7.12)로부터 경계면에 나란한 $\vec{E}$의 접선 성분은 경계면을 가로질러 연속적임을 알 수 있다.

C. 경계면에 수직인 전기변위에 대한 경계조건

경계면에 수직인 전기변위의 법선성분에 대한 경계조건은 좀 복잡하지만, 맥스웰 방정식 중의 하나인 $\vec{\nabla} \cdot \vec{D} = \rho$을 이용하여 구할 수 있다. 그림 12.7과 같은 알약 모양의 체적에 대하여 $\vec{\nabla} \cdot \vec{D} = \rho$을 적분하면,

$$\int_V \vec{\nabla} \cdot \vec{D}\, dv = \int_V \rho\, dv \quad \Rightarrow \quad \oint_S \vec{D} \cdot d\vec{a} = Q_{enc} \tag{12.7.13}$$

와 같은 결과를 얻으며, Q_{enc}는 폐곡면 내의 알짜 자유전하를 의미한다. 경계면 위에서 만족해야 할 조건은 h_1 및 h_2이 "0"인 극한인 경우로서, 알약 모양 상자의 옆 면적인 S_3는 "0"이 되고 체적 자유전하 밀도의 개념은 표면전하 밀도의 개념으로 바뀌게 된다. 따라서

$$D_{1n} - D_{2n} = \sigma \quad (\sigma \text{ : 경계면 위에서의 표면 자유전하 밀도}) \tag{12.7.14}$$

와 같은 결과를 얻는다. 이처럼 표면 자유전하 밀도가 존재하는 경우 전기변위

는 경계에서 불연속적이다. $\sigma \neq 0$인 경우는 복잡하여지는 면이 있으나, 전하보존을 의미하는

$$\overrightarrow{\nabla} \cdot \vec{J} = -\frac{\partial \rho}{\partial t} \tag{12.7.15}$$

에 주목하면 어느 정도 간단해지는데 아래와 같은 과정에 의해

$$\left.\begin{aligned} \int_V \overrightarrow{\nabla} \cdot \vec{J} dv &= \int_S \vec{J} \cdot \hat{n} da \\ -\int_V \frac{\partial \rho}{\partial t} dv &= -\int_S \frac{\partial \sigma}{\partial t} da \end{aligned}\right\} \Rightarrow \int_S \vec{J} \cdot \hat{n} da = -\int_S \frac{\partial \sigma}{\partial t} da$$

$$\Rightarrow J_{1n} - J_{2n} = -\frac{\partial \sigma}{\partial t} \tag{12.7.16}$$

와 같은 결과를 얻는다. 단일진동수(ω)를 가지는 전자기파만을 고려하면, 표면전하밀도 σ는 $e^{-i\omega t}$와 같이 변한다. 즉, $\sigma(\vec{r}, t) = \sigma(\vec{r}) e^{-i\omega t}$ 와 같이 표현되므로, 식 (12.7.16)의 오른쪽 항은 다음과 같다.

$$\frac{\partial \sigma(\vec{r}, t)}{\partial t} = -i\omega \sigma(\vec{r}, t) \tag{12.7.17}$$

와 같으므로 식 (12.7.16)은

$$J_{1n} - J_{2n} = i\omega \sigma(\vec{r}, t) \tag{12.7.18}$$

와 같이 표현된다. 따라서 식 (12.7.16)의 우변은 $i\omega\sigma$가 된다. 한편, 선형매질에서의 관계식 $\vec{D} = \epsilon \vec{E}$, $\vec{J} = g\vec{E}$를 식 (12.7.14)와 식 (12.7.18)에 대입하면,

$$\epsilon_1 E_{1n} - \epsilon_2 E_{2n} = \sigma \tag{12.7.19}$$

$$g_1 E_{1n} - g_2 E_{2n} = i\omega\sigma \tag{12.7.20}$$

와 같은 관계식이 얻어진다. 식 (12.7.19)와 식 (12.7.20)으로부터 $\sigma = 0$ 이라면,

$$\left.\begin{aligned} \epsilon_1 E_{1n} - \epsilon_2 E_{2n} &= 0 \\ g_1 E_{1n} - g_2 E_{2n} &= 0 \end{aligned}\right\} \Rightarrow \frac{\epsilon_1}{g_1} = \frac{\epsilon_2}{g_2} \quad (\sigma = 0) \tag{12.7.21}$$

와 같은 관계식이 얻어지는데 이는 적절히 취해진 물질들에 대해서 성립한다.

식 (12.7.19)와 식 (12.7.20)을 아래와 같은 몇몇 경우에 적용하여 보자.

ⓐ $g_1 = g_2 = 0$ (좋은 유전체) $\sigma = 0$: $\epsilon_1 E_{1n} = \epsilon_2 E_{2n} \quad \Rightarrow \quad D_{1n} = D_{2n}$

ⓑ $g_1 = g_2 = \infty$ (좋은 도체) $E_{1n} = E_{2n} = 0$: 실제로는 경계면이 없는 경우가 된다. 또한 전기전도도가 무한대이므로 매질 내에서의 전기장은 당연히 "0"이므로 특별히 물리적인 의미는 없다.

ⓒ $g_1, g_2 \neq \infty$, $\sigma \neq 0$: 가장 일반적인 경우로서 식 (12.7.18~19)에서 σ를 구해 대입하면 다음과 같다.

$$\epsilon_1 E_{1n} - \epsilon_2 E_{2n} = \frac{1}{i\omega}(g_1 E_{1n} - g_2 E_{2n}) = -\frac{i}{\omega}(g_1 E_{1n} - g_2 E_{2n})$$

$$\Rightarrow \quad (\epsilon_1 + i\frac{g_1}{\omega})E_{1n} - (\epsilon_2 + i\frac{g_2}{\omega})E_{2n} = 0$$

$$\Rightarrow \quad (\epsilon_1 + i\frac{g_1}{\omega})E_{1n} = (\epsilon_2 + i\frac{g_2}{\omega})E_{2n} \tag{12.7.22}$$

ⓓ $g_1 \neq \infty$, $g_2 = \infty$: 좋은 도체 내에서의 전기장은 "0"이므로, $E_{2n} = 0$ 이 된다. 따라서 이를 식 (12.7.19)에 대입하면

$$E_{1n} = \frac{\sigma}{\epsilon_1} \tag{12.7.23}$$

이 됨을 알 수 있다.

D. 경계면에 나란한 자화세기($\vec{H}$)에 대한 경계조건

두 매질의 경계면에 나란한 자화세기에 대한 경계조건은 맥스웰 방정식 중의 하나인 $\vec{\nabla} \times \vec{H} = \frac{\partial \vec{D}}{\partial t} + \vec{J}$ 을 적분하면 얻어진다. 그림 12.9(a)처럼 면적이 $(h_1 + h_2)l$인 직사각형에 대해 $\vec{\nabla} \times \vec{H}$를 면적분하면 식 (12.7.24)와 같이 표현되며, da는 앙페르 고리를 의미하는 직사각형 내의 미소 면적이다.

$$\int_S (\vec{\nabla} \times \vec{H}) \cdot d\vec{a} = \int_S (\frac{\partial \vec{D}}{\partial t} + \vec{J}) \cdot d\vec{a}$$

$$\rightarrow \int \vec{H} \cdot d\vec{l} = \int \left(\frac{\partial \vec{D}}{\partial t} + \vec{J}\right) \cdot d\vec{a} = \frac{\partial}{\partial t} \int \vec{D} \cdot d\vec{a} + \int \vec{J} \cdot d\vec{a} \qquad (12.7.24)$$

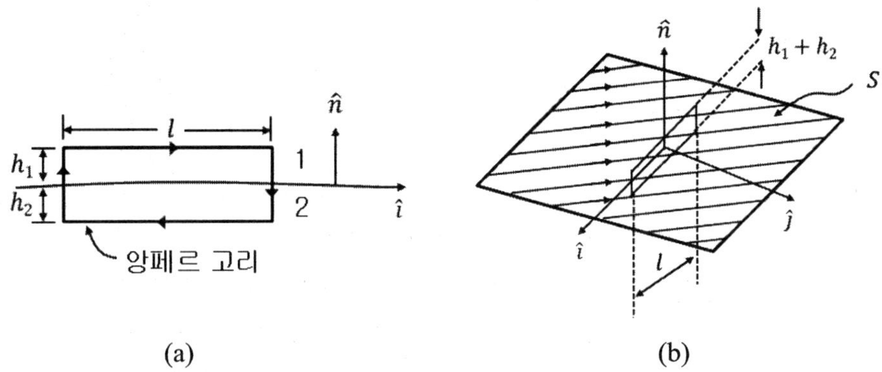

그림 12.9 자화세기에 대한 경계조건과 표면전류

그림 12.9(b)에서 면 S는 두 매질의 경계면을 나타내며, S에 수직한 단위벡터 $\hat{n}$은 식 (12.7.24)에서 적분표면 내에 있으며, 직사각형의 가로 길이 l은 세로 길이 $h_1 + h_2$에 비하여 매우 크다. 경계조건이라 하면 $h_1 + h_2 \rightarrow 0$인 경우를 의미하므로, 전기변위 $\vec{D}$가 앙페르 고리를 통과하는 양은 "0"이다. 따라서 식 (12.7.24)의 오른쪽은 다음과 같다.

$$\frac{\partial}{\partial t} \int \vec{D} \cdot d\vec{a} + \int \vec{J} \cdot d\vec{a} = 0 + \vec{J}_{\perp} \cdot l\hat{j} \qquad (12.7.25)$$

여기서 $\vec{J}_{\perp}$은 앙페르 고리면에 대해 수직이며, 그림 12.9(b)에서 단위벡터 $\hat{n}$, $\hat{i}$ 및 $\hat{j}$는 서로 수직이다. 식 (12.7.25)에서 적분 결과는 전류밀도 $\vec{J}$만이 기여하며, 앙페르 고리의 높이가 $h_1 + h_2 \rightarrow 0$인 경우에 식 (12.7.24)의 왼쪽 항은 다음과 같다.

$$\vec{H}_1 \cdot \vec{l} - \vec{H}_2 \cdot \vec{l} = I_{fenc} \quad \leftarrow \quad \vec{H}_1 \cdot l\hat{i} - \vec{H}_2 \cdot l\hat{i} = \vec{J}_{\perp} \cdot l\hat{j} \qquad (12.7.26)$$

여기서 I_{fenc}는 폐회로인 앙페르 고리가 감싸고 있는 자유 전도전류이다. 그림 12.9(b)에서 벡터 $\hat{n}$은 경계면에 수직한 단위벡터이므로, $\hat{i} = -\hat{n} \times \hat{j}$ 와 같다. 따라서 식 (12.7.26)은 다음과 같이 표현된다.

$$-(\vec{H}_1 - \vec{H}_2) \cdot l(\hat{n} \times \hat{j}) = \vec{J}_{\perp} \cdot l\hat{j} \quad \rightarrow (\vec{H}_1 - \vec{H}_2) \cdot (\hat{j} \times \hat{n}) = \vec{J}_{\perp} \cdot \hat{j} \qquad (12.7.27)$$

벡터 항등식 $\vec{A}\cdot(\vec{B}\times\vec{C})=\vec{B}\cdot(\vec{C}\times\vec{A})=\vec{C}\cdot(\vec{A}\times\vec{B})$ 인 관계를 이용하면, 식 (12.7.27)은

$$(\vec{H}_1-\vec{H}_2)\cdot(\hat{j}\times\hat{n})=\hat{j}\cdot[\hat{n}\times(\vec{H}_1-\vec{H}_2)]=\vec{J}_\perp\cdot\hat{j}$$

$$\rightarrow\quad \hat{n}\times(\vec{H}_1-\vec{H}_2)=\vec{J}_\perp \quad\rightarrow\quad H_{1t}-H_{2t}=J_\perp \tag{12.7.28}$$

와 같이 쓸 수 있으며, $J_\perp$은 수직방향의 표면전류 밀도에 대한 성분을 의미한다. 즉, 두 매질의 경계면 위에 있는 무한히 얇은 층에 표면전류가 존재하면, 자화세기 $\vec{H}$의 경계면에 나란한 성분은 자유 표면전류밀도에 비례하는 양만큼 불연속적이다. 표면전류밀도의 개념은 표면 전하밀도의 개념과 유사하며, 무한히 얇은 층에서 유한한 크기를 가지는 전류를 의미한다. 경계면에 자유전류가 없으면,

$$H_{1t}=H_{2t} \tag{12.7.29}$$

이 되므로, 자화세기가 경계면에 나란한 성분은 연속이다.

한쪽이 공기이고 다른 한쪽이 완전도체인 경우, 도체 내부에서의 전기장은 "0"이 되면서 자화세기도 "0"이 된다. 이 경우에 도체 표면에 표면전류 밀도가 존재하며, 공기 쪽에만 전기장과 자기장이 존재하게 되어 경계면에 걸쳐 자기장은 불연속적이다. 그림 12.9(a)에서 매질 2의 전기전도도가 무한대이면, $E_{2n}=0$ 이 된다. 즉, $g_2=\infty$ 이면, $E_{2n}=0$ 이 된다.

표면 전하밀도는 유전체, 완전도체 및 불완전 도체에서 실제로 존재할 수 있지만, 표면 전류밀도는 완전도체에서만 생각할 수 있다. 완전도체이면서 정적인 경우 전하밀도는 완전도체 표면에만 존재하며 $\vec{E}$와 $\vec{H}$사이에는 서로 연관성을 가지지 않는다. 즉, $\vec{E}$가 "0"이라고 해서 $\vec{H}$도 "0"이 되는 것은 아니다. 하지만, 시간에 따라 변하는 경우에는 $\vec{E}$가 "0"면, $\vec{H}$도 "0"이 된다.

보다 일반적인 경우에 대해서는 맥스웰 방정식

$$\vec{\nabla}\times\vec{H}=\frac{\partial\vec{D}}{\partial t}+\vec{J} \tag{12.7.30}$$

을 매질 2에 적용하면 알 수 있으며, 다음과 같은 결과가 얻어진다.

$$\vec{\nabla}\times\vec{H}_2-\frac{\partial\vec{D}_2}{\partial t}=\vec{J}_2 \tag{12.7.31}$$

매질 2가 선형매질인 경우, $\vec{D}_2 = \epsilon_2 \vec{E}_2$, $\vec{J}_2 = g_2 \vec{E}_2$와 같이 쓸 수 있으므로 $\vec{E}_2 \propto e^{-i\omega t}$ 을 이용하면, 식 (12.7.31)은

$$\left.\begin{aligned} \vec{\nabla} \times \vec{H}_2 - \frac{\partial \vec{D}_2}{\partial t} &= \vec{J}_2 \\ \vec{E}_2 &\propto e^{-i\omega t} \end{aligned}\right\}$$

$$\Rightarrow \vec{\nabla} \times \vec{H}_2 - \frac{\partial}{\partial t}(\epsilon_2 \vec{E}_2) = \vec{\nabla} \times \vec{H}_2 + i\omega \epsilon_2 \vec{E}_2 = g_2 \vec{E}_2 \tag{12.7.32}$$

와 같이 된다. 따라서 이로부터, $\vec{E}_2$를 구하면,

$$\vec{E}_2 = \frac{1}{g_2 - i\omega \epsilon_2} \vec{\nabla} \times \vec{H}_2 \tag{12.7.33}$$

와 같이 된다. $\vec{H}_2$가 유한하면서 미분가능하면 식 (12.7.33)은 $g_2 = \infty$ 인 매질 내에서 $\vec{E}_2 = 0$임을 의미한다. 한편 앞에서와 같은 방법으로 $\vec{H}_2$를 구해보면

$$\vec{\nabla} \times \vec{E} = -\frac{\partial \vec{B}}{\partial t} = \frac{\partial}{\partial t}(\mu \vec{H})$$

$$\Rightarrow \left.\begin{aligned} \vec{\nabla} \times \vec{E}_2 &= -\frac{\partial}{\partial t}(\mu_2 \vec{H}_2) \\ \vec{H}_2 &= \vec{H}_0 e^{-i\omega t} \end{aligned}\right\} \Rightarrow \vec{\nabla} \times \vec{E}_2 = -\frac{\partial}{\partial t}(\mu_2 \vec{H}_0 e^{-i\omega t}) = i\omega\mu_2 \vec{H}_2$$

$$\vec{H}_2 = \frac{1}{i\omega \mu_2} \vec{\nabla} \times \vec{E}_2 \tag{12.7.34}$$

와 같이 $\vec{H}_2$가 구해진다. 이는 $\vec{E}_2 = 0$이면, $\vec{H}_2 = 0$을 의미한다. $\vec{H}_2 = 0$인 경우에 한 매질의 전기전도도가 무한대인 경계면에서 $\vec{H}$의 접선 성분에 대한 경계조건은 식 (12.7.28)로부터

$$H_{1t} = j_{\perp} \tag{12.7.35}$$

와 같이 주어진다는 것을 알 수 있다. 앞에서 고려한 다양한 경계조건들을 정리하여 표 12.1에 나타내었다.

표 12.1 경계조건

g	E_t	D_n	H_t	B_n
$g_1 = g_2 = 0$ (좋은 유전체)	$E_{1t} = E_{2t}$ $(E_1^{//} = E_2^{//})$	$D_{1n} = D_{2n}$ $(\epsilon_1 E_1^{\perp} = \epsilon_2 E_2^{\perp})$	$H_{1t} = H_{2t}$ $(\frac{1}{\mu_1} B_1^{//} = \frac{1}{\mu_2} B_2^{//})$	$B_{1n} = B_{2n}$ $(B_1^{\perp} = B_2^{\perp})$
$g_2 = \infty$	$E_{2t} = 0$	$D_{2n} = 0$	$H_{2t} = 0$	$B_{2n} = 0$
(좋은 도체)	$E_{1t} = 0$	$D_{1n} = \sigma$	$H_{1t} = j_{\perp}$	$B_{1n} = 0$
$g_1, g_2 \neq \infty$	$E_{1t} = E_{2t}$	$(\epsilon_1 + i\frac{g_1}{\omega})E_{1n} = (\epsilon_2 + i\frac{g_2}{\omega})E_{2n}$	$H_{1t} = H_{2t}$	$B_{1n} = B_{2n}$

지금까지 논의된 경계조건들은 맥스웰 방정식을 적용시키는 데 있어 매우 유용하며, 실제로 모든 문제는 경계면이 포함되어 있다. 둘 또는 그 이상의 경계를 가진다면 각 영역에 대해 맥스웰 방정식을 푼 다음, 이들 해에 경계조건들을 적용하면 각 영역에서의 유일해가 얻어진다.

연습문제

01 반경 $R = 10\,[cm]$ 이며 서로 평행인 2개의 도체판으로 구성된 축전지가 있다. 두 도체판 사이의 전기장이 시간에 따라 일정하게 $dE/dt = 10^{13}\,[Vm^{-1}s^{-1}]$ 와 같이 변하도록 축전지가 충전되고 있다. 축전기의 두 금속판 사이에 생기는 변위전류와 함께, 축전지의 원형 금속판의 중심으로부터 거리 r 의 함수로 두 금속판 사이에 생긴 자기장을 구하시오. 단, 두 금속판 사이는 공기로 채워져 있으며, 가장자리 효과는 무시한다.

02 $R = 0.1\,[m]$, 간격 $d = 1\,[cm]$ 인 원형 평행판축전기가 $i = 1\,[C/s]$ 로 충전되고 있다. 축전기의 중심축으로부터 거리(r)에 대한 함수로서 자기장을 구하시오. 단, 축전기의 두 금속판 사이는 공기로 채워져 있다고 가정하고, 가장자리 효과는 무시한다.

03 전기용량이 $1\,[C]$ 인 원형 평행판축전기의 평행판 사이에 등방성이며 균질하며 유전율이 ϵ, 전기전도도가 g 인 불완전 유전체로 채워져 있다. 두 금속판 사이의 전위차가 $\Delta\phi$ 로 충전되어 있으며 외부와 고립되어 있다고 할 때, 다음 물음에 답하시오. ① 금속판 위의 전하량을 시간 t 의 함수로 나타내시오. ② 유전체를 통하여 흐르는 누설전류($I_{자유}$)를 구하시오. ③ 유전체에서의 변위전류를 구하시오. ④ 유전체에서의 자기장을 구하시오. 단, 가장자리 효과는 무시하며, 축전기는 xy 평면 위에 놓여 있다.

04 자유공간에서의 전기장이 $\vec{E}(x,t) = \hat{i}\,E_0\cos(kx - \omega t)$ 와 같다고 할 때, 이에 대응하는 자화세기 $\vec{H}(x,t)$ 와 k 를 구하시오. 단, 전자기파의 파장은 λ 이다.

05 양(+)의 $z-$축 방향으로 진행하는 전자기파에 대한 전기장이 $\vec{E}(z,t) = \hat{i}\,E_0\cos(kz - \omega t) + \hat{j}\,E_0\sin(kz - \omega t)$ (E_0 :일정)와 같다. 이에 대응하는 자기장 $\vec{B}(z,t)$ 와 포인팅 벡터 $\vec{S}(z,t)$ 를 구하시오.

참고자료

1. 김일곤, 이성수, 장기완, 물리광학, ㈜ 북스힐, 2017.
2. Foundations of Electromagnetic Theory, Reitz Milfords, Frederick J. Milford, 2nd ed. Addison-Wesley Publishing Company, 1975.
3. 전자기학, Arlon T. Asams, Jay Kyoon Lee(이재균) 지음, 유태훈, 허노정 옮김, 한빛 아카데미, 2013.
4. Introduction to electrodynamics, 제 4판 기초전자기학, 김진승 역, 도서출판 북스힐, 2014.
5. http://web.mit.edu/6.013_book/www/chapter1/1.4.html.
6. https://web.pa.msu.edu/people/duxbury/courses/phy481/Fall2009/Lecture24.pdf.
7. http://montoya.sdsmt.edu/ee382/lectures/382Lecture6.pdf.
8. https://view.officeapps.live.com/op/view.aspx?src=https%3A%2F%2Fhibp.ecse.rpi.edu%2F~connor%2Feducation%2FFields%2FLectures%2FFWI-Lec20YM.ppt&wdOrigin=BROWSELINK.

CHAPTER

13 전자기파의 전파

12장에서는 맥스웰 방정식에 대하여 알아보았는데, 4개의 맥스웰 방정식들은 정적인 전기장과 자기장은 물론 시간에 따라 변하는 전기장과 자기장에 대한 전자기 현상을 잘 설명해 준다. 특히 패러데이 법칙과 맥스웰의 변위전류에 대한 법칙을 결합하면 파동방정식이 얻어지고, 이 파동방정식의 해가 바로 우리가 알고 있는 전자기파이다.

13장에서는 맥스웰 방정식의 해인 전자기파와 그 특성, 예를 들면 전자기파의 전파, 감쇠, 분산, 편파, 반사 및 투과 등에 대해 알아보고자 한다. 전자기파가 어떻게 발생되고 매질에 어떻게 들어왔는지는 지에 대한 문제는 뒤로 미루고, 선형매질에서의 전자기파의 전파에 대해 알아보고자 한다. 이를 위해 매질의 전기적 특성에 기초하여 전도성이 없는 매질 및 전도성 매질에서의 전파특성을 알아본다.

13.1 파동방정식

13.1.1 단색 평면파

맥스웰 방정식을 이용하여 12장 5절에서 전기장과 자기장에 대한 파동방정식을 세웠는데, 파동방정식을 풀어 맥스웰 방정식의 해를 구하는 방법에 대하여 알아보자.

진동수가 1개이며 같은 평면 위에서 같은 위상을 가지는 전자기파를 단색 평면파라고 한다. 여기서는 문제를 간단히 하기 위해 단색 평면파를 이용하여 설명하고자 한다. 시간과 공간에 따라 1개의 진동수를 가지고 주기적으로 변하는 파동은 사인함수(또는 코사인 함수)를 이용하거나 복소수를 이용할 수 있는데, 2개 이상의 파를 더하거나 빼는 경우 복소수를 이용하는 것이 훨씬 편리하다.

전하나 전류가 없는 자유공간 내에서의 전기장과 자기장에 대한 파동방정식은

$$\nabla^2 \vec{E} - \frac{1}{c^2}\frac{\partial^2 \vec{E}}{\partial t^2} = 0 \tag{13.1.1}$$

$$\nabla^2 \vec{B} - \frac{1}{c^2}\frac{\partial^2 \vec{B}}{\partial t^2} = 0 \tag{13.1.2}$$

와 같이 표현되는데, 위의 두 식에 대한 방정식의 해를 각각

$$\vec{E}(z,t) = \vec{E}_0 e^{-i(\omega t \mp kz)} = \vec{E}_0 e^{i(kz-\omega t)} \quad \leftarrow (+)\ z\text{축 방향으로 진행하는 경우} \tag{13.1.3}$$

$$\vec{B}(z,t) = \vec{B}_0 e^{-i(\omega t \mp kz)} = \vec{B}_0 e^{i(kz-\omega t)} \quad \leftarrow (+)\ z\text{축 방향으로 진행하는 경우} \tag{13.1.4}$$

라고 가정하자. 전자기파인 빛은 전기장의 진폭이 가장 큰 순간에 자기장의 진폭도 가장 크고 전기장의 진폭이 가장 작은 순간에 자기장의 진폭도 가장 작으므로, 전기장과 자기장은 서로 위상이 같다(그림 13.1 참조). 따라서 식 (13.1.3)과 식 (13.1.4)에서 전기장과 자기장에 대한 위상($kz - \omega t$)을 똑같이 표현하였다.

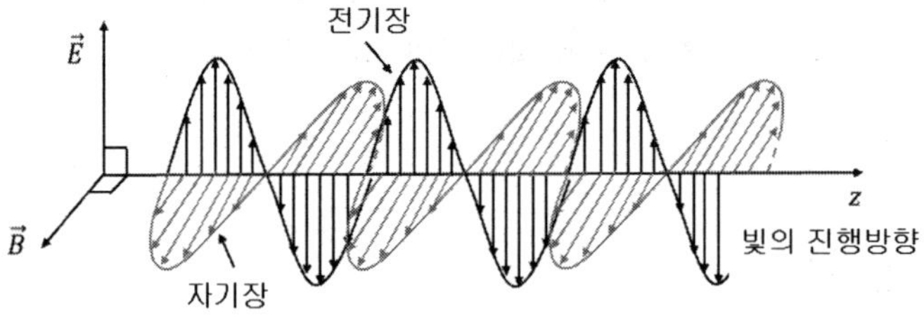

그림 13.1 전자기파인 빛의 진행방향 및 전기장과 자기장의 관계

양(+)의 $z-$ 축 방향으로 빛의 진행 방향을 나타내는 단위벡터 $\hat{k}$, 전기장과 자기장의 진폭 $\vec{E}_0$와 $\vec{B}_0$ 사이의 관계는

$$\vec{B}_0 = \frac{k}{\omega}\left(\hat{k}\times\vec{E}_0\right) = \frac{n}{c}\left(\hat{k}\times\vec{E}_0\right) \tag{13.1.5}$$

와 같이 주어지며, 이로부터 $\vec{B}_0$, $\vec{E}_0$ 그리고 $\hat{k}$는 서로 직각임을 알 수 있다. 또한 진공 중에서 이들의 크기를 비교하여 보면,

$$B_0 = \frac{k}{\omega}E_0 = \frac{n}{c}E_0 = \frac{E_0}{c} \ (\text{진공 중에서 } n=1) \tag{13.1.6}$$

이 되어 자기장의 크기가 전기장에 의존함을 알 수 있다. 한편, 자화세기($\vec{H}$)의 진폭에 대한 전기장의 진폭의 비를 매질의 고유 임피던스라고 하며, 손실이 없는 매질에서의 고유 임피던스는

$$\eta = \frac{E_0}{H_0} = \frac{E_0}{B_0/\mu} = \frac{E_0\mu}{B_0} = \frac{E_0\mu}{nE_0/c} = \frac{\mu c}{n} = \frac{\mu c}{c\sqrt{\mu\epsilon}} = \sqrt{\frac{\mu}{\epsilon}} \tag{13.1.7}$$

와 같이 매질의 유전율과 투자율의 비(ratio)에 의해서 결정된다. 따라서 자유공간(진공)에 대한 고유 임피던스는 $\eta = \sqrt{\frac{\mu_0}{\epsilon_0}} = 377\,[\Omega]$이다.

여기서는 간단히 하기 위해 전자기파의 진행 방향을 z-축으로 정했지만, 단색 평면파의 진행 방향은 쉽게 일반화시킬 수 있다. 파수벡터 $\vec{k}$의 방향은 일반적으로 파의 진행 방향을 나타내므로, 식 (13.1.3~4)에 나오는 kz는 $\vec{k}\cdot\vec{r}$로 일반화된다. 따라서 초기위상을 δ라 하면, 전자기파는 일반적으로 다음과 같이 표현된다.

$$\vec{E}(z,t) = \vec{E}_o e^{i(\vec{k}\cdot\vec{r}-\omega t+\delta)} \tag{13.1.8}$$

$$\vec{B}(\vec{r},t) = \vec{B}_o e^{i(\vec{k}\cdot\vec{r}-\omega t+\delta)} \tag{13.1.9}$$

13.1.2 전자기파의 에너지와 운동량

전자기파의 가장 중요한 성질 중의 하나는 에너지를 전달한다는 것이며, 지구가 태양으로부터 약 $1.49\times10^{11}\,[\mathrm{m}]$ 만큼 멀리 떨어져 있어도 태양으로부터 오는 빛은 우리의 몸을 이루고 있는 원자나 분자들에 대하여 일을 하여 몸을 따스하게 할 정도의 에너지를 전달한다.

전자기파가 임의의 공간 내에 존재할 때, 단위 체적당 에너지, 즉 에너지 밀도(u)

를 알면 그 공간 내에 저장된 전체 에너지를 알 수 있으므로 이에 대해 알아보는 것은 지극히 자연스러운 일이다. 임의의 자유공간 내에 전기장만이 존재하는 경우, 에너지 밀도(u_E)는

$$u_E = \frac{\epsilon_0}{2} E^2 \tag{13.1.10}$$

이 되며, 자기장만이 존재하는 경우의 에너지 밀도(u_B)는

$$u_B = \frac{1}{2\mu_0} B^2 \tag{13.1.11}$$

와 같이 표현된다. 그런데 전자기파인 경우, 진공 중에서 전기장과 자기장 사이의 관계는 $E = cB$ 이고, $c = 1/\sqrt{\epsilon_0 \mu_0}$ 이므로 식 (13.1.10)과 식 (13.1.11)로부터 전기장과 자기장에 대한 에너지 밀도가

$$u_E = u_B \tag{13.1.12}$$

와 같이 서로 같음을 알 수 있다. 따라서 전기장과 자기장이 동시에 존재하는 전자기파의 에너지 밀도(u)는

$$u = u_E + u_B = \epsilon_0 E^2 = \frac{1}{\mu_0} B^2 \tag{13.1.13}$$

와 같이 표현된다. 전자기파가 존재하지 않았던 영역으로 전기장($\vec{E}$)과 자기장($\vec{B}$)이 시간에 따라 진행하면 에너지를 전달하게 되는데, 이를 정량적으로 단위 시간당 단위 면적당 에너지의 이동으로 기술할 수 있다. 이를 위해서 그림 13.2와 같이 전자기파가 진행하는 경로 위에 놓인 원통을 생각하여 보자.

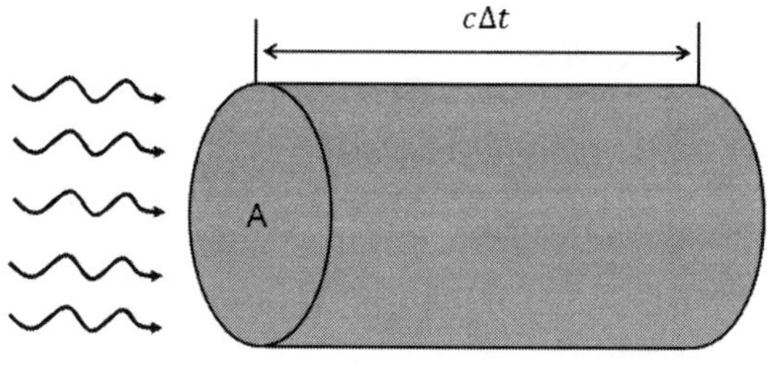

그림 13.2 전자기파의 진행 방향과 수직이고 단면적이 A인 원통

임의의 순간에 전자기파의 파면이 단면적이 A인 면과 부딪친다면, Δt시간 동안에 파면은 $c\Delta t$만큼 이동하게 된다. 그림 13.2의 원통모양 물체의 체적은 $cA\Delta t$이므로, 전자기파의 에너지 밀도를 u 라고 하면 원통형 물체 내에 저장된 에너지는 $ucA\Delta t$가 된다. 따라서 단위 면적당 단위 시간당 면적 A를 통과한 전자기파의 에너지(S)는

$$S = \frac{uc\Delta tA}{\Delta tA} = uc = \sqrt{\frac{\epsilon_0}{\mu_0}}EB \cdot \frac{1}{\sqrt{\mu_o\epsilon_o}} = \frac{1}{\mu_0}EB \qquad (13.1.14)$$

와 같다. 식 (13.1.14)는 자유공간 내에서 단위 면적당 단위 시간당 면적 A를 통과한 전자기파 에너지의 크기를 나타낸 양이다. 파의 진행속력이 v 이며, 손실이 없는 유전매질 내에는 $S = uv$ 로 주어진다. 전자기파는 파동으로서 진행 방향을 가지며, 식 (13.1.14)에 전자기파의 진행 방향을 나타내기 위하여 방향성을 부여하여 벡터 $\vec{S}$로 나타내면

$$\vec{S} = \frac{1}{\mu_0}\vec{E}\times\vec{B} \quad \text{또는} \quad \vec{S} = c^2\epsilon_0\vec{E}\times\vec{B} \quad [1\ \mathrm{J/s\cdot m^2}\ \text{또는}\ 1\ \mathrm{W/m^2}] \qquad (13.1.15)$$

와 같이 되며, 이를 포인팅 벡터라고 부른다. 이러한 포인팅 벡터를 자유공간 내에서 진동수 ω를 가지고 $\vec{k}$ 방향으로 진행하는 파에 적용하되, 초기위상을 “0”라고 하면

$$\vec{E} = \vec{E}_0\cos(\vec{k}\cdot\vec{r} - \omega t), \quad \vec{B} = \vec{B}_0\cos(\vec{k}\cdot\vec{r} - \omega t) \qquad (13.1.16)$$

$$\vec{S} = c^2\epsilon_0\vec{E}_0\times\vec{B}_0\cos^2(\vec{k}\cdot\vec{r} - \omega t) \qquad (13.1.17)$$

와 같이 표현된다. 전기장과 자기장에 대한 위상이 서로 같은 이유는 전기장과 자기장이 같은 위상을 가지고 변하기 때문이다. 식 (13.1.17)로부터 알 수 있듯이 포인팅 벡터는 시간에 따라 매우 빨리 주기적으로 변하므로 전형적인 실험에서 에너지를 측정하면, 코사인 제곱 항의 평균값이 얻어진다. 따라서 파동의 1주기에 대해 시간 평균을 취하고 이를 $<\vec{S}>$ 로 표현하면,

$$<\vec{S}> = c^2\epsilon_0E_0B_0\left(\frac{1}{2}\right) = \frac{1}{2}c\epsilon_0E_0(cB_0) = \frac{1}{2}c\epsilon_0E_0^2 = \frac{1}{2}\frac{c}{\mu_0}B_0^2 \qquad (13.1.18)$$

와 같이 되며, 식 (13.1.18)이 얻어지는 과정은 보충 설명에서 자세히 설명하였다. 한편, 한 주기(T)에 대한 포인팅 벡터의 시간 평균값의 크기로 단위 면적당 일률을 복사조도(irradiance)라고 하며, 부호로는 “I”로 나타내며 단위는 [W/m^2]이다. 따라

서 전자기파의 복사조도를 전기장만(또는 자기장만)의 성분으로

$$I \equiv <\vec{S}> = c\epsilon_0 \mid E_0^2 \mid <\cos^2(\vec{k}\cdot\vec{r}-\omega t)> = \frac{1}{2}c\epsilon_0 E_0^2 \tag{13.1.19}$$

와 같이 표현할 수 있다. 식 (13.1.19)는 전자기파의 전달속력이 v, 선형이면서 유전율이 ϵ인 균질의 등방성 유전체 내에서의 복사조도가

$$I \equiv \frac{1}{2}\epsilon v E_0^2 \tag{13.1.20}$$

와 같이 표현됨을 의미한다.

예제 1

지구 대기의 꼭대기(태양으로부터 1.5×10^{11} $[m]$)의 자유공간에 도달하는 태양 빛에 대한 포인팅 벡터의 크기가 $1.4k\,[W/m^2]$이다. 지구 대기 꼭대기에서의 에너지 밀도는 얼마인가? 단, 태양 빛은 평면파라고 가정한다.

해답 포인팅 벡터의 크기(S)와 에너지 밀도(u) 사이에는 $S=uv$이므로, 에너지 밀도는

$$u = \frac{S}{c} = \frac{1.4\,kW/m^2}{3.0\times10^8 m/s} = \frac{1.4\times10^3[Joule/s]/m^2}{3.0\times10^8 m/s} \simeq 0.47\times10^{-5}\,[Joule/m^3]$$

와 같다.

가끔 어휘상의 문제로 혼동을 일으키는 것으로 복사조도와 광조도(illuminance)가 있다. 복사조도는 모든 종류의 전자기 복사를 포함하는 데 비하여, 광조도는 사람의 눈으로 감지가 가능한 가시영역의 전자기 복사를 의미한다. 참고로 표 13.1은 파장에 따른 전자기 복사선을 분류한 것이며, 표 13.2는 가시영역에서의 단위 시간당 단위 면적당 평균 광자수를 나타낸 것이다.

전자기파는 에너지와 함께 운동량을 전달하므로, 전자기파가 물체에 부딪치면 물체의 표면에 전자기파의 운동량이 전달되면서 물체의 표면상에 압력을 미치게 되는데, 이러한 압력을 방사압력(radiation pressure)이라 한다. 태양으로부터 오는 복사선이 지구의 표면에 미치는 방사압력은 $\sim 10^{-5}$파스칼(pascal)정도로 알려져 있

다.

표 13.1 전자기파 스펙트럼

복사(radiation) 유형	진동수 (Hz)	파장
파동(wave) 영역: ⓐ 라디오파	10^9 Hz 이하	300 mm 이상
ⓑ 마이크로파	$10^9 \sim 10^{12}$	300 mm~0.3 mm
광학(optical) 영역: ⓐ 적외선	$10^{12} \sim 4.3 \times 10^{14}$	300 μm~0.7 μm
ⓑ 가시영역	$4.3 \times 10^{14} \sim 5.7 \times 10^{14}$	0.7 μm~0.4 μm
ⓒ 자외선	$5.7 \times 10^{14} \sim 10^{16}$	0.4 μm~0.03 μm
광선(ray) 영역: ⓐ X-선	$10^{16} \sim 10^{19}$	300 Å~0.3 Å
ⓑ 감마선	10^{19} 이상	0.3 Å 이하

표 13.2 가시영역에서의 단위시간당 단위면적당 평균 광자수

광 원	광자/$s \cdot m^2$
레이저 빔(직경 20 μm의 점에 모아진 10 mW의 He-Ne 레이저)	10^{26}
레이저 빔(1 mW의 He-Ne 레이저)	10^{21}
밝은 햇빛	10^{18}
실내 조명 수준	10^{16}
저녁노을	10^{14}
달빛	10^{12}
별빛	10^{10}

전자기파가 물체에 부딪치면 물체를 구성하고 있는 전하와 상호작용을 하게 된다. 전자기파가 부분적으로 흡수되거나 반사됨에도 불구하고 물체를 이루고 있는 전하에 힘을 미치게 되어 결과적으로 물체의 표면에 힘을 미치는 것과 같게 된다. 금속에 전자기파가 부딪치면 전자기파의 전기장은 전류를 일으키면서 전자기파의 자기장과 상호작용하여 움직이는 전하에 힘을 미치게 되는데, 이러한 방사압력에 대한 표현식을 구해보자.

전기장 내에 정지해 있던 전하(q)는 그림 13.3과 같이 위쪽 방향($+x-$축 방향)으로 전기력($\vec{F} = q\vec{E}$)을 받아 등가속운동을 하게 된다. 따라서 임의의 시각 t_1에서 $+x-$축 방향으로의 속도는

$$v_x = at_1 = \frac{qE}{m}t_1 \tag{13.1.21}$$

이므로 시각 t_1 일 때, 운동에너지는

$$K = \frac{1}{2}m{v_x}^2 = \frac{1}{2}m\frac{q^2E^2}{m^2}t_1^2 = \frac{1}{2}\frac{q^2E^2}{m}{t_1}^2 \tag{13.1.22}$$

와 같다.

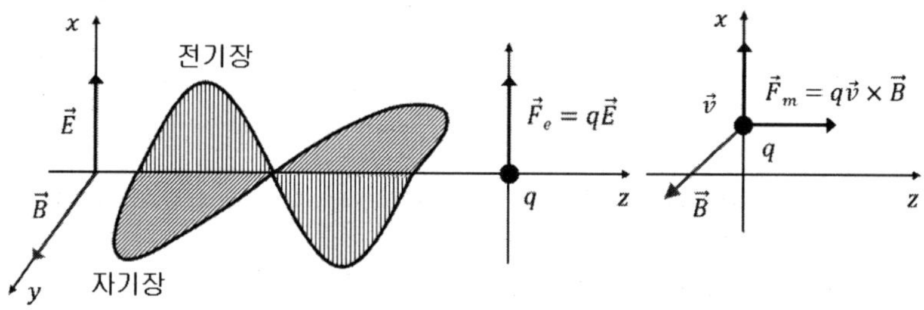

그림 13.3 전자기장 내에 있는 전하 q에 작용하는 힘

전하가 $+x-$축 방향으로 운동하면(자기장 $\vec{B}$가 $+y-$축 방향이므로) $+z-$축 방향(파동의 전파 방향)으로의 자기력 $q\vec{v}\times\vec{B}$가 작용한다. 따라서 임의의 시각 t에서 자기력의 크기는

$$F_z = qv_xB = \frac{q^2EB}{m}t \tag{13.1.23}$$

가 된다. 이 힘에 의한 충격량은 전자기파인 빛에 의해 하전입자에 전달된 운동량과 같으므로

$$p_z = \int_0^{t_1}F_z\,dt = \int_0^{t_1}\frac{q^2EB}{m}t\,dt = \frac{1}{2}\frac{q^2EB}{m}{t_1}^2 \tag{13.1.24}$$

가 되며, $B = E/c$ 이므로

$$p_z = \frac{1}{c}\left(\frac{1}{2}\frac{q^2E^2}{m}{t_1}^2\right) \tag{13.1.25}$$

이 된다. 식 (13.1.22)와 식 (13.1.25)의 비교로부터 파의 진행 방향에 놓인 전하가 받는 운동량은 운동에너지에 $1/c$을 곱한 것과 같음을 알 수 있다. 식 (13.1.25)의 양변을 면적(A) 및 시간 t로 나누면,

$$\frac{p_z}{At} = \frac{1}{c}\frac{\left[\left(\frac{1}{2}\frac{q^2E^2}{m}t_1{}^2\right)\right]}{At} = \frac{S}{c} \tag{13.1.26}$$

이 되어 왼쪽 항은 단위 면적당 작용하는 힘으로 압력을 의미한다. 따라서 이를 P_r로 나타내면,

$$P_r = \frac{S}{c} = \frac{uc}{c} = u \tag{13.1.27}$$

가 된다. 한편 식 (13.1.14)에 의해서 포인팅 벡터의 크기는 $S = uc$ 이므로 복사압력은 전자기파의 에너지 밀도와 같음을 알 수 있다. 이는 완전흡수하는 물체에 수직 입사하는 전자기파가 물질에 미치는 순간 압력을 의미한다. 전자기파에서 전기장과 자기장은 매우 빨리 변하므로 포인팅 벡터도 같은 속도로 변하게 된다. 따라서 한 주기에 대해서 평균을 취한 평균 복사압력(P_r)은

$$\langle P_r \rangle = \frac{\langle S \rangle}{c} = \frac{I}{c} \tag{13.1.28}$$

와 같이 표현되며, 단위는 [N/m^2]이다. 일반적으로 에너지는

$$E = hf \ (h = 6{,}6256 \times 10^{-34}\ \text{J} \cdot \text{sec}) \quad \text{또는} \quad E = \sqrt{(cp)^2 + (m_0c^2)^2} \tag{13.1.29}$$

와 같이 표현된다. 광자의 경우에 정지질량(m_o)은 "영"이므로 에너지는 $E = cp$ 가 되어 운동량은

$$p = \frac{E}{c} = \frac{hf}{c} = \frac{h}{\lambda} \tag{13.1.30}$$

와 같다.

예제 2

운동량이 $\vec{p}$인 1개의 광자가 전자파를 완전 흡수하는 면적 A의 물체 표면에 입사할 때, 물체의 표면에 미치는 평균 복사압력은 얼마인가?

해답

$$\left|\frac{\Delta\vec{p}}{\Delta t}\right| = |\vec{F}| = A\,P_r \tag{13.1.31}$$

가 되며, $E = cp$ 의 관계식으로부터 $\Delta E = c\Delta p$ 이 된다. 따라서 한 개의 광자가 단위 면적당 작용하는 힘인 복사압력은

$$P_r = \frac{|\vec{F}|}{A} = \frac{|\Delta \vec{p} / \Delta t|}{A} = \frac{1}{A} \cdot \frac{\Delta E}{c\Delta t} \tag{13.1.32}$$

이 된다. 진동수가 f 인 광자의 수가 단위 체적당 n 이라면 단면적이 A 이고 길이가 $c\Delta t$인 체적 내에 들어있는 광자들이 가지는 총에너지는 $\Delta E = (n)(hf)(c\Delta t A)$ 이 된다. 따라서 이들이 전달하는 평균 복사압력은

$$< P_r > = \frac{1}{A}\frac{\Delta E}{c\Delta t} = \frac{1}{A}\frac{nhf A c\Delta t}{c\Delta t} = nhf \tag{13.1.33}$$

이 된다. 만일 물체가 수직 입사하는 복사선을 완전히 반사하는 경우, 운동량의 변화는 $\Delta\vec{p} = \vec{p} - (-\vec{p}) = 2\vec{p}$ ($\vec{p}$는 광자 한 개의 운동량)이 되어 완전 흡수체의 2배가 됨을 알 수 있다. 즉 완전 반사체에 미치는 복사압력은 완전 흡수체의 2배가 된다.

13.2 물질 속에서의 전자기파

13.2.1 선형매질 속에서의 전자기파

물질 속에 자유전하 ($\rho_{자유}$)와 자유전류 밀도($\vec{J}_{자유}$)가 존재하지 않는 진공 또는 유리와 같은 유전체 속을 빛이 전파하는 경우, 맥스웰 방정식은 다음과 같다.

$$\begin{aligned} &(1)\ \ \vec{\nabla} \times \vec{H} = \frac{\partial \vec{D}}{\partial t}, &&(2)\ \ \vec{\nabla} \times \vec{E} = -\frac{\partial \vec{B}}{\partial t} \\ &(3)\ \ \vec{\nabla} \cdot \vec{D} = 0, &&(4)\ \ \vec{\nabla} \cdot \vec{B} = 0 \end{aligned} \tag{13.2.1}$$

매질의 전자기적 특성은 가해주는 전기장이나 자기장의 세기 또는 가해주는 방향에 의존하기도 하며, 모든 방향에 대해 똑같이 반응하는 등방성을 보이기도 한다. 하지만, 여기서는 균질이며 등방성이면서 가해주는 전기장이나 자기장에 비례하는 선형매질에 국한하여 다루고자 한다.

등방성 선형매질의 경우에

$$\vec{D} = \epsilon \vec{E}\ ,\ \vec{H} = \frac{1}{\mu}\vec{B} \quad (\epsilon\ ,\ \mu:\ 상수) \tag{13.2.2}$$

와 같은 관계가 있으므로 맥스웰 방정식은

$$(1)\quad \vec{\nabla}\times\vec{B}=\mu\epsilon\frac{\partial\vec{E}}{\partial t},\qquad (2)\quad \vec{\nabla}\times\vec{E}=-\frac{\partial\vec{B}}{\partial t} \tag{13.2.3}$$
$$(3)\quad \vec{\nabla}\cdot\vec{E}=0,\qquad (4)\quad \vec{\nabla}\cdot\vec{B}=0$$

와 같다. 따라서 등방성 선형매질에서의 전기장과 자기장에 대한 파동방정식은 다음과 같다.

$$\nabla^2\vec{E}-\mu\epsilon\frac{\partial^2\vec{E}}{\partial t^2}=\nabla^2\vec{E}-\frac{1}{v^2}\frac{\partial^2\vec{E}}{\partial t^2}=0\quad \left(\mu\epsilon=\frac{1}{v^2}\right) \tag{13.2.4}$$

$$\nabla^2\vec{B}-\mu\epsilon\frac{\partial^2\vec{B}}{\partial t^2}=\nabla^2\vec{B}-\frac{1}{v^2}\frac{\partial^2\vec{B}}{\partial t^2}=0 \tag{13.2.5}$$

진공 중에서 전자기파의 진행속력(c)과 매질에서의 진행속력(v)의 비를 매질의 굴절률(n)이라 하며, 선형 등방성 매질에 대한 굴절률은

$$n=\frac{c}{v}=\sqrt{\frac{\mu\epsilon}{\mu_0\epsilon_0}} \tag{13.2.6}$$

와 같다. 한편, 균질의 등방성 선형매질에서의 에너지 밀도는

$$u=\frac{1}{2}\left(\epsilon E^2+\frac{1}{\mu}B^2\right) \tag{13.2.7}$$

와 같다. 또한 에너지 전달을 의미하는 포인팅 벡터는

$$\vec{S}=\frac{1}{\mu}(\vec{E}\times\vec{B}) \tag{13.2.8}$$

이며, 전자기파의 세기는

$$I=\frac{1}{2}\epsilon v E_0^2 \tag{13.2.9}$$

와 같다.

13.2.2 두 선형매질의 경계면에 수직 입사하는 전자기파의 전파특성

맥스웰 방정식의 해가 실질적으로 적용되는 경우를 생각하여 보자. 한 예로서 광학적 성질이 서로 다른 두 선형매질, 예를 들면 빛이 공기에서 물 또는 유리

등으로 들어갈 때 어떤 일이 일어나는지에 대하여 알아보자.

두 선형매질의 광학적 성질이 서로 다르다는 것은 두 매질에서의 전자기파의 진행속력이 서로 다르다는 것을 의미한다. 매질이 변하더라도 진행속력이 서로 같으면, 두 매질의 경계에서 반사가 일어나지 않으며 진행 방향도 변화되지 않아 굴절도 일어나지 않는다. 시중에서 판매되는 옥수수기름 속에 파이렉스 유리를 넣으면 파이렉스 유리가 잘 보이지 않은 이유는 옥수수기름과 파이렉스 유리에서의 빛의 진행속력이 거의 같기 때문이다. 물론 속력이 완전히 같다면, 파이렉스 유리는 전혀 보이지 않게 된다.

이제 광학적 성질이 서로 다른 두 선형매질의 경계면을 향하여 전자기파가 진행하면, 경계면에서 반사와 투과가 일어난다. 이러한 반사와 투과의 특성은 표 12.1에 요약된 경계조건에 따라 결정된다. 여기서는 전자기파가 매질 내에서 진행하더라도 손실이 없는 매질(전기전도도 $g=0$)에 대한 경우만을 다루고 있으므로, 만족해야 될 경계조건은 다음과 같다.

$$(1)\quad \epsilon_1 E_1^{\perp} = \epsilon_2 E_2^{\perp} \qquad (2)\quad B_1^{\perp} = B_2^{\perp} \qquad : 수직성분 \tag{13.2.10}$$

$$(3)\quad E_1^{//} = E_2^{//}, \qquad (4)\quad \frac{1}{\mu_1} B_1^{//} = \frac{1}{\mu_2} B_2^{//} : 수평성분$$

문제를 간단히 하기 위하여, 전자기파는 두 매질의 경계면에 수직으로 입사하며 전기장은 $x-$축 방향으로 편광되어 있고 각 진동수는 ω이며 양(+)의 $z-$축 방향으로 진행한다고 가정한다[그림 13.4 참조].

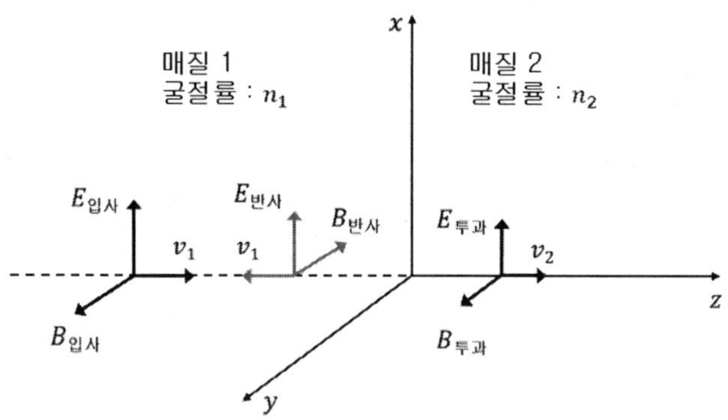

그림 13.4 두 매질의 경계면에 수직 입사하는 입사파, 반사파 및 투과파

전기장이 $x-$축 방향으로 선형 편광되고 초기위상이 "0"인 경우, 경계면을 향해 입사하는 전기장과 자기장은 다음과 같이 표현된다.

$$\vec{E}_{입사}(z,t) = E_{0입사} e^{i(k_1 z - \omega t)} \hat{i} \tag{13.2.11}$$

$$\vec{B}_{입사}(z,t) = B_{0입사} e^{i(k_1 z - \omega t)} \hat{j} = \frac{1}{v_1} E_{0입사} e^{i(k_1 z - \omega t)} \hat{j}$$

여기서 $k_1 = n_1 \frac{\omega}{c}$ 이며 n_1 은 매질 1의 굴절률이다. 전기장과 자기장에 대한 관계식

$$\vec{B}(z,t) = \frac{n}{c} \hat{k} \times \vec{E}(z,t) \tag{13.2.12}$$

을 이용하면 식 (13.2.12)와 같이 자기장에 대한 진폭($B_{0입사}$)은 전기장에 대한 진폭($E_{0입사}$)으로 표현된다.

$z = 0$ 인 xy−경계면에서 반사되어 매질 1로 진행하는 반사파에 대한 전기장과 자기장은

$$\vec{E}_{반사}(z,t) = E_{0반사} e^{i(-k_1 z - \omega t)} \hat{i} \tag{13.2.13}$$

$$\vec{B}_{반사}(z,t) = -\frac{1}{v_1} E_{0반사} e^{i(-k_1 z - \omega t)} \hat{j}$$

같이 표현된다. 식 (13.2.13)의 반사파의 자기장에 (-)부호가 붙은 이유는 포인팅 벡터의 방향이 전자기파의 진행 방향과 같아야 하기 때문이다. 한편 xy−경계면를 지나, 매질 2로 진행하는 투과파에 대해서는 다음과 같이 표현된다.

$$\vec{E}_{투과}(z,t) = E_{0투과} e^{i(k_2 z - \omega t)} \hat{i} \tag{13.2.14}$$

$$\vec{B}_{투과}(z,t) = \frac{1}{v_2} E_{0투과} e^{i(k_2 z - \omega t)} \hat{j}$$

여기서 $k_2 = n_2 \frac{\omega}{c}$ 이며, n_2는 매질 2의 굴절률이다. 경계면 $z = 0$에서 만족되어야 할 경계조건은 매질 1과 매질 2에서의 총 전기장과 총자기장이 경계면에 수직한 성분이 서로 같아야 한다. 전자기파가 경계면에 수직으로 입사하므로, 경계면에 수직인 전기장과 자기장의 성분은 없으므로, 경계조건인 식 (13.2.10)에서 경계면에 나란한 경계조건 (3)과 (4)를 적용하면 된다. 식 (13.2.10)의 경계조건 (3)에 따라

$$E_{0입사} + E_{0반사} = E_{0투과} \tag{13.2.15}$$

와 같은 경계조건을 만족해야 한다. 한편 자기장에 대해서는 식 (13.2.10)의 경계조건 (4)에 따라

$$\frac{1}{\mu_1}(\frac{1}{v_1}E_{0입사} - \frac{1}{v_1}E_{0반사}) = \frac{1}{\mu_2}(\frac{1}{v_2}E_{0투과}) \tag{13.2.16}$$

와 같은 경계조건을 만족해야 한다. 식 (13.2.15)와 식 (13.2.16)을 이용하여 반사파와 투과파에 대한 전기장의 진폭을 입사파에 대한 전기장의 진폭으로 나타내는 것이 가능하다. 식 (13.2.15)를 식 (13.2.16)에 대입하여 정리하면 다음과 같은 결과를 얻는다.

$$\frac{1}{\mu_1 v_1}(E_{0입사} - E_{0반사}) = \frac{1}{\mu_2}\frac{1}{v_2}(E_{0입사} + E_{0반사})$$

$$\Rightarrow E_{0반사} = \frac{\mu_2 v_2 - \mu_1 v_1}{\mu_1 v_1 + \mu_2 v_2}E_{0입사} \tag{13.2.17}$$

또한 식 (13.2.15)에서 얻은 $E_{0반사} = E_{0투과} - E_{0입사}$를 식 (13.2.16)에 대입하여 정리하면 다음과 같다.

$$\frac{1}{\mu_1 v_1}(E_{0입사} - E_{0투과} + E_{0입사}) = \frac{1}{\mu_2 v_2}(E_{0투과})$$

$$\Rightarrow E_{0투과} = \frac{2\mu_2 v_2}{\mu_1 v_1 + \mu_2 v_2}E_{0입사} \tag{13.2.18}$$

매질이 강자성인 경우를 제외하고, 대부분의 매질은 비자성이므로 매질의 투자율은 진공에서의 투자율과 거의 같다고 볼 수 있다. 물론 대부분의 상자성이나 반자성의 물질에 대해서도 $\mu_1 \simeq \mu_2 \simeq \mu_0$와 같다. 식 (13.2.17~18)로부터, 반사파의 진폭에 대한 입사파의 진폭의 비를 반사계수(r_{12}), 그리고 투과파의 진폭에 대한 입사파의 진폭의 비를 투과계수(t_{12})로 정의하는데, 반사계수와 투과계수는

$$r_{12} = \frac{E_{0반사}}{E_{0입사}} = \frac{v_2 - v_1}{v_1 + v_2}, \quad t_{12} = \frac{E_{0투과}}{E_{0입사}} = \frac{2v_2}{v_1 + v_2} \tag{13.2.19}$$

와 같으며, 이를 각 매질에서의 굴절률($n = c/v$)로 표현하면 다음과 같다.

$$r_{12} = (\frac{n_1 - n_2}{n_1 + n_2}), \quad t_{12} = \frac{2n_1}{n_1 + n_2} \tag{13.2.20}$$

식 (13.2.20)으로 주어진 r_{12}와 t_{12}를 수직입사에 대한 프레즈넬 계수(Fresnel coefficients)라고 부른다. 식 (13.2.20)으로부터 $n_2 > n_1(v_1 > v_2)$인 경우, 즉 전자기파의 속력이 빠른 매질(소한매질)에서 느린 매질(밀한매질)로 수직 입사하는 경우에 반사파는 입사파와 180°의 위상차를 가진다는 것을 알 수 있다. 그림 13.4에서 반사파에 대한 전기장의 위상이 입사파와 같은 방향으로 되어있는데, 이는 잘못된 것이 아니다. 일부 교재에서는 반사파의 전기장에 대한 방향을 입사파에 대한 전기장의 방향과 반대로 설정하고 반사계수와 투과계수를 구하지만 결과는 모두 같다.

일반적으로 측정되는 물리량은 전기장이나 자기장의 진폭이 아니라, 단위 면적당 반사되거나 투과된 평균 에너지 흐름으로 반사된 빛의 세기와 입사하는 빛의 세기의 비를 반사율(= R) 그리고 투과된 빛의 세기와 입사하는 빛의 세기의 비를 투과율(= T)로 정의한다. 단위 면적당 평균일률인 빛의 세기는

$$I = \frac{1}{2}\epsilon v E_0^2 \tag{13.2.21}$$

이므로, 이를 이용하여 반사율과 투과율을 구하면 다음과 같다.

$$R \equiv \frac{I_{\text{반사}}}{I_{\text{입사}}} = (\frac{E_{0\text{반사}}}{E_{0\text{입사}}})^2 = (\frac{n_1 - n_2}{n_1 + n_2})^2 \tag{13.2.22}$$

$$T \equiv \frac{I_{\text{투과}}}{I_{\text{입사}}} = \frac{\epsilon_2 v_2}{\epsilon_1 v_1}(\frac{E_{0\text{투과}}}{E_{0\text{입사}}})^2 = (\frac{4 n_1 n_2}{(n_1 + n_2)^2}) \tag{13.2.23}$$

전자기파가 매질을 통하여 진행하는 동안 비전도성 매질에서는 에너지의 손실이 일어나지 않으므로, 에너지 보존법칙에 따라

$$R + T = 1 \tag{13.2.24}$$

이 성립하며, 이는 경계면에서의 에너지 보존을 의미한다. 예를 들어 공기($n_1 = 1.0$)에서 유리($n_2 = 1.5$)로 빛이 입사하는 경우, $R = 0.04$, $T = 0.96$ 으로 입사에너지가 모두 반사되거나 투과되므로 경계면에 저장되는 에너지는 없다. 한편, 가시광선 영역의 빛이 공기($n_1 = 1.0$)에서 물($n_2 = 1.33$)로 입사하는 경우, $R = 0.02$이다. 하지만, 각 진동수(ω)가 $\omega \approx 10^{11}\,[Hz]$ 인 라디오파의 영역에서 순수 물은 비전도성으로서 굴절률(n_2)이 "9"정도 되어 $R = 0.64$로 입사에너지의 약 64%가 경계면으로부터 반사된다. 바닷물은 전도성을 가지면서 훨씬 더 많이 반사되는데, 이에 대해서는 뒤에서 자세히 다루게 된다.

13.2.3 두 선형매질의 경계면에 비스듬히 입사한 전자기파의 전파특성

광학적 성질이 서로 다른 두 매질의 경계면에 평면 조화파가 입사하면 일부는 경계면으로부터 반사되고, 일부는 투과된다(그림 13.5 참조). 따라서 경계면과 수직인 입사면에 입사파, 반사파 및 투과파가 존재하게 되며 이들에 대한 공간 및 시간 의존성은 아래와 같이 지수 함수적인 표현이 가능하다. 즉,

$$\text{입사파 : } \vec{E}_{i0} e^{i(\vec{k_i}\cdot\vec{r} - \omega t)} \tag{13.2.25}$$

$$\text{반사파 : } \vec{E}_{r0} e^{i(\vec{k_r}\cdot\vec{r} - \omega t)} \tag{13.2.26}$$

$$\text{투과파 : } \vec{E}_{t0} e^{i(\vec{k_t}\cdot\vec{r} - \omega t)} \tag{13.2.27}$$

와 같이 표현되며, 여기서 $\vec{r}$ 은 경계면 위에서의 임의의 벡터이다.

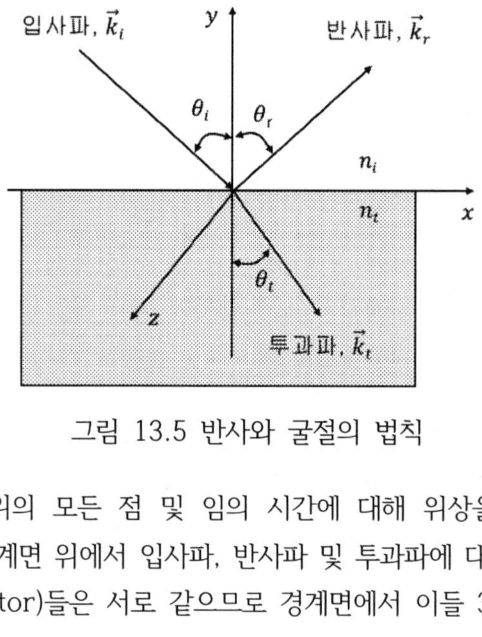

그림 13.5 반사와 굴절의 법칙

이들이 경계면 위의 모든 점 및 임의 시간에 대해 위상을 나타내는 인자, 즉 $\Phi = (\vec{k}\cdot\vec{r} - \omega t)$이 경계면 위에서 입사파, 반사파 및 투과파에 대해 서로 같아야 한다. 시간 인자(time factor)들은 서로 같으므로 경계면에서 이들 3파의 위상이 같기 위해서는

$$\vec{k_i} \cdot \vec{r} = \vec{k_r} \cdot \vec{r} = \vec{k_t} \cdot \vec{r}\text{(경계면에서)} \tag{13.2.28}$$

을 만족해야 한다. 이는 입사, 반사 및 투과파의 전파벡터 $\vec{k}_i$, $\vec{k}_r$, $\vec{k}_t$들이 동일 평면

안에 있고 경계면에 대한 이들의 투영이 서로 같음을 의미한다. $\vec{r}$ 을 단위벡터($\hat{n}$)를 사용하여 나타내면, $\vec{r} = -\hat{n}\times(\hat{n}\times\vec{r})$ 와 같다(그림 13.6 참조).

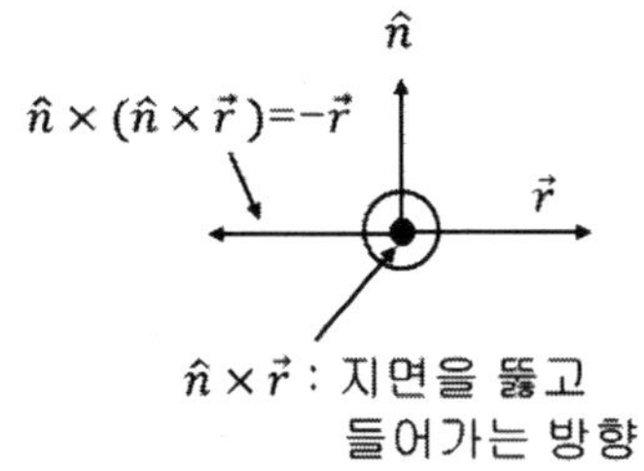

그림 13.6 법선 단위벡터($\hat{n}$)와 위치벡터($\vec{r}$) 사이의 관계

따라서 식 (13.2.27)에서의 $\vec{k}_i\cdot\vec{r}$ 은

$$\vec{k}_i\cdot\vec{r} = -\vec{k}_i\cdot[\hat{n}\times(\hat{n}\times\vec{r})] = -(\vec{k}_i\times\hat{n})\cdot(\hat{n}\times\vec{r}) \tag{13.2.29}$$

와 같이 표현되며, 나머지 항들도

$$\vec{k}_r\cdot\vec{r} = -(\vec{k}_r\times\hat{n})\cdot(\hat{n}\times\vec{r}),\quad \vec{k}_t\cdot\vec{r} = -(\vec{k}_t\times\hat{n})\cdot(\hat{n}\times\vec{r}) \tag{13.2.30}$$

와 같이 표현된다. 식 (13.2.28)과 식 (13.2.29~30)으로부터

$$\vec{k}_i\times\hat{n} = \vec{k}_r\times\hat{n} = \vec{k}_t\times\hat{n} \tag{13.2.31}$$

이 성립함을 알 수 있다. 편의상 $xz-$면이 경계면이 되고, $xy-$면이 $\vec{k}$ -벡터가 놓여 있는 입사면이 되도록 좌표계를 정하자(그림 13.5 참조). 이때 $y-$축(경계면에 수직)과 각각의 파 벡터들이 이루는 각을 각각 θ_i ,θ_r 및 θ_t 라고 하면 식 (13.2.31)은

$$k_i\sin\theta_i = k_r\sin\theta_r = k_t\sin\theta_t \tag{13.2.32}$$

$k_i = n_i k_0,\quad k_r = n_r k_0,\quad k_t = n_t k_0$ (k_0 : 진공에서의 파수벡터)

와 같이 된다. 입사파와 반사파는 동일 매질($y > 0$)내에서 진행하므로 $n_i = n_r$ 인 관계가 성립한다. 따라서 입사파와 반사파 사이의 관계를 구하면,

$k_i\sin\theta_i = k_r\sin\theta_r \;\Rightarrow\; \theta_i = \theta_r$: Snell의 반사법칙.

이 얻어지므로, 입사각과 반사각이 같음을 알 수 있다. 마찬가지로 굴절에 대해서는

$n_i\sin\theta_i = n_t\sin\theta_t$: Snell의 굴절 법칙

와 같은 결과를 얻을 수 있다.

※ 경계면에서 만족해야 될 조건인 $\vec{k_i} \cdot \vec{r} = \vec{k_r} \cdot \vec{r} = \vec{k_t} \cdot \vec{r}$에 대한 다른 설명법 :
우선 $\vec{k_i} \cdot \vec{r} = \vec{k_r} \cdot \vec{r} = \vec{k_t} \cdot \vec{r}$을 계산하면,

$$\vec{k_i} \cdot \vec{r} = \vec{k_r} \cdot \vec{r} = \vec{k_t} \cdot \vec{r} \qquad (***)$$

$$= k_{ix}x + k_{iy}y + k_{iz}z = k_{rx}x + k_{ry}y + k_{rz}z = k_{tx}x + k_{ty}y + k_{tz}z$$

와 같이 된다. 하지만 입사면에 대한 정의로부터 입사면에서 $z=0$ 이므로 위 식은 $k_{ix}x + k_{iy}y = k_{rx}x + k_{ry}y = k_{tx}x + k_{ty}y$ 이 된다. 또한 경계면에서 $y=0$ 이므로, (***)식의 값은 $k_{ix}x = k_{rx}x = k_{tx}x$ 이 된다. 따라서 $k_{ix} = k_{rx} = k_{tx}$ 와 같은 결과를 얻을 수 있다. 이는 $k_i \sin\theta_i = k_r \sin\theta_r = k_t \sin\theta_t$임을 의미한다. 이로부터 입사면에 있는 파수벡터의 수평성분이 모두 같음을 알 수 있다.

13.2.4 전자기파의 편광에 따른 반사와 굴절

앞에서는 빛이 서로 다른 매질을 진행할 때 경계면에서 일어나는 반사 및 굴절에 대해 알아보았으나 입사파의 편광이 반사 및 굴절에 미치는 효과에 대해서는 다루지 않았다. 일반적으로 빛은 햇빛과 같이 편광되지 않은 빛과 레이저와 같이 편광된 빛으로 구분되며, 이 절에서는 빛의 편광이 반사 및 굴절에 미치는 효과에 대하여 알아보고자 한다. $\vec{E}_i$를 광학적으로 서로 다른 두 매질의 경계면에 입사하는 입사파의 진폭이라 하고, 두 매질의 경계면에서 발생하는 반사파와 투과파의 진폭을 각각 $\vec{E}_r$, $\vec{E}_t$ 라고 하자. 맥스웰의 방정식인 $\vec{\nabla} \times \vec{E} = -\mu \frac{\partial \vec{H}}{\partial t}$에 $\vec{E}$와 $\vec{H}$를 양변에 대입하면 관계식 $\hat{k} \times \vec{E} = \frac{c}{n}\vec{B} = v\vec{B} = v\mu\vec{H}$ (식 3.2.12 참조)을 얻을 수 있다. 이러한 관계식으로부터 입사파, 반사파 및 투과파에 대응하는 자기장(엄밀히는 자화세기) 벡터의 진폭을 구해보면,

$$\vec{H_i} = \frac{1}{\mu_i v_i}\hat{k_i} \times \vec{E_i} \ : \ \text{입사파} \qquad (13.2.33)$$

$$\vec{H_r} = \frac{1}{\mu_r v_r}\hat{k_r} \times \vec{E_r} \ : \ \text{반사파} \qquad (13.2.34)$$

$$\overrightarrow{H_t} = \frac{1}{\mu_t v_t}\hat{k_t} \times \overrightarrow{E_t} \ : \text{투과파} \tag{13.2.35}$$

와 같다. 빛이 두 매질의 경계면에 입사하는 경우, 편광방향에 따라 아래와 같이 크게 3가지로 분류가 가능하다.

ⓐ TE(tranverse electric) 편광 ⇒ 입사파의 전기장 벡터가 경계면에 평행하다. 다시 말해서 전기장 벡터의 방향이 입사면에 대하여 수직인 경우를 말한다.

ⓑ TM(tranverse magnetic) 편광 ⇒ 입사파의 자기장 벡터가 경계면에 평행한 경우로서 자기장 벡터의 방향이 입사면에 수직인 경우를 말한다.

ⓒ 일반적인 경우 ⇒ 전기장과 자기장 사이의 선형관계를 사용하여 취급한다.

입사파, 반사파 및 투과파가 경계면에서 만족해야 되는 경계조건은

$$H_{1t} = H_{2t}\,,\ E_{1t} = E_{2t} \tag{13.2.36}$$

와 같으며, 이는 경계면의 양쪽에 걸쳐 전기장과 자기장의 접선성분이 연속이어야 한다는 것이다.

A. TE-편광

편광이 반사 및 굴절에 미치는 효과를 알아보기 위하여 우선 TE-편광된 빛에 대하여 생각해 보자. 입사매질 쪽의 총전기장은 입사파와 반사파에 의한 전기장의 합이며, 투과매질에서의 전기장은 투과파에 의한 전기장만이 존재한다. TE-편광의 경우에 전기장이 경계면에 평행하므로 경계조건으로부터 전기장 벡터에 대해서는

$$E_i + E_r = E_t \tag{13.2.37}$$

와 같이 쓸 수 있다(그림 13.7 참조). 한편, 자기장 벡터들도 입사매질 쪽에서의 총자기장은 입사파와 반사파에 의한 합이 되고, 투과매질 내에서는 투과파 만에 의한 자기장이 존재한다.

각 매질에서 총자기장 벡터들의 성분 중에서 경계면에 평행한 성분은 두 매질 내에서 연속적이어야 하므로 이를 수식으로 표현하면,

$$-H_i\cos\theta_i + H_r\cos\theta_r = -H_t\cos\theta_t \tag{13.2.38}$$

와 같이 기술되며, 식 (13.2.38)의 왼쪽과 오른쪽은 각각 입사매질과 투과매질 내에

서 자기장 $\vec{H}$의 경계면에 평행한 성분의 총 크기이다. (+) 방향은 x의 증가 방향이 되므로 입사파와 투과파의 자기장 벡터의 $x-$성분에 대해서는 (-)부호가 붙게 된다. 한편 전기장과 자기장에 대한 관계식을 사용하여 식 (13.2.38)을 다시 쓰면

$$-\frac{1}{\mu_i v_i}E_i\cos\theta_i+\frac{1}{\mu_r v_r}E_r\cos\theta_r=-\frac{1}{\mu_t v_t}E_t\cos\theta_t \tag{13.2.39}$$

$$\left(\therefore\ \vec{k}\perp\vec{E}\text{이므로 }\vec{H}=\frac{1}{\mu\omega}\vec{k}\times\vec{E}\text{에서 }H=\frac{1}{\mu\omega}kE=\frac{1}{\mu v}E\right)$$

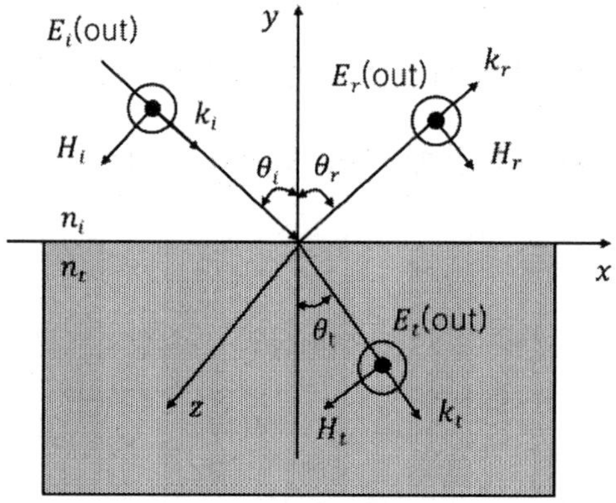

그림 13.7 TE 편광 : 모든 전기장 벡터는 xy-평면에 수직

와 같이 된다. 식 (13.2.37)을 식 (13.2.39)에 대입하여 정리하면,

$$\left(\frac{1}{\mu_t v_t}\cos\theta_t-\frac{1}{\mu_i v_i}cos\theta_i\right)E_i+\left(\frac{1}{\mu_t v_t}\cos\theta_t+\frac{1}{\mu_r v_r}\cos\theta_r\right)E_r=0 \tag{13.2.40}$$

이 얻어진다. 입사파와 반사파는 같은 매질인 공기 중에 있으므로 $v_i=v_r$, $\theta_i=\theta_r$, $\mu_i=\mu_r$, $\frac{n}{c}=\frac{1}{v}$이 성립되며, TE-편광에 대한 반사계수(r_s)는

$$\left.\frac{E_r}{E_i}\right]_{TE}=r_s=\frac{\frac{n_i}{\mu_i c}\cos\theta_i-\frac{n_t}{\mu_t c}\cos\theta_t}{\frac{n_i}{\mu_i c}\cos\theta_i+\frac{n_t}{\mu_t c}\cos\theta_t}=\frac{\frac{n_i}{\mu_i}\cos\theta_i-\frac{n_t}{\mu_t}\cos\theta_t}{\frac{n_i}{\mu_i}\cos\theta_i+\frac{n_t}{\mu_t}\cos\theta_t} \tag{13.2.41}$$

와 같이 된다. 물론 반사계수는 반사파의 전기장 진폭을 입사파의 전기장 진폭으로 나눈 값으로 정의된다. 반면에 투과파의 전기장 진폭을 입사파의 전기장 진폭으로 나눈

투과계수는

$$\frac{E_t}{E_i}\Big]_{TE} = t_s = \frac{2\dfrac{n_i}{\mu_i c}\cos\theta_i}{\dfrac{n_i}{\mu_i c}\cos\theta_i + \dfrac{n_t}{\mu_t c}\cos\theta_t} = \frac{2\dfrac{n_i}{\mu_i}\cos\theta_i}{\dfrac{n_i}{\mu_i}\cos\theta_i + \dfrac{n_t}{\mu_t}\cos\theta_t} \tag{13.2.42}$$

와 같이 주어진다. 많은 경우에 $\mu_i = \mu_t \approx \mu_0$와 같은 유전체 표면에서의 반사와 굴절을 취급하는데, 이때 반사 및 투과계수는 각각

$$\frac{E_r}{E_i}\Big]_{TE} = r_s = \frac{n_i\cos\theta_i - n_t\cos\theta_t}{n_i\cos\theta_i + n_t\cos\theta_t} \tag{13.2.43}$$

$$\frac{E_t}{E_i}\Big]_{TE} = t_s = \frac{2n_i\cos\theta_i}{n_i\cos\theta_i + n_t\cos\theta_t} \tag{13.2.44}$$

이 된다.

B. TM-편광

TM-편광의 경우는 자기장 벡터가 경계면에 평행이므로 (그림 13.8 참조)

$$H_i - H_r = H_t \tag{13.2.45}$$

$$\frac{1}{\mu_i v_i}E_i - \frac{1}{\mu_r v_r}E_r = \frac{1}{\mu_t v_t}E_t \tag{13.2.46}$$

$$E_i\cos\theta_i + E_r\cos\theta_i = E_t\cos\theta_t \tag{13.2.47}$$

와 같은 경계조건을 만족해야 한다. 이러한 경계조건을 이용하여 반사파와 투과파에 대한 전기장의 크기를 입사파의 전기장 크기로 나누면,

$$\frac{E_r}{E_i}\Big]_{TM} = r_p = \frac{k_i\cos\theta_t - k_t\cos\theta_i}{k_r\cos\theta_t + k_t\cos\theta_i} = \frac{n_i\cos\theta_t - n_t\cos\theta_i}{n_i\cos\theta_t + n_t\cos\theta_i} \tag{13.2.48}$$

$$\frac{E_t}{E_i}\Big]_{TM} = t_p = \frac{2k_i\cos\theta_i}{k_t\cos\theta_i + k_i\cos\theta_t} = \frac{2n_i\cos\theta_i}{n_t\cos\theta_i + n_i\cos\theta_t} \tag{13.2.49}$$

와 같은 관계식을 얻는다.

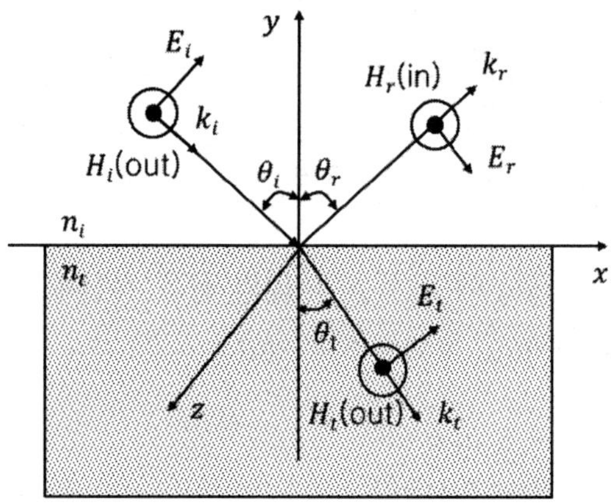

그림 13.8 TM 편광 : 모든 자기장 벡터는 xy-평면에 수직

지금까지 얻은 4개의 계수, 즉, r_s, t_s, r_p, t_p을 프레넬 계수(Fresnel coefficients)라고 한다. 프레넬 계수를 $n = n_t / n_i$와 $\sin\theta_i = n\sin\theta_t$의 관계를 사용하여 다시 정리하면,

$$r_s = \frac{\cos\theta_i - n\cos\theta_t}{\cos\theta_i + n\cos\theta_t} = \frac{\cos\theta_i - \sqrt{n^2 - \sin^2\theta_i}}{\cos\theta_i + \sqrt{n^2 - \sin^2\theta_i}} \tag{13.2.50}$$

$$r_p = \frac{-n\cos\theta_i + \cos\theta_t}{n\cos\theta_i + \cos\theta_t} = \frac{-n^2\cos\theta_i + n\cos\theta_t}{n^2\cos\theta_i + n\cos\theta_t} \tag{13.2.51}$$

$$= \frac{-n^2\cos\theta_i + \sqrt{n^2 - \sin^2\theta_i}}{n^2\cos\theta_i + \sqrt{n^2 - \sin^2\theta_i}}$$

$$t_s = \frac{2\cos\theta_i}{\cos\theta_i + n\cos\theta_t} = \frac{2\cos\theta_i\sin\theta_t}{\sin(\theta_i + \theta_t)} \tag{13.2.52}$$

$$t_p = \frac{2\cos\theta_i}{n\cos\theta_i + \cos\theta_t} = \frac{2\cos\theta_i\sin\theta_t}{\sin(\theta_i + \theta_t)\cos(\theta_i - \theta_t)} \tag{13.2.53}$$

와 같다. 식 (13.2.50)과 식 (13.2.51)로부터 반사파의 진폭은 두 물질 사이의 상대 굴절률(n), 입사하는 빛의 편광 및 입사각에 의존함을 알 수 있다. 또한, 식 (13.2.52)와 식 (13.2.53)으로부터 똑같은 입사각에 대하여 투과계수의 값이 입사하는 빛의 편광에 의존함을 알 수 있다. 만일, 입사파가 경계면에 수직 입사하는 경우에

θ_i와 θ_t는 "0"이 되며, 이때 TE - 편광과 TM - 편광에 대한 반사계수는 똑같이

$$r_s = r_p = \frac{1-n}{1+n} \tag{13.2.54}$$

이 된다. 식 (13.2.54)의 값은 상대 굴절률이 "1"보다 크냐 아니면 작으냐에 따라 (+) 또는 (−)의 값을 가지게 된다. r_s의 값이 (−)가 됨은 반사파의 위상이 입사파의 위상에 대해 180° 변함을 의미한다. 이는 소한매질에서 밀한매질로 즉, 공기($n_i = 1$)에서 유리($n_t = \sim 1.5$)로 빛이 입사하는 경우, 유리면으로부터 반사되는 반사파의 위상이 입사파의 위상에 비해 180° 변함을 의미한다(그림 13.9 참조). 따라서 입사파와 반사파가 중첩되는 영역에서는 입사파와 반사파가 소멸간섭을 일으키게 된다.

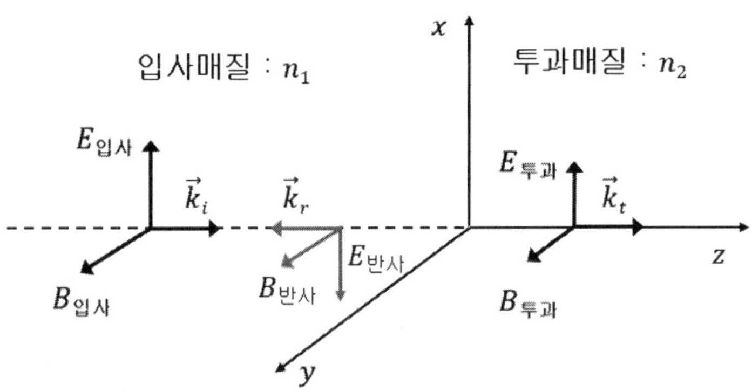

그림 13.9 입사 매질의 굴절률(=n_i)이 투과 매질의 굴절률(=n_t)보다 작을 때, 경계면(xy − 면)에 수직 입사하는 전자기파의 입사파, 반사파 및 투과파의 모양

그림 13.9에서 입사면은 xz − 면이며, 경계면은 xy − 평면이다. 반면에, 유리에서 공기로 빛이 입사하는 경우는 상대 굴절률이 "1"보다 작으므로 반사파에 대한 전기장 벡터의 방향은 입사파의 전기장 벡터와 같은 방향을 가지게 된다. 즉, 반사파는 입사파와 같은 위상을 가지므로, 입사파와 반사파가 중첩되는 영역에서는 보강간섭을 일으키게 된다.

위에서 설명한 내용을 바탕으로 굴절률이 1.5인 투명유리에 레이저를 통과시키면서 레이저의 세기를 증가시키면 유리의 어느 부분에서 손상이 먼저 일어나는지에 대해 생각해 보자(그림 13.10 참조). 레이저의 세기가 증가하면 경계면 1에서 강한 레이저가 처음 부딪치므로 경계면 1에 손상을 입히게 된다. 하지만, 경계면 1에서 약

4%가 반사되면서 약간 약해진 빛이 유리를 통과하면서 경계면 2의 유리 안쪽에 먼저 손상된다. 그 이유는 경계면 2에서 반사되면 입사파와 반사파가 서로 보강간섭을 일으키기 때문이다. 유리의 굴절률이 1.5, 공기의 굴절률이 1.0이라고 가정하면 수직입사할 때의 반사계수는 0.2가 된다. 입사파와 반사파가 경계면 2의 바로 안쪽에서 보강간섭을 일으킬 때의 빛의 세기($(1+0.2)^2=1.44$)는 44% 정도 증가하므로 경계면 2의 바로 안쪽에서 먼저 손상된다.

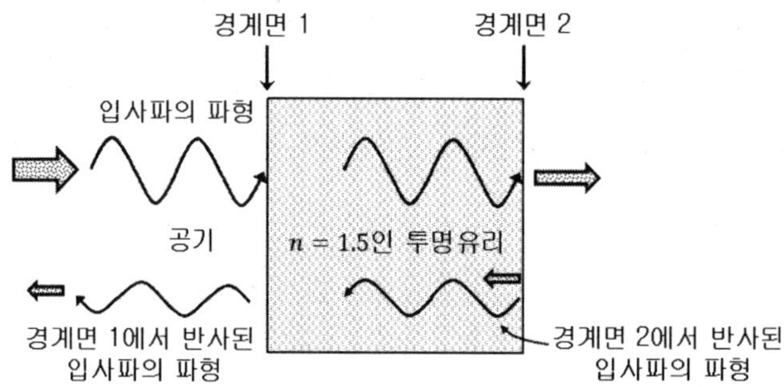

그림 13.10 입사파와 반사파의 보강간섭에 의한 유리의 손상

여기서 지적하고 싶은 것은 저자들에 따라서 TM-편광의 경우에 반사파의 전기장과 자기장의 벡터 방향을 본 교재에서 정한 방향과 반대의 경우를 (+)로 나타내고 있다는 것이다. 그 결과 TM-편광된 빛이 굴절률이 작은 소한매질에서 밀한매질로 입사할 경우, 반사파의 위상이 180°가 차이가 난다는 것을 설명하기 위해 r_p대신에 $-r_p$를 사용하기도 한다. 본 교재에서 사용한 부호와 반대의 경우를 사용하면, 경계면에 수직 입사하는 빛의 경우에 TE-편광과 TM-편광의 물리적인 차이가 없음에도 불구하고 수직입사에 대해서 TE-편광과 TM-편광된 빛들의 전기장과 자기장을 나타내는 벡터에 대하여 서로 다르게 정의해야 하는 문제가 제기된다.

예제 3

수직입사의 경우 반사 및 투과율에 대하여 알아보라.

해답 빛이 경계면에 수직으로 입사하는 경우를 생각하여 보자. 이 경우에 입사각과 굴절각은 $\theta_i=\theta_t=0$ 이 되므로 TE-편광과 TM-편광에 대한 반사 및 투과계수를 구하면,

$$r_s = r_p = \frac{n_i - n_t}{n_i + n_t}, \quad t_s = t_p = \frac{2n_i}{n_i + n_t}$$

이 된다. 이를 이용하여 반사율과 투과율을 구하여 함께 더하면,

$$R_s + T_s = \left[\frac{n_i - n_t}{n_i + n_t}\right]^2 + \frac{n_t}{n_i}\left[\frac{2n_i}{n_i + n_t}\right]^2 = 1$$

이 성립함을 알 수 있으며, 이로부터 에너지가 보존됨을 알 수 있다.

C. 외부 및 내부반사

광학적 성질이 서로 다른 두 매질의 경계면에서 일어나는 빛의 반사는 크게 두 가지로 구별할 수 있다. 첫째는, 입사매질의 굴절률이 투과매질의 굴절률보다 작은 경우(외부반사)이고, 둘째는 이와 반대인 경우(내부반사)이다.

① 외부반사

외부반사는 입사매질의 굴절률(n_i)이 투과매질의 굴절률(n_t)보다 작으므로, 상대 굴절률의 값(n)이 $n = \dfrac{n_t}{n_i} > 1$인 경우를 말한다. $n > 1$이므로 모든 입사각에 대한 TE-편광 및 TM-편광의 반사 및 투과계수가 실수의 값을 가진다. 그림 13.11에 굴절률이 1.5인 유리에 대한 외부반사의 경우, 입사각에 대한 E_r/E_i와 $|E_r/E_i|^2$을 그래프로 나타내었다. TE-편광의 경우, 약 30°까지의 입사각에 대해서는 반사율이 약 0.04(4 %) 정도를 유지하다가 경계면과 비스듬하게 입사하는 경우(입사각이 거의 90°)에는 1(100 %)로 갑자기 증가함을 그림 13.11(b)로부터 알 수 있다. 하지만, TM-편광인 경우, 브루스터 각에서 반사율이 "0"이 됨을 알 수 있는데, 이에 대해서는 뒤에서 자세히 설명하였다.

② 내부반사($n_i > n_t$, 즉 $n < 1$인 경우)

내부반사에서는 입사매질의 굴절률이 투과매질의 굴절률보다 크므로, 상대 굴절률(n)에 대해 $\sin\theta_i > n$ $[\theta_i > \sin^{-1}(n)]$을 만족하는 특수 각이 존재하게 되는데 이를 임계각이라 한다. 공기에 대한 상대 굴절률이 1.5인 유리의 경우에 임계각(θ_c)은

$$\theta_c = \sin^{-1}\frac{1}{1.5} \approx 41° \tag{13.2.55}$$

가 되며, 이보다 큰 각으로 입사하는 모든 빛은 경계면으로부터 100 % 반사하게 된

다. 이처럼 임계각보다 큰 각으로 입사하는 빛에 대해 100 % 반사한다는 사실은 식 (13.2.56)과 식 (13.2.57)을 이용하면 쉽게 증명이 된다.

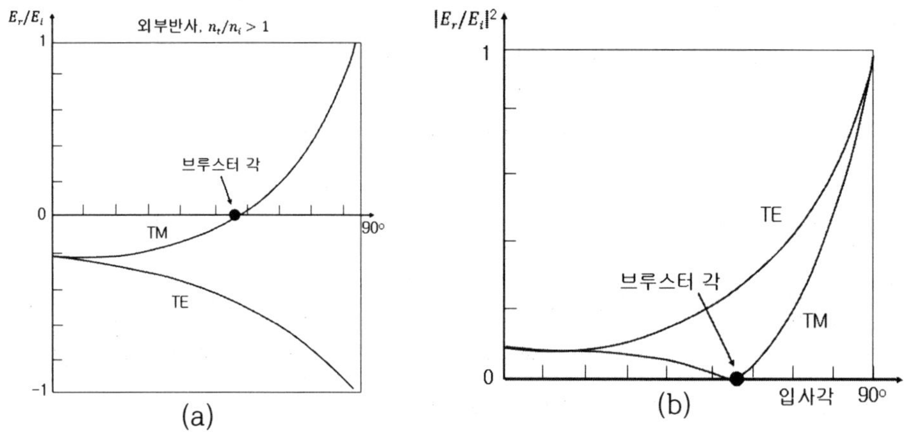

그림 13.11 굴절률이 1.5인 유리에 대한 외부반사

입사각이 임계각보다 큰 경우에 식 (13.2.56)과 식 (13.2.57)의 제곱근 안의 값은 복소수가 되어 각각

$$r_s = \frac{\cos\theta_i - \sqrt{n^2 - \sin^2\theta_i}}{\cos\theta_i + \sqrt{n^2 - \sin^2\theta_i}} = \frac{\cos\theta_i - i\sqrt{\sin^2\theta_i - n^2}}{\cos\theta_i + i\sqrt{\sin^2\theta_i - n^2}} \tag{13.2.56}$$

$$r_p = \frac{-n\cos\theta_i + \cos\theta_t}{n\cos\theta_i + \cos\theta_t} = \frac{-n^2\cos\theta_i + \sqrt{n^2 - \sin^2\theta_i}}{n^2\cos\theta_i + \sqrt{n^2 - \sin^2\theta_i}} \tag{13.2.57}$$

$$= \frac{-n^2\cos\theta_i + i\sqrt{\sin^2\theta_i - n^2}}{n^2\cos\theta_i + i\sqrt{\sin^2\theta_i - n^2}}$$

와 같이 표현된다. 따라서 반사율(R)은 $R = |r_s|^2 = r_s r_s^*$ 또는 $R = |r_p|^2 = r_p r_p^*$ 이므로 이를 이용하여 반사율(R)을 구해보면 $R = 1$ 이 됨을 쉽게 알 수 있으며, 이는 입사에너지 모두가 경계면으로부터 반사됨을 의미한다. 참고로 그림 13.12는 굴절률이 1.5인 유리에 대한 내부반사의 경우, 입사각에 대한 E_r / E_i와 $|E_r / E_i|^2$ 의 그래프이다.

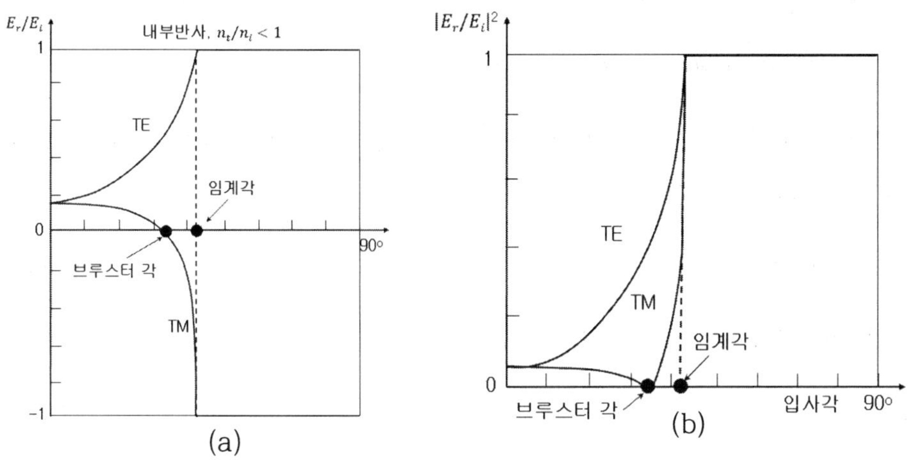

그림 13.12 굴절률이 1.5인 유리에 대한 내부반사

D. 브루스터 각 (Brewster angle)

TM - 편광의 경우에 반사계수(r_p)가 "0"이 되는 특수한 입사각이 존재하는데 이 각을 편광 각(polarizing angle) 또는 브루스터 각(θ_B)이라 한다. 굴절률이 1.0인 공기와 굴절률이 1.5인 유리의 경계면에 대한 브루스터 각은 56.31°이 되며, 편광되지 않은 빛이 브루스터 각으로 입사하면 TM - 편광된 빛은 반사되지 않으므로 반사파는 완전 TE - 편광된 빛이 되므로 브루스터 각을 편광각이라고도 한다. 이는 입사각과 굴절각이 $\theta_i + \theta_t = 90°$ 되는 조건에서 일어나므로, $\theta_B = \tan^{-1}(n_t / n_i)$ $= \tan^{-1} n$ 와 같은 관계식이 얻어진다. θ_B 로 입사하는 경우에 $r_p = 0$ 이 되므로, 이는 일부 레이저 및 반사에 의한 빛의 손실을 줄이는데 활용되고 있다. 한편, 브루스터 각에서 TE - 편광된 빛의 반사율은 약 15 % 정도이며, TM-편광된 빛의 반사계수가 "0"이 되는 조건을 구해보면 아래와 같다. 즉,

$$r_p = \frac{-n^2\cos\theta_i + \sqrt{n^2 - \sin^2\theta_i}}{n^2\cos\theta_i + \sqrt{n^2 - \sin^2\theta_i}} = 0 \;\Rightarrow\; -n^2\cos\theta_i + \sqrt{n^2 - \sin^2\theta_i} = 0 \quad (13.2.58)$$

양변을 제곱하면,

$$n^4\cos^2\theta_i = n^2 - \sin^2\theta_i \tag{13.2.59}$$

$$(n^2-1)(n^2\cos^2\theta_i + \cos^2\theta_i - 1) = 0$$

와 같이 된다. 굴절률이 서로 다른 두 매질에 대한 상대 굴절률(n)은 $n \neq 1$이므로 식 (13.2.59)로부터

$$n^2\cos^2\theta_i + \cos^2\theta_i - 1 = 0 \tag{13.2.60}$$

인 조건이 얻어지며, 식 (13.2.60)으로부터

$$n^2\cos^2\theta_i = \sin^2\theta_i \tag{13.2.61}$$

한 관계를 얻을 수 있다. 이를 정리하면,

$$n = \tan\theta_i \;\Rightarrow\; \theta_i = \tan^{-1}n \;\Rightarrow \text{ 브루스터 각} \tag{13.2.62}$$

이 되며, 이는 상대 굴절률이 n인 매질에 대한 브루스터 각을 의미한다. 공기로부터 굴절률이 1.5인 유리 내로 빛이 입사할 때, 외부반사에 대한 브루스터 각(θ_B)은

$$\theta_B = \tan^{-1}1.5 \approx 56.31° \tag{13.2.63}$$

이 되며, 유리에서 공기로 입사할 때 일어나는 내부반사에 대한 브루스터 각은

$$\theta_B = \tan^{-1}\left(\frac{1}{1.5}\right) \approx 33.69° \tag{13.2.64}$$

이다. 빛의 굴절률은 파장에 따라 변하므로 엄밀히 말해 브루스터 각은 빛에 대한 파장의 함수가 된다. 하지만 가시영역 내에서의 굴절률의 변화는 매우 작으며, 이러한 브루스터 각은 레이저 시스템에서 매우 중요하다. 한편, 편광되지 않은 빛이 브루스터 각으로 입사하면, 반사된 빛은 입사면에 수직한 전기장 벡터를 가지고 선형 편광되므로 투과된 빛도 부분적으로 편광이 일어난다. 브루스터 각에서 반사에 의한 편광은 효율적이지 못한데 그 이유는 약 15 % 만이 반사되기 때문이다. 그래서 이러한 배치를 여러 번 함으로서 투과파의 편광 정도를 높일 수 있다.

※ 브루스터 창(Brewster window) : TM - 모드로 선형 편광된 빛이 그림 13.13과

같이 두 개의 평행한 면을 가진 유리에 브루스터 각으로 입사하는 경우를 생각해 보자. 이때 브루스터 각으로 입사하는 TM-선형편광된 빛이 처음 유리면과 부딪치는 경계면 1에서의 반사는 없다. 또한 경계면 2에 대한 입사각 θ_r도 내부반사에 대한 브루스터 법칙을 만족하므로 경계면 2로부터의 내부반사도 존재하지 않는다. 그 결과 브루스터 각으로 입사한 빛이 모두 경계면을 통과하게 되어 경계면에서의 반사에 의한 손실은 전혀 없게 된다. 이러한 경우를 브루스터 창이라 하는데, 레이저 응용에 있어서 광범위하게 사용되고 있다.

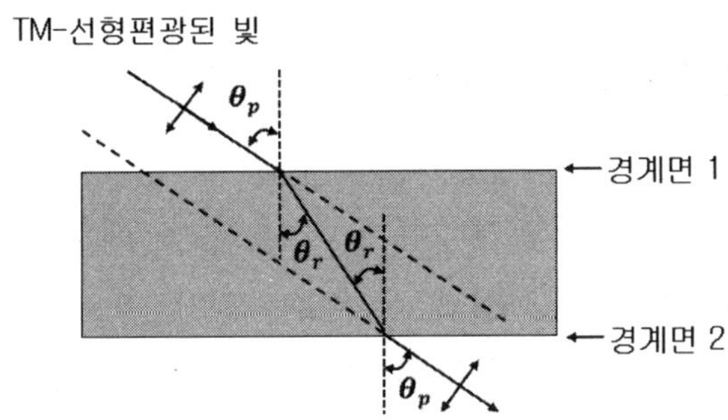

그림 13.13 브루스터 창

한 예로서 TM-선형 편광된 빛이 공기($n_i = 1$)에서 유리($n_t = 1.5$)로 입사하는 경우, 브루스터 각은 식 (13.2.62)에 의하여 약 $\theta_B \approx 56.31°$가 된다. 스넬의 법칙을 사용하여 입사하는 빛이 처음 유리면과 부딪치는 경계면 1에서의 굴절각을 구해보면,

$$1 \cdot \sin 56.31° = 1.5 \cdot \sin\theta_r \quad \Rightarrow \sin\theta_r = \frac{0.8321}{1.5} = 0.5547$$

로부터 $\theta_r = 33.69°$을 얻게 된다. 그림 13.13에서 빛이 경계면 2에 부딪치는 경우는 밀한매질에서 소한매질로 빛이 $\theta_r = 33.69°$로 입사하는 경우가 된다. 이는 내부반사에 의한 브루스터 각이

$$\theta_B = \tan^{-1}\left(\frac{1}{1.5}\right) \approx 33.69°$$

와 같이 되어 내부 면에서의 반사도 없게 됨을 알 수 있다. 따라서 브루스터 각으로 입사한 빛은 손실없이 두 경계면을 모두 통과하게 된다. 일부 레이저(예를 들면 아르곤 이온 레이저)는 반사에 의한 손실을 줄이기 위하여 브루스터 창을 이용한다(그림 13.14).

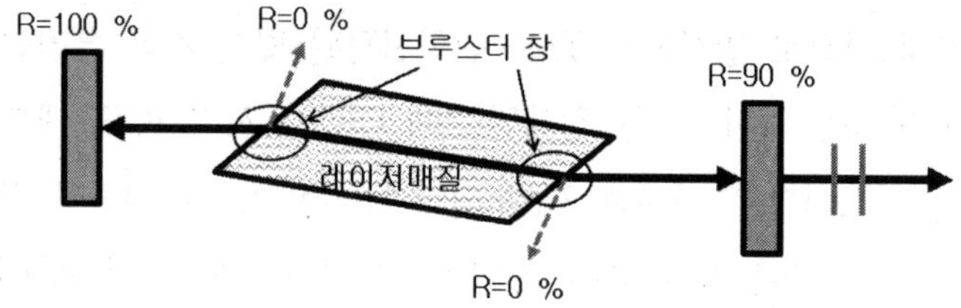

그림 13.14 아르곤 이온 레이저에서의 브루스터 창

13.3 전도성 매질에서의 전자기파

진행하는 전자기파의 에너지를 매질이 흡수하는 경우, 매질 속을 진행하는 전자기파는 에너지의 손실이 발생한다. 이러한 매질로는 전기전도도가 좋은 도체나 약간의 전도성을 가지는 유전체를 생각하여 볼 수 있다. 이처럼 빛이 전도성 매질 내에서 전파하는 경우, $\vec{J}_{자유}$는 "0"이 아니다. 실제로 옴 법칙에 의하면, 전도성 매질에서의 자유전류 밀도는

$$\vec{J}_{자유} = g\vec{E} \tag{13.3.1}$$

와 같이 전기장에 비례한다. 따라서 전도성 매질에서의 맥스웰 방정식은 다음과 같다.

$$\left.\begin{array}{ll}(1)\ \vec{\nabla}\times\vec{B}= \mu g\vec{E}+\mu\epsilon\dfrac{\partial\vec{E}}{\partial t} & (2)\ \vec{\nabla}\times\vec{E}= -\dfrac{\partial\vec{B}}{\partial t} \\ (3)\ \vec{\nabla}\cdot\vec{E}= \dfrac{1}{\epsilon}\rho_{자유} & (4)\ \vec{\nabla}\cdot\vec{B}= 0\end{array}\right\} \tag{13.3.2}$$

자유전하에 대한 연속방정식

$$\vec{\nabla}\cdot\vec{J}_{자유} = -\frac{\partial\rho_{자유}}{\partial t} \tag{13.3.3}$$

에 옴 법칙과 가우스의 법칙인 식 (13.3.2)의 (3)을 이용하면

$$\frac{\partial\rho_{자유}}{\partial t}=-g(\vec{\nabla}\cdot\vec{E}) = -\frac{g}{\epsilon}\rho_{자유} \tag{13.3.4}$$

이 얻어지며, 이에 대한 해는

$$\rho_{자유}(t) = \rho_{자유}(0)e^{-(g/\epsilon)t} = \rho_{자유}(0)e^{-(1/\tau)t} \quad (\tau = \epsilon/g: \text{ 시간 상수}) \tag{13.3.5}$$

와 같다. 따라서 초기의 자유전하 $\rho_{자유}(0)$는 시간에 따라 지수 함수적으로 흩어지게 된다. 이는 도체에 자유전하를 넣으면, 표면으로 옮겨간다는 잘 알려진 사실을 반영한다. 시간 상수 τ는 전도성 매질의 전도도가 얼마나 좋은지를 알려주는 하나의 지표가 되며, 완벽한 도체에서는 $g=\infty$이므로 $\tau \simeq 0$이다. 즉, 좋은 도체에서는 τ가 짧고, 나쁜 도체에서는 τ가 길다. 여기서는 자유전하가 흩어지는 과도현상에 관심이 있는 것이 아니라, 축적된 자유전하가 완전히 흩어진 후에 전도체에서의 전자기파의 전파에 대하여 다루고자 한다. 축적된 자유전하가 완전히 흩어지면 $\rho_{자유}=0$ 이 되고, 이때 맥스웰 방정식은 다음과 같다.

$$\left.\begin{aligned} &(1)\ \vec{\nabla}\times\vec{B} = \mu g\vec{E} + \mu\epsilon\frac{\partial\vec{E}}{\partial t} \qquad &&(2)\ \vec{\nabla}\times\vec{E} = -\frac{\partial\vec{B}}{\partial t} \\ &(3)\ \vec{\nabla}\cdot\vec{E} = 0 &&(4)\ \vec{\nabla}\cdot\vec{B} = 0 \end{aligned}\right\} \tag{13.3.6}$$

이때 식 (13.3.6)의 (1)과 (2)에 회전 연산자를 적용하면, 전기장과 자기장에 대한 수정된 파동방정식이 다음과 같이 얻어진다.

$$\left.\begin{aligned} \nabla^2\vec{E} - \mu g\frac{\partial\vec{E}}{\partial t} - \mu\epsilon\frac{\partial^2\vec{E}}{\partial t^2} = 0 \\ \nabla^2\vec{B} - \mu g\frac{\partial\vec{B}}{\partial t} - \mu\epsilon\frac{\partial^2\vec{B}}{\partial t^2} = 0 \end{aligned}\right\} \tag{13.3.7}$$

식 (13.3.7)에 대한 평면파의 해가 존재하는데, 여기서는 양(+)의 $z-$축 방향으로 진행하는 평면파에 대하여 생각하여 보자. 이 경우에 전기장은

$$\widetilde{E}(z,t) = \widetilde{E}_o e^{i(\tilde{k}z-\omega t)} = e^{-i\omega t}\widetilde{E}_o e^{i\tilde{k}z} = e^{-i\omega t}\widetilde{E}_s(z) \quad (\widetilde{E}_s(z) = \widetilde{E}_0 e^{i\tilde{k}z}) \tag{13.3.8}$$

와 같이 표현된다. 여기서 전기장을 $\vec{E}(z,t)$와 같이 벡터로 표현하지 않고, $\widetilde{E}(z,t)$와 같이 E위에 "$\sim$"를 붙인 이유는 복소수로 표현되기 때문이다. 저자에 따라서는 E위에 "$\wedge$"를 붙이기도 한다. 물론 파수벡터를 $\tilde{k}$와 같이 표현한 이유도 같은 이유이다. 이를 식 (13.3.7)에 대입하면 식 (13.3.9)가 얻어진다.

$$e^{-i\omega t}[\nabla^2\widetilde{E}_s(z) + \omega^2\mu\epsilon\widetilde{E}_s(z) + i\omega\mu g\widetilde{E}_s(z)] = 0 \tag{13.3.9}$$

식 (13.3.9)가 항상 성립하기 위해서는 괄호 안이 "0"이 되어야 하며, 전기장이 $z-$만의 함수이므로 다음식이 성립한다.

$$\frac{d^2\widetilde{E}_s(z)}{dz^2} + \omega^2\mu\epsilon\,\widetilde{E}_s(z) + i\omega\mu g\,\widetilde{E}_s(z) = 0 \tag{13.3.10}$$

식 (13.3.10)에 $\widetilde{E}_s(z) = \widetilde{E}_0 e^{i\tilde{k}z}$ 을 넣어 계산하면

$$-\tilde{k}^2 + \omega^2\mu\epsilon + i\omega\mu g = 0 \quad \Rightarrow \tilde{k}^2 = \omega^2\mu\epsilon + i\omega\mu g$$

$$\Rightarrow \quad \tilde{k} = \omega\sqrt{\mu\epsilon}\,[1 + i\frac{g}{\omega\epsilon}]^{1/2} \tag{13.3.11}$$

와 같은 결과를 얻는다. 식 (13.3.11)은 균질의 선형 등방성 매질에서의 단조화 평면파에 대한 분산관계(dispersion relation)를 나타내는데, $g \neq 0$이면서 ω가 실수라면, $\tilde{k}$는 복소수이어야 한다. 따라서 파수벡터 $\tilde{k}$를

$$\tilde{k} = k_t + i\alpha \tag{13.3.12}$$

와 같이 실수와 허수로 표현하자. 이때 k_t는 공간에 따른 주기성인 파장에 대한 정보($\lambda = 2\pi/k_t$)를 주는 반면에 α는 진폭의 감쇄에 대한 정보를 제공한다. 식 (13.3.12)를 제곱하면

$$\tilde{k}^2 = (k_t^2 - \alpha^2) + i2k_t\alpha \tag{13.3.13}$$

와 같이 된다. 이를 식 (13.3.11)과 비교하면,

$$k_t^2 - \alpha^2 = \omega^2\mu\epsilon\,,\ 2k_t\alpha = \omega g\mu \tag{13.3.14}$$

와 같으며, 식 (13.3.14)를 풀면 다음과 같다.

$$k_t = \omega\sqrt{\frac{\mu\epsilon}{2}}\,[\sqrt{1 + (\frac{g}{\omega\epsilon})^2} + 1]^{1/2}\,,\ \alpha = \omega\sqrt{\frac{\mu\epsilon}{2}}\,[\sqrt{1 + (\frac{g}{\omega\epsilon})^2} - 1]^{1/2} \tag{13.3.15}$$

이다. $\tilde{k}$의 허수부(α)때문에 전자기파는 전도성 매질 속에서 진행하면서 진폭이 지수함수적으로 감쇄된다. 이제 양(+)의 $z-$축 방향으로 진행하면서 전도성 매질에 수직입사하는 평면파에 대하여 생각해 보자. 식 (13.3.8)로부터 양(+)의 $z-$축 방향으로 진행하는 평면파의 전기장과 자기장에 대한 해는 다음과 같이 쓸 수 있다.

$$\overrightarrow{E}(z,t) = \widetilde{E}_0 e^{i\tilde{k}z} e^{-\omega t} = \widetilde{E}_0 e^{i(k_t + i\alpha)z} e^{-i\omega t} = \widetilde{E}_0 e^{-\alpha z} e^{i(k_t z - \omega t)} \tag{13.3.16}$$

$$\overrightarrow{B}(z,t) = \widetilde{B}_0 e^{i\tilde{k}z} e^{-\omega t} = \widetilde{B}_0 e^{i(k_t + i\alpha)z} e^{-i\omega t} = \widetilde{B}_0 e^{-\alpha z} e^{i(k_t z - \omega t)}$$

식 (13.3.16)으로부터 평면파가 위상속력 $v = \omega / k_t$, 파장 $\lambda = 2\pi / k_t$, 굴절률 $n = ck_t/\omega$, 감쇠상수 α로 진행한다는 것을 알 수 있다. 여기서 전기장과 자기장의 진폭을 $\widetilde{E_0}, \widetilde{B_0}$와 같이 복소수로 나타낸 이유는 초기위상 때문이며, 식 (13.3.16)으로부터 z가 증가할수록, 진폭이 지수함수적으로 감소한다는 것을 알 수 있다. 이처럼 진폭이 경계면($z = 0$)에서의 진폭에 비하여 $e^{-1} = 1/2.7 \simeq 1/3$ 만큼 줄어드는데 필요한 깊이를 침투깊이(δ: skin depth 또는 penetration depth)라 하며, 다음과 같다.

$$\delta \equiv \frac{1}{\alpha} \tag{13.3.17}$$

전자기파의 에너지를 흡수하지 않는 비전도성 매질($g = 0$)에서는 침투깊이가 무한대이다. 이처럼 진폭이 감소한다는 것은 에너지가 감소한다는 것을 의미하며, 이는 시간에 따라 전기장이 변하는 전파가 매질에 전류를 흐르게 하여 주울 열로 에너지를 소모한다는 의미이다. 침투깊이에 대한 정보는 고가의 금이나 은을 작게 사용하면서도 양질의 금이나 은이 가지는 광학적 특성을 가지는 광학소자를 만드는 데 중요하다. 즉, 가격이 저렴한 기판 위에 코팅하는 고가 재료의 두께를 침투깊이보다 조금 더 두껍게 코팅하면 양질의 고가 재료와 같은 광학적 특성의 광학소자를 제조할 수 있다. 따라서 침투깊이에 대한 정보는 광학적 특성을 다루는 코팅산업에서는 매우 중요하다.

식 (13.3.16)은 $\vec{\nabla} \cdot \vec{E} = 0$ 와 $\vec{\nabla} \cdot \vec{B} = 0$ 을 만족하므로, 이로부터 전기장과 자기장이 z성분을 가지지 않아 횡파라는 것을 알 수 있다. 한편, 투과매질에 대한 복소파수, $\tilde{k} = k_t + i\alpha$의 실수부는 투과매질에서의 파장($\lambda_t$), 전파속력($v_t$) 및 매질의 굴절률($n_t$)을 결정한다. 즉,

$$\lambda_t = \frac{2\pi}{k_t}, \quad v_t = \frac{\omega}{k_t} \neq \frac{1}{\sqrt{\mu\epsilon}}, \quad n_t = \frac{ck_t}{\omega} \tag{13.3.18}$$

감쇄된 평면파를 기술하는 식 (13.3.16)은 $\widetilde{E_0}$와 $\widetilde{B_0}$가 어떤 값을 가져도 파동방정식 식 (13.3.7)을 만족한다. 또한 맥스웰 방정식 식 (13.3.6)은 구속조건을 더 부과하여, $\tilde{E}$와 $\tilde{B}$의 상대적 진폭, 위상 및 편광방향을 결정한다. 빛이 손실이 없는 매질에서 진행하는 경우, 전기장과 자기장은 그림 13.1과 같이 서로 위상차가 없다. 하지만 손실이 있는 매질에서 빛이 진행하는 경우, 전기장과 자기장은 서로 위상차가 발생하는 데 이러한 위상차에 대하여 알아보자.

문제를 간단히 하기 위하여 식 (13.3.16)으로 주어진 전기장이 $x-$축 방향으로 선형 편광된 빛으로 전기장의 진동면을 $xz-$면과 일치시키고, 식 $\vec{\nabla}\times\vec{E}=-\partial\vec{B}/\partial t$ 을 이용하여 전기장과 자기장을 표현하면

$$\widetilde{E}(z,t)=\widetilde{E}_o e^{-\alpha z}e^{i[(k_t z-\omega t]}\,\hat{i} \tag{13.3.19}$$

$$\widetilde{B}(z,t)=\frac{\widetilde{k}}{\omega}\widetilde{E}_0 e^{-\alpha z}e^{i[(k_t z-\omega t]}\,\hat{j} \tag{13.3.20}$$

와 같으며, 전기장과 자기장이 서로 직교한다. 일반 복소수와 같이 복소파수 $\widetilde{k}$는 아래와 같이 크기와 위상으로 나타낼 수 있다.

$$\widetilde{k}=Ke^{i\phi} \tag{13.3.21}$$

여기서 복소파수 $\widetilde{k}$의 크기 K는

$$K\equiv|\widetilde{k}|=\sqrt{k_t^2+\alpha^2}=\omega\sqrt{\mu\epsilon\sqrt{1+(\frac{g}{\omega\epsilon})^2}} \tag{13.3.22}$$

와 같으며, 식 (13.3.21)에서 주어진 위상 ϕ는 다음과 같다.

$$\phi=\tan^{-1}\frac{\alpha}{k_t} \tag{13.3.23}$$

식 (13.3.19)와 식 (13.3.20)으로부터 복소진폭 $\widetilde{E}_0=E_0 e^{i\delta_E}$와 $\widetilde{B}_0=B_0 e^{i\delta_B}$는

$$B_0 e^{i\delta_B}=\frac{Ke^{i\phi}}{\omega}E_0 e^{i\delta_E} \tag{13.3.24}$$

와 같은 관계가 있으며, 이는 전기장과 자기장의 상대적 위상차가 $\delta_B-\delta_E=\phi$ 이라는 것을 의미한다. 이로부터 자기장이 전기장의 뒤를 따라간다는 것을 알 수 있다. 또한 전기장과 자기장의 (실수) 진폭 사이에는

$$\frac{B_0}{E_0}=\frac{K}{\omega}=\sqrt{\mu\epsilon\sqrt{1+(\frac{g}{\omega\epsilon})^2}} \tag{13.3.25}$$

와 같은 관계가 있다. 전기장에 대한 초기위상을 δ_E라고 하면, 물리적으로 의미가 있는 실수 전기장과 자기장은

$$\vec{E}(z,t)=E_0 e^{-\alpha z}\cos(k_t z-\omega t+\delta_E)\,\hat{i}\quad(\delta_E\text{: 초기위상}) \tag{13.3.26}$$

$$\vec{B}(z,t) = B_0 e^{-\alpha z} \cos(k_t z - \omega t + \delta_E + \phi)\hat{j} \tag{13.3.27}$$

와 같고, 이를 하나의 그래프로 표현하면 그림 13.15와 같다.

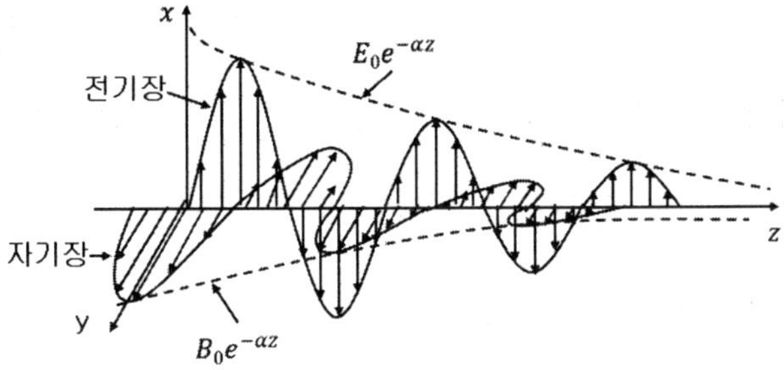

그림 13.15 손실이 있는 전동성 매질에서의 빛의 전파특성

위에서 주어진 결과를 좋은 유전체와 좋은 도체에 적용하여 보자. 손실이 적은 좋은 유전체와 전도성이 좋은 도체의 기준은 전도전류밀도($\vec{J}_{전도} = g\vec{E}$)와 변위전류밀도 ($\vec{J}_{변위} = i\omega\epsilon\vec{E}$)의 상대적 크기인 $\frac{g}{\omega\epsilon}$에 따라 분류하는데, 이를 손실탄젠트(loss tangent: L.T.)라고 한다. 즉, $g << \omega\epsilon(|\vec{J}_{전도}| \ll |\vec{J}_{변위}|)$인 경우로 손실탄젠트가 $\frac{g}{\omega\epsilon} \ll 1$ $(L.T. \ll 1)$은 좋은 유전체, $g \gg \omega\epsilon$ $(|\vec{J}_{전도}| \gg |\vec{J}_{변위}|)$인 손실탄젠트가 $\frac{g}{\omega\epsilon} \gg 1$ $(L.T. \gg 1)$은 경우는 좋은 도체로 분류된다.

A. 전도성이 있으나, 좋은 유전체(L.T.<<1)에서의 전자기파

손실이 적은 좋은 유전체(낮은 전기전도도를 가지는 도체) 또는 어느 정도 전도성을 가지나 매우 높은 진동수에서는 $g \ll \omega\epsilon$와 같은 조건을 만족하므로, 식 (13.3.11)로 주어진 복소 전파상수를 급수전개를 이용하여 구하면 다음과 같다.

$$\tilde{k} = \omega\sqrt{\mu\epsilon}[1 + i\frac{g}{\omega\epsilon}]^{1/2} \simeq \omega\sqrt{\mu\epsilon}[1 + i\frac{1}{2}\frac{g}{\omega\epsilon}] \tag{13.3.28}$$

$$\simeq \omega\sqrt{\mu\epsilon} + i\frac{1}{2}\frac{g}{\epsilon}\sqrt{\mu\epsilon}] \simeq \omega\sqrt{\mu\epsilon} + i\frac{g}{2}\sqrt{\frac{\mu}{\epsilon}}$$

여기서는 급수전개를 이용하여 $\frac{g}{\omega\epsilon}$에 대해 2차항 이하는 생략하여 얻어졌다.

따라서 최종적으로 손실이 적은 좋은 유전체에 대해서는 다음과 같은 결과가 얻어진다.

$$\tilde{k}=k_t+i\alpha \simeq \omega\sqrt{\mu\epsilon}+i\frac{g}{2}\sqrt{\frac{\mu}{\epsilon}} \rightarrow k_t=\omega\sqrt{\mu\epsilon}=\frac{\omega}{v},\ \alpha=\frac{g}{2}\sqrt{\frac{\mu}{\epsilon}} \qquad (13.3.29)$$

한편 전자기파에 대한 복소 고유 임피던스(Z)는 $\tilde{\eta}\equiv\dfrac{\widetilde{E}_0}{\widetilde{H}_0}$로 정의되므로, $L.T.\ll 1$인 좋은 유전체에서의 근삿값은 다음과 같다.

$$\tilde{\eta}\equiv\frac{\widetilde{E}_0}{\widetilde{H}_0}=\frac{\mu\widetilde{E}_0}{\widetilde{B}_0}=\frac{\mu\widetilde{E}_0}{\frac{\tilde{k}}{\omega}\widetilde{E}_0}=\frac{\omega\mu}{\tilde{k}}=\frac{\omega\mu}{\omega\sqrt{\mu\epsilon}\,[1+i\frac{g}{2\omega\epsilon}]} \qquad (13.3.30)$$

$$\simeq\sqrt{\frac{\mu}{\epsilon}} \quad (\frac{g}{\omega\epsilon}\ll 1\text{이므로})$$

따라서 자유공간에 대한 고유임피던스(η)는 $\eta\simeq\sqrt{\dfrac{\mu_0}{\epsilon_0}}=377\,[\Omega]$이다. 식 (13.3.30)으로부터 전기장과 자기장 사이에 위상차가 거의 발생하지 않음을 알 수 있으며 이러한 매질에서의 침투깊이(δ)는

$$\delta\equiv\frac{1}{\alpha}\simeq\frac{2}{g}\sqrt{\frac{\epsilon}{\mu}}$$

와 같이 주어진다.

B. 좋은 도체 (L.T.>>1)에서의 전자기파

전도전류가 변위전류보다 훨씬 더 큰 매질, 즉, 전도율이 좋은 도체에서는 $g\gg\omega\epsilon$와 같은 조건을 만족하게 된다. 대부분의 금속인 경우, $\dfrac{g}{\epsilon}\approx 10^{18}$이며, 라디오파, 마이크로파, 가시광 및 X-선 영역에 해당하는 10^{17}이하의 진동수에서는 $g\gg\omega\epsilon\,(\dfrac{g}{\omega\epsilon}\gg 1)$와 같은 조건에 속한다. 하지만, 가시광보다 높은 진동수 영역에서는 공명흡수 효과가 꽤 중요하기 때문에 간단히 설명되지는 않는다. 이러한 제한 조건을 전제로 하면 식 (13.3.11)로 주어진 복소 전파상수는 근사적으로 다음과 같다.

$$\tilde{k}= \omega\sqrt{\mu\epsilon}\,[1+i\frac{g}{\omega\epsilon}]^{1/2} \simeq \omega\sqrt{\mu\epsilon}\,[i\frac{g}{\omega\epsilon}]^{1/2} = \sqrt{\omega\mu g}\,(i)^{1/2} \tag{13.3.31}$$

$$= \sqrt{\omega\mu g}\,(e^{i\frac{\pi}{2}})^{1/2} = \sqrt{\omega\mu g}\,(e^{i\frac{\pi}{4}}) = \sqrt{\omega\mu g}\,(\frac{1}{\sqrt{2}}+i\frac{1}{\sqrt{2}})$$

이로부터 복소파수 벡터의 각 성분, 침투상수 및 복소 고유임피던스($\tilde{\eta}$)는

$$\rightarrow\ k_t = \alpha = \sqrt{\frac{\omega\mu g}{2}}\ ,\ \delta \equiv \frac{1}{\alpha} \simeq \sqrt{\frac{2}{\omega\mu g}}\ , \tag{13.3.32}$$

$$\tilde{\eta} \equiv \frac{\widetilde{E_0}}{\widetilde{H_0}} = \frac{\mu\widetilde{E_0}}{\widetilde{B_0}} = \frac{\mu\widetilde{E_0}}{\frac{\tilde{k}}{\omega}\widetilde{E_0}} = \frac{\omega\mu}{\tilde{k}} = \frac{\omega\mu}{\sqrt{\omega\mu g}\,[\frac{1}{\sqrt{2}}+i\frac{1}{\sqrt{2}}]} \tag{13.3.33}$$

$$= \sqrt{\frac{\omega\mu}{g}}\,\frac{1}{[\frac{1}{\sqrt{2}}+i\frac{1}{\sqrt{2}}]} = \sqrt{\frac{\omega\mu}{g}}\,e^{-i\frac{\pi}{4}}$$

와 같이 주어진다. 복소 고유임피던스를 보면 $\widetilde{E_0}$ 와 $\widetilde{H_0}$ 사이에 위상차가 45° 이며, 전기장이 자기장보다 앞선다는 것을 알 수 있다. ω 가 매우 커지는 주파수에서는 양호한 도체의 침투깊이 δ 가 아주 작아지므로, 침투깊이를 표피깊이(skin depth)라고도 부른다. 전자기장이 매질 속으로 깊이 침투할 수 없으므로, 전도전류 $\vec{J}_{전도}$ 는 대부분 도체의 표면에 집중적으로 흐르고, 도체의 내부에는 거의 흐르지 않는다는 것을 알 수 있다.

한편, 전자기파에 대한 에너지 밀도는 $u = \frac{1}{2}(\epsilon E^2 + \frac{1}{\mu}B^2)$ 와 같이 정의되므로, 전기장과 자기장에 대한 표현식인 식 (13.3.26~27)에서 편리상 전기장에 대한 초기위상 δ_E를 $\delta_E = 0$ 로 놓으면 에너지 밀도는 다음과 같다.

$$u = \frac{1}{2}(\epsilon E^2 + \frac{1}{\mu}B^2) \tag{13.3.34}$$

$$= \frac{1}{2}[\epsilon|E_o|^2 e^{-2\alpha z}\cos^2(k_t z - \omega t) + \frac{1}{\mu}|B_o|^2 e^{-2\alpha z}\cos^2(k_t z - \omega t + \phi)]$$

코사인 제곱의 한 주기에 대한 평균값은 1/2이므로 좋은 도체 속에서의 평면 전자기파의 시간평균 에너지 밀도는 다음과 같다.

$$< u >= \frac{1}{4}[\epsilon|E_o|^2 + \frac{1}{\mu}|B_o|^2]e^{-2\alpha z} \tag{13.3.35}$$

$$= \frac{1}{4}[\epsilon|E_o|^2 + \frac{1}{\mu}\left|\sqrt{\frac{\mu g}{\omega}}E_0\right|^2]e^{-2\alpha z}$$

$$= \frac{1}{4}[\epsilon|E_o|^2 + \left|\sqrt{\frac{g}{\omega\mu}}E_0\right|^2]e^{-2\alpha z}$$

$$= \frac{1}{4}[\epsilon|E_o|^2 + \frac{g}{\omega}|E_0|^2]e^{-2\alpha z} = \frac{\epsilon}{4}(1+\frac{g}{\omega\epsilon})E_0^2e^{-2\alpha z}$$

$$\simeq \frac{g}{4\omega}E_0^2e^{-2\alpha z} \quad (g \gg \omega\epsilon)$$

좋은 도체인 경우, 앞에서 설명한 바와 같이 전기장과 자기장은 $\pi/4$ 만큼의 위상차가 생긴다. 좋은 도체 속에서 전자기파가 단위면적당 실어오는 평균일률인 세기는 시간평균 포인팅벡터의 크기이므로, 시간평균 포인팅벡터를 $<\vec{S}>$로 나타내면 다음과 같다.

$$<\vec{S}> = \frac{1}{\mu}<\vec{E}\times\vec{B} \geqq \frac{1}{\mu}E_0B_0e^{-2\alpha z}\cos^2(k_tz-\omega t)\cos(\pi/4) \tag{13.3.36}$$

$$= \frac{1}{2}\frac{1}{\sqrt{2}}\frac{1}{\mu}E_0B_0e^{-2\alpha z} = \frac{1}{2\sqrt{2}}\frac{1}{\mu}E_0\sqrt{\frac{\mu g}{\omega}}E_0e^{-2\alpha z}$$

$$= \frac{1}{2\sqrt{2}}\sqrt{\frac{g}{\mu\omega}}E_0^2e^{-2\alpha z} = \frac{k_t}{2\mu\omega}E_0^2e^{-2\alpha z}$$

식 (13.3.35~36)으로부터 $<\vec{S}>=<u>v$ 가 성립함을 알 수 있다. 한편, 전기장과 자기장에 대한 시간 평균 에너지 밀도는

$$< u_E >= \frac{1}{2}< \epsilon E^2 >= \frac{1}{2}\epsilon|E_o|^2e^{-2\alpha z} < \cos^2(k_tz-\omega t) > \tag{13.3.37}$$

$$= \frac{1}{4}\epsilon|E_o|^2e^{-2\alpha z}$$

$$< u_B >= \frac{1}{2\mu}< B^2 >= \frac{1}{2\mu}|B_o|^2e^{-2\alpha z} < \cos^2(k_tz-\omega t+\phi) > \tag{13.3.38}$$

$$= \frac{1}{4\mu}|B_o|^2e^{-2\alpha z}$$

와 같으며, 이들의 비를 구하면 다음과 같다.

$$\frac{<u_E>}{<u_B>}=\frac{\epsilon E_0^2}{\frac{1}{\mu}B_0^2}=\frac{\epsilon E_0^2}{\mu H_0^2}=\frac{\epsilon}{\mu}|\tilde{\eta}|^2 \quad (\tilde{\eta} : \text{복소고유임피던스}) \tag{13.3.39}$$

식 (13.3.33)으로부터 $|\tilde{\eta}|^2=\frac{\omega\mu}{g}$ 이므로, 식 (13.3.39)는 다음과 같다.

$$\frac{<u_E>}{<u_B>}=\frac{\epsilon}{\mu}|\tilde{\eta}|^2=\frac{\epsilon}{\mu}\frac{\omega\mu}{g}=\frac{\omega\epsilon}{g}\ll 1 \tag{13.3.40}$$

식 (13.3.40)으로부터 좋은 전도성 매질에서의 자기에너지 밀도가 전기에너지 밀도보다 크다는 것을 알 수 있다. $\omega=0$ 인 경우, 에너지 밀도는 전적으로 자기장에 기인한다. 이는 도체 매질 속에는 정적 전기장이 존재하지 않는다는 사실과도 일치한다. 한편, 좋은 전도성 도체에서의 위상속력은

$$v_p=\frac{\omega}{k_t}\approx\sqrt{\frac{2\omega}{\mu g}} \tag{13.3.41}$$

와 같이 진동수에 의존함을 알 수 있다.

13.4 수직 입사하는 전자기파에 대한 도체 표면에서의 반사

전자기파의 흡수가 없는 유전체(매질 1)로부터 전도성 매질인 도체(매질 2)로 빛이 수직입사하는 경우에 대하여 생각하여 보자 (그림 13.16 참조). 서로 다른 두 선형매질의 경계면에서 만족해야 될 경계조건을 $\vec{E}$와 $\vec{B}$로 나타내면 다음과 같다.

$$\left.\begin{array}{ll} (1)\,\epsilon_1 E_1^{\perp}-\epsilon_2 E_2^{\perp}=\sigma_{\text{자유}}, & (3)\,\epsilon_1 E_1^{//}-\epsilon_2 E_2^{//}=0 \\ (2)\,B_1^{\perp}-B_2^{\perp}=0, & (4)\,\frac{1}{\mu_1}B_1^{//}-\frac{1}{\mu_2}B_2^{//}=\vec{K}_{\text{자유}}\times\hat{n} \end{array}\right\} \tag{13.4.1}$$

여기서 $\sigma_{\text{자유}}$는 자유 면전하, $\vec{K}_{\text{자유}}$는 자유 면전류, 그리고 $\hat{n}$은 경계면에 대한 단위 법선벡터로, 매질 2에서 매질 1로 향한다. 또한, "⊥"는 수직성분, "//"는 경계면에 나란한 성분을 의미한다. 문제를 간단히 하기 위하여 전자기파는 두 매질의 경계면에 수직으로 입사하고 전기장은 $x-$축 방향으로 편광되어 있으며 각 진동수 ω를 가지고 양(+)의 $z-$축 방향으로 진행한다고 가정한다[그림 13.16 참조].

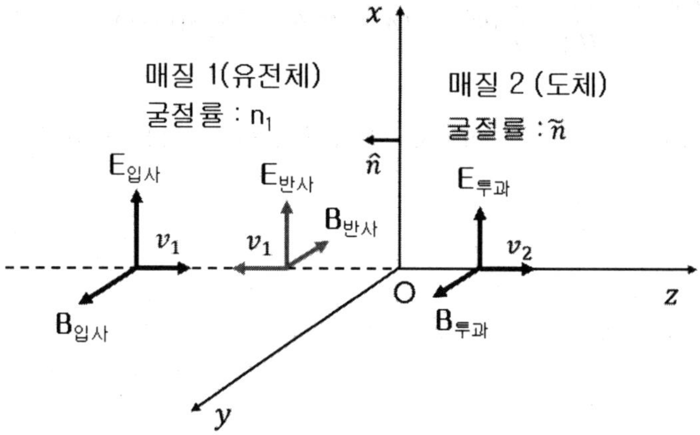

그림 13.16 두 매질의 경계면에 수직 입사하는 입사파, 반사파 및 투과파

그림 13.16에서와 같이 $xy-$평면이 선형유전체 매질 (1)과 도체(2)의 경계면이라 하자. 전기장이 $x-$축 방향으로 선형편광되고 초기위상이 "0"인 경우, 경계면을 향해 입사하는 전자기파에 대한 전기장과 자기장은 다음과 같이 표현된다. 물론 초기위상이 임의의 값을 가진다면, 식 (13.4.2)에서 진폭을 복소수로 표현하여야 하나, 편의상 초기위상을 다음과 같이 "0"로 설정해도 좋다. 즉,

$$\vec{E}_{입사}(z,t) = E_{0입사} e^{i(k_1 z - \omega t)} \hat{x} \tag{13.4.2}$$

$$\vec{B}_{입사}(z,t) = B_{0입사} e^{i(k_1 z - \omega t)} \hat{y} = \frac{1}{v_1} E_{0입사} e^{i(k_1 z - \omega t)} \hat{y}$$

$$= \frac{k_1}{\omega} E_{0입사} e^{i(k_1 z - \omega t)} \hat{y}$$

와 같이 표현되며, $k_1 = n_1 \dfrac{\omega}{c}$이며 n_1은 입사매질의 굴절률이다. 전기장과 자기장에 대한 관계식

$$|\vec{B}(z,t)| = \left| \frac{n}{c} \hat{k} \times \vec{E}(z,t) \right| = \frac{1}{v} |\vec{E}(z,t)| \tag{13.4.3}$$

을 이용하면 식 (13.4.2)와 같이 자기장에 대한 진폭을 입사하는 전기장에 대한 진폭($E_{0입사}$)으로 표현된다.

$z=0$인 $xy-$경계면에서 반사되어 매질 1로 진행하는 반사파에 대한 전기장과 자기장은

$$\vec{E}_{반사}(z,t) = E_{0반사} e^{i(-k_1 z - \omega t)} \hat{i} \tag{13.4.4}$$

$$\vec{B}_{반사}(z,t) = -\frac{1}{v_1} E_{0반사} e^{i(-k_1 z - \omega t)} \hat{j} = -\frac{k_1}{\omega} E_{0반사} e^{i(-k_1 z - \omega t)} \hat{j}$$

같이 표현된다. 식 (13.4.4)의 자기장에 (-)부호가 붙은 이유는 포인팅 벡터의 방향이 전자기파의 진행방향과 같아야 하기 때문이다. 물론 이러한 (-)부호는 자기장 대신에 전기장에 붙여도 상관없으나, 여기서는 그림 13.16을 바탕으로 식 (13.4.4)를 표현하였다. 만약에 전기장에 (-)부호를 붙이면, 반사파의 전기장과 자기장의 방향이 그림 13.16과는 반대로 표현되어야 한다. 한편 xy-경계면을 지나, 전자기파를 흡수하는 금속 매질로 진행하는 투과파는

$$\vec{E}_{투과}(z,t) = E_{0투과} e^{i(\tilde{k}_2 z - \omega t)} \hat{i} \tag{13.4.5}$$

$$\vec{B}_{투과}(z,t) = \frac{1}{v_2} E_{0투과} e^{i(\tilde{k}_2 z - \omega t)} \hat{j} = \frac{\tilde{k}_2}{\omega} E_{0투과} e^{i(\tilde{k}_2 z - \omega t)} \hat{j}$$

와 같이 표현되며, 도체 속으로 침투하면서 감쇠된다. 전자기파를 흡수하는 매질에서의 파수벡터는 복소수로 표현되어야 하므로 식 (13.4.5)에서 파수벡터를 복소 파수벡터 $\tilde{k}_2$로 표현하였고, $\tilde{k}_2 = \omega\sqrt{\mu_2\epsilon_2}\,[1 + i\frac{g}{\omega\epsilon_2}]^{1/2}$ [식 (13.3.11) 참조] 와 같이 표현된다.

경계면 $z=0$에서 매질 1에 있는 입사파와 반사파의 합이 매질 (2)에 존재하는 투과파와 식 (13.4.1)로 주어지는 경계조건에 의해 연결된다. 경계면에 입사하는 빛의 전기장이 x-축 방향으로 선형 편광되었으므로, 경계면에 수직한 전기장($E^{\perp}$)과 자기장의 성분($B^{\perp}$)은 존재하지 않는다. 따라서 두 매질에서 $E^{\perp}=0$이므로 경계조건 (1)로부터 $\sigma_{자유}=0$이다. 또한 $B^{\perp}=0$이므로 경계조건 (2)는 자동으로 충족된다. 경계조건 (3)은

$$E_{0입사} + E_{0반사} = E_{0투과} \tag{13.4.6}$$

와 같이 주어지며, $\vec{K}_{자유}=0$와 함께 경계조건 (4)에 의하여

$$\frac{1}{\mu_1 v_1}(E_{0입사} - E_{0반사}) = \frac{\tilde{k}_2}{\mu_2\omega} E_{0투과}$$

$$\rightarrow \quad E_{0입사} - E_{0반사} = \tilde{\beta} E_{0투과} \quad (\tilde{\beta} \equiv \frac{\mu_1 v_1}{\mu_2 \omega}\tilde{k}_2) \tag{13.4.7}$$

와 같은 결과가 얻어진다. $\widetilde{k}_2$가 복소수이므로, $E_{0반사}$와 $E_{0투과}$이 모두 실수일 수는 없으므로 반사파와 투과파 사이에 위상차가 존재한다는 것을 알 수 있다. 식 (13.4.6~7)을 정리하면 다음과 같은 결과를 얻는다.

$$E_{0반사} = (\frac{1-\widetilde{\beta}}{1+\widetilde{\beta}})E_{0입사} \tag{13.4.8}$$

$$E_{0투과} = \frac{2}{\widetilde{\beta}+1}E_{0입사} \tag{13.4.9}$$

여기서 $\widetilde{\beta} \equiv \frac{\mu_1 v_1}{\mu_2 \omega}\widetilde{k}_2$와 같이 정의되었고, $\widetilde{k}_2 = \omega\sqrt{\mu_2\epsilon_2}[1+i\frac{g}{\omega\epsilon_2}]^{1/2}$ 와 같이 주어진다. 식 (13.4.8~9)로부터는 $E_{0반사}$ 및 $E_{0투과}$에 대해 유용한 정보를 바로 얻기가 어려우므로, 매질 2가 완전도체, 즉 $g=\infty$인 경우에 대해 생각해 보자. $g=\infty$인 경우, 식 (13.4.8~9)는 다음과 같이 근삿값으로 표현된다.

$$\left.\begin{aligned} E_{0반사} &= -E_{0입사} \\ E_{0투과} &= 0 \end{aligned}\right\} \quad (g=\infty) \tag{13.4.10}$$

식 (13.4.10)으로부터 완전반사(100%)가 일어나면서 입사파와 반사파 사이에 180°의 위상차가 발생한다는 것을 알 수 있다. 따라서 아주 좋은 도체가 좋은 거울이 되며, 일상생활에서 많이 사용되는 거울은 유리판 뒷면에 알루미늄 막을 얇게 입혀 제조된다. 알루미늄을 주로 사용하는 이유는 알루미늄 금속이 가시광선 영역의 빛에 대하여 균일한 반사율을 가지기 때문이다. 적외선 영역의 빛을 보다 효율적으로 반사시킬 필요가 있는 경우에는 금 거울을 사용한다.

금속의 경우에 반사계수가 거의 "1"이므로, 입사파와 반사파의 진폭은 크기가 거의 같게 되므로 입사파와 반사파는 다음과 같이 쓸 수 있다.

$$\vec{E}_{입사}(z,t) = E_{0입사}e^{i(k_1 z-\omega t)}\hat{i} \tag{13.4.11}$$

$$\vec{E}_{반사}(z,t) \simeq -E_{0입사}e^{i(-k_1 z-\omega t)}\hat{i} \tag{13.4.12}$$

따라서 입사매질에서의 총전기장은 입사파와 반사파의 합으로,

$$\vec{E}_{총} = \vec{E}_{입사} + \vec{E}_{반사} \cong E_{0입사}e^{i(k_1 z-\omega t)}\hat{i} - E_{0입사}e^{i(-k_1 z-\omega t)}\hat{i} \tag{13.4.13}$$

$$\cong E_{0입사}e^{-i\omega t}(e^{ik_1 z} - e^{-ik_1 z})\hat{i}$$

와 같이 표현된다. 식 (13.4.13)에서 실수부분만을 취하면, 입사매질에서의 총 전기장은

$$\vec{E}_{총} = E_{0입사}e^{-i\omega t}(e^{ik_1 z} - e^{-ik_1 z})\hat{i} \cong 2E_{0입사}\sin\omega t \sin k_1 z\,\hat{i} \tag{13.4.14}$$

와 같이 되면서 진행파가 아닌 정상파로 기술된다. 위치변수인 z에 의존하는 사인함수의 변수는 $k_1 z = n_1(\omega/c)z = (2\pi n_1/\lambda)z$와 같으므로, 정상파는 $\lambda/2n_1$의 간격마다 마디를 가지게 되며, 이를 알아보기 쉽게 그림 13.17에 나타내었다.

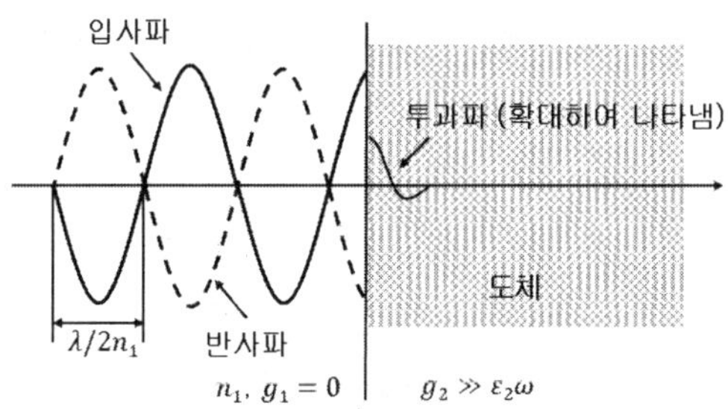

그림 13.17 금속 표면에 수직 입사하는 전자기파의 반사와 투과

13.5 완전도체 평면 사이에서의 전자기파 전파

전자기파를 특정영역 내에서 진행시키는 도파관에서의 파의 전파에 대해 알아보기 전에 서로 평행하며 완전도체인 평면 사이의 공간을 통한 전자기파의 진행 특성에 대해 알아보자. 서로 평행한 2개의 도체가 완전도체이므로 전기장과 자기장이 도체 내부에는 존재하지 않으나, 표면전류나 표면전하는 존재할 수 있다. 이러한 전하와 전류들이 $\vec{D}$와 $\vec{H}$에 대한 경계조건을 결정하여 준다. 여기서는 표면전하와 표면전류를 계산하는 대신, $\vec{E}$와 $\vec{B}$에 대한 경계조건, 즉,

① $\vec{E}$: 경계면에 접선성분은 경계면에서 "0"이다.
② $\vec{B}$: 경계면에 법선성분은 경계면에서 "0"이다.

을 이용하여 전자기파의 전파특성에 대하여 알아보고자 한다. 문제를 간단히 하기 위하여 두 평면 사이의 공간은 진공으로 $\mu = \mu_0$, $\epsilon = \epsilon_0$, $\rho = 0$, $g = 0$이다. 진공에서

전자기파는 횡파이므로, $\vec{E}$와 $\vec{B}$는 파의 진행방향에 대하여 서로 수직이다. 전자기파를 서로 평행한 완전도체들 사이의 진공 영역으로 보내면, 도체면에서의 반사를 거듭하면서 도체들 사이의 진공 영역을 통하여 진행하게 된다. 이해를 돕기 위하여 그림 13.18에 파면의 순간 위치를 나타내었다.

전기장 벡터 $\vec{E}$가 수직으로 양(+)의 $x-$축을 방향을 향한다면, 자기장 벡터 $\vec{B}$는 그림 13.18에서와 같이 $\vec{E}$에 수직이면서 도체판에 나란한 성분(B_z)과 수직한 성분(B_y)을 가지게 된다. 즉, 전기장 벡터 $\vec{E}$는 $z-$방향의 성분인 $E_z = 0$이지만, 자기장은 $B_z \neq 0$이다 (자기장 벡터 $\vec{B}$를 그림 13.18에서 $yz-$평면에 투영시킨 성분을 고려).

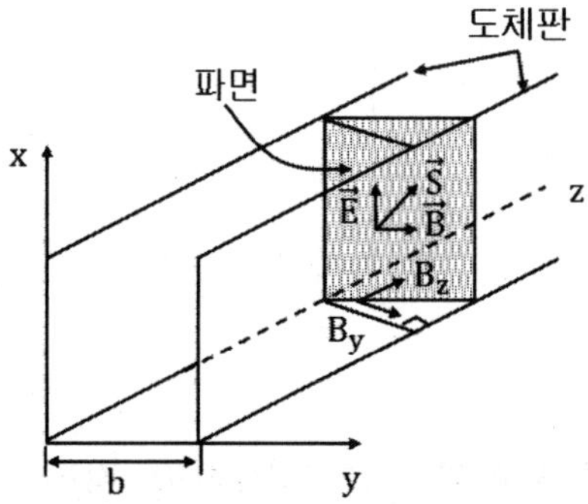

그림 13.18 두 도체판 사이로 진행하는 전자기파

이러한 전기장 벡터 $\vec{E}$를 가지는 파를 TE-파라고 하며, 자기장 벡터 $\vec{B}$가 수직성분만 가지고 $B_z = 0$인 파를 TM-파라고 한다. TE-파 또는 TM-파는 속이 비어 있는 완전도체 내에서 전파할 수 있으나, 전기장과 자기장이 모두 진행방향에 수직인 TEM-파는 진행할 수 없다는 것을 다음 절에서 알게 될 것이다.

그림 13.18에 나타낸 바와 같이 b만큼 서로 떨어져 있고 평행한 완전도체판 사이에서 다중반사를 일으키면서 진행하는 전자기파를 그림 13.19에 나타내었다. 그림 13.19는 $y = 0$인 면을 위쪽으로 하고, 위에서 관측한 파의 진행 모습을 나타낸 것이다. 입사하는 파는 $x-$축 방향으로 선형편광(TE-파)된 빛으로 θ_0의 입사각을 가지고 위쪽 면에 입사한다. 점선은 연속적인 파면을 나타낸 것으로 점선과 점선 사이의 간격은 진공 중에서의 파장 λ_0를 의미한다.

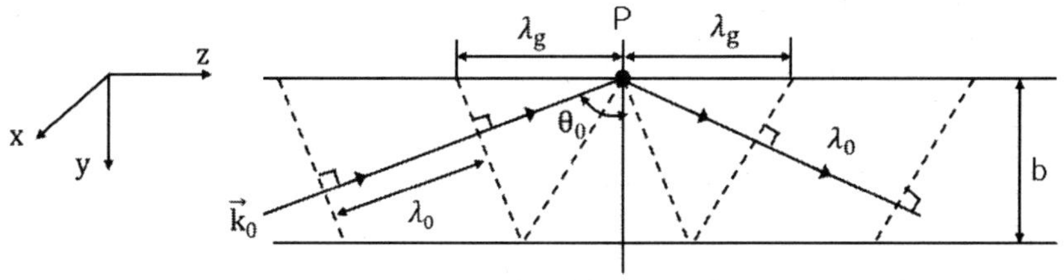

그림 13.19 두 도체판 사이로 진행하는 전자기파를 위에서 관찰한 모습

그림 13.19로부터 $y=0$인 면에 있는 점 P로 입사하는 전자기파에 대한 파수벡터 $\vec{k}_0$와 $yz-$ 평면에서 위치벡터 $\vec{r}$ 및 $\vec{k}_0 \cdot \vec{r}$은 다음과 같이 표현된다.

$$\left.\begin{array}{r} \vec{k}_0 = -k_0 \cos\theta_0 \hat{j} + k_0 \sin\theta_0 \hat{k} \\ \vec{r} = y\hat{j} + z\hat{k} \end{array}\right\} \rightarrow \vec{k}_0 \cdot \vec{r} = -k_0 \cos\theta_0 y + k_0 \sin\theta_0 z \tag{13.5.1}$$

따라서 입사하는 전자기파에 대한 전기장은

$$\vec{E}_{입사}(\vec{r}, t) = E_{0입사} e^{i(\vec{k_0} \cdot \vec{r} - \omega t)} \hat{i} \tag{13.5.2}$$

$$= E_{0입사} e^{-i\omega t} e^{ik_0(-y\cos\theta_0 + z\sin\theta_0)} \hat{i}$$

와 같이 표현되며, $|\vec{k_0}| = k_0 = \omega/c = 2\pi/\lambda_0$이다. 입사 매질이 진공(또는 공기)이고 반사면이 완전도체이므로 반사파에 대한 전기장은 반사면에서의 π만큼의 위상변화가 일어나게 된다. 따라서 이러한 위상변화를 고려하면, 반사파에 대한 전기장은

$$\vec{E}_{반사}(\vec{r}, t) = E_{0입사} e^{i(\vec{k_0} \cdot \vec{r} - \omega t)} (-\hat{i}) \tag{13.5.3}$$

$$= -E_{0입사} e^{-i\omega t} e^{ik_0(y\cos\theta_0 + z\sin\theta_0)} \hat{i}$$

와 같이 표현되는데, 반사파의 진폭을 입사파의 진폭과 같이 둔 이유는 100% 반사되어 반사파의 진폭이 입사파의 진폭과 같기 때문이다.

두 도체판 사이인 진공 영역에서의 총전기장은 입사파와 반사파의 중첩으로 만들어지므로

$$\vec{E}_{총}(\vec{r},t) = \vec{E}_{0입사} + \vec{E}_{0반사} \tag{13.5.4}$$

$$= E_{0입사} e^{-i\omega t} e^{ik_0 z \sin\theta_0} [e^{-ik_0 y \cos\theta_0} - e^{ik_0 y \cos\theta_0}] \hat{i}$$

$$= -2iE_{0입사} e^{-i(\omega t - k_0 z \sin\theta_0)} \sin(k_0 y cos\,\theta_0) \hat{i}$$

와 같다. 전자기파가 $x-$축 방향으로 편광되어 있고, $y=0$인 곳에서 반사파의 위상이 입사파와 π만큼의 위상차가 발생하므로, $y=0$인 곳에서의 경계조건은 $\vec{E}_{총}(y=0)=0$인데, 식 (13.5.4)는 이러한 경계조건을 만족한다는 것을 알 수 있다. 또한 $y=b$에서 $\vec{E}_{총}(y=b)=0$이어야 하므로

$$\sin(k_0 b \cos\theta_0) = 0 \tag{13.5.5}$$

와 같은 조건을 만족해야 하며, 이는

$$k_0 b \cos\theta_0 = n\pi \quad (n = 1, 2, \cdot\cdot\cdot) \tag{13.5.6}$$

와 되어야 함을 의미한다. 또한 n은 도체판 사이로 진행이 가능한 모드를 결정해 주는 모드 수를 나타낸다.

두 도체판 사이에서의 총전기장은 $y-$축 방향으로 정상파의 형태이며, $y-$축 방향의 파수벡터를 k_c라고 하면 $k_c = k_0 \cos\theta_0$와 같다. 따라서 $y-$축 방향의 정상파에 대한 한계파장(λ_c: cutoff wavelength)은

$$\lambda_c = \frac{2\pi}{k_c} = \frac{2\pi}{k_0 \cos\theta_0} = \frac{\lambda_0}{\cos\theta_0} \tag{13.5.7}$$

와 같다. 식 (13.5.6)으로부터 $\cos\theta_0 = \frac{n\pi}{k_0 b} = \frac{n\pi}{(2\pi/\lambda_0)b} = \frac{n\lambda_0}{2b}$ 이므로, 이를 식 (13.5.7)에 대입하면

$$\lambda_c = \frac{\lambda_0}{\cos\theta_0} = (\frac{2b}{n\lambda_0})\lambda_0 = \frac{2b}{n} \tag{13.5.8}$$

와 같이 주어진다. 이처럼 모드 수 n과 두 도체판 사이의 간격 b는 전기장에 대한 경계조건에 의해 허용된 한계파장의 크기를 결정한다. 따라서 주어진 입사각 θ_0에 대해, 다음과 같은 불연속적인 진동수

$$\omega_n = 2\pi f_n = 2\pi(\frac{c}{\lambda_0}) = 2\pi c(\frac{n}{2b\cos\theta_0}) = n[\pi c/(b\cos\theta_0)] \tag{13.5.9}$$

을 가진 파만이 도체판 사이로 진행한다.

한편, 도체판과 평행한 $z-$축 방향으로 진행하는 파의 유도파장(λ_g: guide wavelength)은 그림 13.19로부터 다음과 같다는 것을 알 수 있다.

$$\lambda_g = \frac{\lambda_0}{\sin\theta_0} \tag{13.5.10}$$

여기서 도파전파 상수(k_g)와는 $k_g = 2\pi/\lambda_g$ 와 같은 관계가 있다. $\sin^2\theta_0 + \cos^2\theta_0 = 1$ 을 이용하면 식 (13.5.7)과 식 (13.5.10)으로부터 진공 중에서의 파장(λ_0), 한계파장(λ_c) 및 유도파장(λ_g)사이에는 다음과 같은 관계가 있다는 것을 알 수 있다.

$$\frac{1}{\lambda_0^2} = \frac{1}{\lambda_c^2} + \frac{1}{\lambda_g^2} \rightleftarrows k_0^2 = k_c^2 + k_g^2 \tag{13.5.11}$$

이는 $z-$방향으로 유도된 전자기파에 대한 분산관계(dispersion relation)로 파의 진동수 $f = \omega/2\pi = c/\lambda_0$, 유도파장(λ_g) 및 도체판 사이의 간격(b)과 모드(n)에 의존하는 한계파장(λ_c)사이를 관계지워 준다. 도파전파 상수(k_g)에 대해서 풀면,

$$k_g = \frac{2\pi}{\lambda_g} = \frac{2\pi\sqrt{\lambda_c^2 - \lambda_0^2}}{\lambda_c\lambda_0} \rightleftarrows \quad v_g = \frac{c\lambda_c}{\sqrt{\lambda_c^2 - \lambda_0^2}} \tag{13.5.12}$$

와 같다. 따라서 $\lambda_0 < \lambda_c$ 인 높은 진동수(k_g: 실수)를 가지는 전자기파는 $z-$축 방향으로 진폭이 감소하지 않고 진행하지만, $\lambda_0 > \lambda_c$ 인 낮은 진동수(k_g: 허수)를 가지는 전자기파는 진폭이 지수함수적으로 감소하게 되므로, λ_c를 한계파장(cutoff wavelength)이라고 한다. 이러한 한계파장은 주어진 모드(n값)에 대해 전달될 수 있는 가장 긴 파장이다. 예를 들어 $n = 2$ 인 경우에, $\lambda_c = \frac{2b}{n} = 2b/2 = b$ 이 되는데, $\lambda_0 > b$ 이 되면 $v_g = \frac{c\lambda_c}{\sqrt{\lambda_c^2 - \lambda_0^2}}$ 이 허수가 되므로 감소가 일어나게 된다. 따라서 전자기파의 감소가 일어나지 않고 진행할 수 있는 최대파장은 "b"이다. 이러한 점을 고

려하면, 도파관은

$$f_c = \frac{\omega_c}{2\pi} = \frac{c}{\lambda_c} = \frac{nc}{2b} \tag{13.5.13}$$

와 같은 차단주파수를 가진 일종의 하이패스 필터이다.

예제 4

서로 평행하며 10 $[cm]$ 떨어진 완전도체 평면 사이의 공간을 통해 $n=1$ 인 모드에서 작동하는 전자기파의 진동수가 $10^8[Hz]$ 및 $10^{10}[Hz]$ 인 전자기파의 진행 특성을 설명하시오. 두 도체판 사이는 공기로 채워져 있다고 가정한다.

해답 도파전파 상수(k_g)가 $k_g = 2\pi\sqrt{\frac{1}{\lambda_0^2} - \frac{1}{\lambda_c^2}} = \sqrt{\omega^2\mu\epsilon - (\frac{n\pi}{b})^2}$ 으로 주어진다. 두 도체판 사이가 공기로 채워져 있고, $n=1$ 이므로, $k_g = \sqrt{\omega^2\mu_0\epsilon_0 - (\frac{\pi}{b})^2}$ 와 같다. 주파수가 $10^8[Hz]$ 인 경우, $k_g = \pi\sqrt{(\frac{2f}{c})^2 - (\frac{1}{b})^2} = \pi\sqrt{(\frac{2\times10^8}{3.0\times10^8})^2 - (\frac{1}{0.1})^2} \simeq \pi\sqrt{-99.56}$ $= 31.3i$ 이다. k_g 가 허수를 가지므로, 전자기파는 진폭이 지수함수적으로 감소하게 되어 진행하지 못한다. 한편, 주파수가 $10^{10}[Hz]$ 인 경우, $k_g = \pi\sqrt{(\frac{2f}{c})^2 - (\frac{1}{b})^2} =$ $= \pi\sqrt{(\frac{2\times10^{10}}{3.0\times10^8})^2 - (\frac{1}{0.1})^2} \simeq 207$ 이다. k_g 가 실수이므로, 전자기파는 진폭이 감소하지 않고 진행하게 된다. 이처럼 낮은 진동수의 전자기파는 통과하지 못하나, 높은 진동수의 빛은 서로 평행한 두 도체판 사이로 진행하게 된다.

한편, 그림 13.19에서 도체판 사이가 공기로 채워진 경우, 파면의 하나를 나타내는 점선과 도체판이 만나는 교차점(점 P)이 도체판과 평행한 $z-$축 방향으로 진행하는 파의 위상속력은

$$v_g = f\lambda_g = (\frac{\omega}{2\pi})(\frac{2\pi}{k_g}) = \frac{\omega}{k_g} = \frac{c}{\sin\theta_0} \tag{13.5.14}$$

와 같다. 이러한 위상속력은 두 도체판 사이의 공간에서, 대각선 방향의 파면 자체의 진행속력 c 보다 크다. 즉 $v_g > c$ 이다. 하지만, 파면의 $z-$축 방향의 진행속력은

$$v_z = c\sin\theta_0 \tag{13.5.15}$$

와 같이 광속보다 작으며, 이는 에너지가 실제로 두 도체판 사이의 공간을 따라 전달되는 비율로 군속도(group velcity)라고 한다. 식 (13.5.14)와 식 (13.5.15)로부터

$$v_g v_z = c^2 \tag{13.5.16}$$

와 같은 관계식이 얻어진다.

13.6 속이 빈 도파관 내에서의 전자기파의 전파

속이 빈 관, 또는 도파관은 고출력의 마이크로파 전송에 유용하며, 공기는 대부분의 물질보다도 높은 파괴전압(breakdown)을 가지므로 내부가 공기로 채워진 도파관은 고출력의 마이크로파 전송에 알맞은 전자소자 부품이다. 이러한 도파관은 외부 요인들과의 간섭이 최소화되도록 외부와 차단된 상태로 마이크로파를 전송할 수 있다는 장점을 가지고 있다. 여기서는 구조가 비교적 간단하고 단면적이 일정한 도파관 내에서의 전자기파의 전파특성에 대하여 알아보려고 한다.

도파관에서의 전파특성은 속이 빈 영역에서 파동방정식을 풀고, 여기에 경계조건을 부여하면 알 수 있다. 도파관 내부에 전하나 전류와 같은 원천이 없고 손실이 없는 균질의 매질로 채워 있다고 가정한다. 도파관의 내부가 공기로 채워져 있다면 풀어야 할 방정식은 다음과 같다.

$$\left(\nabla^2 - \frac{1}{c^2}\frac{\partial^2}{\partial t^2}\right)\begin{bmatrix}\vec{E} \\ \vec{B}\end{bmatrix} = 0 \tag{13.6.1}$$

도파관에 입사하는 전자기파의 각 진동수를 ω, 도파관 길이의 방향을 양(+)의 $z-$축 방향과 일치시키고, 도파관의 단면적을 $xy-$평면과 일치시켰을 경우, 식 (13.6.1)에 대한 해는 다음과 같이 주어진다.

$$\begin{bmatrix}\vec{E} \\ \vec{B}\end{bmatrix} = \begin{bmatrix}\vec{E_0}(x,y) \\ \vec{B_0}(x,y)\end{bmatrix} e^{i(kz-\omega t)} \tag{13.6.2}$$

식 (13.6.2)를 식 (13.6.1)에 대입하면 다음과 같은 관계식이 얻어진다.

$$\left(\frac{\partial^2}{\partial x^2}+\frac{\partial^2}{\partial y^2}-k^2+\frac{\omega^2}{c^2}\right)\begin{bmatrix}\overrightarrow{E_0}(x,y)\\ \overrightarrow{B_0}(x,y)\end{bmatrix}e^{i(kz-\omega t)}=0 \tag{13.6.3}$$

수직 라플라시안 연산자(transverse Laplacian operator: ∇_t^2)를

$$\nabla_t^2 \equiv \frac{\partial^2}{\partial x^2}+\frac{\partial^2}{\partial y^2}=\nabla^2-\frac{\partial^2}{\partial z^2} \tag{13.6.4}$$

와 같이 정의하면, 식 (13.6.3)은

$$\left(\nabla_t^2-k^2+\frac{\omega^2}{c^2}\right)\begin{bmatrix}\overrightarrow{E_0}(x,y)\\ \overrightarrow{B_0}(x,y)\end{bmatrix}=0 \tag{13.6.5}$$

와 같은 2차원 헬름홀츠(Helmholtz) 방정식이 된다. 단진동 전자기파의 전기장 $\vec{E}$와 자기장 $\vec{B}$가 시간에 따라 $e^{-i\omega t}$와 같이 변하므로, 공기로 채워진 도파관 내부에서의 맥스웰 방정식은 다음과 같다.

$$\left.\begin{array}{l}\vec{\nabla}\cdot\vec{E}=0; \qquad \vec{\nabla}\times\vec{E}=-\dfrac{\partial\vec{B}}{\partial t}=i\omega\vec{B}\\ \vec{\nabla}\cdot\vec{B}=0;\ \vec{\nabla}\times\vec{B}=\mu_0\epsilon_0\dfrac{\partial\vec{E}}{\partial t}=-i\omega\mu_0\epsilon_0\vec{E}\end{array}\right\} \tag{13.6.6}$$

편리를 위해, 전기장 $\vec{E}$와 자기장 $\vec{B}$의 성분을 도파관의 $z-$축과 나란한 성분 (E_z, B_z)과 수직성분(E_t, B_t)으로

$$\left.\begin{array}{l}\vec{E}\equiv\vec{E}_z+\vec{E}_t\\ \vec{B}\equiv\vec{B}_z+\vec{B}_t\end{array}\right\} \tag{13.6.7}$$

와 같이 정의하면, 다음과 같은 관계식이 얻어진다.

$$\begin{bmatrix}E_z\\ B_z\end{bmatrix}=\begin{bmatrix}E_{0z}(x,y)\\ B_{0z}(x,y)\end{bmatrix}e^{i(kz-\omega t)}\hat{k} \tag{13.6.8}$$

$$\begin{bmatrix}E_t\\ B_t\end{bmatrix}=\begin{bmatrix}E_{t0}(x,y)\\ B_{t0}(x,y)\end{bmatrix}e^{i(kz-\omega t)}\hat{k}=\begin{bmatrix}E_{0x}(x,y)\hat{i}+E_{0y}(x,y)\hat{j}\\ B_{0x}(x,y)\hat{i}+B_{0y}(x,y)\hat{j}\end{bmatrix}e^{i(kz-\omega t)}\hat{k} \tag{13.6.9}$$

성분별로 나타낸 식 (13.6.8~9)를 이용하면 맥스웰 방정식은 다음과 같이 표현된

다.

$$\vec{\nabla}\cdot\vec{E}=0 : \frac{\partial E_{0x}}{\partial x}+\frac{\partial E_{0y}}{\partial y}+ikE_{0z}=0 \tag{13.6.10}$$

$$\vec{\nabla}\cdot\vec{B}=0 : \frac{\partial B_{0x}}{\partial x}+\frac{\partial B_{0y}}{\partial y}+ikB_{0z}=0 \tag{13.6.11}$$

$$\vec{\nabla}\times\vec{E}=i\omega\vec{B} : \frac{\partial E_{0z}}{\partial y}-ikE_{0y}=i\omega B_{0x} \tag{13.6.12a}$$

$$ikE_{0x}-\frac{\partial E_{0z}}{\partial x}=i\omega B_{0y} \tag{13.6.12b}$$

$$\frac{\partial E_{0y}}{\partial x}-\frac{\partial E_{0x}}{\partial y}=i\omega B_{0z} \tag{13.6.12c}$$

$$\vec{\nabla}\times\vec{B}=-i\omega\mu_0\epsilon_0\vec{E} : \frac{\partial B_{0z}}{\partial y}-ikB_{0y}=-i\omega\mu_0\epsilon_0 E_{0x} \tag{13.6.13a}$$

$$ikB_{0x}-\frac{\partial B_{0z}}{\partial x}=-i\omega\mu_0\epsilon_0 E_{0y} \tag{13.6.13b}$$

$$\frac{\partial B_{0y}}{\partial x}-\frac{\partial B_{0x}}{\partial y}=-i\omega\mu_0\epsilon_0 E_{0z} \tag{13.6.13c}$$

식 (13.6.12b)와 식 (13.6.13a)를 이용하여 E_{0x}를 구하면, 다음과 같다.

$$E_{0x}=\frac{i}{k_c^2}(\omega\frac{\partial B_{0z}}{\partial y}+k\frac{\partial E_{0z}}{\partial x}) \quad (k_c^2=k_0^2-k^2,\ k_0=\frac{\omega}{c}) \tag{13.6.14a}$$

마찬가지로 E_{0y}, B_{0x} 및 B_{0y}를 구하면 다음과 같다.

$$E_{0y}=-\frac{i}{k_c^2}(\omega\frac{\partial B_{0z}}{\partial x}-k\frac{\partial E_{0z}}{\partial y}) \tag{13.6.14b}$$

$$B_{0x}=-\frac{i}{k_c^2}(\frac{\omega}{c^2}\frac{\partial E_{0z}}{\partial y}-k\frac{\partial B_{0z}}{\partial x}) \tag{13.6.14c}$$

$$B_{0y}=\frac{i}{k_c^2}(\frac{\omega}{c^2}\frac{\partial E_{0z}}{\partial x}+k\frac{\partial B_{0z}}{\partial y}) \tag{13.6.14d}$$

식 (13.6.14a~d)는 도파관의 $z-$축에 대한 전기장과 자기장의 수직성분이 도파관의 $z-$축과 평행한 성분인 $E_{0z}(x,y)$와 $B_{0z}(x,y)$로 주어진다는 것을 알 수 있다.

이제 전기장과 자기장이 각각 진행 방향과 수직인 TEM 전자기파가 완전도체인 도파관을 통하여 진행할 수 없는 이유에 대하여 알아보자. $z-$축 방향으로 진행하는 TEM 전자기파의 경우, $E_{0z}(x,y)$와 $B_{0z}(x,y)$가 모두 “0”이므로 식 (13.6.10~11)로부터 다음과 같은 관계식이 얻어진다.

$$\frac{\partial}{\partial x}\begin{bmatrix}E_{0x}\\B_{0x}\end{bmatrix}+\frac{\partial}{\partial y}\begin{bmatrix}E_{0y}\\B_{0y}\end{bmatrix}=0 \quad \rightleftarrows \quad \vec{\nabla}\cdot\vec{E}=0\ ,\ \vec{\nabla}\cdot\vec{B}=0 \tag{13.6.15}$$

또한 식 (13.6.12c)와 식 (13.6.13c)는 다음과 같이 표현된다.

$$\frac{\partial}{\partial x}\begin{bmatrix}E_{0y}\\B_{0y}\end{bmatrix}-\frac{\partial}{\partial y}\begin{bmatrix}E_{0x}\\B_{0x}\end{bmatrix}=0 \quad \rightleftarrows \quad \vec{\nabla}\times\vec{E}=0\ ,\ \vec{\nabla}\times\vec{B}=0 \tag{13.6.16}$$

식 (13.6.16)으로부터 전기장($\vec{E}$)과 자기장($\vec{B}$)은 임의의 스칼라 함수 Φ에 대한 방향성 기울기인 $\vec{\nabla}\Phi$로 표현이 가능하다는 것을 알 수 있다. 따라서 식 (13.6.16)에 대한 해는

$$\begin{bmatrix}E_{0x}\\B_{0x}\end{bmatrix}=\frac{\partial\Phi}{\partial x}\ ,\ \begin{bmatrix}E_{0y}\\B_{0y}\end{bmatrix}=\frac{\partial\Phi}{\partial y}\ ,\ \nabla_t^2\Phi=0 \tag{13.6.17}$$

와 같다. 식 (13.6.17)로부터 전기장과 자기장의 수직성분은 스칼라 전위(Φ)로부터 유도가 가능하다는 것을 알 수 있다. 하지만, 도파관의 도체 표면은 등전위이므로, E_t에 대한 전위는 일정하여 도파관 내부에서 전기장이 “0”이 됨을 알 수 있다. 또한 식 (13.6.12a~c)에 따라 $E_{0z}=0$ 이고 $E_t=0$이면, 모든 자기장의 성분들이 “0”이 된다. 따라서 TEM 전자기파는 도파관을 통하여 전달될 수 없다는 것을 알 수 있다. 이러한 결과는 속이 텅 비어서 도파관 표면이 하나인 경우에는 성립하지만, 동축케이블과 같이 다른 도체를 도파관 내에 넣으면, 안쪽 도체 표면의 전위가 바깥쪽 도체 표면의 전위와 같을 필요가 없으므로 전기장이 “0”이 아닌 전위의 해가 될 수 있으므로 TEM 파는 전파될 수 있다.

13.7 직사각형 도파관에서의 TE 및 TM 전자기파

앞 절에서 TEM 전자기파는 도파관을 통하여 진행할 수 없다는 것을 알았는데, 진동수가 약 3 GHz 에서 100 GHz 이며 자유공간에서 파장이 10~0.3 cm 정도인 마이크로파 영역에서 도파관의 응용에 대해 알아보고자 한다. 가장 널리 사용되는 대표적인 도파관은 원통형 도파관과 직사각형 도파관인데, 여기서는 그림 13.19와 같이 내부가 진공 또는 공기로 채워진 직사각형 도파관 내에서의 TE 및 TM 전자기파의 진행 특성에 대하여 알아보고자 한다.

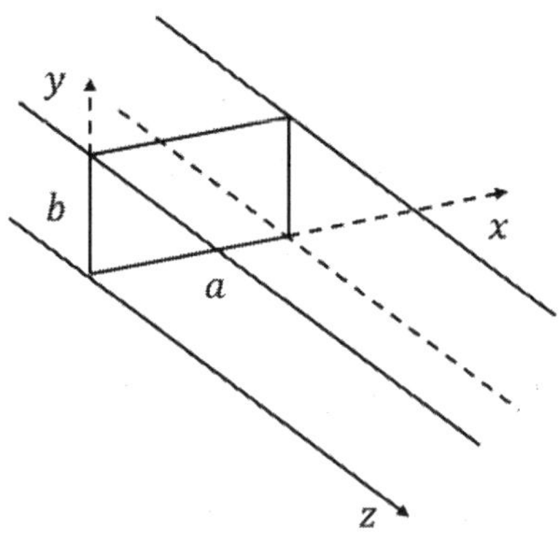

그림 13.19 직사각형 도파관

먼저 균일 도파관을 통하여 양(+)의 $z-$축 방향으로 진행하는 전자기파의 전기장과 자기장이 만족해야 될 파동방정식인 식 (13.6.3)을 다시 쓰면,

$$\left(\frac{\partial^2}{\partial x^2}+\frac{\partial^2}{\partial y^2}-k_{mn}^2+\frac{\omega^2}{c^2}\right)\begin{bmatrix}\vec{E}_0(x,y)\\ \vec{B}_0(x,y)\end{bmatrix}e^{i(k_{mn}z-\omega t)}=0 \qquad (13.7.1)$$

와 같다. 식 (13.6.3)과 다른 점은 도파관에서의 파의 전파는 파의 전파모드 수 m, n 에 의존하므로, 지금까지 나타낸 파수 k 를 k_{mn} 으로 표현하였다는 점이다.

변수분리법을 사용하여 식 (13.7.1)의 일반해를 먼저 구하고, 경계조건을 이용하여 TE 모드와 TM 모드의 진행특성에 대해 알아보자.

직각 좌표계에서 변수분리법을 사용하고 식 (13.7.1)에 대한 해가 다음과 같은 형태를 하고 있다고 가정한다.

$$\left.\begin{aligned} E_{0z}(x,y) &= X(x)\,Y(y) \\ B_{0z}(x,y) &= X(x)\,Y(y) \end{aligned}\right\} \qquad (13.7.2)$$

여기서 $X(x)$와 $Y(y)$는 각각 x와 y만의 함수이다. 식 (13.7.2)를 식 (13.7.1)에 대입하면

$$Y(y)\frac{\partial^2 X(x)}{\partial x^2} + X(x)\frac{\partial^2 Y(y)}{\partial y^2} + (k_0^2 - k_{mn}^2)X(x)\,Y(y) = 0 \quad (k_0^2 = \omega^2/c^2) \qquad (13.7.3)$$

과 같이 된다. 식 (13.7.3)의 양변을 $X(x)\,Y(y)$으로 나누면

$$\frac{1}{X(x)}\frac{d^2X(x)}{dx^2} + \frac{1}{Y(y)}\frac{d^2Y(y)}{dy^2} + (k_0^2 - k_{mn}^2) = 0 \qquad (13.7.4)$$

와 같이 되면서, $X(x)$와 $Y(y)$가 모두 한 변수만의 함수이므로 편미분식이 상미분식으로 바뀐 것을 볼 수 있다. 식 (13.7.4)의 첫째 항은 x만의 함수, 둘째 항은 y만의 함수이고 셋째 항은 상수이고, 이 모든 항의 합이 "0"이다. 따라서 식 (13.7.4)가 모든 x, y에 대하여 성립하기 위해서는 첫째 항과 둘째 항이 모두 x, y에 무관한 상수(C_1, C_2)가 되어야 하므로 다음과 같이 쓸 수 있다.

$$\frac{1}{X(x)}\frac{d^2X(x)}{dx^2} = C_1 = -k_x^2 \quad \rightarrow \quad \frac{d^2X(x)}{dx^2} + k_x^2\,X(x) = 0 \qquad (13.7.5a)$$

$$\frac{1}{Y(y)}\frac{d^2Y(y)}{dy^2} = C_2 = -k_y^2 \quad \rightarrow \quad \frac{d^2Y(y)}{dy^2} + k_y^2\,Y(y) = 0 \qquad (13.7.5b)$$

식 (13.7.5a~b)의 일반해는 $k_x \neq 0$, $k_y \neq 0$일 때, 다음과 같은 꼴이다.

$$X(x) = A\sin(k_x x) + B\cos(k_x x) \qquad (13.7.6a)$$

$$Y(y) = C\sin(k_y y) + D\cos(k_y y) \qquad (13.7.6b)$$

따라서 식 (13.7.6a~b)를 이용하여 구한 전기장과 자기장에 대한 일반해는

$$\vec{E}(\vec{r},t) = E_{0z}(x,y)e^{i(k_{mn}z - \omega t)}\hat{k} \qquad (13.7.7a)$$

$$= [A\sin(k_x x) + B\cos(k_x x)][C\sin(k_y y) + D\cos(k_y y)]e^{i(k_{mn}z - \omega t)}\hat{k}$$

$$\vec{B}(\vec{r},t) = B_{0z}(x,y)e^{i(k_{mn}z-\omega t)}\hat{k} \tag{13.7.7b}$$

$$= [Asin(k_x x) + Bcos(k_x x)][Csin(k_y y) + D\cos(k_y y)]e^{i(k_{mn}z-\omega t)}\hat{k}$$

와 같다. 식 (13.7.7a~b)로부터 전기장과 자기장은 $x-$축 방향과 $y-$축 방향으로는 정지파이고, $z-$축 방향으로는 진행파라는 것을 알 수 있다. k_x와 k_y는 임의의 값을 가지는 것이 아니고, 파수 k_{mn}과 특별한 관계를 가지는데, 식 (13.7.5a~b)를 (13.7.4)에 대입하면 다음과 같은 관계식이 얻어진다.

$$k_x^2 + k_y^2 + k_{mn}^2 = k_0^2 = \frac{\omega^2}{c^2} \quad (c = \frac{1}{\sqrt{\mu_0 \epsilon_0}}) \tag{13.7.8}$$

이러한 직사각형 도파관($a > b$)은 TE 또는 TM 모드의 전자기파를 유도할 수 있으며, 주어진 진동수 범위 내에서 하나의 모드 만을 전달하는 단일 모드(single mode) 작동이 가능하다. 하지만, $a = b$ 인 정사각형 도파관에서는 단일모드 작동이 허용되지 않는다. 예를 들면, 같은 진동수에서 $TE_{1,0}$와 $TE_{0,1}$ 모드로 전달하게 되는데 이를 축퇴모드(degenerate mode)라고 한다.

13.7.1 직사각형 도파관에서의 전자기파의 전파

직사각형 도파관을 통하여 TEM 파는 전파되지 않으나, 직사각형 도파관 내에서의 파의 전파특성은 한 쌍의 TEM 전자기파의 중첩을 이용하면 비교적 쉽게 이해된다. 먼저 양(+)의 z축 방향으로 진행하는 TEM 전자기파를 생각하자.

그림 13.20(a)는 전자기파의 전기장을 진행 거리에 따른 변화로 나타낸 것이며, 그림 13.20(b)에서 굵은 선은 전기장의 세기가 최대 E_0로 일정한 위상을 나타내고, 가느다란 선은 전기장의 세기가 최소인 $-E_0$로 일정한 위상을 나타낸다. 도파관이 아닌 무한히 크고 손실이 없는 유전매질(μ, ϵ) 내에서 진행하는 전자기파에 대한 위상 속력은

$$v_p = \frac{\omega}{k} = \frac{1}{\sqrt{\mu\epsilon}} \tag{13.7.9}$$

와 같이 표현된다.

한편, 그림 13.21(a)와 같이 $z-$축에 대하여 θ와 $-\theta$의 방향으로 진행하는 2개의 동일한 TEM 전자기파를 생각하자. 그림 13.21(b)는 이러한 2개의 파를 중첩시

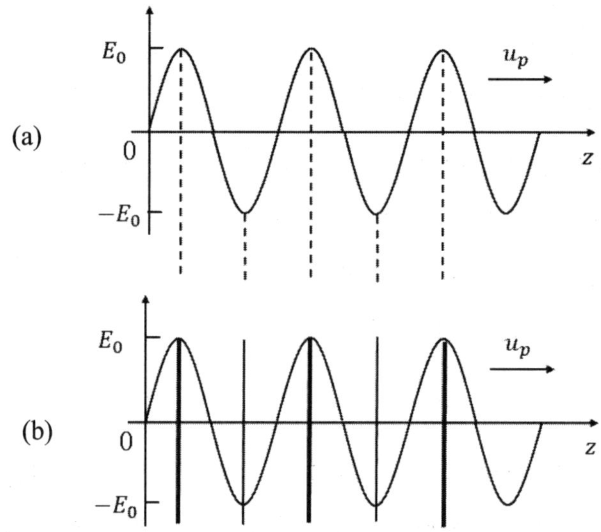

그림 13.20 손실이 없는 유전매질에서의 파의 진행

킨 것으로 전기장이 "0"인 곳을 나타내는 수평 방향의 점선(a, b)을 따라 u^+와 u^-은 서로 180°의 위상차를 가진다.

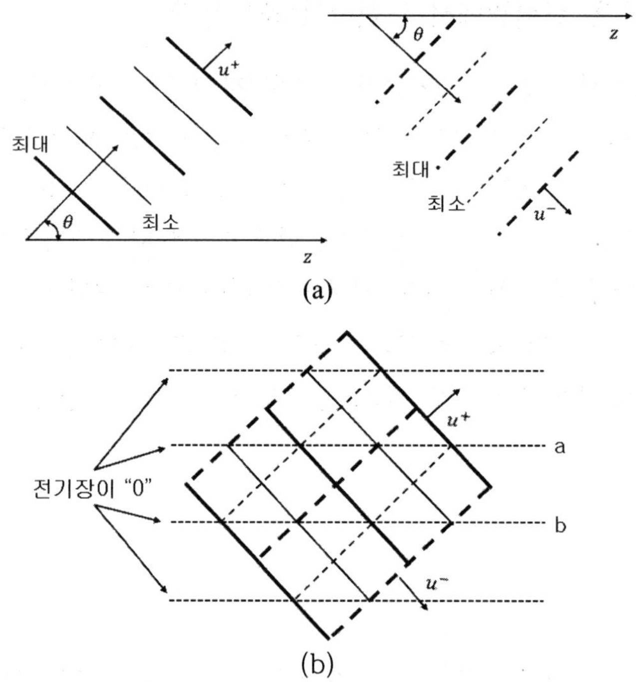

그림 13.21 서로 반대 방향으로 진행하는 동일한 전자기파

완전도체 위에서 전기장은 $E=0$ 이므로, 그림 13.21(b)에서 이웃하는 수평 방향의 점선(a, b)은 그림 13.22(a)와 같이 도파관의 완전도체 벽으로 생각할 수 있다. 따라서 u^+와 u^- 은 도파관을 따라 진행하면서 도파관의 벽에서 반사된 파들로 생각할 수 있다(그림 13.22(a) 참조). 그림 13.22(b)에서 점 A와 C 사이의 거리는 $m=1$ 인 경우, 반파장($\lambda/2$)과 같으며, 임의의 차수 m 에 대해서는

$$a\sin\theta = m\lambda/2 \quad \rightarrow \quad \lambda = \frac{2a}{m} sin\theta = \frac{v_p}{f} \tag{13.7.10}$$

와 같은 관계가 얻어진다. 도파관은 $\theta = 90^o$ 에서 결정되는 임계파장(λ_c)보다 작은 파장의 전자기파를 전파할 수 있으며, mn 모드에서의 임계파장($\lambda_{c,\,mn}$)은 다음과 같다.

$$\lambda_{c,mn} = \frac{2a}{m} sin90^o = \frac{2a}{m} = \frac{v_p}{f_{c,mn}} \tag{13.7.11}$$

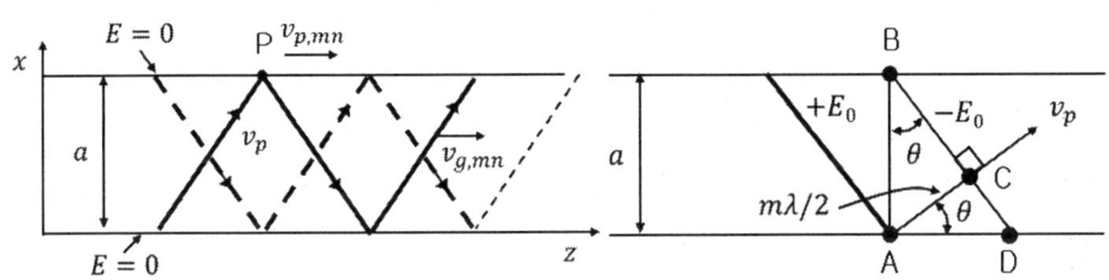

(a) (b) u^+에 대한 파면

그림 13.22 도파관 벽 사이에서의 파의 전파

또한, 식 (13.7.10)으로부터 임계진동수와 동작 진동수 사이에는

$$\sin\theta = \frac{m}{2a}\lambda = \frac{\lambda}{\lambda_{c,\,mn}} = \frac{f_{c,\,mn}}{f} \quad (\lambda: \text{진공 또는 공기 중에서의 파장}) \tag{13.7.12}$$

와 같은 관계식을 얻을 수 있다.

파면이 점 A로부터 점 C까지의 거리 l_{AC}를 진행하는데 걸린 시간(t_{AC})은 다음과 같다.

$$t_{AC} = \frac{l_{AC}}{v_p} = \frac{m\lambda/2}{v_p} \tag{13.7.13}$$

도파관 내에서 진행하는 mn 모드의 전자기파에서 위상이 일정한 점은 점 A로부터 D까지 도파관의 벽을 따라 위상속력 $v_{p,mn}$로 진행하게 된다. 따라서 점 A로부터 점 D까지는 이동하는 데 걸린 시간(t_{AD})은

$$t_{AD}=\frac{l_{AD}}{v_{p,mn}}=\frac{m\lambda/2}{\cos\theta}\frac{1}{v_{p,mn}}=\frac{m\lambda/2}{\cos\theta\, v_{p,mn}} \tag{13.7.14}$$

와 같다. 한편, t_{AC}와 t_{AD}는 서로 같으므로, 도파관에서의 위상속력은

$$v_{p,\,mn}=\frac{v_p}{\cos\theta} \tag{13.7.15}$$

와 같이 주어지며, 식 (13.7.15)는 (13.7.12)를 이용하여 다음과 같이 표현할 수 있다.

$$v_{p,\,mn}=\frac{v_p}{\cos\theta}=\frac{v_p}{\sqrt{\cos^2\theta}}=\frac{v_p}{\sqrt{1-\sin^2\theta}}=\frac{v_p}{\sqrt{1-(f_{c,\,mn}/f)^2}} \tag{13.7.16}$$

이처럼 위상속력($v_{p,mn}$)은 파면 (그림 13.22(a)에서 점 P)이 도파관을 따라 진행하는 속력이므로, 위상이 일정한 점 P의 이동속도처럼 파동자체보다 더 빨리 움직일 수 있다. 한편, 그림 13.22(a)를 참조로 도파관 내에서 진행하는 mn 모드의 전자기파에 대한 도파관에서의 위상속력($v_{p,mn}$), 도파관에서의 군속력($v_{g,mn}$) 및 TEM 전자기파의 위상속력(v_p) 사이의 관계는 그림 13.23과 같이 표현된다.

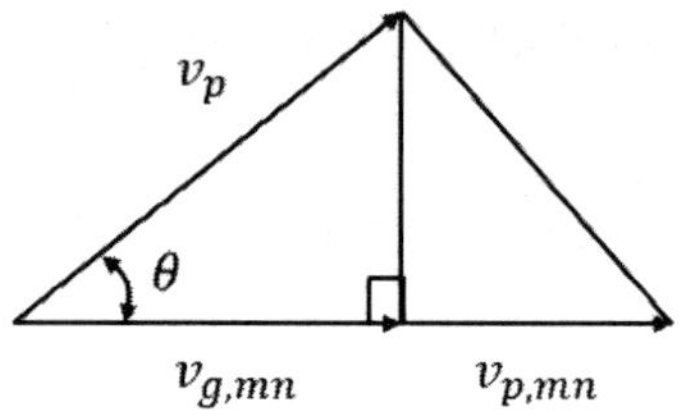

그림 13.23 $v_{p,mn}$, $v_{g,mn}$ 및 v_p 사이의 관계

도파관 내의 좁은 영역 내에 갇힌 전자기파가 도파관 내에서 실질적으로 에너지를 전달하는 군속력($v_{g,mn}$)은

$$v_{g,mn}=v_p\cos\theta=v_p\sqrt{1-(f_{c,mn}/f)^2} \tag{13.7.17}$$

와 같이 주어진다. 따라서 도파관 내에서 진행하는 mn 모드의 전자기파에 대해 도파관에서의 위상속력과 군속력사이의 관계는

$$v_{g,mn} v_{p,mn} = v_p^2 \qquad (13.7.18)$$

와 같다.

13.7.2 TE 모드

TE 모드의 빛이 내부가 진공이거나 공기로 채워진 도파관의 양(+)의 $z-$축 방향으로 진행하는 경우, $E_{0z}=0$, $B_{0z} \neq 0$ 이므로 식(13.6.14a~d)는

$$E_{0x} = \frac{i\omega}{k_c^2}\frac{\partial B_{0z}}{\partial y};\quad E_{0y} = -\frac{i\omega}{k_c^2}\frac{\partial B_{0z}}{\partial x} \quad \text{(TE-모드)} \qquad (13.7.19a)$$

$$B_{0x} = \frac{ik_{mn}}{k_c^2}\frac{\partial B_{0z}}{\partial x};\quad B_{0y} = \frac{ik_{mn}}{k_c^2}\frac{\partial B_{0z}}{\partial y} \quad \text{(TE-모드)} \qquad (13.7.19b)$$

와 같이 되며, $k_c^2 = k_0^2 - k_{mn}^2$ 이다. 따라서 TE 모드에서는 식 (13.7.7b)로부터

$$\vec{B}(\vec{r},t) = B_{0z}(x,y)e^{i(k_{mn}z-\omega t)}\hat{k} \qquad (13.7.20)$$

$$= [A\sin(k_x x) + B\cos(k_x x)][C\sin(k_y y) + D\cos(k_y y)]e^{i(k_{mn}z-\omega t)}\hat{k}$$

와 같은 유형을 가지는 $\vec{B}(\vec{r},t) = B_{0z}(x,y)e^{i(k_{mn}z-\omega t)}\hat{k}$ 의 해를 찾아 $B_{0z}(x,y)$에 대한 정보를 알면, 식 (13.7.19a~b)를 이용하여 전기장과 자기장에 대한 정보를 알게 된다. $B_{0z}(x,y)$는 양(+)의 $z-$축 방향으로 진행하는 전자기파의 $xy-$평면에서의 진폭으로 $B_{0z}(x,y) = [A\sin(k_x x) + B\cos(k_x x)][C\sin(k_y y) + D\cos(k_y y)]$ 와 같다. 여기에 경계조건과 식 (13.7.2)을 이용하면, 다음과 같은 결과가 얻어진다.

❶ 경계조건 1 : $x=0$ 에서 $E_{0y}=0 \rightarrow \dfrac{\partial B_{0z}}{\partial x} = 0 \rightarrow X(x) = B\cos k_x x$

❷ 경계조건 2 : $y=0$ 에서 $E_{0x}=0 \rightarrow \dfrac{\partial B_{0z}}{\partial y} = 0 \rightarrow Y(y) = D\cos k_y y$

이로부터 자기장은 다음과 같이 표현된다.

$$\vec{B}(\vec{r},t) = [B\cos(k_x x)][D\cos(k_y y)]e^{i(k_{mn}z-\omega t}\hat{k} \tag{13.7.21}$$

$$= B_0 \cos k_x x \cos k_y y e^{i(k_{mn}z-\omega t)}\hat{k}\ (B_0 = BD)$$

❸ 경계조건 3 : $x = a$에서 $E_{0y} = 0 \rightarrow \frac{\partial B_{0z}}{\partial x} = 0$

$$\rightarrow k_x = \frac{m\pi}{a} \quad (m = 0, 1, 2, \cdot \cdot \cdot) \tag{13.7.22}$$

❹ 경계조건 4 : $y = b$에서 $E_{0x} = 0 \rightarrow \frac{\partial B_{0z}}{\partial y} = 0$

$$\rightarrow k_y = \frac{n\pi}{b} \quad (n = 0, 1, 2, \cdot \cdot \cdot) \tag{13.7.23}$$

따라서 TE-모드에 대한 자기장의 최종 해는 다음과 같다.

$$\vec{B}(\vec{r},t) = [B\cos(k_x x)][D\cos(k_y y)]e^{i(k_{mn}z-\omega t}\hat{z} \quad : TE_{mn}\ \text{모드} \tag{13.7.24}$$

$$= B_0 \cos\frac{m\pi}{a}x \cos\frac{n\pi}{b}y e^{i(k_{mn}z-\omega t)}\hat{z}$$

여기서 전파상수 k_{mn}를 $k_{mn}^2 = k_0^2 - (k_x^2 + k_y^2)$을 이용하여 구하면, 다음과 같다.

$$k_{mn} = \sqrt{k_0^2 - (k_x^2 + k_y^2)} = \sqrt{\frac{\omega^2}{c^2} - [(\frac{m\pi}{a})^2 + (\frac{n\pi}{b})^2} \tag{13.7.25}$$

도파관에서는 일반적으로 효율성을 고려하여 가장 차수가 낮은 주 모드만을 전송하고, 나머지 고차모드는 전송되지 않도록 설계한다. 식 (13.7.24)로 주어지는 TE-모드를 TE_{mn} 모드라고 하며, $m = n = 0$에 대응하는 모드는 TEM 모드에 해당하므로 TE_{00} 모드는 존재하지 않는다. 다음으로 차수가 가장 낮은 모드는 TE_{10} ($m = 1,\ n = 0$) 또는 TE_{01} ($m = 0,\ n = 1$)중 하나가 된다. 일반적으로 $a > b$인 경우에 TE_{10} 모드가 주 모드이며, $b > a$인 경우에는 TE_{01} 모드가 주 모드이다.

식 (13.7.25)에서 $\omega < c\pi\sqrt{(\frac{m}{a})^2 + (\frac{n}{b})^2} \equiv \omega_{mn}$이면, 파수벡터 k_{mn}가 허수가 되므로 z-축 방향으로의 진행 거리에 따라 진폭이 지수 함수적으로 감쇠가 일어나 진행하지 못하게 된다. 따라서 ω_{mn}을 TE_{mn} 모드의 차단 각진동수(cutoff angular frequency)라고 하는데 TE_{mn} 모드의 차단 각진동수 ω_{mn}를 차단주파수로 표현하면

$$f_{c,mn} = \frac{1}{2\sqrt{\mu_0\epsilon_0}}\sqrt{(\frac{m}{a})^2 + (\frac{n}{b})^2} \quad \text{(도파관 내부가 공기인 경우)} \qquad (13.7.26)$$

와 같이 되어 직사각형의 각 변의 길이인 a, b에 의존함을 알 수 있으며 도파관을 따라 전자기파가 전달되기 위해서는 차단주파수보다 높은 진동수로 도파관을 작동시켜야 한다. 만약에 도파관의 내부가 투자율과 유전율이 각각 μ, ϵ인 유전체로 채워졌다면 차단주파수는 다음과 같다.

$$f_{c,mn} = \frac{1}{2\sqrt{\mu\epsilon}}\sqrt{(\frac{m}{a})^2 + (\frac{n}{b})^2} \qquad (13.7.27)$$

한편, 도파관 내부에서의 파장(λ_{mn})은 공기 중에서의 파장(λ_0)과는

$$\lambda_{mn} = \frac{2\pi}{k_{mn}} = \frac{2\pi}{\sqrt{\frac{\omega^2}{c^2} - [(\frac{m\pi}{a})^2 + (\frac{n\pi}{b})^{2]}}} = \frac{\lambda_0}{\sqrt{1 - (\frac{f_{c,mn}}{f})^2}} \, (\lambda_0 = \frac{2\pi}{k_0}) \qquad (13.7.28)$$

와 같은 관계로 주어진다. 따라서 동작 주파수(f)가 차단주파수($f_{c,mn}$)와 비슷하게 되면, 도파관에서의 파장은 일반 매질에서의 파장에 비하여 매우 커지게 되지만, 동작 주파수가 차단주파수보다 훨씬 크면, 도파관에서의 파장은 일반 매질에서의 전자기파의 파장과 같아진다는 것을 알 수 있다.

TE 및 TM 도파모드에 대한 임피던스는 앞에서 정의된 자유공간에서의 전자기파에 대한 임피던스와 같은 방법으로 정의되는데, 내부가 μ, ϵ의 특성을 가지는 손실이 일어나지 않는 유전체로 채워진 도파관에서의 TE 및 $TM-$도파모드에 대한 임피던스는 다음과 같이 정의된다.

$$\eta_{TE_{mn}} = \frac{\widetilde{E}_x}{\widetilde{H}_y} = \frac{\omega\mu}{k_{mn}} = \frac{\omega\mu}{k\sqrt{1 - [\frac{f_{c,mn}}{f}]^2}} \quad : \quad TE-\text{도파모드} \qquad (13.7.29)$$

$$\eta_{TM_{mn}} = \frac{\widetilde{E}_x}{\widetilde{H}_y} = \frac{k_{mn}}{\omega\epsilon} = \frac{k}{\omega\epsilon}\sqrt{1 - [\frac{f_{c,mn}}{f}]^2} \quad : \quad TM-\text{도파모드} \qquad (13.7.30)$$

식 (13.7.29~30)에서 $\frac{\omega\mu}{k_{mn}} = \sqrt{\frac{\mu}{\epsilon}} = \eta_{TE_{mn}}$, $\frac{k_{mn}}{\omega\epsilon} = \sqrt{\frac{\mu}{\epsilon}} = \eta_{TM_{mn}}$(도파관 내부와

같은 유전체 매질에서의 임피던스)이므로, 식 (13.7.29)와 (13.7.30)를 곱하면,

$$\eta_{TE_{mn}}\eta_{TM_{mn}} = \eta^2 (\eta\text{: 유전체 매질에서의 임피던스}) \tag{13.7.31}$$

와 같이 된다. 한편, 내부가 공기로 채워진 직사각형 도파관에서 가장 낮은 TE_{10} ($m=1,\ n=0$)모드에 대한 차단주파수($f_{c,10}$)와 차단파장($\lambda_{c,10}$)은 다음과 같다.

$$f_{c,10} = \frac{1}{2\sqrt{\mu_0\epsilon_0}}\frac{1}{a} = \frac{c}{2a}\ ,\ \lambda_{c,10} = \frac{c}{f_{c,10}} = 2a \tag{13.7.32}$$

따라서 진동수가 이 보다 낮은 전자기파는 도파관을 따라 진행하지 못한다는 것을 알 수 있으며, 차단파장은 직사각형 도파관의 긴 쪽 길이의 2배와 같다. TE_{10} 모드가 중요한 이유는 직사각형 도파관의 모든 모드 중에서 손실이 가장 적기 때문이다. 따라서 TE_{10} 모드를 주요모드(dominant mode)라고도 한다. 일반적으로 $\omega < \omega_{mn}$인 진동수에 대하여 TE_{mn} 모드는 감쇠가 일어나므로 도파관을 따라 진행하지 못한다. 주요 모드만이 동작 진동수에서 전달되도록 설계된 도파관을 사용하는 것이 바람직하며, 다중 모드는 여러 면에서 효율적이지 못하다.

m, n 모드에 대응하는 파수에 대한 식 (13.7.25)는 차단 각진동수(ω_{mn})를 이용하면,

$$k_{mn} = \sqrt{k_0^2 - (k_x^2 + k_y^2)} = \sqrt{\frac{\omega^2}{c^2} - [(\frac{m\pi}{a})^2 + (\frac{n\pi}{b})^2} = \frac{1}{c}\sqrt{\omega^2 - \omega_{mn}^2} \tag{13.7.33}$$

와 같이 보다 간결해진다. 한편, 파의 위상속도($v_{p,mn}$)는

$$v_{p,mn} = \frac{\omega}{k_{mn}} = \frac{c}{\sqrt{1-(\omega_{mn}/\omega)^2}} \tag{13.7.34}$$

와 같이 c보다 크게 되어 이상하게 생각할지 모르나 전자기파의 에너지는 군속도($v_{g,mn}$)로 다음과 같이 전달되므로 물리적으로 이상한 것은 없다. 즉, m,n 모드에 대한 군속도($v_{g,mn}$)는

$$v_{g,mn} = \frac{d\omega}{dk_{mn}} = \frac{d}{dk}(\frac{k_{mn}c}{n}) = \frac{1}{dk_{mn}/d\omega}\ (n\text{: 굴절률}) \tag{13.7.35}$$

$$= c\sqrt{1-(\omega_{mn}/\omega)^2} < c$$

와 같이 되어 c보다 작다는 것을 알 수 있으며, 이는 식 (13.7.17)에서도 설명하였다.

일반적으로 위상속도(v_p)와 군속도(v_g)사이의 관계는 다음과 같다. 굴절률 n은 파장에 의존하므로, 파수에도 의존한다고 볼 수 있다. 도파관 속의 좁은 곳에 갇혀 있는 것이 아니라 한없이 뻗어 있는 넓은 공간에서 식 (13.7.35)는 다음과 같이 표현된다.

$$v_g = \frac{d\omega}{dk} = \frac{c}{n} + kc\frac{d}{dk}(\frac{1}{n}) = \frac{c}{n} - \frac{kc}{n^2}\frac{dn}{dk}) \tag{13.7.36}$$

$$= \frac{c}{n}(1 - \frac{k}{n}\frac{dn}{dk}) = v_p(1 - \frac{k}{n}\frac{dn}{dk}) = v_p - \frac{\lambda dv}{d\lambda}$$

대부분의 물질에 대해 dn/dk는 양(+)의 값을 가지므로, 군속도는 위상속도보다 작다는 것을 알 수 있다.

예제 5

정상분산의 특성을 가지며 손실이 없는 매질에서 진행하는 평면파의 진행속력이 $3.0 \times 10^8 [m/s]$ 이며, 평면파의 파장이 $300 [m]$ 이다. 파장의 함수로서 위상속력이 $v_p = a\sqrt{\lambda}$ (a :상수)와 같다고 할 때, 군속도는 얼마인가? 정상분산에 대해서는 13.8절을 참조하기 바란다.

해답

군속도(v_g)와 위상속력(v_p)사이의 관계는 식 (13.7.36)에 의해 $v_g = v_p - \frac{\lambda dv}{d\lambda}$ 와 같이 주어진다. 따라서 군속도는

$$v_g = v_p - \frac{\lambda dv}{d\lambda} = v_p - \frac{a}{2}\sqrt{\lambda} = v_p(1 - \frac{1}{2}) = 1.5 \times 10^8 [m/s]$$

와 같이 되어 위상속도의 $1/2$이 됨을 알 수 있다.

13.7.3 직사각형 도파관에서 TE10 모드의 진행 특성

직사각형 도파관에서의 전자기파의 진행 특성 및 도파관 내에서의 전자기장의 분포 특성을 좀 더 자세히 알아보기 위해 TE_{10} 모드($k_g = k_{10}$)에 대한 전자기장을 구해 보면 다음과 같다. TE_{10} 모드에 대해 $E_{0z} = 0$이며, 식 (13.7.24)로부터

$B_{0z} = B_0 \cos(\frac{\pi}{a}x)$ 임을 알 수 있다. 또한 나머지 성분들은 식 (13.6.14a~d)로부터 아래와 같이 주어짐을 알 수 있다.

$$B_{0z} = B_0 \cos(\frac{\pi}{a}x) \tag{13.7.37a}$$

$$B_{0x} = \frac{ik_g}{k_c^2}\frac{\partial B_{0z}}{\partial x} = \frac{ik_{10}}{k_c^2}\frac{\partial}{\partial x}[B_0 \cos(\frac{\pi}{a}x)] = -i\frac{k_{10}a}{\pi}B_0 \sin(\frac{\pi}{a}x) \tag{13.7.37b}$$

$$B_{0y} = \frac{ik_g}{k_c^2}\frac{\partial B_{0z}}{\partial y} = \frac{ik_{10}}{k_c^2}\frac{\partial}{\partial y}[B_0 \cos\frac{\pi}{a}x] = 0 \tag{13.7.37c}$$

$$E_{0x} = \frac{i}{k_c^2}\omega\frac{\partial B_{0z}}{\partial y} = \frac{i}{k_c^2}\omega\frac{\partial}{\partial y}[B_0 \cos\frac{\pi}{a}x] = 0 \tag{13.7.37d}$$

$$E_{0y} = -\frac{i\omega}{k_c^2}\frac{\partial B_{0z}}{\partial x} = -\frac{i\omega}{k_c^2}\frac{\partial}{\partial x}[B_0 \cos\frac{\pi}{a}x] = \frac{i\omega}{k_c^2}B_0\frac{\pi}{a}\sin(\frac{\pi}{a}x)] \tag{13.7.37e}$$

$$E_{0z} = 0 \tag{13.7.37f}$$

식 (13.7.37d~f)로부터 TE_{10} 모드의 전기장 $\vec{E}$는 그림 13.24에 나타낸 바와 같이 모든 곳에서 y성분만을 가지고 x값에 따라 크기가 변화지만 $y-$축과 평행한 $x=0$와 $x=a$면에서의 전기장은 "0"이며, $\sin k_x x = \sin\frac{\pi}{a}x$와 같이 변한다. 따라서 TE_{10} 모드에 대한 전기장의 분포는 그림 13.24와 같으며, 중간영역에서 전기장이 가장 크다는 것을 알 수 있다.

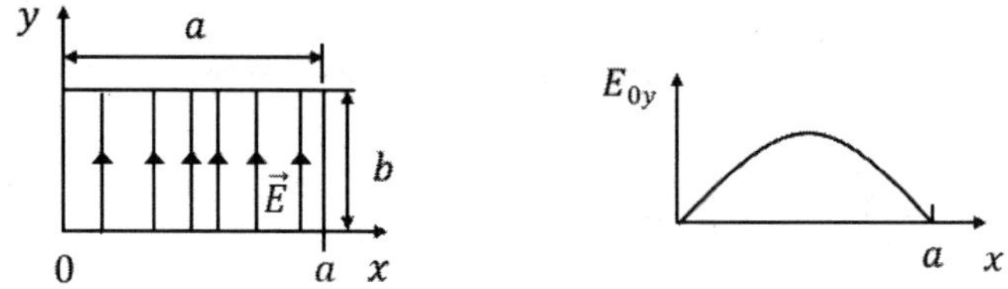

그림 13.24 임의의 z값에서 $z-$축에 수직인 도파관 평면에서의 전기장

전자기파가 도파관의 길이 방향인 $z-$축을 따라 진행하므로, 전기장은 그림 13.25와 같이 $z-$값에 따라 진동하면서 속력 $v_{p,10}$로 진행하게 된다. 전자기파의 각진동수가 ω라면, 전기장은 $e^{i(k_{10}z-\omega t)}$와 같이 변하며 $z-$축 방향으로 위상속력은

$v_{p,10} = \omega / k_{10}$ 와 같으며 TE_{10} 모드에 대해 $k_{10} = \sqrt{(\omega^2/c^2) - (\pi^2/a^2)}$ 와 같다. 따라서 도파관에서의 전기장은

$$E_y = E_0 e^{i(k_{10}z - \omega t)} \sin k_x x = E_0 e^{i(k_{10}z - \omega t)} \sin \frac{\pi}{a} x \tag{13.7.38}$$

와 같이 변한다는 것을 예견할 수 있는데, 식 (13.7.38)이 전기장에 대한 방정식을 만족하는지 먼저 알아보자.

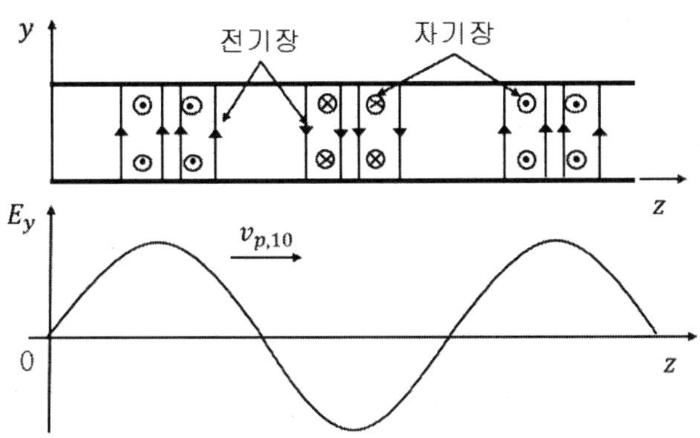

그림 13.25 도파관 내에서 z-값에 따른 전자기장의 변화

경계조건에 의하여 전기장은 도체에서 접선성분을 가지지 않으므로 y-축과 평행한 $x = 0$ 와 $x = a$ 인 도체에서의 전기장은 "0"이어야 하는데, 식 (13.7.38)이 이러한 경계조건을 만족한다는 것을 알 수 있다. 또한 도파관 내에는 전하가 없으므로, 도파관 내에서는 $\vec{\nabla} \cdot \vec{E} = 0$ 이어야 한다. 현재 TE-파를 다루고 있고 전기장은 식 (13.7.37d~f)와 같이 y 성분만을 가지며 y 값에 따라 변하지 않으므로, $\vec{\nabla} \cdot \vec{E} = 0$ 도 만족한다는 것을 알 수 있다.

전기장에 대한 표현식은 도파관 내부가 진공 또는 공기인 경우, 다음과 같은 파동방정식을 만족해야 한다. 즉,

$$\frac{\partial^2 E_y}{\partial x^2} + \frac{\partial^2 E_y}{\partial y^2} + \frac{\partial^2 E_y}{\partial z^2} - \frac{1}{c^2} \frac{\partial^2 E_y}{\partial t^2} = 0 \tag{13.7.39}$$

식 (13.7.38)을 x 에 대해 2차 미분하면 $-k_x^2 E_y = -(\frac{\pi}{a})^2 E_y$ 이 얻어지고, y 에 대

해 2차 미분하면 0, z에 대해 2차 미분하면 $-k_{10}^2 E_y$, 그리고 시간 t에 대해 2차 미분하면 $-\omega^2 E_y$가 얻어진다. 따라서 E_y가 모든 곳에서 "0"이 아니므로 식 (13.7.39)로부터

$$k_x^2 E_y + k_{10}^2 E_y - \frac{\omega^2}{c^2} E_y = 0 \rightarrow k_x^2 + k_{10}^2 - \frac{\omega^2}{c^2} = (\frac{\pi}{a})^2 + k_{10}^2 - \frac{\omega^2}{c^2} = 0 \quad (13.7.40)$$

와 같은 결과를 얻으며, 이로부터

$$k_{10} = \sqrt{(\omega^2/c^2) - (\pi^2/a^2)} \quad (13.7.41)$$

와 같다. 따라서 식 (13.7.38)로부터 전자기파의 전기장이 파수 k_{10}를 가지고 $z-$축 방향으로 위상속력

$$v_{p,10} = \frac{\omega}{k_{10}} \quad (13.7.42)$$

를 가지고 도파관을 따라 진행한다는 것을 알 수 있다. $k_{10} = 2\pi/\lambda_{10}$이며, λ_{10}는 $z-$축 방향에 따른 진동파장으로 유도파장(guide wavelength)이라 하며, 진공에서의 파장 $\lambda_0 = 2\pi c/\omega = 2\pi/k_0$ (유전체에서의 파장 $\lambda = 2\pi v/\omega$)와는 다른 값을 가지는데, 식 (13.7.41)을 이용하면

$$\lambda_{10} = \frac{2\pi}{k_{10}} = \frac{\lambda_0}{\sqrt{1-(\lambda_0/2a)^2}} \quad (13.7.43)$$

와 같은 관계식을 얻는다. 전자기파에서는 전기장과 함께 자기장도 함께 이동하는데 $\vec{\nabla} \times \vec{B} = \frac{1}{c^2}\frac{\partial \vec{E}}{\partial t}$에 의해, 자기장 $\vec{B}$는 $\partial \vec{E}/\partial t$이 가장 큰 영역, 즉 전기장 $\vec{E}$의 최대와 최소 사이의 중간을 중심으로 회전하게 된다[그림 13.26 참조]. 즉, 자기장의 루프들은 $xz-$평면과 평행하며, 그림 13.26에서의 같이 전기장의 최대와 최소 사이에 위치한다. 도파관에서의 평균 에너지 전달은 포인팅 벡터

$$<\vec{S}> = \frac{1}{2\mu_0}|\vec{E} \times \vec{B}| = \frac{1}{2\mu_0} Re[\vec{E} \times \vec{B}^*] \quad (13.7.44)$$

로부터 구해지며, $<\vec{S}>$은 한 주기에 대한 평균값을 의미하며 $Re[\vec{E} \times \vec{B}]$은

$[\vec{E}\times\vec{B}]$의 실숫값을 의미한다. T_{10}모드에 대한 포인팅 벡터의 평균값은

$$< \vec{S}_{10} > = \frac{1}{2\mu_0} Re[E_{0y}B^*_{0z}\,\hat{i} - E_{0y}B^*_{0x}\,\hat{k}] \tag{13.7.45}$$

와 같이 표현된다.

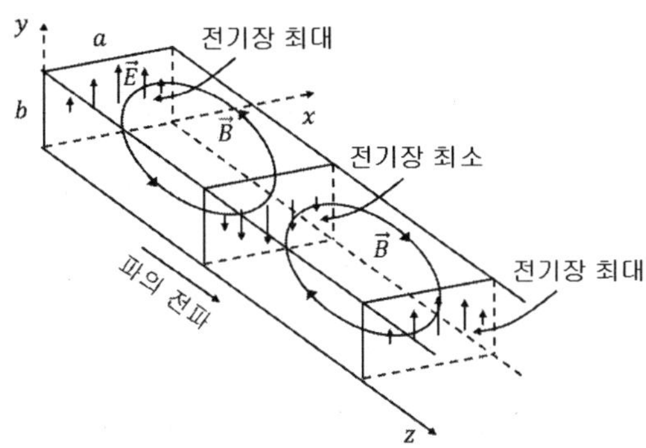

그림 13.26 도파관 내에서의 자기장

식 (13.7.37a)와 식 (13.7.37e)로부터 $E_{0y}B^*_{0z}$는 허수이므로, 식 (13.7.45)에서 이를 제외하면, 포인팅 벡터의 평균값은 다음과 같다.

$$< \vec{S}_{10} > = \frac{1}{2\mu_0}(\frac{a}{\pi}B_0)^2\omega k_{10}\sin^2(\frac{\pi}{a}x)\,\hat{k} \tag{13.7.46}$$

도파관을 통하여 전달된 총 단위 시간당 에너지(P_{10})는 도파관의 단면적에 대하여 적분함으로서 다음과 같이 얻어진다.

$$P_{10} = \int_0^a < \vec{S}_{10} > b\,dx = \int_0^a \frac{1}{2\mu_0}(\frac{a}{\pi}B_0)^2\omega k_{10}\sin^2(\frac{\pi}{a}x)\,bdx\,\hat{k} \tag{13.7.47}$$

$$= \frac{1}{2\mu_0}(\frac{a}{\pi}B_0)^2\omega k_{10}\int_0^a \frac{1}{2}[1-\cos(\frac{2\pi}{a}x)]bdx\,\hat{k}$$

$$= \frac{1}{4\mu_0}(\frac{a}{\pi}B_0)^2\omega k_{10}\,ab\,\hat{k} = \frac{c}{4\mu_0}(\frac{a}{\pi}B_0)^2 k_0 k_{10}\,ab\,\hat{k}$$

직사각형 도파관은 마이크로파의 전달을 위하여 주로 사용되며, 원하는 진동수에서 주로 TE_{10}모드만이 도파관을 통하여 전달되도록 설계한다. $a = 2.28\,[cm]$, $b = 1.01\,[cm]$으로 설계된 직사각형 도파관에서 TE_{10}모드로 전달되는 최대파장은

$$k_{10}^2 = (\frac{2\pi}{\lambda_g})^2 = k_0^2 - (k_x^2 + k_y^2) \tag{13.7.48}$$

$$= (\frac{2\pi}{\lambda_0})^2 - (\frac{m\pi}{a})^2 - (\frac{n\pi}{b})^2 \quad (\lambda_0 : \text{공기 중에서의 파장})$$

$$= (\frac{2\pi}{\lambda_0})^2 - (\frac{\pi}{a})^2 \quad (m = 1, n = 0 \text{ 모드에 대해})$$

에 의하여 결정된다. k_{10}가 실수이어야 감쇠되지 않고 진행하므로, 공기 중에서의 최대파장($\lambda_{0,\max}$)은 $(\frac{2\pi}{\lambda_{0,\max}})^2 = (\frac{\pi}{a})^2$으로부터 얻어진다. 따라서 $\lambda_{0,\max} = 4.57\,[cm]$이므로 이보다 긴 파장은 전달되지 않으나, 짧은 파장의 전자기파는 전달된다. 다음으로 파장이 짧은 모드는 도파관의 크기에 의존하는 TE_{11} 또는 TE_{20} 모드인데, TE_{20} 차단파장(cutoff wavelength)은 TE_{11}보다 더 크다. TE_{20}의 차단파장은 TE_{10} 파장의 1/2인 2.28 $[cm]$이며, 상업용 TE_{10} 모드의 파장은 2.42 ~ 4.35 $[cm]$ 영역으로 제한된다.

예제 6

직사각형 도파관 내에서 진동수가 9 $[GHz]$인 전자기파가 TE_{10} 모드로 $+z-$ 축 방향으로 진행하고 있다. 도파관의 내부는 공기로 채워져 있으며, $x-$축 방향의 길이는 2.5 $[cm]$, $y-$축 방향의 길이는 1.0 $[cm]$일 때, 다음 물음에 답하시오. (a) 유도파장($\lambda_g = \lambda_{g,10}$), 위상상수($k_{10}$), 위상속력($v_{ph}$) 및 임피던스($\eta_{TE_{10}}$는 얼마인가?

해답

(a) 자유공간에서 진동수가 9 $[GHz]$인 전자기파의 파장은 $\lambda_0 = c/f = (3\times10^8)/(9\times10^9) = 3.33\,[cm]$, TE_{10} 모드에 대한 차단진동수($f_{c,10}$)는 $f_{c,10} = \frac{1}{2\sqrt{\mu_0\epsilon_0}}\sqrt{(\frac{1}{2.5cm})^2 + 0} = \frac{c}{2*0.025} = 6.0\,[GHz]$, 유도파장은 $\lambda_{g,10} = \frac{\lambda_0}{\sqrt{1-(\lambda_0/2a)^2}} = \frac{3.33}{\sqrt{1-(3.33/4.5)^2}} = 4.95\,[cm]$, 위상상수는 $k_{10} = \frac{2\pi}{\lambda_{g,10}} = \frac{2\pi}{0.0495} = 126.9\,[m^{-1}]$, 위상속력은 $v_{ph} = f\lambda_{g,10} = (9\times10^9)(0.0495\,m) \simeq 4.46\times10^8\,[m/s]$, 그리고 임피던스는 $\eta_{TE_{10}} = \frac{\eta_0}{\sqrt{1-(f_{c,10}/f)^2}} = \frac{377}{\sqrt{1-0.44}} = 503.8\,[\Omega]$이다.

13.7.4 TM 모드

TM 모드의 빛이 도파관의 양(+)의 z−축을 따라 진행하는 경우, $B_{0z}=0$, $E_{0z}\neq 0$이므로 식 (13.6.14a~d)는 다음과 같이 된다.

$$E_{0x}=\frac{ik}{k_c^2}\frac{\partial E_{0z}}{\partial x};\ E_{0y}=\frac{ik}{k_c^2}\frac{\partial E_{0z}}{\partial y}\quad (\text{TM-모드}) \tag{13.6.14a~b}$$

$$B_{0x}=-\frac{i\omega}{k_c^2}\frac{\partial E_{0z}}{\partial y};\ B_{0y}=\frac{i\omega}{k_c^2}\frac{\partial E_{0z}}{\partial x}\quad (\text{TM-모드}) \tag{13.6.14c~d}$$

이로부터 TM 모드에서는 $E_{0z}(x,y)$만 알면, 전자기장에 대한 모든 정보를 알 수 있다. 따라서

$$\vec{E}(\vec{r},t)=E_{0z}(x,y)e^{i(k_{mn}z-\omega t)}\hat{z} \tag{13.7.7a}$$

$$=[A\sin(k_x x)+B\cos(k_x x)][C\sin(k_y y)+D\cos(k_y y)]e^{i(k_{mn}z-\omega t)}\hat{z}$$

와 같은 유형을 가지는 $E=E_{0z}(x,y)e^{i(k_{mn}z-\omega t)}$의 해를 찾으면, 식 (13.6.14a~b)를 이용하여 전기장과 자기장에 대한 정보를 알게 된다. 경계조건을 적용하면

❶ 경계조건 1 : $x=0$에서 $E_{0z}=0\ \rightarrow\ X(x)=A\sin k_x x$

❷ 경계조건 2 : $y=0$에서 $E_{0z}=0\ \rightarrow\ Y(y)=C\sin k_y y$

와 같은 결과를 얻으며, 이로부터 전기장은 다음과 같이 표현된다.

$$\vec{E}_{0z}(x,y)=[A\sin(k_x x)][C\sin(k_y y)] \tag{13.7.49}$$

$$=E_0\sin k_x x\sin k_y y(E_0=AC)$$

❸ 경계조건 3 : $x=a$에서 $E_{0z}=0\ \rightarrow\ X(x=a)=A\sin k_x a=0$

$$\rightarrow k_x=\frac{m\pi}{a}\quad (m=1,2,3,\cdot\cdot\cdot) \tag{13.7.50}$$

❹ 경계조건 4 : $y=b$에서 $E_{0z}=0\ \rightarrow\ Y(y=b)=C\sin k_y b=0$

$$\rightarrow k_y = \frac{n\pi}{b} \quad (n = 1,2,3, \cdot \cdot \cdot) \tag{13.7.51}$$

따라서 TM 모드에 대한 전기장의 최종 식은 다음과 같다.

$$\vec{E}_{0z}(x,y) = E_0 \sin\frac{m\pi}{a}x \sin\frac{n\pi}{b}y \quad : TM_{mn} \text{ 모드} \tag{13.7.52}$$

여기서 전파상수 k는 $k_{mn}^2 = k_0^2 - (k_x^2 + k_y^2)$ 을 이용하여 구하면,

$$k_{mn} = \sqrt{k_0^2 - (k_x^2 + k_y^2)} = \sqrt{\frac{\omega^2}{c^2} - [(\frac{m\pi}{a})^2 + (\frac{n\pi}{b})^2} \tag{13.7.53}$$

와 같다. 전자기파의 진폭이 감쇄되지 않고 $+z-$ 축 방향으로 진행하기 위해서는 위상상수 k_{mn}가 반드시 실수이어야 하므로 식 (13.7.53)을 통하여 다음을 알 수 있다.

❶ $\frac{\omega}{c} > \sqrt{[(\frac{m\pi}{a})^2 + (\frac{n\pi}{b})^2}$ 일 때, k_{mn}은 실수가 된다.

❷ $\frac{\omega}{c} < \sqrt{[(\frac{m\pi}{a})^2 + (\frac{n\pi}{b})^2}$ 일 때, k_{mn}은 다음과 같이 허수가 된다.

$$k_{mn} = \sqrt{\frac{\omega^2}{c^2} - [(\frac{m\pi}{a})^2 + (\frac{n\pi}{b})^2]} = i\sqrt{[(\frac{m\pi}{a})^2 + (\frac{n\pi}{b})^2] - \frac{\omega^2}{c^2}} \tag{13.7.54}$$

$$= i\alpha \quad (\alpha = \sqrt{[(\frac{m\pi}{a})^2 + (\frac{n\pi}{b})^2] - \frac{\omega^2}{c^2}}$$

이 경우, 전자기파의 진폭은 $z-$에 따라 지수 함수적으로 감쇄되므로 소멸파가 된다. 이처럼 소멸파가 되는 전자기파는 차단영역에 속하게 된다. 따라서 차단 각진동수는 식 (13.7.53)에서 $k_{mn} = 0$ 로 놓으면,

$$\omega_{c,mn} = c\sqrt{[(\frac{m\pi}{a})^2 + (\frac{n\pi}{b})^2} \rightarrow f_{c,mn} = \frac{c}{2}\sqrt{(\frac{m}{a})^2 + (\frac{n}{b})^2} \tag{13.7.55}$$

와 같이 주어지므로 차단 각진동수는 모드번호 m, n에 따라 달라진다는 것을 알 수 있다. 만약에 도파관 내부가 공기가 아니고, 유전율과 투자율이 각각 ϵ, μ인 유전체로 채워진 경우, 차단진동수($f_{c,mn}$)는

$$f_{c,mn} = \frac{v}{2}\sqrt{(\frac{m}{a})^2 + (\frac{n}{b})^2} = \frac{1}{2\sqrt{\mu\epsilon}}\sqrt{(\frac{m}{a})^2 + (\frac{n}{b})^2} \quad (13.7.56)$$

와 같으며, TM_{mn} 모드에 대한 임피던스($\eta_{TM_{mn}}$)는 다음과 같이 정의된다.

$$\eta_{TM_{mn}} = \eta\sqrt{1-[\frac{f_{c,mn}}{f}]^2} \quad (\eta: \text{유전체에서의 임피던스}) \quad (13.7.57)$$

따라서 TE와 TM 모드에 대한 임피던스를 곱하면, 진공에서의 전자기파에 대한 임피던스의 제곱과 같다. 즉,

$$\eta_{TE_{mn}}\eta_{TM_{mn}} = \eta^2 \quad (13.7.58)$$

한편 TM_{mn} 모드에서는 m 또는 n이 "0"이 될 수 없는데, 이는 $m=0$ 또는 $n=0$인 경우에 전자기장이 모두 "0"이 되기 때문이다. 따라서 직사각형 도파관에서 모든 TM모두 중에서 TM_{11}모드가 주모드이다. 도파관 내부가 진공 또는 공기인 경우, TM_{11}모드에 대한 차단주파수(f_c)와 차단파장(λ_c)은 다음과 같다.

$$f_{c,11} = \frac{c}{2}\sqrt{(\frac{1}{a})^2 + (\frac{1}{b})^2}, \quad \lambda_{c,11} = \frac{c}{f_{c,11}} = \frac{2}{\sqrt{(\frac{1}{a})^2 + (\frac{1}{b})^2}} \quad (13.7.59)$$

예제 7

변의 길이가 각각 $10\,[cm]$, $6\,[cm]$이며, 공기로 채워진 직사각형 도파관에서 TM_{10}, TM_{20}, TM_{11} 및 TM_{21}모드에 대한 차단주파수를 구하시오.

해답

TM_{10} 모드와 TM_{20}모드는 통과하지 못하며, 도파관의 내부가 공기로 채워져 있으므로 m, n 모드에 대한 차단주파수는 $f_{c,mn} = \frac{c}{2}\sqrt{(\frac{m}{a})^2 + (\frac{n}{b})^2}$ 와 같이 주어진다. 따라서 TM_{11}에 대한 차단 주파수는 $f_{c,11} = \frac{c}{2}\sqrt{(\frac{1}{a})^2 + (\frac{1}{b})^2} =$ $= \frac{3.0\times 10^{10} cm/s}{2}\sqrt{(\frac{1}{10\,cm})^2 + (\frac{1}{6\,cm})^2} = 2{,}915\,[MHz]$ 이다. 또한 TM_{21}에 대한 차

단주파수는 $f_{c,21} = \frac{c}{2}\sqrt{(\frac{2}{a})^2 + (\frac{1}{b})^2} = \frac{3.0\times 10^{10} cm/s}{2}\sqrt{(\frac{2}{10\,cm})^2 + (\frac{1}{6\,cm})^2} =$ $3{,}905\,[MHz]$ 이다.

도파관에 입사하는 빛의 진동수 f 와 차단주파수 f_c 의 상대적인 크기에 따라 TM_{mn} 모드의 전파 여부가 결정된다. 즉,

❶ $f > f_{c,\,mn} = \frac{c}{2}\sqrt{(\frac{m}{a})^2 + (\frac{n}{b})^2}$ 이면, TM_{mn} 모드는 전파된다.

❷ $f < f_{c,\,mn} = \frac{c}{2}\sqrt{(\frac{m}{a})^2 + (\frac{n}{b})^2}$ 이면, TM_{mn} 모드는 차단된다.

직사각형 도파관에서 TM_{11} 모드의 진행 특성 및 전자기장 분포에 대한 정보를 얻기 위해 전자기장을 구해보면 다음과 같다. TM_{11} 모드에 대해, $\vec{E}_{0z}(x,y) = E_0 \sin\frac{\pi}{a}x \sin\frac{\pi}{b}y$ 와 같이 주어진다는 것을 식 (13.7.52)를 통하여 알았다. 또한 식 (13.6.14a~d)를 이용하면 다음과 같이 전기장과 자기장에 대한 진폭을 구할 수 있다.

$$E_{0x} = \frac{ik}{k_c^2}\frac{\partial E_{0z}}{\partial x} = \frac{ik}{k_c^2}\frac{\partial}{\partial x}[E_{0z}\sin(\frac{\pi}{a}x)\sin(\frac{\pi}{b}y)] \tag{13.7.60a}$$

$$= \frac{ik}{k_c^2}\frac{\pi}{a}E_{0z}\cos(\frac{\pi}{a}x)\sin(\frac{\pi}{b}y)$$

$$E_{0y} = \frac{ik}{k_c^2}\frac{\partial E_{0z}}{\partial y} = \frac{ik}{k_c^2}\frac{\partial}{\partial y}[E_{0z}\sin\frac{\pi}{a}x\sin\frac{\pi}{b}y] \tag{13.7.60b}$$

$$= \frac{ik}{k_c^2}\frac{\pi}{b}E_{0z}\sin(\frac{\pi}{a}x)\cos(\frac{\pi}{b}y)$$

$$\vec{E}_{0z}(x,y) = E_{0z}\sin\frac{\pi}{a}x\sin\frac{\pi}{b}y \tag{13.7.60c}$$

$$B_{0x}(x,y) = -\frac{i\omega}{k_c^2}\frac{\partial E_{0z}}{\partial y} = -\frac{i\omega}{k_c^2}\frac{\partial}{\partial y}[E_{0z}\sin\frac{\pi}{a}x\sin\frac{\pi}{b}y] \tag{13.7.60d}$$

$$= -\frac{i\omega}{k_c^2}E_{0z}\frac{\pi}{b}sin(\frac{\pi}{a})\cos(\frac{\pi}{b}y)$$

$$B_{0y}(x,y) = \frac{i\omega}{k_c^2}\frac{\partial E_{0z}}{\partial x} = \frac{i\omega}{k_c^2}\frac{\partial}{\partial x}[E_{0z}\sin\frac{\pi}{a}x\sin\frac{\pi}{b}y] \tag{13.7.60e}$$

$$= \frac{i\omega}{k_c^2}\frac{\pi}{a}E_{0z}\cos\frac{\pi}{a}x\sin\frac{\pi}{b}y$$

$$B_{0z}(x,y) = 0 \tag{13.7.60f}$$

한편, 파동임피던스(η)는 진행방향에 수직인 전기장에 대한 자화세기($\vec{H}$)의 비를 이용하여 구하면 다음과 같다.

$$\eta = \frac{E_x}{H_y} = \frac{k}{\omega\epsilon_0} = \sqrt{\frac{\epsilon_0}{\mu_0}}\sqrt{1-(\frac{f_c}{f})^2} \quad (f > f_c) \tag{13.7.61}$$

전파모드 ($f > f_{차단}$)인 경우에 임피던스는 실수이지만, 차단모드($f < f_c$)에서는 허수가 되어 리액턴스 성분만을 가지게 된다.

이제 도파관을 따라 진행하는 파의 모습에 대하여 생각하여 보자. 식 (13.7.52)에서 $\sin(\frac{m\pi}{a}x)$는 $x-$방향으로 정지파라는 의미이며, 정지파는 서로 반대방향($+x$와 $-x$)으로 진행하는 두 파가 중첩된 것으로 생각할 수 있다. 이는 $x=0$와 $x=a$에 각각 위치한 2개의 도체 벽 사이에서 지속적으로 반사되면서 도파관을 따라 진행한다. 마찬가지로 $\sin(\frac{n\pi}{b}y)$는 y방향으로 정지파라는 의미로 서로 반대방향($+y$와 $-y$)으로 진행하는 2개의 파로 구성되어 있다. 결국 전자기파는 곧장 일직선으로 진행하지 못하고, 4개의 도체 벽 사이에서 지속적으로 반사되면서 지그재그 형태로 도파관을 따라 진행하게 된다.

13.8 빛의 분산-진동수와 비전도성 매질에서의 진행 특성

전기적으로 중성이고 $\vec{M}=0$ 인 비자성 물질에서의 맥스웰 방정식은

$$\vec{\nabla}\times\vec{E}=-\frac{\partial\vec{B}}{\partial t} \tag{13.8.1}$$

$$\vec{\nabla}\times\vec{B}=\mu\epsilon\frac{\partial\vec{E}}{\partial t}+\mu\frac{\partial\vec{P}}{\partial t}+\mu\vec{J} \tag{13.8.2}$$

$$\vec{\nabla}\cdot\vec{E}=-\frac{1}{\epsilon}\vec{\nabla}\cdot\vec{P} \tag{13.8.3}$$

$$\vec{\nabla}\cdot\vec{B}=0 \tag{13.8.4}$$

이 되며, 전기장 $\vec{E}$에 대한 파동방정식은 식 (13.8.1)에 방향회전(curl)을 취하고, 식 (13.8.2)에 시간미분을 취하여 $\vec{B}$ 에 관계된 항을 소거하면

$$\vec{\nabla}\times(\vec{\nabla}\times\vec{E})=-\frac{\partial}{\partial t}(\vec{\nabla}\times\vec{B}) \tag{13.8.5}$$

$$=-\frac{\partial}{\partial t}\left(\mu\epsilon\frac{\partial\vec{E}}{\partial t}+\mu\frac{\partial\vec{P}}{\partial t}+\mu\vec{J}\right)$$

$$=-\mu\epsilon\frac{\partial^2\vec{E}}{\partial t^2}-\mu\frac{\partial^2\vec{P}}{\partial t^2}-\mu\frac{\partial\vec{J}}{\partial t}$$

이 얻어지며, $\mu\epsilon=1/v^2$ 을 이용하면,

$$\vec{\nabla}\times(\vec{\nabla}\times\vec{E})+\frac{1}{v^2}\frac{\partial^2\vec{E}}{\partial t^2}=-\mu\frac{\partial^2\vec{P}}{\partial t^2}-\mu\frac{\partial\vec{J}}{\partial t} \tag{13.8.6}$$

와 같이 쓸 수 있다. 식 (13.8.6)에서 오른쪽의 두 항은 각각 매질 내의 편극전하와 전도전류에 기인하는 것으로 왼쪽 항의 전기장을 만드는 원천 항들(source terms)이다. 빛의 전파가 이러한 원천항의 존재에 의하여 어떻게 영향을 받는가 하는 문제는 위의 방정식을 풀면 알 수 있다.

공기 또는 유리와 같이 일상생활에서 많이 접하는 매질은 비자성, 비전도성이므로

물질 속에서의 파동방정식 중의 하나인 식 (13.8.6)에 적용하면, 원천항 중 $-\mu\dfrac{\partial \vec{J}}{\partial t}$를 무시할 수 있으므로 편극 $\vec{P}$만이 중요하게 된다. 이처럼 전자기파의 진행 특성이 편극 $\vec{P}$, 즉, 속박된 전자들에 의해서 결정되는 물질을 유전체라고 하며, $\vec{P}$가 외부에서 가해주는 전기장의 방향에 관계없이 모든 방향에 대하여 동일한 특징을 가지는 유전체를 등방성 유전체라 한다. 여기서는 전도성이 없는 등방성 매질 내를 통과하는 빛의 성질에 대하여 알아보고자 한다.

전도성이 없는 등방성 매질에서 전자는 매질을 이루고 있는 원자핵에 구속되어 있다. 만일 구속전자의 전하가 $-e$이고, 핵과의 평형위치로부터 벗어난 거리가 r이라면 물질을 구성하고 있는 원자의 전기쌍극자($\vec{p}$)는 $\vec{p}=-e\vec{r}$ 이 된다. 만일 단위 체적당 동일한 원자가 N_e개 들어있다면, 단위 체적당 평균 전기쌍극자인 거시적인 편극 (macroscopic polarization: $\vec{P}$)은

$$\vec{P}=<\vec{p}>=-N_e e\vec{r} \quad (N_e\text{: 단위 체적당 원자 수}) \tag{13.8.7}$$

와 같이 표현되며, < >은 평균을 의미한다. 따라서 평형위치로부터 전자의 변위 $\vec{r}$을 알면, $\vec{P}$를 결정할 수 있다.

그림 13.24와 같이 원자에서 전자의 운동을 매우 무거워 움직이지 않는 핵에 전하가 $-e$, 질량이 m인 전자가 탄성상수 k인 용수철에 의하여 매달려있다고 가정하자.

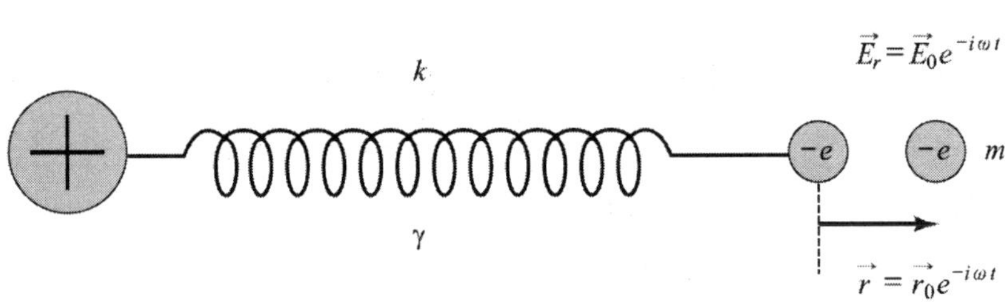

그림 13.24 등방성 매질에서 편극을 계산하기 위한 용수철 모형

전기장이 시간에 따라 변하는 경우, 구속된 전자가 속도에 비례하는 크기의 감쇄력을 받아 감쇠계수가 γ인 감쇄 조화진동을 한다고 가정하면 운동방정식은 아래와 같이 쓸 수 있다. 즉,

$$m\frac{d^2\vec{r}}{dt^2}+m\gamma\frac{d\vec{r}}{dt}+k\vec{r}=-e\vec{E} \tag{13.8.8}$$

가해준 전기장의 시간에 따른 변화에 따라 구속전자의 변위도 같은 주기로 움직일 것이므로, 즉 $\vec{E}=\vec{E_0}e^{-i\omega t}$이면 $\vec{r}=\vec{r_0}e^{-i\omega t}$ 와 같이 되어 식 (13.8.8)은

$$(-m\omega^2-im\omega\gamma+k)\vec{r}=-e\vec{E} \tag{13.8.9}$$

$$\vec{P}=\frac{N_e e^2}{-m\omega^2-im\omega\gamma+k}\vec{E} \tag{13.8.10}$$

와 같이 된다. 식 (13.8.10)에 대한 표현식은 일반적으로

$$\vec{P}=\frac{N_e e^2/m}{\omega_0^2-\omega^2-i\omega\gamma}\vec{E} \quad \left(\omega_0=\sqrt{\frac{k}{m}}: \text{ 구속전자의 공진 진동수}\right) \tag{13.8.11}$$

와 같이 표현된다.

외부에서 가해주는 빛의 진동수가 구속전자의 고유 공진 진동수와 같은 경우 (즉 $\omega\sim\omega_0$)에 광학적인 공명현상이 일어나, 구속전자의 공진 진동수 부근에서 빛의 흡수가 커지며 동시에 굴절률의 변화도 커진다. 전도성이 없는 물질 내에서 빛이 진행하는 경우, 식 (13.8.11)을 식 (13.8.6)에 대입하고 $\vec{J}=0$ 인 사실을 이용하면, 파동방정식은

$$\vec{\nabla}(\vec{\nabla}\cdot\vec{E})-(\nabla^2\vec{E})=-\mu\epsilon\frac{\partial^2\vec{E}}{\partial t^2}-\mu\frac{\partial^2\vec{P}}{\partial t^2} \tag{13.8.12}$$

와 같이 된다. 외부 전기장에 의해서 일어나는 편극이 가해준 전기장에 비례하는 경우, 식 (13.8.3)은 $\vec{\nabla}\cdot(\epsilon\vec{E})=-\vec{\nabla}\cdot\vec{P}=-\vec{\nabla}\cdot(\epsilon_o\chi\vec{E})$이 된다. 이 식을 다시 쓰면 $\epsilon_o(1+\chi)\vec{\nabla}\cdot\vec{E}=0$이 되며, 이 식이 만족하기 위해서는 $\chi\neq-1$임으로 $\vec{\nabla}\cdot\vec{E}=0$ 이다. 따라서 식 (13.8.12)는

$$\nabla^2\vec{E}=\frac{1}{c^2}\left(1+\frac{N_e e^2}{m\epsilon_0}\frac{1}{\omega_0^2-\omega^2-i\omega\gamma}\right)\frac{\partial^2\vec{E}}{\partial t^2} \tag{13.8.13}$$

와 같이 된다. 이 미분방정식의 해가 z-방향으로 진행하는 평면 조화파라고 가정하면, $\vec{E}=\vec{E_0}e^{i(\tilde{k}z-\omega t)}$ 로 쓸 수 있으며, 이를 식 (13.8.13)에 직접 대입하여 정리하면

$$\tilde{k}^2 = \frac{\omega^2}{c^2}\left(1 + \frac{N_e e^2}{m\epsilon_0}\frac{1}{\omega_0^2 - \omega^2 - i\omega\gamma}\right) \tag{13.8.18}$$

와 같이 된다. 따라서 식 (13.8.18)의 분모에 허수 항이 존재함을 알 수 있으며, 이는 파수 $\tilde{k}$가 복소수임을 의미한다. 이의 물리적 의미를 알아보기 위하여 $\tilde{k}$를 실수부분과 허수부분으로 나누어 표현하면 다음과 같다.

$$\tilde{k} = k_t + i\alpha \tag{13.8.19}$$

이는 굴절률에 대한 표현을

$$\tilde{n} = n + i\kappa \tag{13.8.20}$$

와 같이 복소수로 표현될 수 있음을 의미하며, 복소파수와 복소 굴절률 사이의 관계는

$$\tilde{k} = \frac{\omega}{c}\tilde{n} \tag{13.8.21}$$

이 된다. 따라서 복소파수를 이용하여 전기장을 다시 표현하면,

$$\tilde{E} = \tilde{E_0}\, e^{-\alpha z} e^{i(k_t z - \omega t)} \tag{13.8.22}$$

와 같이 되며, $e^{-\alpha z}$는 전기장의 크기가 진행 거리에 따라 지수 함수적으로 감소함을 나타낸다. 주어진 한 관측점에서의 빛의 에너지는 $|\vec{E}|^2$ 에 비례하므로 매질 내에서 진행하는 빛의 에너지는 진행 거리에 따라 $e^{-2\alpha z}$로 감소한다. 따라서 2α를 매질의 흡수계수(coefficient of absorption)라 한다. 식 (13.8.21)로부터, $k_t = \frac{\omega}{c}n$, $\alpha = \frac{\omega}{c}\kappa$ 로 주어진다. 식 (13.8.22)에서의 위상인자$\left[e^{i(k_t z - \omega t)}\right]$ 로부터 평면 조화파의 위상속도가

$$v = \frac{\omega}{k_t} = \frac{c}{n} \tag{13.8.23}$$

와 같이 주어짐을 알 수 있다. 식 (13.8.21)로부터 $\tilde{n}^2 = \frac{c^2}{\omega^2}\tilde{k}^2$ 이 주어지며, $\tilde{k}^2$에 대한 표현식인 식 (13.8.18)을 이용하면, 복소 굴절률에 대한 표현식에서의 n과 κ사이

의 관계를 구하면

$$n^2 - \kappa^2 = 1 + \frac{N_e e^2}{m\epsilon_0}\left(\frac{\omega_0^2 - \omega^2}{(\omega_0^2 - \omega^2)^2 + \omega^2\gamma^2}\right) \tag{13.8.24}$$

$$2n\kappa = \frac{N_e e^2}{m\epsilon_0}\left(\frac{\gamma\omega}{(\omega_0^2 - \omega^2)^2 + \omega^2\gamma^2}\right) \tag{13.8.25}$$

와 같이 표현되며, 이들로부터 n과 κ가 구해진다. 그림 13.25는 n과 κ가 진동수에 의존함을 보여주며, 흡수는 공명진동수 근처에서 가장 강하게 일어난다. 굴절률은 진동수가 낮은 영역에서는 "1"보다 조금 더 크지만, 빛의 진동수가 구속전자의 공명진동수에 접근함에 따라 증가하게 된다.

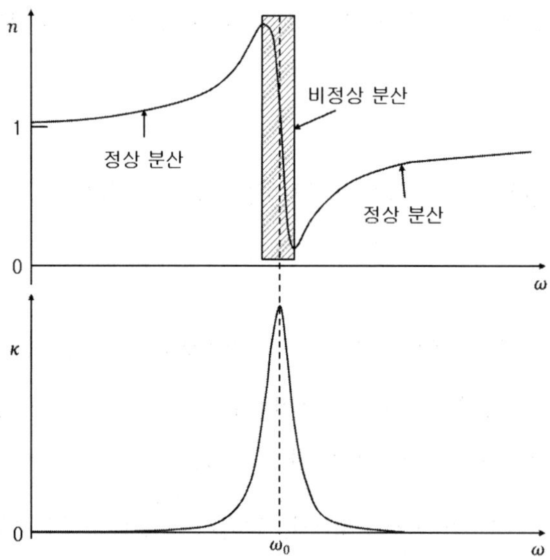

그림 13.25 공명진동수 부근에서 진동수에 대한 굴절률(n) 및 소멸계수(κ)에 대한 그래프

진동수에 대한 n과 κ의 이러한 변화를 분산(dispersion)이라 하는데 아래와 같이 크게 둘로 분류한다.

① 정상 분산(normal dispersion)

공명진동수를 벗어난 영역에서의 굴절률은 빛의 진동수가 증가함에 따라 굴절률도

증가한다. 즉, $\frac{dn}{d\omega} > 0\ (n \propto \omega\ )$

② 비정상 분산(anormalous dispersion)

물체의 고유진동수와 공명을 일으키게 되면 흡수가 매우 커지며, 이 영역에서 굴절률은 빛의 진동수가 증가함에 따라 감소한다. 즉 $\frac{dn}{d\omega} < 0$이 되며, 그림 13.25에서 빗금으로 표시한 부분이 비정상 분산에 해당된다.

그림 13.25는 물체 속에 있는 모든 전자들이 똑같은 상태로 구속되어 동일한 공명진동수를 가진다는 이상적인 조건을 나타낸 것이다. 하지만 실제로 모든 물체는 부분적으로 존재하는 결함 등과 같은 요인에 의하여 물체 속에 있는 모든 전자들이 똑같은 상태로 구속될 수는 없으므로, 각 구속전자들의 공명진동수는 다를 수 있다. 이를 기술하기 위하여 공명진동수 ω_{01}을 가지는 구속전자의 점유율을 f_1, 공명진동수 ω_{02}을 가지는 구속전자의 점유율을 $f_2 \cdots$ 등과 같이 나타내고, 고유진동수가 ω_{0j}인 전자의 점유율(fraction)을 f_j라 하면 분산에 대한 식은 다음처럼 쓸 수 있다.

$$\tilde{n}^2 = 1 + \frac{N_e e^2}{m\epsilon_0}\sum_j\left(\frac{f_j}{\omega_{0j}^2 - \omega^2 - i\,\omega\,\gamma_j}\right), \qquad \sum_j f_j = 1 \tag{13.8.26}$$

여기서 γ_j는 각 공명진동수에서의 감쇠상수를 의미하며, f_j는 떨개 세기(oscillator strength)라고 하는데 주어진 원자의 천이가 일어날 가능성에 대한 정보를 주므로 천이확률이라고도 한다.

보충 자료

A. 식 (13.1.18)의 유도과정

① $< \vec{S} > = c^2\epsilon_0 \mid \overrightarrow{E_0} \times \overrightarrow{B_0} \mid < \cos^2(\vec{k} \cdot \vec{r} - \omega t) >$

$= c\epsilon_0 \mid \overrightarrow{E_0} \times c\overrightarrow{B_0} \mid < \cos^2(\vec{k} \cdot \vec{r} - \omega t) >$

$= c\epsilon_0 \mid E_0\, cB_0 \sin 90° \mid < \cos^2(\vec{k} \cdot \vec{r} - \omega t) >$

$= c\epsilon_0 \mid E_0^2 \mid < \cos^2(\vec{k} \cdot \vec{r} - \omega t) >$

② $< \cos^2(kx - \omega t) > = \frac{1}{T}\int_t^{t+T} \cos^2(kx - \omega t)dt$

$= \frac{1}{T}\int_t^{t+T} \frac{1 + \cos 2(kx - \omega t)}{2} dt$

$= \frac{1}{T}[\frac{t}{2} - \frac{1}{4\omega} sin2(kx - \omega t)]_t^{t+T}$

$= \frac{1}{2} - \frac{1}{4\omega T}[\sin(2kx - 2\omega(t + T)) - \sin(2kx - 2\omega t)]$

$= \frac{1}{2}$

③ $< \vec{S} > = \frac{1}{2} c\epsilon_0 E_0^2$

B. 식 (13.6.14(a))의 유도과정

① $\vec{\nabla} \times \vec{E} = -\frac{\partial \vec{B}}{\partial t} \quad (\vec{B} = \overrightarrow{B_0} e^{i(kz - \omega t)},\ \overrightarrow{B_0} = B_{0x}\hat{i} + B_{0y}\hat{j} + B_{0z}\hat{k})$

$$\vec{\nabla} \times \vec{E} = \begin{pmatrix} \hat{i} & \hat{j} & \hat{k} \\ \frac{\partial}{\partial x} & \frac{\partial}{\partial y} & \frac{\partial}{\partial z} \\ E_{0x} & E_{0y} & E_{0z} \end{pmatrix} \tag{1}$$

$$=(\frac{\partial E_{0z}}{\partial y}-\frac{\partial E_{0y}}{\partial z})\hat{i}+(\frac{\partial E_{0x}}{\partial z}-\frac{\partial E_{0z}}{\partial x})\hat{j}+(\frac{\partial E_{0y}}{\partial x}-\frac{\partial E_{0x}}{\partial y})\hat{k}$$

$$=(i\omega)B_{0x}\hat{i}+(i\omega)B_{0y}\hat{j}+(i\omega)B_{0z}\hat{k}$$

ⓐ $x-$성분 : $(\frac{\partial E_{0z}}{\partial y}-\frac{\partial E_{0y}}{\partial z})-(i\omega)B_{0x}=\frac{\partial E_{0z}}{\partial y}-ikE_{0y}-i\omega B_{0x}=0$ (2)

ⓑ $y-$성분 : $(\frac{\partial E_{0x}}{\partial z}-\frac{\partial E_{0z}}{\partial x})-(i\omega)B_{0y}=ikE_{0x}-\frac{\partial E_{0z}}{\partial x}-i\omega B_{0y}=0$ (3)

ⓒ $z-$성분 : $(\frac{\partial E_{0y}}{\partial x}-\frac{\partial E_{0x}}{\partial y})-(i\omega)B_{0z}=0$ (4)

② $\overrightarrow{\nabla}\times\overrightarrow{B}=\mu_0\epsilon_0\frac{\partial\overrightarrow{E}}{\partial t}=-i\omega\mu_0\epsilon_0\overrightarrow{E}$ $(\overrightarrow{E}=\overrightarrow{E_0}e^{i(kz-\omega t)},\ \overrightarrow{E_0}=E_{0x}\hat{i}+E_{0y}\hat{j}+E_{0z}\hat{k})$

$$\overrightarrow{\nabla}\times B=\begin{pmatrix}\hat{i} & \hat{j} & \hat{k}\\ \frac{\partial}{\partial x} & \frac{\partial}{\partial y} & \frac{\partial}{\partial z}\\ B_{0x} & B_{0y} & B_{0z}\end{pmatrix} \tag{5}$$

$$=(\frac{\partial B_{0z}}{\partial y}-\frac{\partial B_{0y}}{\partial z})\hat{i}+(\frac{\partial B_{0x}}{\partial z}-\frac{\partial B_{0z}}{\partial x})\hat{j}+(\frac{\partial B_{0y}}{\partial x}-\frac{\partial B_{0x}}{\partial y})\hat{k}$$

$$=\mu_0\epsilon_0(-i\omega)E_{0x}\hat{i}+\mu_0\epsilon_0(-i\omega)E_{0y}\hat{j}+\mu_0\epsilon_0(-i\omega)E_{0z}\hat{k}$$

ⓓ $x-$성분 : $(\frac{\partial B_{0z}}{\partial y}-\frac{\partial B_{0y}}{\partial z})=\frac{\partial B_{0z}}{\partial y}-ikB_{0y}=\mu_0\epsilon_0(-i\omega)E_{0x}$ (6)

ⓔ $y-$성분 :$(\frac{\partial B_{0x}}{\partial z}-\frac{\partial B_{0z}}{\partial x})=ikB_{0x}-\frac{\partial B_{0z}}{\partial x}=\mu_0\epsilon_0(-i\omega)E_{0y}$ (7)

ⓕ $z-$성분 :$(\frac{\partial B_{0y}}{\partial x}-\frac{\partial B_{0x}}{\partial y})=\mu_0\epsilon_0(-i\omega)E_{0z}$ (8)

위의 식 (6)은 다음과 같다.

$$\frac{\partial B_{0z}}{\partial y}-ikB_{0y}=\mu_0\epsilon_0(-i\omega)E_{0x}\ \rightarrow\ \frac{\partial B_{0z}}{\partial y}+\mu_0\epsilon_0(i\omega)E_{0x}=ikB_{0y} \tag{9}$$

위의 식 (3)으로부터 B_{0y} 는 다음과 같다.

$$ikE_{0x}-\frac{\partial E_{0z}}{\partial x}=i\omega B_{0y} \quad \rightarrow B_{0y}=\frac{1}{i\omega}[ikE_{0x}-\frac{\partial E_{0z}}{\partial x}] \tag{10}$$

식 (10)을 식 (9)에 대입하면 다음과 같다.

$$\frac{\partial B_{0z}}{\partial y}+\mu_0\epsilon_0(i\omega)E_{0x}=ik\frac{1}{i\omega}[ikE_{0x}-\frac{\partial E_{0z}}{\partial x}]=\frac{ik^2}{\omega}E_{0x}-\frac{k}{\omega}\frac{\partial E_{0z}}{\partial x} \tag{11}$$

식 (11)을 E_{0x}에 대하여 정리하면 다음과 같다.

$$\frac{\partial B_{0z}}{\partial y}+\frac{k}{\omega}\frac{\partial E_{0z}}{\partial x}=[\frac{ik^2}{\omega}-i\mu_0\epsilon_0\omega]E_{0x}=i[\frac{k^2-\mu_0\epsilon_0\omega^2}{\omega}]E_{0x} \tag{12}$$

식 (12)를 E_{0x}에 대하여 정리하면 다음과 같다.

$$E_{0x}=\frac{i\omega}{-[k^2-\mu_0\epsilon_0\omega^2]}\frac{\partial B_{0z}}{\partial y}+\frac{\omega}{i[k^2-\mu_0\epsilon_0\omega^2]}\frac{k}{\omega}\frac{\partial E_{0z}}{\partial x}$$

$$=\frac{i\omega}{[\mu_0\epsilon_0\omega^2-k^2]}\frac{\partial B_{0z}}{\partial y}+\frac{ik}{[\mu_0\epsilon_0\omega^2-k^2]}\frac{\partial E_{0z}}{\partial x}$$

$$=\frac{i}{[\mu_0\epsilon_0\omega^2-k^2]}[\omega\frac{\partial B_{0z}}{\partial y}+k\frac{\partial E_{0z}}{\partial x}]$$

$$=\frac{i}{[k_0^2-k^2]}[\omega\frac{\partial B_{0z}}{\partial y}+k\frac{\partial E_{0z}}{\partial x}] \quad (\mu_0\epsilon_0\omega^2=$$

$$E_{0x}=\frac{i}{k_c^2}(\omega\frac{\partial B_{0z}}{\partial y}+k\frac{\partial E_{0z}}{\partial x}) \quad (k_c^2=k_0^2-k^2) \tag{13.6.14a}$$

C. 데시벨의 정의

데시벨[dB]은 일반적으로 음향학 또는 전력과 같은 2개 물리량 사이의 비율을 로그 함수로 나타내기 위한 단위이다. 로그를 사용하는 이유는 넓은 범위의 물리량을 간단하게 표현하기 위함이며, 데시벨 (dB)은 벨(B)의 1/10에 해당한다. 주로 증폭기의 증폭도 또는 전자기파의 송신과 수신 사이의 관계를 나타내는 데 사용되며 사람의 청각이 자연로그보다는 상용로그에 가깝게 반응하므로 상용로그를 사용한다.

$$10\log\frac{P_{out}}{P_{in}} = 10\log[\frac{E_{out}}{E_{in}}]^2 = 20\log\frac{E_{out}}{E_{in}}\,[dB]$$

여기서 E_{in}은 입력진폭, E_{out}은 출력진폭을 의미한다. 따라서 증폭기에서 입력(P_{in})과 출력(P_{out})의 비율이 10 dB이면 10배, 20 dB이면 100배, 30 dB이면 1,000배의 증폭을 의미한다. 반면에 송신기의 출력과 수신기의 입력 비율이 -10 dB이면 1/10, -20 dB이면 1/100배, -30 dB이면 1/1,000로 감소된다는 것을 의미한다.

연습문제

01 진공 중에서 진행파는 평면파에 대해 $E/H=\sqrt{\mu_0/\epsilon_0}=377\,[\Omega]$ (자유공간에 대한 파동임피던스)임을 보이시오.

02 금 거울은 실험실에서 파장이 $1{,}064\,[nm]$ 인 적외선을 반사 또는 한 곳으로 집중시켜 높은 온도를 얻고자 할 때 자주 사용된다. 유전체 위에 금을 코팅하여 이러한 금 거울을 제작하고자 할 때, 얼마나 두껍게 해야 할까? 금속의 전기적 특성은 표 6.1을 참조한다.

03 $1\,[MHz]$의 라디오파가 구리 속을 지나갈 때의 파장과 진행속력을 구하고, 이를 공기 중에서의 값과 비교하라. 또한 침투깊이를 구하시오. 금속의 전기적 특성은 표 6.1을 참조한다.

04 균일 평면파가 손실이 없는 매질 속을 $+z-$축 방향으로 진행한다. 이 전자기파의 전기장은 크기가 $10\,[V/m]$ 이며, $x-$축 방향을 향하고 있다. 전자기파의 파장은 $20\,[cm]$, 전파속도가 $2\times10^8\,[m/s]$ 이라고 할 때, ① 매질이 비자성체라고 가정하고, 파동의 주파수와 매질의 유전상수를 구하시오. ② 전기장 벡터와 자기장 벡터를 구하시오.

05 $1\,[kHz]$의 ULF (Ultra Low Frequency : 극저주파)를 사용하여 해상에 있는 배가 바닷물 속에 있는 잠수함과 교신하려고 한다. 바닷물의 유전율이 $\epsilon=81\,\epsilon_0$, $\mu\simeq\mu_0$ 이며, 전도율이 $g\approx4.3$ [S/m]라고 할 때, 침투깊이(δ)는 얼마인가? 잠수함이 침투깊이의 5배 되는 곳에 머무르고 있다면, 선상의 배에서 전송된 전기장 세기(power)의 몇 %가 잠수함 승무원의 수신기에 전달되겠는가? [참고: 보충 자료의 데시벨을 이용하면 쉽게 구해진다.]

06 $a=2.5\,[cm]$, $b=1.0\,[cm]$ 이며, 완전도체로 이뤄진 직사각형 도파관의 내부는 공기로 채워져 있다. ⓐ 주 모드인 TE_{10} 모드의 차단주파수를 구하시오. ⓑ 하나의 모드만을 전송한다고 가정할 때, 사용이 가능한 주파수 범위를 구하시오. ⓒ 사용주파수가 $17\,[GHz]$ 일 때, 도파관을 통하여 전파할 수 있는 TE 모드와 TM 모드를 구하시오.

참고자료

1. Introduction to electrodynamics, 제 4판 기초전자기학, 김진승 역, 도서출판 북스힐, 2014.
2. 김일곤, 이성수, 장기완, 물리광학, ㈜ 북스힐, 2017.
3. Foundations of electronic theory, Fourth edition, John R. Reitz, Frederick J. Milford and Robert W. Christy, Addition-Wesley Publishing Company, 1993.
4. Introduction to modern optics, Grant R. Fowles, Second edition, Dover Publications, INC., New York, 1975.
5. 전자기학 (Electromagnetics), 유태훈, 허노정 옮김, 한빛 아카데미, 2013.
6. http://spiff.rit.edu/classes/phys283/lectures/velocities/velocities.html.
7. https://pcwww.liv.ac.uk/~awolski/Teaching/Liverpool/PHYS370/AdvancedElectromagnetism-Part3.pdf.

CHAPTER 14

전위와 전기장

13장에서는 선형매질 내에서 진행하며 진동수가 하나인 단조화파의 진행 특성 및 전기장과 자기장이 서로 다른 두 매질의 경계면에서 만족해야 할 경계조건들에 대해 알아보았다. 하지만, 이러한 전자기장들이 어떻게 생성되었는지에 대해서는 취급하지 않았으나, 여기서는 전하밀도 $\rho(\vec{r},t)$ 및 전류밀도 $\vec{J}(\vec{r},t)$와 함께 이들이 만든 전자기장에 대해 알아보고자 한다. 접근 방식은 다양하나, 정전기학이나 정자기학에서 사용된 전위의 개념을 이용하여 설명하고자 한다.

14.1 전위 형식

14.1.1 스칼라 전위와 벡터 전위

13장에서는 전하밀도와 전류밀도가 "0"인 영역에 대한 맥스웰 방정식을 이용하여 파동방정식을 세우고, 이를 이용하여 전자기파의 진행특성에 대하여 알아보았다. 즉, 전기장이나 자기장의 근원을 고려하지 않고 맥스웰 방정식을 이용하여 전기장과 자기장에 대한 표현식을 알아보았다. 여기서는 식 (14.1.1)과 같이 전하밀도와 전류밀도가 포함된 맥스웰 방정식의 일반해를 구해보고자 한다.

$$① \ \vec{\nabla} \cdot \vec{E} = \frac{1}{\epsilon_0}\rho \qquad ② \ \vec{\nabla} \cdot \vec{B} = 0$$

$$③ \ \vec{\nabla} \times \vec{E} = -\frac{\partial \vec{B}}{\partial t} \qquad ④ \ \vec{\nabla} \times \vec{B} = \mu_0 \vec{J} + \mu_0 \epsilon_0 \frac{\partial \vec{E}}{\partial t} \tag{14.1.1}$$

$\rho(\vec{r},t)$와 $\vec{J}(\vec{r},t)$가 주어지면, $\vec{E}(\vec{r},t)$와 $\vec{B}(\vec{r},t)$를 어떻게 구할까? 전하와 전류가 시간에 따라 변하지 않으면 쿨롱 법칙과 비오-사바르 법칙을 이용하여 전기장과 자기장을 비교적 쉽게 구할 수 있었다. 하지만 전하와 전류가 시간에 따라 변하면, 훨씬 복잡해진다.

시간에 따라 변하지 않는 전하분포에 기인한 전위($\psi(\vec{r})$)는

$$\psi(\vec{r}) = \frac{1}{4\pi\epsilon_0}\int \frac{dq'}{|\vec{r} - \vec{r'}|} \tag{14.1.2}$$

와 같이 주어지며, 시간에 따라 변하지 않는 전류분포에 기인한 벡터 전위($\vec{A}(\vec{r})$)는

$$\vec{A}(\vec{r}) = \frac{\mu_0}{4\pi}\int_V \frac{\vec{J}(\vec{r'})}{|\vec{r} - \vec{r'}|} dv' \tag{14.1.3}$$

와 같이 표현된다. 여기서 $\vec{r}'$은 원점으로부터 전하 또는 전류요소까지의 거리를 벡터로 나타낸 것이며, $\vec{r}$은 원점으로부터 관측점까지의 거리를 나타내는 벡터이다. 따라서 ψ와 $\vec{A}$가 구해지면,

$$\vec{E} = -\vec{\nabla}\psi \quad \text{(정전계에서의 전기장과 전위)} \tag{14.1.4}$$

$$\vec{B} = \vec{\nabla} \times \vec{A} \quad \text{(일정한 크기의 직류에 기인한 벡터 전위와 자기장)} \tag{14.1.5}$$

을 사용하여 정전계 및 정자계에서 전기장과 자속밀도를 구할 수 있다. 이제 전하밀도와 전류밀도가 시간에 따라 변할 때의 전위와 자속밀도에 대해서 알아보자. 식 (14.1.5)를 맥스웰 방정식(식 (14.1.1))중의 하나인 패러데이 법칙 ③에 대입하면, 다음 식을 얻는다.

$$\vec{\nabla} \times \vec{E} = -\frac{\partial \vec{B}}{\partial t} = -\frac{\partial}{\partial t}(\vec{\nabla} \times \vec{A}) \quad \Rightarrow \quad \vec{\nabla} \times (\vec{E} + \frac{\partial \vec{A}}{\partial t}) = 0 \tag{14.1.6}$$

식 (14.1.6)은 괄호 속의 양이 "비회전성 벡터"라는 의미이므로, 크기만을 나타내

는 스칼라 전위(ψ)의 기울기로 다음과 같이 쓸 수 있다.

$$\vec{E} + \frac{\partial \vec{A}}{\partial t} = -\vec{\nabla}\psi \qquad \Rightarrow \qquad \vec{E} = -\vec{\nabla}\psi - \frac{\partial \vec{A}}{\partial t} \tag{14.1.7}$$

식 (14.1.7)을 얻는 또 다른 방법은 보충 자료에서 설명하였다. 식 (14.1.7)에서 스칼라 전위(ψ)는 전하에 의해서 발생된 전기장을 기술하여 주며, 시간에 따라 변하는 자기장에 의해 유도된 전기장은 비보존장으로서 벡터 전위($\vec{A}$)로 기술되므로, 전기장의 근원이 2종류가 존재한다는 것을 의미한다.

식 (14.1.5)와 식 (14.1.7)이 나머지 2개의 맥스웰 방정식

$$\vec{\nabla} \times \vec{H} = \vec{J} + \frac{\partial \vec{D}}{\partial t} \tag{14.1.8}$$

$$\vec{\nabla} \cdot \vec{D} = \rho_f \tag{14.1.9}$$

을 만족하는지 알아보기 전에 식 (14.1.5), (14.1.7)을 식 (14.1.8)과 (14.1.9)에 대입하면, 다음과 같은 결과를 얻는다.

$$\frac{1}{\mu_0}\vec{\nabla} \times (\vec{\nabla} \times \vec{A}) + \epsilon_0 \frac{\partial}{\partial t}(\vec{\nabla}\varphi + \frac{\partial \vec{A}}{\partial t}) = \vec{J} \tag{14.1.10}$$

$$\Rightarrow -\nabla^2 \vec{A} + \mu_0 \epsilon_0 \frac{\partial^2 \vec{A}}{\partial t^2} + \vec{\nabla}[(\vec{\nabla} \cdot \vec{A}) + \mu_0 \epsilon_0 \frac{\partial \psi}{\partial t}] = \mu_0 \vec{J}$$

$$-\epsilon_0[\vec{\nabla} \cdot \vec{\nabla}\psi + \vec{\nabla} \cdot \frac{\partial \vec{A}}{\partial t}] = \rho_f \quad \Rightarrow \quad \nabla^2 \psi + \frac{\partial}{\partial t}(\vec{\nabla} \cdot \vec{A}) = -\frac{\rho_f}{\epsilon_0} \tag{14.1.11}$$

따라서 맥스웰 방정식의 모든 정보가 식 (14.1.10)과 식 (14.1.11)에 들어있다고 볼 수 있다.

14.1.2 게이지 변환

질량 m 인 물체의 위치에너지를 정할 때, 기준점을 교실 바닥 또는 바닥에서 높이가 h 인 곳에 설정하여도 물체에 작용하는 중력은 같으므로 기준점은 풀려고 하는 문제를 가능한 간결하도록 설정하게 된다. 이처럼 좌표계를 선택하는 데에는 상당한 자유가 주어지며, 이를 게이지 자유도(gauge freedom)라고 한다.

좌표계의 원점을 교실 바닥에 두고, 바닥에서 높이가 h인 곳에 있는 질량 m인 물체의 위치에너지를 구하고자 한다면, 게이지 변환을 통하여 좌표의 원점을 바닥으로부터 높이가 h인 곳으로 이동시키면 된다. 즉, 교실 바닥에서 높이가 h인 곳으로 원점을 옮기면서 일정한 크기의 위치에너지를 더해주는 과정이 게이지 변환의 한 예이다. 이러한 게이지 변환을 하더라도, 물체에 작용하는 중력가속도 (또는 힘)와 같은 물리적 현상은 변하지 않는 데, 이는 게이지 불변으로 알려져 있다.

두 개의 전위 $(\psi, \vec{A})$와 $(\psi', \vec{A}')$가 같은 전•자기장을 만든다고 하자. 즉,

$$\psi' = \psi + \beta \ , \ \vec{A}' = \vec{A} + \vec{a} \tag{14.1.12}$$

와 같이 쓰면, 두 벡터 전위 $\vec{A}$와 $\vec{A}'$은 같은 자기장을 만들므로, 두 벡터의 회전은 같다. 따라서 다음과 같은 결과가 얻어진다.

$$\vec{\nabla} \times \vec{A}' = \vec{\nabla} \times \vec{A} + \vec{\nabla} \times \vec{a} = \vec{B} \qquad \Rightarrow \ \vec{\nabla} \times \vec{a} = 0 \tag{14.1.13}$$

따라서 $\vec{\alpha}$는 임의의 스칼라 함수의 기울기로

$$\vec{a} = \vec{\nabla} \lambda \tag{14.1.14}$$

와 같이 나타낼 수 있다. 즉, 벡터 전위 $\vec{A}$에 임의의 스칼라 함수(λ)에 대한 기울기 ($\vec{\nabla}\lambda$)를 더하는 게이지 변환을 하더라도 자기장은 변하지 않는다는 것을 알 수 있다. 이러한 게이지 변환을 전기장에 대해 적용하면 다음과 같다. 시간에 의존하는 전기역학에서 전기장은

$$\vec{E} = -\vec{\nabla}\psi - \frac{\partial \vec{A}}{\partial t} \tag{14.1.15}$$

와 같이 주어진다. 식 (14.1.15)에 $\vec{A}$ 대신에 $\vec{A}' = \vec{A} + \vec{\nabla}\lambda$을 대입하면;

$$\vec{E} = -\vec{\nabla}\psi - \frac{\partial \vec{A}}{\partial t} - \frac{\partial \vec{\nabla}\lambda}{\partial t} = \vec{E} - \frac{\partial \vec{\nabla}\lambda}{\partial t} \tag{14.1.16}$$

와 같이 되는데, 전기장의 불변이 아니므로 뭔가는 잘못이 있다. 하지만, 자기장에 대한 벡터 전위 $\vec{A}$와 마찬가지로 게이지 변환을 통하여 식 (14.1.16)에서 오른쪽의 두 번째 항을 상쇄시키고 똑같은 전기장을 만들어내는 것이 가능하다. 식 (14.1.16)은

$$\vec{E} = -\vec{\nabla}\psi - \frac{\partial\vec{A}}{\partial t} - \frac{\partial\vec{\nabla}\lambda}{\partial t} \tag{14.1.17}$$

와 같은데, 시간과 공간에 대한 미분은 서로 독립적이므로 식 (14.1.17)은 다음과 같이 쓸 수 있다.

$$\vec{E} = -\vec{\nabla}\psi - \frac{\partial\vec{A}}{\partial t} - \vec{\nabla}\frac{\partial\lambda}{\partial t} \tag{14.1.18}$$

식 (14.1.18)에서 ψ을 새로운 전위 $\psi' = \psi - \frac{\partial\lambda}{\partial t}$ 으로 변환하면, 전기장에 대한 표현식은

$$\vec{E} = -\vec{\nabla}\psi' - \frac{\partial\vec{A}}{\partial t} - \vec{\nabla}\frac{\partial\lambda}{\partial t} = -\vec{\nabla}(\psi - \frac{\partial\lambda}{\partial t}) - \frac{\partial\vec{A}}{\partial t} - \vec{\nabla}\frac{\partial\lambda}{\partial t} \tag{14.1.19}$$

$$\vec{E} = -\vec{\nabla}\psi + \vec{\nabla}\frac{\partial\lambda}{\partial t} - \frac{\partial\vec{A}}{\partial t} - \vec{\nabla}\frac{\partial\lambda}{\partial t} = \vec{E} \tag{14.1.20}$$

와 같이 되는데, 이는 식 (14.1.15)와 같게 되어 전기장이 불변임을 알 수 있다. 지금까지 설명한 것을 요약하면 다음과 같다.

$$\left.\begin{aligned} \vec{A}' &= \vec{A} + \vec{\nabla}\lambda \\ \psi' &= \psi - \frac{\partial\lambda}{\partial t} \end{aligned}\right\} \tag{14.1.21}$$

식 (14.1.21)을 통하여 어떤 스칼라 함수 $\lambda(\vec{r},t)$에 대하여 $\vec{A}$에 $\vec{\nabla}\lambda$를 더해주고, 동시에 ψ에서 $\partial\lambda/\partial t$를 빼 주어도, 물리량인 $\vec{E}$와 $\vec{B}$는 변하지 않음을 알 수 있다. 앞에서도 간단히 설명하였지만, 이러한 $\vec{A}$와 ψ의 변화를 게이지 변환이라 하며, 이러한 변화를 통하여 복잡한 식 (14.1.10)과 (14.1.11)을 간단하게 만들 수 있다.

새롭기는 하지만, 전기역학에서 많이 사용되는 2가지의 게이지 변환으로는 쿨롱 게이지와 로렌츠 게이지가 있는데, 이들은 다음과 같이 정의된다.

$$\vec{\nabla}\cdot\vec{A} + \mu_0\epsilon_0\frac{\partial\varphi}{\partial t} = 0 \quad : \text{로렌츠 게이지} \tag{14.1.22}$$

$$\vec{\nabla}\cdot\vec{A} = 0 \quad : \text{쿨롱 게이지} \tag{14.1.23}$$

따라서 전기역학에서 많이 사용되는 쿨롱 게이지와 로렌츠 게이지에 대하여 살펴보도록 하겠다.

14.1.3 쿨롱 게이지와 로렌츠 게이지

A. 쿨롱 게이지

쿨롱 게이지에서는 정자기학에서와 같이 벡터 전위의 발산을 다음과 같이 "0"으로 둔다.

$$\vec{\nabla}\cdot\vec{A}=0 \tag{14.1.24}$$

이렇게 정의된 쿨롱 게이지를 사용하면, 식 (14.1.11)은 $\rho_f(\vec{r'},t)$와 $\psi(\vec{r},t)$가 시간에 의존하는 푸아송 방정식이 된다.

$$\nabla^2\psi=-\frac{\rho_f}{\epsilon_0} \tag{14.1.25}$$

이 미분방정식을 푸는 방법은 이미 잘 알려져 있고, 기준점을 $r\to\infty$인 곳에서 $\psi=0$ 인 해는 다음과 같이 주어진다.

$$\psi(\vec{r},t)=\frac{1}{4\pi\epsilon_0}\int\frac{\rho_f(\vec{r'},t)}{|\vec{r}-\vec{r'}|}d^3\tau' \tag{14.1.26}$$

이처럼 쿨롱 게이지를 사용하면 ψ는 쉽게 구할 수 있다. 식 (14.1.26)에서 한 가지 특이한 점은 관측점에서의 전위가 현재 순간의 전하분포로 결정된다는 것이다. 즉, $\psi(\vec{r},t)$에서의 t와 $\rho_f(\vec{r'},t)$에서의 t가 서로 같다. 이는 실험실에서 전하가 움직이면, 매우 멀리 떨어진 관측점에서의 전위 ψ가 전하의 움직임을 즉시 기록한다는 것이다. 이는 빛보다 더 빨리 전달되는 신호가 없다는 특수 상대론에 어긋나는 일이다. 우리가 물리적으로 측정하는 것은 전위 ψ가 아니고, $\vec{E}$이다. ψ를 안다고 해서 $\vec{E}$를 알 수 있는 것은 아니다. 왜냐하면, 전기장은

$$\vec{E}=-\vec{\nabla}\varphi-\frac{\partial\vec{A}}{\partial t} \tag{14.1.27}$$

와 같이 주어지기 때문이며, 벡터 전위 $\vec{A}$에는 인과율을 지키는 요소가 들어 있다. 따라서 ρ_f가 변하면 ψ가 즉시 변하지만, $-\vec{\nabla}\varphi-\partial\vec{A}/\partial t$는 그렇지 않다. 즉, 실험실에서 전하가 움직이면, 관측점까지는 움직임에 대한 정보가 도달한 뒤에 전기장 $\vec{E}$는 변하게 된다. 쿨롱 게이지의 장점은 스칼라 전위가 정전기에서와 같이 쉽게 결정된다는 점이고, 단점은 ψ가 인과율을 벗어나는 점 외에 벡터 전위 $\vec{A}$를 구하기가 매우 어렵다는 점이다. 벡터 전위 $\vec{A}$에 대한

방정식

$$(\nabla^2 \vec{A} - \mu_0 \epsilon_0 \frac{\partial^2 \vec{A}}{\partial t^2}) - \vec{\nabla}(\vec{\nabla} \cdot \vec{A} + \mu_0 \epsilon_0 \frac{\partial \varphi}{\partial t}) = -\mu_0 \vec{J} \tag{14.1.28}$$

에 쿨롱 게이지로 정의된 $\vec{\nabla} \cdot \vec{A} = 0$ 을 적용하면,

$$\nabla^2 \vec{A} - \mu_0 \epsilon_0 \frac{\partial^2 \vec{A}}{\partial t^2} = -\mu_0 \vec{J} + \mu_0 \epsilon_0 \vec{\nabla}(\frac{\partial \psi}{\partial t}) \tag{14.1.29}$$

와 같다.

B. 로렌츠 게이지

로렌츠 게이지는 다음과 같이 정의한다.

$$\vec{\nabla} \cdot \vec{A} + \mu_0 \epsilon_0 \frac{\partial \psi}{\partial t} = 0 \tag{14.1.30}$$

식 (14.1.30)과 같은 조건을 부여하면, 벡터 전위 $\vec{A}$에 대한 방정식인 식 (14.1.10)은 다음과 같이 간단해진다.

$$\nabla^2 \vec{A} - \mu_0 \epsilon_0 \frac{\partial^2 \vec{A}}{\partial t^2} = -\mu_0 \vec{J} \tag{14.1.31}$$

한편, 식 (14.1.27)을 식 (14.1.9)에 대입하고, 식 (14.1.30)을 이용하면

$$\begin{aligned} \vec{\nabla} \cdot \vec{D} &= \epsilon_0 \vec{\nabla} \cdot \vec{E} = -\epsilon_0 \vec{\nabla} \cdot (\vec{\nabla}\psi + \frac{\partial \vec{A}}{\partial t}) \\ &= -\epsilon_0 (\vec{\nabla} \cdot \vec{\nabla}\psi + \vec{\nabla} \cdot \frac{\partial \vec{A}}{\partial t}) \\ &= -\epsilon_0 [\vec{\nabla} \cdot \vec{\nabla}\psi + \frac{\partial}{\partial t}(\vec{\nabla} \cdot \vec{A}] \\ &= -\epsilon_0 [\nabla^2 \psi - \mu_0 \epsilon_0 \frac{\partial^2 \psi}{\partial t^2}] = \rho_f \end{aligned} \tag{14.1.32}$$

와 같이 되며, 이를 다시 정리하면 다음과 같다.

$$\nabla^2 \psi - \mu_0 \epsilon_0 \frac{\partial^2 \psi}{\partial t^2} = -\frac{1}{\epsilon_0} \rho_f \tag{14.1.33}$$

이처럼 로렌츠 게이지를 사용하면 벡터 벡터 전위($\vec{A}$)와 전위(ψ)에 대한 표현식이 서로 유사한 비제차 2차 미분방정식으로 표현된다. 달랑베르 연산자로 알려진

$$\nabla^2 - \mu_0 \epsilon_0 \frac{\partial^2}{\partial t^2} = \square^2 \qquad (14.1.34)$$

을 이용하면 ψ와 $\vec{A}$에 대한 방정식은 다음과 같다.

$$\left.\begin{aligned} \square^2 \vec{A} &= -\mu_0 \vec{J} \\ \square^2 \psi &= -\frac{1}{\epsilon_0} \rho_f \end{aligned}\right\} \qquad (14.1.35)$$

식 (14.1.35)는 4차원 푸아송 방정식이라고 한다. 따라서 로렌츠 게이지에서는 ψ와 $\vec{A}$에 대해 "원천항"이 "0"이 아닌 비제차 파동방정식(inhomogeneous wave equation)의 해를 구하는 문제로 귀착하게 된다.

14.2 연속 분포

14.2.1 지연전위

전하와 전류분포가 시간에 따라 변하지 않으면, 식 (14.1.35)는 다음과 같이 푸아송 방정식으로 환원된다.

$$\nabla^2 \psi = -\frac{\rho_f}{\epsilon_0} \quad , \quad \nabla^2 \vec{A} = -\mu_0 \vec{J} \qquad (14.2.1)$$

식 (14.2.1)의 해는 일반적으로 잘 알려져 있으며, 진공 영역에 대한 해는 다음과 같이 주어진다 (그림 14.1 참조).

$$\psi(\vec{r}) = \frac{1}{4\pi\epsilon_0} \int_v \frac{\rho_f(\vec{r}')}{|\vec{r} - \vec{r}'|} d\tau' \quad , \quad \vec{A}(\vec{r}) = \frac{\mu_0}{4\pi} \int_v \frac{\vec{J}(\vec{r}')}{|\vec{r} - \vec{r}'|} d\tau' \qquad (14.2.2)$$

진공 중에서 전자기장에 대한 "소식"은 빛의 속력으로 전달되므로, 전하가 움직일 때의 전위를 계산하는 데 있어 중요한 것은 현재의 전하분포가 아니고, 관측점 P에 도착하는 "소식"이 출발한 과거의 시각 t_r(지연시각 : retarded time)일 때의 전하분포이다. 그림 14.1에서 시간지연은 $|\vec{r} - \vec{r}'|/c$ 이므로 지연시각은 다음과 같다.

$$t_r \equiv t - \frac{|\vec{r} - \vec{r}'|}{c} \qquad (14.2.3)$$

여기서 t는 관측점 P에서 측정된 현재 시각을 의미한다.

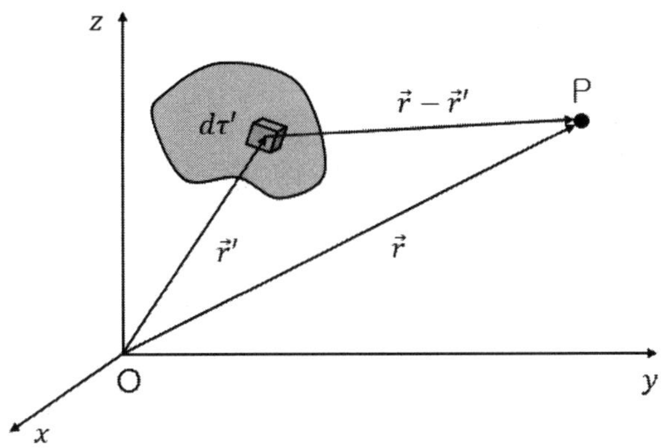

그림 14.1 관측점 P에서의 전위

그러므로 전하와 전류분포가 시간에 따라 변할 때, 식 (14.2.2)의 일반화된 표현은 다음과 같다.

$$\psi(\vec{r},t)=\frac{1}{4\pi\epsilon_0}\int_v\frac{\rho_f(\vec{r}',t_r)}{|\vec{r}-\vec{r}'|}d\tau' \ , \ \vec{A}(\vec{r},t)=\frac{\mu_0}{4\pi}\int_v\frac{\vec{J}(\vec{r}',t_r)}{|\vec{r}-\vec{r}'|}d\tau' \qquad (14.2.4)$$

여기서 $\rho_f(\vec{r}',t_r)$은 $\vec{r}'$에서 지연시각 t_r인 순간의 전하밀도이며, 식 (14.2.4)의 적분은 지연시각에서 값을 계산하므로 지연 전위(retarded potential)라고 한다. 이러한 사실은 우리가 현재 시각 t에서 보는 밤하늘의 별빛도 별에서 지구까지 오는데 걸린 시간만큼 먼저 별을 떠나 지구에 도달하였다.

지금까지 설명된 내용은 논리적인 사고에 바탕을 두고 이뤄졌지만, ψ와 $\vec{A}$에 대한 표현을 수학적으로 설명한 것은 아니다. 따라서 이들을 증명하기 위해서는 식 (14.2.4)로 주어지는 해들이 비제차 파동방정식 식 (14.1.35)와 로렌츠 조건인 식 (14.1.30)에 맞음을 보여야 한다. 이를 자세히 설명하는 이유는 식 (14.2.4)를 얻는데 사용된 논리를 전자기장에 사용하면 식 (14.2.5)와 같이 잘못된 결과를 얻기 때문이다. 즉, 식 (14.2.5)는 올바른 전기장과 자기장이 아니다.

$$\vec{E}(\vec{r},t)\neq\frac{1}{4\pi\epsilon_0}\int_v\frac{\rho_f(\vec{r}',t_r)}{|\vec{r}-\vec{r}'|^3}(\vec{r}-\vec{r}')d\tau' \qquad (14.2.5)$$

$$\vec{B}(\vec{r},t)\neq\frac{\mu_0}{4\pi}\int_v\frac{\vec{J}(\vec{r}',t_r)}{|\vec{r}-\vec{r}'|^3}\times(\vec{r}-\vec{r}')d\tau'$$

먼저 지연 스칼라 전위인 ψ가 식 (14.1.35)의 해가 되는지를 증명하여 보자. 물론 벡터 전위 $\vec{A}$가 식 (14.1.35)의 해가 되는지에 대한 증명도 같은 논리로 증명하면 된다. $\psi(\vec{r},t)$의 라플라스 연산을 수행하는 과정에서 주의할 점은 식 (14.2.4)의 피적분함수에는 좌표의 원점으로부터 관측점 P까지의 변위인 $\vec{r}$이 두 번 들어있는데, 하나는 분모, 다른 하나는 $t_{지연} \equiv t-|\vec{r}-\vec{r'}|/c$에 들어있다. 지연 스칼라 전위인 ψ와 전하밀도 ρ_f에 $\vec{\nabla}$을 취하면

$$\vec{\nabla}\psi = \frac{1}{4\pi\epsilon_0}\int[(\vec{\nabla}\rho_f)\frac{1}{|\vec{r}-\vec{r'}|}+\rho_f\vec{\nabla}(\frac{1}{|\vec{r}-\vec{r'}|})]d\tau' \tag{14.2.6}$$

$$\vec{\nabla}\rho_f = \dot{\rho}_f\vec{\nabla}t_r = -\frac{1}{c}\dot{\rho}_f\vec{\nabla}|\vec{r}-\vec{r}'| \tag{14.2.7}$$

와 같이 된다. 식 (14.2.7)에서 ρ_f 위의 점은 시간에 대한 미분을 나타낸다. 또한

$$\vec{\nabla}|\vec{r}-\vec{r}'| = \frac{\vec{r}-\vec{r}'}{|\vec{r}-\vec{r}|} \quad , \quad \vec{\nabla}\frac{1}{|\vec{r}-\vec{r}'|} = -\frac{1}{|\vec{r}-\vec{r}'|^2}\frac{\vec{r}-\vec{r}'}{|\vec{r}-\vec{r}'|} \tag{14.2.8}$$

와 같은 미분연산 결과를 식 (14.2.6)에 대입하면

$$\vec{\nabla}\psi = \frac{1}{4\pi\epsilon_0}\int[-\frac{\dot{\rho}_f}{c}\frac{1}{|\vec{r}-\vec{r'}|}\frac{\vec{r}-\vec{r}'}{|\vec{r}-\vec{r}'|}-\rho_f(\frac{1}{|\vec{r}-\vec{r'}|^2})\frac{\vec{r}-\vec{r}'}{|\vec{r}-\vec{r}'|}]d\tau' \tag{14.2.9}$$

와 같으며, 식 (14.2.9)의 양변에 $\vec{\nabla}\cdot$ 을 취하면 다음과 같은 결과를 얻는다.

$$\nabla^2\psi = \frac{1}{4\pi\epsilon_0}\int\left\{-\frac{1}{c}[\frac{1}{|\vec{r}-\vec{r'}|}\frac{\vec{r}-\vec{r}'}{|\vec{r}-\vec{r'}|}\cdot(\vec{\nabla}\dot{\rho}_f)+\dot{\rho}_f\vec{\nabla}\cdot(\frac{\vec{r}-\vec{r}'}{|\vec{r}-\vec{r'}|})]\right. \tag{14.2.10}$$

$$\left.-[\frac{1}{|\vec{r}-\vec{r'}|^2}\frac{\vec{r}-\vec{r}'}{|\vec{r}-\vec{r}'|}\cdot(\vec{\nabla}\rho_f)+\rho_f\vec{\nabla}\cdot(\frac{1}{|\vec{r}-\vec{r}'|^2}\frac{\vec{r}-\vec{r}'}{|\vec{r}-\vec{r}'|})]\right\}d\tau'$$

한편, 식 (14.2.10)의 피적분함수에 나오는 몇몇 항들을 정리하면 다음과 같다.

$$\vec{\nabla}\dot{\rho}_f = -\frac{1}{c}\ddot{\rho}_f\vec{\nabla}|\vec{r}-\vec{r}'| = -\frac{1}{c}\ddot{\rho}_f\frac{\vec{r}-\vec{r}'}{|\vec{r}-\vec{r}'|} \tag{14.2.11}$$

$$\vec{\nabla}\cdot(\frac{1}{|\vec{r}-\vec{r}'|}\frac{\vec{r}-\vec{r}'}{|\vec{r}-\vec{r}'|}) = \frac{1}{|\vec{r}-\vec{r}'|^2} \tag{14.2.12}$$

$$\vec{\nabla}\cdot\left(\frac{1}{|\vec{r}-\vec{r}'|^2}\frac{\vec{r}-\vec{r}'}{|\vec{r}-\vec{r}'|}\right)=4\pi\delta^3(\vec{r}-\vec{r}') \tag{14.2.13}$$

식 (14.2.11~13)을 식 (14.2.10)에 대입하여 계산하면, 식 (14.2.4)의 지연 전위는 다음과 같이 식 (14.1.33)의 비제차 파동방정식의 해임을 알 수 있다.

$$\nabla^2\psi=\frac{1}{4\pi\epsilon_0}\int\left[\frac{1}{c^2}\frac{\ddot{\rho}_f}{|\vec{r}-\vec{r}'|}-4\pi\rho_f\delta^3(\vec{r}-\vec{r}')\right]d\tau' \tag{14.2.14}$$

$$=\frac{1}{c^2}\frac{\partial^2\psi}{\partial t^2}-\frac{1}{\epsilon_0}\rho_f(\vec{r},t)$$

14.3 운동 중인 점 전하에 의한 전위

14.3.1 리나르트-비케르트 전위

리나르트-비케르트 전위(Lienard-Wiechert potential)는 움직이는 전하가 만드는 스칼라 전위와 벡터 전위를 의미한다. 따라서 점 전하 q가 다음과 같은 궤적 $\vec{w}(t_r)$을 따라 움직일 때 생기는 지연전위 $\psi(\vec{r},t)$와 $\vec{A}(\vec{r},t)$를 구해보자.

진공 중에서 위치 $\vec{r}$ 및 시각 t인 순간에 움직이는 전하가 만드는 지연 전위는

$$\psi(\vec{r},t)=\frac{1}{4\pi\epsilon_0}\int_v\frac{\rho(\vec{r}',t_r)}{s}d\tau' \quad (|\vec{r}-\vec{r}'|=s\ ) \tag{14.3.1}$$

와 같으며 식 (14.3.1)을 적분하는 경우, 주의가 요구된다. 총 전하를 구하기 위해서는 한 시각에서 $\rho(\vec{r}',t_r)$를 적분해야 하지만, t_r이 고정값이 아니라 지연 시각으로 $t_r=t-s/c$가 전하 분포의 위치마다 다른 시각의 ρ를 적분해야 하기 때문이다. 여기서는 그림 14.2와 같이 궤도 벡터 $\vec{w}(t_r)$로 기술되는 경로를 따라 운동하며, 전하량이 q인 하전입자에 대하여 생각하여 보자.

그림 14.2에서 점 전하의 위치는 시간에 대한 델타함수인 $\rho_q(\vec{r}',t_r)=q\delta^3(\vec{w}(t_r))$로 표현되므로 시각 t에서 관측점 P에서의 전위는 다음과

같이 표현된다.

$$\psi_r(\vec{r},t)=\frac{1}{4\pi\epsilon_0}\int_{V'}\frac{\rho_q(\vec{r'},t_r)}{s}d\tau'=\frac{1}{4\pi\epsilon_0}\int_{V'}\frac{q\delta^3(\vec{w}(t_r))}{s}d\tau' \tag{14.3.2}$$

$$=\frac{1}{4\pi\epsilon_0}\int_{V'}\frac{cq\delta^3(\vec{w}(t_r))}{cs-\vec{s}\cdot v(t_r)}d\tau'=\frac{1}{4\pi\epsilon_0}\frac{cq}{[cs-\vec{s}\cdot v(t_r)]}$$

여기서 $\vec{s}=\vec{r}(t)-\vec{r}'(t_r)=\vec{r}(t)-\vec{w}(t_r)$로 지연위치에서 관측점 $\vec{r}$까지의 벡터, $\vec{v}(\vec{w}(t_r))$은 지연시각에서 측정된 궤적상의 하전입자 속도이다.

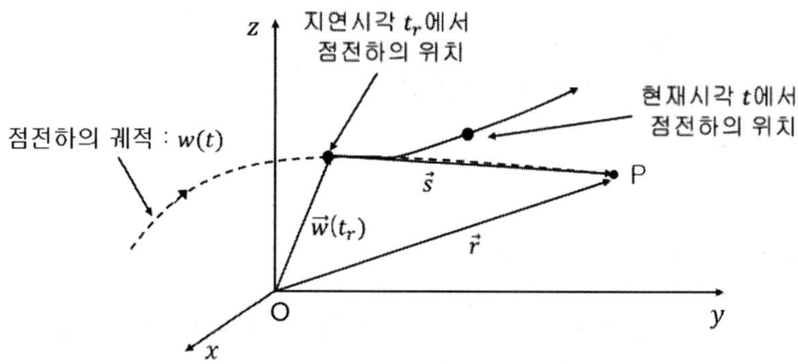

그림 14.2 움직이는 전하에 기인한 지연전위

한편, 전류밀도($\vec{J_q}(\vec{r'},t_r)$)는 $\vec{J_q}(\vec{r'},t_r)=\rho_q(\vec{r'},t_r)\vec{v}(\vec{r'},t_r)=q\vec{v}(\vec{r'},t_r)\delta^3(\vec{w}(t_r))$ 이므로 벡터전위는 다음과 같다.

$$\vec{A}(\vec{r},t)=\frac{\mu_0}{4\pi}\int_{V'}\frac{\vec{J_q}(\vec{r'}(t_r))}{s}d\tau'=\frac{\mu_0}{4\pi}\int_{V'}\frac{\rho_q(\vec{r'},t_r)\vec{v}(\vec{r'},t_r)}{s}d\tau' \tag{14.3.3}$$

$$=\frac{\mu_0}{4\pi}\int_{V'}\frac{q\vec{v}(\vec{r'},t_r)\delta^3(\vec{w}(t_r))}{s}d\tau'=\frac{\mu_0}{4\pi}\int_{V'}\frac{cq\vec{v}(\vec{r'},t_r)\delta^3(\vec{w}(t_r))}{sc-\vec{s}\cdot\vec{v}(t_r)}d\tau'$$

$$=\frac{\mu_0}{4\pi}\int_{V'}\frac{q\vec{v}(\vec{r'},t_r)\delta^3(\vec{w}(t_r))}{s}d\tau'=\frac{\mu_0}{4\pi}\frac{cq\vec{v}(\vec{w},t_r)}{[sc-\vec{s}\cdot\vec{v}(t_r)]}$$

$$=\frac{\vec{v}(\vec{w}(t_r))}{c^2}\psi(\vec{r},t)$$

식 (14.3.2)와 (14.3.3)은 지연궤적 $\vec{w}(t_r)$을 따라 지연속도 $\vec{v}(\vec{w}(t_r))$로 운동하는 점전하 q가 만드는 리나르트-비케르트 전위(Lienard-Wiechert potential)로서 하전입자의 속도에 의존한다.

리나르트-비케르트 전위의 한 예로서 일정한 속도($\vec{v}$)로 운동 중인 점 전하가 만드는 리나르트-비케르트 전위를 구해보자. 편리상 점 전하가 좌표계의 원점을 지날 때, 지연시간 (t_r)을 $t_r=0$로 설정하면 위치벡터는 다음과 같다.

$$\vec{w}(t_r)=\vec{v}(t_r)t_r=\vec{v}t_r \quad (\vec{v}(t_r)=\vec{v}) \tag{14.3.4}$$

지연시간(t_r)은 $t_r=t-s/c$이며 $s=c(t-t_r)=c\Delta t_r$와 같으므로

$$s=|\vec{r}-\vec{w}(t_r)|=|\vec{r}-\vec{v}t_r|=c(t-t_r) \tag{14.3.5}$$

와 같은 관계식이 얻어지며, 식 (14.3.5)의 양변을 제곱하면 다음과 같다.

$$|\vec{r}-\vec{v}t_r|^2=c^2(t-t_r)^2=c^2(t^2-2tt_r+t_r^2) \tag{14.3.6a}$$

$$|\vec{r}-\vec{v}t_r|^2=(\vec{r}-\vec{v}t_r)\cdot(\vec{r}-\vec{v}t_r)=r^2-2\vec{r}\cdot\vec{v}t_r+v^2t_r^2 \tag{14.3.6b}$$

식 (14.3.6 a~b)를 t_r에 대해 정리하면, 다음과 같이 t_r에 대한 2차 방정식이 얻어진다.

$$(c^2-v^2)t_r^2-2(c^2t-\vec{r}\cdot\vec{v})t_r+(c^2t^2-r^2)=0 \tag{14.3.7}$$

2차 방정식에 대한 근의 공식을 이용하여 t_r을 구하면 다음과 같다.

$$t_r=\frac{(c^2t-\vec{r}\cdot\vec{v})\pm\sqrt{(c^2t-\vec{r}\cdot\vec{v})^2-(c^2-v^2)(c^2t^2-r^2)}}{c^2-v^2} \tag{14.3.8}$$

$$=\frac{(c^2t-\vec{r}\cdot\vec{v})\pm\sqrt{(c^2t-\vec{r}\cdot\vec{v})^2+(c^2-v^2)(r^2-c^2t^2)}}{c^2-v^2}$$

$v\to 0$인 경우에 $t_r=t-s/c$이어야 한다. 즉, $v=0$이면 전하 q는 원점에 정지한 상태에 있게 되므로, $r=s$가 되며 지연시간은 $t_r=t-s/c$와 같이 된다. 따라서 식 (14.3.8)의 "±"에서 "-"기호를 선택해야 하므로, 지연시간은 다음과 같이 표현된다.

$$t_r = \frac{(c^2 t - \vec{r} \cdot \vec{v}) - \sqrt{(c^2 t - \vec{r} \cdot \vec{v})^2 + (c^2 - v^2)(r^2 - c^2 t^2)}}{c^2 - v^2} \tag{14.3.9}$$

$s = c(t - t_r) = c\Delta t_r$를 이용하여 $\hat{s}$를 구하면

$$\hat{s} = \frac{\vec{s}}{s} = \frac{\vec{r} - \vec{v}t_r}{c\Delta\, t_r} = \frac{(\vec{r} - \vec{v}t_r)}{c(t - t_r)} \tag{14.3.10}$$

와 같으며, $s(1 - \hat{s} \cdot \vec{v}/c)$을 구하면 다음과 같다.

$$s(1 - \hat{s} \cdot \vec{v}/c) = c\Delta t_r [1 - \frac{\vec{r} - \vec{v}t_r}{c(t - t_r)} \cdot \frac{\vec{v}}{c}] \tag{14.3.11}$$

$$= c(t - t_r)[1 - \frac{\vec{r} - \vec{v}t_r}{c(t - t_r)} \cdot \frac{\vec{v}}{c}]$$

$$= c(t - t_r) - \frac{\vec{r} \cdot \vec{v}}{c} + \frac{\vec{v} \cdot \vec{v}}{c} t_r$$

$$= c(t - t_r) - \frac{\vec{r} \cdot \vec{v}}{c} + \frac{v^2}{c} t_r$$

$$= \frac{1}{c}[(c^2 t - \vec{r} \cdot \vec{v}) - (c^2 - v^2) t_r]$$

따라서 식 (14.3.9)로 주어진 t_r을 식 (13.3.11)에 대입하면,

$$s(1 - \hat{s} \cdot \vec{v}/c) = \frac{1}{c}\sqrt{(c^2 t - \vec{r} \cdot \vec{v})^2 + (c^2 - v^2)(r^2 - c^2 t^2)} \tag{14.3.12}$$

와 같이 얻어지므로, 스칼라 전위는 다음과 같이 표현된다.

$$\psi(\vec{r}, t) = \frac{1}{4\pi\epsilon_0} \frac{qc}{\sqrt{(c^2 t - \vec{r} \cdot \vec{v})^2 + (c^2 - v^2)(r^2 - c^2 t^2)}} \tag{14.3.13}$$

또한 식 (14.3.13)은 다음과 같이 표현하는 것이 가능하다 (그림 14.3 참조).

$$\psi(\vec{r}, t) = \frac{1}{4\pi\epsilon_0} \frac{q}{R\sqrt{1 - v^2 \sin^2\theta / c^2}} \tag{14.3.14}$$

식 (14.3.14)에서 $\vec{R} \equiv \vec{r} - \vec{v}t$는 하전입자가 현재 있는 곳에서 관측점 P까지의 거리 벡터이고, θ는 $\vec{R}$과 $\vec{v}$사이의 각이다. 식 (14.3.14)에 대한 전개 과정은 보충 자료에서 자세히 설명하였다. 물론 $v^2 \ll c^2$인 경우, 식 (14.3.14)는 다

음과 같은 근삿값으로 표현된다.

$$\psi(\vec{r},t) \approx \frac{1}{4\pi\epsilon_0}\frac{q}{R} \tag{14.3.14}$$

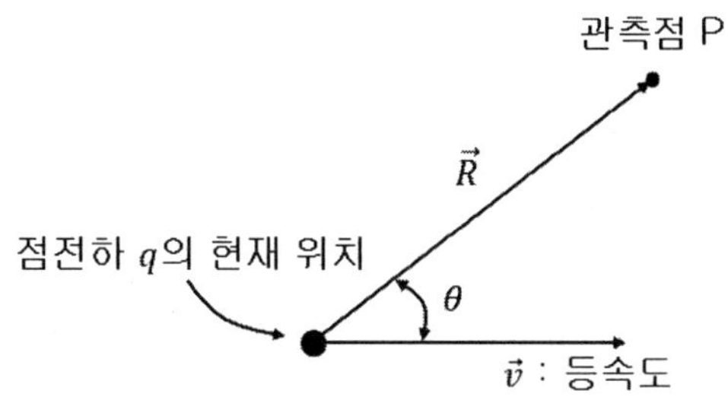

그림 14.3 등속운동하고 있는 점 전하

한편, 벡터 전위는 다음과 같다.

$$\vec{A}(\vec{r},t) = \frac{\mu_0}{4\pi}\frac{qc\vec{v}}{\sqrt{(c^2t-\vec{r}\cdot\vec{v})^2+(c^2-v^2)(r^2-c^2t^2)}} \tag{14.3.15}$$

14.3.2 운동 중인 점 전하가 만드는 전자기장

이제 자유공간에서 임의로 움직이는 점 전하가 만드는 전기장과 자기장을 아래와 같이 표현된 리나르트-비케르트 전위를 사용하여 구해보자.

$$\psi(\vec{r},t) = \frac{1}{4\pi\epsilon_0}\frac{qc}{(sc-\vec{s}\cdot\vec{v})}, \quad \vec{A}(\vec{r},t) = \frac{\vec{v}}{c^2}\psi(\vec{r},t) \tag{14.3.16}$$

전자기장은 식 (14.3.16)과 전자기장에 대한 표현식

$$\vec{E}(\vec{r},t) = -\vec{\nabla}\psi(\vec{r},t) - \frac{\partial\vec{A}(\vec{r},t)}{\partial t}, \quad \vec{B}_r(\vec{r},t) = \vec{\nabla}\times\vec{A}_r(\vec{r},t) \tag{14.3.17}$$

을 이용하여 구할 수 있지만, 다음과 같은 이유로 간단하지 않다. 즉,

$$\vec{s} = \vec{r} - \vec{w}(t_r), \quad \vec{v} = d\vec{w}(t_r)/dt_r \tag{14.3.18}$$

은 모두 지연시각의 값이고, t_r은

$$s = |\vec{r} - \vec{w}(t_r)| = c(t-t_r) \tag{14.3.19}$$

와 같이 정의되는데, 이들이 $\vec{r}$과 t의 함수이기 때문이다. 먼저 $\psi(\vec{r},t)$에 대한 기울기인 $\vec{\nabla}\psi(\vec{r},t)$를 구해보자.

$$\vec{\nabla}\psi(\vec{r},t) = \frac{qc}{4\pi\epsilon_0}\vec{\nabla}\left\{\frac{1}{sc-\vec{s}\cdot\vec{v}(t_r)}\right\} \tag{14.3.20}$$

$$= \frac{qc}{4\pi\epsilon_0}\frac{-1}{[sc-\vec{s}\cdot\vec{v}(t_r)]^2}\vec{\nabla}(sc-\vec{s}\cdot\vec{v})$$

$s = c(t-t_r)$이므로, $\vec{\nabla}s$는

$$\vec{\nabla}s = \vec{\nabla}c(t-t_r) = -c\vec{\nabla}t_r \quad (t\ :\ \text{관측점에서의 고정값}) \tag{14.3.21}$$

와 같다. 한편, 식 (14.3.20)의 둘째 항은 벡터에 대한 곱셈 규칙을 사용하면 다음과 같다.

$$\vec{\nabla}(\vec{s}\cdot\vec{v}) = (\vec{s}\cdot\vec{\nabla})\vec{v} + (\vec{v}\cdot\vec{\nabla})\vec{s} + \vec{s}\times(\vec{\nabla}\times\vec{v}) + \vec{v}\times(\vec{\nabla}\times\vec{s}) \tag{14.3.22}$$

식 (14.3.22)로 주어지는 4개의 항들을 하나씩 계산하면 다음과 같다.

❶ $$(\vec{s}\cdot\vec{\nabla})\vec{v} = (s_x\frac{\partial}{\partial x} + s_y\frac{\partial}{\partial y} + s_x\frac{\partial}{\partial y})\vec{v}(t_r) \tag{14.3.23}$$

$$= (s_x\frac{d\vec{v}}{dt_r}\frac{\partial t_r}{\partial x} + s_y\frac{d\vec{v}}{dt_r}\frac{\partial t_r}{\partial y} + s_z\frac{d\vec{v}}{dt_r}\frac{\partial t_r}{\partial z})$$

$$= \vec{a}(\vec{s}\cdot\vec{\nabla}t_r)$$

여기서 $t_r = t - s/c$이므로 $\frac{d}{dt_r} = \frac{d}{dt}$이기 때문에 $\frac{d\vec{v}(t_r)}{dt_r} = \frac{d\vec{v}(t_r)}{dt} = \vec{a}(t_r)$는 지연시각에서 하전입자의 가속도이다.

❷ $$(\vec{v}\cdot\vec{\nabla})\vec{s} = (\vec{v}\cdot\vec{\nabla})(\vec{r}-\vec{w}) = (\vec{v}\cdot\vec{\nabla})\vec{r} - (\vec{v}\cdot\vec{\nabla})\vec{w} \tag{14.3.24}$$

식 (14.3.24)의 오른쪽 첫째 항과 둘째 항은 각각 다음과 같다.

❸ $$(\vec{v}\cdot\vec{\nabla})\vec{r} = (v_x\frac{\partial}{\partial x} + v_y\frac{\partial}{\partial y} + v_z\frac{\partial}{\partial z})(x\hat{x} + y\hat{y} + z\hat{z}) \tag{14.3.25}$$

$$= v_x\hat{x} + v_y\hat{y} + v_z\hat{z} = \vec{v}(t_r)$$

❹ $(\vec{v}\cdot\vec{\nabla})\vec{w}=[v_x\frac{\partial}{\partial x}+v_y\frac{\partial}{\partial y}+v_z\frac{\partial}{\partial z}]\vec{w}$ (14.3.26)

$$=v_x\frac{d\vec{w}}{dt_r}\frac{\partial t_r}{\partial x}+v_y\frac{d\vec{w}}{dt_r}\frac{\partial t_r}{\partial y}+v_z\frac{d\vec{w}}{dt_r}\frac{\partial t_r}{\partial z}$$

$$=[v_x\frac{\partial t_r}{\partial x}+v_y\frac{\partial t_r}{\partial y}+v_z\frac{\partial t_r}{\partial z}]\frac{d\vec{w}}{dt_r}$$

$$=\vec{v}[v_x\frac{\partial t_r}{\partial x}+v_y\frac{\partial t_r}{\partial y}+v_z\frac{\partial t_r}{\partial z}]=\vec{v}(t_r)[\vec{v}(t_r)\cdot\vec{\nabla}t_r]$$

한편, 식 (13.3.22)의 셋째 항인 $\vec{s}\times(\vec{\nabla}\times\vec{v})$를 계산하기 위하여 먼저 $(\vec{\nabla}\times\vec{v})$을 계산하면 다음과 같다.

❺ $\vec{\nabla}\times\vec{v}=(\frac{\partial v_z}{\partial y}-\frac{\partial v_y}{\partial z})\hat{x}+(\frac{\partial v_x}{\partial z}-\frac{\partial v_z}{\partial x})\hat{y}+(\frac{\partial v_y}{\partial x}-\frac{\partial v_x}{\partial y})\hat{z}$ (14.3.27)

$$=(\frac{dv_z}{dt_r}\frac{\partial t_r}{\partial y}-\frac{dv_y}{dt_r}\frac{\partial t_r}{\partial z})\hat{x}+(\frac{dv_x}{dt_r}\frac{\partial t_r}{\partial z}-\frac{dv_z}{dt_r}\frac{\partial t_r}{\partial x})\hat{y}$$

$$+(\frac{dv_y}{dt_r}\frac{\partial t_r}{\partial x}-\frac{dv_x}{dt_r}\frac{\partial t_r}{\partial y})\hat{z}$$

$$=(a_z\frac{\partial t_r}{\partial y}-a_y\frac{\partial t_r}{\partial z})\hat{x}+(a_x\frac{\partial t_r}{\partial z}-a_z\frac{\partial t_r}{\partial x})\hat{y}+(a_y\frac{\partial t_r}{\partial x}-a_x\frac{\partial t_r}{\partial y})\hat{z}$$

$$=-[(a_y\frac{\partial t_r}{\partial z}-a_z\frac{\partial t_r}{\partial y})\hat{x}+(a_z\frac{\partial t_r}{\partial x}-a_x\frac{\partial t_r}{\partial z})\hat{y}+(a_x\frac{\partial t_r}{\partial y}-a_y\frac{\partial t_r}{\partial x})\hat{z}]$$

$$=-\vec{a}\times\vec{\nabla}t_r$$

따라서 식 (13.3.22)의 셋째 항인 $\vec{s}\times(\vec{\nabla}\times\vec{v})$은 다음과 같다.

$$\vec{s}\times(\vec{\nabla}\times\vec{v})=\vec{s}\times(-\vec{a}\cdot\vec{\nabla}t_r)=-\vec{s}\times(\vec{a}\cdot\vec{\nabla}t_r) \qquad (14.3.28)$$

이제 식 (14.3.22)의 넷째 항인 $\vec{v}\times(\vec{\nabla}\times\vec{s})$를 계산하기 위하여, $(\vec{\nabla}\times\vec{s})$를 먼저 계산하면

❻ $\vec{\nabla}\times\vec{s}=\vec{\nabla}\times\vec{r}-\vec{\nabla}\times\vec{w}=-\vec{\nabla}\times\vec{w}\ \ (\vec{\nabla}\times\vec{r}=0)$ (14.3.29)

와 같이 된다. 식 (14.2.38)의 표현식 $\vec{\nabla}\times\vec{v}(t_r)=-\vec{a}(t_r)\times\vec{\nabla}t_r$와 유사하게

식 (14.3.29)는 다음과 같이 표현할 수 있다.

$$❼ \ \vec{\nabla}\times\vec{w}(t_r) = -\vec{v}(t_r)\times\vec{\nabla}t_r \tag{14.3.30}$$

따라서 식 (14.3.29~30)을 사용하여 식 (13.3.28)의 넷째 항인 $\vec{v}\times(\vec{\nabla}\times\vec{s})$를 표현하면 다음과 같다.

$$\vec{v}\times(\vec{\nabla}\times\vec{s}) = \vec{v}\times[\vec{\nabla}\times r - \vec{\nabla}\times\vec{w}] = -\vec{v}\times(\vec{\nabla}\times\vec{w}) = \vec{v}\times(\vec{v}\times\vec{\nabla}t_r) \tag{14.3.31}$$

지금까지 얻은 결과들을 모으면, 다음과 같다.

$$\begin{aligned}\vec{\nabla}(sc-\vec{s}\cdot\vec{v}) &= \vec{\nabla}sc - [(\vec{s}\cdot\vec{\nabla})\vec{v} + (\vec{v}\cdot\vec{\nabla})\vec{s} - \vec{s}\times(\vec{\nabla}\times\vec{v}) \\ &\quad + \vec{v}\times(\vec{\nabla}\times\vec{s})] \\ &= -c^2\vec{\nabla}t_r - [\vec{a}(\vec{s}\cdot\vec{\nabla}t_r) + \vec{v} - \vec{v}(\vec{v}\cdot\vec{\nabla}t_r) \\ &\quad - \vec{r}\times(\vec{a}\times\vec{\nabla}t_r) + \vec{v}\times(\vec{v}\times\vec{\nabla}t_r) \\ &= -c^2\vec{\nabla}t_r - [\vec{a}(\vec{s}\cdot\vec{\nabla}t_r) + \vec{v} - \vec{v}(\vec{v}\cdot\vec{\nabla}t_r) \\ &\qquad - \vec{a}(\vec{s}\cdot\vec{\nabla}t_r) + \vec{\nabla}t_r(\vec{s}\cdot\vec{a}) + \vec{v}(\vec{v}\cdot\vec{\nabla}t_r) \\ &\qquad - \vec{\nabla}t_r(\vec{v}\cdot\vec{v})]\end{aligned} \tag{14.3.32}$$

식 (14.3.32)의 넷째 줄에서 다섯째 줄로 넘어가는 과정에서는 벡터 곱에 대한 항등식 $\vec{A}\times(\vec{B}\times\vec{C}) = \vec{B}(\vec{A}\cdot\vec{C}) - \vec{C}(\vec{A}\cdot\vec{B})$을 이용하였다. 또한 식 (14.3. 32)에서 서로 상쇄되는 항들을 정리하면, 식 (14.3.32)는 다음과 같다.

$$\vec{\nabla}(sc-\vec{s}\cdot\vec{v}) = -c^2\vec{\nabla}t_r - [\vec{v} + [(\vec{s}\cdot\vec{a}) - v^2]\vec{\nabla}t_r \tag{14.3.33}$$

식 (14.3.33)을 식 (14.3.20)에 대입하면

$$\begin{aligned}\vec{\nabla}\psi(\vec{r},t) &= \frac{qc}{4\pi\epsilon_0}\frac{-1}{(sc-\vec{s}\cdot\vec{v})^2}\vec{\nabla}(sc-\vec{s}\cdot\vec{v}) \\ &= \frac{qc}{4\pi\epsilon_0}\frac{+1}{(sc-\vec{s}\cdot\vec{v})^2}[\vec{v} + (c^2 - v^2 + \vec{s}\cdot\vec{a})]\vec{\nabla}t_r\end{aligned} \tag{14.3.34}$$

와 같은 결과를 얻는다. 식 (14.3.34)의 결과를 얻기 위해서는 $\vec{\nabla}t_r$을 알아야 하는데 식 (14.3.21)에서 $-c\vec{\nabla}t_r = \vec{\nabla}s$와 같이 표현하였다. 이미 구한 식 (14.3.21)을 이용하면 다음과 같다.

$$-c\overrightarrow{\nabla}t_r = \overrightarrow{\nabla}s = \overrightarrow{\nabla}\sqrt{\vec{s}\cdot\vec{s}} = \frac{1}{2\sqrt{\vec{s}\cdot\vec{s}}}\overrightarrow{\nabla}(\vec{s}\cdot\vec{s}) = \frac{1}{2s}\overrightarrow{\nabla}(\vec{s}\cdot\vec{s}) \quad (14.3.35)$$

식 (14.3.35)의 $\overrightarrow{\nabla}(\vec{s}\cdot\vec{s})$은 벡터 항등식 $\overrightarrow{\nabla}(\vec{A}\cdot\vec{B}) = \vec{A}\times(\overrightarrow{\nabla}\times\vec{B}) + \vec{B}\times(\overrightarrow{\nabla}\times\vec{A}) + (\vec{A}\cdot\overrightarrow{\nabla})\vec{B} + (\vec{B}\cdot\overrightarrow{\nabla})\vec{A}$을 사용하여 계산하면 다음과 같다.

$$\overrightarrow{\nabla}(\vec{s}\cdot\vec{s}) = \vec{s}\times(\overrightarrow{\nabla}\times\vec{s}) + \vec{s}\times(\overrightarrow{\nabla}\times\vec{s}) + (\vec{s}\cdot\overrightarrow{\nabla})\vec{s} + (\vec{s}\cdot\overrightarrow{\nabla})\vec{s} \quad (14.3.36)$$

$$= 2\vec{s}\times(\overrightarrow{\nabla}\times\vec{s}) + 2(\vec{s}\cdot\overrightarrow{\nabla})\vec{s}$$

식 (14.3.36)을 식 (14.3.35)에 대입하여 정리하면

$$\overrightarrow{\nabla}s = \frac{1}{2s}\overrightarrow{\nabla}(\vec{s}\cdot\vec{s}) = \frac{1}{s}[\vec{s}\times(\overrightarrow{\nabla}\times\vec{s}) + (\vec{s}\cdot\overrightarrow{\nabla})\vec{s}] \quad (14.3.37)$$

와 같다. 한편, $\overrightarrow{\nabla}\times\vec{s} = \overrightarrow{\nabla}\times(\vec{r}-\vec{w}) = 0 - \overrightarrow{\nabla}\times\vec{w} = (\vec{v}\times\overrightarrow{\nabla}t_r)$이므로 식 (14.3.36)의 오른쪽 괄호 안의 첫 항은

$$\vec{s}\times(\overrightarrow{\nabla}\times\vec{s}) = \vec{s}\times(\vec{v}\times\overrightarrow{\nabla}t_r) \quad (14.3.38)$$

와 같으며, 식 (14.3.37)의 오른쪽 둘째 항은 다음과 같다.

$$(\vec{s}\cdot\overrightarrow{\nabla})\vec{s} = \vec{s}\cdot\overrightarrow{\nabla}(\vec{r}-\vec{w}) = (\vec{s}\cdot\overrightarrow{\nabla})\vec{r} - (\vec{s}\cdot\overrightarrow{\nabla})\vec{w} \quad (14.3.39)$$

$$= [s_x\frac{\partial x}{\partial x}\hat{x} + s_y\frac{\partial y}{\partial y}\hat{y} + s_z\frac{\partial z}{\partial z}\hat{z}] - \vec{v}(\vec{s}\cdot\overrightarrow{\nabla}t_r)$$

$$= \vec{s} - \vec{v}(\vec{s}\cdot\overrightarrow{\nabla}t_r)$$

식 (14.3.39)의 둘째 항은 식 (14.3.26)의 관계식을 참조하면 쉽게 이해가 된다. 따라서

$$-c\overrightarrow{\nabla}t_r = \overrightarrow{\nabla}s = \frac{1}{s}[\vec{s}\times(\overrightarrow{\nabla}\times\vec{s}) + (\vec{s}\cdot\overrightarrow{\nabla})\vec{s}] \quad (14.3.40)$$

$$= \frac{1}{s}[\vec{s}\times\vec{v}\times\overrightarrow{\nabla}t_r + \vec{s} - \vec{v}(\vec{s}\cdot\overrightarrow{\nabla}t_r)]$$

$$= \frac{1}{s}[\vec{s} - \vec{v}(\vec{s}\cdot\overrightarrow{\nabla}t_r) + \vec{v}(\vec{s}\cdot\overrightarrow{\nabla}t_r) - \overrightarrow{\nabla}t_r(\vec{s}\cdot\vec{v})]$$

$$= \frac{1}{s}[\vec{s} - (\vec{s}\cdot\vec{v})\overrightarrow{\nabla}t_r)]$$

식 (14.3.40)을 $\overrightarrow{\nabla} t_r$에 대하여 정리하면

$$[-c+\frac{1}{s}(\vec{s}\cdot\vec{v})]\overrightarrow{\nabla} t_r=\frac{\vec{s}}{s}=\hat{s}$$

$$\rightarrow\ \overrightarrow{\nabla} t_r=\frac{\vec{s}}{s}\frac{1}{[-c+\frac{1}{s}(\vec{s}\cdot\vec{v})]}=\frac{-\vec{s}}{[sc-\vec{s}\cdot\vec{v}]} \tag{14.3.41}$$

와 같으며, 식 (14.3.41)을 식 (14.3.20)에 대입하면 다음과 같다.

$$\overrightarrow{\nabla}\psi=\frac{1}{4\pi\epsilon_0}\frac{qc}{(sc-\vec{s}\cdot\vec{v})^2}[\vec{v}+(c^2-v^2+\vec{s}\cdot\vec{a})\overrightarrow{\nabla} t_r] \tag{14.3.42}$$

$$=\frac{1}{4\pi\epsilon_0}\frac{qc}{(sc-\vec{s}\cdot\vec{v})^2}[\vec{v}+(c^2-v^2+\vec{s}\cdot\vec{a})\frac{-\vec{s}}{[sc-\vec{s}\cdot\vec{v}]}$$

$$=\frac{1}{4\pi\epsilon_0}\frac{qc}{(sc-\vec{s}\cdot\vec{v})^3}[(sc-\vec{s}\cdot\vec{v})\vec{v}-(c^2-v^2+\vec{s}\cdot\vec{a})\vec{s}]$$

비슷한 방법으로 $\partial\vec{A}/\partial t$을 계산하면 다음과 같으며, 계산과정은 보충 자료에서 자세히 제시하였다.

$$\frac{\partial\vec{A}}{\partial t}=\frac{1}{4\pi\epsilon_0}\frac{qc}{(sc-\vec{s}\cdot\vec{v})^3}[(sc-\vec{s}\cdot\vec{v})(-\vec{v}+s\vec{a}/c) \tag{14.3.43}$$

$$+\frac{s}{c}(c^2-v^2+\vec{s}\cdot\vec{a})\vec{v}]$$

따라서 식 (14.3.42)와 식 (14.3.43)을 전기장에 대한 표현식

$$\vec{E}(\vec{r},t)=-\overrightarrow{\nabla}\psi(\vec{r},t)-\frac{\partial\vec{A}_r(\vec{r},t)}{\partial t} \tag{14.3.44}$$

에 대입하여 정리하면, 다음과 같다.

$$\vec{E}=\frac{q}{4\pi\epsilon_0}\frac{s}{(\vec{s}\cdot\vec{u})^3}[(c^2-v^2)\vec{u}+\vec{s}\times(\vec{u}\times\vec{a})]\qquad(\vec{u}\equiv c\hat{s}-\vec{v}) \tag{14.3.45}$$

식 (14.3.45)에서 첫째 항($(c^2-v^2)\vec{u}$가 있는 항)은 입자까지의 거리의 제곱에 따라 감소하며, 입자의 속도와 가속도 모두 "0"이면, $\vec{s}\cdot\vec{u}=\vec{s}\cdot(c\hat{s}-0)=cs$ 이므로 다음과 같은 정전기장이 된다.

$$\vec{E}=\frac{1}{4\pi\epsilon_0}\frac{q}{s^2}\hat{s} \tag{14.3.46}$$

따라서 식 (14.3.45)의 첫째 항을 일반화된 쿨롱전기장 (generalized Coulomb field) 또는 가속도와 관계가 없으므로 속도장(velocity field)이라고도 한다. 한편, 식 (14.3.45)에서 둘째 항($(\vec{s}\times(\vec{u}\times\vec{a})$가 있는 항)은 s에 반비례하여 감소하므로, 아주 먼 거리에서는 둘째 항이 주된 전기장이 된다. 이는 전자기파의 방사와 관련되어 방사장 (radiation field) 또는 가속도에 비례하므로 가속도장(acceleration field)이라고도 한다.

한편 벡터 퍼텐셜에 대한 회전을 벡터 항등식인 식 (1.6.11)을 이용하면

$$\vec{\nabla}\times\vec{A}=\frac{1}{c^2}\vec{\nabla}\times(\psi\vec{v})=\frac{1}{c^2}[\psi(\vec{\nabla}\times\vec{v})-\vec{v}\times(\vec{\nabla}\psi)] \tag{14.3.47}$$

와 같은데, 식 (14.3.27)의 결과와 식 (14.3.42)를 식 (14.3.47)에 대입하면 다음과 같다.

$$\vec{\nabla}\times\vec{A}=-\frac{1}{c}\frac{q}{4\pi\epsilon_0}\frac{1}{(\vec{u}\cdot\vec{s})^3}\vec{s}\times[(c^2-v^2)\vec{v}+(\vec{s}\cdot\vec{a})\vec{v}+(\vec{s}\cdot\vec{u})\vec{a}] \tag{14.3.48}$$

한편, 식 (14.3.45)와 식 (14.3.47)로부터

$$\vec{B}=\vec{\nabla}\times\vec{A}=\frac{1}{c}\hat{s}\times\vec{E}(\vec{r},t) \tag{14.3.49}$$

와 같은 결과가 얻어진다. 식 (14.3.49)로부터 움직이는 점 전하가 만드는 자기장은 언제나 전기장과 수직이며, 지연 위치까지의 벡터 $\vec{s}$와도 수직임을 알 수 있다.

식 (14.3.45)와 식 (14.3.48)로부터 다음과 같은 결론을 얻을 수 있다.

$$\left.\begin{aligned}\vec{E}_v,\vec{B}_v&=\frac{1}{[s^2]}:\text{속도장}\\ \vec{E}_a,\vec{B}_a&=\frac{1}{[s]}:\text{가속도장}\end{aligned}\right\} \tag{14.3.50}$$

$$\left.\begin{aligned}\vec{S}_v&=\frac{1}{[s^4]}\\ \vec{S}_a&=\frac{1}{[s^2]}\end{aligned}\right\}\quad(\vec{S}\ :\ \text{포인팅 벡터}) \tag{14.3.51}$$

지금까지 얻은 결과를 바탕으로 등속도($|\vec{a}|=0$)로 움직이는 점 전하 q가 만드는 전기장과 자기장을 구해보자. 전기장에 대한 표현식인 식 (14.3.45)에서 $|\vec{a}|=0$로 두면 다음과 같다.

$$\vec{E} = \frac{q}{4\pi\epsilon_0}\frac{s}{(\vec{s}\cdot\vec{u})^3}[(c^2 - v^2)\vec{u}] \tag{14.3.52}$$

식 (14.3.52)에서 $s\vec{u}$는

$$s\vec{u} = c\vec{s} - s\vec{v} = c(\vec{r} - \vec{v}t_r) - c(t - t_r)\vec{v} = c(\vec{r} - \vec{v}t) \tag{14.3.53}$$

와 같다. 또한

$$\vec{s}\cdot\vec{u} = \sqrt{(c^2t - \vec{r}\cdot\vec{v})^2 + (c^2 - v^2)(r^2 - c^2t^2)} \tag{14.3.54}$$

$$= Rc\sqrt{1 - v^2\sin^2\theta/c^2}$$

와 같다. 식 (14.3.54)에서 θ는 $\vec{R}$과 $\vec{v}$ 사이의 각이며, $\vec{R}$은 하전입자의 현재 위치에서 관측점 P까지의 벡터로 다음과 같다(그림 14.3 참조).

$$\vec{R} \equiv \vec{r} - \vec{v}t \tag{14.3.55}$$

따라서 전기장 벡터는 다음과 같다.

$$\vec{E}(\vec{r},t) = \frac{q}{4\pi\epsilon_0}\frac{1 - v^2/c^2}{(1 - v^2\sin^2\theta/c^2)^{3/2}}\frac{\hat{R}}{R^2} \tag{14.3.56}$$

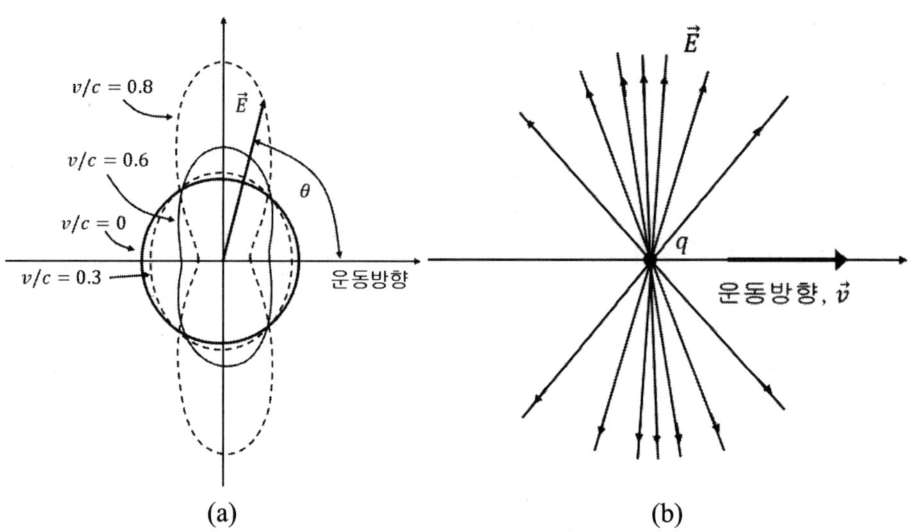

그림 14.4 (a) v/c의 값에 따른 전기장의 각도 분포 및 (b) 전기장 유형

빠른 속도로 움직이는 전하가 만드는 전기장은 점 전하의 운동방향에 수직인 방향으로 증가하면서 전기장 선이 촘촘해진다(그림 14.4 참조). 또한 전기

장은 점 전하의 앞, 뒤 방향으로는 정지하여 있을 때보다 $1-v^2/c^2$배 약하고, 수직방향으로는 $1/\sqrt{1-v^2/c^2}$ 배 강해진다.

한편,

$$\hat{s}=\frac{\vec{r}-\vec{v}t_r}{s}=\frac{(\vec{r}-\vec{v}t)+(t-t_r)\vec{v}}{s}=\frac{\vec{R}}{s}+\frac{\vec{v}}{c} \tag{14.3.57}$$

와 같이 표현되고, $\vec{R}$은 하전입자의 현재 위치에서 관측점 P까지의 벡터이고 $\vec{E}$의 방향은 입자의 현재 위치에서 관측점을 향하므로, $\frac{1}{c}\frac{\vec{R}}{s}\times\vec{E}=0$ 이다. 따라서 자기장은

$$\vec{B}=\frac{1}{c}[\hat{s}\times\vec{E}(\vec{r},t)]=\frac{1}{c^2}(\vec{v}\times\vec{E}) \tag{14.3.58}$$

와 같이 주어지며, 자기장 선은 그림 14.5와 같이 전하 주위를 감싼다.

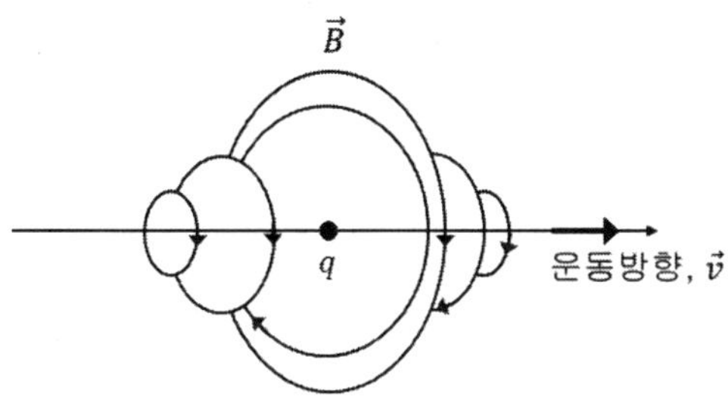

그림 14.5 등속도로 운동 중인 점 전하가 만드는 자기장

보충 자료

A. 식 (14.1.7)에 대한 유도

$\vec{E}=-\vec{\nabla}\psi$ 의 양변에 $\vec{\nabla}\times$을 취하면, $\vec{\nabla}\times\vec{E}=-\vec{\nabla}\times(\vec{\nabla}\psi)=0$ 이 되지만, 패러데이 법칙으로부터 알 수 있듯이 $\vec{\nabla}\times\vec{E}=-\dfrac{\partial\vec{B}}{\partial t}$ 이 되므로 항상 $\vec{\nabla}\times\vec{E}=0$ 이 되지 않으므로 모순이 생긴다.

이를 해결하기 위하여 $\vec{E}=-\vec{\nabla}\psi$ 에 미지의 벡터 $\vec{N}$을 더해보자. 즉, $\vec{E}=-\vec{\nabla}\psi+\vec{N}$. 이 식에 $\vec{\nabla}\times$을 취하면, $\vec{\nabla}\times\vec{E}=0+\vec{\nabla}\times\vec{N}$ 이 된다. 패러데이 법칙의 미분형을 적용하면, $\vec{\nabla}\times\vec{N}=-\dfrac{\partial\vec{B}}{\partial t}$ 이 되며, 이를 $\vec{B}=\vec{\nabla}\times\vec{A}$ 에 적용하면,

$$\vec{\nabla}\times\vec{N}=-\frac{\partial\vec{B}}{\partial t}=-\frac{\partial}{\partial t}(\vec{\nabla}\times\vec{A}) \quad \text{또는} \quad \vec{\nabla}\times\vec{N}=-\vec{\nabla}\times\frac{\partial\vec{A}}{\partial t}$$

$$\Rightarrow \vec{N}=-\frac{\partial\vec{A}}{\partial t} \tag{1}$$

와 같이 된다. 따라서

$$\vec{E}=-\vec{\nabla}\psi-\frac{\partial\vec{A}}{\partial t} \tag{2}$$

이 된다.

B. 식 (14.3.14)에 대한 유도

$$\psi(\vec{r},t)=\frac{1}{4\pi\epsilon_0}\frac{qc}{\sqrt{(c^2t-\vec{r}\cdot\vec{v})^2+(c^2-v^2)(r^2-c^2t^2)}} \tag{14.3.13}$$

식 (14.3.13)의 제곱근 안에 있는 항들을 전개하면 다음과 같다.

$$A = (c^2 t - \vec{r} \cdot \vec{v})^2 + (c^2 - v^2)(r^2 - c^2 t^2) \tag{1}$$

$$= c^4 t^2 - 2c^2 t(\vec{r} \cdot \vec{v}) + (\vec{r} \cdot \vec{v})^2 + c^2 r^2 - c^4 t^2 - v^2 r^2 + v^2 c^2 t^2$$

$$= (\vec{r} \cdot \vec{v})^2 + (c^2 - v^2) r^2 + c^2 (vt)^2 - 2c^2 (\vec{r} \cdot \vec{v}t)$$

$\vec{v}t = \vec{r} - \vec{R}$로 두고, 이를 식 (1)에 대입하면 다음과 같은 결과를 얻는다.

$$A = (\vec{r} \cdot \vec{v})^2 + (c^2 - v^2) r^2 + c^2 (\vec{r} - \vec{R})^2 - 2c^2 [\vec{r} \cdot (\vec{r} - \vec{R})] \tag{2}$$

$$= (\vec{r} \cdot \vec{v})^2 + (c^2 - v^2) r^2 + c^2 (r^2 - 2\vec{r} \cdot \vec{R} + R^2) - 2c^2 (r^2 - \vec{r} \cdot \vec{R})$$

$$= (\vec{r} \cdot \vec{v})^2 - r^2 v^2 + c^2 R^2$$

식 (2)에서

$$(\vec{r} \cdot \vec{v})^2 - r^2 v^2 = [(\vec{R} + \vec{v}t) \cdot \vec{v}]^2 - (\vec{R} + \vec{v}t)^2 v^2 \tag{3}$$

$$= (\vec{R} \cdot \vec{v})^2 + v^4 t^2 + 2(\vec{R} \cdot \vec{v}) v^2 t - R^2 v^2 - 2(\vec{R} \cdot \vec{v}) t v^2 - v^2 t^2 v^2$$

$$= (\vec{R} \cdot \vec{v})^2 - R^2 v^2$$

$$= R^2 v^2 \cos^2\theta - R^2 v^2 = - R^2 v^2 (1 - \cos^2\theta) = - R^2 v^2 \sin^2\theta$$

따라서

$$A = (\vec{r} \cdot \vec{v})^2 - r^2 v^2 + c^2 R^2 = - R^2 v^2 \sin\theta + c^2 R^2 = c^2 R^2 (1 - \frac{v^2}{c^2} sin^2\theta) \tag{4}$$

식 (4)를 식 (14.3.22)에 대입하면

$$\psi(\vec{r}, t) = \frac{1}{4\pi\epsilon_0} \frac{q}{R\sqrt{1 - v^2 \sin^2\theta / c^2}} \tag{5}$$

와 같이 되어, 식 (14.3.14)가 얻어짐을 알 수 있다.

C. 식 (14.3.43)에 대한 유도

$$\vec{A}(\vec{r}, t) = \frac{\mu_0}{4\pi} \frac{qc\vec{v}}{[sc - \vec{s} \cdot \vec{v}]} = \frac{\vec{v}}{c^2} \psi(\vec{r}, t) \tag{1}$$

$$\frac{\partial \vec{A}}{\partial t} = \frac{\mu_0 qc}{4\pi}\frac{\partial}{\partial t}\left[\frac{\vec{v}}{(sc - \vec{s} \cdot \vec{v})}\right] \tag{2}$$

$$= \frac{\mu_0 qc}{4\pi}\left\{\frac{1}{(sc - \vec{s} \cdot \vec{v})}\frac{\partial \vec{v}}{\partial t} + \vec{v}\frac{\partial}{\partial t}\left[\frac{1}{(sc - \vec{s} \cdot \vec{v})}\right]\right\}$$

$$\frac{\partial \vec{v}(t_r)}{\partial t} = \frac{d\vec{v}(t_r)}{dt_r}\frac{\partial t_r}{\partial t} = \vec{a}\frac{\partial t_r}{\partial t} \tag{3}$$

$$c\overrightarrow{\nabla t_r} = c(t - t_r) = s \rightarrow c^2\overrightarrow{\nabla t_r^2} = c^2(t - t_r)^2 = s^2 = \vec{s} \cdot \vec{s} \tag{4}$$

$$\frac{\partial}{\partial t}(c^2\overrightarrow{\nabla t_r^2}) = c^2\frac{\partial}{\partial t}(t - t_r)^2 = \frac{\partial}{\partial t}(\vec{s} \cdot \vec{s})$$

$$\rightarrow 2c^2(t - t_r)(1 - \frac{\partial t_r}{\partial t}) = 2\vec{s} \cdot \frac{\partial \vec{s}}{\partial t} \tag{5}$$

$$\frac{\partial}{\partial t}(c^2\Delta t_r^2) = 2c[c(t - t_r)](1 - \frac{\partial t_r}{\partial t}) = 2cs(1 - \frac{\partial t_r}{\partial t}) = 2\vec{s} \cdot \frac{\partial \vec{s}}{\partial t} \tag{6}$$

$$= 2\vec{s} \cdot \frac{\partial}{\partial t}(\vec{r} - \vec{w})$$

$$cs(1 - \frac{\partial t_r}{\partial t}) = \vec{s} \cdot \frac{\partial}{\partial t}(\vec{r} - \vec{w}) = \vec{s} \cdot \frac{\partial \vec{w}}{\partial t}, \quad (\frac{\partial \vec{r}}{\partial t} \equiv 0) \tag{7}$$

여기서 $\vec{r}$은 정지한 관측자에게는 일정한 벡터이므로 $\partial\vec{r}/\partial t \equiv 0$이다.

$$cs(1 - \frac{\partial t_r}{\partial t}) = -\vec{s} \cdot \frac{\partial \vec{w}}{\partial t} = -\vec{s} \cdot \frac{d\vec{w}}{dt_r}\frac{\partial t_r}{\partial t} = -\vec{s} \cdot \vec{v}\frac{\partial t_r}{\partial t} \quad (\vec{v}(t_r) = \frac{d\vec{w}(t_r)}{dt_r}) \tag{8}$$

$$cs = cs\frac{\partial t_r}{\partial t} - \vec{s} \cdot \vec{v}\frac{\partial t_r}{\partial t} = [cs - \vec{s} \cdot \vec{v}]\frac{\partial t_r}{\partial t} \rightarrow \frac{\partial t_r}{\partial t} = \frac{cs}{[cs - \vec{s} \cdot \vec{v}]} \tag{9}$$

따라서 식 (3)은 다음과 같다.

$$\frac{\partial \vec{v}}{\partial t} = \frac{d\vec{v}}{dt_r}\frac{\partial t_r}{\partial t} = \vec{a}\frac{\partial t_r}{\partial t} = \vec{a}\frac{cs}{[cs - \vec{s} \cdot \vec{v}]} \tag{10}$$

이제 미분에 대한

$$\frac{\partial(1/u(x))}{\partial x} = \frac{\partial u^{-1}(x)}{\partial x} = -1u^{-2}\frac{\partial u(x)}{\partial x} = -\frac{1}{u^2}\frac{\partial u(x)}{\partial x} \tag{11}$$

을 사용하여, 식 (2)의 둘째 항에 대한 표현식을 구해보자.

$$\frac{\partial}{\partial t}[\frac{1}{(sc-\vec{s}\cdot\vec{v})}]=\frac{-1}{(sc-\vec{s}\cdot\vec{v})^2}\frac{\partial}{\partial t}(sc-\vec{s}\cdot\vec{v}) \tag{12}$$

$$=\frac{-1}{(sc-\vec{s}\cdot\vec{v})^2}[c\frac{\partial s}{\partial t}-\frac{\partial}{\partial t}(\vec{s}\cdot\vec{v})]$$

$$=\frac{-1}{(sc-\vec{s}\cdot\vec{v})^2}[c\frac{\partial s}{\partial t}-(\vec{v}\cdot\frac{\partial\vec{s}}{\partial t}+\vec{s}\cdot\frac{\partial\vec{v}}{\partial t})]$$

$$s=c\Delta t_r=c(t-t_r)\ \rightarrow\ \frac{\partial s}{\partial t}=c[1-\frac{\partial t_r}{\partial t}]=c[1-\frac{cs}{(cs-\vec{s}\cdot\vec{v})}] \tag{13}$$

$$\frac{\partial\vec{s}}{\partial t}=\frac{\partial(\vec{r}-\vec{w})}{\partial t}=-\frac{\partial\vec{w}}{\partial t}=-\frac{d\vec{w}}{dt_r}\frac{\partial t_r}{\partial t}=-\vec{v}\frac{cs}{[cs-\vec{s}\cdot\vec{v}]} \tag{14}$$

식 (13~14)를 식 (12)에 대입하면 다음과 같다.

$$\frac{\partial}{\partial t}[\frac{1}{(sc-\vec{s}\cdot\vec{v})}]=\frac{-1}{(sc-\vec{s}\cdot\vec{v})^2}[c\frac{\partial s}{\partial t}-(\vec{v}\cdot\frac{\partial\vec{s}}{\partial t}+\vec{s}\cdot\frac{\partial\vec{v}}{\partial t})] \tag{15}$$

$$=\frac{-1}{(sc-\vec{s}\cdot\vec{v})^2}[c[-\vec{v}\frac{cs}{(cs-\vec{s}\cdot\vec{v})}]$$

$$+\vec{v}\cdot\vec{v}\frac{cs}{(cs-\vec{s}\cdot\vec{v})}-\vec{s}\cdot\vec{a}\frac{cs}{(cs-\vec{s}\cdot\vec{v})}]$$

$$=\frac{+cs}{(sc-\vec{s}\cdot\vec{v})^3}[c\vec{v}-v^2+\vec{s}\cdot\vec{a}]$$

식 (10)과 식 (15)를 식 (2)에 대입하여 정리하면

$$\frac{\partial\vec{A}}{\partial t}=\frac{1}{4\pi\epsilon_0}\frac{qc}{(sc-\vec{s}\cdot\vec{v})^3}[(sc-\vec{s}\cdot\vec{v})(-\vec{v}+s\vec{a}/c) \tag{14.3.43}$$

$$+\frac{s}{c}(c^2-v^2+\vec{s}\cdot\vec{a})\vec{v}]$$

와 같이 되어, 식 (14.3.43)이 얻어진다. 수식 전개에서 사용된 $\vec{v}, \vec{a}$는 모두 지연 시각에서의 값들로 $\vec{v}(t_r)$, $\vec{a}(t_r)$을 의미한다.

연습문제

01 전하량이 q 인 하전입자가 $xy-$평면 위에서 반경이 R 인 원 둘레를 일정한 각속도 ω 로 회전하고 있다. 좌표의 원점이 원의 중심과 일치하고, 시각 $t=0$ 일 때 하전입자의 위치 좌표는 $(R, 0)$일 때, 다음 물음에 답하시오.

① $z-$축 위에 있는 관측점에서의 리나르트-비케르트 전위를 구하시오.

② 원의 중심에서의 전기장과 자기장을 구하시오.

02 그림 14.6과 같이 전하량이 q 인 하전입자가 $x-$축을 따라 $\vec{v}$ 로 운동한다. 관측점 P 가 $x-$축에 있다고 할 때, 전하 앞쪽(P1)과 뒤쪽(P2)에서의 전자기장을 구하시오.

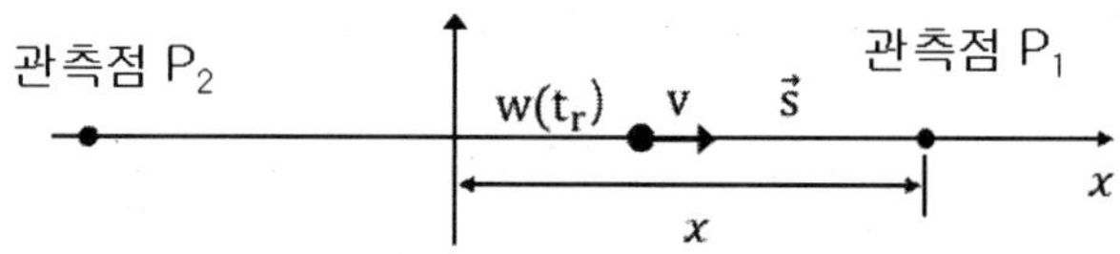

그림 14.6 $x-$축을 따라 운동 중인 하전입자

참고자료

1. 김일곤, 이성수, 장기완, 물리광학, ㈜ 북스힐, 2017.
2. Foundations of Electromagnetic Theory, Reitz Milfords, Frederick J. Milford, 2nd ed. Addison-Wesley Publishing Company, 1975.
3. 전자기학, Arlon T. Asams, Jay Kyoon Lee(이재균) 지음, 유태훈, 허노정 옮김, 한빛 아카데미, 2013.
4. Introduction to electrodynamics, 제 4판 기초전자기학, 김진승 역, 도서출판 북스힐, 2014.
5. Classical Electromagnetic Radiation, Third Edition, Mark A. Heald and Jerry B. Marion, Saunders College Publishing, 1995.
6. http://web.mit.edu/6.013_book/www/chapter1/1.4.html.
7. http://farside.ph.utexas.edu/teaching/em/lectures/node45.html.

CHAPTER

15 전자기파 방사

전기를 띤 하전입자가 가속운동을 하면 전자기파가 발생되는 데, 전하의 속도 v가 $v << c$와 같은 조건을 만족하면서 천천히 운동 중인 전하에 기인한 전자기파의 발생에 대하여 알아보고자 한다. 즉, 비상대론적인 운동에 제한을 두지만, 이러한 운동에 기인한 결과는 안테나로부터 라디오파의 방사 및 원자로부터의 빛의 방사에도 적용된다.

15.1 쌍극자 방사

15.1.1 진동하는 전기쌍극자에 의한 전자기파 방사

전자기파를 발생시키는 가장 간단한 경우는 일정한 거리만큼 떨어져 있으며, 서로 반대 부호의 전하로 이뤄진 진동하는 전기쌍극자에 의한 것이다. 한 예로서 거리가 $s(z=\pm s/2)$만큼 떨어져 있으며, 가느다란 전선에 의하여 연결된 작은 2개의 금속 구를 생각하자(그림 15.1 참조). 물론 전체적으로 보았을 때 전기적으로는 중성이므로 2개 금속구의 전하는 시각 t에 위쪽이 $q(t)$, 아래쪽이 $-q(t)$이다. 도선을 통해 전하를 한쪽에서 다른 쪽으로 흘러 각 진동수 ω로 진동시킨다고 하면,

$$q(t) = q_0 \cos(\omega t) \tag{15.1.1}$$

와 같으므로, 진동하는 전기쌍극자가 만들어진다.

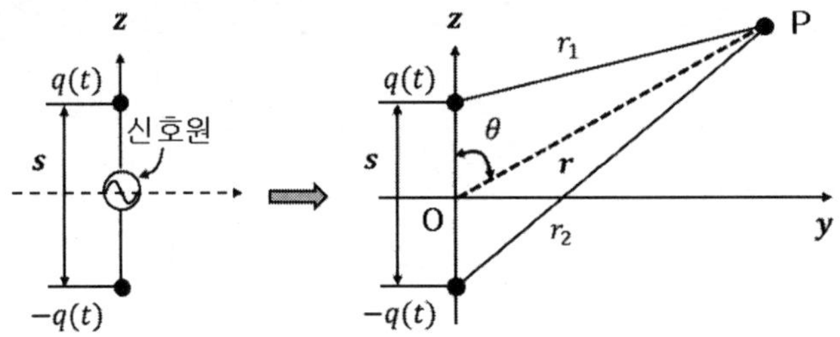

그림 15.1 진동하는 전기쌍극자

그림 15.1에 대한 전기쌍극자 모멘트는

$$\vec{p}(t) = q(t)\vec{s} = q_o \cos wt \, \vec{s} = p_o \cos wt \, \hat{k} \qquad (p_o = q_o s) \tag{15.1.2}$$

이 되며, p_o는 전기쌍극자의 최대 크기로서 $p_o = q_o s$ 이고 방향은 (-)전하에서 (+)전하로 향하므로 $+z$ 축 방향 ($\hat{k}$)을 나타낸다. 이러한 전기쌍극자가 시각 t에서 관측점 P에 만드는 전위 $\psi(r, t)$는 $q(t')$와 $-q(t')$가 만드는 전위의 합으로 $\psi(r, t) = \frac{1}{4\pi\epsilon_o}\left[q_o \cos wt'/r_1 - q_o \cos wt'/r_2\right]$ 이다. 진공 중에서 전하들에 대한 정보가 관측점 P까지 전달되는 데에는 각각 r_1/c 및 r_2/c의 시간이 걸린다. 따라서 원점에서 r만큼 떨어진 점 P에서 시각 t에 관측되는 전위는 전하들에 대한 정보가 전달되는 시간을 고려하여 $t - r_1/c$ 및 $t - r_2/c$일 때의 전하들이 만드는 전위로서, 정보전달에 필요한 시간만큼 지연된 시간에 측정되므로 이를 지연전위(retarded potential)라고 한다. 이러한 지연전위는

$$\psi(r, t) = \frac{1}{4\pi\epsilon_o}\left[\frac{q_o \cos w(t - r_1/c)}{r_1} - \frac{q_o \cos w(t - r_2/c)}{r_2}\right] \tag{15.1.3}$$

이 되며, 코사인 법칙을 사용하면

$$r_{1,2} = \sqrt{r^2 \mp rs\cos\theta + (s/2)^2} \tag{15.1.4}$$

이 된다. 위의 전기쌍극자를 점 모양의 쌍극자로 취급하기 위하여 두 전하 사이의 거리가 r에 비하여 매우 작다고 가정하자. 물론 $s = 0$ 이면 전위도 "0"이 되므로,

$s \ll r$ 이라고 하고 식 (15.1.4)를 급수 전개하여 s에 대한 1차 항만을 취하면,

$$r_{1,2} = r\left(1 \mp \frac{1}{2}\frac{s}{r}\cos\theta\right) \tag{15.1.5}$$

※ $(1+x)^p = 1 + px + \frac{1}{2!}p(p-1)x^2 + \frac{1}{3!}p(p-1)(p-2)x^3 + \cdots \; |x| < 1$

와 같이 된다. 따라서 이의 역수를 취하면,

$$\frac{1}{r_{1,2}} = \frac{1}{r}\left(1 \pm \frac{1}{2}\frac{s}{r}cos\theta\right) \tag{15.1.6}$$

와 같이 표현되고, 코사인 함수는

$$\cos\omega(t - r_{1,2}/c) = \cos\left[\omega(t - r/c) \pm \frac{\omega s}{2c}\cos\theta\right] \tag{15.1.7}$$

$$= \cos\omega(t - r/c)\cos\left(\frac{\omega s}{2c}\cos\theta\right)$$

$$\mp \sin\omega(t - r/c)\sin\left(\frac{\omega s}{2c}\cos\theta\right)$$

와 같이 된다. 문제를 좀 더 간단히 하기 위하여 두 전하 사이의 간격이 전기쌍극자의 가속운동에 의해 발생되는 빛의 파장에 비하여 매우 작다고 가정하자. 즉, $s \ll \lambda$ $s \ll c/\omega$ 인 경우(진동수가 ω 인 빛의 파장은 $\lambda = 2\pi c/\omega$ 이므로, $s \ll \lambda$의 조건에 해당)에 식 (15.1.7)의 첫 항과 둘째 항의 일부를 근사적으로 $\cos\left(\frac{\omega s}{2c}\cos\theta\right) \simeq 1$, $\sin\left(\frac{\omega s}{2c}\cos\theta\right) = \sin\left(\frac{1}{c/\omega}\cdot\frac{s}{2}\cos\theta\right) \simeq \frac{\omega s}{2c}\cos\theta$ 와 같이 쓸 수 있으므로, 식 (15.1.7)은

$$\cos\omega(t - r_{1,2}/c) = \cos\omega(t - r/c) \mp \frac{\omega s}{2c}\cos\theta\sin\omega(t - r/c) \tag{15.1.8}$$

와 같이 된다. 식 (15.1.6)과 식 (15.1.8)을 식 (15.1.3)에 대입하면

$$\psi(r,t) = \frac{p_o\cos\theta}{4\pi\epsilon_o r}\left[-\frac{\omega}{c}\sin\omega(t - r/c) + \frac{1}{r}\cos\omega(t - r/c)\right] \tag{15.1.9}$$

와 같은 결과를 얻으며, 계산 과정은 보충 자료에서 자세히 설명하였다. $\omega = 0$인 경

우에는 식 (15.1.9)로부터 정적 쌍극자에 대한 결과가 얻어진다. 즉, $\psi = p_o \cos\theta / 4\pi\epsilon_o r^2$ 을 주지만 우리의 관심사는 시간에 의존하는 경우로, 쌍극자로부터 멀리 떨어져 있는 방사영역(radiation zone, $r \gg c/w$)이다. $r \gg c/w$의 조건을 만족하는 방사영역에서는 $1/r \ll \omega/c$이 되어 식 (15.1.9)에서의 첫째 항은 둘째 항과 비교하여 무시할 정도로 작다. 따라서 $r \gg c/\omega$인 방사영역에서의 지연전위는 근사적으로

$$\psi(r, t) = -\frac{p_o \omega}{4\pi\epsilon_o c}\left(\frac{\cos\theta}{r}\right)\sin\omega(t - r/c) \tag{15.1.10}$$

이 된다. 반면에, 자기장을 만드는 벡터 전위($\vec{A}$: vector potential)는 두 전하를 연결하는 전선에 흐르는 전류에 의하여 결정되는데, 전류는 단위 시간당 전하의 변화량이므로

$$\vec{I}(t) = \frac{dq}{dt}\hat{k} = -q_o\, \omega\, \sin\omega t \hat{k} \tag{15.1.11}$$

이 된다. 따라서 점 P에서 관측되는 지연 벡터 전위는

$$\vec{A}(r,\theta,t) = \frac{\mu_o}{4\pi}\int_{-s/2}^{s/2} \frac{I(t)}{r} d\vec{l} = \frac{\mu_o}{4\pi}\int_{-s/2}^{s/2} \frac{-q_o\omega \cdot \sin\omega(t - r/c)\hat{k}}{r} dz \tag{15.1.12}$$

$$= -\frac{\mu_o q_o \omega}{4\pi r} sin\omega(t - r/c)\int_{-s/2}^{s/2} dz\,\hat{k}$$

$$= -\frac{\mu_o q_o s\omega}{4\pi r} sin\omega(t - r/c)\hat{k} = -\frac{\mu_o p_o \omega}{4\pi r} sin\omega(t - r/c)\hat{k}$$

이 되며, 직각 좌표계에서 z-축을 가리키는 단위벡터 $\hat{k}$를 구 좌표계의 단위벡터들 $(\hat{r}, \hat{\theta})$로 표현하면

$$\hat{k} = \cos\theta\,\hat{r} - \sin\theta\,\hat{\theta} \tag{15.1.13}$$

와 같이 된다(그림 15.2 참조).

한편, 구 좌표계에서 전위에 대한 기울기($\vec{\nabla}\psi$)를 구하면

$$\vec{\nabla}\psi = \frac{\partial\psi}{\partial r}\hat{r} + \frac{1}{r}\frac{\partial\psi}{\partial\theta}\hat{\theta} + \frac{1}{r\sin\theta}\frac{\partial\psi}{\partial\phi}\hat{\phi} \tag{15.1.14}$$

$$=-\frac{p_o\omega}{4\pi\epsilon_o c}\left\{\cos\theta\left[-\frac{1}{r^2}\sin\omega(t-r/c)-\frac{\omega}{rc}\cos\omega(t-r/c)\right]\hat{r}-\frac{\sin\theta}{r^2}\sin\omega(t-r/c)\hat{\theta}\right\}$$

$$\simeq\frac{p_o\omega^2}{4\pi\epsilon_o c^2}\left(\frac{\cos\theta}{r}\right)\cos\omega(t-r/c)\hat{r}=\frac{\mu_0 p_o\omega^2}{4\pi}\left(\frac{\cos\theta}{r}\right)\cos\omega(t-r/c)\hat{r}$$

이 얻어지는데, 식 (15.1.14)에서의 첫째 항과 세 번째 항은 조건 $r\gg c/\omega$에 의하여 삭제하였다.

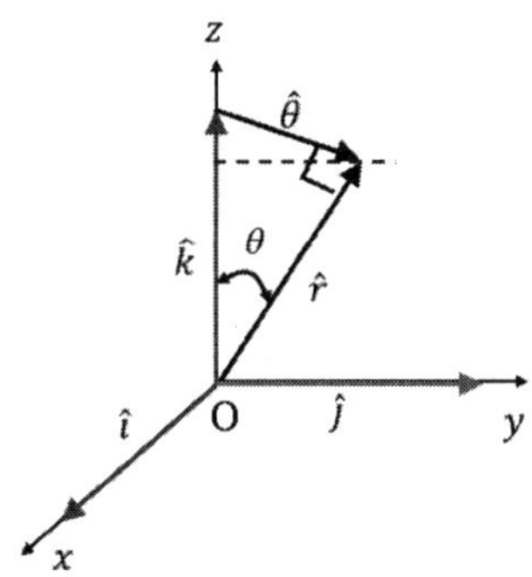

그림 15.2 직각 좌표계와 구 좌표계에서의 단위벡터들 사이의 관계

마찬가지로 지연 벡터 전위($\vec{A}$)에 대한 시간 변화율은

$$\frac{\partial\vec{A}}{\partial t}=-\frac{\mu_o p_o\omega^2}{4\pi r}\cos\omega(t-r/c)(\cos\theta\hat{r}-\sin\theta\hat{\theta}) \tag{15.1.15}$$

와 같이 된다. 위의 식 (15.1.14~15)를 이용하여 전기장을 구하면

$$\vec{E}=-\vec{\nabla}V-\frac{\partial\vec{A}}{\partial t} \tag{15.1.16}$$

$$=-\frac{\mu_0 p_o\omega^2}{4\pi}\left(\frac{\cos\theta}{r}\right)\cos\omega(t-r/c)\hat{r}$$

$$+\frac{\mu_o p_o\omega^2}{4\pi}\left(\frac{\cos\theta}{r}\right)\cos\omega(t-r/c)\hat{r}-\frac{\mu_o p_o\omega^2}{4\pi r}cos\omega(t-r/c)\sin\theta\hat{\theta}$$

$$=-\frac{\mu_o p_o\omega^2}{4\pi}\left(\frac{\sin\theta}{r}\right)\cos\omega(t-r/c)\hat{\theta}\quad\left(\because\mu_0\epsilon_0=\frac{1}{c^2}\right)$$

이 되며, 파의 진행 방향인 r과 직각인 θ방향의 성분만 존재하므로 횡파임을 알 수 있다. 한편, 전기장과 서로 직각 관계에 있는 자기장은

$$\vec{B}=\vec{\nabla}\times\vec{A}=\frac{1}{r\sin\theta}\left[\frac{\partial}{\partial\theta}(\sin\theta\, A_\phi)-\frac{\partial A_\theta}{\partial\phi}\right]\hat{r} \tag{15.1.17}$$

$$+\frac{1}{r}\left[\frac{1}{\sin\theta}\frac{\partial A_r}{\partial\phi}-\frac{\partial}{\partial r}(rA_\psi)\right]\hat{\theta}+\frac{1}{r}\left[\frac{\partial}{\partial r}(rA_\theta)-\frac{\partial A_r}{\partial\theta}\right]\hat{\phi}$$

$$=-\frac{\mu_o p_o\omega}{4\pi r}\left[\frac{\omega}{c}\sin\theta\cos\omega(t-r/c)+\frac{1}{r}\sin\omega(t-r/c)\right]\hat{\phi}$$

$$\simeq-\frac{\mu_o p_o\omega^2}{4\pi c}\left(\frac{\sin\theta}{r}\right)\cos\omega(t-r/c)\hat{\phi}$$

이 되고, r 및 θ와 직각인 ϕ방향의 성분만을 가짐을 알 수 있다. 위의 식 (15.1.16)과 식 (15.1.17)은 광속으로 r의 방향으로 진행하는 단조화 횡파로서, 전기장과 자기장이 서로 직각을 이루면서 진행한다. 진동하는 전기쌍극자에 의해 방출되는 에너지는 포인팅 벡터($\vec{S}$)로서 나타내며, 이는 식 (15.1.16)과 식 (15.1.17)을 이용하면

$$\vec{S}=\frac{1}{\mu_o}(\vec{E}\times\vec{B}) \tag{15.1.18}$$

$$=\frac{\mu_o}{c}\left[\frac{p_o\omega^2}{4\pi}\left(\frac{\sin\theta}{r}\right)\cos\omega(t-r/c)\right]^2\hat{r}$$

와 같이 빛의 진행 방향과 같음을 알 수 있다. 따라서 방출되는 에너지의 세기는 포인팅 벡터를 한 주기에 대하여 평균을 취함으로써 얻어지며 그 결과는

$$\langle\vec{S}\rangle=\left(\frac{\mu_o p_o^2\omega^4}{32\pi^2 c}\right)\frac{\sin^2\theta}{r^2}\hat{r} \tag{15.1.19}$$

와 같다. 식 (15.1.19)로부터 알 수 있듯이 $\theta=0$인 방향, 즉, 전기쌍극자의 방향과 나란한 방향($+z-$축 방향)으로의 에너지 방출은 "0"이다(그림 15.3 참조).

그림 15.3에서 $z-$축 상에 있는 화살표의 방향은 진동하는 전기쌍극자 모멘트의 방향을 나타낸 것이며, 그림 15.3은 참고자료 4에서 인용하였다.

한편, 방출되는 총출력(P)은 반경이 r인 구에 대하여 적분하면 얻어지며, 그 결과는

$$< P > = \int \langle \vec{S} \rangle \cdot d\hat{a} = \left(\frac{\mu_o {p_o}^2 \omega^4}{32\pi^2 c} \right) \int \frac{\sin^2\theta}{r^2} r^2 \sin\theta \, d\theta \, d\psi \tag{15.1.20}$$

$$= \left(\frac{\mu_o p_o^2}{12\pi c^2} \right) \omega^4 = \frac{1}{4\pi\epsilon_o} \frac{p_o^2 \omega^4}{3c^3}$$

$$= \frac{\omega^2 s^2}{6\pi\epsilon_o c^3} \frac{I_o^2}{2} \ (p_0 = sq_0,\ I_0 = \omega q_0)$$

이 된다.

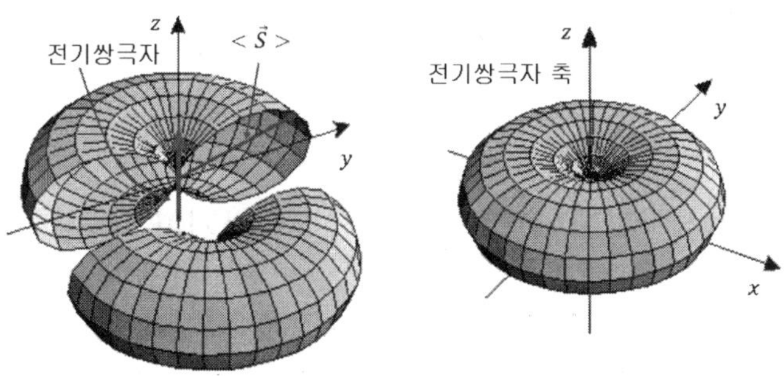

그림 15.3 전기쌍극자 복사의 세기 분포

식 (15.1.20)으로부터 알 수 있듯이 총출력은 반경에 무관한데, 이는 에너지 보존 법칙으로부터 기대하였던 바와 같다. 이를 두 도체구 사이에 흐르는 최대전류인 $I_0 = \omega q_0$로 표현하면

$$P = \frac{\omega^2 s^2}{6\pi\epsilon_0 c^3} \frac{I_0^2}{2} = \frac{2\pi}{3} \sqrt{\frac{\mu_0}{\epsilon_0}} \left(\frac{s}{\lambda}\right)^2 \frac{I_0^2}{2} \ (\lambda = 2\pi c/\omega,\ \ c = 1/\sqrt{\epsilon_0 \mu_0}\,) \tag{15.1.21}$$

와 같다. 이러한 복사출력을 유지하기 위해서는 신호원은 진동하는 전기쌍극자에 지속적으로 에너지를 공급해야 한다. 저항에 가해준 교류전류에 의해서 방출되는 평균 출력이 $P = \frac{1}{2} I_0^2 R$와 같으므로, 식 (15.1.21)은 다음과 같이 전기쌍극자의 방사저항 ($R_{방사}$)에 $\frac{1}{2} I_0^2$을 곱해준 것과 같다고 놓을 수 있다.

$$P = \frac{\pi}{3} \sqrt{\frac{\mu_0}{\epsilon_0}}\ I_0^2 \left(\frac{s}{\lambda}\right)^2 = \frac{1}{2} I_0^2 \left[\frac{2\pi}{3} \sqrt{\frac{\mu_0}{\epsilon_0}} \left(\frac{s}{\lambda}\right)^2\right] = \frac{1}{2} I_0^2 R_{방사} \tag{15.1.22}$$

따라서 진공에서의 방사저항은 다음과 같이 주어진다.

$$R_{방사} = \frac{2\pi}{3}\sqrt{\frac{\mu_0}{\epsilon_0}}\,(\frac{s}{\lambda})^2 = 789(\frac{s}{\lambda})^2\,[\Omega] \tag{15.1.23}$$

이러한 결과들을 얻는 과정에서 진동하는 전기쌍극자의 크기는 $s \ll \lambda$로 파장에 비하여 매우 작다고 가정하였기 때문에 복사저항이 매우 작다. 예를 들어 $s = 0.01\lambda$인 경우에 방사저항은 약 0.8[Ω]으로 매우 작다. 실용적인 측면에서, 방사출력은 열로서 나타나는 오옴성 손실에 의해 거의 사라지므로, 짧은 전기쌍극자는 매우 비효율적이다. 따라서 보다 실용적인 안테나는 보통 파장과 크기가 비슷하므로, 쌍극자 근사는 이 경우에 적합하지 않다. 따라서 보다 실용적인 안테나에 의한 방사에 대하여 알아보고자 한다.

15.1.2 선형안테나(반파장 안테나)에 의한 전자기파 방사

앞에서는 길이가 $s \ll \lambda$인 전기쌍극자에 의한 방사를 다루었는데, 방사저항이 매우 작아 전자기파를 효율적으로 방사하지 못한다. 이보다 실용적이며 효율적인 안테나는 파장과 비슷한 길이를 가지는 도선으로 된 안테나로, 이를 선형 쌍극자 안테나(linear dipole antenna)라고 부른다. 도선을 따라 흐르는 전류분포를 알면 이것을 벡터전위에 대한 적분식에 넣어 방사 전자기장을 구할 수 있지만, 안테나에 흐르는 정확한 전류분포는 알려져 있지 않다. 여기서는 도선 상의 전류분포가 도선의 양 끝에서 "0"이고 도선을 따라 공간적으로 코사인 형태로 흐르며, 안테나의 길이가 파장의 1/2인 반파장 안테나의 방사 특성에 대해 알아보고자 한다.

그림 15.4는 길이가 s이고 $z-$축과 나란히 놓인 곧고 가느다란 도선으로 된 안테나로, 중앙에 연결된 신호원에 의해 안테나에 전류가 흐른다. 이때 전류분포는 다음 식과 같은 형태를 하고 있다고 가정한다.

$$I(z',t) = I_0 \sin\omega t \cos(\frac{2\pi z'}{\lambda}) \quad (-\lambda/4 \le z' \le \lambda/4\,) \tag{15.1.24}$$

여기서 z'은 안테나의 중심으로부터 길이 방향의 거리이며, λ는 신호원의 주파수에 의해 결정되는 파장이다.

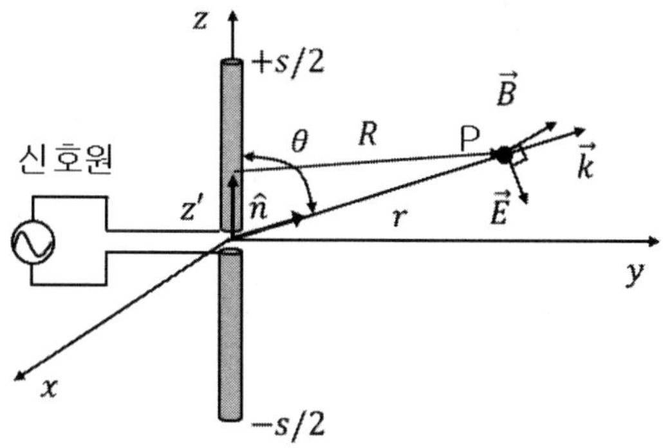

그림 15.4 중심에서 구동되는 선형안테나

반파장 안테나의 방사 특성은 기본적으로 매우 작은 전기쌍극자의 방사 특성을 이용하여 구하게 된다. 즉, 반파장 안테나를 매우 작은 전기쌍극자로 쪼갠 다음 각각의 전기쌍극자로부터의 방사특성을 중첩시켜 반파장 안테나의 방사 특성을 구하게 된다. 안테나가 진공 중에 놓여 있다고 가정하면, z'에 위치하면서 길이가 dz'인 전기쌍극자에 기인한 전기장(dE_θ)은 다음과 같다.

$$dE_\theta = \frac{I_0\,\omega}{4\pi\epsilon_0 Rc^2} sin\theta \cos\omega(t-\frac{R}{c})\cos(\frac{2\pi z'}{\lambda})dz' \quad (I_0 = q_0\omega) \qquad (15.1.25)$$

식 (15.1.25)는 전기쌍극자에 대해 앞에서 설명한 방법과는 다른 방법으로 설명한 보충 자료의 전기장에 대한 결과(보충설명 B의 식 (21))를 이용하였다. 다만, 안테나의 미소길이 (전기쌍극자의 간격 s에 해당) dz'에 기인한 전기장에서 $1/r$에 비례하는 항들만 남기고 나머지는 모두 무시하였다. 왜냐하면 방사영역에서 $1/r^2$ 이상의 차수에 관계되는 항들의 기여는 "0"이 되기 때문이다. 여기서 R은 dz'으로부터 관측점 P까지의 거리이다. 또한 1개의 전기쌍극자에 기인한 자기장은 아래와 같이 주어졌다.

$$\vec{B} = -\frac{\mu_o p_o \omega}{4\pi r}\left[\frac{\omega}{c}\sin\theta\cos\omega(t-r/c) + \frac{\sin\theta}{r}\sin\omega(t-r/c)\right]\hat{\phi} \qquad (15.1.17)$$

$$= -\frac{\mu_o q_o s\omega}{4\pi r}\left[\frac{\omega}{c}\sin\theta\cos\omega(t-r/c) + \frac{1}{r}\sin\omega(t-r/c)\right]\hat{\phi}$$

$$= \frac{\mu_o I_o s}{4\pi c}\left(\frac{\sin\theta}{r}\right)\cos\omega(t-r/c)\hat{\phi} \ (I_0 = -q_0\omega)$$

식 (15.1.17)의 오른쪽 둘째 줄에서 $1/r^2$ 비례하는 항을 무시하면 안테나의 미소 길이 dz' 에 기인한 자기장(dB_ϕ)은

$$dB_\phi = \frac{\mu_0}{4\pi}\frac{I_0\omega}{Rc} sin\theta\cos\omega(t-\frac{R}{c})\cos(\frac{2\pi z'}{\lambda})dz' \qquad (15.1.26)$$

와 같이 얻어진다. 식 (15.1.25~26)으로부터 전체 전기장과 자기장을 구하는데 필요한 적분은 다음과 같은 적분을 수행하는 것과 같다. 즉,

$$K = \int_{-\pi/2}^{\pi/2} \frac{1}{R} cos\omega(t-\frac{R}{c})\cos(u)du \qquad (15.1.27)$$

여기서 $u = 2\pi z'/\lambda$ 이다. 또한 $R = r - z'\cos\theta$ 이지만 방사영역에 대해 r 은 매우 크므로, $z'\cos\theta$ 은 무시할 정도로 작다. 따라서 식 (15.1.27)의 적분인자로 나오는 $1/R$ 과 $\cos\omega(t-R/c)$ 은 근사적으로 다음과 같이 표현된다.

$$\frac{1}{R} = \frac{1}{r - z'\cos\theta} \simeq \frac{1}{r} \qquad (15.1.28)$$

$$\cos\omega(t-\frac{R}{c}) = \cos\omega(t-\frac{r-z'\cos\theta}{c}) = \cos[\omega(t-\frac{r}{c}) + \frac{\omega z'}{c}cos\theta] \qquad (15.1.29)$$

$$= \cos[\omega(t-\frac{r}{c}) + \frac{2\pi f z'}{f\lambda}cos\theta]$$

$$= \cos[\omega(t-\frac{r}{c}) + \frac{2\pi z'}{\lambda}cos\theta] = \cos[\omega(t-\frac{r}{c}) + ucos\theta]$$

식 (15.1.28~29)를 사용하면 식 (15.1.27)은 다음과 같이 표현된다.

$$K = \frac{1}{r}\int_{-\pi/2}^{\pi/2} \cos[\omega(t-\frac{r}{c}) + u\cos\theta]\cos(u)du \qquad (15.1.30)$$

$\cos(\alpha+\beta) = \cos\alpha\cos\beta - \sin\alpha\sin\beta$ 을 이용하여 식 (15.1.30)의 적분인자인 코사인 항을 풀어쓰면 다음과 같다.

$$K = \frac{1}{r}cos\omega(t-\frac{r}{c})\int_{-\pi/2}^{\pi/2} \cos(u\cos\theta)\cos u du \qquad (15.1.31)$$

$$-\frac{1}{r}sin\omega(t-\frac{r}{c})\int_{-\pi/2}^{\pi/2} \sin(u\cos\theta)\cos u du$$

식 (15.1.31)의 둘째 항은 “0”이 되며, 첫째 항을 적분한 결과는 다음과 같으며, 적분 과정은 보충 자료에서 나타내었다.

$$K = \frac{2}{r} cos\omega(t - \frac{r}{c}) \frac{\cos[(\pi/2)\cos\theta]}{\sin^2\theta} \qquad (15.1.32)$$

식 (15.1.32)를 이용하여 전기장과 자기장에 대한 결과를 쓰면 다음과 같다.

$$E_\theta = \frac{I_0}{2\pi\epsilon_0 rc} cos\omega(t - \frac{r}{c}) \frac{\cos[(\pi/2)\cos\theta]}{\sin\theta} \qquad (15.1.33)$$

$$B_\theta = \frac{\mu_0 I_0}{2\pi r} cos\omega(t - \frac{r}{c}) \frac{\cos[(\pi/2)\cos\theta]}{\sin\theta}$$

이로부터 포인팅 벡터의 전체 평균값은 다음과 같다.

$$< P > = \frac{1}{4\pi}\sqrt{\frac{\mu_0}{\epsilon_0}}\, I_0^2 \int_0^\pi \frac{\cos^2[(\pi/2)\cos\theta]}{\sin^2\theta} sin\theta d\theta \qquad (15.1.34)$$

식 (15.1.34)에 대한 적분은 무한급수 또는 수치적분을 이용하여 계산되며, 진공 중에서 진행하는 전자기파에 대한 결과는 다음과 같다.

$$< P > = 73.1\frac{I_0^2}{2}[\Omega] \qquad (15.1.35)$$

반파장안테나에 대한 설명은 전류분포를 가정하고 전기장과 자기장을 계산하였는데, 실제의 반파장안테나는 안테나의 중앙에 연결된 신호원에 의해 주기적으로 변하는 전류나 전압에 의해 작동된다. 즉, 신호원에서 공급하는 신호에 따라 시간에 의존하는 전하와 전류분포에 의해 전기장과 자기장이 발생한다. 전하나 전류분포에 대한 정확한 정보를 얻는 것은 매우 복잡하지만, 지금까지 근삿값을 이용하여 얻은 결과는 ~% 범위 내에서 정확하다.

15.1.3 자기쌍극자에 의한 전자기파 방사

그림 15.5와 같이 반지름이 a 인 원형 고리에 지연 교류전류 $I(t_r) = I_0\cos(\omega t_r)$ 가 흐르며, 원형 고리의 중심은 좌표계의 원점과 일치하고 관측점 P는 $xz-$평면 위에 있다고 가정한다.

$$I(t_r) = I_0 \cos(\omega t_r) = I_0 \cos\omega(t - s/c) \quad (t_r = t - s/c) \tag{15.1.36}$$

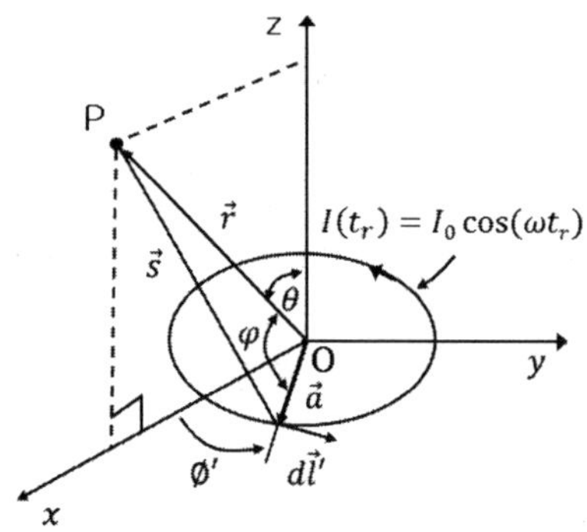

그림 15.5 반경이 a 이면서 전류 $I(t_r) = I_0 \cos(\omega t_r)$ 가 흐르는 전류고리

이는 일종의 진동하는 자기쌍극자와 같은 역할을 하며, 자기쌍극자 모멘트는 다음과 같다.

$$\vec{m}(t_r) = \pi a^2 I(t_r)\hat{k} = m_0 \cos(\omega t_r)\hat{k} \tag{15.1.37}$$

여기서 $m_0 = \pi a^2 I_0$ 는 자기쌍극자 모멘트의 최댓값이다. 우리의 관심사는 관측자가 자기쌍극자로부터 매우 멀리 떨어진 방사영역(radiation zone)에 있다. 따라서 ⓐ $a \ll r$(이상적인 쌍극자 조건), ⓑ $a \ll \lambda$, ⓒ $r \gg \lambda$(방사영역)의 조건을 만족하는 영역에 제한을 두고 설명하고자 한다. 원형 고리에 흐르는 전류와 관련하여 전하밀도는 "0"이므로 전하에 기인한 지연 스칼라 전위 $\psi(\vec{r},t) = 0$ 이므로 $\vec{\nabla}\psi(\vec{r},t) = 0$ 이며, 지연 벡터 전위는 다음과 같다.

$$\vec{A}(\vec{r},t) = \frac{\mu_0}{4\pi}\int \frac{I_0 \cos[\omega(t - s/c)]}{s} d\vec{l}' \quad (d\vec{l}' = a\,d\phi'\hat{\phi}) \tag{15.1.38}$$

식 (15.1.38)로부터 지연 벡터 전위의 방향은 x-축으로부터의 회전각을 나타내는 ϕ 의 증가 방향인 $\hat{\phi}$ 임을 알 수 있다. 편리상 관측점은 x-축 바로 위에 위치하므로, x-축에 대칭인 고리의 양쪽에 놓인 전류 요소 $I(t)d\vec{l}'$ 로 인하여 $\vec{A}(\vec{r},t)$ 의 x-성분은 서로 상쇄되고, y-성분만 남기 때문에 식 (15.1.38)은 다음과 같이 표현된다.

$$\vec{A}(\vec{r},t) = \frac{\mu_0 I_0 a}{4\pi}\hat{j}\int_0^{2\pi} \frac{\cos[\omega(t - s/c)]}{s}\cos\phi'\,d\phi' \tag{15.1.39}$$

미소 전류 요소 $d\vec{l}'$ 으로부터 관측점까지의 거리 s 는 코사인 법칙을 이용하여 표현하면 다음과 같다.

$$s = \sqrt{r^2 + a^2 - 2ra\cos\varphi} \tag{15.1.40}$$

여기서 φ 는 벡터 $\vec{r}$ 과 $\vec{a}$ 사이의 각이며, 단위벡터를 사용하여 벡터 $\vec{r}$ 과 $\vec{a}$ 를 표현하면 다음과 같다.

$$\vec{r} = r\sin\theta\,\hat{i} + rcos\theta\,\hat{k}\,, \qquad \vec{a} = a\cos\phi'\,\hat{i} + a\sin\phi'\,\hat{j} \tag{15.1.41}$$

따라서 $ra\cos\varphi = \vec{r}\cdot\vec{a} = ra\sin\theta\cos\phi'$ 와 같으므로, 식 (15.1.40)은 다음과 같이 표현된다.

$$s = \sqrt{r^2 + a^2 - 2ra\sin\theta\cos\phi'} \tag{15.1.42}$$

방사영역에 대한 조건 중의 하나인 이상적인 쌍극자(점모양의 쌍극자)을 적용하면, s 에 대한 값은 다음과 같이 근삿값으로 표현된다. $a \ll r$ 이면, $a/r \ll 1$와 같다. 따라서 식 (15.1.42)를 아래의 테일러 급수전개를 이용하여 급수전개하고, 1차 항만을 남기면 다음과 같이 표현된다. 참고로 $x \ll 1$ 이면 $\sqrt{1-x} \simeq 1 - \frac{1}{2}x$ 의 근삿값으로 표현된다.

※ $(1+x)^p = 1 + px + \frac{1}{2!}p(p-1)x^2 + \frac{1}{3!}p(p-1)(p-2)x^3 + \cdots \ |x| < 1$

$$s = \sqrt{r^2 + a^2 - 2ra\cos\varphi} = r[1 + \frac{a^2}{r^2} - \frac{2a\cos\varphi}{r}]^{1/2} \tag{15.1.43}$$

$$\simeq r[1 - \frac{2a\cos\varphi}{r}]^{1/2} \simeq r(1 - \frac{a}{r}sin\theta\cos\phi')$$

한편, $x \ll 1$ 이면, $\frac{1}{1-x} \simeq 1 + x$ 의 근삿값으로 표현되므로, $1/s$ 는 다음과 값이 근삿값으로 표현된다.

$$\frac{1}{s} \simeq \frac{1}{r}[1 + \frac{a}{r}sin\theta\cos\phi'] \tag{15.1.44}$$

또한 식 (15.1.39)에서의 적분인자인 $\cos[\omega(t - s/c)]$ 는 다음과 같이 표현된다.

$$\cos[\omega(t-s/c)] \simeq \cos[\omega(t-r/c) + \frac{\omega a}{c} sin\theta \cos\phi' \tag{15.1.45}$$

$$= \cos[\omega(t-r/c)]\cos(\frac{\omega a}{c} sin\theta \cos\phi')$$

$$- \sin[\omega(t-r/c)]\sin(\frac{\omega a}{c} sin\theta\cos\phi')$$

우리가 관심있는 방사영역에 대해 $a \ll \lambda$ 이며 $\lambda \ll r$ 이므로 $a \ll \lambda \ll r$ 이다. 전기쌍극자에서와 같이 발생하는 전자기파의 파장보다 원형고리의 반지름이 훨씬 더 작다고 가정하자. 즉 $a \ll \frac{c}{\omega}$ 이면 $\frac{\omega a}{c} \ll 1$ 이다. 따라서 식 (15.1.45)의 둘째 줄에 나오는 $\cos(\frac{\omega a}{c} sin\theta \cos\phi') \simeq 1$ 이 된다. 또한 θ 의 값이 작은 경우에 근사적으로 $\sin\theta \simeq \theta$ 와 같이 표현되므로, $\sin(\frac{\omega a}{c} sin\theta \cos\phi') \simeq \frac{\omega a}{c} sin\theta \cos\phi'$ 와 같이 쓸 수 있어, 식 (15.1.45)는 다음과 같이 표현된다.

$$\cos\omega(t-s/c)] \simeq \cos[\omega t - r/c)] - \frac{\omega a}{c} sin\theta \cos\phi' \sin[\omega(t-r/c)] \tag{15.1.46}$$

식 (15.1.44)와 식 (15.1.46)을 식 (15.1.39)에 넣고 정리하면 다음과 같다.

$$\vec{A}(\vec{r},t) \simeq \frac{\mu_0 I_0 a}{4\pi r}\hat{j}\int_0^{2\pi} \left\{ \begin{matrix} \cos[\omega(t-r/c)] + a\sin\theta\cos\phi' \\ \times(\frac{1}{r} cos[\omega(t-r/c)] - \frac{\omega}{c} sin[\omega(t-r/c)]) \end{matrix} \right\} \cos\phi' \, d\phi' \tag{15.1.47}$$

그런데, $\int_0^{2\pi} \cos\phi' d\phi' = 0$, $\int_0^{2\pi} \cos^2\phi' d\phi' = \pi$ 이므로, 이를 식 (15.1.47)에 적용하면 첫 항은 "0"이 되고, 둘째 항은 다음과 같이 정리된다.

$$\vec{A}(\vec{r},t) \simeq \frac{\mu_0 m_0}{4\pi}(\frac{\sin\theta}{r})\left\{\frac{1}{r} cos[\omega(t-r/c)] - \frac{\omega}{c} sin[\omega(t-r/c)]\right\}\hat{\phi} \tag{15.1.48}$$

여기서 $m_0 = \pi a^2 I$ 이다. 관측점이 $xz-$평면 위에 있다고 가정하여 계산하였을 때, 지연 벡터 전위의 방향이 식 (15.1.47)에서와 같이 y-축 방향을 나타내는 단위벡터 $\hat{j}$ 로 표현되지만, 일반적으로는 식 (15.1.48)과 같이 ϕ 의 증가 방향인 $\hat{\phi}$ 로 표현된다. 자기쌍극자가 진동하지 않는 정적인 경우, 즉 $\omega = 0$ 이면 식 (15.1.48)은 정적인 자기쌍극자에 대한 벡터 전위로 아래와 같다.

$$\vec{A}(\vec{r},\theta) \simeq \frac{\mu_0}{4\pi}\left(\frac{m_0 \sin\theta}{r^2}\right)\hat{\phi} \tag{15.1.49}$$

앞에서 설명한 바와 같이 우리의 관심사는 방사영역에서의 지연 벡터 전위인데, 방사영역에서 $\frac{c}{\omega} << r$(또는 $\frac{\omega}{c} \gg \frac{1}{r}$)이므로, 식 (15.1.48)에서 괄호 안의 첫 항은 둘째 항의 비하여 무시할 수 있으므로 지연 벡터 전위는 다음과 같이 표현된다.

$$\vec{A}(\vec{r},t) \simeq -\frac{\mu_0 m_0 \omega}{4\pi c}\left(\frac{\sin\theta}{r}\right)\sin[\omega(t-r/c)]\hat{\phi} \tag{15.1.50}$$

지연 벡터 전위를 이용하여 방사영역에서의 전기장을 구하면

$$\vec{E}(\vec{r},t) = -\frac{\partial \vec{A}}{\partial t} = \frac{\mu_0 m_0 \omega^2}{4\pi c}\left(\frac{\sin\theta}{r}\right)\cos[\omega(t-\frac{r}{c})]\hat{\phi} \tag{15.1.51}$$

와 같다. 계산의 편리를 위하여 방사영역에서의 자기장은

$$\vec{B}(\vec{r},t) = \vec{\nabla}\times\vec{A} = \frac{1}{r\sin\theta}\left[\frac{\partial}{\partial\theta}(\sin\theta A_\phi - \frac{\partial A_\theta}{\partial\phi}\right]\hat{r} + \frac{1}{r}\left[\frac{1}{\sin\theta}\frac{\partial A_r}{\partial\theta} \tag{15.1.52}$$

$$-\frac{\partial}{\partial r}(rA_\phi\right]\hat{\theta} + \frac{1}{r}\left[\frac{\partial}{\partial r}(rA_\theta) - \frac{\partial A_r}{\partial\theta}\right]\hat{\phi}$$

와 같이 구 좌표계를 이용하여 구할 수 있다. 식 (15.1.50)으로부터 알 수 있듯이 $A_\theta = A_r = 0$이며, 식 (15.1.50)을 식 (15.1.52)에 대입하여 정리하면 다음과 같다.

$$\vec{B}(\vec{r},t) \simeq -\frac{\mu_0 m_0 \omega}{4\pi c r}\left\{2\left(\frac{1}{r}\right)\cos\theta\sin[\omega(t-r/c)]\hat{r} + \left(\frac{\omega}{c}\right)\sin\theta\cos[\omega(t-r/c)]\right\}\hat{\theta} \tag{15.1.53}$$

여기서도 방사영역에 대한 조건인 $\frac{\omega}{c} \gg \frac{1}{r}$을 적용하면, 식 (15.1.53)의 괄호 안의 첫 항은 둘째 항에 비하여 무시할 수 있으므로 자기장은 다음과 같다.

$$\vec{B}(\vec{r},t) \simeq -\frac{\mu_0 m_0 \omega^2}{4\pi c^2}\left(\frac{\sin\theta}{r}\right)\cos[\omega(t-r/c)]\hat{\theta} \tag{15.1.54}$$

전기장에 대한 식 (15.1.51)과 자기장에 대한 식 (15.1.54)를 비교하여 보면,

$\cos[\omega(t-r/c)]$ 로 표현되어 위상($\omega(t-r/c)$)이 같고 서로 직교($\hat{\phi}\perp\hat{\theta}$)하며, 진행 방향($\hat{r}$)과도 직교하면서 진폭의 비가 $E_0/B_0=c$ 임을 알 수 있는데, 이는 전자기파의 성질과 일치한다. 한편, 구 좌표계의 단위벡터들에 대해 벡터 곱을 해주면, $\hat{r}\times\hat{\theta}=\hat{\phi}$, $\hat{\phi}\times\hat{r}=\hat{\theta}$ 그리고 $\hat{\theta}\times\hat{\phi}=\hat{r}$와 같고, $E_0/B_0=c$ 이므로 자기장과 전기장을 다음과 같이 표현할 수 있다.

$$\vec{B}(\vec{r},t)=\frac{1}{c}\hat{r}\times\vec{E}(\vec{r},t) \tag{15.1.55}$$

식 (15.1.50, 51, 54)로부터 $\theta=0$와 $\theta=\pi$인 z-축을 따라, 지연 벡터 전위, 전기장 및 자기장이 모두 "0"이 된다는 것을 알 수 있다. 한편 진공인 방사영역에서 진동하는 자기쌍극자에 의하여 방사된 전자기 에너지는 포인팅 벡터로 주어지며, 다음과 같다.

$$\vec{S}(\vec{r},t)=\frac{1}{\mu_0}\vec{E}\times\vec{B}\simeq-\frac{1}{\mu_0}\frac{\mu_0^2m_0^2\omega^4}{16\pi^2c^3}(\frac{\sin^2\theta}{r^2})\cos^2[\omega(t-r/c)]\hat{\phi}\times\hat{\theta} \tag{15.1.56}$$

$$\simeq\frac{\mu_0m_0^2\omega^4}{16\pi^2c^3}(\frac{\sin^2\theta}{r^2})\cos^2[\omega(t-r/c)]\hat{r}$$

식 (15.1.56)에서 $\hat{\phi}\times\hat{\theta}=-\hat{r}$ 이 사용되었다. 한 주기에 대한 $\cos^2[\omega(t-r/c)]$ 의 평균값은 1/2이므로, 식 (15.1.56)으로 표현된 포인팅 벡터의 평균값 $<\vec{S}>$ 은

$$<\vec{S}(\vec{r},t)>=(\frac{\mu_0m_0^2\omega^4}{32\pi^2c^3})\frac{\sin^2\theta}{r^2}\hat{r}\ \ (Watts/m^2) \tag{15.1.57}$$

와 같다. 그러므로, 총 방사 일률(<P>)은 다음과 같다.

$$<P>=\int_S<\vec{S}(\vec{r},t)>\cdot d\vec{a}_\perp \tag{15.1.58}$$

$$=\int_S(\frac{\mu_0m_0^2\omega^4}{32\pi^2c^3})\frac{\sin^2\theta}{r^2}\hat{r}\cdot r^2\sin\theta d\theta d\phi$$

$$\equiv (\frac{\mu_0 m_0^2 \omega^4}{32\pi^2 c^3}) \int_{\theta=0}^{\theta=\pi} \int_{\phi=0}^{\phi=2\pi} \sin^2\theta \sin\theta d\theta d\phi$$

$$= \frac{\mu_0 m_0^2 \omega^4}{12\pi c^3} \ (Watts)$$

식 (15.1.58)에서 $\vec{da}_{\perp}$은 반경 r인 구 표면에 수직한 미소면적을 나타낸 것으로 $\vec{da}_{\perp} = r^2 \sin\theta d\theta d\phi \hat{r}$와 같으며, 총 방사 일률은 ω^4에 비례한다.

방사영역에서 진동하는 전기쌍극자와 자기쌍극자에 의한 복사에너지의 세기 분포는 식 (15.1.19)와 식 (15.1.57)의 비교로부터 서로 같다는 것을 알 수 있다. 진동하는 전기쌍극자와 자기쌍극자의 총 방사 일률의 상대적 크기는 다음과 같다.

$$\frac{< P_{자기} >}{< P_{전기} >} = \frac{\mu_0 m_0^2 \omega^4 / 12\pi c^3}{p_o^2 \omega^4 / 12\pi \epsilon_0 c^3} = (\frac{m_0}{p_0 c})^2 \tag{15.1.59}$$

여기서 $p_0 = q_0 s$, $m_0 = \pi a^2 I_0$이다. 자기쌍극자에 흐르는 전류의 진폭을 $I_0 = q_0 \omega$, $s = \pi a$로 두면, 두 일률의 비는 다음과 같다.

$$\frac{< P_{자기} >}{< P_{전기} >} = (\frac{m_0}{p_0 c})^2 = (\frac{\pi a^2 q_0 \omega}{q_0 s c})^2 = (\frac{s a q_0 \omega}{q_0 s c})^2 = (\frac{\omega a}{c})^2 \tag{15.1.60}$$

그런데 방사영역에 대한 조건에서 $a \ll \frac{c}{\omega}$이므로, $\omega a \ll c$이다. 따라서 $\omega a / c \ll 1$이 되는데, 이를 제곱하면 매우 작은 값이 된다. 이로부터 전기쌍극자의 방사일률이 자기쌍극자에 의한 방사 일률보다 매우 크다는 것을 알 수 있으며, 이 때문에 모든 상업용 라디오나 텔레비전 방송국에서는 전기쌍극자를 이용하여 방송하는 것이다.

15.1.4 임의의 원천에서 나오는 전자기파 방사

지금까지는 진동하는 전기쌍극자와 자기쌍극자가 발생하는 전자기파의 특성에 대해 알아보았다. 여기서는 원점 근처의 유한한 체적 V_1 내에 존재하는 국소화된 전하-전류분포에 기인한 전자기파의 방사에 대해서 알아보되, 다음과 같이 3가지 조건을 만족하는 영역에 제한을 두고 설명하고자 한다. 즉, ⓐ 원천으로부터 관측점 P까지 정보가 전달되는 시간 동안에, 전하-전류분포는 체적 V_1 내에 존재한다. ⓑ 체적 V_1 의 차원(예를 들면 각 변의 길이)은 원천으로부터 관측점 P까지의 거리 s 에 비해 작다. ⓒ 체적 V_1 의 차원은 방출된 전자기파의 주요 파장에 비하여 작다. 이러한 제한 조건들은 광속에 비해 전하들은 천천히 움직인다는 의미를 내포하고 있으며, 전하들은 진공 중에서 움직인다고 가정한다.

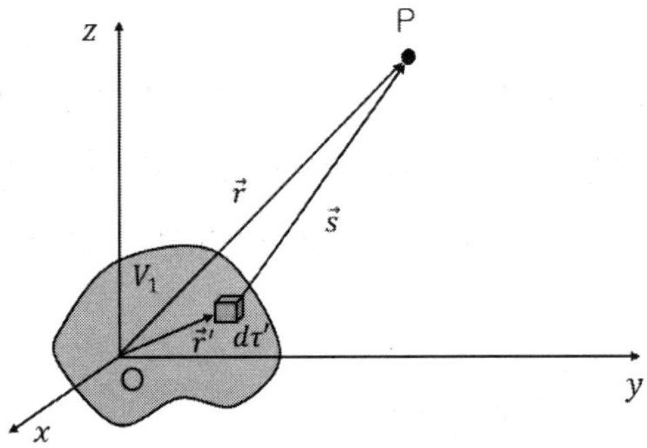

그림 15.6 원점 근처의 체적 V_1 내에 존재하는 전하-전류분포

임의의 국소화된 전하밀도 $\rho(\vec{r}\,', t_r)$에 기인한 지연전위는

$$\psi_r(\vec{r},t) = \frac{1}{4\pi\epsilon_0}\int_{V_1}\frac{\rho(\vec{r}\,', t_r)}{s}d\tau' \qquad (t_r = t - s/c) \tag{15.1.61}$$

$$= \frac{1}{4\pi\epsilon_0}\int_{V_1}\frac{\rho(\vec{r}\,', t - s/c)}{s}d\tau'$$

와 같으며, 원천(전하)으로부터 관측점까지의 거리(s)는

$$s = \sqrt{r^2 + r'^2(t_r) - 2\vec{r}\cdot\vec{r}\,'(t_r)} = r\sqrt{1 + [\frac{r'(t_r)}{r}]^2 - \frac{2\vec{r}\cdot\vec{r}\,'(t_r)}{r^2}} \tag{15.1.62}$$

와 같다. 원점에서 관측점까지의 거리 r 이 국소화된 전하/전류분포로부터 매우 멀리 떨어져 있으므로, $r'_{\max} << r$, 즉 $r'_{\max}/r \ll 1$이 된다. 앞에서와 같이 식 (15.1.62)를 급수전개하여 r'/r 에 1차 비례하는 항만을 남기면 근삿값은 다음과 같다.

$$s \simeq r(1 - \frac{\vec{r}\cdot\vec{r}\,'(t_r)}{r^2}) = r(1 - \frac{\hat{r}\cdot\vec{r}\,'(t_r)}{r})$$

$$\rightarrow \ \frac{1}{s} \simeq \frac{1}{r}(1+\frac{\vec{r}\cdot\vec{r}'(t_r)}{r^2}) = \frac{1}{r}(1+\frac{\hat{r}\cdot\vec{r}'(t_r)}{r}) \tag{15.1.63}$$

이러한 근삿값을 사용하여 식 (15.1.61)의 적분인자인 전하밀도를 표현하면 다음과 같다.

$$\rho(\vec{r}', t_r) = \rho(\vec{r}', t-s/c) \simeq \rho(\vec{r}', t-\frac{r}{c}+\frac{\hat{r}\cdot\vec{r}'(t_r)}{c}) \tag{15.1.64}$$

원점에서의 지연시각을

$$t_0 = t-\frac{r}{c} \tag{15.1.65}$$

와 같이 정의하고, ρ를 t에 대해 식 (15.1.66)과 같이 표현되는 테일러 급수전개한 결과는 식 (15.1.67)과 같다.

$$f(x) = f(x_0)+(\frac{df}{dx})_{x=x_0}(x-x_0)+\frac{1}{2!}(\frac{d^2f}{dx^2})_{x=x_0}(x-x_0)^2 \tag{15.1.66}$$

$$+\cdot\cdot\cdot\cdot+\frac{1}{k!}(\frac{d^kf}{dx^k})_{x=x_0}(x-x_0)^k+\cdot\cdot\cdot$$

$$\rho(\vec{r}', t_r) = \rho(\vec{r}', t_0)+\dot{\rho}(\vec{r}', t_0)[\frac{\hat{r}\cdot\vec{r}'}{c}]+\frac{1}{2!}\ddot{\rho}(\vec{r}', t_0)[\frac{\hat{r}\cdot\vec{r}'}{c}]^2 \tag{15.1.67}$$

$$+\frac{1}{3!}\dddot{\rho}(\vec{r}', t_0)[\frac{\hat{r}\cdot\vec{r}'}{c}]^3+\cdot\cdot\cdot$$

여기서 $\dot{\rho}(\vec{r}', t_0) = \dfrac{d\rho(\vec{r}', t_0)}{dt_r}$을 의미하며, 식 (15.1.68)과 같은 조건에서는 $\dot{\rho}(\vec{r}', t_0)$보다 높은 차수의 항들은 모두 무시할 수 있다.

$$r'_{\max} \ll \frac{c}{|\ddot{\rho}/\dot{\rho}|}\ ,\ \frac{c}{|\dddot{\rho}/\dot{\rho}|^{1/2}},\ \frac{c}{|\ddddot{\rho}/\rho|^{1/3}} \tag{15.1.68}$$

하나의 각 진동수 ω로 진동하는 계에서, 식 (15.1.68)에 대한 비율은 각각 $\dfrac{c}{\omega}$와 같다. 즉, $\dfrac{c}{|\ddot{\rho}/\dot{\rho}|} = \dfrac{c}{\omega}$ 이므로, $r'_{\max} = d \ll \dfrac{c}{\omega}$이면, $[\dfrac{\omega d}{c}] \ll 1$가 되어 $r'_{\max} \ll \dfrac{c}{\omega}$

($\dfrac{\omega r'_{\max}}{c} \ll 1$)이 되는데, 이는 우리가 관심있는 영역에 대한 조건인 ⓒ에 부합한다.

따라서 2가지 근삿값에 대한 조건인 $\dfrac{r'_{\max}}{r} \ll 1$과 $\dfrac{\omega r'_{\max}}{c} \ll 1$은 "$r'$에 대해 1차항만 남기는 것"에 해당한다.

식 (15.1.63)과 식 (15.1.67)을 지연전위에 대한 식 (15.1.61)에 대입하고, 2차 이상의 높은 차수의 항들을 무시하면 다음과 같은 결과를 얻는다.

$$\psi_r(\vec{r},t) \simeq \frac{1}{4\pi\epsilon_0 r}\left\{\int_{V_1}\rho(\vec{r}',t_0)d\tau' + [\frac{\hat{r}}{r}]\cdot\int_{V_1}\vec{r}'(t_0)\rho(\vec{r}',t_0)d\tau' \right. \tag{15.1.69}$$

$$\left. +[\frac{\hat{r}}{c}]\cdot\frac{d}{dt}\int_{V_1}\vec{r}'(t_0)\rho(\vec{r}',t_0)d\tau'\right\}$$

식 (15.1.69)에서 오른쪽 괄호 안의 첫 항에 대한 적분값은 시각 t_0에서의 총 전하 Q가 되는데, 전하는 보존되므로 시간에 대해 불변이다. 괄호 안의 나머지 두 적분값은 시각 t_0에서의 전기쌍극자 모멘트와 이에 대한 시간 미분을 나타낸다. 따라서 식 (15.1.69)는 다음과 같이 표현된다.

$$\psi_r(\vec{r},t) \simeq \frac{1}{4\pi\epsilon_0}\left\{\frac{Q(t_0)}{r} + \frac{\hat{r}\cdot\vec{p}(t_0)}{r^2} + \frac{\hat{r}\cdot\dot{\vec{p}}(t_0)}{cr}\right\} \tag{15.1.70}$$

전하가 정지해 있는 경우, 식 (15.1.70)의 처음 두 항은 ψ를 다중극 전개했을 때의 전하와 쌍극자 분포에 해당하며, 셋째 항은 "0"이 된다.

한편, 임의의 국소화된 전류밀도 $\vec{J}(\vec{r}', t-s/c)$에 기인한 관측점 P에서의 지연 벡터 전위 $\vec{A}$는 다음과 같다.

$$\vec{A}_r(\vec{r},t) = \frac{\mu_0}{4\pi}\int_{V_1}\frac{\vec{J}(\vec{r}', t-s/c)}{s}d\tau' \tag{15.1.71}$$

원천은 원점 근처에 국소화되어 있어 $r' \ll r$의 조건을 사용하여 적분함수를 r'에 대해 1차 근사하면, s를 r로 바꾸어도 되므로 식 (15.1.71)의 s를 r로 치환하면 방사영역에서 근삿값으로 주어진 지연 벡터 전위는 다음과 같이 표현된다.

$$\vec{A}_r(\vec{r},t) \simeq \frac{\mu_0}{4\pi r}\int_{V_1} \vec{J}(\vec{r}\,', t_0)d\tau' \tag{15.1.72}$$

체적 V_1 안에 존재하는 국소화된 전류분포에 대한 식 (15.1.72)에 대한 적분결과는

$$\int_{V_1} \vec{J}(\vec{r}\,', t-s/c)d\tau' = \frac{d\vec{p}(\vec{r},t)}{dt} = \dot{\vec{p}}(\vec{r},t) \tag{15.1.73}$$

와 같이 쌍극자 모멘트의 시간 미분과 같으므로, 식 (15.1.73)은 다음과 같이 표현된다. 식 (15.1.73)이 얻어지는 과정은 보충 자료에서 자세히 설명하였다.

$$\vec{A}_r(\vec{r},t) \simeq [\frac{\mu_0}{4\pi}]\frac{\dot{\vec{p}}(\vec{r},t)}{r} \tag{15.1.74}$$

이처럼 방사영역에서의 지연전위인 식 (15.1.70)과 지연 벡터 전위인 식 (15.1.74)가 얻어졌다. 따라서 이들을 이용하여 방사영역에서의 지연 전기장($\vec{E}_r(\vec{r},t)$과 자기장 $\vec{B}_r(\vec{r},t)$은

$$\vec{E} = -\vec{\nabla}\psi - \frac{\partial\vec{A}}{\partial t}\ ,\ \vec{B} = \vec{\nabla}\times\vec{A} \tag{15.1.75}$$

을 이용하여 구할 수 있다. 우리의 관심은 원천에서 멀리 떨어져도, 그 효과가 남아있는 방사영역에서의 전자기파이므로 $\vec{E}$와 $\vec{B}$가 $1/r$에 비례하는 항들만 남기고, $1/r^2$, $1/r^3$, $1/r^4$ · · · 에 비례하는 항들은 모두 무시한다. 원천에서 발생된 전자기파가 진공 중에서 진행하면서 에너지의 손실이 없다고 하더라도 원천에서 멀리 떨어진 방사영역까지 전자기파가 전달하기 위해서는 $\vec{E}$와 $\vec{B}$에서 $1/r^2$이상의 항들에 의한 기여는 무시해야 된다. 왜냐하면, 구의 표면적은 r^2에 비례하여 증가하는 데, $1/r^2$이상의 항들에 의한 기여가 있으면 에너지의 감소가 심하여 방사영역까지 전달되는 에너지가 존재하지 않기 때문이다. 식 (15.1.70)의 첫 항의 전하에 기인하는 전기장

$$\vec{E} = \frac{1}{4\pi\epsilon_0}\frac{Q}{r^2}\hat{r} \tag{15.1.76}$$

은 전자기파의 방사와는 관계가 없다. 방사되는 전자기파는 $\rho(\vec{r}\,', t_0)$와 $\vec{J}(\vec{r}\,', t_0)$에

대해 테일러급수 전개한 항들로부터 나오므로, $\rho(\vec{r}\,', t_0)$와 $\vec{J}(\vec{r}\,', t_0)$의 변수 t_0를 미분하여야 한다. 식 (15.1.65)에서

$$\vec{\nabla} t_0 = -\frac{1}{c}\vec{\nabla} r = -\frac{1}{c}\hat{r} \tag{15.1.77}$$

이다. 따라서

$$\vec{\nabla}\psi_r \simeq \vec{\nabla}\left[\frac{1}{4\pi\epsilon_0}\frac{\hat{r}\cdot\dot{\vec{p}}(t_0)}{rc}\right] \simeq \frac{1}{4\pi\epsilon_0}\left[\frac{\hat{r}\cdot\ddot{\vec{p}}(t_0)}{rc}\right]\vec{\nabla} t_0 \tag{15.1.78}$$

$$= -\frac{1}{4\pi\epsilon_0 c^2}\left[\frac{\hat{r}\cdot\ddot{\vec{p}}(t_0)}{r}\right]\hat{r} = -\frac{\mu_0}{4\pi}\left[\frac{\hat{r}\cdot\ddot{\vec{p}}(t_0)}{r}\right]\hat{r}$$

$$\frac{\partial\vec{A}}{\partial t} \simeq \frac{\mu_0}{4\pi}\frac{\ddot{\vec{p}}(t_0)}{r} \tag{15.1.79}$$

식 (15.1.78)과 식 (15.1.79)를 식 (15.1.75)에 대입하여 방사영역에서의 전기장 $\vec{E}_r(\vec{r},t)$를 구하면 다음과 같다.

$$\vec{E}_r(\vec{r},t) \simeq \frac{\mu_0}{4\pi}\left[\frac{\hat{r}\cdot\ddot{\vec{p}}(t_0)}{r}\right]\hat{r} - \frac{\mu_0}{4\pi}\frac{\ddot{\vec{p}}(t_0)}{r} \tag{15.1.80}$$

$$\simeq \frac{\mu_0}{4\pi r}[(\hat{r}\cdot\ddot{\vec{p}}(t_0))\hat{r} - \ddot{\vec{p}}(t_0)] = \frac{\mu_0}{4\pi r}[\hat{r}\times(\hat{r}\times\ddot{\vec{p}}(t_0))]$$

한편, 방사영역에서의 자기장 $\vec{B}_r(\vec{r},t)$를 구하면 다음과 같다.

$$\vec{B}_r(\vec{r},t) = \vec{\nabla}\times\vec{A}_r\left[\frac{\mu_0}{4\pi}\right]\vec{\nabla}\times\frac{\dot{\vec{p}}(t_0)}{r} \simeq \left[\frac{\mu_0}{4\pi r}\right][\vec{\nabla}\times\dot{\vec{p}}(t_0)] \tag{15.1.81}$$

$$= \left[\frac{\mu_0}{4\pi r}\right][\vec{\nabla} t_0\times\ddot{\vec{p}}(t_0)] = -\left[\frac{\mu_0}{4\pi rc}\right][\hat{r}\times\ddot{\vec{p}}(t_0)] \quad \left(\vec{\nabla} t_0 = -\frac{1}{c}\hat{r}\right)$$

구좌표계를 사용하고, z-축을 $\ddot{\vec{p}}(t_0)$와 평행하게 설정($\ddot{\vec{p}}(t_0) = \ddot{p}(t_0)\hat{k}$)하면, 다음과 같은 관계식이 얻어진다.

$$\hat{r}\times\ddot{p}(t_0)\hat{z} = \ddot{p}(t_0)\hat{r}\times\hat{z} = \ddot{p}(t_0)[\hat{r}\times(\cos\theta\hat{r} - \sin\theta\hat{\theta})] = -\ddot{p}(t_0)\sin\theta\hat{\phi} \tag{15.1.82}$$

$$\hat{r}\times(\hat{r}\times\ddot{p}(t_0)\hat{z}) = -\ddot{p}(t_0)\sin\theta\,[\hat{r}\times\hat{\phi}] = \ddot{p}(t_0)\sin\theta\,[\hat{\theta}] = \ddot{p}(t_0)\sin\theta\hat{\theta} \qquad (15.1.83)$$

식 (15.1.82)와 식 (15.1.83)을 식 (15.1.80)과 식 (15.1.81)에 대입하면 방사영역에서의 전기장과 자기장은 다음과 같이 표현된다.

$$\vec{E}_r(r,\theta,t) \simeq \frac{\mu_0}{4\pi r}[\hat{r}\times(\hat{r}\times\ddot{\vec{p}}(t_0)] \simeq \frac{\mu_0\ddot{p}(t_0)}{4\pi}[\frac{\sin\theta}{r}]\hat{\theta} \qquad (15.1.84)$$

$$\vec{B}_r(r,\theta,t) \simeq [\frac{\mu_0\ddot{p}(t_0)}{4\pi c}][\frac{\sin\theta}{r}]\hat{\phi} \qquad (15.1.85)$$

이들로부터 $\vec{B}_r(r,\theta,t) = \frac{1}{c}\hat{r}\times\vec{E}_r(r,\theta,t)$ 임을 알 수 있고, 전기장, 자기장 및 $\hat{r}$ 이 상호 수직임을 알 수 있는데, 이들은 모두가 전자기파의 특징이다. 이들을 이용하여 방사영역에서의 포인팅 벡터를 구하면 다음과 같다.

$$\vec{S}_r(\vec{r},t) = \frac{1}{\mu_0}(\vec{E}_r\times\vec{B}_r) \simeq \frac{\mu_0}{16\pi^2 c}[\ddot{p}(t_0)]^2(\frac{\sin^2\theta}{r^2})\hat{r}\ \ (Watts/m^2) \qquad (15.1.86)$$

광속과 비교하여 천천히 움직이는 전하들에 의하여 반경이 r인 구표면을 통과하는 전자기 에너지에 대한 일률은 다음과 같다.

$$P(r,t) = \oint\vec{S}(\vec{r},t)\cdot da\hat{r} = \frac{\mu_0[\ddot{p}(t_0)]^2}{16\pi^2 c}\int_{\phi=0}^{\phi=2\pi}\int_{\theta=0}^{\theta=\pi}\sin^2\theta\sin\theta d\theta d\phi \qquad (15.1.87)$$

$$= \frac{\mu_0}{6\pi c}[\ddot{p}(t_0)]^2(Watts)$$

여기서 $\int_0^\pi \sin^3\theta d\theta = 4/3$ 으로 보충 자료에 적분 과정을 설명하였다. 한편, 점 전하 q의 쌍극자모멘트는

$$\vec{p}(t) = q\vec{d}(t) \qquad (15.1.88)$$

와 같으며, $\vec{d}(t)$는 좌표계의 원점에 대한 전하 q의 위치이다. 따라서,

$$\ddot{\vec{p}}(t) = q\vec{a}(t) \qquad (15.1.89)$$

이며, $\vec{a}(t)$는 전하의 가속도이다. 식 (15.1.89)를 식 (15.1.87)에 대입하면, 방사 일

률은

$$P(r,t)=\frac{\mu_0 q^2 a^2}{6\pi c}\,(Watts) \tag{15.1.90}$$

와 같으며, 이것은 라모 공식(Larmor formula)으로 알려져 있다.

15.2 점 전하

15.2.1 점 전하의 방사 일률

제 14장에서 임의로 운동하는 점 전하 q가 만드는 전자기장에 대한 표현식이 다음과 같이 주어짐을 알았다(식 (14.3.45)와 식 (14.3.49) 참조).

$$\vec{E}=\frac{q}{4\pi\epsilon_0}\frac{s}{(\vec{s}\cdot\vec{u})^3}[(c^2-v^2)\vec{u}+\vec{s}\times(\vec{u}\times\vec{a})] \qquad (\vec{u}\equiv c\hat{s}-\vec{v}) \tag{15.2.1}$$

$$\vec{B}=\vec{\nabla}\times\vec{A}=\frac{1}{c}\hat{s}\times\vec{E}(\vec{r},t) \tag{15.2.2}$$

식 (15.2.1)의 오른쪽 첫째 항은 속도 장, 둘째 항은 가속도 장이다. 또한 포인팅 벡터는 다음과 같다.

$$\vec{S}(\vec{r},t)=\frac{1}{\mu_0}(\vec{E}\times\vec{B})=\frac{1}{\mu_0 c}[\vec{E}\times(\hat{s}\times\vec{E}]=\frac{1}{\mu_0 c}[E^2\hat{s}-(\hat{s}\cdot\vec{E})\vec{E}] \tag{15.2.3}$$

$$=\vec{S}^{가상}(\vec{r},t)+\vec{S}^{실제}(\vec{r},t)$$

여기서 주의할 것은 에너지 흐름율 모두가 전자기파로 방사되지는 않으며, 속도 장에 기인한 전자기장은 하전입자와 함께 움직이는 전자기장을 의미한다. 따라서 식 (15.2.3)에서 $\vec{S}^{가상}(\vec{r},t)$은 속도장에 기인한 전자기장 에너지를 의미하며, 이는 실제로 광자의 형태로 전자기 에너지를 하전입자로부터 멀리 보내는 것은 아니다. 반면에 식 (15.2.3)에서 $\vec{S}^{실제}(\vec{r},t)$는 실제로 광자를 방출하면서 에너지를 전달하는 포인팅 벡터를 의미한다. 전자기파는 하전입자로부터 떨어져 나와 아주 멀리 퍼져나간다.

지연 시각 t_{tr}에 운동 중인 전하로부터 방출된 총 전자기 에너지를 탐지하기 위해서는 지연 시각에 전하의 위치 $\vec{w}(t_r)$에 중심을 두고, 반경 s가 매우 큰 구를 그림 15.7과 같이 나타내고, 지연 시각 t_{tr}에서 방사된 전자기파가 반경이 s인 가상의 구에

도달할 때까지 걸리는 시간

$$\Delta t = t - t_r = s/c \tag{15.2.4}$$

를 기다려, 그 순간의 포인팅 벡터를 반경이 s 인 가상의 구 표면에 대해 적분한다. 여기서 t_r 을 사용하는 이유는 구 S' 표면의 모든 점에 도달한 전자기파가 전하를 떠나는 순간이 바로 그 순간이기 때문이다.

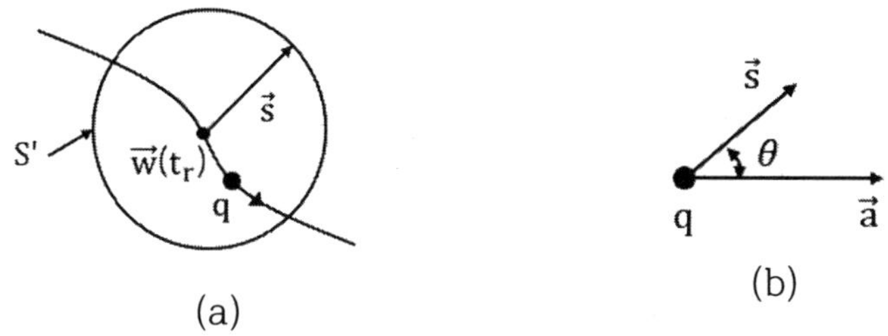

그림 15.7 운동 중인 전하 q

구의 표면적은 s^2에 비례하여 증가하므로, 포인팅 벡터에서 $1/s^2$ 으로 변하는 항만이 구의 표면에 대하여 적분하면 유한한 크기의 전자기 에너지값을 얻지만, $1/s^3, 1/s^4, 1/s^5, \cdot\cdot\cdot$ 에 따라 변하는 항들은 $s \to \infty$ 인 극한에서는 적분값이 “0”이 된다. 따라서, 가속도장($\vec{E}_a$)만이 실제로 광자를 방출하는 전자기 복사를 의미하므로, 전기장은 다음과 같다.

$$\vec{E}_a = \frac{q}{4\pi\epsilon_0}\frac{s}{(\vec{s}\cdot\vec{u})^3}[\vec{s}\times(\vec{u}\times\vec{a})] \tag{15.2.5}$$

한편, $\hat{s}$는 $\vec{E}$와 수직이므로 식 (15.2.3)의 둘째 항인 $(\hat{s}\cdot\vec{E})\vec{E}$은 “0”이 된다. 따라서 포인팅 벡터는

$$\vec{S}(\vec{r},t) = \frac{1}{\mu_0 c}E_a^2\hat{s} \tag{15.2.6}$$

와 같다. 점 전하가 지연시간 t_r 에서 순간적으로 정지하게 되면, $\vec{v}(t_r) = 0$ 되므로, $\vec{u}(t_r) = c\hat{s} - \vec{v}(t_r) = c\hat{s}$ 이다. 따라서 $\vec{E}_a$는

$$\vec{E_a} = \frac{q}{4\pi\epsilon_0}\frac{s}{(\vec{s}\cdot\vec{u})^3}[\vec{s}\times(\vec{u}\times\vec{a})] = \frac{q}{4\pi\epsilon_0}\frac{s}{(\vec{s}\cdot c\hat{s})^3}[\vec{s}\times(c\hat{s}\times\vec{a})] \tag{15.2.7}$$

$$= \frac{q}{4\pi\epsilon_0 c^2}\frac{1}{s^2}[\vec{s}\times(\hat{s}\times\vec{a})] = \frac{q}{4\pi\epsilon_0 c^2}\frac{1}{s}[\hat{s}\times(\hat{s}\times\vec{a})]$$

$$= \frac{\mu_0 q}{4\pi s}[\hat{s}\times(\hat{s}\times\vec{a})] = \frac{\mu_0 q}{4\pi s}[(\hat{s}\cdot\vec{a})\hat{s}-(\hat{s}\cdot\hat{s})\vec{a}],\quad (\frac{1}{c^2}=\mu_0\epsilon_0)$$

$$= \frac{\mu_0 q}{4\pi s}[(\hat{s}\cdot\vec{a})\hat{s}-\vec{a}]$$

와 같다. 따라서 가속도장에 기인한 포인팅 벡터는

$$\vec{S}_{rad}(\vec{r},t) = \frac{1}{\mu_0 c}E_a^2(\vec{r},t)\hat{s} = \frac{1}{\mu_0 c}(\frac{\mu_0 q}{4\pi s})^2[a^2(t_r)-(\hat{s}\cdot\vec{a}(t_r))^2]\hat{s} \tag{15.2.8}$$

$$= \frac{\mu_0 q^2}{16\pi^2 s^2 c}[a^2(t_r)-(\hat{s}\cdot\vec{a}(tr))^2]\hat{s}$$

와 같다. 또한, 그림 15.7(b)로부터 $\hat{s}\cdot\vec{a}=a\cos\theta$ 이므로 식 (15.2.8)은 다음과 같다.

$$\vec{S}_{rad}(\vec{r},t) = \frac{\mu_0 q^2 a^2(t_r)}{16\pi^2 cs^2}[1-\cos^2\theta]\hat{s} = \frac{\mu_0 q^2 a^2(t_r)}{16\pi^2 c}[\frac{\sin^2\theta}{s^2}]\hat{s} \tag{15.2.9}$$

이로부터 하전입자의 앞 또는 뒤쪽 방향($\theta=0$ 또는 $\theta=\pi$)으로 방사되지 않고, 순간 가속도 방향을 축으로 도넛 모양의 모양으로 방사되며, $\theta=\pi/2$ 인 방향으로 최대 방사됨을 알 수 있다(그림 15.8 참조). 또한 이러한 점 전하에 의한 총 방사 일률은

$$P_{rad}(t) = \oint_{S'}\vec{S}_{rad}(\vec{r},t)\cdot d\vec{a}_{\perp} = \frac{\mu_0 q^2 a^2(t_r)}{16\pi^2 c}\int\frac{\sin^2\theta}{s^2}s^2\sin\theta d\theta d\phi \tag{15.2.10}$$

$$= \frac{\mu_0 q^2 a^2(t_r)}{16\pi^2 c}\cdot 2\pi\int\sin^3\theta d\theta = \frac{\mu_0 q^2 a^2(t_r)}{8\pi c}\cdot\int_0^{\pi}\sin^3\theta d\theta$$

$$= \frac{\mu_0 q^2 a^2(t_r)}{8\pi c}\cdot\frac{4}{3} = \frac{\mu_0 q^2 a^2(t_r)}{6\pi c}$$

와 같다. (15.2.9)와 식 (15.2.10)을 얻는 과정에서 점 전하는 $t=t_r$인 시각에 순간적으로 정지되어 $\vec{v}(t_r)=0$ 라고 가정하였지만, $\vec{v}(t_r)\ll 0$ 인 비상대론적인 운동인 경우

에도 같은 결과를 얻는다. 식 (15.2.10)은 비 상대론적 가속 전하에 기인한 방사율로 라모 공식으로 알려져 있으며, 앞에서도 다른 방법으로 얻었다(식 15.1.90).

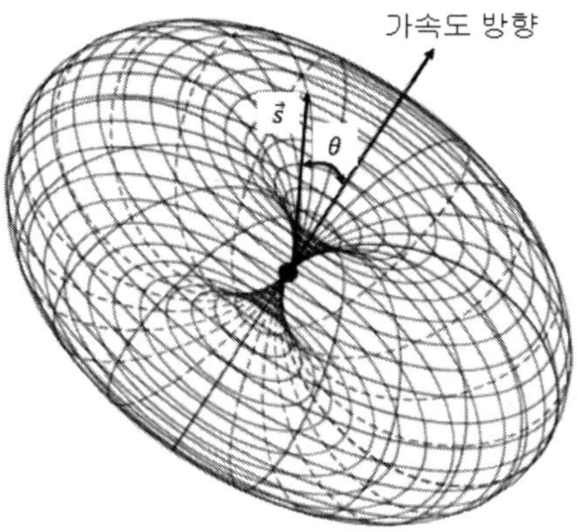

그림 15.8 가속운동하는 점 전하에 기인한 총 방사에너지의 각 분포

반경이 s 인 구를 통과하는 단위시간당 에너지를 dW/dt라고 하면, 전하 q를 떠나는 단위시간 당 에너지(dW/dt_r)는 다음과 같다.

$$dP_{rad}(t_r) = \frac{dW}{dt_r} = \frac{dW}{dt} \cdot \frac{dt}{dt_r} = \frac{dW}{dt} / \frac{\partial t_r}{\partial t} = [\frac{\hat{s} \cdot \vec{u}(t_r)}{c}] \frac{dW}{dt} \tag{15.2.11}$$

$$\leftarrow \quad \vec{u} = c\hat{s} - \vec{v}(t_r) \ \rightarrow \ \frac{\partial t_r}{\partial t} = \frac{c}{\hat{s} \cdot \vec{u}} = \frac{sc}{\vec{s} \cdot \vec{u}}$$

포인팅 벡터는 단위 시간당 단위 면적당의 에너지 흐름을 나타내므로, S' 구 표면의 미소면적 $da = s^2 \sin\theta \, d\theta \, d\phi = s^2 d\Omega$ ($d\Omega$: 미소면적 da에 대한 입체각)인 구 표면으로 방사되는 단위 입체각당 방출 파워는 $\vec{S}(\vec{r},t) \cdot \hat{s}$에 s^2을 곱해주고, 식 (15.2.7)을 이용하면 다음과 같이 표현할 수 있다.

$$\frac{dP_{rad}(t_{tr})}{d\Omega} = (\frac{\hat{s} \cdot \vec{u}(t_r)}{c})(S(\vec{r},t))s^2 = (\frac{\hat{s} \cdot \vec{u}(t_r)}{c})\frac{1}{\mu_0 c} E_{rad}^2 s^2 \tag{15.2.12}$$

$$= \frac{q^2}{16\pi^2\epsilon_0^2} \frac{1}{\mu_0 c} (\frac{\hat{s} \cdot \vec{u}(t_r)}{c}) \frac{s^2 \cdot s^2}{(\vec{s} \cdot \vec{u})^6} |\vec{s} \times (\vec{u}(t_r) \times \vec{a}(t_r))|^2$$

$$= \frac{q^2}{16\pi^2\epsilon_0^2}\frac{1}{\mu_0 c}\left(\frac{\hat{s}\cdot\vec{u}(t_r)}{c}\right)\frac{s^4}{(\vec{s}\cdot\vec{u})^6}\left|\vec{s}\times(\vec{u}(t_r)\times\vec{a}(t_r))\right|^2$$

$$= \frac{q^2}{16\pi^2\epsilon_0}\frac{\left|\hat{s}\times(\vec{u}(t_r)\times\vec{a}(t_r))\right|^2}{(\hat{s}\cdot\vec{u}(t_r))^5}$$

식 (15.2.12)를 θ와 ϕ에 대해 $\int_{S'}\frac{dP(t)}{d\Omega}d\Omega$을 적분하여 총 방사 일률을 구하는 일은 많은 노력이 필요하므로, 결과만을 제시하면 다음과 같다.

$$P_{rad}(t) = \frac{\mu_0 q^2}{6\pi c}\gamma^6\left[a^2(t_r) - \left|\frac{\vec{v}(t_r)\times\vec{a}(t_r)}{c}\right|^2\right] \tag{15.2.13}$$

$$= \frac{\mu_0 q^2}{6\pi c}\gamma^6\left[a^2(t_r) - \left|\vec{\beta}(t_r)\times\vec{a}(t_r)\right|^2\right]$$

여기서 $\vec{\beta}(t_r) \equiv \vec{v}(t_r)/c \ (0 \le \beta \le 1)$, $\vec{\gamma}(t_r) \equiv \frac{1}{\sqrt{1-\beta^2(t_r)}} \ (1 \le \gamma \le \infty)$ 인데, 식 (15.2.13)은 리나르트 공식(Lienard formula)으로 알려져 있다. $v << c$이면, 식 (15.2.13)은 라모 공식(Larmor formula)이 되며, 입자의 속도가 c에 가까워질수록 γ^6 때문에 방사 일률은 매우 커지게 된다.

15.2.2 속도와 가속도가 순간적으로 나란한 하전입자로부터의 방사

지연 시각에 속도($\vec{v}(t_r)$)와 가속도 ($\vec{a}(t_r)$)가 직선운동처럼 순간적으로 서로 평행한 경우, 방사 출력에 대한 각도 분포(angular distribution)에 대하여 알아보자. 속도와 가속도가 서로 평행하므로, $\vec{v}(t_r)\cdot\vec{a}(t_r) = v(t_r)a(t_r)$와 같고 $\vec{u}(t_r) = c\hat{s} - \vec{v}(t_r)$이다. 따라서

$$\vec{u}(t_r)\times\vec{a}(t_r) = [c\hat{s} - v(t_r)]\times a(t_r) = c\hat{s}\times\vec{a}(t_r) - \vec{v}(t_r)\times\vec{a}(t_r) \tag{15.2.14}$$

$$= c\hat{s}\times\vec{a}(t_r)$$

와 같다. 이때 단위 입체각당 방사율은 다음과 같다.

$$\frac{dP_{rad}(t)}{d\Omega}=\frac{q^2(t_r)}{16\pi^2\epsilon_0}\frac{|\hat{s}\times(\vec{u}(t_r)\times\vec{a}(t_r))|^2}{(\hat{s}\cdot\vec{u}(t_r))^5} \tag{15.2.15}$$

$$=\frac{q^2(t_r)c^2}{16\pi^2\epsilon_0}\frac{|\hat{s}\times(\hat{s}\times\vec{a}(t_r))|^2}{(\hat{s}\cdot\vec{u}(t_r))^5}$$

식 (15.2.15)의 분모는 다음과 같다.

$$\hat{s}\cdot\vec{u}(t_r)=\hat{s}\cdot(c\hat{s}-\vec{v}(t_r))=c[1-\hat{s}\cdot\frac{\vec{v}(t_r)}{c}] \tag{15.2.16}$$

$$=c[1-\hat{s}\cdot\vec{\beta}(t_r)],\quad \vec{\beta}(t_r)=\vec{v}(t_r)/c$$

한편, 식 (15.2.15)의 분자는 다음과 같다.

$$\hat{s}\times(\hat{s}\times\vec{a}(t_r))=\hat{s}[\hat{s}\cdot\vec{a}(t_r)]-\vec{a}(t_r)(\hat{s}\cdot\hat{s})=\hat{s}[\hat{s}\cdot\vec{a}(t_r)]-\vec{a}(t_r)$$

$$\rightarrow |\hat{s}\times(\hat{s}\times\vec{a}(t_r))|^2=[\hat{s}[\hat{s}\cdot\vec{a}(t_r)]-\vec{a}(t_r)]\cdot[\hat{s}[\hat{s}\cdot\vec{a}(t_r)]-\vec{a}(t_r)] \tag{15.2.17}$$

$$=\hat{s}\cdot\hat{s}[\hat{s}\cdot\vec{a}(t_r)][\hat{s}\cdot\vec{a}(t_r)]-[\hat{s}\cdot\vec{a}(t_r)][\hat{s}\cdot\vec{a}(t_r)]$$

$$-[\vec{a}(t_r)\cdot\hat{s}][s\cdot\vec{a}(t_r)]+a^2(t_r)$$

$$=[\hat{s}\cdot\vec{a}(t_r)][\hat{s}\cdot\vec{a}(t_r)]-[\hat{s}\cdot\vec{a}(t_r)][\hat{s}\cdot\vec{a}(t_r)]$$

$$-[\vec{a}(t_r)\cdot\hat{s}][\hat{s}\cdot\vec{a}(t_r)]+a^2(t_r)$$

$$=a^2(t_r)-[\hat{s}\cdot\vec{a}(t_r)]^2$$

식 (15.2.16)과 식 (15.2.17)을 식 (15.2.15)에 대입하면 다음과 같다.

$$\frac{dP_{rad}}{d\Omega}=\frac{q^2(t_r)c^2}{16\pi^2\epsilon_0}\frac{[a^2(t_r)-(\hat{s}\cdot\vec{a}(t_r))^2]}{c^5[1-\hat{s}\cdot\vec{\beta}(t_r)]^5} \tag{15.2.18}$$

$$=\frac{q^2(t_r)}{16\pi^2\epsilon_0c^3}\frac{[a^2(t_r)-(\hat{s}\cdot\vec{a}(t_r))^2]}{(1-\hat{s}\cdot\vec{\beta}(t_r))^5}$$

그림 15.9와 같이 z-축을 $\vec{v}(t_r)$과 일치시키고 그림 15.7(b)를 참조하면, $\hat{s}\cdot\vec{a}=a\cos\theta$, $\hat{s}\cdot\vec{\beta}=\beta\cos\theta$ 이므로 식 (15.2.18)은 다음과 같다.

$$\frac{dP_{rad}(t)}{d\Omega}=\frac{q^2a^2(t_r)}{16\pi^2\epsilon_0c^3}\frac{(1-\cos^2\theta)}{[1-\beta(t_r)\cos\theta]^5}=\frac{\mu_0q^2a^2(t_r)}{16\pi^2c}\frac{\sin^2\theta}{[1-\beta(t_r)\cos\theta]^5} \tag{15.2.19}$$

여기서 $\beta(t_r)\equiv v(t_r)/c$ 이며 $\beta=v/c\to 0$ 이면,

$$\frac{dP_{rad}(t)}{d\Omega}=\frac{\mu_0q^2a^2(t_r)}{16\pi^2c}sin^2\theta=\vec{S}^{v=0}_{rad}(\vec{r},t)\cdot s^2\hat{s} \tag{15.2.20}$$

와 같다. 이를 포인팅 벡터로 표현하면

$$\vec{S}_{rad}=\frac{\mu_0q^2a^2(t_r)}{16\pi^2c}(\frac{\sin^2\theta}{s^2})\hat{s} \tag{15.2.21}$$

와 같으며, 이는 식 (15.2.9)와 같음을 알 수 있다. 하지만, $\beta=v/c\to 1$이 되는 매우 높은 속도로 운동하는 상대론적 하전입자에 대해서는 그림 15.9와 같이 $(1-\beta\cos\theta)^{-5}$만큼 앞쪽($+z-$축 방향)으로 증가하게 된다. 방사유형의 3차원 모양은 그림 15.9를 운동방향인 z축에 대하여 회전시킨 모양을 가지게 된다.

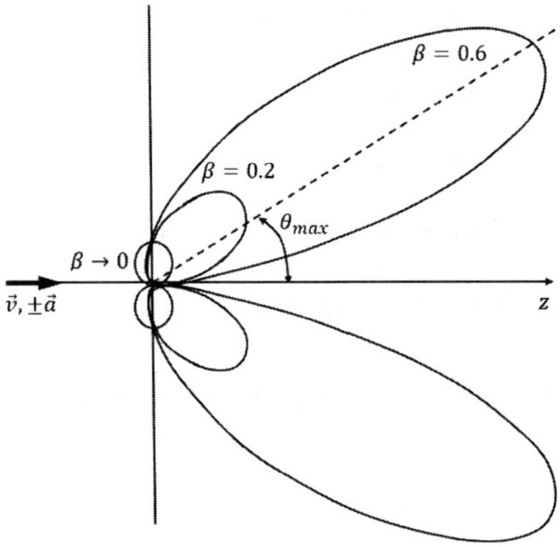

그림 15.9 속도와 가속도가 서로 평행한 하전입자로부터의 단위 입체각당 방사유형

모든 방향으로 방사된 총 일률은 식 (15.2.19)를 모든 각에 대하여 적분하여 얻어지며, 다음과 같다.

$$P = \int \frac{dP_{rad}}{d\Omega} d\Omega = \frac{\mu_0 q^2 a^2(t_r)}{16\pi^2 c} \int \frac{\sin^2\theta}{[1-\beta(t_r)\cos\theta]^5} \sin\theta \, d\theta \, d\phi \tag{15.2.22}$$

$$= \frac{\mu_0 q^2 a^2(t_r)}{8\pi c} \int_{\theta=0}^{\theta=2\pi} \frac{\sin^2\theta}{[1-\beta(t_r)\cos\theta]^5} \sin\theta \, d\theta$$

식 (15.2.22)를 적분하기 위하여 $x \equiv \cos\theta \, (\theta = 0 \rightarrow x = +1 \;, \theta = \pi \rightarrow x = -1)$, $dx = -\sin\theta d\theta$와 같이 치환하면 다음과 같이 간단해진다.

$$P = \frac{\mu_0 q^2 a^2(t_r)}{8\pi c} \int_{\theta=0}^{\theta=2\pi} \frac{\sin^2\theta}{[1-\beta(t_r)\cos^2\theta]^5} \sin\theta \, d\theta \tag{15.2.23}$$

$$= -\frac{\mu_0 q^2 a^2(t_r)}{8\pi c} \int_{+1}^{-1} \frac{(1-x^2)}{[1-\beta(t_r)x]^5} dx$$

$$= \frac{\mu_0 q^2 a^2(t_r)}{8\pi c} \int_{-1}^{+1} \frac{(1-x^2)}{[1-\beta(t_r)x]^5} dx$$

식 (15.2.23)에서 적분을 부분적분하면, 다음과 같다.

$$\int_{-1}^{+1} \frac{(1-x^2)}{[1-\beta(t_r)x]^5} dx = \frac{4}{3}[1-\beta^2(t_r)]^{-3} \tag{15.2.24}$$

식 (15.2.24)를 식 (15.2.23)에 대입하면,

$$P = \frac{\mu_0 q^2 a^2(t_r)}{8\pi c} \int_{-1}^{+1} \frac{(1-x^2)}{[1-\beta(t_r)x]^5} dx \tag{15.2.25}$$

$$= \frac{\mu_0 q^2 a^2(t_r)}{8\pi c} \cdot \frac{4}{3}[1-\beta^2(t_r)]^{-3} = \frac{\mu_0 q^2 a^2(t_r)}{6\pi c}\left[\frac{1}{(1-\beta^2(t_r))^3}\right]$$

와 같이 된다. 이러한 결과는 리나르트 공식에서 $\vec{a}(t_r)$와 $\vec{v}$를 평행하게 둔 것과 같다. 식 (15.2.25)로부터 방사되는 전자기파 에너지는 가속도의 제곱에 비례하므로, $\vec{a}(t_r)$의 부호에 의존하지 않는다. 즉, 하전입자가 가속되거나 감속되는 것에 의존하지 않는다. 빠른 전자가 금속표적과 부딪치면서 아주 빨리 감속될 때 방출하는 복사는 제동복사로 알려져 있으며, 식 (15.2.25)의 결과는 제동복사에 대한 고전적 이론이다.

보충 자료

A. 식 (15.1.9)에 대한 유도

$$\psi(r,t)=\frac{1}{4\pi\epsilon_o}\left[\frac{q_0}{r_1}\cos\omega(t-r_1/c)-\frac{q_0}{r_2}\cos\omega(t-r_2/c)\right]$$

$$=\frac{1}{4\pi\epsilon_o}\left[\frac{q_0}{r}\left(1+\frac{1}{2}\frac{s}{r}cos\theta\right)\cos\omega(t-r_1/c)-\frac{q_0}{r}\left(1-\frac{1}{2}\frac{s}{r}cos\theta\right)\cos\omega(t-r_2/c)\right]$$

$$=\frac{1}{4\pi\epsilon_o}\left\{\left[\left(\frac{q_0}{r}+\frac{q_0 s}{2r^2}cos\theta\right)\left(\cos\omega(t-r/c)-\frac{\omega s}{2c}\cos\theta\sin\omega(t-r/c)\right)\right].\right.$$

$$\left.-\left[\left(\frac{q_0}{r}-\frac{q_0 s}{2r^2}\cos\theta\right)\left(\cos\omega(t-r/c)+\frac{\omega s}{2}\cos\theta\sin\omega(t-r/c)\right)\right]\right\}$$

$$=\frac{1}{4\pi\epsilon_o}\left[\frac{q_0}{r}cos\omega(t-r/c)-\frac{q_0\omega s}{2cr}\cos\theta\sin\omega(t-r/c)+\frac{q_0 s}{2r^2}cos\theta\cos\omega(t-r/c)\right.$$

$$-\frac{q_0\omega s^2}{4cr^2}cos^2\sin\omega(t-v/c)-\frac{q_0}{r}cos\,\omega(t-v/c)-\frac{q_0\omega s}{2cr}\cos\theta\sin\omega(t-v/c)$$

$$\left.+\frac{q_0 s}{2r^2}\cos\theta\cos\omega(t-v/c)+\frac{q_0\omega s^2}{4cr^2}cos^2\sin\omega(t-v/c)\right]$$

$$=\frac{1}{4\pi\epsilon_o}\left[\frac{q_o s\cos\theta}{r^2}\cos\omega(t-r/c)-\frac{q_o\omega s}{cr}\cos\theta\sin\omega(t-r/c)\right]$$

$$=\frac{q_o s\cos\theta}{4\pi\epsilon_o r}\left[\frac{1}{r}\cos\omega(t-r/c)-\frac{\omega}{c}sin\omega(t-r/c)\right]$$

B. 식 (15.1.32)에 대한 유도

$$K=\frac{1}{r}cos\omega(t-\frac{r}{c})\int_{-\pi/2}^{\pi/2}\cos(u\cos\theta)\cos u\,du \qquad (15.1.31)$$

$$-\frac{1}{r}sin\omega(t-\frac{r}{c})\int_{-\pi/2}^{\pi/2}\sin(u\cos\theta)\cos u\,du$$

식 (15.1.31)의 첫째 항은 다음과 같다.

$$K = \frac{1}{r} cos\omega(t - \frac{r}{c}) \int_{-\pi/2}^{\pi/2} \cos(u\cos\theta)\cos u du \quad (1)$$

인터넷을 통하여 적분 테이블을 검색하거나, 책으로 나와 있는 적분 테이블 표를 보면 다음과 같은 적분 결과를 이용하면 쉽게 적분할 수 있다.

$$\int (\cos a_1 x)\cos(a_2 x)dx = \frac{\sin(a_2 - a_1)x}{2(a_2 - a_1)} + \frac{\sin(a_2 + a_1)x}{2(a_2 + a_1)} + C(|a_1| \neq |a_2|) \quad (2)$$

식 (2)를 이용하여 $\int_{-\pi/2}^{\pi/2} \cos(u\cos\theta)\cos u du$ 을 적분하면 다음과 같다.

$$\int_{-\pi/2}^{\pi/2} \cos(u\cos\theta)\cos u du = \left[\frac{\sin(1-\cos\theta)u}{2(1-\cos\theta)} + \frac{\sin(1+\cos\theta)u}{2(1+\cos\theta)}\right]_{-\pi/2}^{\pi/2} \quad (3)$$

$$= [\frac{\sin(1-\cos\theta)\frac{\pi}{2}}{2(1-\cos\theta)} + \frac{\sin(1+\cos\theta)\frac{\pi}{2}}{2(1+\cos\theta)}$$

$$- \frac{\sin(1-\cos\theta)(-\frac{\pi}{2})}{2(1-\cos\theta)} + \frac{\sin(1+\cos\theta)(-\frac{\pi}{2})}{2(1+\cos\theta)}]$$

$$= [\frac{\sin(1-\cos\theta)\frac{\pi}{2}}{(1-\cos\theta)} + \frac{\sin(1+\cos\theta)\frac{\pi}{2}}{(1+\cos\theta)}$$

$$= \frac{\sin(\frac{\pi}{2} - \frac{\pi}{2}cos\theta) + \sin(\frac{\pi}{2} + \frac{\pi}{2}cos\theta)}{1-\cos^2\theta}$$

$$= \frac{\cos(\frac{\pi}{2}cos\theta) + \cos(\frac{\pi}{2}cos\theta)}{\sin^2\theta} = \frac{2\cos(\frac{\pi}{2}cos\theta)}{\sin^2\theta}$$

식 (3)을 식 (1)에 대입하면 다음과 같이 식 (15.1.32)가 얻어진다.

$$K = \frac{1}{r} cos\omega(t - \frac{r}{c}) \int_{-\pi/2}^{\pi/2} \cos(u\cos\theta)\cos u du \quad (4)$$

$$= \frac{1}{r} cos\omega(t - \frac{r}{c}) \frac{2\cos(\frac{\pi}{2}cos\,\theta)}{\sin^2\theta}$$

$$= \frac{2}{r} cos\omega(t - \frac{r}{c}) \frac{\cos(\frac{\pi}{2} cos\theta)}{\sin^2\theta}$$

C. 안테나의 관점에 기반한 전기쌍극자의 방사 특성

거리가 $s(z = \pm s/2)$만큼 떨어져 있으며, 가느다란 전선에 의하여 연결된 작은 2개의 금속 구를 생각하자. 전하로부터 관측점 P까지 정보가 전달되는데 걸리는 시간은 r/c이므로, 관측 시각 t에서 측정되는 전하에 대한 정보는 $q(t-r/c)$이다. 위쪽 구의 전하가 $q(t-r/c)$라면, 아래쪽 구의 전하는 $-q(t-r/c)$가 될 것이다. 이러한 전하의 이동이 일정한 진동수를 가지고 상•하로 진동하는 경우, $q(t-r/c)$는

$$q(t-r/c) = q_o \cos w(t-r/c)$$

$$\rightarrow \quad I = -\omega q_0 \sin\omega(t-r/c) = I_0 \sin\omega(t-r/c) \quad (I_0 = -\omega q_0) \qquad (1)$$

와 같이 표현되며 진동하는 전기쌍극자에 대한 간단한 모델을 그림 15.11에 나타내었다. 이때 전류의 방향을 양(+)의 $z-$축 방향으로 정하고 앞으로 문제를 풀어가겠다. 쌍극자의 길이 s가 방사되는 전자기파의 파장(λ)에 비해 작으면, 전류는 근사적으로 도선의 위치에 관계없이 일정하다. 즉, 도선은 균일한 전류분포를 가지게 된다.

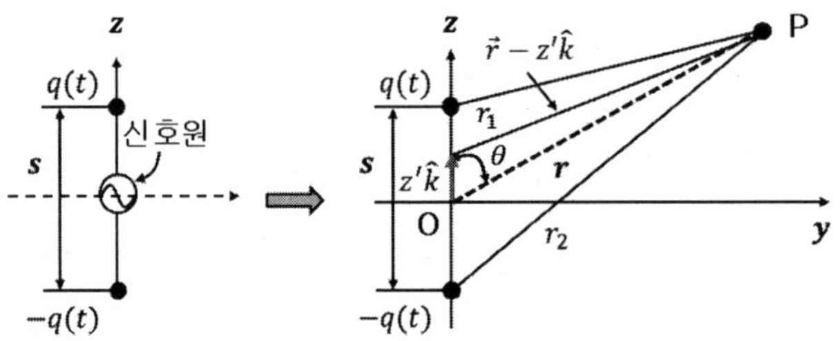

그림 15.11 진동하는 전기쌍극자

여기서 $s \ll r = |\vec{r}|$로서 전자기장을 관측하는 관측점은 원천에서 멀리 떨어져 있다고 가정한다. 안테나의 주목적은 전자기 에너지를 먼 곳으로 보내는 것이므로, 멀리 떨어진 곳에서의 전자기장을 구하기 위해서는 직각 좌표계나 원통 좌표계보다 구 좌표계를 사용하는 것이 훨씬 편리하다. 한편, 도선에 흐르는 전류에 기인한 지연 벡터 전위 $\vec{A}(r,\theta,t)$는 다음과 같다.

$$\vec{A}(r,\theta,t) = \frac{\mu_o}{4\pi}\int_{-s/2}^{s/2} \frac{I(z',t-|\vec{r}-z'\hat{k}|/c)}{|\vec{r}-z'\hat{k}|} dz'\hat{k} \tag{2}$$

식 (2)의 분모에 있는 $|\vec{r}-z'\hat{k}|$ 는 다음과 같다.

$$|\vec{r}-z'\hat{k}| = (r^2 - 2z'\hat{k}\cdot\vec{r} + z'^2)^{1/2} = r(1-2z'\hat{k}\cdot\hat{r}/r + (z'/r)^2)^{1/2} \tag{3}$$

$$\simeq r(1-2z'\hat{k}\cdot\hat{r}/r)^{1/2} = r - z'\cos\theta \quad (r \gg z')$$

$|\vec{r}-z'\hat{k}|$ 항이 식 (2)의 분모, 분자에 나타나지만 분모에서는 $r \gg z'$인 경우, $z'\cos\theta$는 생략 가능하다. 하지만, 분자에서는 지연시간에 나타나는 $z'\cos\theta/c$가 전류의 주기에 비하여 매우 작을 경우, 무시할 수 있다. 즉, $z'\cos\theta \le s/2$이므로, 다음과 같은 조건에서 $z'\cos\theta/c$은 무시할 수 있다.

$$\frac{s}{2} << cT = \lambda \tag{4}$$

진동하는 전기쌍극자가 파장에 비하여 작고, 관측점이 쌍극자로부터 멀리 떨어져 있다면($r \gg s$), 지연벡터전위에 대한 식 (2)는 다음과 같이 간단히 표현된다.

$$\vec{A}(r,\theta,t) = \frac{\mu_o}{4\pi}\frac{s}{r}I(t-r/c)\hat{k} = \frac{\mu_0}{4\pi}\frac{s}{r}I_0\sin\omega(t-r/c)\hat{k} \tag{5}$$

한편, 직각 좌표계에서 $z-$축을 가리키는 단위벡터 $\hat{k}$를 구좌표계의 단위벡터로 표현하면

$$\hat{k} = \cos\theta\hat{r} - \sin\theta\hat{\theta} \tag{6}$$

와 같이 된다(그림 15.12 참조). 따라서 지연벡터 전위 $\vec{A}(r,\theta,t)$를 구좌표로 표현하면

$$\vec{A}(r,\theta,t) = \frac{\mu_o}{4\pi}\frac{s}{r}I_0\sin\omega(t-r/c)\hat{k} \tag{7}$$

$$= \frac{\mu_o}{4\pi}\frac{s}{r}I_0\sin\omega(t-r/c)[\cos\theta\hat{r} - \sin\theta\hat{\theta}]$$

$$= \frac{\mu_o}{4\pi}\frac{s}{r}I_0\sin\omega(t-r/c)\cos\theta\hat{r} - \frac{\mu_o}{4\pi}\frac{s}{r}I_0\sin\omega(t-r/c)\sin\theta\hat{\theta}$$

와 같으며, 이를 구 좌표계에서의 성분별로 표현하면 다음과 같다.

$$A_r(r,\theta,t) = \frac{\mu_o}{4\pi}\frac{I_0 s}{r}cos\theta\sin\omega(t-r/c)$$

$$A_\theta(r,\theta,t) = -\frac{\mu_o}{4\pi}\frac{I_0 s}{r}sin\theta\sin\omega(t-r/c) \tag{8}$$

$$A_\phi(r,\theta,t) = 0$$

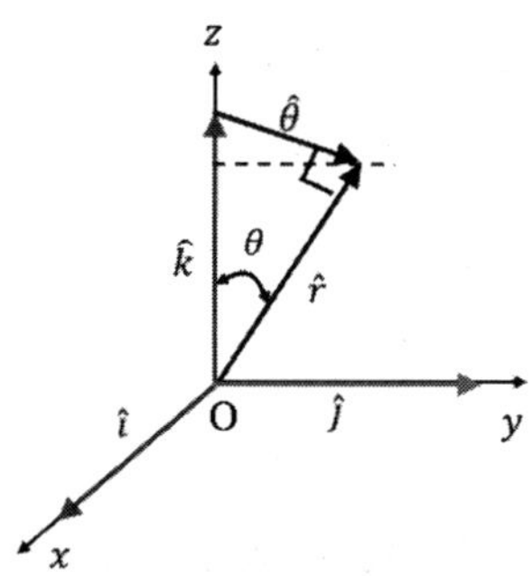

그림 15.12 직각 좌표계와 구 좌표계에서의 단위벡터

이처럼 지연벡터전위는 r과 θ만의 함수로 주어지므로 관계식 $\vec{B}=\vec{\nabla}\times\vec{A}$에 식 (8)을 대입하면

$$\vec{B}=\vec{\nabla}\times\vec{A}=\frac{1}{r\sin\theta}\left[\frac{\partial}{\partial\theta}(\sin\theta A_\phi)-\frac{\partial A_\theta}{\partial\phi}\right]\hat{r} \tag{9}$$

$$+\frac{1}{r}\left[\frac{1}{\sin\theta}\frac{\partial A_r}{\partial\phi}-\frac{\partial}{\partial r}(rA_\phi)\right]\hat{\theta}$$

$$+\frac{1}{r}\left[\frac{\partial}{\partial r}(rA_\theta)-\frac{\partial A_r}{\partial\theta}\right]\hat{\phi}$$

$$=\frac{1}{r\sin\theta}[0-0]\hat{r}+\frac{1}{r}[0-0]\hat{\theta}+\frac{1}{r}\left[\frac{\partial}{\partial r}(rA_\theta)-\frac{\partial A_r}{\partial\theta}\right]\hat{\phi}$$

$$=+\frac{1}{r}\left[\frac{\partial}{\partial r}(rA_\theta)-\frac{\partial A_r}{\partial\theta}\right]\hat{\phi}$$

와 같이 되어, 자기장은 방위각 ϕ성분만을 가진다는 것을 알 수 있다. 식 (8)을 식

(9)에 대입하여 자기장을 구하면 다음과 같다.

$$\vec{B}(r,\theta,t) = \frac{\mu_o}{4\pi}\frac{I_0 s}{r}\left[\sin\theta\,[\frac{\omega}{c}cos\omega\,(t-r/c) + \frac{1}{r}\sin\omega\,(t-r/c)\right]\hat{\phi} \quad (10)$$

한편, 전기장은 관계식 $\vec{E}=-\vec{\nabla}\psi-\frac{\partial\vec{A}}{\partial t}$ 로 주어지므로, 관측점에서의 전위에 대한 표현식을 구해야 한다. 진동하는 전기쌍극자가 시각 t에 관측점 P에 만드는 전위 $\psi(r,t)$는 $q(t')$와 $-q(t')$가 만드는 전위의 합으로 주어진다. 진공 중에서 전하들에 대한 정보가 관측점 P까지 전달되는 데에는 각각 r_1/c 및 r_2/c의 시간이 걸린다. 따라서 원점에서 r만큼 떨어진 점 P에서 시각 t에 관측되는 전위는 전하들에 대한 정보가 전달되는 시간을 고려하여 $t-r_1/c$ 및 $t-r_2/c$일 때의 전하들이 만드는 전위를 얻게 되고, 정보전달에 필요한 시간만큼 지연된 시간에 측정되므로 이를 지연전위(retarded potential)라고 한다. 이러한 지연전위는

$$\psi(r,\,t) = \frac{1}{4\pi\epsilon_o}\left[\frac{q_o\cos w\,(t-r_1/c)}{r_1} - \frac{q_o\cos w\,(t-r_2/c)}{r_2}\right] \quad (11)$$

이 되며, 코사인 법칙을 사용하면

$$r_{1,2} = \sqrt{r^2 \mp rs\cos\theta + (s/2)^2} \quad (12)$$

이 된다. 앞에서 전기쌍극자의 두 전하 사이의 거리 s가 r에 비하여 매우 작다고 가정하였다. 즉, $s \ll r$ 이라고 하고, 식 (12)를 급수 전개하여 s에 대한 1차 항만을 취하면,

$$r_{1,2} = r\left(1 \mp \frac{1}{2}\frac{s}{r}\cos\theta\right) \quad (13)$$

※ $(1+x)^p = 1 + px + \frac{1}{2!}p\,(p-1)x^2 + \frac{1}{3!}p\,(p-1)\,(p-2)x^3 + \cdots\ |x| < 1$

와 같이 된다. 따라서 이의 역수를 취하면,

$$\frac{1}{r_{1,2}} = \frac{1}{r}\left(1 \pm \frac{1}{2}\frac{s}{r}cos\theta\right) \quad (14)$$

와 같이 표현되고, 코사인 함수는

$$\cos\omega(t-r_{1,2}/c)=\cos\left[\omega(t-r/c)\pm\frac{\omega s}{2c}\cos\theta\right] \tag{15}$$

$$=\cos\omega(t-r/c)\cos\left(\frac{\omega s}{2c}\cos\theta\right)$$

$$\mp\sin\omega(t-r/c)\sin\left(\frac{\omega s}{2c}\cos\theta\right)$$

와 같이 된다. 두 전하 사이의 간격이 관측점까지의 거리에 비하여 매우 작고 $\frac{s}{2}\ll\frac{c}{\omega}$ 인 경우에 식 (15)의 첫 항과 둘째 항의 일부를 근사적으로 $\cos(\frac{\omega s}{2c}\cos\theta)\simeq 1$, $\sin\left(\frac{\omega s}{2c}\cos\theta\right)=\sin\left(\frac{1}{c/\omega}\cdot\frac{s}{2}\cos\theta\right)\simeq\frac{\omega s}{2c}\cos\theta$ 와 같이 쓸 수 있으므로, 식 (15)는

$$\cos\omega(t-r_{1,2}/c)=\cos\omega(t-r/c)\mp\frac{\omega s}{2c}\cos\theta\sin\omega(t-r/c) \tag{16}$$

와 같이 된다. 식 (14)와 식 (16)을 식 (11)에 대입하면

$$\psi(r,t)=\frac{q_0 s\cos\theta}{4\pi\epsilon_o r}\left[-\frac{\omega}{c}\sin\omega(t-r/c)+\frac{1}{r}\cos\omega(t-r/c)\right] \tag{17}$$

와 같은 결과를 얻으며, 계산 과정은 보충 자료 A에서 자세히 설명하였다.

한편, 구 좌표계에서 전위에 대한 기울기($\overrightarrow{\nabla}\psi$)를 구하면

$$\overrightarrow{\nabla}\psi=\frac{\partial\psi}{\partial r}\hat{r}+\frac{1}{r}\frac{\partial\psi}{\partial\theta}\hat{\theta}+\frac{1}{r\sin\theta}\frac{\partial\psi}{\partial\phi}\hat{\phi} \tag{19}$$

$$=\frac{q_0 scos\theta}{4\pi\epsilon_o}[(\frac{\omega}{c})(\frac{1}{r^2})\sin\omega(t-r/c)+(\frac{\omega}{c})(\frac{1}{r})\cos\omega(t-r/c)(\frac{\omega}{c})$$

$$-\frac{2}{r^3}cos\omega(t-r/c)+\frac{1}{r^2}sin\omega(t-r/c)(\frac{\omega}{c})]\hat{r}$$

$$-\frac{q_0 s}{4\pi\epsilon_0}(\sin\theta)[(-\frac{c}{\omega})\frac{1}{r^2}sin\omega(t-r/c)+\frac{1}{r^3}cos\omega(t-r/c)]\hat{\theta}+0$$

$$= \frac{q_0 s cos\theta}{4\pi\epsilon_o}[(\frac{\omega}{c})(\frac{2}{r^2})\sin\omega(t-r/c)+(\frac{\omega^2}{c^2})(\frac{1}{r})\cos\omega(t-r/c)$$

$$-\frac{2}{r^3}cos\omega(t-r/c)]\hat{r}$$

$$+\frac{q_0 s}{4\pi\epsilon_0}(\sin\theta)[(\frac{c}{\omega})\frac{1}{r^2}sin\omega(t-r/c)-\frac{1}{r^3}cos\omega(t-r/c)]\hat{\theta}+0$$

이 얻어진다. 마찬가지로 벡터 전위($\overrightarrow{A}$)에 대한 시간 변화율은

$$\frac{\partial\overrightarrow{A}}{\partial t}=\frac{\mu_o}{4\pi}\frac{s\omega}{r}I_0\cos\omega(t-r/c)(\cos\theta\hat{r}-\sin\theta\hat{\theta}) \quad (20)$$

$$=\frac{1}{4\pi\epsilon_0 c^2}\frac{s\omega}{r}I_0\cos\omega(t-r/c)(\cos\theta\hat{r}-\sin\theta\hat{\theta}) \quad (\mu_0=\frac{1}{\epsilon_0 c^2})$$

와 같이 된다. 위의 식 (14~15)를 이용하여 전기장을 구하여 성분별로 표현하면 다음과 같다.

$$E_r=-\frac{\partial\psi}{\partial r}-\frac{\partial A_r}{\partial t}$$

$$=-\frac{scos\theta}{4\pi\epsilon_o}[(\frac{I_0}{c})(\frac{2}{r^2})\sin\omega(t-r/c)+\frac{1}{4\pi\epsilon_0}(\frac{\omega s}{c^2})(\frac{1}{r})I_0\cos\omega(t-r/c)\cos\theta$$

$$-\frac{2}{r^3}cos\omega(t-r/c)]-\frac{1}{4\pi\epsilon_0}\frac{s\omega}{c^2}(\frac{1}{r})I_0\cos\omega(t-r/c)\cos\theta$$

$$=\frac{2sI_0\cos\theta}{4\pi\epsilon_o}\left[\frac{\sin\omega(t-r/c)}{r^2 c}-\frac{\cos\omega(t-r/c)}{\omega r^3}\right] \quad (\omega q_0=I_0)$$

$$E_\theta=-\frac{1}{r}\frac{\partial\psi}{\partial\theta}-\frac{\partial A_\theta}{\partial t} \quad (21)$$

$$=-\frac{s I_0\sin\theta}{4\pi\epsilon_0}[(\frac{1}{\omega r^3}-\frac{\omega}{rc^2})\cos\omega(t-r/c)-\frac{1}{r^2 c}sin\omega(t-r/c)]$$

$$E_\phi=-\frac{1}{r\sin\theta}\frac{\partial\psi}{\partial\phi}-\frac{\partial A_\phi}{\partial t}=0$$

D. 식 (15.1.73)에 대한 증명

$$\int_{V_1} \vec{J}(\vec{r}', t - s/c) d\tau' = \frac{d\vec{p}(\vec{r}, t)}{dt} = \dot{\vec{p}}(\vec{r}, t) \tag{15.1.73}$$

전기쌍극자 모멘트($\vec{p}$)에 대한 정의와 연속방정식($\vec{\nabla} \cdot \vec{J} + \partial\rho/\partial t = 0$)을 사용하면, 아래와 같은 결과를 얻는다.

$$\frac{d\vec{p}}{dt} = \frac{d}{dt}\int_V \rho\vec{r} d\tau = \int_V (\frac{\partial\rho}{\partial t})\vec{r} d\tau = -\int (\vec{\nabla} \cdot \vec{J})\vec{r} d\tau \tag{1}$$

$$\vec{\nabla} \cdot (x\vec{J}) = x(\vec{\nabla} \cdot \vec{J}) + \vec{J} \cdot (\vec{\nabla} x) = x(\vec{\nabla} \cdot \vec{J}) + J_x \quad (\vec{\nabla} x = \hat{i}) \tag{2}$$

따라서

$$\int_V (\vec{\nabla} \cdot \vec{J}) x d\tau = \int_V \vec{\nabla} \cdot (x\vec{J}) d\tau - \int_V J_x d\tau = \int_S x\vec{J} \cdot d\vec{a} - \int_V J_x d\tau \tag{3}$$

식 (3)의 마지막 단계에서는 발산정리가 이용되었다. $\vec{J}$는 전적으로 체적 V안에 있으므로, 표면에서는 “0”이다. 따라서 식 (3)은 다음과 같다.

$$\int_V (\vec{\nabla} \cdot \vec{J}) x d\tau = -\int_V J_x d\tau \tag{4}$$

y와 z성분을 포함하면, 식 (4)는 다음과 같다.

$$\int_V (\vec{\nabla} \cdot \vec{J})\vec{r} d\tau = -\int_V \vec{J} d\tau \tag{5}$$

식 (5)를 식 (1)에 대입하면,

$$\frac{d\vec{p}}{dt} = -\int (\vec{\nabla} \cdot \vec{J})\vec{r} d\tau = \int_V \vec{J} d\tau \tag{15.1.73}$$

와 같이 된다. 따라서 국소화된 전류밀도를 국소화된 체적에 대해 적분하면, 운동량의 시간변화와 같다는 것을 알 수 있다.

E. 식 (15.1.87)에 대한 증명

부분적분을 이용하여 식 (15.1.87)을 적분하면 아래와 같다.

$$\int \sin^3\theta d\theta = \int \sin^2\theta \sin\theta d\theta = \sin^2\theta(-\cos\theta) - \int 2\sin\theta\cos\theta(-\cos\theta)d\theta$$

$$= -\sin^2\theta\cos\theta + 2\int_0^{\pi} \sin\theta\cos^2\theta d\theta$$

$$= [-\sin^2\theta\cos\theta - 2\times\frac{1}{3}cos^3\theta]_0^{\pi} = \frac{4}{3}$$

또는 다음과 같이 적분해도 된다.

$$\int \sin^3\theta d\theta = \int \sin^2\theta \sin\theta d\theta = \int (1-\cos^2\theta)\sin\theta d\theta$$

$$= \int_0^{\pi} \sin\theta d\theta - \int_0^{\pi} \sin\theta\cos^2\theta d\theta$$

$$= [-\cos\theta]_0^{\pi} - [-\frac{1}{3}cos^3\theta]_0^{\pi} = 2 - \frac{2}{3} = \frac{4}{3}$$

연습문제

01 그림 15.1과 같은 전기쌍극자의 양 끝을 연결하는 도선의 방사저항을 파장 λ와 s로 나타내시오.

02 그림 15.5와 같이 반지름이 a인 원형고리에 교류전류 $I = I_0 \cos(\omega t)$가 흐르는 자기쌍극자의 방사저항을 파장 λ와 a로 나타내시오. $a = 0.01\lambda$인 경우에 자기쌍극자의 방사저항과 $s = 0.01\lambda$인 경우의 전기쌍극자의 방사저항의 크기를 비교하시오.

03 아주 멀리 떨어진 곳에 놓인 양(+)의 전하 Q를 향하여 전하량이 q인 하전입자를 초속도 v_0로 발사되어 d만큼 운동한 후, 일시적으로 정지하였다가 처음 운동 방향과 반대 방향으로 무한히 멀리 날아간다. q가 정지할 때까지 전자기파로 방출한 에너지는 얼마인가? 하전입자의 초기속력은 $v_0 << c$이며, Q와 q는 같은 직선 위에 놓여 있다고 가정한다.

04 전하량이 q인 하전입자가 직선운동처럼 $(t = t_r)$ 가속도 $\vec{a}$와 속도 $\vec{v}$가 순간적으로 $z-$축과 일치할 때, 방사에너지의 각분포는

$$\frac{dP_{rad}(t)}{d\Omega} = \frac{q^2 a^2(t_r)}{16\pi^2 \epsilon_0 c^3} \frac{(1-\cos^2\theta)}{[1-\beta(t_r)\cos\theta]^5} = \frac{\mu_0 q^2 a^2(t_r)}{16\pi^2 c} \frac{\sin^2\theta}{[1-\beta(t_r)\cos\theta]^5}$$

와 같다. 이를 이용하여, 방사 전자기파가 가장 강한 각도인 $\theta_{\max}$에 대한 표현식을 구하고, v가 c에 가까운 상대론적 한계에서는 $\theta_{\max} \simeq \sqrt{(1-\beta)/2}$ $(\beta = v/c)$ 임을 보이시오.

참고자료

1. Foundations of Electromagnetic Theory, John R. Reitz, Frederick J. Milford and Robert W. Christy., 4th ed. Addison-Wesley Publishing Company, 1993.
2. Introduction to electrodynamics, 제4판 기초전자기학, 김진승 역, 도서출판 북스힐, 2014.
3. Classical electromagnetic radiation, 3rd edition, Mark A. Heald and Jerry B. Marion, Saunders College Publishing, 1995.
4. http://web.hep.uiuc.edu/home/serrede/P436/Lecture_Notes/P436_Lect_13.5.pdf.

연습문제 해답

1장 전자기학과 전자기적 물리량에 대한 표현

03 $\vec{\nabla}\vec{r}=\frac{\partial r}{\partial x}\hat{i}+\frac{\partial r}{\partial y}\hat{j}+\frac{\partial r}{\partial z}\hat{k}$

$$=\frac{1}{2}\frac{2x}{\sqrt{x^2+y^2+z^2}}\hat{i}+\frac{1}{2}\frac{2y}{\sqrt{x^2+y^2+z^2}}\hat{j}+\frac{1}{2}\frac{2z}{\sqrt{x^2+y^2+z^2}}\hat{k}$$

$$=\frac{x\hat{i}+y\hat{j}+z\hat{k}}{\sqrt{x^2+y^2+k^2}}=\frac{\vec{r}}{r}=\hat{r}$$

04 $\vec{\nabla}\times\vec{F}=\begin{vmatrix}\hat{i} & \hat{j} & \hat{k}\\ \frac{\partial}{\partial x} & \frac{\partial}{\partial y} & \frac{\partial}{\partial z}\\ -y & x & 0\end{vmatrix}=2\hat{k}$, $\vec{\nabla}\times\vec{G}=\begin{vmatrix}\hat{i} & \hat{j} & \hat{k}\\ \frac{\partial}{\partial x} & \frac{\partial}{\partial y} & \frac{\partial}{\partial z}\\ y & -x & 0\end{vmatrix}=-2\hat{k}$ 이다. 따라서 벡터 $\vec{F}$는 $xy-$평면에서 반시계 방향으로 회전하는 물리량을 표현한 것이며, $\vec{G}$는 $xy-$평면에서 시계방향으로 회전하는 물리량을 표현한 것이다.

05 전기장은 단위 면적당 전기력선의 수를 의미한다. 따라서 폐곡면을 통하여 빠져나간 전기력선의 수는 다음과 같이 2가지 방법으로 구할 수 있다.

1. 적분을 이용하여 전기력선의 수 구하기

① 밑면을 통하여 빠져나간 전기력선의 수는 다음과 같다.

$$\int \vec{E} \cdot d\vec{S} = E_0 \int (-\hat{k}) \cdot d\vec{S} = E_0 \pi a^2 \text{ (밑면에서 } d\vec{S}\text{의 방향은 } -\hat{k}\text{(그림 참조))} \quad (1)$$

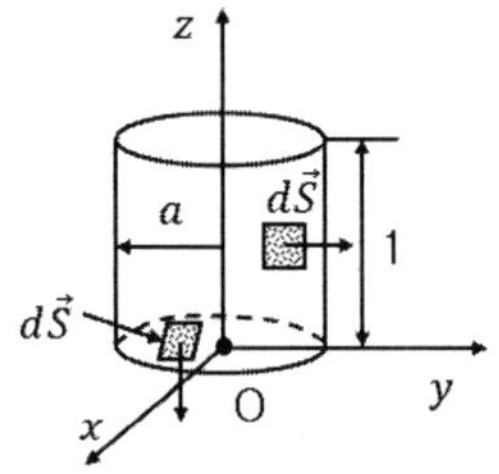

② 윗면에 대해서는 $E_z = 0$ 이므로 윗면을 통하여 빠져나간 전기력선의 수는 "0" (2)

③ 옆면에 대해 원통좌표를 이용하면 $d\vec{S} = ad\theta dz\hat{r}$, 반경이 a 인 원통표면에 대해 $\vec{r} = x\hat{i} + y\hat{j} = a\hat{r}$ 이다.

$$\int \vec{E} \cdot d\vec{S} = E_0 \int_0^{2\pi} \int_0^1 (x\hat{i} + y\hat{j}) ad\theta dz\hat{r} = E_0 \int_0^{2\pi} \int_0^1 a\hat{r} \cdot ad\theta dz\hat{r} = 2E_0 \pi a^2 \quad (3)$$

위에서 얻은 (1), (2) 및 (3)을 모두 더하면, 다음과 같다.

$$\int \vec{E} \cdot d\vec{S} = 3E_0 \pi a^2 \quad (4)$$

2. 발산정리를 이용하여 전기력선의 수 구하기

$$\oint (\vec{\nabla} \cdot \vec{E}) dV = E_0 \int \left(\frac{\partial E}{\partial x} + \frac{\partial E}{\partial y} + \frac{\partial E}{\partial z}\right) dV = E_0 \int (1 + 1 + 2z) dV \quad (5)$$

$$= E_0 \int_0^a rdr \int_0^{2\pi} d\theta \int_0^1 (2 + 2z) dz = 3E_0 \pi a^2 \, (dV = rd\theta drdz)$$

식 (4)와 (5)를 통하여 결과가 같다는 것을 알 수 있다.

06 (1) 반경이 R 인 원주상에서 $\vec{F} = -y^3\hat{i} - x^3\hat{j} = R^3(-\sin^3\theta\hat{i} + \cos^3\theta\hat{j})$ 이며, $d\vec{l} = Rd\theta(-\sin\theta\hat{i} + \cos\theta\hat{j})$ 이다. 따라서

$\oint_C \vec{F}\cdot d\vec{l} = \int_0^{2\pi} R^4(\sin^4\theta + \cos^4\theta)d\theta = \frac{3\pi}{2}R^4$ 와 같다. 여기서

$\int_0^{2\pi}\sin^4\theta d\theta = \int_0^{2\pi}\cos^4\theta d\theta = \frac{3\pi}{4}$ 을 이용하였다.

(2) $\vec{\nabla}\times\vec{F} = \begin{vmatrix} \hat{i} & \hat{j} & \hat{k} \\ \frac{\partial}{\partial x} & \frac{\partial}{\partial y} & \frac{\partial}{\partial z} \\ -y^3 & x^3 & 0 \end{vmatrix} = 3(x^3+y^2)\hat{k} = 3r^2\hat{k}$, 반경이 r, 두께가 dr 인 원형띠의 미소면적은 $da\hat{n} = 2\pi r dr\hat{k}$ (원이 x, y 평면에 있으므로 $\hat{n} = \hat{k}$)와 같다. 따라서

$\int_S (\vec{\nabla}\times\vec{F})\cdot da\hat{n} = 6\pi\int_0^R r^3 dr = \frac{3\pi}{2}R^4$

위의 (1), (2)로부터 $\int_S (\vec{\nabla}\times\vec{F})\cdot da\hat{n} = \oint_C \vec{F}\cdot d\vec{l}$이 성립함을 알 수 있다.

2장 정전기학

01 전자구름에 기인한 총 전하량은

$$q = \int \rho dV = -\int_{r=0}^{r=\infty}\infty\int_{\theta=0}^{\pi}\int_{\phi=0}^{2\pi}\frac{Q}{\pi a^3}e^{-2r/a}r^2\sin\theta dr d\theta d\phi$$

$$= -\int_{r=0}^{\infty}\frac{4Q}{a^3}e^{-2r/a}r^2 dr = -\frac{4Q}{a^3}(-\frac{a}{2})[e^{-2r/a}(r^2 - \frac{a^2}{2}(-\frac{2r}{a} - 1))]_{r=0}^{\infty}$$

$$= -Q$$

와 같이 원자핵과 크기는 같지만, 부호는 반대이다.

02 두 전하사이의 반발 전기력(F_e) : $F_e = \frac{1}{4\pi\epsilon_0}\frac{2q^2}{(2l\sin\theta)^2} = \frac{q^2}{8\pi\epsilon_0 l^2\sin^2\theta}$ (1)

줄에 작용하는 장력을 T라고 하면, $T\cos\theta = mg$, $T\sin\theta = F_e$와 같은 관계식이 얻어

진다. $T=\dfrac{mg}{\cos\theta}$ 이므로, $\dfrac{mg}{\cos\theta}\sin\theta=\dfrac{q^2}{8\pi\epsilon_0 l^2\sin^2\theta}$ 와 같은 결과가 얻어진다. 이를 정리하면 $mg\tan\theta=\dfrac{q^2}{8\pi\epsilon_0 l^2\sin^2\theta}$ 와 같고, 이를 다시 정리하면, $\tan^3\theta/(1+\tan^2\theta)=q^2/8\pi\epsilon_0 mgl^2$ 와 같다. 여기서 삼각함수의 관계인 $1+\tan^2\theta=\sec^2\theta$, $\cos^2\theta=1/1+\tan^2\theta$ 을 사용하였다.

03 두 전하사이에 작용하는 전기력은 다음과 같고, 2개의 금속구 사이에 인력이 작용한다.

$$F_e=\frac{1}{4\pi\epsilon_0}\frac{(4.0\times10^{-9}C)\times(-1.0\times10^{-9}C)}{(0.05\,m)^2}$$

$$=8.99\times10^9 N\cdot m^2/C^2\times(-4.0\times10^{-18}C^2)(4.0\times10^2 m^2)$$

$$=-1.44\times10^{-5}N$$

한편 2개의 금속구가 접촉했다가 분리되면, 각각의 금속구가 가지는 전하량은 $1.5\times10^{-9}C$이 된다. 쿨롱의 법칙을 사용하여 이들 사이에 작용하는 전기력을 구하면, $F_e=8.1\times10^{-6}N$이 되면서 척력이 작용한다.

04 정사각형의 각 꼭짓점에 크기가 동일한 점 전하가 위치해 있어, 정사각형의 중심에 놓여 있는 전하량이 q_0 인 시험전하에 작용하는 알짜 힘은 “0”이다.

05 점 전하 q와 대전막대의 미소길이 dx에 존재하는 전하 dq $(dq=\frac{Q}{L}dx)$사이에 작용하는 힘(dF)을 구한 후, 이를 전체 막대에 대해 적분하면 된다 (아래 그림 참조).

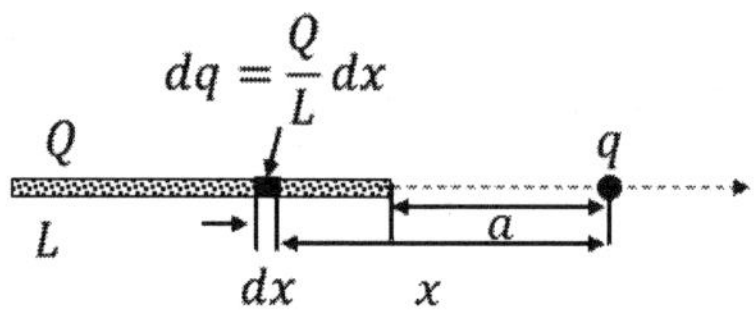

쿨롱의 법칙을 사용하면 q와 dq사이에 작용하는 힘(dF)은 $dF=\dfrac{1}{4\pi\epsilon_0}\dfrac{q\,dq}{x^2}=\dfrac{1}{4\pi\epsilon_0}\dfrac{q(Q/L)dx}{x^2}$ 와 같다. 따라서 이를 전체 막대에 대해 적분하면,

점 전하와 대전 막대 사이에 작용하는 힘은 다음과 같이 구해진다.

$$F = \int dF = \frac{1}{4\pi\epsilon_0}\frac{Qq}{L}\int_a^{a+L}\frac{1}{x^2}dx = \frac{1}{4\pi\epsilon_0}\frac{Qq}{L}[-\frac{1}{x}]_a^{a+L}$$

$$= \frac{Qq}{4\pi\epsilon_0}\frac{1}{a(a+L)}[N]$$

06 전하분포는 구대칭을 가지므로, 전기장을 구하기 위해 사용되는 가우스 표면은 대전 구의 중심과 같은 반경 r인 구면이다. 따라서 이러한 구면을 통과하는 전기력선의 수는 $\Phi_E = \oint_S \vec{E}\cdot\hat{r}da = 4\pi r^2 E(r)$와 같다. 가우스 면 내에 있는 알짜 전하량($q_{알짜}$)은 $q_{알짜} = \rho V = (\frac{Q}{4\pi R^3/3})(\frac{4\pi r^3}{3}) = Q\frac{r^3}{R^3}$ 와 같다. 따라서 가우스 법칙을 이용하면, $4\pi r^2 E(r) = \frac{1}{\epsilon_0}\frac{Qr^3}{R^3}$ 이 얻어진다. 따라서 $E(r) = \frac{1}{4\pi\epsilon_0}\frac{Q}{R^3}r = kr$ $(k = \frac{1}{4\pi\epsilon_0}\frac{Q}{R^3})$ 와 같다.

07 전하분포는 구대칭을 가지므로, 전기장을 구하기 위해 사용되는 가우스 표면은 대전된 구와 중심이 같은 반경 r인 구면이다. 따라서 이러한 구면을 통과하는 전기력선의 수는 $\Phi_E = \oint_S \vec{E}\cdot\hat{r}da = 4\pi r^2 E(r)$와 같다. 한편 가우스면 내의 알짜 전하량($q_{알짜}$)은 $r' = 0$ 로부터 $r' = r$ 까지 적분하면 얻어진다. 즉, $q_{알짜} = \int_V \rho(r)dv = \int_0^r kr'(4\pi r'^2)dr' = \pi kr^4$ 이다. 따라서 가우스 법칙을 이용하면, $4\pi r^2 E(r) = \frac{1}{\epsilon_0}\pi kr^4$ 이 얻어지므로, $E(r) = \frac{1}{4\epsilon_0}kr^2$ 이다.

08 2개의 점 전하가 관측점 P에 만드는 전기장의 대칭성에 의하여 전기장의 수평 성분인 $E_x(x,0) = 0$ 이다. 한편 수직성분은 다음과 같다.

$E_y(x,0) = -2\frac{1}{4\pi\epsilon_0}\frac{q}{r^2}sin\theta$ 이며, $\sin\theta = \frac{a}{r}, r^2 = x^2 + a^2$ 이다. 따라서

$E_y(x,0) = -2\frac{1}{4\pi\epsilon_0}\frac{qa}{(x^2+a^2)^{3/2}}$ 와 같다.

09 전하분포가 y와 z와는 무관하므로, 전기장도 y와 z와 무관하다. 따라서 가우스 법칙의 미분형, $\vec{\nabla} \cdot \vec{E} = \frac{\rho}{\epsilon_0}$은 $\frac{\partial E_x}{\partial x} = \frac{\rho}{\epsilon_0}$와 같다. 이를 x에 대하여 양변을 적분하면, 다음과 같다.

$$E_x = \int_{-\infty}^{x} \rho \, dx + C \ (C\text{: 적분상수})$$

전하분포의 대칭성으로부터 전기장도 $x = 0$에 대하여 대칭성을 가지게 되므로, 적분상수는 "0"이다. 따라서 전기장은 다음과 같다.

$$\vec{E} = \begin{cases} 0 & x < a \\ -\frac{\rho_0}{\epsilon_0}(x+a)\hat{i} & -a < x < a \\ \frac{\rho_0}{\epsilon_0}(x-a)\hat{i} & 0 < x < a \\ 0 & x > a \end{cases}$$

10 전기쌍극자의 두 전하가 받는 총 힘($\vec{F}$)은 $\vec{F} = q[\vec{E}_{ext}(\vec{r} + d\vec{l}) - \vec{E}_{ext}(\vec{r})]$ 이며, 두 전하 위치에서의 전기장은 다음과 같다.

$$\vec{E}_{ext}(\vec{r} + d\vec{l}) = \vec{E}_{ext}(x+dx, y+dy, z+dz) \qquad (1)$$

$$\simeq \vec{E}_{ext}(x,y,z) + (\frac{\partial E_{ext}}{\partial x})dx + (\frac{\partial E_{ext}}{\partial y})dy + (\frac{\partial E_{ext}}{\partial z})dz$$

$$\vec{E}_{ext}(\vec{r}) = \vec{E}_{ext}(x,y,z) \qquad (2)$$

식 (1)과 (2)를 이용하여 전기쌍극자에 작용하는 힘의 크기를 구하면, 다음과 같다.

$$|\vec{F}| = q[|\vec{E}_{ext}(x,y,z)| + (\frac{\partial E_{ext}}{\partial x})dx + (\frac{\partial E_{ext}}{\partial y})dy + (\frac{\partial E_{ext}}{\partial z})dz - |\vec{E}_{ext}(x,y,z)|]$$

$$= q(dx\,\hat{i} + dy\,\hat{j} + dz\,\hat{k}) \cdot (\frac{\partial E_{ext}}{\partial x}\hat{i} + \frac{\partial E_{ext}}{\partial y}\hat{j} + \frac{\partial E_{ext}}{\partial z}\hat{k})$$

$$= q d\vec{l} \cdot \vec{\nabla} E_{ext}$$

외부에서 가해준 전기장이 모든 곳에서 균일하다면, 전기쌍극자에 작용하는 힘은 "0"임을 알 수 있다. 한편, 전기쌍극자에 작용하는 회전능률은 다음과 같다.

$$\begin{aligned}\vec{\tau} &= \vec{r}\times\vec{F}(\vec{r})+(\vec{r}+d\vec{l})\times\vec{F}(\vec{r}+d\vec{l})\\ &= \vec{r}\times[-q\vec{E}(\vec{r})+(\vec{r}+d\vec{l})\times q\vec{E}(\vec{r}+d\vec{l})\\ &= \vec{r}\times[-q\vec{E}(\vec{r})+\vec{r}\times q\vec{E}(\vec{r}+d\vec{l})+d\vec{l}\times q\vec{E}(\vec{r}+d\vec{l})\\ &= \vec{r}\times[\vec{r}\times q\vec{E}(\vec{r}+d\vec{l})-q\vec{E}(\vec{r})]+\vec{p}\times\vec{E}(\vec{r}+d\vec{l})\\ &= \vec{r}\times[\vec{p}\cdot\vec{\nabla}E]+\vec{p}\times\vec{E}\end{aligned}$$

여기서 $\vec{E}(\vec{r}+d\vec{l})$는 전하 $+q$가 있는 곳에서의 외부 전기장을 의미한다.

3장 전위와 전기장 해

01 1차원 라플라스 방정식은 $d^2\psi(x)/dx^2=0$이며, 이에 대한 일반해는 $\psi(x)=ax+b$ 이다. 여기에 경계조건인 $\psi(x=0)=a\times 0+b=0$ 이므로, $b=0$이다. 또한 $\psi(x=10)=a\times 10+b=200$ 이므로, $a=20$이 얻어진다. 따라서 두 도체판 사이의 전위는 $\psi(x)=20x$ 로 표현된다. 또한 전기장은 $E(x)=-\dfrac{d\psi(x)}{dx}=-20[V/m]$ 이다.

02 전위가 r만의 함수이므로, 사용할 라플라스 방정식은 $\nabla^2\psi=\dfrac{1}{r^2}\dfrac{d}{dr}(r^2\dfrac{d\psi}{dr})=0$이다. 이로부터 $\psi(r)=-\dfrac{c_1}{r}+c_2$이 얻어진다.

(i) 두 구 사이의 영역, 즉, $r_a<r<r_b$에 대한 초기조건은 다음과 같다.

$$\psi(r=a)=-\frac{c_1}{r_a}+c_2=\psi_a \tag{1}$$

$$\psi(r=b)=-\frac{c_1}{r_b}+c_2=\psi_b \tag{2}$$

식 (1)과 (2)를 정리하면, 다음과 같이 된다.

$$c_1 = \frac{r_a r_b(\psi_a - \psi_b)}{r_b - r_a}, \quad c_2 = \frac{\psi_b r_b - \psi_a r_a}{r_b - r_a} \tag{3}$$

따라서 두 구 사이의 영역, 즉, $r_a < r < r_b$ 에서의 전위는 다음과 같다.

$$\psi(r) = -\left[\frac{r_a r_b(\psi_a - \psi_b)}{r_b - r_a}\right]\frac{1}{r} + \frac{\psi_b r_b - \psi_a r_a}{r_b - r_a} \tag{4}$$

(ii) $r > r_b$ 인 영역에 대한 초기조건은 다음과 같다.

$$\psi(r = \infty) = 0 \quad \rightarrow \quad c_2 = 0 \tag{5}$$

$$\psi(r = b) = -\frac{c_1}{r_b} + c_2 = -\frac{c_1}{r_b} + 0 = \psi_b \quad \rightarrow \quad c_1 = \psi_b r_b \tag{6}$$

따라서 $r > r_b$ 인 영역에서의 전위는 다음과 같다.

$$\psi(r) = -\frac{\psi_b r_b}{r} \tag{7}$$

03 푸아송 방정식은 $\nabla^2\psi = -\rho/\epsilon_0$ 인데, 전위가 x 만의 함수로 주어진다. 따라서 1차원에 대한 푸아송 방정식은 다음과 같다.

$$\frac{d^2\psi}{dx^2} = \frac{d}{dx}\left(\frac{d\psi}{dx}\right) = -\frac{\rho}{\epsilon_0} = -\frac{\rho_0}{\epsilon_0}\frac{x}{d} \rightarrow \quad d\left(\frac{d\psi}{dx}\right) = -\frac{\rho_0}{\epsilon_0}\frac{x}{d}dx \tag{1}$$

식 (1)의 양변을 적분하면

$$\frac{d\psi}{dx} = -\frac{\rho_0}{\epsilon_0 d}\frac{x^2}{2} + C_1 \quad (C_1 : \text{적분상수}) \tag{2}$$

와 같고, 식 (2)의 양변을 다시 적분하면 다음과 같다.

$$\psi = -\frac{\rho_0}{\epsilon_0 d}\frac{x^3}{6} + C_1 x + C_2 \ (C_2 : \text{적분상수}) \tag{3}$$

식 (3)에 초기조건인 $x = 0$ 에서 $\psi = 0$ 을 대입하면, $C_2 = 0$ 이 얻어지므로, 식 (3)은 다음과 같다.

$$\psi = -\frac{\rho_0}{\epsilon_0 d}\frac{x^3}{6} + C_1 x \tag{4}$$

식 (4)에 초기조건인 $x = d$ 에서 $\psi = V_0$ 을 대입하면, $C_1 = \frac{V_0}{d} + \frac{\rho_0 d}{6\epsilon_0}$ 이 얻어지므로, 식 (4)는 다음과 같다.

$$\psi = -\frac{\rho_0}{\epsilon_0 d}\frac{x^3}{6} + \left[\frac{V_0}{d} + \frac{\rho_0 d}{6\epsilon_0}\right]x \tag{5}$$

04 전위가 r과 θ만의 함수이므로, 구 좌표계에서의 라플라스 방정식과 일반해는 다음과 같다.

$$\frac{1}{r^2}P(\theta)\frac{d}{dr}(r^2\frac{dZ}{dr})+\frac{Z(r)}{r^2\sin\theta}\frac{d}{d\theta}(\sin\theta\frac{dP}{d\theta})=0 \tag{1}$$

$$\psi(r,\theta)=\sum_{n=0}^{\infty}(A_n r^n+\frac{B_n}{r^{n+1}})P_n(\theta) \tag{2}$$

$r\to 0$이면, $r^{-(n+1)}\to\infty$가 되므로 식 (2)에서 $B_n=0$이어야 한다. 또한 각각의 n에 대하여 다음과 같다.

$$n=0,\ \psi_0(r,\theta)=A_0 \tag{3}$$

$$n=1,\ \psi_1(r,\theta)=A_1 r\cos\theta \tag{4}$$

$$n=2,\ \psi_2(r,\theta)=A_2 r^2 P_2(\cos\theta) \tag{5}$$

$$\vdots$$

$$\psi(r,\theta)=A_0+A_1 r\cos\theta+A_2 r^2 P_2(\cos\theta)+\cdots \tag{6}$$

$r\to 0$이며, $r<R$에서 전기쌍극자에 의한 전위는 다음과 같다.

$$\psi(r,\theta)=\frac{1}{4\pi\epsilon_0}\frac{\vec{p}\cdot\vec{r}}{r^3}=\frac{1}{4\pi\epsilon_0}\frac{p}{r^2}cos\theta=\frac{1}{4\pi\epsilon_0}\frac{p}{r^2}P_1(\cos\theta) \tag{7}$$

따라서 $A_2=A_3=\cdots=0$이다. 또한 초기조건인

$$\frac{1}{4\pi\epsilon_0}\frac{p}{r^2}P_1(\cos\theta)\bigg|_{r\to 0}=A_0+A_1 r\cos\theta\bigg|_{r\to 0} \tag{8}$$

을 이용하면 다음과 같은 결과가 얻어진다.

$$A_0=\frac{1}{4\pi\epsilon_0}\frac{p}{r^2}P_1(\cos\theta)=\frac{1}{4\pi\epsilon_0}\frac{p}{r^2}cos\theta \tag{9}$$

문제에서 주어진 경계조건인 $r=R$에서, $\psi(r=R)=0$이므로,

$$\psi(r=R,\theta)=A_0+A_1 R\cos\theta=0 \tag{10}$$

이 얻어진다. 따라서 식 (9)와 (10)으로부터

$$0=A_0+A_1 R\cos\theta=\frac{1}{4\pi\epsilon_0}\frac{p}{R^2}cos\theta+A_1 R\cos\theta \tag{11}$$

와 같은 결과가 얻어진다. 이로부터 A_1을 구하면, $A_1=-\frac{1}{4\pi\epsilon_0}\frac{p}{R^3}$이 얻어지므로, 구 내부에서의 전위는 다음과 같다.

$$\psi(r,\theta)=\frac{1}{4\pi\epsilon_0}\frac{p}{r^2}cos\theta-\frac{1}{4\pi\epsilon_0}\frac{p}{R^3}r\cos\theta=\frac{1}{4\pi\epsilon_0}\frac{p\cos\theta}{r^2}(1-\frac{r^3}{R^3}) \qquad (12)$$

05 제1 사분면에 점 전하 q가 $(a,b,0)$인 지점에 있으므로, 제 2, 3, 4 사분면에 영상전하가 존재한다. 따라서 이들로부터 관측점 P까지의 거리를 $r_{1,}r_{2,}r_3$및 r_4라고 놓으면 관측점 P에서의 전위는 다음과 같다.

$$\psi(x,y,z)=\frac{q}{4\pi\epsilon_0}[\frac{1}{r_1}-\frac{1}{r_2}+\frac{1}{r_3}-\frac{1}{r_4}] \qquad (1)$$

여기서 $r_{1,}r_{2,}r_3$및 r_4의 크기는 다음과 같고, 제 2사분면의 제1 영상전하는 $-q$, 제3 사분면의 제2 영상전하는 $+q$, 그리고 제4 사분면의 제3 영상전하는 $-q$의 전하를 가진다.

$r_1=\sqrt{(x-a)^2+(y-b)^2+z^2}$ (전하 q에서 관측점까지의 거리),

$r_2=\sqrt{(x+a)^2+(y-b)^2+z^2}$ (제1 영상전하에서 관측점까지 거리)

$r_3=\sqrt{(x+a)^2+(y+b)^2+z^2}$ (제2 영상전하에서 관측점까지 거리)

$r_4=\sqrt{(x-a)^2+(y+b)^2+z^2}$ (제3 영상전하에서 관측점까지 거리)

06 관측점 P에서의 전위는 선전하 λ에 의한 전위와 영상 선전하 $-\lambda$에 의해 결정되며, λ로부터 관측점 P까지의 거리를 r_+, 그리고 영상전하로부터 관측점 P까지의 거리를 r_-라고 하면 관측점 P에서의 전위는 다음과 같다.

(i) $\psi(y,z)=-\frac{1}{2\pi\epsilon_0}(\lambda\ln r_+-\lambda\ln r_-)=\frac{\lambda}{2\pi\epsilon_0}ln(\frac{r_-}{r_+})=\frac{\lambda}{4\pi\epsilon_0}ln(\frac{r_-^2}{r_+^2})$

여기서 $r_+=\sqrt{x^2+(z-d)^2}$, $r_-=\sqrt{x^2+(z+d)^2}$ 이므로,

$$\psi(y,z)=\frac{\lambda}{4\pi\epsilon_0}ln[\frac{x^2+(z+d)^2}{x^2+(z-d)^2}]$$

(ii) 표면전하밀도(σ)는 다음과 같이 구해진다.

$$\sigma=-\epsilon_0\frac{\partial\psi}{\partial n}=-\epsilon_0\frac{\partial\psi}{\partial z}\bigg|_{z=0}$$

$$\sigma(y)=-\epsilon_0\frac{\partial\psi}{\partial z}\bigg|_{z=0}=-\epsilon_0\frac{\lambda}{4\pi\epsilon_0}\left[\frac{1}{x^2+(z+d)^2}2(z+d)-\frac{1}{x^2+(z-d)^2}2(z-d)\right]$$

$$=-\frac{\lambda}{2\pi}\left[\frac{d}{x^2+d^2}-\frac{(-d)}{x^2+d^2}\right]=-\frac{1}{\pi}\left[\frac{\lambda d}{x^2+d^2}\right]$$

x – 축과 나란한 길이가 l 인 선모양으로 유도된 총 전하는 다음과 같다.

$$q_{유도} =- \frac{\lambda d}{\pi}\int_{-\infty}^{+\infty}\frac{1}{x^2+d^2}ldx =- \frac{\lambda d}{\pi}l\int_{-\infty}^{+\infty}\frac{1}{x^2+d^2}dx$$

$$= - \frac{\lambda d}{\pi}l\int_{-\infty}^{+\infty}\frac{1}{x^2+d^2}dx = - \frac{\lambda dl}{\pi}[\frac{1}{d}tan^{-1}(\frac{x}{d})\Big|_{-INF}^{+}\infty$$

$$= - \frac{\lambda l}{\pi}(\frac{\pi}{2}-(-\frac{\pi}{2})) = -\lambda l$$

따라서 단위 길이당 영상전하 밀도는 예상했던 바와 같이 $\lambda_{유도} = -\lambda$ 이다.

07 점 전하 q에 대한 영상전하들은 아래 그림과 같다.

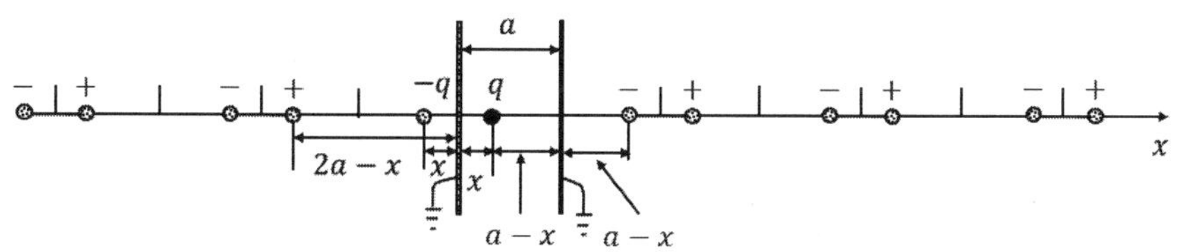

양(+)의 영상전하들에 의한 힘은 쌍으로 서로 상쇄된다. 따라서 음의 영상전하들에 의해 점 전하 q와 작용하는 힘은 다음과 같다.

$$F=\frac{q^2}{4\pi\epsilon_0}[\frac{1}{2(a-x)]^2}+\frac{1}{[2a+2(a-x)]^2}+\frac{1}{[4a+2(a-x)]^2}+\cdots$$

$$-[\frac{1}{(2x)^2}+\frac{1}{(2a+2x)^2}+\frac{1}{(4a+2x)^2}+\cdots$$

$$=\frac{1}{4\pi\epsilon_0}\frac{q^2}{4}\left\{\begin{array}{l}[\frac{1}{(a-x)^2}+\frac{1}{(2a-x)^2}+\frac{1}{(3a-x)^2}+\cdots \\ -[\frac{1}{(x)^2}+\frac{1}{(a+x)^2}+\frac{1}{(2a+x)^2}+\cdots\end{array}\right\}$$

$a\rightarrow\infty\ (a \gg x)$일 때, $\frac{1}{x^2}$ 항만이 남게 되어, 작용하는 힘은 $F=-\frac{1}{4\pi\epsilon_0}\frac{q^2}{(2x)^2}$ 이 되며, 이는 1개의 도체 평면 가까이에 있는 점 전하 q에 작용하는 힘과 같다는 것을 알 수 있다. 만약에 점 전하 q가 $x=a/2$ 에 위치하면, 점 전하 q에 작용하는 알짜 힘의 크기는 $F=0$ 이 됨을 알 수 있다.

4장 유전물질 속에서의 정전기장

01 편극 표면 전하밀도 (σ_P):

$$\sigma_P = \vec{P} \cdot \hat{n} = \vec{P} \cdot \hat{n}\Big|_{x=0} + \vec{P} \cdot \hat{n}\Big|_{x=L} = -b + (aL^2 + b) = aL^2$$

총 표면 편극전하 (Q_σ) : $Q_\sigma = aL^2 A$

편극 체적 전하밀도 (ρ_P) : $\rho_P = \vec{\nabla} \cdot \vec{P} = -2ax$,

총 편극 체적전하 (Q_ρ) : $Q_\rho = \int_0^L -2axAdx = -2aA\int_0^L xdx = -aL^2 A$

따라서 총 편극전하(Q): $Q = aL^2 A + (-aL^2 A) = 0$ 이다.

02 편극 표면 전하밀도 (σ_P): $\sigma_P = \vec{P} \cdot \hat{n}$,

$x = \frac{a}{2}$ 인 평면: $\sigma_P = \vec{P} \cdot \hat{n} = k(\frac{a}{2}\hat{i} + y\hat{j} + z\hat{k}) \cdot (\hat{i}) = \frac{ka}{2}$

$x = -\frac{a}{2}$ 인 평면: $\sigma_P = \vec{P} \cdot \hat{n} = k(-\frac{a}{2}\hat{i} + y\hat{j} + z\hat{k}) \cdot (-\hat{i}) = \frac{ka}{2}$

$y = \frac{a}{2}$ 인 평면: $\sigma_P = \vec{P} \cdot \hat{n} = k(x\hat{i} + \frac{a}{2}\hat{j} + z\hat{k}) \cdot (\hat{j}) = \frac{ka}{2}$

$y = -\frac{a}{2}$ 인 평면: $\sigma_P = \vec{P} \cdot \hat{n} = k(x\hat{i} + (-\frac{a}{2})\hat{j} + z\hat{k}) \cdot (-\hat{j}) = \frac{ka}{2}$

$z = \frac{a}{2}$ 인 평면: $\sigma_P = \vec{P} \cdot \hat{n} = k(x\hat{i} + y\hat{j} + \frac{a}{2}\hat{k}) \cdot (\hat{k}) = \frac{ka}{2}$

$z = -\frac{a}{2}$ 인 평면: $\sigma_P = \vec{P} \cdot \hat{n} = k(x\hat{i} + y\hat{j} + (-\frac{a}{2}\hat{k}) \cdot (-\hat{k}) = \frac{ka}{2}$

총 편극 표면 전하(Q_σ): $Q_\sigma = [6 \times \frac{ka}{2}] \times a^2 = 3ka^3$

편극 체적 전하밀도 (ρ_P) : $\rho_P = -\vec{\nabla} \cdot \vec{P} = -(\vec{\nabla} \cdot (k\vec{r}) = -3k$

총 편극 체적 전하(Q_ρ): $Q_\rho = -3ka^3$

따라서 총 편극전하(Q) : $Q = -3ka^3 + 3ka^3 = 0$

03 편극 표면 전하밀도 (σ_P): $\sigma_P = \vec{P} \cdot \hat{n}$,

$z = L/2$ 인 평면: $\sigma_P = \vec{P} \cdot \hat{n} = P_0 \hat{k} \cdot \hat{k} = P_0$

$z = -L/2$ 인 평면: $\sigma_P = \vec{P} \cdot \hat{n} = P_0 \hat{k} \cdot (-\hat{k}) = -P_0$

편극 체적 전하밀도 (ρ_P) : $\rho_P = -\vec{\nabla} \cdot \vec{P} = -\vec{\nabla} \cdot (P_0 \hat{k}) = 0$

관측점 P에서의 전위 :

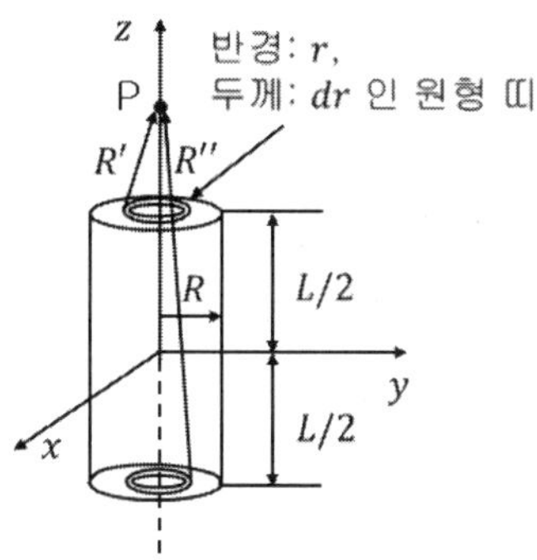

반경이 R이며, 중심축이 $z-$ 축 방향인 편극 물체

$$\psi(0,0,z) = \frac{1}{4\pi\epsilon_0}[\int_0^R \frac{\vec{P} \cdot \hat{k}}{R'} da - \int_0^R \frac{\vec{P} \cdot \hat{k}}{R''} da$$

$$= \frac{P_0}{4\pi\epsilon_0}[\int_0^R \frac{2\pi r dr}{[(z-L/2)^2 + r^2]^{1/2}} - \int_0^R \frac{2\pi r dr}{[(z+L/2)^2 + r^2]^{1/2}}]$$

$$= \frac{P_0}{2\epsilon_0}[\int_0^R \frac{r dr}{[(z-L/2)^2 + r^2]^{1/2}} - \int_0^R \frac{r dr}{[(z+L/2)^2 + r^2]^{1/2}}]$$

$$= \frac{P_0}{2\epsilon_0}[\sqrt{(z-L/2)^2 + R^2} - \sqrt{(z+L/2)^2 + R^2}$$

$$-|z-L/2| + |z+L/2|]$$

편극 유전체 막대 밖($|z| > L/2$)에서의 전기장은 다음과 같다.

$$E_z = -\frac{d\psi}{dz} = -\frac{P_0}{2\epsilon_0}[\frac{z-L/2}{\sqrt{(z-L/s)^2 + R^2}} - \frac{z+L/2}{\sqrt{(z+L/2)^2 + R^2}}]$$

04 원통형 막대의 중심에 원통좌표계의 원점을 설정하고 가우스의 법칙을 이용하면, 전기변위와 전하 사이의 관계는 다음과 같다.

$$\oint_S \vec{D} \cdot \hat{n} da = Q \rightarrow \oint_S \vec{D} \cdot \hat{n} da = 2\pi r L D = QL \rightarrow \vec{D} = \frac{Q}{2\pi r}\hat{r} \quad (r > a) \tag{1}$$

따라서 유전체 내에서의 전기장과 편극은

$$\vec{E} = \frac{Q}{2\pi\epsilon r}\hat{r} \ (r > a) \tag{2}$$

$$\vec{P} = \vec{D} - \epsilon_0 E = (\epsilon - \epsilon_0)\vec{E} = (1 - \frac{\epsilon_0}{\epsilon})\epsilon \vec{E} = (1-K)\vec{D} \quad (K = \epsilon_0/\epsilon : \text{유전상수}) \tag{3}$$

와 같다. $r > a$ 인 영역에서의 자유전하밀도는 $\rho = 0$ 이므로, $\vec{\nabla} \cdot \vec{D} = 0$ 이다. $\vec{\nabla} \cdot \vec{D} = 0$ 이므로, 이를 식 (3)에 적용하면, $\vec{\nabla} \cdot \vec{P} = \rho_P = 0$ 이므로, 편극 체적전하밀도(ρ_P)는 "0"이다. 하지만, 편극 표면전하밀도(σ_P)는 다음과 같다.

$$\sigma_P = \vec{P} \cdot \hat{n} = \vec{P} \cdot \hat{r} = (1-K)\frac{Q}{2\pi a}\hat{r} \cdot \hat{r} = (1-K)\frac{Q}{2\pi a} \tag{4}$$

여기서 원통형 막대표면에 수직 방향은 $\hat{r}$ 의 방향과 같으며, $Q/2\pi a$ 는 자유전하에 기인한 원통형 막대표면에서의 표면전하밀도이다.

05 전기변위와 전하 사이의 관계 : $\oint_S \vec{D} \cdot \hat{n} da = Q$, $\vec{D} = \epsilon \vec{E}$,

$\oint_S \vec{D} \cdot \hat{n} da = 4\pi r^2 D = Q$, 따라서 전기장은 $|\vec{E}| = \frac{1}{4\pi\epsilon}\frac{Q}{r^2} \quad (r > R)$,

도체 내부($r < R$)에서의 전기장은 "0".

06 경계면에 자유전하가 없으므로, 만족해야 될 경계조건은 다음과 같다.
전기변위 $D_{1n} = D_{2n}$, $E_{1t} = E_{2t}$

$$D_1 \cos\theta_1 = D_2 \cos\theta_2 \quad \rightarrow \epsilon_1 E_1 \cos\theta_1 = \epsilon_2 E_2 \cos\theta_2 \tag{1}$$

$$E_1 \sin\theta_1 = E_2 \sin\theta_2 \tag{2}$$

식 (2)를 식 (1)로 나누면, $\frac{1}{\epsilon_1} tan\theta_1 = \frac{1}{\epsilon_2} tan\theta_2 \quad \rightarrow \frac{\epsilon_2}{\epsilon_1} = \frac{\tan\theta_2}{\tan\theta_1}$

07 경계면에 자유전하가 없으므로, 만족해야 될 경계조건은 다음과 같다.

전기변위 $D_{1n}=D_{2n}$ $\rightarrow \epsilon_2 E_2=\epsilon_1 E_1$ $\rightarrow E_1=\frac{\epsilon_2}{\epsilon_1}E_2=\frac{K_2}{K_1}E_2$

$\vec{D}_1=\epsilon_0\vec{E}_1+\vec{P}_1$

$\rightarrow \vec{P}_1=\vec{E}_1(\epsilon_1-\epsilon_0)=\vec{E}_1\epsilon_0(K_1-1)=\frac{K_2}{K_1}\vec{E}_2\epsilon_0(K_1-1)$

$=\frac{K_2(K_1-1)}{K_1}\epsilon_0\vec{E}_2$

$\sigma_P=\vec{P}_1\cdot(\pm\hat{n})=\pm\frac{K_2(K_1-1)}{K_1}\epsilon_0 E_2=\pm P_1\ (P_1=\frac{K_2(K_1-1)}{K_1}\epsilon_0 E_2)$

유전상수가 K_2 인 유전체가 공기라면, $K_2=1$ 이므로, $E_1=\frac{K_2}{K_1}E_2=\frac{1}{K_1}E_2$

08 평행 도체판 사이가 유전체로 채워지기 전의 전하밀도를 $\sigma_{전}$, 유전체로 채워진 후의 도체판의 전하밀도를 $\sigma_{후}$ 라고 하자. 공기로 채워진 경우, 도체판 사이의 전기장은 $E_0=\frac{\Delta\psi}{d}=\frac{\sigma_{전}}{\epsilon_0}$ 으로, $\sigma_{전}=\epsilon_0\frac{\Delta\psi}{d}$ 와 같다. 반면에 유전체로 채워진 경우, 유전체 내에서의 전기장($\vec{E}_{유전}$)은 $\vec{E}_{유전}=\frac{1}{\epsilon_0+\chi}\vec{D}=\frac{\epsilon_0}{\epsilon_0+\chi}\vec{E}_0=\frac{1}{K}\vec{E}_0$ 또는 $\vec{E}_{유전}=\frac{\sigma_{후}}{\epsilon}=\frac{\Delta\psi}{d}$ 이므로, $\sigma_{후}=\epsilon\frac{\Delta\psi}{d}$ 이다. 따라서 $\frac{\sigma_{후}}{\sigma_{전}}=\frac{\epsilon\Delta\psi/d}{\epsilon_0\Delta\psi/d}=K$ $\rightarrow$ $\sigma_{후}=K\sigma_{전}$. 따라서 유전체를 삽입하면, 금속판에 K 배만큼 더 많은 전하를 충전시킬 수 있다.

5장 정전기 에너지

01 첫 번째 전하를 가져오는데 필요한 일(W_1)은 $W_1=0$. 두 번째 전하를 가져오는데 필요한 일, $W_2=\frac{1}{4\pi\epsilon_0}\frac{q^2}{a}$, 세 번째 전하를 가져오는데 필요한 일,

$W_3 = \frac{1}{4\pi\epsilon_0}[\frac{q^2}{a} + \frac{q^2}{\sqrt{2}\,a}]$, 그리고 4번째 전하를 가져오는데 필요한 일, $W_4 = \frac{1}{4\pi\epsilon_0}[\frac{2q^2}{a} + \frac{q^2}{\sqrt{2}\,a}]$ 이다. 따라서 4개의 전하가 모인 계의 총 정전기 에너지 ($W_{총에너지} = \frac{1}{4\pi\epsilon_0}(4+\sqrt{2})\frac{q^2}{a}$ 이다. 한편 식 (5.1.7)을 이용하면 다음과 같다.

$$U = \frac{1}{2}\sum_{i=1}^{N} q_i \psi_i(\vec{r}_i) = \frac{1}{2}\sum_{i=1}^{4}[q_i \frac{1}{4\pi\epsilon_0}(2+\frac{1}{\sqrt{2}})\frac{q}{a}]$$

$$= \frac{1}{2}\frac{1}{4\pi\epsilon_0}(2+\frac{1}{\sqrt{2}})\frac{q}{a}]4q = \frac{1}{4\pi\epsilon_0}(4+\sqrt{2})\frac{q^2}{a}$$

따라서 앞에서 구한 결과와 같음을 알 수 있다.

02 운동에너지의 크기가 4.8×10^{-19} $[J]$이며, 이는 전자가 전기력을 받으면서 한 일 (W)과 같다. 즉, $4.8\times10^{-19}J = (e)(E)x = (1.60\times10^{-19})(600)x$. 따라서 이동거리 (x)는 다음과 같다. $x = \frac{4.8\times10^{-17}}{(1.60\times10^{-19})(600)} = 0.5$ 이다. 따라서 정지하기까지 50 $[cm]$를 이동한다.

03 반경 R이고 총 전하가 Q로 균일하게 대전된 대전체가 가지는 에너지는 전하를 무한히 멀리 떨어진 곳으로부터 가져와서 함께 모으는데 필요한 에너지와 같다. 가우스의 법칙을 이용하여 전기변위($\vec{D}$)와 전기장($\vec{E}(r)$)을 구하면 다음과 같다.

$$\vec{D}(r) = \frac{\rho_{자유}}{3}\vec{r}\ (r<R) \quad \rightarrow \quad \vec{E}(r) = \frac{\rho_{자유}}{3\epsilon}\vec{r}\ (r<R)$$

$$\vec{D}(r) = \frac{\rho_{자유}}{3}\frac{R^3}{r^2}\hat{r}\ (r>R) \quad \rightarrow \quad \vec{E}(r) = \frac{\rho_{자유}}{3\epsilon_0}\frac{R^3}{r^2}\hat{r}\ (r>R)$$

총에너지는 $U = \int \frac{1}{2}\vec{D}\cdot\vec{E}dv$ 을 이용하여 구하며, 반경 r, 두께 dr인 구각의 미소 체적(dv), $dv = 4\pi r^2 dr$ 이다.

$$U=\frac{1}{2}\int \vec{D}\cdot\vec{E}dv$$

$$=\frac{1}{2}[\int_0^R \frac{\rho_{자유}}{3}\vec{r}\cdot\frac{\rho_{자유}}{3\epsilon}\vec{r}\,4\pi r^2dr+\int_R^\infty \frac{\rho_{자유}}{3}\frac{R^3}{r^2}\hat{r}\cdot\frac{\rho_{자유}}{3\epsilon_0}\frac{R^3}{r^2}\hat{r}\,4\pi r^2dr$$

$$=\frac{1}{2}[\int_0^R(\frac{\rho_{자유}}{3})(\frac{\rho_{자유}}{3\epsilon})4\pi r^4dr+(\frac{\rho_{자유}R^3}{3})(\frac{\rho_{자유}R^3}{3\epsilon_0})\int_R^\infty\frac{4\pi}{r^2}dr]$$

$$=2\pi\frac{\rho_{자유}^2}{9\epsilon}\frac{R^5}{5}+2\pi\frac{\rho_{자유}^2R^5}{9\epsilon_0}$$

$$=\frac{2\pi}{9\epsilon_0}\rho_{자유}^2R^5(\frac{1}{5K}+1)\quad(K=\frac{\epsilon}{\epsilon_0})$$

04 한변이 a 인 정삼각형의 꼭지에 놓인 q_1, q_2 및 q_3 의 전하들로 이뤄진 계의 총에너지는 다음과 같다.

$$U=\frac{1}{2}\sum_{i=1}^{1}q_i\psi_i(\vec{r}_i)$$

$$=\frac{1}{2}\sum_{i=1}^{4}[\frac{1}{4\pi\epsilon_0}\frac{q_1}{a}(q_2+q_3)+\frac{1}{4\pi\epsilon_0}\frac{q_2}{a}(q_1+q_3)+\frac{1}{4\pi\epsilon_0}\frac{q_3}{a}(q_2+q_1)]$$

$$=\frac{1}{4\pi\epsilon_0}\frac{1}{a}(q_1q_2+q_2q_3+q_3q_1)\ [N\cdot m]$$

3개 전하 사이의 거리가 1/2로 감소하므로, 이들이 가지는 에너지는 2배로 증가하게 되며, 이러한 에너지의 증가만큼 외부에서 에너지를 공급하여 주어야 한다. 따라서 한 변의 길이가 $a/2$ 로 감소하는 정삼각형의 각 꼭짓점으로 전하들을 모으기 위해 외부에서 공급해 주어야 되는 에너지(일)는 다음과 같다.

$W_{외부}=\frac{1}{4\pi\epsilon_0}\frac{1}{a}(q_1q_2+q_2q_3+q_3q_1)\ [N\cdot m]$ 와 같다.

05 단위 체적당 에너지 밀도 (u), $u=\frac{1}{2}\epsilon E^2=\frac{1}{2}\vec{D}\cdot\vec{E}$ 와 같다. 따라서 계가 가지는 총에너지는 다음과 같다.

$$U = \frac{1}{2}\int \vec{D}\cdot\vec{E}dv - U_{자체}$$

$$= \frac{1}{2}\int_0^a \epsilon_0\vec{E}\cdot\vec{E}dv + \frac{1}{2}\int_a^b \epsilon\vec{E}\cdot\vec{E}dv + \frac{1}{2}\int_b^\infty \epsilon_0\vec{E}\cdot\vec{E}dv - U_{자체}$$

$$= \frac{q^2}{8\pi\epsilon_0}\int_0^a \frac{1}{r^2}dr + \frac{q^2}{8\pi K\epsilon_0}\int_a^b \frac{1}{r^2}dr + \frac{q^2}{8\pi\epsilon_0}\int_b^\infty \frac{1}{r^2}dr - \frac{q^2}{8\pi\epsilon_0}\int_0^\infty \frac{1}{r^2}dr$$

$$= \frac{q^2}{8\pi\epsilon_0}[-\frac{1}{r}]_0^a + \frac{q^2}{8\pi K\epsilon_0}[-\frac{1}{r}]_a^b + \frac{q^2}{8\pi\epsilon_0}[-\frac{1}{r}]_b^\infty - \frac{q^2}{8\pi\epsilon_0}[-\frac{1}{r}]_0^\infty$$

$$= \frac{q^2}{8\pi\epsilon_0}[-\frac{1}{a}+\frac{1}{0}] + \frac{q^2}{8\pi K\epsilon_0}[\frac{1}{a}-\frac{1}{b}] + \frac{q^2}{8\pi\epsilon_0}[\frac{1}{b}] - \frac{q^2}{8\pi\epsilon_0}[\frac{1}{0}]$$

$$= -\frac{q^2}{8\pi\epsilon_0}[\frac{1}{a}-\frac{1}{b}] + \frac{q^2}{8\pi K\epsilon_0}[\frac{1}{a}-\frac{1}{b}] = -\frac{q^2}{8\pi\epsilon_0}[\frac{1}{a}-\frac{1}{b}](\frac{K+1}{K})$$

06 자유전하가 없으므로 가우스의 법칙과 원통형 좌표계를 이용하면, 다음과 같은 관계식이 얻어진다. $\vec{\nabla}\cdot(\epsilon\vec{E}) = 0 \rightarrow \frac{1}{r}\frac{d}{dr}(rE_r) = 0 \rightarrow E_r = \frac{C}{r}$ (C: 적분상수). 한편 적분상수는 a와 b 사이의 전위차를 이용하여 구하면 된다. 즉,

$$\int_a^b E_r dr = C\int_a^b \frac{1}{r}dr = C\ln\frac{b}{a} = V \rightarrow C = \frac{V}{\ln(b/a)}$$

한편, 전류밀도 $J_r = \sigma E_r = \frac{\sigma V}{r\ln(b/a)}$ 이 된다. 따라서 반경이 r인 곳에서 흐르는 총 전류는 다음과 같이 일정한 값을 가지게 된다. 즉, $I = \int_{Z=0}^{Z=l}\int_{\phi=0}^{\phi=2\pi} J_r r\,d\phi = \frac{\sigma V 2\pi l}{\ln(b/a)}$.

따라서 저항(R)은 다음과 같다. $R = \frac{V}{I} = \frac{V}{\sigma V 2\pi l/\ln(b/a)} = \frac{\ln(b/a)}{2\pi\sigma l}$

07 축전기에 저장된 에너지는 $U = \frac{Q^2}{2C}$와 같이 주어지므로, 2개의 축전기가 서로 연결되기 전에 전기용량이 C인 축전기에 저장된 에너지(U_1)는 $U_1 = \frac{Q_0^2}{2C}$, 전기용량이 $C/2$인 축전기에 저장된 에너지(U_2)는 $U_2 = \frac{Q_0^2}{C}$이다. 따라서 총에너지($U_{전}$)는 $U_{전} = \frac{3Q_0^2}{2C}$이다. $t=0$인 순간에 2개의 축전기가 병렬로 연결되었고, 병렬로 연결된 축

전기의 전기용량(C')은 $C' = \frac{3C}{2}$ 이고, 전하량은 $2Q_0$ 이므로, 연결된 후에 가지는 총에너지($U_{후}$)는 $U_{후} = \frac{1}{2}\frac{(2Q_0)^2}{(3C/2)} = \frac{4Q_0^2}{3C}$ 와 같다. 따라서 연결되기 전후의 에너지 차이는 $U_{차} = \frac{3Q_0^2}{2C} - \frac{4Q_0^2}{3C} = \frac{1}{6}\frac{Q_0^2}{C}$ 와 같다. 전선이 약간의 저항 R을 가진다면, 준정적 근사에서 $Q_1(t)/C - IR - 2Q_2(t)/C = 0$ 이며, $I = -dQ_1(t)/dt$, $Q_1(t) + Q_2(t) = 2Q_0$ 이므로 $dQ_1(t)/dt = -\frac{3Q_1(t)}{RC} + \frac{4Q_0}{RC}$ → $\frac{dQ_1(t)}{dt} = -\frac{3}{RC}[Q_1 - \frac{4}{3}Q_0]$ → $\frac{dQ_1(t)}{[Q_1 - \frac{4}{3}Q_0]} = -\frac{3}{RC}dt$ 이 얻어지고. 이를 $t=0$ 부터 $t=t$ 까지 적분하면 $\left[\ln[Q_1(t) - \frac{4}{3}Q_0]\right]_0^t = -\frac{3}{RC}t$ → $Q_1(t) = \frac{4}{3}Q_0 - (\frac{1}{3})Q_0 e^{-3t/RC}$ 와 같다. 이로부터 $I(t) = -dQ_1(t)/dt = -\frac{1}{RC}Q_0 e^{-3t/RC}$ 으로 주어진다. 따라서 손실된 에너지(E)는 $E = \int_0^\infty I^2(t)Rdt = \frac{Q_0^2}{6C}$ 이 되는데, 이는 병렬로 연결되기 전과 연결된 후 오랜 시간($t=\infty$)이 흐른 후에 축전기에 저장된 에너지의 차이와 같고, 저항에는 무관함을 알 수 있다.

6장 전류

01 구리 원자 1개당 1개의 자유전자가 존재하므로, 자유전자 수(n)에 대한 밀도는 원자의 수 밀도(n_a)와 같다. 구리의 밀도는 $\rho = 9.3\,[g/cm^3]$, 몰 질량은 $1M = 63.5\,[g/mol]$ 이고, 1몰에는 아보가드로 수만큼의 원자들이 존재하므로, 단위 체적당 원자수는 다음과 같다.

$$n_a = \frac{(8.93g/cm^3)(6.02\times 10^{23}atoms/mol)}{63.5\,g/mol} = 8.47\times 10^{28}\,[atoms/m^3]$$

전자의 이동속력은 다음과 같다.

$$v = \frac{I}{nqA} = \frac{1\,C/s}{(8.47\times10^{28}/m^3)(1.6\times10^{-19}C)(3.14)(8.15\times10^{-4}m)^2}$$

$$= 3.54\times10^{-2}[mm/s]$$

02 헤드라이트에서 소비되는 전기에너지가 30 W이므로, 1초당 30 J의 에너지를 소모한다. 배터리의 두 전극 사이의 전위차가 12 V이므로, $q\Delta V = 30.0$ 의 관계를 이용하여 $q = \frac{-30\,J}{12J/C} = -2.50\,[C]$ 을 얻는다. 전자 1개의 전하량은 $e = -1.60\times10^{-19}\,[C]$ 이다. 따라서 1초동안 회로를 통하여 흐른 전자의 개수(n_e)는 $n_e = \frac{-2.50C}{1.60\times10^{-19}C} = 1.56\times10^{19}$ 임을 알 수 있다.

03 금속판의 면적을 A, 간격을 d라고 하면, 축전기의 전기용량 (C)는 $C = \frac{\epsilon_0 KA}{d}$,

$i(t) = -\frac{dq(t)}{dt}$, $RC = R\frac{\epsilon_0 KA}{d} = \frac{K\epsilon_0}{g}$ $\rightarrow$ $R = \frac{d}{gA}$ 이다.

$i(t)R = \Delta\psi(t) = \frac{q(t)}{C}$ $\rightarrow$ $-\frac{dq(t)}{dt}R = \frac{q(t)}{C}$ $\rightarrow$ $\frac{dq(t)}{q(t)}R = -\frac{1}{RC}dt$

→ 양변을 시간에 대해 적분하면

$$q(t) = Qe^{-\frac{1}{RC}t} = Qe^{-\frac{g}{\epsilon_0 K}t} \qquad (1)$$

$$i(t) = -\frac{q(t)}{dt} = -\frac{d}{dt}[Qe^{-\frac{g}{\epsilon_0 K}t}] = \frac{Qg}{\epsilon_0 K}e^{-\frac{g}{\epsilon_0 K}t}$$

$P = i^2 R = [\frac{Qg}{\epsilon_0 K}e^{-\frac{g}{\epsilon_0 K}t}]^2$ → 방출된 총에너지(U)는 다음과 같다.

$$U = \int_0^\infty [\frac{Qg}{\epsilon_0 K}e^{-\frac{g}{\epsilon_0 K}t}]^2 R\,dt = [\frac{Qg}{\epsilon_0 K}]^2 R[-\frac{\epsilon_0 K}{2g}e^{-\frac{2g}{\epsilon_0 K}t}]_0^\infty$$

$$= [\frac{Qg}{\epsilon_0 K}]^2 R[\frac{\epsilon_0 K}{2g}]$$

$$= [\frac{Qg}{\epsilon_0 K}]^2[\frac{d}{gA}][\frac{\epsilon_0 K}{2g}] = \frac{dQ^2}{2\epsilon_0 KA} = \frac{1}{2}\frac{Q^2}{C}$$

식 (1)로부터 시상수(τ) $\tau = \frac{\epsilon_0 K}{g} = \epsilon_0 K\eta$ 이다. SiO_2에 대한 유전상수 (K)는 $K = 4.3$ 이며, 비전도도(η)는 $\eta = 1 \times 10^{13}$ 이므로, $\tau = 381$ [초] 이다.

04 꼬마전구 2개를 병렬 연결하고, 2개씩 병렬 연결된 전구를 직렬로 연결하여 전원에 연결하면 된다.

05 저항은 $R = \eta \frac{L}{A}$ 와 같이 정의되므로, 반경의 변화에 따른 저항의 변화는 다음과 같다.

$$dR = \eta \frac{dx}{\pi r^2} = \frac{\eta}{\pi} \frac{dx}{(a + \frac{b-a}{L} x)^2}$$

$$R = \int_0^L \frac{\eta}{\pi} \frac{dx}{(a + \frac{b-a}{L} x)^2} = -\frac{\eta}{\pi} [\frac{1}{(\frac{b-a}{L})(\frac{b-a}{L} x + a)}]_0^L$$

$$= -\frac{\eta}{\pi} [\frac{1}{(\frac{b-a}{L})(b-a+a)} - \frac{1}{(\frac{b-a}{L})(a)}]$$

$$= -\frac{\eta}{\pi} [\frac{L}{b(b-a)} - \frac{L}{(b-a)a}]$$

$$= \frac{\eta L}{\pi} [\frac{1}{(b-a)a} - \frac{1}{b(b-a)}] = \frac{\eta L}{\pi} \frac{1}{b-a} [\frac{1}{a} - \frac{1}{b}] = \frac{\eta L}{\pi ab}$$

06 출력은 $P = IR = \frac{V^2}{R}$ 로 주어지며 저항은 $R = \rho \frac{L}{A}$ 와 같이 정의되므로, $P = \frac{V^2}{R} = \frac{V^2}{\rho L / A} = \frac{A\,V^2}{\rho L}$ 이다. 따라서 문제에서 주어진 값들을 대입하면, $500 = \frac{3.14 \times (1.0 \times 10^{-4})^2 \times 220^2}{(100.0 \times 10^{-8}) L}$ 이 되며, 이로부터 니크롬선의 길이를 구하면 $L = 3.04\,[m]$ 이다.

7장 자기장

01 반경이 r, 두께가 dr 인 원형 띠의 전하량은 $dq = \sigma 2\pi r dr$ 이며, 이러한 원형 띠에 기인한 자기모멘트 ($\overrightarrow{dm}$)는 $\overrightarrow{dm} = (dI)A = (dI)\pi r^2$ 이다. 이때, 미소 전류(dI)는 $dI = \dfrac{dq}{T} = (dq)f = (\sigma dA)\dfrac{\omega}{2\pi} = (\sigma 2\pi r dr)\dfrac{\omega}{2\pi} = \sigma\omega r dr$ 와 같다. 따라서 원형 띠에 의한 자기 쌍극자 모멘트는 $\overrightarrow{dm} = (dI)\pi r^2 = (\sigma\omega r dr)\pi r^2 = \pi\sigma\omega r^3 dr$ 와 같다. 따라서 이를 $r=0$ 부터 $r=R$까지 적분하면, $\overrightarrow{m} = \int_0^R \pi\sigma\overrightarrow{\omega} r^3 dr = \dfrac{1}{4}\pi\sigma R^4 \overrightarrow{\omega}$ 와 같은 결과가 얻어진다.

02 코일의 자기쌍극자 모멘트($\overrightarrow{m}$)는 $\overrightarrow{m} = NIA\hat{k} = (100)(3A)(0.3m)^2\hat{k} = 27\hat{k}[A \cdot m^2]$ 이다. 전류고리에 작용하는 토크는 $\vec{\tau} = \overrightarrow{m} \times \overrightarrow{B} = 27\hat{k}[A \cdot m^2] \times 0.1[T]\hat{i} = 2.7[N \cdot m]\hat{j}$ 와 같다.

03 $\overrightarrow{\nabla} \times (\overrightarrow{\nabla} \times \overrightarrow{B}) = \overrightarrow{\nabla}(\overrightarrow{\nabla} \cdot \overrightarrow{B}) - \nabla^2\overrightarrow{B} = 0 - \nabla^2\overrightarrow{B} = \overrightarrow{\nabla} \times (\mu_0 \overrightarrow{J})$ 이다. 그런데, $\overrightarrow{\nabla} \times (\mu_0 \overrightarrow{J}) = \mu_0 \overrightarrow{\nabla} \times (g\overrightarrow{E}) = 0$ 이다. 따라서 $\nabla^2\overrightarrow{B} = 0$ 와 같이 벡터 라플라스 방정식을 만족한다.

04 식 (7.6.9)로부터 $L \gg R$인 경우, 자기벡터전위는 근사적으로 $\overrightarrow{A}(\vec{r}) = \dfrac{\mu_0 I}{2\pi}\left\{\ln\left(\dfrac{2L}{R}\right)\right\}\hat{i}$ 와 같이 주어짐을 알았다. 따라서 두 도선에 흐르는 전류에 기인한 자기벡터전위는 다음과 같다.

$$\overrightarrow{A}_1(\overrightarrow{R}_1) = \frac{\mu_0 I}{2\pi}\left\{\ln\left(\frac{2L}{R_1}\right)\right\}\hat{i}, \quad \overrightarrow{A}_2(\overrightarrow{R}_1) = -\frac{\mu_0 I}{2\pi}\left\{\ln\left(\frac{2L}{R_2}\right)\right\}\hat{i}$$

따라서 관측점 P에서의 총 자기벡터전위는 다음과 같다.

$$\vec{A}_{총} = \vec{A}_1(\vec{R}_1) + \vec{A}_2(\vec{R}_2) = \frac{\mu_0 I}{2\pi}\left\{\ln(\frac{2L}{R_1})\right\}\hat{i} - \frac{\mu_0 I}{2\pi}\left\{\ln(\frac{2L}{R_2})\right\}\hat{i}$$

$$= \frac{\mu_0 I}{2\pi}\ln(\frac{R_2}{R_1})\hat{i} = \frac{\mu_0 I}{4\pi}\ln(\frac{R_2}{R_1})^2\hat{i}$$

자기장을 구하기 위하여 두 도선에 흐르는 전류와 관측점 P를 그림으로 표현하면 다음과 같다.

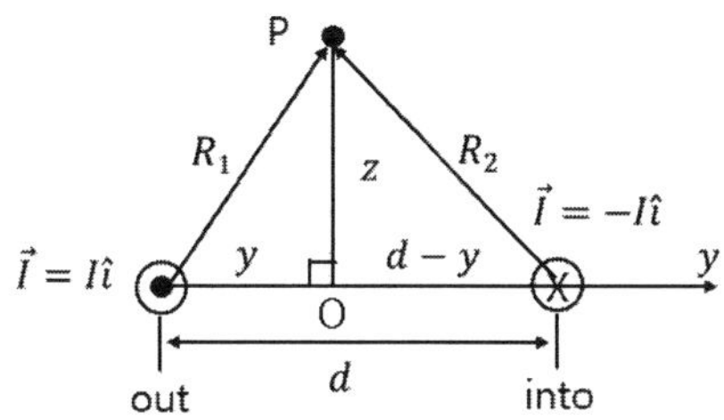

위의 그림에서 $R_1^2 = z^2 + y^2$, $R_2^2 = z^2 + (d-y)^2$ 이다. 따라서 관측점 P에서의 총 자기벡터전위는 다음과 같다.

$$\vec{A}_{총} = \frac{\mu_0 I}{4\pi}\ln(\frac{R_2}{R_1})^2\hat{i} = \frac{\mu_0 I}{4\pi}\ln[\frac{z^2 + (d-y)^2}{z^2 + y^2}]\hat{i}$$

전류가 $x-$축 방향으로만 흐르므로, 총 자기벡터전위는 $x-$성분만 있고, $y, z-$성분은 없다. $\vec{B} = \vec{\nabla} \times \vec{A}$ 로 주어지므로, 이를 행렬로 표현하면

$$\vec{B} = \vec{\nabla} \times \vec{A} = \begin{vmatrix} \hat{i} & \hat{j} & \hat{k} \\ \frac{\partial}{\partial x} & \frac{\partial}{\partial y} & \frac{\partial}{\partial z} \\ A_x & A_y & A_z \end{vmatrix} = \begin{vmatrix} \hat{i} & \hat{j} & \hat{k} \\ \frac{\partial}{\partial x} & \frac{\partial}{\partial y} & \frac{\partial}{\partial z} \\ A_x & 0 & 0 \end{vmatrix}$$

$$= \frac{\partial A_x}{\partial z}\hat{j} - \frac{\partial A_x}{\partial y}\hat{k}$$

와 같으며, 이를 성분별로 표현하면 다음과 같다.

$$B_x = 0,$$

$$B_y = \frac{\partial A_x}{\partial z} = \frac{\partial}{\partial z}\left\{\frac{\mu_0 I}{4\pi}\ln[\frac{z^2 + (d-y)^2}{z^2 + y^2}]\right\} = \frac{\mu_0 I}{2\pi}[\frac{z}{R_2^2} - \frac{z}{R_1^2}],$$

$$B_z = -\frac{\partial A_x}{\partial y} = -\frac{\partial}{\partial y}\left\{\frac{\mu_0 I}{4\pi}\ln[\frac{z^2 + (d-y)^2}{z^2 + y^2}]\right\} = (\frac{\mu_0 I}{2\pi})[\frac{(d-y)}{R_2^2} + \frac{y}{R_1^2}]$$

따라서 두 도선 사이의 중심이 되는 $z=0,\ R_1=R_2=d/2$ 에서의 자기장을 성분별로 표현하면

$$B_x=0,\ \ B_y=0,\ \ B_z=(\frac{\mu_0 I}{2\pi})[\frac{(d-y)}{R_2^2}+\frac{y}{R_1^2}]=\frac{2\mu_0}{\pi}(\frac{I}{d})$$

와 같고, 이를 벡터로 표현하면 다음과 같다.

$$\vec{B}_{총}(x=0,y=/d/2,z=0)=\frac{2\mu_0}{\pi}(\frac{I}{d})\hat{k}$$

05 전류가 무한대까지 분포하므로 $\vec{A}(\vec{r})=\frac{\mu_0}{4\pi}\int\frac{I}{|\vec{r}-\vec{r'}|}d\vec{l}'$ 을 이용하면 발산하므로 사용할 수 없다. 따라서 임의의 폐곡선을 뚫고 지나가는 자기력선의 수 $\Phi_m=\int_S\vec{B}\cdot\hat{n}da=\int_S(\vec{\nabla}\times\vec{A})\cdot\hat{n}da=\int_C\vec{A}\cdot d\vec{l}$을 이용하여 자기벡터전위를 구할 수 있다. 암페어의 법칙을 사용하면, $\vec{B}(r\le R)=\mu_0 nI\hat{k}$ 와 균일하며, 일정하다. 따라서 솔레노이드 내부에서 자기력선의 수는 다음과 같이 얻어진다.

$\Phi_m^{내부}=(\mu_0 nI)\times\pi R^2=\mu_0 nIR^2$.

$\Phi_m^{내부}=\int_C\vec{A}(r=R)\cdot d\vec{l}=\int_C\vec{A}(r=R)\cdot Rd\phi\hat{\phi}=A2\pi R$

이상적인 솔레노이드에 흐르는 전류에 기인한 자기벡터전위는 전류 $\vec{I}=I\hat{\phi}$와 평행하므로, $\vec{A}(\vec{r})=A(\vec{r})\hat{\phi}$ 이다. 따라서

1. $r=R$인 지점 : $\vec{A}(r=R)=\frac{\Phi_m^{내부}}{2\pi R}\hat{\phi}=\frac{\mu_0 nI\pi R^2}{2\pi R}\hat{\phi}=\frac{1}{2}\mu_0 nIR\hat{\phi}$

2. $r>R$인 지점 : $\vec{A}(r>R)=\frac{1}{2}\mu_0 nI(\frac{R^2}{r})\hat{\phi}$

3. $r<R$인 지점 : $\vec{A}(r<R)=\frac{1}{2}\mu_0 nIr\hat{\phi}$

06 회전토크(τ)는 $\tau=\vec{m}\times\vec{B}=(ALM_0\hat{k})\times\vec{B}_0$이다.

$\sigma_M=\vec{M}\cdot\vec{n}=M_0\hat{k}\cdot\hat{k}=M_0$ ($\hat{n}$: 윗면에 수직한 단위벡터로 $\hat{k}$와 같은 방향), $\rho_M=\vec{\nabla}\cdot\vec{M}=0$ 이므로 $\tau=\vec{m}\times\vec{B}=(AL\sigma_M\hat{k})\times\vec{B}_0=AL\sigma_M\hat{k}\times\vec{B}_0$ 이다.

8장 물질의 자기적 성질

01 자화전류 밀도 $\overrightarrow{J_M} = \overrightarrow{\nabla} \times \overrightarrow{M} = \overrightarrow{\nabla} \times (M_0 \hat{k}) = 0$ 이다. 한편 표면에 수직한 단위벡터를 $\hat{n}$ 이라 하면, 표면자화전류 밀도는 $\overrightarrow{K}_M = \overrightarrow{M} \times \hat{n}$ 으로 주어진다. 따라서 윗면과 아랫면에 대해서는 $|\overrightarrow{K}_M| = 0$ 이지만, 옆면에 대해서는 $\overrightarrow{K}_M = \overrightarrow{M} \times \hat{n} = M_0 \hat{k} \times \hat{n} = M_0 \hat{\phi}$ 와 같이 되어 마치 솔레노이드의 코일에 흐르는 전류와 유사하다.

02 오른손 법칙을 사용하여 전류의 방향을 엄지손가락의 방향으로 정하면, 나머지 4 손가락의 방향이 자기장의 방향이므로, 양(+)의 $z-$축 방향, 즉, $+\hat{k}$ 의 방향을 가리킨다. 관측점이 어디에 있는지를 생각한다.

03 만족해야 할 경계조건은 $B_{1n} = B_{2n}$, $H_{1t} = H_{2t}$ 이다. 따라서 다음과 같은 관계식이 얻어진다.

① $B_{1n} = B_{2n} \rightarrow \mu_1 H_{1n} = \mu_2 H_{2n} \rightarrow \mu_1 H_1 \cos\theta_1 = \mu_2 H_2 \cos\theta_2$

② $H_{1t} = H_{2t} \rightarrow H_1 \sin\theta_1 = H_2 \sin\theta_2$

식 ②를 식 ①로 나누면, 다음과 같은 결과를 얻는다.

$$\frac{1}{\mu_1} tan\theta_1 = \frac{1}{\mu_2} tan\theta_2 \rightarrow \mu_2 \tan\theta_1 = \mu_1 \tan\theta_2$$

04 만족해야 할 경계조건은 경계면에 수직한 자기장은 연속이라는 조건을 사용한다.
① 영구자화된 판 :

$$B_0 = \mu_0 (H + M_0) \rightarrow \mu_0 H_0 = \mu_0 (H + M_0) \; (H_0 : \text{공기 중에서의 자화세기})$$

따라서 판 내부에서의 자화세기(H)는 $H = H_0 - M_0$ 와 같다. 따라서 외부에서 가해준 자기장이 없다면, 판 내부에서의 자화세기는 $\overrightarrow{H} = -M_0 \hat{k}$ 이 되어, 판 내부에서의 자기장은 "0"이 된다.
② 선형의 균질자화판 :

$$B_0 = \mu H \rightarrow \mu_0 H_0 = \mu H \rightarrow \quad H = \frac{\mu_0}{\mu} H_0 = \frac{B_0}{\mu} \,(H_0: \text{공기 중에서의 자화 세기})$$

9장 미시적 자기이론

01 전자의 자기쌍극자 모멘트 $|m_e| = IA = \frac{e}{T}A = \frac{e}{2\pi a_0 / v}(\pi a_0^2) = \frac{e\,a_0 v}{2}$ 로 표현된다. 드브로이 파장 $\lambda = \frac{h}{m_e v} = 2\pi a_0 \quad \rightarrow v = \frac{h}{2\pi m_e\, a_0}$

$$|m_e| = \frac{e\,a_0 v}{2} = \frac{e a_0}{2}\left(\frac{h}{2\pi m_e a_0}\right) = \frac{eh}{4\pi m_e} = \frac{e\hbar}{2m_e}$$: 보아 마그네톤

10장 전자기 유도

01 유도기전력은 $\varepsilon = -\frac{d\Phi}{dt}$ 와 같이 표현되며, $\Phi = N\overrightarrow{B} \cdot \hat{n}A = NBA\cos\theta$ 이다. 따라서 $\varepsilon = -\frac{d\Phi}{dt} = -\frac{d}{dt}(NBA\cos\theta) = -N\pi r^2 \cos\theta \frac{dB}{dt}$

$$= -(400)\pi(0.05m)^2 \cos\theta 45^o (100\,T/s) = -222\,[V]$$

유도기전력의 크기는 $|\varepsilon| = 222\,[V]$

02 막대가 회전하는 평면과 자기장의 방향이 서로 수직이므로, $\overrightarrow{B}$의 방향과 $\vec{l} \times \vec{v}$는 서로 평행하다. 물론 $\vec{l}$과 접선속도 v는 서로 수직이다. 따라서 막대의 양 끝에 유도되는 기전력은 $\varepsilon = \int_0^l \overrightarrow{B} \cdot (d\vec{l} \times \vec{v}) = B\int l\omega dl = B\omega \int_0^l l dl = \frac{1}{2}Bl^2\omega$와 같으므로, 막대의 양 끝에 유도되는 기전력의 크기는 다음과 같다.

$$\varepsilon = \frac{1}{2} \times 0.5\,T \times 1^2 \times 12 = 3.0\,[Volt]$$

03 두 코일 사이의 상호인덕턴스와 유도기전력 사이의 관계는 $\epsilon_2 = -M_{21}\dfrac{di_1}{dt}$ 이므로, $\epsilon_2 = -(4.0\times10^{-4}H)(7.50\dfrac{A}{s}) = -0.3\ V$이다. 마찬가지로 코일 1에 유도되는 기전력도 $\epsilon_1 = -(4.0\times10^{-4}H)(7.5\dfrac{A}{s}) = -0.3\ V$이다. 따라서 두 코일 사이의 상호인덕턴스는 항상 일정하다.

04 반경이 R_1인 코일에 흐르는 전류 I_1에 기인한 원 중심에서의 자속밀도는 $B_1 = \dfrac{\mu_0 I_1}{2R_1}$이다. $R_1 \gg R_2$ 이므로, 반경이 R_2인 안쪽의 코일을 통과하는 자기력선의 수는 근사적으로 $\Phi_{21} = B_1 A_2 = [\dfrac{\mu_0 I_1}{2R_1}](\pi R_2^2) = \dfrac{\mu\pi I_1 R_2^2}{2R_1}$ 와 같다. 따라서 상호인덕턴스는 $M_{21} = \dfrac{\Phi_{21}}{I_1} = \dfrac{\mu_0\pi R_2^2}{2R_1}$ 와 같다. 이로부터 상호인덕턴스는 코일 1, 2의 기하학적 구조에만 의존하며, 전류 I_1과는 무관하다는 것을 알 수 있다.

05 전류 I가 흐르는 직선 도선으로부터 r만큼 떨어진 곳에서의 자속밀도는 $B = \dfrac{\mu_0 I}{2\pi r}$이다. 직사각형 도선의 세로 길이가 b이므로 직선 도선으로부터 수직거리가 dr만큼 증가하면, 면적은 $dA = b\,dr$ 만큼 변한다. 따라서 직사각형 도체를 통과하는 총자기력선의 수는 다음과 같다.

$$\Phi_B = \int d\Phi_B = \int \vec{B}\cdot d\vec{A} = \frac{\mu_0 I b}{2\pi}\int_d^{d+a}\frac{dr}{r} = \frac{\mu_0 I b}{2\pi} ln[\frac{d+a}{d}]$$

따라서 상호인덕턴스는 $M = \dfrac{\Phi_B}{I} = \dfrac{\mu_0 b}{2\pi} ln[\dfrac{d+a}{d}]$ 이다.

11장 자기 에너지

01 솔레노이드 내부가 공기로 채워진 경우, 솔레노이드 내부에서의 자기장 에너지는 다음과 같다.

$$U_{\mu_0} = (\text{체적})(\text{자기 에너지 밀도}) = (\pi R^2 L)(\frac{B^2}{2\mu_0})$$

하지만, 투자율이 μ_m 인 물질로 채워지는 경우, 자기장 에너지는

$$U_{\mu_m} = (\text{체적})(\text{자기 에너지 밀도}) = (\pi R^2 L)(\frac{B^2}{2\mu_0})(\frac{\mu_0}{\mu_m})$$

와 같다. 따라서 연철로 채워지기 전과 후의 자기에너지 차이는

$$\Delta U = \Delta U = (\pi R^2 L)(\frac{B^2}{2\mu_0})(\frac{\mu_0}{\mu_m} - 1)$$

와 같다. 자기력은 자기에너지의 변화를 움직인 막대의 길이로 나눈 값이므로

$$F = \frac{\Delta U_m}{L} = \frac{\pi R^2 B^2}{2\mu_0}(\frac{\mu_0}{\mu_m} - 1)$$

와 같다. 전형적인 가정용 솔레노이드 스위치의 경우에 $R = 5\,[mm]$, $B = 10^{-3}\,[T]$ 그리고 $\mu_m = 4\pi \times 10^{-3}\,[T/A^2]$이므로, 전류가 흐를 때, 철 막대를 당기는 힘은 약$\sim 0.3\,[N]$ 정도이다.

12장 맥스웰 방정식

01 총 변위전류는 다음과 같다.

$$I_d = \epsilon_0 \frac{\partial E}{\partial t} \pi R^2 = 8.9 \times 10^{-12} \times 10^{13} \times 3.14 \times (0.1)^2 = 2.8\,A$$

암페어의 법칙을 $\oint \vec{B} \cdot d\vec{l} = \mu_0 \epsilon_0 \int \frac{\partial E}{\partial t} \cdot d\vec{a}$ 을 $r \le R$인 영역에 적용하면 다음과 같다.

$$B(2\pi r) = \mu_0 \epsilon_0 \frac{\partial E}{\partial t}(\pi r^2) \;\rightarrow\; B = \frac{\mu_0 \epsilon_0}{2} r \frac{\partial E}{\partial t} \qquad (r < R)$$

$$B(2\pi r) = \mu_0 \epsilon_0 \frac{\partial E}{\partial t}(\pi R^2) \;\rightarrow\; B = \frac{\mu_0 \epsilon_0}{2} \frac{R^2}{r} \frac{\partial E}{\partial t} \qquad (r > R)$$

$r = R$인 곳에서의 자기장의 세기는 다음과 같다.

$$B = \frac{\mu_0\epsilon_0}{2}\frac{R^2}{r}\frac{\partial E}{\partial t} = \frac{1}{2}\times 4\pi\times 10^{-7}\times 8.9\times 10^{-12}\times 0.1\times 10^{13}$$

$$= 5.6\times 10^{-6}\,[Wb/m^2]$$

02 맥스웰이 수정한 앙페르 법칙은 $\oint \vec{B}\cdot d\vec{l} = \mu_0 i + \mu_0\epsilon_0 \frac{d\Phi_E}{dt}$ 이다. 축전기의 중심축을 중심으로 반경이 r이며 코일을 통과하는 전기력선의 수는 $\Phi_E = \pi r^2 E$ 이므로, 전기력선의 변화율은 다음과 같다.

$$\frac{d\Phi_E}{dt} = \pi r^2\frac{dE}{dt} = \frac{\pi r^2}{d}\frac{dV}{dt} = \frac{\pi r^2}{\widehat{d}}\frac{dQ}{dt} = \frac{\pi r^2}{\epsilon_0 A}\frac{dQ}{dt}$$

위에서 $Q = CV$, $V = Ed$ 및 평행판축전기의 전기용량 $C = \epsilon_0 A/d$의 관계식이 사용되었다. 자기장에 대한 선적분 결과는 변위전류에 대한 항과 같으므로,

$$2\pi r B(r) = \mu_0\epsilon_0\frac{\pi r^2}{\epsilon_0 A}\frac{dQ}{dt}$$

① $r < R$인 영역: $B(r) = \frac{\mu_0 r}{2A}\frac{dQ}{dt} = \frac{\mu_0 r}{2\pi R^2}\frac{dQ}{dt} = \frac{\mu_0 r i}{2\pi R^2}$

② $r > R$인 영역: $B(r) = \frac{\mu_0 i}{2\pi r}$(변위전류의 크기는 실제 전류의 크기와 동일)

03 ① $I = \frac{dQ}{dt} = -\int \vec{J}\cdot\vec{n}\,da = -\int g\vec{E}\cdot\vec{n}\,da = -g\int \vec{E}\cdot\vec{n}\,da$

$$= -\frac{g}{\epsilon}Q$$

$$\Rightarrow \frac{dQ}{Q} = -\frac{g}{\epsilon}dt \quad\Rightarrow\quad \ln Q - \ln Q_0 = -\frac{g}{\epsilon}t \quad\Rightarrow Q = Q_0 e^{-\frac{g}{\epsilon}t}$$

$t = 0$ 일 때, $Q_0 = C\Delta\varphi$ 이다. 따라서 $Q_0 = C\Delta\varphi \Rightarrow Q = C\Delta\varphi e^{-\frac{g}{\epsilon}t}$

② 유전체를 통한 전하 누설에 따른 전도전류($I_{자유}$)는 다음과 같다.

$I_{자유} = -\frac{dQ}{dt} = -\frac{d}{dt}(C\Delta\varphi e^{-\frac{g}{\epsilon}t}) = \frac{g}{\epsilon}C\Delta\varphi e^{-\frac{g}{\epsilon}t}$, 방향은 (+)로 대전된 위쪽 금속판에서 아래쪽 금속판으로 흐른다.

③ 유전체에서의 변위전류 밀도($\vec{J}_d$)는 다음과 같다.

$$\vec{J}_d = \frac{\partial \vec{D}}{\partial t} = \frac{\epsilon \partial \vec{E}}{\partial t} = \epsilon \frac{\partial}{\partial t}[\frac{Q(t)}{\epsilon A}](-\hat{k})$$

$$= \frac{1}{A}\frac{d}{dt}[C\Delta\varphi e^{-\frac{g}{\epsilon}t}](-\hat{k}) = \frac{g}{\epsilon A}C\Delta\varphi e^{-\frac{g}{\epsilon}t}\hat{k}$$

따라서 변위전류(I_d)는 $\vec{I}_d = A\vec{J}_d = \frac{g}{\epsilon}C\Delta\varphi e^{-\frac{g}{\epsilon}t}\hat{k}$

④ 전도전류($I_{자유}$)와 변위전류가 크기는 서로 같고 방향이 반대이므로, 유전체에서의 자기장은 "0"이다.

04 패러데이 법칙 $\vec{\nabla} \times \vec{E} = -\frac{\partial \vec{B}}{\partial t}$ 을 이용하면 다음과 같은 관계식이 얻어진다.

$$\begin{vmatrix} \hat{i} & \hat{j} & \hat{k} \\ \frac{\partial}{\partial x} & \frac{\partial}{\partial y} & \frac{\partial}{\partial z} \\ 0 & 0 & E_z \end{vmatrix} = -\hat{j}\frac{\partial E_x}{\partial x} = -\frac{\partial \vec{B}}{\partial t}$$

이로부터 다음과 같은 관계식이 얻어진다.

$$\frac{\partial B_y}{\partial t} = \frac{\partial E_z}{\partial x} = \frac{\partial}{\partial x}[E_0 \cos(kx - \omega t)]$$

$$= -E_0 \sin(kx - \omega t) \cdot \frac{\partial}{\partial x}(kx - \omega t)$$

$$= -kE_0 \sin(kx - \omega t)$$

이를 적분하면 자기장이 얻어지는데, 적분상수는 "0"으로 두었다.

$$B_y = \frac{k}{\omega}E_0 \cos(kx - \omega t) \Rightarrow \vec{H}(x,t) = \hat{j}\frac{k}{\omega\mu_0}E_0 \cos(kx - \omega t)\ [A/m]$$

한편, 암페어의 법칙 $\vec{\nabla} \times \vec{H} = \vec{J}_{자유} + \frac{\partial \vec{D}}{\partial t} = \frac{\partial \vec{D}}{\partial t}$ 로부터 다음과 같은 관계식이 얻어진다.

$$\begin{vmatrix} \hat{i} & \hat{j} & \hat{k} \\ \frac{\partial}{\partial x} & \frac{\partial}{\partial y} & \frac{\partial}{\partial z} \\ 0 & H_y & 0 \end{vmatrix} = \hat{k}\frac{\partial H_y}{\partial x} = \epsilon_0 \frac{\partial \vec{E}}{\partial t}$$

$$\Rightarrow \frac{\partial}{\partial x}\left[\frac{k}{\omega\mu_0}E_0\cos(kx-\omega t)\right] = \epsilon_0\frac{\partial}{\partial t}[E_0\cos(kx-\omega t)]$$

$$\Rightarrow \frac{k^2}{\omega\mu_0} = \epsilon_0\omega \Rightarrow k = \omega\sqrt{\mu_0\epsilon_0} = \frac{\omega}{c} = \frac{2\pi}{\lambda}$$ (λ: 전자기파의 파장)

05 패러데이 법칙 $\vec{\nabla}\times\vec{E} = -\frac{\partial\vec{B}}{\partial t}$ 을 이용하면 다음과 같은 관계식이 얻어진다.

$$\vec{\nabla}\times\vec{E} = \begin{vmatrix} \hat{i} & \hat{j} & \hat{k} \\ \frac{\partial}{\partial x} & \frac{\partial}{\partial y} & \frac{\partial}{\partial z} \\ E_0\cos(kz-\omega t) & E_0\sin(kz-\omega t) & 0 \end{vmatrix}$$

$$= \hat{i}kE_0\cos(kz-\omega t) - \hat{j}kE_0\sin(kz-\omega t)$$

$$= k[\hat{i}E_0\cos(kz-\omega t) + \hat{j}E_0\sin(kz-\omega t)]$$

$$= k\vec{E}$$

① $\vec{B} = -\int\vec{\nabla}\times\vec{E}\,dt$

$$= k\left\{\int\hat{i}E_0\cos(kz-\omega t)dt + \int\hat{j}E_0\sin(kz-\omega t)dt\right\}$$

$$= k\left[\hat{i}E_0\sin(kz-\omega t)\left(-\frac{1}{\omega}\right) + \hat{j}E_0\cos(kz-\omega t)\left(+\frac{1}{\omega}\right)\right]$$

$$= \frac{k}{\omega}[E_0\sin(kz-\omega t)(-\hat{i}) + E_0\cos(kz-\omega t)\hat{j}]$$

② $\vec{S} = \vec{E}\times\vec{H}$

$$= \frac{1}{\mu}\begin{vmatrix} \hat{i} & \hat{j} & \hat{k} \\ E_0\cos(kz-\omega t) & E_0\sin(kz-\omega t) & 0 \\ -\left(\frac{k}{\omega}\right)E_0\sin(kz-\omega t) & \left(\frac{k}{\omega}\right)E_0\cos(kz-\omega t) & 0 \end{vmatrix}$$

$$= \frac{1}{\mu}\left[\left(\frac{k}{\omega}\right)E_0^2\cos^2(kz-\omega t)\hat{k} + \left(\frac{k}{\omega}\right)E_0\sin^2(kz-\omega t)\hat{k}\right.$$

$$= \left(\frac{1}{\mu}\right)\left(\frac{k}{\omega}\right)E_0^2\,\hat{k} = \sqrt{\frac{\epsilon}{\mu}}\,E_0^2\hat{k}$$

13장 전자기파의 전파

01 자유공간에서 전기장과 자기장은 $E = cB = c\mu_0 H$와 같은 관계가 있다.

$$\frac{E}{H} = c\mu_0 = \frac{1}{\sqrt{\mu_0\epsilon_0}}\mu_0 = \sqrt{\frac{\mu_0}{\epsilon_0}} = 377\,[\Omega]$$

02 금은 좋은 도체이므로, 침투깊이는 $\delta \equiv \frac{1}{\alpha} \simeq \sqrt{\frac{2}{\omega\mu g}}$ 와 같다. 파장이 $1{,}064\,[nm]$ 인 빛의 각 진동수는 $\omega = 1.77\times10^{15}\,[Hz]$ 이다. 금의 전기전도도는 $g = \frac{1}{2.35\times10^{-8}}\,[\Omega^{-1}m^{-1}]$ 이고, 비자성이므로 $\mu \simeq \mu_0 = 4\pi\times10^{-7}\ [N\cdot s^2/C^2]$이다. 이를 대입하여 계산하면, 침투깊이는 다음과 같다.

$$\delta \equiv \frac{1}{\alpha} \simeq \sqrt{\frac{2}{\omega\mu g}} = 4.6\times10^{-9}m = 4.6\,[nm]\ .$$

03 구리의 전기전도도 $g = \frac{1}{\eta} = \frac{1}{1.67\times10^{-8}} \simeq 6\times10^7$ 이다. 구리는 좋은 도체이므로, 구리 속에서 전자기파의 파장은 $\lambda = \frac{2\pi}{k_t} \simeq 2\pi\sqrt{\frac{2}{\omega\mu g}} = 2\pi\sqrt{\frac{2\eta}{\omega\mu}}$ 이다. 구리는 비자성(엄밀히는 반자성체임)으로 $\mu \simeq \mu_0 = 4\pi\times10^{-7}[N/A^2]$을 사용하여 파장을 구하면 다음과 같다.

$$\lambda \simeq 2\pi\sqrt{\frac{2\eta}{2\pi f\mu}} = \sqrt{\frac{4\pi\eta}{10^6\times4\pi\times10^{-7}}}$$

$$= \sqrt{\frac{4\pi\times1.67\times10^{-8}}{4\pi\times10^{-1}}} = \sqrt{1.67\times10^{-7}} \approx 4.1\times10^{-4}\,[m] = 0.41\,[mm]$$

진행속력은 다음과 같다.

$$v = \frac{\omega}{k_t} = \omega\sqrt{\frac{2\eta}{\omega\mu}} = \sqrt{\frac{2\pi(10^6)(2)(1.67\times10^{-8})}{4\pi\times10^{-7}}} = \sqrt{1.67\times10^5}$$

$$\approx 410\,[m/s]$$

진공 중에서 파장은 $\lambda = \frac{c}{f} = \frac{3 \times 10^8}{10^6} = 300\,[m]$ 이며, 침투깊이는 다음과 같다.

$$\delta \equiv \frac{1}{\alpha} \simeq \sqrt{\frac{2}{\omega\mu g}} = \sqrt{\frac{2\eta}{\omega\mu}} = \sqrt{\frac{(2)(1.67 \times 10^{-8})}{(2\pi \times 10^6)(4\pi \times 10^{-7})}} \approx \sqrt{4.24 \times 10^{-9}}$$

$$= 6.51 \times 10^{-5}\,[m] = 65.1\,[\mu m]$$

04 ① 전자기파의 속력(v), 진동수(f) 및 파장(λ)사이의 관계식 $v = f\lambda$ 를 이용하여 진동수를 구하면 다음과 같다.

$$f = \frac{v}{\lambda} = \frac{2.0 \times 10^8}{0.2} = 1.0 \times 10^9\,[Hz] = 1.0\,[GHz]$$

한편, 매질의 투자율(μ), 유전율(ϵ)과 진행속력(v)사이의 관계식 $v = \frac{1}{\sqrt{\mu\epsilon}}$ 을 이용하여 유전상수(K) 구하면 다음과 같다.

$$2.0 \times 10^8 = \frac{1}{\sqrt{\mu\epsilon}} = \frac{1}{\sqrt{\mu_0\epsilon_0 K}} = \frac{c}{\sqrt{K}} \qquad \rightarrow K = [\frac{3.0 \times 10^8}{2 \times 10^8}]^2 = 2.25$$

② 균일 평면파가 손실이 없는 매질 속을 $+z-$축 방향으로 진행하며, 전기장이 $x-$축 방향을 향하고 있으므로, 복소 전기장은 다음과 같이 표현된다.

$$\vec{E}(z,t) = E_0 e^{i(kz-\omega t)}\hat{i} \;\; (E_0 = 10.0\;\;[V/m])$$

여기서 전파상수 $k = \frac{\omega}{v} = \frac{2\pi f}{v} = \frac{2\pi \times 1.0 \times 10^9}{2.0 \times 10^8} = 10\pi\,[rad/m]$ 와 같다. 따라서 자기장은 패러데이 법칙 $\vec{\nabla} \times \vec{E} = -\frac{\partial \vec{B}}{\partial t}$ 을 사용하여 구할 수 있으며,

$\vec{\nabla} \times \vec{E} = (ik)E_0 e^{i(kz-\omega t)}\hat{j}$ 이다. 따라서,

$\vec{B}(z,t) = \frac{k}{\omega}E_0 e^{i(kz-\omega t)}\hat{j} = (5.0 \times 10^{-7})e^{i[10\pi - (2\pi \times 10^9)t]}\hat{j}$ 이다.

05 사용주파수인 1 $[kHz]$에서의 손실탄젠트(L.T.)를 구해보면, 다음과 같다.

$$L.T. = \frac{g}{\omega\epsilon} = \frac{4.3}{2\pi \cdot 1.0 \times 10^3 \cdot 81 \times (8.85 \times 10^{-12})} = 9.55 \times 10^5 \gg 1$$

따라서 바닷물은 ULF에서 손실이 매우 큰 매질이다. 이때, 감쇄상수는 근사적으로

$\alpha = \omega\sqrt{\frac{\mu\epsilon}{2}}[\sqrt{1+(\frac{g}{\omega\epsilon})^2} - 1]^{1/2} \approx \sqrt{\frac{\omega\mu g}{2}} = \sqrt{\frac{2\pi \cdot 10^3 \cdot 4\pi \times 10^{-7} \cdot 4.3}{2}}$ 와 같다.

$= 0.13$

침투깊이는 $\delta \approx \frac{1}{\alpha} = \frac{1}{0.13} = 7.69\,[m]$ 이다. 전기장은 깊이(z)에 따라 $|E(z)| = E_0 e^{-\alpha z}$ 와 같이 감소하며, 전자기파의 파워는 진폭의 제곱에 비례하므로 이를 데시벨로 표현하면, 다음과 같다.

$$dB = 10\log_{10}(\frac{P}{P_0}) = 10\log_{10}[\frac{E(z=38.45)}{E_0}]^2 = 20\log_{10}\left|\frac{E_0 e^{-0.13\times 38.45}}{E_0}\right|$$
$$\simeq 20\log_{10}[e^{-5}] = -43.4\ \ [dB]$$

즉, 깊이가 침투깊이의 5배로 늘어나면, 선상의 배에서 보낸 전기장 파워의 약 0.01%만이 잠수함의 승무원 수신기에 도달한다.

06 ① 사각형 도파관의 TE_{10} 주 모드에 대한 차단주파수는 다음과 같다.

$$f_{차단,10} = \frac{c}{2a}\cdot 1 = \frac{3\times 10^8}{2\times 2.5\times 10^{-2}} = 6.0\times 10^9\,[Hz] = 6.0\,[GHz]$$

② 주 모드 다음으로 가능한 고차모드는 TE_{01} 또는 TE_{20} 모드이므로, 이에 대한 차단주파수는 다음과 같다.

$$f_{차단,01} = \frac{c}{2b} = \frac{3\times 10^8}{2\times 1.0\times 10^{-2}} = 15\times 10^9\,[Hz]$$

$$f_{차단,20} = \frac{c}{2a}\cdot 2 = \frac{3\times 10^8}{2\times 2.5\times 10^{-2}} = 12\times 10^9\,[Hz]$$

따라서 단일모드 전송이 가능한 주파수 범위는 다음과 같다.

$6.0\,[GHz] < f < 12.0\,[GHz]$

③ $f = 17\,[GHz] > f_{차단,10}, f_{차단,01}, f_{차단,20}$ 이므로, 이 3개의 모드는 모두 전파된다. 또한 다음 고차 차수인 11 모드, 21 모드 및 30 모드에 대한 차단주파수는 다음과 같다.

$$f_{차단,11} = \frac{c}{2}\sqrt{\frac{1}{a^2} + \frac{1}{b^2}} = 16.2\times 10^9\,[Hz] < f = 17\,[GHz]$$

$$f_{차단,21} = \frac{c}{2}\sqrt{(\frac{2}{a})^2 + \frac{1}{b^2}} = 20.1\times 10^9\,[Hz] > f$$

$$f_{차단,30} = \frac{c}{2a}\times 3 = 18.0\times 10^9\,[Hz] > f$$

따라서 도파관을 통해 전파가 가능한 모드는 TE_{10}, TE_{20}, TE_{01}, TE_{11} 및 TM_{11} 이다.

14장 전위와 전기장

01 (a) 시각 t 에서 하전입자의 위치는 $\vec{r}(t) = R(\cos\omega t\hat{i} + \sin\omega t\hat{j})$ 이므로, 하전입자의 속도는 $\vec{v}(t) = \omega R(-\sin\omega t\,\hat{i} + \cos\omega t\hat{j})$ 와 같다. 하전입자로부터 관측점까지의 거리 벡터는 $\vec{s} = z\hat{k} - R(\cos\omega t_r\hat{i} + \sin\omega t_r\hat{j})$ 이며, 이의 크기는 $s = \sqrt{R^2 + z^2}$ 이다. 리나르트-비케르트 전위는 $\psi(\vec{r},t) = \dfrac{1}{4\pi\epsilon_0}\dfrac{qc}{(sc - \vec{s}\cdot\vec{v})}$ 으로 표현되므로, $\vec{s}\cdot\vec{v}$ 를 구해보면 다음과 같다.

$$\vec{s}\cdot\vec{v} = [z\hat{k} - R(\cos\omega t\hat{i} + \sin\omega t\hat{j})]\cdot\omega R(-\sin\omega t\hat{i} + \cos\omega t\hat{j})$$

$$= \omega a^2(\sin\omega t cos\omega t - \sin\omega t cos\omega t) = 0$$

따라서 리나르트-비케르트 스칼라 전위는 $\psi(z,t) = \dfrac{1}{4\pi\epsilon_0}\dfrac{q}{s} = \dfrac{1}{4\pi\epsilon_0}\dfrac{q}{\sqrt{R^2+z^2}}$ 와 같다. 한편 벡터전위는

$$\vec{A}(z,t) = \frac{\vec{v}}{c^2}\psi(z,t) = \frac{1}{c^2}\frac{1}{4\pi\epsilon_0}\frac{q}{\sqrt{R^2+z^2}}[\omega a(-\sin\omega t_r\hat{i} + \cos\omega t_r\hat{j})]$$

와 같으며, $t_r = t - \sqrt{(R^2+z^2)}/c$ 이다.

(b) 시각 t 에서 하전입자의 위치는 $\vec{r}(t) = R(\cos\omega t\hat{i} + \sin\omega t\hat{j})$ 이므로, 하전입자의 속도는 $\vec{v}(t) = \omega R(-\sin\omega t\hat{i} + \cos\omega t\hat{j})$, 가속도는 $\vec{a}(t) = -R\omega^2(\cos\omega t\hat{i} + \sin\omega t\hat{j}) = -\omega^2\vec{w}(t)$ 이다. 여기서 한 가지 주의할 점은 ω 는 각진동수를 의미하며, $\vec{w}(t)$ 는 원점에서 전하까지의 위치벡터라는 점이다. 또한 관측점이 원의 중심에 있으므로 $\vec{s} = -\vec{w}(t_r)$,

$s = R$, $t_r = t - R/c$, $\hat{s} = -(\cos\omega t_r\hat{i} + \sin\omega t_{r)}\hat{j})$,

$$\vec{u} = c\hat{s} - \vec{v}(t_r) = -c(\cos\omega t_r\hat{i} + \sin\omega t_{r)}\hat{j}) - \omega R(-\sin\omega t_r\hat{i} + \cos\omega t_r\hat{j})$$

$$= -\left\{(c\cos\omega t_r - \omega R sin\omega t_r)\hat{i} + (c\sin\omega t_r + \omega R cos\omega t_r)\hat{j}\right\}$$

$$\vec{s}\times(\vec{u}\times\vec{a}) = \vec{u}(\vec{s}\cdot\vec{a}) - \vec{a}(s\cdot\vec{u}),\ \vec{s}\cdot\vec{a} = (-\vec{\omega})\cdot(-\omega^2\vec{w}) = \omega^2 R^2$$

$$\vec{s}\cdot\vec{u} = R\left\{c\cos^2\omega t_r - \omega Rsin\omega t_r\cos\omega t_r + c\sin^2\omega t_r + \omega Rsin\omega t_r\cos\omega t_r\right\} = Rc$$

$$v^2 = (\omega R)^2$$

와 같다. 한편, 전기장에 대한 표현식인 식 (14.3.55)에 위에서 구한 값들을 대입하면, 전기장이 아래와 같이 주어진다.

$$\vec{E} = \frac{q}{4\pi\epsilon_0}\frac{R}{(Rc)^3}[\vec{u}(c^2-(\omega R)^2) + \vec{u}(\omega R)^2 - \vec{a}(Rc)] = \frac{q}{4\pi\epsilon_0}\frac{(c\vec{u} - R\vec{a})}{(Rc)^2}$$

또는

$$\vec{E} = \frac{q}{4\pi\epsilon_0}\frac{1}{(Rc)^2}\{\ [((R\omega)^2 - c^2)\cos\omega t_r + \omega Rc\sin\omega t_r]\hat{i} + [((R\omega)^2 - c^2)\sin\omega t_r - \omega Rc\cos\omega t_r$$

와 같다. 한편 자기장에 대한 표현식인 식 (14.3.59)로부터 자기장은 전기장과 다음과 같은 관계로 주어진다.

$$\begin{aligned}\vec{B} &= \frac{1}{c}\hat{s}\times\vec{E} = \frac{1}{c}(\hat{s}_x E_y - \hat{s}_y E_x)\hat{k}\\ &= -\frac{1}{c}\frac{q}{4\pi\epsilon_0}\frac{1}{(Rc)^2}\begin{Bmatrix}\cos\omega t_r[((R\omega)^2 - c^2)\sin\omega t_r - \omega Rc\cos\omega t_r]\\ -\sin\omega t_r[((R\omega)^2 - c^2)\cos\omega t_r + \omega Rc\sin\omega t_r]\end{Bmatrix}\hat{k}\\ &= -\frac{q}{4\pi\epsilon_0}\frac{1}{R^2c^3}[-\omega Rc\cos^2\omega t_r - \omega Rc\sin^2\omega t_r)\hat{k}\\ &= \frac{q}{4\pi\epsilon_0}\frac{\omega}{Rc^2}\hat{k}\end{aligned}$$

따라서 자기장은 시간에 의존하지 않는다는 것을 알 수 있다.

02 운동 중인 전하에 기인한 전기장은 다음과 같이 표현된다.

$$\vec{E} = \frac{q}{4\pi\epsilon_0}\frac{s}{(\vec{s}\cdot\vec{u})^3}[(c^2 - v^2)\vec{u} + \vec{s}\times(\vec{u}\times\vec{a})]$$

하전입자의 속도는 $\vec{v} = v\hat{i}$, 관측점 P_1에 대해 $\hat{s} = \hat{i}$ 이므로, $\vec{u} = c\hat{s} - \vec{v} = (c-v)\hat{i}$ 이며, 가속도는 $\vec{a} = a\hat{i}$ 로 표현된다. 따라서 $\vec{u}\times\vec{a} = 0$, $\vec{s}\cdot\vec{u} = s\hat{i}\cdot(c-v)\hat{i} = s(c-v)$이므로 전기장과 자기장은 다음과 같다.

$$\vec{E}=\frac{q}{4\pi\epsilon_0}\frac{s}{(s^3(c-v)^3)}[(c^2-v^2)(c-v)\hat{i}]=\frac{q}{4\pi\epsilon_0}\frac{c+v}{[s^2(c-v)]}\hat{i}$$

$$\vec{B}=\frac{1}{c}\hat{s}\times\vec{E}=\frac{1}{c}\hat{i}\times\frac{q}{4\pi\epsilon_0}\frac{c+v}{[s^2(c-v)]}\hat{i}=0$$

한편, 관측점 P_2에 대해서는 $\hat{s}=-\hat{i}$이므로, $\vec{u}=c\hat{s}-\vec{v}=-(c+v)\hat{i}$이므로, $\vec{s}\cdot\vec{u}=-s\hat{i}\cdot[-(c+v)\hat{i}]=s(c+v)$와 같이 표현된다. 따라서 전기장과 자기장은 다음과 같다.

$$\vec{E}=-\frac{q}{4\pi\epsilon_0}\frac{s}{[s^3(c+v)^3]}[(c^2-v^2)(c+v)\hat{i}]=-\frac{q}{4\pi\epsilon_0}\frac{1}{s^2}[\frac{c-v}{(c+v)}]\hat{i}$$

$$\vec{B}=\frac{1}{c}\hat{s}\times\vec{E}=\frac{1}{c}(-\hat{i})\times\frac{-q}{4\pi\epsilon_0}\frac{1}{s^2}\frac{c-v}{(c+v)}\hat{i}=0$$

15장 전자기파 방사

01 전기쌍극자의 순간방사율은 $P=I^2R=q_0^2\omega^2\sin^2\omega tR$이며, 이의 한 주기에 대한 평균 방사율은 $<P\geq\frac{1}{2}q_0^2\omega^2R$와 같다. 또한 전기쌍극자의 총출력은 $P=\frac{\mu_0p_o^2\omega^4}{12\pi c}=\frac{\mu_0(qs)^2\omega^4}{12\pi c}$와 같다. 따라서 $\frac{1}{2}q_0^2\omega^2R=\frac{\mu_0(qs)^2\omega^4}{12\pi c}$와 같은 관계식이 얻어진다. 한편, $\omega=\frac{2\pi c}{\lambda}$을 이용하여 방사저항($R$)을 구하면

$$R=\frac{\mu_0s^2\omega^2}{6\pi c}=\frac{\mu_0s^2}{6\pi c}\frac{4\pi^2c^2}{\lambda^2}=\frac{2}{3}\pi\mu_0c(s/\lambda)^2\simeq790(s/\lambda)^2[\Omega]$$

와 같다.

02 $I^2R=I_0^2\cos^2\omega tR$이며, 전류고리의 자기쌍극자 모멘트 (m_0)는 $m_0=\pi a^2I_0$이다. 방출된 평균일률($<P>$)은 다음과 같다.

$$<P>=\frac{1}{2}I_0^2R=\frac{\mu_0m_0^2}{12\pi c^3}\omega^4=\frac{\mu_0\pi^2a^4I_0^2}{12\pi c^2}\omega^4=\frac{\mu_0\pi a^4I_0^2}{12c^2}\omega^4 \qquad (1)$$

식 (1)로부터 방사저항(R)을 구하면, $R=\dfrac{\mu_0\pi a^4\omega^4}{6c^3}$와 같다. $\omega=\dfrac{2\pi c}{\lambda}$이므로, 방사저항을 파장으로 표현하면, 다음과 같다.

$$R=\frac{\mu_0\pi a^4}{6c^3}[\frac{2\pi c}{\lambda}]^4=\frac{8}{3}\pi^5\mu_0 c[\frac{a}{\lambda}]^4=\frac{8}{3}\pi^5(10^{-7})(4\pi)(3\times10^8)c[\frac{a}{\lambda}]^4$$

$$=3.08\times10^5(a/\lambda)^4\,[\Omega]$$

$a=0.01\lambda$인 경우, 진동하는 자기쌍극자의 방사저항은

$$R=3.08\times10^5(a/\lambda)^4\simeq0.003\ [\Omega]$$

와 같다. 반면에 $s=0.01\lambda$인 경우, 진동하는 전기쌍극자의 방사저항은 다음과 같다.

$$R=790(s/\lambda)^2\simeq0.08\ [\Omega]$$

이로부터 방사영역에서의 자기쌍극자의 방사저항이 전기쌍극자의 방사저항보다 작다는 것을 알 수 있다.

03 점 전하의 비상대론적 가속운동에 기인한 방사율은 $P(t)=\dfrac{\mu_0 q^2 a^2(t_r)}{6\pi c}$이며, 정지할 때까지 걸린 시간은 $t=v_0/a$ 이다. 따라서 정지할 때까지, 방사된 총 전자기 에너지는 다음과 같다.

$$E_{방사}=Pt=\frac{\mu_0 q^2a^2}{6\pi c}\cdot t=\frac{\mu_0 q^2 a^2}{6\pi c}\frac{v_0}{a}=\frac{\mu_0 q^2 a v_0}{6\pi c} \qquad (1)$$

$$=\frac{1}{6\pi\epsilon_0}\frac{q^2 a v_0}{c^3}\left(\frac{1}{\mu_0\epsilon_0}=c^2\right)$$

한편, 정지할 때까지 이동거리(d)는 $d=\dfrac{1}{2}at^2=\dfrac{1}{2}a\dfrac{v_0^2}{a^2}=\dfrac{v_0^2}{2a}$, $a=\dfrac{v_0^2}{2d}$와 같으므로, 이를 식 (1)에 대입하면 다음과 같다.

$$E_{방사}=\frac{1}{6\pi\epsilon_0}\frac{q^2 a v_0}{c^3}=\frac{1}{6\pi\epsilon_0}\frac{q^2 v_0}{c^3}\frac{v_0^2}{2d}=\frac{1}{12\pi\epsilon_0}\frac{q^2 v_0^3}{dc^3}$$

04 방사에너지의 각 분포는 다음과 같다.

$$\frac{dP_{rad}(t)}{d\Omega}=\frac{q^2a^2(t_r)}{16\pi^2\epsilon_0c^3}\frac{(1-\cos^2\theta)}{[1-\beta(t_r)\cos\theta]^5}=\frac{\mu_0q^2a^2(t_r)}{16\pi^2c}\frac{\sin^2\theta}{[1-\beta(t_r)\cos\theta]^5} \tag{1}$$

따라서 최대 방사가 일어나는 각은 다음과 같은 조건에서 일어난다.

$$\frac{d}{d\theta}\left[\frac{\sin^2\theta}{[1-\beta(t_r)\cos\theta]^5}\right]=0 \tag{2}$$

식 (2)를 계산하면 다음과 같다.

$$\frac{2\sin\theta\cos\theta}{[1-\beta(t_r)\cos\theta]^5}-\frac{5\sin^2\theta(\beta\sin\theta)}{[1-\beta(t_r)\cos\theta]^6}=0$$

$$\rightarrow 2\cos\theta(1-\beta\cos\theta)=5\beta\sin^2\theta=5\beta(1-\cos^2\theta) \ \rightarrow 3\beta\cos^2\theta+2\cos\theta-5\beta=0$$

$$\rightarrow \cos\theta=\frac{-2\pm\sqrt{4+60\beta^2}}{6\beta}=\frac{1}{3\beta}(\pm\sqrt{1+15\beta^2}-1)=\frac{1}{3\beta}(\sqrt{1+15\beta^2}-1) \tag{3}$$

식 (3)의 마지막 단계에서 (+)기호를 선택한 이유는 $\beta\rightarrow 0$ 에서 $\theta_{\max}\rightarrow 90^o$ $(\cos\theta_{\max}\approx 0)$이기 때문이다. 식 (3)으로부터 최대 각은 다음과 같다.

$$\theta_{\max}=\cos^{-1}(\frac{\sqrt{1+15\beta^2}-1}{3\beta}) \tag{4}$$

$v\rightarrow c$ 이면 $\beta\rightarrow 1$이 되므로 $\beta=1-\epsilon$ $(\epsilon\ll 1)$로 두고 ϵ에 대해 급수 전개하여 1 차 항만 남기면, 다음과 같은 결과를 얻는다.

$$\left(\frac{\sqrt{1+15\beta^2}-1}{3\beta}\right)=\frac{1}{3(1-\epsilon)}[\sqrt{1+15(1-\epsilon)^2}-1] \tag{5}$$

$$\simeq\frac{1}{3}(1+\epsilon)[\sqrt{1+15(1-2\epsilon)}-1]$$

$$=\frac{1}{3}(1+\epsilon)[\sqrt{16-30\epsilon}-1]=\frac{1}{3}(1+\epsilon)[4\sqrt{1-\frac{15}{8}\epsilon}-1]$$

$$=\frac{1}{3}(1+\epsilon)[4(1-\frac{15}{16}\epsilon)-1]=\frac{1}{3}(1+\epsilon)(3-\frac{15}{4}\epsilon)$$

$$=(1+\epsilon)(1-\frac{5}{4}\epsilon)\simeq 1+\epsilon-\frac{5}{4}\epsilon=1-\frac{1}{4}\epsilon$$

$v\rightarrow c$ 이면 $\beta\rightarrow 1$이 되며, 이때 $\theta_{\max}\simeq 0$임을 식 (4)로부터 알 수 있다. $\theta_{\max}\simeq 0$인 경우

에

$$\cos\theta_{\max} \simeq 1 - \frac{\theta_{\max}^2}{2} \tag{6}$$

와 같이 근사적으로 표현된다. 따라서 식 (5)와 식 (6)으로부터 다음과 같은 결과가 얻어진다.

$$1 - \frac{\theta_{\max}^2}{2} \simeq 1 - \frac{\epsilon}{4} \rightarrow \theta_{\max}^2 \simeq \frac{\epsilon}{2} \rightarrow \theta_{\max} \simeq \sqrt{\frac{\epsilon}{2}} = \sqrt{\frac{1-\beta}{2}} \tag{7}$$

찾아보기

INDEX

전자기학 기초부터 응용까지

초판 1쇄 인쇄 | 2024년 3월 2일
초판 1쇄 발행 | 2024년 3월 5일

편저자 | 장기완
펴낸이 | 조승식
펴낸곳 | (주)도서출판 북스힐

등 록 | 1998년 7월 28일 제 22-457호
주 소 | 서울시 강북구 한천로 153길 17
전 화 | (02) 994-0071
팩 스 | (02) 994-0073

홈페이지 | www.bookshill.com
이메일 | bookshill@bookshill.com

정가 28,000원

ISBN 979-11-5971-566-2

Published by bookshill, Inc. Printed in Korea.